AF325467

COURS DE PHYSIQUE MATHÉMATIQUE

ÉLECTRICITÉ ET OPTIQUE

LA LUMIÈRE

ET LES

THÉORIES ÉLECTRODYNAMIQUES

COURS DE PHYSIQUE MATHÉMATIQUE

ÉLECTRICITÉ ET OPTIQUE

LA LUMIÈRE

ET LES

THÉORIES ÉLECTRODYNAMIQUES

LEÇONS PROFESSÉES A LA SORBONNE
EN 1888, 1890 ET 1899

PAR

H. POINCARÉ

MEMBRE DE L'INSTITUT

DEUXIÈME ÉDITION, REVUE ET COMPLÉTÉE

PAR

JULES BLONDIN   **EUGÈNE NÉCULCÉA**

AGRÉGÉ DE L'UNIVERSITÉ   LICENCIÉ ÈS SCIENCES

PARIS

GEORGES CARRÉ ET C. NAUD, ÉDITEURS

3, RUE RACINE, 3

1901

AVERTISSEMENT

Ce livre contient le résumé des leçons que j'ai professées à la Sorbonne en 1888, en 1890 et en 1899. Mes cours de 1888 et de 1890 ont déjà été publiés, mais l'édition étant épuisée, je ne crois pas inutile de les faire réimprimer avec quelques remaniements et modifications. J'en ai seulement supprimé ce qui se rapportait aux expériences de Hertz; car j'ai eu l'occasion de revenir avec beaucoup de détails sur ces expériences dans une série de leçons reproduites dans mon ouvrage intitulé *les Oscillations Électriques*. Le reste de ces leçons remplit la première partie du volume où se trouvent exposées les théories de Maxwell et de Helmholtz et j'y rappelle en outre les principes essentiels de celles d'Ampère et de Weber. Cette première partie contient donc tout ce qui se rapporte à l'électrodynamique des corps en repos.

La seconde partie contient mes leçons de 1899 qui n'avaient pas encore été publiées, et qui ont été rédigées par M. Néculcéa, à qui je suis très heureux d'adresser ici tous mes remerciements. J'y compare les différentes théories relatives à l'électrodynamique des corps en mouvement et dont les principales sont celles de Hertz, de Lorentz et de Larmor.

Bien qu'aucune de ces théories ne me semble entièrement satisfaisante, chacune d'elles contient sans doute une part de vérité et la comparaison peut être instructive.

De toutes, celle de Lorentz me paraît celle qui rend le mieux compte des faits.

Depuis que l'impression est commencée, sont venues les expériences de M. Crémieu qui peut-être modifieront complètement nos idées sur l'électrodynamique des corps en mouvement. Mais elles sont encore trop récentes pour qu'une théorie nouvelle en ait pu sortir. Elles seront d'ailleurs probablement très discutées et toute tentative pour en tirer une conclusion quelconque serait prématurée.

INTRODUCTION

La première fois qu'un lecteur français ouvre le livre de
Maxwell, un sentiment de malaise, et souvent même de défiance
se mêle d'abord à son admiration. Ce n'est qu'après un commerce
prolongé et au prix de beaucoup d'efforts, que ce sentiment se
dissipe. Quelques esprits éminents le conservent même toujours.

Pourquoi les idées du savant anglais ont-elles tant de peine à
s'acclimater chez nous ? C'est sans doute que l'éducation reçue
par la plupart des Français éclairés les dispose à goûter la précision et la logique avant toute autre qualité.

Les anciennes théories de la physique mathématique nous
donnaient à cet égard une satisfaction complète. Tous nos
maîtres, depuis Laplace jusqu'à Cauchy ont procédé de la même
manière. Partant d'hypothèses nettement énoncées, ils en ont
déduit toutes les conséquences avec une rigueur mathématique,
et les ont comparées ensuite avec l'expérience. Ils semblent
vouloir donner à chacune des branches de la Physique la même
précision qu'à la Mécanique Céleste.

Pour un esprit accoutumé à admirer de tels modèles, une
théorie est difficilement satisfaisante. Non seulement il n'y
tolèrera pas la moindre apparence de contradiction, mais il
exigera que les diverses parties en soient logiquement reliées
les unes aux autres et que le nombre des hypothèses distinctes
soit réduit au minimum.

Ce n'est pas tout, il aura encore d'autres exigences qui me
paraissent moins raisonnables. Derrière la matière qu'atteignent
nos sens et que l'expérience nous fait connaître, il voudra voir

une autre matière, la seule véritable à ses yeux, qui n'aura plus que des qualités purement géométriques et dont les atomes ne seront plus que des points mathématiques soumis aux seules lois de la Dynamique. Et pourtant ces atomes indivisibles et sans couleur, il cherchera, par une inconsciente contradiction, à se les représenter et par conséquent à les rapprocher le plus possible de la matière vulgaire.

C'est alors seulement qu'il sera pleinement satisfait et s'imaginera avoir pénétré le secret de l'Univers. Si cette satisfaction est trompeuse, il n'en est pas moins pénible d'y renoncer.

Ainsi, en ouvrant Maxwell, un Français s'attend à y trouver un ensemble théorique aussi logique et aussi précis que l'Optique physique fondée sur l'hypothèse de l'éther ; il se prépare ainsi une déception que je voudrais éviter au lecteur en l'avertissant tout de suite de ce qu'il doit chercher dans Maxwell et de ce qu'il n'y saurait trouver.

Maxwell ne donne pas une explication mécanique de l'électricité et du magnétisme ; il se borne à démontrer que cette explication est possible.

Il montre également que les phénomènes optiques ne sont qu'un cas particulier des phénomènes électromagnétiques. De toute théorie de l'électricité, on pourra donc déduire immédiatement une théorie de la lumière.

La réciproque n'est malheureusement pas vraie ; d'une explication complète de la lumière, il n'est pas toujours aisé de tirer une explication complète des phénomènes électriques. Cela n'est pas facile, en particulier, si l'on veut partir de la théorie de Fresnel ; cela ne serait sans doute pas impossible ; mais on n'en arrive pas moins à se demander si l'on ne va pas être forcé de renoncer à d'admirables résultats que l'on croyait définitivement acquis. Cela semble un pas en arrière ; et beaucoup de bons esprits ne veulent pas s'y résigner.

Quand le lecteur aura consenti à borner ainsi ses espérances, il se heurtera encore à d'autres difficultés ; le savant anglais ne cherche pas à construire un édifice unique, définitif et bien ordonné, il semble plutôt qu'il élève un grand nombre de constructions provisoires et indépendantes, entre lesquelles les communications sont difficiles et quelquefois impossibles.

Prenons comme exemple le chapitre où l'on explique les attractions électrostatiques par des pressions et des tensions qui régneraient dans le milieu diélectrique. Ce chapitre pourrait être supprimé sans que le reste du volume en devînt moins clair et moins complet, et d'un aure côté il contient une théorie qui se suffit à elle-même et on pourrait le comprendre sans avoir lu une seule des lignes qui précèdent ou qui suivent. Mais il n'est pas seulement indépendant du reste de l'ouvrage ; il est difficile de le concilier avec les idées fondamentales du livre, ainsi que le montrera plus loin une discussion approfondie ; Maxwell ne tente même pas cette conciliation, il se borne à dire : *I have not been able to make the next step, namely, to account by mechanical considerations for these stresses in the dielectric* (2ᵉ édition, t. I, p. 154).

Cet exemple suffira pour faire comprendre ma pensée ; je pourrais en citer beaucoup d'autres. Ainsi, qui se douterait, en lisant les pages consacrées à la polarisation rotatoire magné tique qu'il y a identité entre les phénomènes optiques et magné- tiques ?

On ne doit donc pas se flatter d'éviter toute contradiction ; mais il faut en prendre son parti. Deux théories contradictoires peuvent en effet, pourvu qu'on ne les mêle pas, et qu'on n'y cherche pas le fond des choses, être toutes deux d'utiles instruments de recherches, et peut-être la lecture de Maxwell serait-elle moins suggestive s'il ne nous avait pas ouvert tant de voies nouvelles divergentes.

Mais l'idée fondamentale se trouve de la sorte un peu masquée. Elle l'est si bien, que dans la plupart des ouvrages de vulgarisation, elle est le seul point qui soit complètement laissé de côté.

Je crois donc devoir, pour en mieux faire ressortir l'importance, expliquer dans cette introduction en quoi consiste cette idée fondamentale.

Dans tout phénomène physique, il y a un certain nombre de paramètres que l'expérience atteint directement et qu'elle permet de mesurer.

Je les appelle

$$q_1, q_2, \ldots q_n.$$

L'observation nous fait connaître ensuite les lois des variations de ces paramètres et ces lois peuvent généralement se mettre sous la forme d'équations différentielles qui lient entre eux les q et le temps.

Que faut-il faire pour donner une interprétation mécanique d'un pareil phénomène ?

On cherchera à l'expliquer soit par les mouvements de la matière ordinaire, soit par ceux d'un ou plusieurs fluides hypothétiques.

Ces fluides seront considérés comme formés d'un très grand nombre de molécules isolées ; soient m_1, m_2…, m_p les masses de ces molécules ; soient x_i, y_i, z_i, les coordonnées de la molécule m_i.

On devra de plus supposer qu'il y a conservation de l'énergie, et par conséquent qu'il existe une certaine fonction — U des $3p$ coordonnées x_i, y_i, z_i, qui joue le rôle de fonction des forces. Les $3p$ équations du mouvement s'écriront alors :

$$(\mathrm{I}) \qquad
\begin{aligned}
m_i \frac{d^2 x_i}{dt^2} &= -\frac{dU}{dx_i}, \\[1ex]
m_i \frac{d^2 y_i}{dt^2} &= -\frac{dU}{dy_i}, \\[1ex]
m_i \frac{d^2 z_i}{dt^2} &= -\frac{dU}{dz_i}.
\end{aligned}$$

L'énergie cinétique du système est égale à :

$$T = \frac{1}{2} \sum m_i \left(x_i'^2 + y_i'^2 + z_i'^2 \right).$$

L'énergie potentielle est égale à U et l'équation qui exprime la conservation de l'énergie s'écrit :

$$T + U = \mathrm{const.}$$

On aura donc une explication mécanique complète du phénomène, quand on connaîtra d'une part la fonction des forces — U et que d'autre part on saura exprimer les $3p$ coordonnées x_i, y_i, z_i à l'aide de n paramètres q.

Si nous remplaçons ces coordonnées par leurs expressions en

fonctions des q, les équations (1) prendront une autre forme. L'énergie potentielle U deviendra une fonction des q; quant à l'énergie cinétique T, elle dépendra non seulement des q, mais de leurs dérivées q' et elle sera homogène et du second degré par rapport à ces dérivées. Les lois du mouvement seront alors exprimées par les équations de Lagrange :

$$(2) \qquad \frac{d}{dt}\frac{dT}{dq_k'} - \frac{dT}{dq_k} + \frac{dU}{dq_k} = 0.$$

Si la théorie est bonne, ces équations (2) devront être identiques aux lois expérimentales directement observées.

Ainsi pour qu'une explication mécanique d'un phénomène soit possible, il faut qu'on puisse trouver deux fonctions U et T, dépendant, la première des paramètres q seulement, la seconde de ces paramètres et de leurs dérivées ; que T soit homogène du deuxième ordre par rapport à ces dérivées et que les équations différentielles déduites de l'expérience puissent se mettre sous la forme (2).

La réciproque est vraie ; toutes les fois qu'on pourra trouver ces deux fonctions T et U, on sera certain que le phénomène est susceptible d'une explication mécanique.

Soient en effet $U(q_1, q_2, \ldots, q_n)$, $T(q'_1, q'_2, \ldots, q'_n; \ldots, q_1, q_2, \ldots, q_n)$ ou plus simplement $U(q_k)$, $T(q'_k, q_k)$, ces deux fonctions.

Que reste-t-il à faire pour obtenir l'explication complète ?

Il reste à trouver p constantes $m_1, \ldots, m_2, m_p$; et $3p$ fonctions des q :

$$\varphi_i(q_1, q_2 \ldots, q_n), \qquad \psi_i(q_1, q_2 \ldots, q_n), \qquad \theta_i(q_1, q_2 \ldots, q_n)$$

où

$$(i = 1, 2 \ldots p),$$

ou plus brièvement

$$\varphi_i(q_k), \qquad \psi_i(q_k), \qquad \theta_i(q_k)$$

que l'on puisse considérer comme les masses et les coordonnées

$$x_i = \varphi_i, \qquad y_i = \psi_i, \qquad z_i = \theta_i$$

des p molécules du système.

Pour cela ces fonctions devront satisfaire à la condition suivante ; on devra avoir identiquement :

$$T(q'_k, q_k) = \frac{1}{2} \sum m_i (x_i'^2 + y_i'^2 + z_i'^2) = \frac{1}{2} \sum m_i' (\varphi_i'^2 + \psi_i'^2 + \theta_i'^2)$$

où :

$$\varphi_i' = q_1' \frac{d\varphi_i}{dq_1} + q_2' \frac{d\varphi_i}{dq_2} + \ldots + q_n' \frac{d\varphi_i}{dq_n}, \text{ etc.}$$

Comme le nombre p peut être pris aussi grand que l'on veut, on peut toujours satisfaire à cette condition, et cela d'une infinité de manières.

Ainsi dès que les fonctions $U(q_k)$, $T(q'_k, q_k)$ existent, on peut trouver une infinité d'explications mécaniques du phénomène.

Si donc un phénomène comporte une explication mécanique complète, il en comportera une infinité d'autres qui rendront également bien compte de toutes les particularités révélées par l'expérience.

Ce qui précède est confirmé par l'histoire de toutes les parties de la Physique ; en optique par exemple, Fresnel croit la vibration perpendiculaire au plan de polarisation ; Neumann la regarde comme parallèle à ce plan. On a cherché longtemps un « *experimentum crucis* » qui permît de décider entre ces deux théories et on n'a pu le trouver.

De même, sans sortir du domaine de l'électricité, nous pouvons constater que la théorie des deux fluides et celle du fluide unique rendent toutes deux compte d'une façon également satisfaisante de toutes les lois observées en électrostatique.

Tous ces faits s'expliquent aisément grâce aux propriétés des équations de Lagrange que je viens de rappeler.

Il est facile de comprendre maintenant quelle est l'idée fondamentale de Maxwell.

Pour démontrer la possibilité d'une explication mécanique de l'électricité, nous n'avons pas à nous préoccuper de trouver cette explication elle-même, il nous suffit de connaître l'expression des deux fonctions T et U qui sont les deux parties de l'énergie, de former avec ces deux fonctions les équations de Lagrange et de comparer ensuite ces équations avec les lois expérimentales.

Entre toutes ces explications possibles, comment faire un choix pour lequel le secours de l'expérience nous fait défaut ? Un jour viendra peut-être où les physiciens se désintéresseront de ces questions, inaccessibles aux méthodes positives et les abandonneront aux métaphysiciens. Ce jour n'est pas venu ; l'homme ne se résigne pas si aisément à ignorer éternellement le fond des choses.

Notre choix ne peut donc plus être guidé que par des considérations où la part de l'appréciation personnelle est très grande : il y a cependant des solutions que tout le monde rejettera à cause de leur bizarrerie et d'autres que tout le monde préférera à cause de leur simplicité.

En ce qui concerne l'électricité et le magnétisme, Maxwell s'abstient de faire aucun choix. Ce n'est pas qu'il dédaigne systématiquement tout ce que ne peuvent atteindre les méthodes positives ; le temps qu'il a consacré à la théorie cinétique des gaz en fait suffisamment foi. J'ajouterai que si dans son grand ouvrage, il ne développe aucune explication complète, il avait antérieurement tenté d'en donner une dans un article du *Philosophical Magazine*. L'étrangeté et la complication des hypothèses qu'il avait été obligé de faire, l'avaient amené ensuite à y renoncer.

Le même esprit se retrouve dans tout l'ouvrage. Ce qu'il y a d'essentiel, c'est-à-dire ce qui doit rester commun à toutes les théories est mis en lumière ; tout ce qui ne conviendrait qu'à une théorie particulière est presque toujours passé sous silence. Le lecteur se trouve ainsi en présence d'une forme presque vide de matière qu'il est d'abord tenté de prendre pour une ombre fugitive et insaisissable. Mais les efforts auxquels il est ainsi condamné le forcent à penser et il finit par comprendre ce qu'il y avait souvent d'un peu artificiel dans les ensembles théoriques qu'il admirait autrefois.

C'est en électrostatique que ma tâche a été le plus difficile : c'est là surtout en effet que la précision fait défaut. Un des savants français qui ont le plus approfondi l'œuvre de Maxwell me disait un jour : « Je comprends tout dans son livre, excepté ce que c'est qu'une boule électrisée. » Aussi ai-je cru devoir insister assez longuement sur cette partie de la science. Je ne voulais pas conserver à la définition du déplacement électrique cette sorte d'indétermination qui est la cause de toutes ses obscurités ; je ne voulais pas non plus, en précisant la pensée de l'auteur, la dépasser et par conséquent la trahir.

J'ai pris le parti d'exposer successivement deux théories complètes, mais entièrement différentes. J'espère que le lecteur distinguera ainsi sans peine ce qu'il y a de commun à ces deux théories et par conséquent ce qu'elles contiennent d'essentiel. Il sera averti en outre qu'aucune des deux ne représente le fond des choses. Dans la première j'admets l'existence de deux fluides, électricité et fluide inducteur, qui peuvent être aussi utiles que les deux fluides de Coulomb, mais qui n'ont pas plus de réalité objective. De même l'hypothèse de la constitution cellulaire des diélectriques, n'est destinée qu'à faire mieux comprendre l'idée de Maxwell en la rapprochant des idées qui nous sont plus familières. En agissant ainsi, je n'ajoute rien à la pensée de l'auteur anglais et je n'en retranche rien non plus ; car il importe d'observer que Maxwell n'a jamais regardé « what we may call an electric displacement » comme un véritable mouvement d'une véritable matière.

Je suis très reconnaissant à M. Blondin qui a bien voulu recueillir et rédiger les leçons que j'ai professées pendant le semestre d'été de 1888, ainsi qu'il l'avait déjà fait pour celles que j'avais consacrées à l'optique physique.

LES THÉORIES DE MAXWELL

ET LA

THÉORIE ÉLECTROMAGNÉTIQUE DE LA LUMIÈRE

CHAPITRE PREMIER

FORMULES DE L'ÉLECTROSTATIQUE

1. — Avant d'entreprendre l'exposé des idées de Clerk Maxwell sur l'électricité, nous commencerons par résumer rapidement les hypothèses fondamentales des théories actuellement en usage et nous rappellerons les théorèmes généraux de l'électricité statique, en introduisant dans les formules les notations de Maxwell.

2. *Théorie des deux fluides.* — Dans la théorie *des deux fluides*, les corps qui ne sont pas électrisés, en d'autres termes, qui sont à l'état neutre, sont supposés chargés de quantités égales d'électricité positive et d'électricité négative. On admet en outre que ces quantités sont assez grandes pour qu'aucun procédé d'électrisation ne permette d'enlever à un corps toute son électricité de l'une ou l'autre espèce.

3. — Des expériences de Coulomb et de la définition des quantités d'électricité, il résulte que deux corps placés dans l'air et chargés de quantités m et m' d'électricité, exercent entre eux une force donnée par l'expression

$$(1) \qquad F = -f \frac{mm'}{r^2},$$

où r désigne la distance des deux corps électrisés, supposée très grande par rapport aux dimensions de ces corps. Une valeur négative de F indique une répulsion entre les corps ; à une valeur positive correspond une force attractive. f est un coefficient numérique dont la valeur dépend de l'unité adoptée pour la mesure des quantités d'électricité.

4. *Théorie du fluide unique.* — Dans la théorie du *fluide unique*, à laquelle se rattache la théorie de Maxwell, un corps à l'état neutre est supposé contenir une certaine quantité d'électricité positive. Quand un corps contient une quantité d'électricité positive plus grande que cette charge normale, il est dit chargé positivement ; dans le cas contraire, il est chargé négativement.

Pour expliquer dans cette théorie les attractions et les répulsions électriques, on admet que les molécules d'électricité se repoussent, que les molécules de matière se repoussent également, tandis qu'il y a au contraire attraction entre les molécules d'électricité et les molécules de matière. Ces attractions et ces répulsions sont d'ailleurs supposées s'exercer suivant la droite qui joint les molécules et en raison inverse du carré de la distance.

Dans ces conditions, la quantité d'électricité positive contenue dans un corps à l'état neutre, doit être telle que la répulsion qu'elle exerce sur une molécule électrique extérieure au corps soit égale à l'attraction exercée sur cette molécule par la matière du corps.

5. *Expression de la force électrique dans la théorie du fluide unique.* — Les forces qui agissent entre deux corps électrisés sont alors au nombre de quatre : celle qui s'exerce entre les charges électriques, la répulsion de la matière qui constitue les corps, enfin les deux attractions qui ont lieu entre l'électricité qui charge l'un des corps et la matière qui forme l'autre. Si nous désignons par r la distance qui sépare les corps, par μ et μ' leurs charges électriques respectives, et par ν et ν' leurs masses matérielles, nous aurons :

Pour la force s'exerçant entre les masses matérielles,

$$-\alpha\,\frac{\nu\nu'}{r^2}\;;$$

pour les attractions entre l'électricité et la matière,

$$\beta \frac{\nu\mu'}{r^2} \quad \text{et} \quad \beta \frac{\nu'\mu}{r^2};$$

pour la répulsion entre les charges électriques,

$$-\gamma \frac{\mu\mu'}{r^2}.$$

La résultante de ces forces sera

$$F = \frac{1}{r^2}\left(-\alpha\nu\nu' + \beta(\nu\mu' + \nu'\mu) - \gamma\mu\mu'\right),$$

ou

$$(2) \quad F = -\frac{1}{r^2}\left[\gamma\left(\mu - \frac{\nu\beta}{\gamma}\right)\left(\mu' - \frac{\nu'\beta}{\gamma}\right) + \nu\nu'\left(\alpha - \frac{\beta^2}{\gamma}\right)\right].$$

Telle est l'expression générale de la force qui s'exerce entre deux corps électrisés. Cette force doit se réduire à l'attraction newtonienne, quand les corps considérés sont à l'état neutre. C'est ce qui aura lieu si la charge normale d'un corps à l'état neutre a pour valeur $\frac{\nu\beta}{\gamma}$ et si, puisque la force doit être attractive, on a $\alpha < \frac{\beta^2}{\gamma}$.

6. — Si nous désignons par m l'excès de charge d'un conducteur électrisé sur sa charge normale à l'état neutre, la formule (2) devient

$$F = -\gamma \frac{mm'}{r^2} + \left(\frac{\beta^2}{\gamma} - \alpha\right)\frac{\nu\nu'}{r^2}.$$

Elle se réduit à la formule (1) quand on laisse de côté l'attraction newtonienne. La théorie du fluide unique conduit donc pour les attractions et les répulsions électriques à la même expression que la théorie des deux fluides. Toutes les conséquences de la formule (1) subsistent par conséquent dans la théorie du fluide unique.

7. *Unité électrostatique de quantité*. — Par le choix d'une unité convenable de quantité d'électricité, on peut faire en sorte que le coefficient numérique f de la formule (1) devienne égal à 1. L'unité de quantité ainsi choisie est *l'unité électrostatique de quantité d'électricité*; c'est la quantité d'électricité qui, agissant sur une quantité égale placée *dans l'air* à l'unité de distance, exerce sur elle une force égale à l'unité de force.

On a alors pour la valeur de la force qui s'exerce entre deux masses électriques m et m' placées dans l'air à une distance r,

$$(3) \qquad \mathrm{F} = -\frac{mm'}{r^2}.$$

8. *Potentiel. Composantes de la force électrique*. — On appelle potentiel en un point, *le travail de la force électrique agissant sur l'unité d'électricité positive quand celle-ci va du point considéré à l'infini*.

Dans le cas particulier où les masses électriques sont distribuées dans l'air, le potentiel a pour valeur $\sum \dfrac{m_i}{r_i}$, r_i étant la distance du point considéré à la masse m_i et la sommation s'étendant à toutes les masses électriques du champ.

Nous désignerons par ψ le potentiel en un point P, pour nous conformer aux notations de Maxwell.

Si en P se trouve une masse électrique égale à m', les composantes suivant trois axes de coordonnées de la résultante des actions électrostatiques qui s'exercent sur P, sont,

$$-m'\frac{d\psi}{dx}, \qquad\qquad -m'\frac{d\psi}{dy}, \qquad\qquad -m'\frac{d\psi}{dz}.$$

9. — Si on suppose le point P à l'intérieur d'un conducteur homogène et en équilibre électrique la résultante des actions électrostatiques qui s'exercent sur ce point doit être nulle, car autrement l'équilibre serait détruit. Les dérivées partielles du potentiel, $\dfrac{d\psi}{dx}$, $\dfrac{d\psi}{dy}$, $\dfrac{d\psi}{dz}$ sont donc nulles ; par suite le potentiel est constant à l'intérieur du conducteur.

10. *Flux de force*. — Considérons un élément de surface $d\omega$ et par un point G (fig. 1) de cet élément menons la demi-normale GN dans un sens quelconque que nous prendrons comme sens positif. Une masse d'électricité égale à l'unité située en ce point sera soumise à une force GF dont la projection sur GN a pour expression

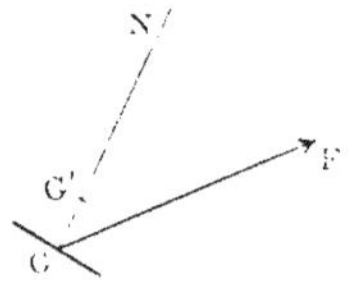

$$ -\left(\alpha\,\frac{d\psi}{dx} + \beta\,\frac{d\psi}{dy} + \gamma\,\frac{d\psi}{dz} \right). $$

Fig. 1.

ψ étant le potentiel en G, et α, β, γ les cosinus directeurs de la demi-normale GN. Cette expression peut encore s'écrire

$$ -\frac{d\psi}{dn}, $$

dn désignant une longueur infiniment petite GG' portée dans le sens positif de la normale et $d\psi$ la variation du potentiel quand on passe du point G au point G'.

Le produit

$$ -\frac{d\psi}{dn}\,d\omega $$

de cette force par l'élément de surface $d\omega$ est ce que nous appellerons le *flux de force à travers l'élément $d\omega$*. Le *flux de force à travers une surface finie* sera la valeur de l'intégrale

$$ \int -\frac{d\psi}{dn}\,d\omega $$

étendue à tous les éléments de la surface.

11. *Théorème de Gauss*. — Lorsque la surface est fermée la valeur absolue de cette intégrale est $4\pi M$, M désignant la quantité totale d'électricité *libre* contenue à l'intérieur de la surface; quant au signe il dépend du choix de la direction positive de la normale. Si l'on convient de prendre pour direction positive de la normale en un point de la surface celle qui est extérieure à la surface, le flux a pour valeur $4\pi M$; on dit alors que le flux *sort* de la surface. On peut donc énoncer le théorème suivant :

Le flux de force qui sort d'une surface fermée à l'intérieur de laquelle se trouve une quantité d'électricité libre M est égal à + $4\pi M$.

12. *Relation de Poisson*. — Il existe entre la densité électrique cubique ρ en un point d'un corps électrisé et les dérivées secondes du potentiel en ce point une relation importante due à Poisson. Elle s'obtient très simplement en écrivant que, d'après le théorème précédent, le flux de force qui entre à travers un parallélipipède rectangle infiniment petit, de côtés dx, dy, dz, contenant le point considéré est égal à — $4\pi\rho\,dx\,dy\,dz$. On a alors

$$\frac{d^2\psi}{dx^2} + \frac{d^2\psi}{dy^2} + \frac{d^2\psi}{dz^2} = -4\pi\rho.$$

Maxwell désigne le premier membre de cette relation par — $\Delta^2\psi$, notation qui se rattache à la théorie des quaternions dont Maxwell fait d'ailleurs un usage constant. Nous continuerons à désigner cette somme de dérivées secondes par la notation habituelle $\Delta\psi$.

Le potentiel étant constant à l'intérieur d'un conducteur, on a $\Delta\psi = 0$ et par suite, d'après la relation de Poisson, $\rho = 0$. A l'intérieur d'un conducteur, il n'y a donc pas d'électricité libre.

Une autre conséquence de la relation de Poisson est qu'en tout point du diélectrique où il n'y a pas d'électricité libre on a $\Delta\psi = 0$. Par conséquent, le potentiel est une fonction constante à l'intérieur d'un conducteur, tendant vers zéro à l'infini et telle que l'on a $\Delta\psi = 0$ en tout point non électrisé d'un diélectrique.

13. *Flux d'induction*. — Lorsque le diélectrique qui sépare les conducteurs est un corps autre que l'air, les phénomènes électriques mesurables changent de valeur. Aussi a-t-on été conduit à introduire dans les formules un facteur que l'on appelle *pouvoir inducteur spécifique* du diélectrique. Maxwell le désigne par K.

Le produit du flux de force élémentaire par ce facteur est nommé *flux d'induction*.

Le *flux d'induction à travers une surface finie* est la valeur de l'intégrale

$$\int - K \frac{dV}{dn} d\omega,$$

étendue à tous les éléments de la surface. Quand la surface est fermée nous admettrons (ce que l'expérience confirme) que la valeur de cette intégrale est $+ 4\pi M$, la direction positive de la normale étant extérieure à la surface. Dans le cas où le pouvoir inducteur spécifique est constant on a

$$K \int - \frac{dV}{dn} d\omega = 4\pi M.$$

14. *Potentiel d'une sphère électrisée en un point extérieur.*— La considération du flux de force permet de trouver facilement la valeur en un point P (fig. 2) du poten-
tiel résultant d'une sphère conductrice électrisée S placée dans l'air. On trouve pour cette valeur $\dfrac{M}{r}$, M désignant la charge de la sphère et r la distance du point au centre de la sphère. De même la considération du flux d'induction donne la valeur du potentiel en P quand la sphère est placée dans un

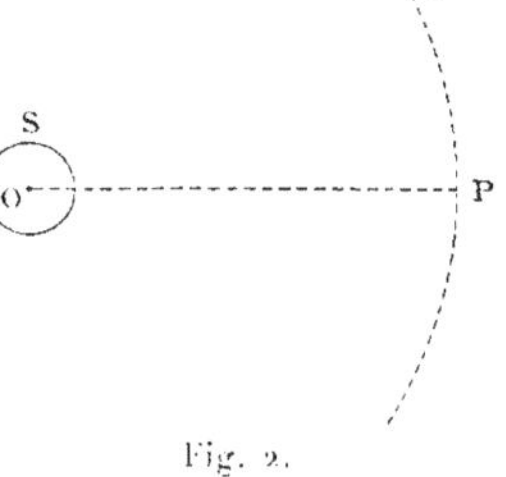

Fig. 2.

diélectrique homogène dont le pouvoir inducteur spécifique est K.

Du centre O de la sphère et avec un rayon égal à OP décrivons une sphère S'. Par raison de symétrie, le potentiel a la même valeur en tout point de S'; par suite,

$$\frac{dV}{dn} = \frac{dV}{dr}$$

est constant sur cette surface. On a donc pour le flux d'induction
à travers S'

$$\int -\mathrm{K}\,\frac{d\psi}{dn}\,d\omega = -\mathrm{K}\,\frac{d\psi}{dr}\int d\omega = -\mathrm{K}\,\frac{d\psi}{dr}\,4\pi r^2.$$

La surface étant fermée le flux d'induction est égal à $4\pi\mathrm{M}$. Par
conséquent nous avons

$$-\mathrm{K}\,\frac{d\psi}{dr}\,4\pi r^2 = 4\pi\mathrm{M},$$

ou

$$\frac{d\psi}{dr} = -\frac{1}{\mathrm{K}}\,\frac{\mathrm{M}}{r^2},$$

et par suite

$$\psi = \frac{1}{\mathrm{K}}\,\frac{\mathrm{M}}{r},$$

la constante d'intégration étant nulle puisque le potentiel a pour
valeur zéro quand r est infini.

Le potentiel en un point d'un diélectrique de pouvoir inducteur spécifique K est donc, dans le cas d'une sphère, égal au
quotient par K de la valeur qu'aurait eue le potentiel en ce point
si le diélectrique eût été l'air. Il en est encore ainsi si, au lieu
d'une sphère conductrice électrisée, le champ électrique est
constitué par des masses électriques quelconques.

15. Remarques. — Cette conséquence nous permet de trouver
l'expression de la force qui s'exerce entre deux molécules électriques A et A' de masses m et m' situées dans un diélectrique
homogène. En effet, soit ψ la valeur du potentiel au point où se
trouve placée la masse m'. La force électrique qui s'exerce sur
cette masse est $-m'\,\dfrac{d\psi}{dr}$, r désignant la distance des deux molécules supposées seules dans le champ. Or si le diélectrique était
l'air, le potentiel au point A' serait $\dfrac{m}{r}$; sa valeur dans un diélectrique de pouvoir inducteur spécifique K est donc, d'après ce qui

précède, $-\dfrac{1}{K}\dfrac{m}{r}$ et la dérivée de cette quantité est $-\dfrac{1}{K}\dfrac{m}{r^2}$. Par suite, nous obtenons pour la force électrique

$$-m'\frac{d\frac{V}{r}}{dr} = \frac{1}{K}\frac{mm'}{r^2} ;$$

elle est la K^e partie de la force qui s'exercerait entre les mêmes masses électriques situées dans l'air.

La relation qui existe entre les valeurs que prend le potentiel en un même point suivant que le diélectrique est l'air, ou tout autre corps, permet de savoir comment doivent varier les charges avec le diélectrique pour que le potentiel en un point conserve la même valeur quel que soit le diélectrique. Il est en effet évident que, puisque pour des charges identiques le potentiel se trouve divisé par K, il faut, pour avoir le même potentiel en un point, que les charges situées dans le diélectrique de pouvoir inducteur K soient K fois plus grandes que dans l'air.

Si donc nous considérons deux petites sphères électrisées et que nous maintenions constante la différence de potentiel entre ces deux sphères, l'attraction qui s'exercera entre elles sera proportionnelle au pouvoir inducteur du diélectrique qui les sépare. En effet, les potentiels étant constants les charges m et m' des deux sphères seront en raison directe de K et l'attraction doit être proportionnelle à $\dfrac{mm'}{K}$.

Ainsi l'attraction électrostatique varie en raison directe de K *si ce sont les potentiels qu'on maintient constants, et en raison inverse de* K *si ce sont les charges qui demeurent constantes.*

16. *Extension de la relation de Poisson.* — Comme nous l'avons dit, la relation de Poisson s'obtient en écrivant que le flux de force qui entre à travers les faces d'un parallélipipède rectangle est égal à $-4\pi\rho\,dx\,dy\,dz$. Le flux d'induction à travers une surface fermée étant égal à $+4\pi M$, comme le flux de force à travers cette surface, nous trouverons une relation analogue à celle de Poisson en écrivant que le flux d'induction qui entre à travers les faces d'un parallélipipède élémentaire est égal à $-4\pi\rho\,dx\,dy\,dz$.

Nous pouvons d'ailleurs arriver très simplement à cette relation en nous servant du lemme qui sert ordinairement à la démonstration du théorème de Green, lemme exprimé analytiquement par l'égalité

$$\int \alpha F d\omega = \int \frac{dF}{dx}\, d\tau,$$

dans laquelle la première intégrale est étendue à une surface fermée et la seconde au volume limité par cette surface, α désignant le cosinus de l'angle formé par l'axe des x et la normale à l'élément $d\omega$ de la surface et F une fonction quelconque, mais continue, des coordonnées.

Appliquons ce lemme à l'intégrale du flux d'induction à travers une surface fermée,

$$\int -K \frac{d\psi}{dn}\, d\omega = \int -K\left(\alpha \frac{d\psi}{dx} + \beta \frac{d\psi}{dy} + \gamma \frac{d\psi}{dz}\right) d\omega = 4\pi M.$$

Nous avons

$$\int \alpha K \frac{d\psi}{dx}\, d\omega = \int \frac{d}{dx} K \frac{d\psi}{dx}\, d\tau,$$

$$\int \beta K \frac{d\psi}{dy}\, d\omega = \int \frac{d}{dy} K \frac{d\psi}{dy}\, d\tau,$$

$$\int \gamma K \frac{d\psi}{dz}\, d\omega = \int \frac{d}{dz} K \frac{d\psi}{dz}\, d\tau;$$

et en ajoutant

$$\int \left(\frac{d}{dx} K \frac{d\psi}{dx} + \frac{d}{dy} K \frac{d\psi}{dy} + \frac{d}{dz} K \frac{d\psi}{dz}\right) d\tau = -4\pi M$$

Si nous désignons par ρ la densité cubique en chaque point, nous avons

$$M = \int \rho\, d\tau,$$

et par suite,

$$\int \left(\frac{d}{dx} K \frac{d\psi}{dx} + \frac{d}{dy} K \frac{d\psi}{dy} + \frac{d}{dz} K \frac{d\psi}{dz} \right) d\tau = -4\pi \int \rho \, d\tau.$$

Cette égalité ayant lieu quel que soit le volume considéré, elle sera vraie pour un volume infiniment petit ; nous obtenons donc

$$\sum \frac{d}{dx} K \frac{d\psi}{dx} = -4\pi\rho.$$

Dans le cas particulier où le diélectrique est homogène, c'est-à-dire dans le cas où K ne dépend pas des coordonnées, cette relation se réduit à

$$\sum K \frac{d}{dx} \frac{d\psi}{dx} = K \Delta\psi = -4\pi\rho.$$

CHAPITRE II

THÉORIE DU DÉPLACEMENT ÉLECTRIQUE DE MAXWELL

17. *Fluide inducteur.* — La caractéristique de la théorie de Maxwell est le rôle prépondérant qu'y jouent les diélectriques. Maxwell suppose toute la matière des diélectriques occupée par un fluide élastique hypothétique, analogue à *l'éther* qui, en Optique, est supposé remplir les corps transparents ; il l'appelle *électricité*. Nous verrons par la suite la raison de cette dénomination ; mais comme elle peut introduire dans l'esprit une confusion regrettable pour la clarté de l'exposition, nous donnerons le nom de *fluide inducteur* à ce fluide hypothétique, conservant au mot *électricité* sa signification habituelle.

Quand tous les conducteurs situés dans le diélectrique sont à l'état neutre le fluide inducteur est en *équilibre normal*. Quand, au contraire, ces conducteurs sont électrisés et que leur système est dans l'état que l'on définit dans la théorie ordinaire en disant que le système est en équilibre électrique, le fluide inducteur prend un nouvel état d'équilibre que Maxwell appelle *équilibre contraint*.

18. *Déplacement électrique.* — Lorsqu'une molécule du fluide inducteur est dérangée de sa position d'équilibre normal, Maxwell dit qu'il y a *déplacement électrique*. Les composantes du déplacement sont les accroissements des coordonnées de la molécule ; il les désigne par les lettres f, g, h, et il admet qu'elles ont respectivement pour valeurs :

$$(\text{1}) \qquad f = -\frac{K\frac{d\psi}{dx}}{4\pi}, \quad g = -\frac{K\frac{d\psi}{dy}}{4\pi}, \quad h = -\frac{K\frac{d\psi}{dz}}{4\pi}.$$

Il résulte de cette hypothèse, dont nous verrons l'origine, des relations entre les composantes du déplacement et la quantité d'électricité libre contenue à l'intérieur d'une surface fermée et, d'autre part, entre les dérivées de ces composantes et la densité électrique en un point.

En effet, si nous portons les valeurs des dérivées partielles de ψ, tirées des relations (1), dans l'expression du flux d'induction à travers une surface fermée,

$$\int -K \frac{d\psi}{dn}\, d\omega = \int -K \left(\alpha \frac{d\psi}{dx} + \beta \frac{d\psi}{dy} + \gamma \frac{d\psi}{dz} \right) d\omega = 4\pi M,$$

nous obtenons

$$(2) \qquad \int (\alpha f + \beta g + \gamma h)\, d\omega = M,$$

α, β, γ désignant toujours les cosinus directeurs de la normale extérieure.

En second lieu, si nous portons ces valeurs dans la relation de Poisson étendue au cas d'un diélectrique quelconque, nous avons

$$(3) \qquad \frac{df}{dx} + \frac{dg}{dy} + \frac{dh}{dz} = \rho.$$

19. *Incompressibilité du fluide inducteur et de l'électricité.* — L'étude des conséquences de ces relations conduit à regarder le fluide inducteur et l'électricité comme deux fluides incompressibles.

D'abord, de l'hypothèse de Maxwell sur la valeur des composantes du déplacement en un point, il résulte immédiatement que si l'électricité est en mouvement le fluide inducteur y est aussi. En effet, si nous modifions les charges électriques des conducteurs placés à l'intérieur d'un diélectrique, nous faisons varier en même temps la valeur du potentiel ψ en un point quelconque du diélectrique, et, par conséquent les valeurs f, g, h des composantes du déplacement électrique qui sont données par les relations (1).

20. — Cela posé, considérons une surface fermée dont l'intérieur est occupé par un diélectrique homogène et par des conducteurs en équilibre électrique possédant une charge totale M. Donnons à cette charge un accroissement dM et supposons que le système des conducteurs soit encore en équilibre électrique. Le fluide inducteur passe d'un état d'équilibre contraint à un second état d'équilibre contraint et pendant ce passage il y a déplacement de chacune de ses molécules puisqu'il y a mouvement de l'électricité. Cherchons la quantité de ce fluide qui a traversé la surface fermée. Si dt est le temps infiniment petit pendant lequel s'est effectué le passage de l'état initial du système à l'état final, la quantité de fluide inducteur qui est *sortie* par un élément $d\omega$ de la surface est

$$dq = d\omega \, dt \, V_n,$$

V_n étant la projection de la vitesse du déplacement sur la normale extérieure à la surface fermée. La quantité de fluide inducteur qui sort de la surface est donc, pendant le même temps,

$$dQ = dt \int V_n \, d\omega.$$

Mais puisque f, g, h désignent les composantes du déplacement, $\dfrac{df}{dt}$, $\dfrac{dg}{dt}$, $\dfrac{dh}{dt}$ sont les composantes de la vitesse, et par suite la composante normale V_n a pour valeur

$$V_n = \alpha \, \frac{df}{dt} + \beta \, \frac{dg}{dt} + \gamma \, \frac{dh}{dt}.$$

Portons cette expression dans celle de dQ, nous obtenons

$$dQ = dt \int \left(\alpha \, \frac{df}{dt} + \beta \, \frac{dg}{dt} + \gamma \, \frac{dh}{dt} \right) d\omega.$$

L'intégrale du second membre de cette égalité n'est autre chose que la dérivée par rapport au temps du premier membre de la relation (2). Nous avons donc

$$dQ = dt \, \frac{dM}{dt} = dM,$$

c'est-à-dire que la quantité de fluide inducteur qui sort de la
surface est égale à la quantité d'électricité qui y entre. Tout se
passe donc comme si l'électricité chassait le fluide inducteur, ou
en d'autres termes, comme si le fluide inducteur et l'électricité
étaient deux fluides incompressibles.

21. — Remarquons d'ailleurs que l'incompressibilité du fluide
inducteur pouvait se déduire immédiatement de la relation (3).
Cette relation devient, quand on considère un point du fluide
inducteur contenu dans un diélectrique à l'état neutre,

$$\frac{df}{dx} + \frac{dg}{dy} + \frac{dh}{dz} = 0.$$

Son premier membre n'est autre que la quantité que nous avons
désignée par θ dans un autre ouvrage ([1]) et nous avons démontré
que la condition $\theta = 0$ exprimait l'incompressibilité du fluide.

22. *Image de l'effet de l'élasticité du fluide inducteur.* —
Considérons d'une part deux conducteurs A et B (fig. 3) réunis entre

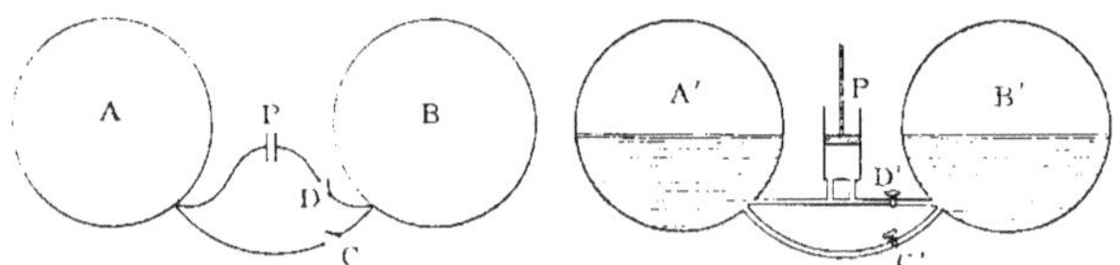

Fig. 3.

eux par un fil métallique portant un commutateur C et par un
second fil sur le trajet duquel se trouvent une pile P et un commutateur D. Prenons d'autre part deux récipients fermés A' et B'
renfermant de l'eau et de l'air et réunis entre eux par un canal
de communication portant un robinet C' et par un autre canal
sur le trajet duquel se trouvent une pompe P' et un robinet D'.

Supposons maintenant que les conducteurs A et B étant à
l'état neutre on ouvre le commutateur C et qu'on ferme le commutateur D ; il s'établit un courant de courte durée dans le

([1]) Voir *Théorie mathématique de la Lumière*, p. 25 et 26.

fil ADB et bientôt nous avons un état d'équilibre électrique dans lequel les conducteurs sont chargés d'électricités de noms contraires, A positivement par exemple, et B négativement. Si alors nous ouvrons le commutateur D et fermons le commutateur C, les deux électricités des conducteurs se recombinent à travers le fil ACD et ces conducteurs reviennent à l'état neutre.

23. — Pour comprendre le rôle que joue le fluide inducteur dans cette expérience, examinons ce qui se passe dans le système des deux vases A′ et B′ quand on fait jouer la pompe et qu'on établit avec les robinets C′ et D′ les communications que nous établissions précédemment avec les commutateurs C et D. Supposons que les niveaux de l'eau dans les vases soient dans un même plan horizontal, fermons le robinet C′, ouvrons le robinet D′ et faisons marcher la pompe ; l'eau passe d'un vase à l'autre, du vase B′ au vase A′ par exemple. Il en résulte une diminution de la force élastique de l'air de B′ et une augmentation de celle de l'air de A′. Si nous fermons le robinet D′ et si nous ouvrons en même temps C′, la différence des forces élastiques de l'air dans les deux récipients fait repasser l'eau de A′ dans B′ jusqu'à ce que les niveaux soient revenus dans le même plan horizontal. Le système est donc revenu dans son état initial comme dans l'expérience électrique et nous pouvons regarder l'eau comme représentant matériellement le fluide électrique ; l'accroissement du volume de l'eau dans A′ et la diminution dans B′ qui résultent de la première phase de l'expérience hydrostatique représenteront les charges positive et négative des conducteurs A et B dans la phase correspondante de l'expérience électrique. Quant à l'air, le rôle qu'il remplit par suite de sa force élastique peut être assimilé au rôle que joue le fluide inducteur élastique dans l'expérience électrique. C'est donc l'élasticité du fluide inducteur contenu dans l'air qui sépare les conducteurs et déplacé par les charges de ces conducteurs qui est la cause de la combinaison de ces charges.

Ajoutons immédiatement que, bien que cette image hydrostatique nous fasse concevoir la manière dont se comporte le fluide inducteur dans la théorie de Maxwell, elle ne peut pas être poussée trop loin car le fluide inducteur est incompressible, propriété dont ne jouit pas l'air auquel nous l'avons comparé. Cette image n'est donc utile que pour faire comprendre l'effet de l'une des propriétés de ce fluide : son élasticité.

24. ***Tout courant est un courant fermé***. — Le rôle prépondérant attribué par Maxwell aux diélectriques, qui dans la théorie ordinaire jouent un rôle passif, n'est pas la seule différence qui existe entre cette dernière théorie et celle de Maxwell. Une autre différence provient de la nature des courants.

Dans la théorie ordinaire on admet l'existence de deux sortes de courants : les courants fermés, en général permanents, et les courants ouverts, en général instantanés, qui cessent quand par l'effet de la charge il se produit une différence de potentiel égale à la force électromotrice de la source électrique. Ces courants ouverts se produisent lorsque, par exemple, on met les pôles d'une pile en communication avec deux conducteurs ou avec les deux armatures d'un condensateur.

Dans la nouvelle théorie il ne peut y avoir que des courants fermés. En effet, considérons le courant ouvert qui prend naissance quand nous mettons les pôles d'une pile en communication avec deux conducteurs isolés A et B. Le conducteur qui, en adoptant le langage de la théorie ordinaire, se charge positivement, doit prendre, d'après la théorie de Maxwell, une quantité de fluide électrique plus grande que celle qu'il possède à l'état neutre. Dans l'autre conducteur, au contraire, la quantité de fluide électrique doit diminuer. Mais le fluide électrique étant incompressible, sa densité demeure constante et on ne peut concevoir qu'il y ait condensation de ce fluide en un point et raréfaction en un autre. Pour concilier cette conséquence de l'incompressibilité du fluide électrique avec le fait expérimental de l'existence du courant, Maxwell fait intervenir le fluide inducteur qui remplit le diélectrique isolant les deux conducteurs : le fluide électrique sort de l'un des conducteurs, déplace le fluide inducteur du diélectrique et fait rentrer dans l'autre conducteur une quantité de fluide inducteur égale à la quantité de fluide électrique sortie du premier. Il y a donc fermeture du courant à travers le diélectrique et comme les molécules du fluide inducteur se déplacent suivant les lignes de force, ainsi qu'il résulte immédiatement des équations (1) qui définissent les composantes du déplacement, nous pouvons dire que les courants ouverts de la théorie ordinaire se ferment, dans la théorie de Maxwell, suivant les lignes de force du diélectrique.

Les courants instantanés qui prennent naissance dans la charge ou la décharge d'un condensateur peuvent être également considérés comme se fermant à travers le diélectrique qui sépare les armatures. Dans la théorie de Maxwell nous n'avons donc que des courants fermés.

25. — Ces déplacements du fluide électrique et du fluide inducteur dans le cas d'un courant instantané peuvent être matérialisés par une image hydrostatique. Il suffit de remplacer l'air et l'eau que nous avons pris précédemment par de l'eau et du mercure. Dans ces conditions si après avoir fermé le robinet C′ (fig. 3) et ouvert le robinet D′, nous faisons jouer la pompe, nous ne pouvons faire passer le mercure d'un vase dans l'autre, ces vases étant remplis par deux fluides incompressibles. Le passage du mercure ne peut avoir lieu que si nous supposons les parties supérieures des deux vases reliées par un canal permettant à l'eau de passer en sens contraire. Le mercure est alors l'image du fluide électrique, l'eau celle du fluide inducteur et le canal de communication peut être assimilé à un tube de force du diélectrique.

26. *Courants de conduction et courants de déplacement.*— Les courants fermés qui ont lieu à travers un circuit conducteur sont appelés *courants de conduction* ; les courants résultant du déplacement du fluide inducteur, sont nommés *courants de déplacement.* Lorsque dans un même circuit fermé nous aurons à la fois des courants de conduction et des courants de déplacement, ce circuit ne sera autre qu'un circuit ouvert de la théorie ordinaire. Mais outre ces circuits et ceux qui ne comprennent que des courants de conduction, les seuls que l'on considère dans la théorie ordinaire, nous rencontrerons dans la théorie de Maxwell des circuits fermés comprenant uniquement des courants de déplacement ; ces derniers circuits joueront un rôle considérable dans l'explication des phénomènes lumineux.

Les courants de conduction étant ceux qui se produisent dans les circuits bons conducteurs, ils doivent nécessairement obéir, pour être d'accord avec l'expérience, aux lois de Ohm, de Joule, à celle d'Ampère sur les actions mutuelles de deux éléments de courants et aux lois de l'induction. Quant aux courants de déplacement nous ne savons rien sur les lois auxquelles ils obéissent ; le champ est donc ouvert aux hypothèses. Maxwell admet qu'ils obéissent à la loi d'Ampère et aux lois de l'induction mais que les lois de Ohm et de Joule ne leur sont pas applicables, ces courants ne rencontrant à leur établissement d'autre résistance que celle qui résulte de l'élasticité du fluide inducteur, résistance de nature tout à fait différente de celle de la résistance des conducteurs.

27. *Énergie potentielle d'un système électrisé*. — Considérons un système de conducteurs chargés d'électricité positive et d'électricité négative. Ces charges représentent une certaine énergie potentielle. Dans la théorie ordinaire cette énergie potentielle est due aux travaux des attractions et des répulsions qui s'exercent entre les différentes masses électriques du système ; dans la théorie de Maxwell, elle est due à l'élasticité du fluide inducteur qui est dérangé de sa position d'équilibre normal. Cette énergie, qui est susceptible d'être mesurée, doit avoir dans les deux théories la même valeur, et par conséquent les expressions qui permettent d'en calculer la valeur doivent être identiques. C'est en faisant cette identification que nous trouverons de nouvelles propriétés du fluide inducteur.

28. — Cherchons d'abord l'expression de l'énergie potentielle considérée comme résultant des travaux des forces attractives et des forces répulsives.

Soient $d\tau$ un élément quelconque de volume de l'espace x, y et z ses coordonnées et ρ la densité de l'électricité libre dans cet élément ; la quantité d'électricité contenue dans cet élément sera $\rho d\tau$ et les composantes de la force électrique qui s'exerce sur cette quantité d'électricité seront :

$$-\rho d\tau \frac{d\psi}{dx}, \qquad -\rho d\tau \frac{d\psi}{dy}, \qquad -\rho d\tau \frac{d\psi}{dz}.$$

Supposons que la masse électrique contenue dans l'élément $d\tau$ se déplace de façon que ses trois coordonnées subissent des accroissements $\delta x, \delta y, \delta z$.

Le travail de la force électrique appliquée à cette masse électrique sera donc

$$- \rho\, d\tau \left(\frac{d\psi}{dx}\, \delta x + \frac{d\psi}{dy}\, \delta y + \frac{d\psi}{dz}\, \delta z \right).$$

Le travail total des forces appliquées aux différentes masses électriques répandues dans tout l'espace sera représenté par l'intégrale

$$- \int \rho\, d\tau \left(\frac{d\psi}{dx}\, \delta y + \frac{d\psi}{dy}\, \delta y + \frac{d\psi}{dz}\, \delta z \right)$$

étendue à l'espace tout entier.

Si donc nous appelons W l'énergie potentielle cherchée, l'accroissement de cette énergie sera donnée par la formule :

$$(4) \qquad \delta W = \int \rho\, d\tau \left(\frac{d\psi}{dx}\, \delta x + \frac{d\psi}{dy}\, \delta y + \frac{d\psi}{dz}\, \delta z \right).$$

29. — Mettons cette expression sous une autre forme et pour cela évaluons l'accroissement $\delta\rho$ de la densité électrique ρ à l'intérieur de l'élément $d\tau$ dans ce déplacement.

Considérons cet élément comme un parallélipipède rectangle dont les trois arêtes de longueur α, β, γ soient respectivement parallèles aux trois axes de coordonnées de sorte que $d\tau = \alpha\beta\gamma$.

La quantité d'électricité qui entrera dans ce parallélipipède en passant à travers l'une des faces perpendiculaires à l'axe des x sera égale à ρ, densité du fluide, multiplié par δx, déplacement du fluide projeté sur l'axe des x, et par $\beta\gamma$ aire de la face du parallélipipède.

Nous aurons donc pour l'expression de cette quantité d'électricité :

$$\rho\, \delta x\, \beta\gamma.$$

La quantité d'électricité qui entrera dans le parallélipipède en passant par la face opposée aura une expression analogue. Seulement $\rho \delta x$ n'aura plus la même valeur, en effet ρ et δx sont des fonctions de x, y et z; or quand on passe d'une face à la face opposée, x a augmenté d'une quantité très petite α et $\rho \delta x$ est devenu :

$$\rho \delta x + \frac{d(\rho \delta x)}{dx} \cdot \alpha.$$

La quantité d'électricité qui passe à travers cette seconde face aura donc pour expression

$$-\left[\rho \delta x + \frac{d(\rho \delta x)}{dx} \cdot \alpha\right] \delta y.$$

Nous prenons le signe — parce que la normale intérieure à cette seconde face est dirigée vers les x négatifs.

Ainsi la somme algébrique des masses électriques qui entreront dans le parallélipipède en passant à travers les deux faces perpendiculaires à l'axe des x sera

$$-\frac{d(\rho \delta x)}{dx} \cdot \alpha \delta y = -\frac{d(\rho \delta x)}{dx} \, d\tau.$$

De même les masses électriques qui entreront en traversant d'une part les deux faces perpendiculaires à l'axe des y, d'autre part les deux faces perpendiculaires à l'axe des z seront respectivement :

$$-\frac{d(\rho \delta y)}{dy} \, d\tau \qquad \text{et} \qquad -\frac{d(\rho \delta z)}{dz} \, d\tau.$$

Or $d\tau \delta \rho$ n'est autre chose que la somme des masses électriques qui entrent dans le parallélipipède en passant à travers ses six faces, on a donc :

$$(5) \qquad \delta \rho = -\frac{d(\rho \delta x)}{dx} - \frac{d(\rho \delta y)}{dy} - \frac{d(\rho \delta z)}{dz};$$

Cette équation n'est autre que celle qui est connue en hydrodynamique sous le nom d'équation de continuité.

30. — Rappelons que d'après un lemme dont nous avons déjà fait usage, on a

$$\int \alpha F \, d\omega = \int \frac{dF}{dx} \, d\tau,$$

F étant une fonction de x, y, z et les intégrales étant étendues, la première à tous les éléments $d\omega$ d'une surface fermée, la seconde à tous les éléments du volume limité par cette surface.

Lorsque la fonction F est nulle à l'infini, la première intégrale étendue à la surface d'une sphère de rayon infini est nulle, chacun de ses éléments étant égal à zéro.

On a donc pour une telle fonction

$$\int \frac{dF}{dx}\, d\tau = 0.$$

Dans le cas où F est un produit de deux fonctions u et v, l'égalité précédente devient

$$\int u\, \frac{dv}{dx}\, d\tau + \int v\, \frac{du}{dx}\, d\tau = 0,$$

et nous en tirons

$$\int u\, \frac{dv}{dx}\, d\tau = - \int v\, \frac{du}{dx}\, d\tau,$$

nouvelle égalité qui va nous servir à transformer dW.

31. — Il vient en appliquant cette règle à la fonction $\psi \rho \delta x$ qui s'annule à l'infini puisque le potentiel ψ s'annule lui-même à l'infini :

$$\int \rho \delta x\, \frac{d\psi}{dx}\, d\tau = - \int \psi\, \frac{d}{dx}\, (\rho \delta x)d\tau,$$

$$\int \rho \delta y\, \frac{d\psi}{dy}\, d\tau = - \int \psi\, \frac{d}{dy}\, (\rho \delta y)d\tau,$$

$$\int \rho \delta z\, \frac{d\psi}{dz}\, d\tau = - \int \psi\, \frac{d}{dz}\, (\rho \delta z)d\tau,$$

ou en additionnant et tenant compte des équations (4) et (5) :

$$\delta W = \int \psi \delta \rho \, d\tau,$$

ou, en vertu de l'équation de Poisson généralisée :

$$\delta W = -\frac{1}{4\pi} \int \delta \psi \left[\frac{d}{dx}\left(K \frac{d\psi}{dx} \right) + \frac{d}{dy}\left(K \frac{d\psi}{dy} \right) + \frac{d}{dz}\left(K \frac{d\psi}{dz} \right) \right] d\tau.$$

En appliquant le même lemme que tout à l'heure, il vient :

$$\int \delta\psi \left[\frac{d}{dx}\left(K \frac{d\psi}{dx} \right) \right] d\tau = \int \psi \, d\tau \frac{d}{dx} \left[\delta\left(K \frac{d\psi}{dx} \right) \right] =$$

$$- \int d\tau \frac{d\psi}{dx} \delta\left(K \frac{d\psi}{dx} \right)$$

ou encore, en remarquant que le pouvoir inducteur K n'est pas altéré par les déplacements des masses électriques et par conséquent que $\delta K = 0$:

$$\int \delta\psi \left[\frac{d}{dx}\left(K \frac{d\psi}{dx} \right) \right] d\tau = - \int K \, d\tau \frac{d\psi}{dx} \delta\left(\frac{d\psi}{dx} \right) =$$

$$- \int \frac{K \, d\tau}{2} \delta \left[\left(\frac{d\psi}{dx} \right)^2 \right].$$

On obtiendrait par symétrie deux autres équations analogues, et en les additionnant et divisant par $- 4\pi$, on trouverait :

$$\delta W = \delta \int \frac{K}{8\pi} \sum \left(\frac{d\psi}{dx} \right)^2 d\tau.$$

L'énergie potentielle du système a donc pour valeur

$$(6) \qquad W = \int \frac{K}{8\pi} \sum \left(\frac{d\psi}{dx} \right)^2 d\tau$$

la constante d'intégration étant nulle, puisque l'énergie potentielle doit être nulle quand tout l'espace est à l'état neutre, et que dans ce cas le potentiel en chaque point a la même valeur, zéro.

32. — L'intégrale du second membre de l'expression (6) doit être étendue à tout l'espace, mais il revient au même de ne l'étendre qu'à l'espace occupé par le diélectrique, car les éléments de l'intégrale qui correspondent à des points situés à l'intérieur de sconducteurs sont nuls. En effet, en tout point d'un conducteur le potentiel a même valeur et par suite, ses dérivées partielles $\dfrac{d\psi}{dx}$, $\dfrac{d\psi}{dy}$, $\dfrac{d\psi}{dz}$, sont également nulles.

Cette remarque permet de transformer l'expression (6). En tout point d'un diélectrique, nous avons d'après les hypothèses de Maxwell,

$$f = -\frac{K}{4\pi}\frac{d\psi}{dx}, \qquad g = -\frac{K}{4\pi}\frac{d\psi}{dy}, \qquad h = -\frac{K}{4\pi}\frac{d\psi}{dz},$$

et en portant les valeurs des dérivées partielles du potentiel ψ, déduites de ces relations dans le second membre de (6), il vient

$$(7) \qquad W = \int \frac{2\pi}{K}(f^2 + g^2 + h^2)\,d\tau.$$

Telle est l'énergie potentielle d'un système électrisé exprimée à l'aide des notations de Maxwell.

33. — Cherchons maintenant l'expression de cette énergie considérée comme résultant de la déformation du fluide inducteur.

Soient $X\,d\tau$, $Y\,d\tau$, $Z\,d\tau$ les trois composantes de la force qui agit sur un élément $d\tau$ du fluide inducteur lorsque ce fluide se trouve en équilibre contraint par suite de la charge des conducteurs placés dans le diélectrique. Si les molécules électriques qui composent le système subissent un déplacement infiniment petit, les composantes f, g, h, du déplacement de l'élément $d\tau$ du fluide inducteur prennent des accroissements δf, δg, δh. Le travail élémentaire de la force qui s'exerce sur cet élément a pour valeur

$$(X \partial f + Y \partial g + Z \partial h) \, d\tau,$$

et le travail total sur tous les éléments du fluide inducteur est

$$\int (X \partial f + Y \partial g + Z \partial h) \, d\tau,$$

l'intégrale étant étendue à tout l'espace occupé par le diélectrique. La variation de l'énergie potentielle du système, qui ne diffère que par le signe de la variation du travail, est donc

$$\partial W = -\int (X \partial f + Y \partial g + Z \partial h) \, d\tau.$$

34. *Élasticité du fluide inducteur.* — L'identification de cette expression avec la suivante

$$\partial W = \int \frac{4\pi}{K} (f \partial f + g \partial g + h \partial h) \, d\tau,$$

déduite de l'égalité (7), nous donne pour les valeurs des composantes X, Y, X,

$$X = -\frac{4\pi}{K} f, \quad Y = -\frac{4\pi}{K} g, \quad Z = -\frac{4\pi}{K} h.$$

Ces relations nous montrent que les composantes de la force qui s'exerce sur un élément $d\tau$ du fluide inducteur sont proportionnelles aux composantes du déplacement électrique. La force élastique du fluide inducteur est donc dirigée suivant le déplacement et le rapport de sa grandeur à celle du déplacement est égal à $\frac{4\pi}{K}$. Nous verrons plus tard que dans le cas où le diélectrique est un milieu cristallisé la force élastique n'est plus dirigée suivant le déplacement ; les conclusions précédentes ne s'appliquent qu'aux milieux diélectriques isotropes.

35. — Il est à peine besoin de faire remarquer combien l'élasticité du fluide inducteur est différente de l'élasticité des gaz ou de l'éther lumineux. Dans les gaz et dans l'éther, l'énergie potentielle dépend seulement des positions relatives des molécules et non de leur position absolue dans l'espace ; par suite il n'y a pas réaction élastique quand un de ces fluides se déplace sans se déformer. Il en est tout autrement pour le fluide inducteur. Tout se passe comme si chacune des molécules de ce fluide était attirée proportionnellement à la distance par sa position d'équilibre normal. Il résulterait de là que si l'on donnait à toutes ces molécules un même mouvement de translation sans que leur situation relative variât, l'élasticité n'en devrait pas moins entrer en jeu. Cette élasticité toute particulière que doit posséder le fluide inducteur paraît difficile à admettre. On ne conçoit pas comment le point mathématique où se trouve une molécule de fluide inducteur en équilibre normal, pourra agir sur cette molécule pour la ramener à sa position d'équilibre quand une cause électrique l'en aura déplacée. On concevrait plus facilement que ce sont les molécules matérielles du diélectrique qui agissent sur les molécules du fluide inducteur pénétrant le milieu pondérable. Mais cette hypothèse ne lèverait pas toutes les difficultés, car elle n'expliquerait pas l'élasticité du fluide inducteur répandu dans le vide. En outre, l'action de la matière sur le fluide inducteur entraînerait l'existence d'une réaction de ce fluide sur la matière ; or, on n'a constaté aucune manifestation de cette réaction.

36. — On pourrait encore supposer l'existence de deux fluides inducteurs se pénétrant et dont les molécules de l'un agiraient sur les molécules de l'autre dès qu'elles seraient dérangées de leurs positions d'équilibre normal. Mais si cette hypothèse a l'avantage de ramener l'élasticité spéciale au fluide inducteur à l'élasticité telle qu'on la conçoit ordinairement, elle a l'inconvénient d'être plus compliquée que celle de l'existence d'un seul fluide. Aussi croyons-nous que l'hypothèse du fluide inducteur de Maxwell n'est que transitoire et qu'elle sera remplacée par une autre plus logique dès que les progrès de la Science le permettront. On peut nous objecter que Maxwell n'a pas introduit cette hypothèse du fluide inducteur ; mais, comme nous l'avons dit au commencement de ce chapitre, si le mot n'est pas dans l'ou-

vrage de ce physicien, la chose s'y trouve : seulement ce que nous avons appelé fluide inducteur est désigné par le mot électricité ; dans le langage de Maxwell l'électricité des diélectriques est supposée élastique, tandis que l'électricité des conducteurs est supposée inerte. Ces propriétés différentes attribuées à deux fluides désignés par le même nom sont la cause du manque de clarté que présentent certains passages de l'ouvrage de Maxwell. C'est uniquement pour éviter cette obscurité que nous avons introduit le mot de fluide inducteur dans l'exposé des idées de Maxwell.

37. *Distribution électrique*. — Pour achever de justifier les hypothèses de Maxwell, il nous faut maintenant montrer que les lois expérimentales de la distribution électrique en sont une conséquence nécessaire.

Commençons par rappeler ces lois. On sait que cette distribution ne dépend que d'une certaine fonction ψ, le potentiel, assujettie à diverses conditions. Dans toute l'étendue du diélectrique cette fonction ψ est continue ainsi que ses dérivées et satisfait à la relation

$$\frac{d}{dx} K \frac{d\psi}{dx} + \frac{d}{dy} K \frac{d\psi}{dy} + \frac{d}{dz} K \frac{d\psi}{dz} = 0 ;$$

en tout point d'un conducteur elle a une valeur constante, mais en un point de la surface ses dérivées ne sont pas continues. Enfin cette fonction s'annule pour les points situés à l'infini.

L'étude de la distribution électrique sur un conducteur conduit à introduire une nouvelle quantité, la densité électrique superficielle. Si nous désignons par q la quantité d'électricité répandue sur un élément de surface $d\omega$, la relation de Poisson, étendue au cas où le diélectrique est autre que l'air, donne

$$K \frac{d\psi}{dn} d\omega = - 4\pi q.$$

La densité superficielle $\dfrac{q}{d\omega}$ a donc pour expression

$$\sigma = - \frac{K}{4\pi} \frac{d\psi}{dn}.$$

Mais on peut supposer que la couche de fluide électrique répandue à la surface a une densité constante et que son épaisseur est proportionnelle à τ ; c'est à cette dernière interprétation que nous nous attacherons.

38. — Revenons à la théorie de Maxwell. Dans cette théorie nous avons deux fluides incompressibles, le fluide inducteur et le fluide électrique auxquels nous admettrons que l'on puisse appliquer les lois de l'hydrostatique. On sait que si p est la pression en un point x, y, z, d'un tel fluide, les trois composantes X, Y, Z, de la force élastique résultant du déplacement de ce point, ont pour valeurs

$$X = \frac{dp}{dx}, \qquad Y = \frac{dp}{dy}, \qquad Z = \frac{dp}{dz}.$$

Si nous désignons par ψ la pression en un point du fluide inducteur, nous avons

$$X = \frac{d\psi}{dx}, \qquad Y = \frac{d\psi}{dy}, \qquad Z = \frac{d\psi}{dz}.$$

Mais nous avons vu dans le paragraphe 34 que les composantes de la force élastique sont égales aux produits des composantes du déplacement par $-\dfrac{4\pi}{K}$. Nous avons donc

$$(8) \qquad \frac{d\psi}{dx} = -\frac{4\pi}{K}\,f, \qquad \frac{d\psi}{dy} = -\frac{4\pi}{K}\,g, \qquad \frac{d\psi}{dz} = -\frac{4\pi}{K}\,h.$$

De ces relations on déduit

$$f = -\frac{K}{4\pi}\,\frac{d\psi}{dx}, \qquad g = -\frac{K}{4\pi}\,\frac{d\psi}{dy}, \qquad h = -\frac{K}{4\pi}\,\frac{d\psi}{dz}.$$

Ces nouvelles relations sont précisément celles qui définissent les composantes du déplacement, ψ désignant alors le potentiel. Pour justifier la manière dont nous avons défini, d'après Maxwell, les composantes du déplacement électrique, il nous faut montrer que la pression ψ en un point du fluide inducteur n'est autre chose que le potentiel.

39. — Le fluide inducteur étant incompressible, nous avons la relation

$$\frac{df}{dx} + \frac{dg}{dy} + \frac{dh}{dz} = 0,$$

qui devient, en tenant compte des relations 8,

$$\frac{d}{dx} \mathrm{K} \frac{d\psi}{dx} + \frac{d}{dy} \mathrm{K} \frac{d\psi}{dy} + \frac{d}{dz} \mathrm{K} \frac{d\psi}{dz} = 0 ;$$

la fonction ψ satisfait donc à l'une des conditions imposées au potentiel. Elle est aussi, comme le potentiel, constante à l'intérieur d'un conducteur, car l'électricité qui remplit les conducteurs n'est pas élastique, par conséquent X, Y, Z sont nuls et il doit en être de même des dérivées de ψ.

Quand on passe d'un point du diélectrique à un point intérieur d'un conducteur les dérivées de la fonction ψ, ne sont pas continues puisqu'elles passent d'une valeur finie à zéro. Mais la fonction elle-même reste continue. En effet, si la pression n'était pas la même des deux côtés de la surface qui limite le conducteur l'équilibre n'existerait pas, puisque le fluide électrique étant inerte, toute différence de pression aurait pour effet de faire mouvoir ce fluide.

La fonction ψ jouit donc de toutes les propriétés du potentiel ; par suite la pression du fluide inducteur en un point est précisément le potentiel en ce point.

40. — Montrons enfin que la théorie de Maxwell conduit à la même expression que la théorie ordinaire pour l'épaisseur de la couche électrique située à la surface d'un conducteur.

Soient S (fig. 4) la surface qui sépare l'électricité du fluide inducteur dans l'état d'équilibre normal, et S′ la surface de séparation dans l'état d'équilibre contraint. L'électricité libre étant l'excès de la

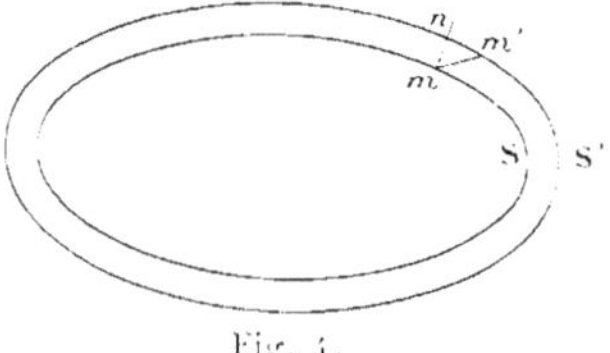

Fig. 4.

quantité de fluide électrique contenue dans le conducteur dans l'état d'équilibre contraint sur la quantité qui s'y trouve normalement, la charge du conducteur est la quantité de fluide comprise entre les deux surfaces S et S'. Ce fluide étant incompressible, la charge en chaque point est donc proportionnelle à la distance normale qui sépare les deux surfaces. Considérons une molécule du fluide inducteur située, dans l'état d'équilibre normal, en un point m de la surface S ; dans l'état d'équilibre contraint cette molécule viendra en m' sur la surface S'. Le triangle mnm', dont le côté mn est la distance normale qui sépare les deux surfaces, peut être considéré comme un triangle rectangle en n. L'épaisseur de la couche électrique est donc égale à la projection du déplacement sur la normale à la surface (en réalité le déplacement est normal à la surface, mais nous n'avons pas besoin de faire intervenir ici cette propriété du fluide inducteur). Cette projection a pour valeur

$$\alpha f + \beta g + \gamma h = -\frac{\mathrm{K}}{4\pi}\left(\alpha\,\frac{d\psi}{dx} + \beta\,\frac{d\psi}{dy} + \gamma\,\frac{d\psi}{dz}\right) = -\frac{\mathrm{K}}{4\pi}\frac{d\psi}{dn}.$$

C'est bien la valeur que donne la théorie ordinaire pour l'épaisseur de la couche électrique.

41. — Dans ce qui précède, nous avons été amenés à supposer que la pression dans le fluide inducteur est égale à ψ. Nous nous trouvons donc en contradiction avec une autre théorie de Maxwell, où l'on trouve que la pression en un point du diélectrique, au lieu d'être égale au potentiel, est proportionnelle à $\sum\left(\dfrac{d\psi}{dx}\right)^2$. Nous reviendrons plus loin sur cette contradiction.

42. — La méthode précédente n'est pas la seule que l'on puisse employer pour déduire de la théorie de Maxwell les lois de la distribution électrique. Elle a d'ailleurs l'inconvénient de ne plus subsister si le fluide inducteur n'existe pas ou si dans ce fluide il n'y a pas de pression. Ayant fait remarquer que l'hypothèse du fluide inducteur ne devait être considérée que comme une hypothèse transitoire, il n'est pas inutile d'indiquer une autre méthode donnant les lois de la distribution électrique sans supposer l'existence de ce fluide. Exposons cette méthode.

Pour qu'un système soit en équilibre, il faut et il suffit que son énergie potentielle soit minimum. Nous obtiendrons donc les conditions de l'équilibre électrique, en exprimant que l'énergie potentielle W est minimum, ou, ce qui revient au même, que la variation de W est nulle quand on donne à f, g, h, des accroissements quelconques compatibles avec les liaisons. Or, quelle que soit la théorie adoptée, f, g, h, doivent satisfaire à la relation

$$\frac{df}{dx} + \frac{dg}{dy} + \frac{dh}{dz} = 0,$$

qui exprime l'incompressibilité du milieu.

D'autre part, considérons un quelconque des conducteurs du système. La charge M de ce conducteur sera une des données de la question. On devra donc avoir

$$\int (\alpha f + \beta g + \gamma h)\, d\omega = M$$

l'intégrale étant étendue à tous les éléments $d\omega$ de la surface du conducteur; α, β, γ désignant les cosinus directeurs de la normale à cet élément et M une constante donnée.

Écrivons que la variation de l'énergie potentielle est nulle; nous avons

$$\delta W = \int \frac{4\pi}{K} (f\delta f + g\delta g + h\delta h)\, dz = 0.$$

Mais à cause des liaisons nous avons aussi

$$\frac{d}{dx}\delta f + \frac{d}{dy}\delta g + \frac{d}{dz}\delta h = 0,$$

$$\int (\alpha\delta f + \beta\delta g + \gamma\delta h)\, d\omega = 0,$$

l'intégrale étant étendue à tous les éléments de volume dz du diélectrique.

Le calcul des variations nous apprend qu'il existe une fonction ψ telle que l'on ait identiquement

$$\int \left[\frac{4\pi}{K}\sum f\delta f - \psi\sum \frac{d}{dx}\delta f \right] dz = 0.$$

En intégrant par parties l'intégrale correspondant au second terme de la parenthèse, nous obtenons

$$\int\left[\frac{4\pi}{K}\sum f\partial f+\sum\frac{d\psi}{dx}\,\partial f\right]d\tau-\int(\alpha\psi\partial f+\beta\psi\partial g+\gamma\psi\partial h)\,d\omega=0.$$

Cette équation devant être satisfaite identiquement, tous les éléments de la première intégrale doivent être nuls ; on a donc

$$\frac{4\pi}{K}f+\frac{d\psi}{dx}=0,$$

ce qui est précisément la relation donnée par Maxwell.

Il reste

$$\int\psi\,(\alpha\partial f+\beta\partial g+\gamma\partial h)\,d\omega=0.$$

L'intégrale étant étendue à tous les éléments de surface de *tous* les conducteurs.

Cette équation devra être satisfaite pour toutes les valeurs de ∂f, ∂g, ∂h satisfaisant aux équations de liaison, c'est-à-dire telles que l'on ait pour *chacun* des conducteurs

$$\int(\alpha\partial f+\beta\partial g+\gamma\partial h)\,d\omega=0.$$

Les règles du calcul des variations nous apprennent que cela ne peut avoir lieu que si ψ est constant à la surface de chacun des conducteurs.

Ainsi le potentiel ψ a une valeur constante en tous les points de la surface de chacun des conducteurs, cette valeur pouvant varier d'ailleurs d'un conducteur à l'autre.

CHAPITRE III

THÉORIE DES DIÉLECTRIQUES DE POISSON
COMMENT ELLE PEUT SE RATTACHER A CELLE DE MAXWELL

43. *Hypothèses de Poisson sur la constitution des diélectriques.* — Dans la théorie de Poisson le rôle des diélectriques est bien moins important que dans celle de Maxwell. Pour Poisson, le diélectrique n'a d'autre but que d'empêcher le mouvement de l'électricité. Mais pour expliquer l'augmentation de capacité d'un condensateur quand on y remplace la lame d'air par une autre substance non conductrice, une hypothèse est nécessaire. Une difficulté analogue rencontrée dans la théorie du magnétisme avait été résolue de la manière suivante par Poisson.

Il s'agissait d'expliquer le magnétisme induit. Poisson regarde un morceau de fer doux aimanté par influence comme un assemblage d'éléments magnétiques séparés les uns des autres par des intervalles *inaccessibles au magnétisme* et de dimensions très petites. Dans chacun de ces éléments, auxquels Poisson attribue pour plus de simplicité la forme sphérique, les deux fluides magnétiques peuvent se séparer et circuler librement.

Mossotti n'a eu qu'à transporter cette théorie en électrostatique pour expliquer les phénomènes observés dans les diélectriques. Dans cette hypothèse, l'air est le seul diélectrique homogène ; quant aux autres diélectriques, il se les représente comme constitués par de petites sphères conductrices disséminées dans une substance non conductrice jouissant des mêmes propriétés que l'air. Les phénomènes attribués au pouvoir inducteur spécifique s'expliquent alors par les effets répulsifs et attractifs de l'électricité induite par influence dans les sphères conductrices.

44. — Dans cette théorie comme dans celle de Maxwell il existe des courants de déplacement. En effet, supposons un diélectrique autre que l'air en présence de conducteurs électrisés ; l'électricité neutre des sphères conductrices du diélectrique est décomposée : un hémisphère se trouve chargé positivement, l'autre négativement. Si alors on met les conducteurs en communication avec le sol, l'influence sur les sphères du diélectrique cesse et ces sphères reviennent à l'état neutre ; l'électricité se déplace donc d'un hémisphère à l'autre, par suite, il y a des courants de déplacement.

Il est probable que c'est la conception de Poisson et Mossotti sur la nature des diélectriques qui a conduit Maxwell à sa théorie. Il dit l'avoir déduite des travaux de Faraday et n'avoir fait que traduire sous une forme mathématique les vues de ce célèbre physicien ; or, Faraday avait adopté les idées de Mossotti (Cf. Experimental Researches, Faraday, série XIV, § 1679). Ajoutons que, ainsi que nous le verrons bientôt, l'intensité des courants de déplacement n'a pas la même valeur dans la théorie de Poisson et dans celle de Maxwell. Nous montrerons cependant comment on peut faire concorder les deux théories.

45. — On a fait malheureusement à la théorie du magnétisme de Poisson de graves objections et il est certain que les calculs du savant géomètre ne sont nullement rigoureux. Ces objections s'appliquent naturellement à la théorie de Mossotti qui n'en diffère pas au point de vue mathématique.

C'est ce qui me décide à ne pas reproduire ici ces calculs, je me bornerai à renvoyer le lecteur qui désirerait en faire une étude approfondie, aux sources suivantes. Le mémoire original de Poisson, sur la théorie du magnétisme a paru dans le tome V des Mémoires de l'Académie des Sciences (1821-1822). Une théorie plus élémentaire, mais passible des mêmes objections, est exposée dans le tome Ier des Leçons sur l'Électricité et le Magnétisme de MM. Mascart et Joubert (p. 162 à 177). C'est celle que j'avais développée dans mes leçons.

Je renverrai également à l'article 314 de la seconde édition de Maxwell, où le savant anglais présente d'une façon très originale une théorie identique au point de vue mathématique à celle de

Poisson et de Mossotti, mais s'appliquant à un problème physique très différent, celui d'un courant électrique à travers un conducteur hétérogène.

Mais je recommanderai surtout la lecture du mémoire de M. Duhem sur l'aimantation par influence (Paris, Gauthier-Villars, 1888 ; et Annales de la Faculté des Sciences de Toulouse), où les calculs de Poisson et les objections qu'on y peut faire sont exposés avec la plus grande clarté.

Je vais maintenant développer la théorie en cherchant à me mettre à l'abri de ces objections ; pour cela, j'ai besoin de connaître la distribution de l'électricité induite par une sphère placée dans un champ uniforme.

46. *Sphère placée dans un champ uniforme.* — Prenons une sphère conductrice placée dans un champ électrique uniforme et désignons par φ la valeur du potentiel dû aux masses électriques extérieures en un point de ce champ. La force électrique s'exerçant sur l'unité de masse électrique située en un point quelconque a pour composantes

$$- \frac{d\varphi}{dx}, \quad - \frac{d\varphi}{dy}, \quad - \frac{d\varphi}{dz}.$$

Si l'on prend l'axe des x parallèle aux lignes de force du champ, cette force électrostatique, que nous désignerons par φ, a pour valeur

$$\varphi = - \frac{d\varphi}{dx}.$$

La sphère conductrice placée dans le champ s'électrise par influence et l'équilibre électrique est atteint quand la force électrostatique due à la distribution sur la surface de cette sphère est égale et directement opposée à φ en tout point intérieur. Cherchons l'expression de cette force.

47. — Lorsque la sphère conductrice est à l'état neutre, nous pouvons la considérer comme formée de deux sphères égales, ayant même centre, chargées, l'une d'électricité positive, l'autre d'une quantité égale d'électricité négative ; chacune de ces deux charges, au lieu d'être seulement superficielle, étant uniformément répandue dans tout le volume de la sphère ; la résultante des actions exercées par ces sphères sur un point extérieur est

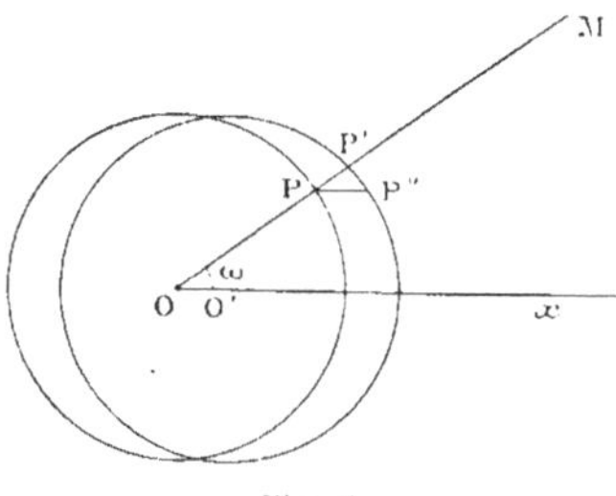

Fig. 5.

évidemment nulle, comme cela doit être. Si nous déplaçons la sphère négative de manière que son centre vienne en O' (fig. 5) le centre de la sphère positive restant en O, les actions de ces sphères ne se neutralisent plus. Nous pouvons donc regarder la sphère conductrice soumise à l'influence comme formée de deux sphères égales, électrisées en sens contraire et dont les centres ne coïncident plus.

48. — On sait que l'action d'une sphère homogène sur un point intérieur situé à une distance r de son centre est la même que si la masse électrique contenue dans la sphère de rayon r était concentrée au centre de la sphère. En appelant ρ la densité électrique en chaque point de la sphère, on a pour la force électrostatique s'exerçant sur le point considéré

$$F = \frac{1}{r^2} \, \frac{4}{3} \, \pi r^3 \rho = \frac{4}{3} \, \pi r \rho.$$

Si donc on appelle x_0, y_0, z_0 les coordonnées du centre de la sphère, x, y, z les coordonnées du point considéré, les composantes de l'action exercée par la sphère sur l'unité de masse électrique placée en un point intérieur ont pour valeurs

$$\frac{4}{3}\,\pi\,(x - x_0)\,\rho, \quad \frac{4}{3}\,\pi\,(y - y_0)\,\rho, \quad \frac{4}{3}\,\pi\,(z - z_0)\,\rho.$$

49. — Appliquons ces formules aux deux sphères qui remplacent la sphère conductrice électrisée par influence. Prenons pour origine des axes de coordonnées le centre O de la sphère positive et pour axe des x la droite qui joint les centre O et O' des deux sphères. Nous aurons pour la composante suivant Ox de la

résultante des actions qu'exercent les deux sphères sur l'unité
de masse électrique située en un point intérieur x, y, z,

$$\frac{4}{3}\pi x\rho - \frac{4}{3}\pi(x - x_0)\rho = \frac{4}{3}\pi x_0\rho,$$

x_0 désignant l'abscisse de O'. Quant aux composantes suivant les
axes des y et des z, on voit facilement qu'elles sont nulles. Il faut
donc, pour qu'une molécule électrique intérieure à la sphère soit
en équilibre sous l'action du champ uniforme φ et de l'électricité
développée sur la sphère par influence, que la ligne des centres
des sphères positive et négative soit parallèle au champ et que la
distance de ces centres satisfasse à l'égalité

$$\varphi = -\frac{4}{3}\pi x_0\rho.$$

D'ailleurs, comme les densités des sphères ne sont assujetties
qu'à la condition d'être égales en valeurs absolues, nous pouvons
supposer que ces densités sont $+1$ et -1. Il vient alors

$$(1) \qquad \varphi = -\frac{4}{3}\pi x_0.$$

égalité qui nous donne la distance des centres des deux sphères.

50. — Nous pouvons trouver facilement la valeur du potentiel
résultant de la sphère influencée en un point M extérieur à cette
sphère. L'action d'une sphère homogène sur un point extérieur
étant la même que si toute la masse électrique était concentrée
au centre de cette sphère, le potentiel en M a pour expression

$$\frac{4}{3}\pi R^3\left(\frac{1}{r} - \frac{1}{r'}\right) = \frac{4}{3}\pi R^3\frac{r' - r}{rr'},$$

R désignant le rayon de chacune des sphères, r et r' les distances
du point M aux centres O et O'. Nous appellerons ω l'angle de
la direction OM avec l'axe des x et nous négligerons les quantités

infiniment petites du deuxième ordre, en regardant x_0 comme
du premier ordre. Alors l'expression précédente peut s'écrire

$$- \frac{4}{3}\pi R^3 \frac{x_0 \cos \omega}{r^2}$$

ou en tenant compte de la relation (1)

$$(2) \qquad\qquad \varphi R^3 \frac{\cos \omega}{r^2}.$$

La distribution électrique sur la sphère induite s'obtient tout
aussi simplement. L'épaisseur de la couche négative en un
point P quelconque est

$$PP' = PP'' \cos \omega = x_0 \cos \omega = - \frac{3\varphi \cos \omega}{4\pi};$$

par suite, l'épaisseur de la couche électrique superficielle est
donnée, en valeur et en signe, par l'expression $\dfrac{3\varphi \cos \omega}{4\pi}$.

On dit qu'une sphère conductrice sur laquelle la distribution
électrique est la même que si elle était placée dans un champ
uniforme, est *polarisée*.

51. **Polarisation des diélectriques.** — Considérons maintenant un diélectrique, constitué comme se l'imagine Mossotti et
soumis à l'action de corps électrisés extérieurs. Chacune des
sphères qu'il contient va se polariser. En effet les dimensions
de ces sphères étant très petites, dans le voisinage de chacune
d'elles le champ électrique peut être regardé comme uniforme.

Il est vrai que la distribution électrique à la surface d'une de
ces sphères pourra être troublée par l'influence des sphères voisines ; mais nous n'aurons pas à tenir compte de ces perturbations :

1° Parce que les sphères étant irrégulièrement distribuées, leur
influence tend à se neutraliser mutuellement ;

2° Parce que si l'on admet que la distribution à la surface d'une
sphère n'est pas la même qu'elle serait dans un champ uniforme,
ces irrégularités de la distribution sont exprimées par des fonctions sphériques d'ordre supérieur ; si donc on considère le

potentiel en un point situé à une distance r du centre de la sphère, les termes qui dépendent de ces irrégularités contiendront une puissance supérieure de $\frac{1}{r}$ et seront négligeables, si r est très grand par rapport au rayon de la sphère.

Nous dirons alors qu'un diélectrique dont toutes les sphères sont polarisées est lui-même polarisé.

52. — Nous avons maintenant à définir les composantes de la polarisation électrique qui correspondent à ce qu'on appelle dans la théorie du magnétisme, composantes de la magnétisation.

Nous avons vu plus haut que le potentiel de notre sphère par rapport à un point extérieur était égal à :

$$\zeta R^3 \frac{\cos \omega}{r^2}$$

ou à

$$-\frac{3}{4\pi} u\zeta \frac{d\frac{1}{r}}{dx}$$

en appelant u le volume de la sphère.

Si l'on avait pris des axes de coordonnées quelconques, nous aurions trouvé pour le potentiel de la sphère polarisée, en appelant x, y, z les coordonnées de son centre,

$$-\frac{3u}{4\pi}\left(\frac{d\zeta}{dx}\frac{d\frac{1}{r}}{dx} + \frac{d\zeta}{dy}\frac{d\frac{1}{r}}{dy} + \frac{d\zeta}{dz}\frac{d\frac{1}{r}}{dz}\right).$$

Imaginons maintenant un élément de volume $d\tau$ du diélectrique, contenant un nombre très grand n de sphères, et cependant assez petit pour que le champ puisse y être regardé comme uniforme. Le potentiel des n sphères contenues dans cet élément sera :

$$-\frac{3nu}{4\pi}\left(\frac{d\zeta}{dx}\frac{d\frac{1}{r}}{dx} + \frac{d\zeta}{dy}\frac{d\frac{1}{r}}{dy} + \frac{d\zeta}{dz}\frac{d\frac{1}{r}}{dz}\right).$$

Posons

$$nu = hd\tau,$$

de sorte que h soit le rapport du volume des sphères au volume total du diélectrique.

Posons en outre

$$A = -\frac{3h}{4\pi} \cdot \frac{d\psi}{dx}, \qquad B = -\frac{3h}{4\pi} \frac{d\psi}{dy}, \qquad C = -\frac{3h}{4\pi} \frac{d\psi}{dz};$$

il viendra pour le potentiel dû à l'élément polarisé $d\tau$

$$d\tau\left(A \frac{d\frac{1}{r}}{dx} + B \frac{d\frac{1}{r}}{dy} + C \frac{d\frac{1}{r}}{dz} \right).$$

Les trois quantités A, B et C sont les *composantes de la polarisation*, et le potentiel dû au diélectrique entier s'écrira

$$V = \int d\tau\left(A \frac{d\frac{1}{r}}{dx} + B \frac{d\frac{1}{r}}{dy} + C \frac{d\frac{1}{r}}{dz} \right).$$

l'intégrale étant étendue au diélectrique entier ; ou, en intégrant par parties,

$$(3) \quad V = \int \frac{d\omega}{r} (lA + mB + nC) - \int \frac{d\tau}{r}\left(\frac{dA}{dx} + \frac{dB}{dy} + \frac{dC}{hz} \right).$$

La première intégrale est étendue à tous les éléments $d\omega$ de la surface qui limite le diélectrique, l, m, et n désignant les cosinus directeurs de la normale à cette surface ; la seconde intégrale est étendue au volume entier du diélectrique.

53. — Soit maintenant V_1 le potentiel dû aux corps électrisés extérieurs. Soit s une quelconque des petites sphères conductrices ayant pour centre un certain point O et exprimons les conditions de l'équilibre électrique sur cette sphère.

Décomposons le volume du diélectrique en deux volumes partiels φ' et φ''; le second de ces volumes sera très petit et contiendra la sphère s.

Considérons une molécule électrique située en O ; cette molécule devra être en équilibre sous l'action :

1° Des corps électrisés extérieurs ;

2° Du volume φ' du diélectrique ;

3° Des sphères autres que s situées à l'intérieur de φ'' ;

4° De la sphère s.

Nous supposerons que le volume φ'', quoique contenant un très grand nombre de sphères, est assez petit pour que les composantes A, B, C, puissent y être regardées comme constantes et nous choisirons les axes de façon que B et C et par conséquent $\dfrac{d\psi}{dy}$, $\dfrac{d\psi}{dz}$ soient nuls.

54. — Écrivons que les composantes de toutes ces actions suivant l'axe des x se détruisent.

Pour éviter toute confusion nous appellerons pour un instant x, y, z les coordonnées du point attirant, ξ, η, ζ celles du point attiré, de sorte que :

$$r^2 = (x - \xi)^2 + (y - \eta)^2 + (z - \zeta)^2.$$

Nous rappelons en outre que ψ désigne le potentiel du champ uniforme qui produirait sur chaque sphère conductrice leur polarisation actuelle, et que le potentiel actuel est égal à $V + V_1 = U$. Nous continuerons à désigner les composantes du champ uniforme par $-\dfrac{d\psi}{dx}$, $-\dfrac{d\psi}{dy}$, $-\dfrac{d\psi}{dz}$.

La composante due aux corps extérieurs sera $-\dfrac{dV_1}{d\xi}$.

La composante due à la sphère s sera $+\dfrac{d\psi}{dx}$ puisque, par hypothèse, la sphère est polarisée comme elle le serait sous l'action d'un champ uniforme d'intensité $-\dfrac{d\psi}{dx}$.

55. — Je dis que si la surface σ qui sépare les deux volumes partiels φ' et φ'' est convenablement choisie, l'action des sphères autres que s et intérieures à φ' sera nulle.

En effet soient a, b, c les coordonnées du centre d'une de ces sphères, le point O étant pris pour l'origine. La force électrostatique exercée par cette sphère au point O aura pour composante suivant l'axe des x :

$$-\frac{3u}{4\pi}\frac{d\psi}{dx}\frac{d^2\frac{1}{r}}{dx^2} = \frac{3u}{4\pi}\frac{d\psi}{dx}\frac{a^2+b^2+c^2-3a^2}{(a^2+b^2+c^2)^{\frac{5}{2}}}.$$

Il résulte de là que les actions des trois sphères qui ont respectivement pour centres les points

$$(a, b, c), \quad (b, c, a), \quad (c, a, b)$$

se détruisent.

Si donc la surface σ possède la symétrie cubique et ne change pas quand on permute les trois axes de coordonnées, les actions des différentes sphères contenues à l'intérieur de cette surface se neutraliseront. *C'est faute d'avoir fait cette hypothèse que Poisson n'a pas été rigoureux.*

Nous supposerons, pour fixer les idées, que la surface σ est une sphère ayant son centre en O.

56. — Il reste à évaluer l'action du volume v'.

Cette action est égale à

$$-\frac{dV'}{d\xi}$$

en appelant V' l'intégrale

$$\int dz \left(A\frac{d\frac{1}{r}}{dx} + B\frac{d\frac{1}{r}}{dy} + C\frac{d\frac{1}{r}}{dz} \right)$$

étendue au volume v' ; et on aura

$$V' = V - V''$$

V'' désignant la même intégrale étendue au volume v'', d'où

$$\frac{dV'}{d\xi} = \frac{dV}{d\xi} - \frac{dV''}{d\xi}.$$

Nous avons d'ailleurs, comme on l'a vu plus haut

$$V'' = \int \frac{d\omega}{r}\, (lA - mB + nC) - \int \frac{dz}{r}\left(\frac{dA}{dx} + \frac{dB}{dy} + \frac{dC}{dz}\right)$$

la première intégrale étant étendue à la surface σ et la seconde au volume v''.

On en déduit :

$$\frac{dV''}{d\xi} = \int \frac{d\omega}{r^3}\, x\,(lA - mB + nC) - \int \frac{dz}{r^3}\, x\left(\frac{dA}{dx} + \frac{dB}{dy} + \frac{dC}{dz}\right).$$

Si le rayon de la sphère σ est infiniment petit, il en sera de même de la seconde des intégrales du second membre de l'égalité précédente, mais non de la première.

D'ailleurs si ce rayon est très petit, A, B et C sont des constantes et nous avons supposé que B et C sont nuls. Il vient donc :

$$\frac{dV''}{d\xi} = A \int \frac{xl}{r^3}\, d\omega.$$

Or l est le cosinus directeur de la normale à la sphère ; c'est donc $\dfrac{x}{r}$ et l'on a :

$$\frac{dV''}{d\xi} = A \int \frac{x^2}{r^4}\, d\omega = \frac{4}{3}\,\pi A.$$

57. — L'équation d'équilibre s'écrit donc :

$$-\frac{dV_1}{d\xi} + \frac{dv}{dx} - \frac{dV}{d\xi} + \frac{4}{3}\,\pi A = 0,$$

ou

$$\frac{d(V + V_1)}{d\xi} = \frac{dU}{d\xi} = \frac{4}{3}\,\pi\left(1 - \frac{1}{h}\right)A.$$

Si au lieu de prendre pour axe la direction de la polarisation au point considéré, nous avions pris des axes quelconques, nous aurions trouvé, au lieu de l'équation unique que nous venons de démontrer, les équations suivantes :

$$(1 - \mathrm{K}) \frac{d\mathrm{U}}{d.x} = 4\pi\mathrm{A},$$

$$(1 - \mathrm{K}) \frac{d\mathrm{U}}{dy} = 4\pi\mathrm{B},$$

$$(1 - \mathrm{K}) \frac{d\mathrm{U}}{d z} = 4\pi\mathrm{C} ;$$

en posant pour abréger :

$$\mathrm{K} - 1 = \frac{3h}{1 - h},$$

d'où

$$h = \frac{\mathrm{K} - 1}{\mathrm{K} + 2}.$$

Nous écrivons d'ailleurs $\dfrac{d\mathrm{U}}{d.x}$ au lieu de $\dfrac{d\mathrm{U}}{d\xi}$ en revenant aux notations habituelles, ce qui n'a plus d'inconvénient puisque aucune confusion n'est plus à craindre.

58. — On déduit de là en différentiant la première de ces équations par rapport à x, la seconde par rapport à y, la troisième par rapport à z et ajoutant :

$$- \frac{d}{d.x}\left(\mathrm{K}\,\frac{d\mathrm{U}}{d.x}\right) - \frac{d}{dy}\left(\mathrm{K}\,\frac{d\mathrm{U}}{dz}\right) - \frac{d}{dz}\left(\mathrm{K}\,\frac{d\mathrm{U}}{dz}\right) + \Delta\mathrm{U}$$

$$= 4\pi\left(\frac{d\mathrm{A}}{d.x} + \frac{d\mathrm{B}}{dy} + \frac{d\mathrm{C}}{dz}\right).$$

Or V_1 est le potentiel des corps extérieurs, on a donc

$$\Delta\mathrm{V}_1 = 0.$$

D'autre part l'équation (3) montre que V peut être regardé comme le potentiel dû à une couche de densité

$$lA + mB + nC$$

répandue à la surface du diélectrique, moins le potentiel d'une quantité d'électricité répandue dans tout ce volume et ayant pour densité

$$\frac{dA}{dy} + \frac{dB}{dy} + \frac{dC}{dz}.$$

Il en résulte que :

$$\Delta U = \Delta V = 4\pi\left(\frac{dA}{dx} + \frac{dB}{dy} + \frac{dC}{dz}\right),$$

et par conséquent

$$\frac{d}{dx}\left(K\frac{dU}{dx}\right) + \frac{d}{dy}\left(K\frac{dU}{dy}\right) + \frac{d}{dz}\left(K\frac{dU}{dz}\right) = 0.$$

Or, $U = V + V_1$ désignant le potentiel, la comparaison de l'équation à laquelle nous venons de parvenir avec les équations fondamentales de l'électrostatique montre que K n'est autre chose que le pouvoir inducteur.

59. — Ainsi, dans un diélectrique constitué comme se l'imagine Mossotti, et de pouvoir inducteur K, le rapport du volume occupé par les sphères au volume total est égal à :

$$h = \frac{K - 1}{K + 2}.$$

On trouve d'ailleurs

$$(1 - K)\frac{dU}{dx} = 4\pi A = -3h\frac{d\psi}{dx}.$$

Le déplacement électrique de la théorie de Maxwell s'écrit alors :

$$f = -\frac{K}{4\pi}\frac{dU}{dx} = -\frac{3h}{4\pi}\frac{K}{K-1}\frac{d\psi}{dx} = -\frac{3}{4\pi}\frac{K}{K+2}\frac{d\psi}{dx}.$$

Les deux autres composantes du déplacement électrique sont nulles si, comme nous le supposons, nous prenons pour axe des x la direction de la polarisation au point considéré. Si en même temps, revenant à nos notations du n° 46, nous appelons φ l'intensité du champ uniforme qui polariserait nos petites sphères comme elles le sont réellement, nous aurons :

$$\varphi = -\frac{d\varphi}{dx}$$

et

$$(4) \qquad f = \frac{3}{4\pi} \frac{K}{K+2} \varphi.$$

60. — Nous avons vu que dans la théorie de Poisson et Mossotti la polarisation des petites sphères conductrices varie quand on fait varier le champ électrique dans lequel elles se trouvent placées, et que les courants qui se produisent dans ces petites sphères et résultant de cette variation peuvent être comparés aux courants de déplacement de Maxwell. Il importe de comparer l'intensité de ces courants de déplacement dans les deux théories.

Pour cela je vais calculer la valeur de f' du déplacement électrique dans la théorie de Mossotti et la comparer à la valeur de f que nous venons de trouver.

Chacune de nos sphères est polarisée comme si elle était soumise à l'action d'un champ uniforme d'intensité φ.

Donc d'après ce que nous avons vu au n° 49 tout se passe comme s'il existait deux sphères de même rayon que la sphère conductrice, l'une remplie de fluide positif de densité 1, l'autre de fluide négatif de densité 1, et si la sphère négative, coïncidant dans l'état d'équilibre normal avec la sphère positive, subissait sous l'influence d'un champ uniforme d'intensité φ un déplacement x_0 donné par la formule

$$\varphi = -\frac{4}{3}\pi x_0.$$

Tout se passera donc comme s'il y avait déplacement en bloc des fluides électriques de chacune des petites sphères. Mais, les

sphères conductrices n'occupent pas le volume entier du diélectrique ; elles sont séparées entre elles par un milieu isolant
jouissant des mêmes propriétés que l'air, et la somme de leurs
volumes est au volume total du diélectrique dans le rapport de h
à 1. La somme des charges positives qui se trouvent sur ces
sphères est donc h fois plus petite que la somme de ces mêmes
charges dans l'hypothèse où tout le volume de diélectrique serait
occupé par des sphères conductrices. Comme il en est de même
des charges négatives, il revient au même d'admettre que chacun
des fluides est répandu dans tout le diélectrique avec une densité h, ou que chacun d'eux n'occupe qu'une fraction h du volume
du diélectrique avec une densité 1. La valeur du déplacement
moyen sera évidemment la même dans les deux cas. Si nous
adoptons la première hypothèse nous pourrons appliquer à la
sphère diélectrique les formules du n° 49 en y remplaçant x_0
par $h x_0$, puisque dans ces formules la densité est supposée égale
à 1 et que maintenant elle est h. Cette quantité $h x_0$ est donc le
déplacement moyen que subit le fluide négatif dans le diélectrique soumis à l'influence du champ. Si nous remplaçons x_0 par
sa valeur tirée de l'équation 1, nous avons pour ce déplace-

ment $- h \dfrac{3 \mathcal{S}}{4 \pi}$ et par suite pour le déplacement du fluide positif

par rapport au fluide négatif, qui ne diffère que par le signe du
précédent,

$$f = h \frac{3 \mathcal{S}}{4 \pi}.$$

Or on a :

$$5 \qquad\qquad h = \frac{K - 1}{K + 2}.$$

Mais si par suite de cette relation les actions extérieures des
diélectriques sont les mêmes dans les deux théories, les intensités
des courants de déplacement n'ont pas la même valeur dans l'une
et dans l'autre. En effet, si nous portons cette valeur de h dans
l'expression de f nous obtenons pour la valeur du déplacement
dans la théorie de Poisson

$$6 \qquad\qquad f = \frac{3 \mathcal{S}}{4 \pi} \frac{K - 1}{K + 2}.$$

qui diffère de celle du déplacement dans la théorie de Maxwell, donnée par la formule (4). Le rapport de ces quantités est

$$(7) \qquad \frac{f'}{f} = \frac{K-1}{K} \; ;$$

c'est aussi le rapport des intensités des courants de déplacement dans les deux théories. Dans l'air l'intensité du courant de déplacement est nulle quand on adopte les idées de Poisson puisque la formule (6) donne $f'' = 0$ pour $K = 1$ et que le pouvoir inducteur spécifique de l'air est l'unité. Dans la théorie de Maxwell, le déplacement dans l'air a, d'après la formule (4), la valeur $f = \dfrac{\varphi}{4\pi}$, et par suite, contrairement à ce qui a lieu dans la théorie de Poisson, l'intensité du courant de déplacement n'est pas nulle dans ce milieu. C'est là la différence la plus importante qui existe entre les deux théories dont nous venons de comparer les conséquences.

61. *Modification de la théorie de Poisson. Cellules.* — Mais, ainsi que nous l'avons annoncé au commencement de ce chapitre, il est possible en introduisant dans la théorie de Poisson quelques modifications secondaires de faire concorder ses résultats avec ceux de la théorie de Maxwell. C'est ce que nous allons montrer.

Remarquons que si les formules (5) et (7), qui donnent h et le rapport des déplacements, ne sont pas homogènes, cela tient à ce que nous avons pris l'unité pour le pouvoir inducteur spécifique de la substance isolante qui sépare les sphères conductrices dans celle de Poisson.

Il serait facile de vérifier que si nous désignons par K_1 le pouvoir inducteur de cette substance, les formules (5) et (7) deviennent

$$h = \frac{K - K_1}{K + 2K_1} \, , \qquad \frac{f'}{f} = \frac{K - K_1}{K} \, .$$

Cette dernière formule montre que si K_1 est très petit le rapport des déplacements est voisin de l'unité. Les intensités des courants de déplacement auraient donc sensiblement la même valeur dans les deux théories si K_1 était infiniment petit, ce qui exige que h diffère infiniment peu de l'unité, c'est-à-dire que l'espace non conducteur qui sépare les sphères conductrices soit infiniment petit. Or, nous n'avons introduit l'hypothèse de la forme sphérique des conducteurs disséminés dans le diélectrique que pour avoir plus de simplicité dans les calculs ; les conséquences restant vraies pour une forme quelconque des conducteurs nous pouvons nous représenter un diélectrique comme formé de *cellules* conductrices séparées par des cloisons non conductrices. Il suffit alors pour faire concorder la théorie de Poisson avec celle de Maxwell de supposer que ces cloisons ont une épaisseur infiniment petite, puisqu'alors h diffère infiniment peu de l'unité et qu'elles sont formées d'une substance isolante de pouvoir inducteur spécifique K_1 infiniment petit. Montrons que cette concordance se retrouve dans toutes les conséquences de la théorie de Maxwell et qu'au point de vue mathématique cette dernière théorie est identique avec celle de Poisson ainsi modifiée.

62. *Propagation de la chaleur dans un milieu homogène.* — La suite des calculs nécessaires nous conduira à des relations tout à fait pareilles à celles qu'a établies Fourier dans l'étude de la conductibilité de la chaleur. Dans le but de faire ressortir l'analogie mathématique qui existe entre les phénomènes électriques et les phénomènes calorifiques, nous commencerons par rappeler brièvement la théorie de Fourier.

Cette théorie repose sur les hypothèses suivantes : quand deux molécules d'un corps sont à des températures différentes, il y a passage de chaleur de la plus chaude à la plus froide ; la quantité de chaleur qui passe pendant un temps donné est une fonction de la distance, qui tend rapidement vers zéro quand la distance croît, et qui ne dépend pas de la température ; enfin cette quantité de chaleur est proportionnelle à la différence $V_1 - V_2$ des températures des deux molécules. Il résulte de ces hypothèses que la quantité de chaleur qui passe pendant un temps dt d'une molécule à une autre est

$$(1) \qquad dq = - C\,dt\,\Delta V,$$

ΔV représentant la variation de la température quand on se déplace dans le sens du flux calorifique et C étant une quantité indépendante de la température.

63. — Considérons un parallélipipède rectangle infiniment petit ABCD A'B'C'D' (fig. 6) situé dans le corps et prenons trois axes de coordonnées respectivement parallèles à trois arêtes du parallélipipède. Soient $d\tau$ son volume, $d\omega$ la surface de sa section par un plan perpendiculaire à l'axe des x, a et b les coordonnées des deux extrémités A et A' d'une arête parallèle à cet axe ; on a la relation

$$d\tau = d\omega\,(b - a).$$

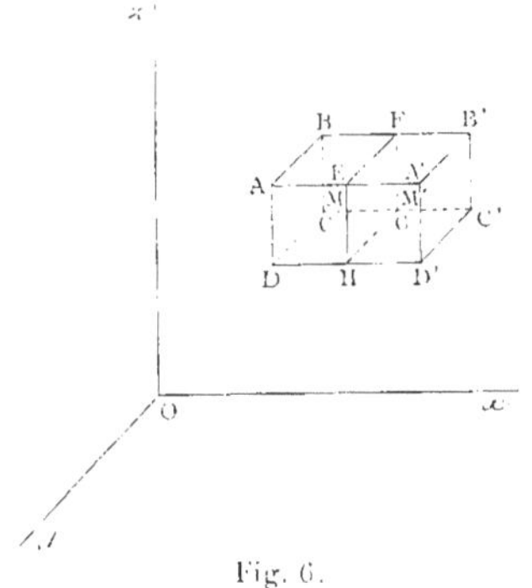

Fig. 6.

Cherchons la quantité de chaleur $Qd\omega dt$ qui traverse la section $d\omega$ pendant l'intervalle de temps dt. Pour cela calculons de deux manières différentes l'intégrale

$$(2) \qquad \int_a^b (Qd\omega dt)\,dx,$$

qui donne la somme des quantités de chaleur qui traversent toutes les sections du parallélipipède perpendiculaires à Ox pendant le temps dt.

L'intégration donne immédiatement, si l'on regarde comme constante la quantité de chaleur qui traverse chaque section $d\omega$ du parallélipipède infiniment petit,

$$Qd\omega dt\,(b - a) = Qd\tau dt.$$

64. — Pour trouver une autre expression de cette quantité, coupons le parallélipipède par une section quelconque EFGH perpendiculaire à Ox et prenons de part et d'autre deux molécules M et M'. D'après les hypothèses de Fourier la quantité de chaleur qui passe de l'une à l'autre pendant le temps dt est

$$(3) \qquad q\,dt = -\,Cdt\Delta V,$$

et la somme des quantités de chaleur qui passent par toutes les sections du parallélipipède est

$$\int_a^b (q\,dt)\,dx.$$

Mais pour les sections qui ne sont pas comprises entre les molécules il n'y a pas passage de chaleur et les éléments de l'intégrale qui correspondent à ces sections sont nuls. Il suffit donc de prendre pour limites de l'intégrale les valeurs x et $x + \Delta x$ des coordonnées des points M et M'; on obtient

$$\int_x^{x + \Delta x} (q\,dt)\,dx = q\Delta x\,dt.$$

Les autres couples de molécules du parallélipipède donnent des quantités analogues. Leur somme est précisément la valeur de l'intégrale (2) et nous avons

$$(4) \qquad Q\,dz\,dt = \Sigma q\,\Delta x\,dt.$$

Mais la relation (3) nous donne pour q,

$$q = - C\left(\frac{dV}{dx}\Delta x + \frac{dV}{dy}\Delta y + \frac{dV}{dz}\Delta z\right),$$

en négligeant dans le développement les puissances de Δx, Δy, Δz, égales et supérieures à 2, ce qui est permis, les échanges de chaleur étant supposés n'avoir lieu qu'entre molécules très voisines et les termes négligés étant alors très petits par rapport aux premiers termes du développement. Portant alors cette valeur de q dans la relation (4), nous obtenons

$$(5) \qquad Q\,dz = - \frac{dV}{dx}\sum C\Delta x^2 - \frac{dV}{dy}\sum C\Delta x\Delta y - \frac{dV}{dz}\sum C\Delta x\Delta z,$$

C étant par hypothèse indépendant de la température. Les coefficients des dérivées partielles de V n'en dépendent pas non plus. Par conséquent Q est une fonction linéaire et homogène de ces dérivées.

65. — Si le corps considéré est isotrope cette fonction se réduit à un seul terme. En effet, dans ce cas l'expression de Q ne doit pas changer quand on y remplace x par $-x$ et il faut, pour qu'il en soit ainsi, que les dérivées partielles de V par rapport à y et à z disparaissent du second membre. Nous avons donc simplement

$$Q\,dz = -\frac{dV}{dx}\,\Sigma C\Delta x^2,$$

et si nous posons

$$A = \frac{\Sigma C\Delta x^2}{dz},$$

il vient

$$Q = -A\frac{dV}{dx}.$$

La constante A est le *coefficient de conductibilité thermique* du milieu.

Le milieu étant supposé isotrope la valeur de ce coefficient est la même pour toutes les directions ; nous aurons donc pour la quantité de chaleur par unité de surface à travers un élément de surface perpendiculaire à l'un des autres axes de coordonnées

$$Q = -A\frac{dV}{dy},$$

$$Q = -A\frac{dV}{dz}.$$

D'une manière générale, nous aurons pour un élément orienté d'une manière quelconque

$$(6) \qquad Q = -A\frac{dV}{dn},$$

dn étant une longueur infiniment petite prise sur la normale à l'élément.

66. *Analogie avec le déplacement de l'électricité dans les cellules.* — À l'intérieur de chacune des cellules conductrices le potentiel ψ est constant, mais ce potentiel varie brusquement quand on traverse les parois isolantes qui limitent les cellules ; ψ est donc une fonction discontinue des coordonnées. Nous ne pourrions introduire cette fonction dans nos calculs sans faire d'hypothèses sur sa forme, il est plus simple de considérer à sa place une fonction continue dont la valeur en chaque point diffère peu de celle de ψ. Nous supposerons que ces deux fonctions prennent les mêmes valeurs aux centres de gravité G_1, G_2, G_3..... des diverses cellules ; l'erreur commise en substituant à ψ une fonction continue sera alors du même ordre de grandeur que les dimensions des cellules, dimensions que nous pouvons toujours supposer très petites.

Considérons une de ces cellules (fig. 7).
Lorsque le diélectrique n'est pas soumis à l'action d'un champ cette cellule est à l'état neutre ; dans le cas contraire elle présentera sur ses faces S_1, S_2, S_3, S_4, des quantités d'électricité q_1, q_2, q_3, q_4, mais comme la cellule conductrice ne cesse pas d'être isolée la somme de ces quantités est nulle :

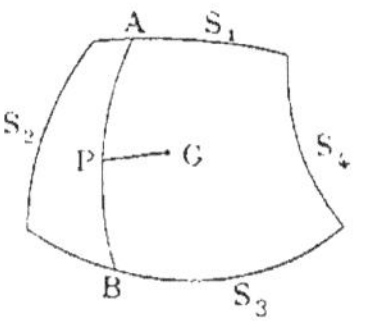

Fig. 7.

$$q_1 + q_2 + q_3 + q_4 = 0.$$

Si la valeur du champ vient à changer, les charges de chacune des faces de la cellule varient, mais leur somme restant nulle, on a, en appelant dq_1, dq_2..... les variations produites pendant un intervalle de temps dt,

$$dq_1 + dq_2 + dq_3 + dq_4 = 0.$$

Il ne peut donc y avoir augmentation de la charge de l'une des faces que s'il y a diminution sur quelque autre. Supposons, pour fixer les idées que la charge de S_3 augmente et que celle de S_1 diminue. Une certaine quantité d'électricité passera de S_1 à S_3 en suivant un chemin que nous représenterons par APB. Mais il revient évidemment au même de supposer que l'électricité suit le chemin APGPB puisque la portion PG qui joint un point quelconque P du chemin réel au centre de gravité de la cellule est parcourue successivement dans les deux sens. On peut donc considérer le passage d'une certaine quantité d'électricité de S_1 à S_3 comme résultant du passage de cette même quantité de G à S_3 et du passage d'une quantité égale mais de signe contraire de G à S_1. Tout se passe donc comme si, par suite de la variation du champ, des quantités dq_1, dq_2..... d'électricité allaient du centre de gravité G aux diverses surfaces de la cellule.

67. — Prenons maintenant deux cellules contiguës de centres de gravité G_1 et G_2 (fig. 8). Soient S_1 et S_2 les faces de chacune de ces cellules qui se trouvent en regard. Ces deux faces peuvent être considérées comme les armatures d'un condensateur à faces parallèles et infiniment voisines et si nous supposons que la charge de S_1 augmente de dq, il en résulte nécessairement une diminution de charge $-dq$, sur la surface en regard de S_2. D'après ce que nous avons dit précédemment, l'augmentation dq de la charge de S_1 peut être considérée comme résultant du passage de dq de G_1 à S_1. De même, la diminution de la charge de S_2 peut être regardée comme provenant du passage d'une quantité $-dq$ de G_2

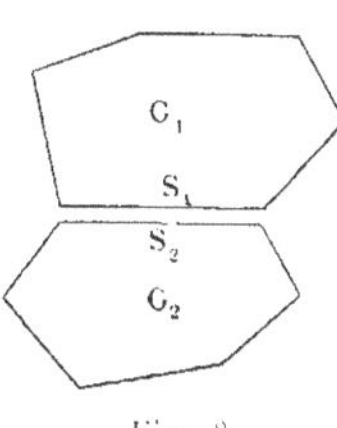

Fig. 8.

à S_2, ou ce qui revient au même, du passage de dq de S_2 à G_2. Mais alors c'est comme si la quantité dq allait de G_1 à G_2. On peut donc dire qu'il y a échange d'électricité entre les molécules G_1 et G_2 et nous commençons à voir apparaître l'analogie avec les phénomènes calorifiques.

68. — Appelons C la capacité du condensateur formé par les surfaces S_1 et S_2, ψ_1 et ψ_2 les valeurs du potentiel dans chacune des cellules ; nous aurons pour la valeur absolue de la quantité d'électricité située sur S_1 et S_2

$$q = C \left(\psi_1 - \psi_2 \right).$$

Comme c'est la face de la cellule dont le potentiel est le plus élevé qui se charge d'électricité positive, l'électricité positive, dans le déplacement fictif que nous avons supposé s'effectuer entre les centres de gravité, passe d'un centre de gravité à un autre de potentiel moins élevé. Par conséquent, en appelant $\Delta\psi$ la variation du potentiel dans le sens du déplacement, nous avons pour la quantité d'électricité qui passe d'un centre de gravité à un autre

$$q = - C\Delta\psi.$$

Pendant un intervalle de temps dt, la variation de la différence de potentiel $\Delta\psi$ entre les points considérés sera $dt\,\dfrac{d}{dt}\Delta\psi$ ou $dt\,\Delta\dfrac{d\psi}{dt}$; par suite, la quantité d'électricité qui passe d'un de ces points à l'autre pendant ce même intervalle est

$$dq = - C\,dt\,\Delta\dfrac{d\psi}{dt}$$

Cette formule est identique à la formule (1) du n° 62 qui donne la quantité de chaleur qui passe d'une molécule à une autre, C étant d'ailleurs dans l'une et l'autre formule indépendant de la quantité dont la variation est indiquée par Δ.

69. — La loi des échanges d'électricité étant la même que celle des échanges de chaleur dans la théorie de Fourier, nous obtiendrons la quantité d'électricité rapportée à l'unité de surface à travers un élément quelconque en remplaçant dans la formule (6) 65, la température V par la quantité $\dfrac{d\psi}{dt}$. En appelant, comme le fait Maxwell,

$$u\,d\omega\,dt, \qquad v\,d\omega\,dt, \qquad w\,d\omega\,dt$$

les quantités d'électricité qui traversent pendant le temps dt des éléments $d\omega$ respectivement perpendiculaires aux axes de coordonnées, nous aurons

$$(7)\qquad \begin{cases} u = - A\,\dfrac{d^2\psi}{dt\,dx}, \\[2mm] v = - A\,\dfrac{d^2\psi}{dt\,dy}, \\[2mm] w = - A\,\dfrac{d^2\psi}{dt\,dz}. \end{cases}$$

Or, u, v, w sont dans la théorie de Maxwell les composantes de la vitesse du déplacement électrique, et par suite, puisque f, g, h, représentent les composantes de ce déplacement,

$$u = \frac{df}{dt}, \qquad v = \frac{dg}{dt}, \qquad w = \frac{dh}{dt}.$$

Si donc on adopte pour u, v, w, les valeurs que nous venons de trouver, on obtient pour f,

$$(8) \qquad f = - A \frac{d\psi}{dx}.$$

Comme dans la théorie de Maxwell,

$$f = - \frac{K}{4\pi} \frac{d\psi}{dx},$$

on voit que la théorie des cellules concordera avec celle de Maxwell si nous posons

$$A = \frac{K}{4\pi}.$$

70. — Cherchons à trouver la relation qui, dans la théorie de Maxwell, exprime l'incompressibilité du fluide inducteur.

La quantité totale d'électricité contenue dans chaque cellule étant nulle à chaque instant, la quantité d'électricité qui pénètre pendant un intervalle de temps quelconque à travers une surface fermée qui limite un volume est également nulle. Or, u, v, w, étant les composantes suivant les trois axes de la vitesse avec laquelle s'effectue le mouvement de l'électricité, la composante de cette vitesse suivant la normale à un élément $d\omega$ de la surface est

$$\alpha u + \beta v + \gamma w,$$

α, β, γ, désignant les cosinus directeurs de la normale. Par suite, la quantité d'électricité qui traverse $d\omega$ pendant l'unité de temps est

$$(\alpha u + \beta v + \gamma w)\, d\omega,$$

et la quantité qui traverse la surface fermée pendant le même temps est égale à l'intégrale

$$\int (\alpha u + \beta v + \gamma w)\, d\omega$$

étendue à tous les éléments de cette surface. Pendant un intervalle de temps dt, la quantité d'électricité traversant la surface fermée est le produit de l'intégrale précédente par dt. En intégrant par rapport au temps, on aura la quantité d'électricité traversant la surface pendant un temps quelconque, et, comme cette quantité est nulle, l'intégrale obtenue doit être égale à 0. Si nous remarquons que u, v, w sont les dérivées par rapport au temps des composantes f, g, h du déplacement, nous avons pour cette intégrale

$$(9) \qquad \int (\alpha f + \beta g + \gamma h)\, d\omega = 0.$$

Or, on sait que

$$\int \alpha f\, d\omega = \int \frac{df}{dx}\, d\tau,$$

la première intégrale étant étendue à une surface fermée, la seconde, au volume limité par cette surface. En transformant de la même manière les deux autres termes de l'intégrale (9), nous obtenons

$$\int \left(\frac{df}{dx} + \frac{dg}{dy} + \frac{dh}{dz} \right) d\tau = 0,$$

Cette égalité devant être satisfaite quel que soit le volume considéré, nous en concluons

$$\frac{df}{dx} + \frac{dg}{dy} + \frac{dh}{dz} = 0.$$

C'est bien la relation qui, dans la théorie de Maxwell, lie entre elles les dérivées des composantes du déplacement du fluide inducteur d'un milieu diélectrique.

71. *Identité des expressions de l'énergie potentielle.* — Montrons enfin que la théorie des cellules conduit à la même expression de l'énergie potentielle que la théorie de Maxwell.

On sait que l'énergie potentielle d'un système de conducteurs électrisés est égale à la demi-somme des produits de la charge de chaque conducteur par son potentiel. Les charges des surfaces en regard de deux cellules contiguës sont égales et de signes contraires; par suite, si ψ_1 et ψ_2 sont les potentiels de ces cellules, le terme fourni à l'énergie potentielle par ces charges est

$$\frac{1}{2}(q\psi_1 - q\psi_2) = -\frac{1}{2}\,q\Delta\psi.$$

D'ailleurs si C est la capacité du condensateur formé par les surfaces considérées, on a

$$q = -C\Delta\psi,$$

et le terme précédent devient

$$\frac{1}{2}\,C\,(\Delta\psi)^2.$$

En développant $\Delta\psi$ par rapport aux puissances croissantes de Δx, Δy, Δz, et en négligeant les puissances de ces quantités supérieures à la première, nous obtenons

$$\Delta\psi = \frac{d\psi}{dx}\,\Delta x + \frac{d\psi}{dy}\,\Delta y + \frac{d\psi}{dz}\,\Delta z.$$

Considérons donc un élément de volume $d\tau$ assez petit pour que nous puissions admettre que les dérivées partielles de ψ ont la même valeur en tout point de cet élément, mais assez grand toutefois pour contenir un très grand nombre de cellules, et par conséquent, un très grand nombre de condensateurs.

L'énergie potentielle dW de cet élément, sera la somme des énergies potentielles des divers petits condensateurs qui y sont contenus, on aura donc :

$$(10)\quad dW = \frac{1}{2}\sum C\,(\Delta\psi)^2 = \frac{1}{2}\left(\frac{d\psi}{dx}\right)^2\sum C\Delta x^2 + \frac{1}{2}\left(\frac{d\psi}{dy}\right)^2\sum C\Delta y^2$$
$$+ \frac{1}{2}\left(\frac{d\psi}{dz}\right)^2\sum C\Delta z^2 + \frac{d\psi}{dx}\,\frac{d\psi}{dy}\sum C\Delta x\Delta y + \dots$$

Mais nous avons fait remarquer à propos des phénomènes calorifiques que dans le cas d'un milieu isotrope, les sommes

$$\sum C\Delta x\Delta y, \quad \sum C\Delta y\Delta z, \quad \sum C\Delta z\Delta x$$

sont nulles. Nous avons posé

$$A = \frac{\Sigma C\Delta x^2}{d\tau} = \frac{\Sigma C\Delta y^2}{d\tau} = \frac{\Sigma C\Delta z^2}{d\tau}.$$

Par conséquent, nous aurons pour l'énergie potentielle de l'élément $d\tau$,

$$dW = \frac{A d\tau}{2}\left[\left(\frac{d\psi}{dx}\right)^2 + \left(\frac{d\psi}{dy}\right)^2 + \left(\frac{d\psi}{dz}\right)^2\right].$$

Si nous remplaçons dans cette expression les dérivées partielles par leurs valeurs tirées de la relation 8' du n° 69,

$$f = -A\frac{d\psi}{dx}$$

et des relations analogues qui contiennent g et h, et si nous donnons à A la valeur $\dfrac{K}{4\pi}$ que nous avons été conduits à lui attribuer pour faire concorder la théorie des cellules et de celle de Maxwell. nous obtenons

$$dW = \frac{2\pi}{K}(f^2 + g^2 + h^2)\,d\tau.$$

L'énergie potentielle du volume fini sera donnée par l'intégrale

$$W = \int \frac{2\pi}{K}(f^2 + g^2 + h^2)\,d\tau.$$

Cette expression est identique à celle que nous avons déduite (§ 32) de la théorie de Maxwell et, comme dans cette dernière théorie, l'énergie potentielle d'un système électrisé se trouve dans le milieu diélectrique qui sépare les conducteurs.

72. Remarque. — Dans les calculs précédents, nous avons admis qu'en chaque point du diélectrique, la force électrique ne dépend que de l'état électrostatique du système électrisé. S'il en était autrement, si, par exemple, outre la force électromotrice due aux actions électrostatiques, s'exerçait une force électromotrice d'induction, les formules auxquelles nous sommes parvenus devraient être modifiées.

En particulier, la composante f du déplacement ne serait plus donnée par la formule

$$f = -\frac{K}{4\pi}\frac{d\psi}{dx},$$

mais par la formule

$$f = -\frac{K}{4\pi}\left(\frac{d\psi}{dx} - X\right),$$

où X désigne la composante suivant l'axe des x de la force électromotrice d'induction.

Pour le montrer, cherchons la variation $\Delta\psi$ du potentiel quand on passe du centre de gravité G_1 d'une cellule au centre de gravité G_2 d'une cellule contiguë. Elle est égale à la variation brusque H qui se produit quand on traverse la paroi isolante, augmentée du travail qu'il faut effectuer à l'encontre des forces d'induction pour faire passer l'unité d'électricité positive de G_1 à G_2. Si donc $-X$, $-Y$, $-Z$ sont les composantes de la force électromotrice d'induction quand on passe de G_1 à G_2, on a pour $\Delta\psi$,

$$\Delta\psi = H + X\Delta x + Y\Delta y + Z\Delta z.$$

La charge électrique q d'un de nos petits condensateurs sera égale au produit de la capacité de ce condensateur, par la différence de potentiel H de ses deux armatures ; il viendra donc :

$$q = -CH = -C\Delta\psi + C(X\Delta x + Y\Delta y + Z\Delta z)$$

et, au lieu d'avoir simplement

$$q = -C\Delta\psi = -C\left(\frac{d\psi}{dx}\Delta x + \frac{d\psi}{dy}\Delta y + \frac{d\psi}{dz}\Delta z\right)$$

on aura

$$q = -C\left[\Delta x\left(\frac{d\psi}{dx} - X\right) + \Delta y\left(\frac{d\psi}{dy} - Y\right) + \Delta z\left(\frac{d\psi}{dz} - Z\right)\right].$$

Dans toutes nos formules, il faudra donc remplacer

$$\frac{d\psi}{dx}, \quad \frac{d\psi}{dy} \quad \text{et} \quad \frac{d\psi}{dz}$$

par

$$\frac{d\psi}{dx} - X, \quad \frac{d\psi}{dy} - Y, \quad \frac{d\psi}{dz} - Z.$$

La formule

$$f = -\frac{4\pi}{K}\frac{d\psi}{dx},$$

devient donc

$$f = -\frac{K}{4\pi}\left(\frac{d\psi}{dx} - X\right),$$

ou

$$\frac{d\psi}{dx} = X - \frac{4\pi}{K}f.$$

73. *Cas des corps anisotropes*. — Il importe, pour pouvoir établir la théorie électromagnétique de la double réfraction, de voir ce que deviennent ces formules dans les corps anisotropes.

Reprenons la formule (10) du n° 71. Si dans cette formule on regardait $\frac{d\psi}{dx}, \frac{d\psi}{dy}$ et $\frac{d\psi}{dz}$ comme les coordonnées d'un point dans l'espace et dW comme une constante, on aurait l'équation d'un ellipsoïde.

Si l'on fait un changement d'axes de coordonnées, cet ellipsoïde fictif conservera la même forme, mais sa position par rapport aux axes variera.

Prenons donc pour axes de coordonnées les axes de cet ellipsoïde, son équation deviendra :

$$dW = \frac{A\,dz}{2}\left(\frac{d\psi}{dx}\right)^2 + \frac{A'dz}{2}\left(\frac{d\psi}{dy}\right)^2 + \frac{A''dz}{2}\left(\frac{d\psi}{dz}\right)^2;$$

et on aura :

$$(11) \qquad \Lambda = \frac{\Sigma C \Delta x^2}{d\tau}, \quad \Lambda' = \frac{\Sigma C \Delta y^2}{d\tau}, \quad \Lambda'' = \frac{\Sigma C \Delta z^2}{d\tau}$$

$$\sum C \Delta x \Delta y = \sum C \Delta x \Delta z = \sum C \Delta y \Delta z = 0.$$

Reprenons la formule (5) de la théorie de Fourier (§ 64).
En vertu des équations (11) elle se réduira à

$$Q = -\Lambda \frac{dV}{dx}.$$

Or nous avons vu au n° 69 que pour passer de la théorie de Fourier à celle des échanges d'électricité qui ont lieu entre nos cellules, il suffit de changer V en $\frac{d\psi}{dt}$. Il vient donc encore,

$$u = -\Lambda \frac{d^2\psi}{dt\,dx}$$

et de même

$$v = -\Lambda' \frac{d^2\psi}{dt\,dy} \qquad\qquad w = -\Lambda'' \frac{d^2\psi}{dt\,dz}.$$

La seule différence avec les équations (7), c'est que les coefficients de $\frac{d^2\psi}{dt\,dx}$, $\frac{d^2\psi}{dt\,dy}$, $\frac{d^2\psi}{dt\,dz}$ ne sont plus égaux entre eux.
On en déduit :

$$f = -\Lambda \frac{d\psi}{dx} = -\frac{K}{4\pi} \frac{d\psi}{dx},$$

$$g = -\Lambda' \frac{d\psi}{dy} = -\frac{K'}{4\pi} \frac{d\psi}{dy},$$

$$h = -\Lambda'' \frac{d\psi}{dz} = -\frac{K''}{4\pi} \frac{d\psi}{dz},$$

en posant

$$K = 4\pi\Lambda, \quad K' = 4\pi\Lambda', \quad K'' = 4\pi\Lambda''.$$

S'il existe des forces électromotrices d'induction dont les composantes soient X, Y, Z, ces formules deviennent :

$$(12) \qquad f = -\frac{\mathrm{K}}{4\pi}\left(\frac{d\psi}{dx} - \mathrm{X}\right),$$

$$g = -\frac{\mathrm{K}'}{4\pi}\left(\frac{d\psi}{dy} - \mathrm{Y}\right),$$

$$h = -\frac{\mathrm{K}''}{4\pi}\left(\frac{d\psi}{dz} - \mathrm{Z}\right)$$

On trouve d'ailleurs :

$$\frac{df}{dx} + \frac{dg}{dy} + \frac{dh}{dz} = 0,$$

et

$$\mathrm{W} = \int d\mathrm{W} = \int 2\pi\,dz\left(\frac{f^2}{\mathrm{K}^2} + \frac{g^2}{\mathrm{K}'^2} + \frac{h^2}{\mathrm{K}''^2}\right).$$

74. Discussion. — La théorie des cellules ne peut pas plus être adoptée définitivement que celle du fluide inducteur. Cette constitution hétérogène paraît difficile à admettre pour les diélectriques liquides ou gazeux *et surtout pour le vide interplanétaire*. J'ai tenu néanmoins à exposer ces deux théories : elles seraient incompatibles si on les regardait comme exprimant la réalité objective, elles seront toutes deux utiles si on les considère comme provisoires. Si je m'étais borné à développer l'une d'elles, j'aurais laissé croire ce que croient bien des personnes, mais ce qui me semble faux, que Maxwell regardait le déplacement électrique comme le véritable déplacement d'une véritable matière.

Le fond de sa pensée est bien différent comme nous le verrons plus loin.

CHAPITRE IV

DÉPLACEMENT DES CONDUCTEURS SOUS L'ACTION DES FORCES ÉLECTRIQUES
THÉORIE PARTICULIÈRE A MAXWELL

75. *Forces s'exerçant entre conducteurs électrisés.* — Jusqu'ici, nous avons supposé dans notre étude que les conducteurs électrisés restaient immobiles. Or, nous savons, par exemple, que deux conducteurs électrisés se repoussent ou s'attirent suivant qu'ils sont chargés d'électricité de même nom ou d'électricité de noms contraires. L'électricité agit donc sur la matière. Quelle est la nature de cette action ? C'est ce que nous ne pouvons dire avec précision, ignorant la nature de la cause de l'action, la nature de l'électricité. Toutefois nous n'avons nullement besoin de la connaître pour avoir la valeur de la force qui s'exerce entre deux conducteurs ; il nous suffit d'appliquer le principe de la conservation de l'énergie.

En effet, considérons deux conducteurs C et C' possédant des charges électriques M et M'. Supposons que le conducteur C puisse se déplacer, mais sans tourner autour de son centre de gravité. La connaissance des coordonnées ξ, η, ζ de ce point suffira alors pour définir la position de C dans l'espace. L'énergie potentielle du système des deux conducteurs dépend évidemment de la position du conducteur C par rapport au conducteur C' et aussi des charges de ces conducteurs. La position de C se trouvant définie, d'après notre hypothèse, par les coordonnées de son centre de gravité, l'énergie potentielle W du système est donc une fonction de ces coordonnées et des charges M et M'; nous pouvons poser

$$W = F(\xi, \eta, \zeta, M, M').$$

Pour que le système soit en équilibre, il faut appliquer au conducteur mobile C une force égale et contraire à la force qu'exerce sur lui le conducteur C'; soient $-X$, $-Y$, $-Z$ les composantes de la force qu'il faut appliquer à C. Puisqu'il y a équilibre, la somme des travaux virtuels de toutes les forces agissant sur le système, tant intérieures qu'extérieures, doit être nulle. Pour un déplacement $\delta\xi$ du centre de gravité de C le travail de la force extérieure est $-X\delta\xi$, celui des forces intérieures est $\dfrac{dW}{d\xi}\delta\xi$: nous avons donc

$$-X\delta\xi + \frac{dW}{d\xi}\delta\xi = 0.$$

Nous tirons de cette équation pour la valeur de la composante X de la force exercée par C' sur C,

$$X = \frac{dW}{d\xi}.$$

76. — L'hypothèse la plus simple et la plus naturelle que l'on puisse faire pour expliquer les attractions et répulsions entre conducteurs électrisés est d'attribuer ces actions à l'élasticité du fluide répandu entre les conducteurs et de chercher à appliquer à ce fluide les principes ordinaires de la théorie de l'élasticité. Malheureusement les conséquences de cette hypothèse ne sont pas conformes aux faits expérimentaux. En effet, dans un fluide élastique les forces élastiques résultant de déplacements très petits sont des fonctions linéaires de ces déplacements. Par conséquent l'hypothèse dans laquelle nous nous sommes placés conduirait à admettre que la force qui s'exerce entre deux conducteurs électrisés est une fonction linéaire des charges électriques des conducteurs. Il en résulterait qu'en doublant les charges de chaque conducteur on devrait avoir une force double ; or, on sait que si les charges de deux conducteurs viennent à être doublées la force qui s'exerce entre eux est quadruplée.

Bien d'autres hypothèses ont été proposées pour expliquer cette action des conducteurs électrisés. Si quelques-unes ont le mérite de conduire à des conséquences conformes à l'expérience elles présentent l'inconvénient d'être compliquées et aucune raison ne peut être invoquée pour faire préférer l'une de ces théories à l'autre. Aussi, ne nous étendrons-nous pas sur ce sujet et nous bornerons-nous à exposer la théorie que Maxwell a proposée.

77. *Théorie de Maxwell*. — Prenons un élément de volume $d\tau$ d'un conducteur électrisé et soit ρ la densité de l'électricité libre au centre de gravité de cet élément. Par électricité libre nous entendons dans la théorie des deux fluides, l'excès de l'électricité positive sur l'électricité négative ; et dans la théorie du fluide unique l'excès de l'électricité contenue dans l'élément sur la quantité que ce même élément contiendrait à l'état neutre. Les deux théories sont d'ailleurs absolument équivalentes.

La masse électrique de l'élément est donc $\rho d\tau$, et si ψ est la valeur du potentiel au centre de gravité la force qui s'exerce sur cette masse électrique a pour composantes

$$-\rho d\tau\,\frac{d\psi}{dx}, \qquad -\rho d\tau\,\frac{d\psi}{dy}, \qquad -\rho d\tau\,\frac{d\psi}{dz}.$$

L'expérience nous apprend que la force qui agit sur l'élément matériel lui-même est égale à celle qui agit sur l'électricité qui y est contenue et par conséquent que cet élément ne pourra se maintenir en équilibre que si on lui applique une force destinée à contrebalancer l'attraction électrostatique.

Si on appelle $Xd\tau$, $Yd\tau$, $Zd\tau$ les composantes de cette force, on devra avoir :

$$(1) \qquad X = \rho\,\frac{d\psi}{dx}, \qquad Y = \rho\,\frac{d\psi}{dy}, \qquad X = \rho\,\frac{d\psi}{dz}.$$

Dans l'idée de Maxwell, qui dans toutes ses théories cherche à éviter l'hypothèse des actions électriques s'exerçant à distance, les répulsions et les attractions des conducteurs sont dues à des pressions sur la matière pondérable se transmettant à travers la matière diélectrique. — Cherchons la résultante de ces pressions.

78. — La pression qui s'exerce sur un élément de surface n'est pas nécessairement normale à cet élément. Désignons par

$$P_{xx}\,d\omega, \qquad P_{xy}\,d\omega, \qquad P_{xz}\,d\omega,$$

les composantes suivant les trois axes de la pression qui s'exerce sur un élément perpendiculaire à l'axe des x ; par

$$P_{yx}\,d\omega, \qquad P_{yy}\,d\omega, \qquad P_{yz}\,d\omega.$$

les composantes de la pression sur un élément perpendiculaire à Oy ; enfin par

$$P_{zx}\,d\omega, \qquad P_{zy}\,d\omega, \qquad P_{zz}\,d\omega,$$

les composantes sur un élément perpendiculaire à Oz. Ces neuf quantités suffisent pour déterminer la pression sur un élément de surface orienté d'une manière quelconque. D'ailleurs, ces neuf quantités se réduisent à six. En effet la théorie de l'élasticité nous apprend qu'on doit avoir :

$$(2) \qquad P_{xy} = P_{yx}, \qquad P_{yz} = P_{zy}, \qquad P_{xz} = P_{zx}.$$

79. — Considérons maintenant un parallélipipède rectangle (fig. 9) dont les arêtes, que nous supposerons parallèles aux axes de coordonnées, ont pour longueurs dx, dy, dz, et écrivons que ce parallélipipède est en équilibre sous l'action des pressions qui s'exercent sur ses faces et sous l'action de la force extérieure dont les composantes sont $X\,d\tau$, $Y\,d\tau$, $Z\,d\tau$.

Les équations qui expriment que la somme des moments des forces par rapport à chacun des trois axes de coordonnées est nulle conduisent précisément aux relations (2). Exprimons donc seulement que la somme des composantes suivant un des axes des forces qui agissent sur le parallélipipède est nulle.

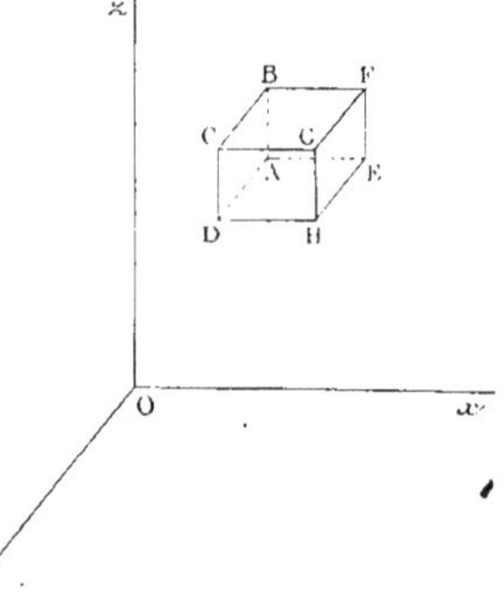

Fig. 9.

La pression qui s'exerce sur la face ABCD a pour composante parallèle à Ox, $P_{xx}\,dy\,dz$; la pression qui s'exerce sur la face

opposée EFGH a pour composante suivant la même direction
$\left(P_{xx} + \dfrac{d\,P_{xx}}{dx}\,dx \right) dy\,dz$. Nous adopterons la notation de Maxwell
qui regarde les tensions comme positives et les pressions comme
négatives ; la résultante de ces deux forces se réduit alors à
leur somme algébrique.

$$\frac{dP_{xx}}{dx}\,dx\,dy\,dz = \frac{dP_{xx}}{dx}\,d\tau.$$

Nous trouverions de la même manière pour la somme algébrique des composantes parallèles à Ox des pressions qui
s'exercent sur les autres faces du parallélipipède.

$$\frac{dP_{yx}}{dy}\,d\tau, \quad \frac{dP_{zx}}{dz}\,d\tau.$$

La somme de ces quantités doit être égale à $- X d\tau$; nous
avons donc

$$\frac{dP_{xx}}{dx}\,d\tau + \frac{dP_{yx}}{dy}\,d\tau + \frac{dP_{zx}}{dz}\,d\tau = - X\,d\tau = - \rho\,d\tau\,\frac{d\psi}{dx}.$$

En écrivant que les sommes des composantes des pressions
suivant les axes des y et des z sont égales aux composantes de la
force extérieure suivant les mêmes axes, nous obtiendrons deux
équations analogues. En divisant les deux membres de chacune
de ces équations par $d\tau$, nous aurons, en tenant compte des relations (2) :

$$(3) \quad \begin{cases} \dfrac{dP_{xx}}{dx} + \dfrac{dP_{yx}}{dy} + \dfrac{dP_{zx}}{dz} = - \rho\,\dfrac{d\psi}{dx}, \\[2mm] \dfrac{dP_{yx}}{dx} + \dfrac{dP_{yy}}{dy} + \dfrac{dP_{zy}}{dz} = - \rho\,\dfrac{d\psi}{dy}, \\[2mm] \dfrac{dP_{zx}}{dx} + \dfrac{dP_{zy}}{dy} + \dfrac{dP_{zz}}{dz} = - \rho\,\dfrac{d\psi}{dz}. \end{cases}$$

80. — Ce système de trois équations contient six inconnues ;

il admet donc une infinité de solutions. Maxwell prend la suivante :

$$(4)\quad\begin{cases} P_{xx} = \dfrac{K}{8\pi}\left[\left(\dfrac{d\psi}{dx}\right)^2 - \left(\dfrac{d\psi}{dy}\right)^2 - \left(\dfrac{d\psi}{dz}\right)^2\right] \\[2ex] P_{yy} = \dfrac{K}{8\pi}\left[\left(\dfrac{d\psi}{dy}\right)^2 - \left(\dfrac{d\psi}{dz}\right)^2 - \left(\dfrac{d\psi}{dx}\right)^2\right] \\[2ex] P_{zz} = \dfrac{K}{8\pi}\left[\left(\dfrac{d\psi}{dz}\right)^2 - \left(\dfrac{d\psi}{dx}\right)^2 - \left(\dfrac{d\psi}{dy}\right)^2\right] \\[2ex] P_{yx} = P_{xy} = \dfrac{K}{4\pi}\dfrac{d\psi}{dx}\dfrac{d\psi}{dy} \\[2ex] P_{zy} = P_{yz} = \dfrac{K}{4\pi}\dfrac{d\psi}{dy}\dfrac{d\psi}{dz} \\[2ex] P_{cz} = P_{zx} = \dfrac{K}{4\pi}\dfrac{d\psi}{dx}\dfrac{d\psi}{dz}. \end{cases}$$

Montrons que ce système de solutions satisfait bien aux équations (3). On a

$$\frac{dP_{xx}}{dx} = \frac{K}{4\pi}\left(\frac{d\psi}{dx}\frac{d^2\psi}{dx^2} - \frac{d\psi}{dy}\frac{d^2\psi}{dx\,dy} - \frac{d\psi}{dz}\frac{d^2\psi}{dx\,dz}\right),$$

$$\frac{dP_{yx}}{dy} = \frac{K}{4\pi}\left(\frac{d\psi}{dx}\frac{d^2\psi}{dy^2} + \frac{d\psi}{dy}\frac{d^2\psi}{dx\,dy}\right),$$

$$\frac{dP_{zx}}{dz} = \frac{K}{4\pi}\left(\frac{d\psi}{dx}\frac{d^2\psi}{dz^2} + \frac{d\psi}{dz}\frac{d^2\psi}{dx\,dz}\right),$$

et le premier membre de la première équation devient, après réduction,

$$\frac{K}{4\pi}\frac{d\psi}{dx}\left(\frac{d^2\psi}{dx^2} + \frac{d^2\psi}{dy^2} + \frac{d^2\psi}{dz^2}\right) = \frac{K}{4\pi}\frac{d\psi}{dx}\,\Delta\psi.$$

Or on a vu (**12**) que dans un milieu diélectrique homogène, on a

$$K\Delta\psi = -4\pi\rho.$$

Par conséquent le premier membre de l'équation considérée peut s'écrire

$$-\rho\,\frac{d\psi}{dx},$$

ce qui montre que cette équation est satisfaite. On s'assurerait de la même manière que les deux dernières des équations (3) sont vérifiées par la solution adoptée par Maxwell.

81. — Prenons pour axe des x la direction de la force électromotrice en un point et pour axes des y et des z deux droites rectangulaires perpendiculaires à cette direction. Si nous désignons par F la valeur absolue de la force électromotrice, nous avons dans ce nouveau système d'axes

$$\frac{d\psi}{dx} = - \text{F}, \quad \frac{d\psi}{dy} = 0, \quad \frac{d\psi}{dz} = 0.$$

En portant ces valeurs dans les relations (4), nous obtenons

$$\text{P}_{xx} = \frac{\text{KF}^2}{8\pi}$$

$$\text{P}_{yy} = \text{P}_{zz} = - \frac{\text{KF}^2}{8\pi}$$

$$\text{P}_{xy} = \text{P}_{yx} = \text{P}_{yz} = \text{P}_{zy} = \text{P}_{zx} = \text{P}_{xz} = 0.$$

Il résulte de ces égalités que la pression sur un élément de surface perpendiculaire à la direction de la force électromotrice ou parallèle à cette direction est normale à cet élément. Sur un élément oblique par rapport à cette direction, la pression est oblique ; la composante suivant la direction de la force électromotrice étant positive, il y a *tension* suivant cette direction ; pour une direction normale la pression est négative, il y a donc d'après la notation adoptée par Maxwell, *pression* au sens propre de ce mot suivant cette direction. En outre la tension qui s'exerce sur un élément perpendiculaire à la force électromotrice et la pression qui s'exerce sur un élément parallèle à cette force sont égales en valeur absolue.

82. Discussion. — La théorie précédente, considérée en elle-même, rend bien compte des lois connues des attractions électrostatiques. Si on l'adopte, il faudra admettre que ces attractions sont dues à des pressions et à des tensions qui se développent dans un fluide élastique particulier qui remplirait les diélectriques.

Mais il faudra supposer en même temps que les lois de l'élasticité de ce fluide diffèrent absolument des lois de l'élasticité des corps matériels que nous connaissons, des lois de l'élasticité admises pour l'éther luminifère, qu'elles diffèrent enfin des lois que nous avons été conduits à admettre pour l'élasticité du fluide inducteur.

Pour ces deux fluides hypothétiques en effet, comme pour les fluides pondérables eux-mêmes, les forces élastiques sont proportionnelles aux déplacements qui les produisent, et il en serait de même des variations de pression dues à l'action de ces forces. La pression, quelles que soient d'ailleurs les hypothèses complémentaires que l'on fasse, devrait donc s'exprimer linéairement à l'aide du potentiel et de ses dérivées. Au contraire nous venons d'être conduits à des valeurs de la pression qui sont du 2e degré par rapport aux dérivées du potentiel.

Une fois que, rompant avec des habitudes d'esprit invétérées, nous aurons consenti à attribuer ces propriétés paradoxales au fluide hypothétique qui remplit les diélectriques, nous n'aurons plus d'objection à faire à la théorie précédente considérée en elle-même. Mais cependant, si elle n'implique pas de contradiction interne, on peut se demander si elle est compatible avec les autres théories de Maxwell, par exemple avec la théorie du déplacement électrique que nous avons exposée plus haut sous le nom de théorie du fluide inducteur.

Il est évident que la conciliation entre ces deux théories est impossible; car nous avons été conduits à attribuer au fluide inducteur une pression égale à $\frac{y}{2}$; au contraire dans la théorie nouvelle la pression du fluide qui remplit les diélectriques a une valeur toute différente.

Il ne faut pas attribuer à cette contradiction trop d'importance. J'ai exposé plus haut en effet les raisons qui me font penser que Maxwell ne regardait la théorie du déplacement électrique ou du fluide inducteur que comme provisoire, et que ce fluide inducteur auquel il conservait le nom d'électricité, n'avait pas à ses yeux plus de réalité objective que les deux fluides de Coulomb.

83. — Malheureusement il y a une difficulté plus grave. Pour

Maxwell, et c'est un point auquel il tenait évidemment beaucoup, l'énergie potentielle,

$$W = \int \frac{2\pi}{K} (f^2 + g^2 + h^2)\, d\tau$$

est localisée dans les divers éléments de volume du diélectrique, de telle façon que l'énergie contenue dans l'élément $d\tau$ a pour valeur

$$\frac{2\pi}{K} (f^2 + g^2 + h^2)\, d\tau$$

ou, en supposant $K = 1$, pour simplifier, et appelant F la force électromotrice ;

$$\frac{F^2 d\tau}{8\pi}.$$

Si donc F subit un accroissement très petit dF, cette énergie devra subir un accroissement égal à :

$$dW = \frac{2F dF}{8\pi}\, d\tau.$$

Nous prendrons comme élément de volume $d\tau$ un parallélipipède rectangle infiniment petit dont une arête sera parallèle à la force électromotrice F et dont les trois arêtes auront pour longueurs α, β et γ, de telle sorte que

$$\alpha\beta\gamma = d\tau.$$

Cherchons une autre expression de cette énergie.

Il est naturel de supposer que cet accroissement dW de l'énergie localisée dans cet élément $d\tau$ est dû au travail des pressions qui agissent sur les faces de ce parallélipipède. Les arêtes du parallélipipède qui, lorsque les pressions sont nulles, ont pour longueurs α, β, γ, prennent sous l'influence de ces pressions des longueurs

$$\alpha\,(1 + \varepsilon_1), \qquad \beta\,(1 + \varepsilon_2), \qquad \gamma\,(1 + \varepsilon_3).$$

Si nous supposons que ces quantités ε_1, ε_2, ε_3, prennent des accroissements $d\varepsilon_1$, $d\varepsilon_2$, $d\varepsilon_3$, les travaux des pressions P_{xx}, P_{yy}, P_{zz}, sur les diverses faces du parallélipipède seront

$$\frac{F^2}{8\pi}\, \beta\gamma\, \alpha\, d\varepsilon_1 = \frac{F^2}{8\pi}\, d\tau\, d\varepsilon_1,$$

$$-\frac{F^2}{8\pi}\, \gamma\alpha\, \beta\, d\varepsilon_2 = -\frac{F^2}{8\pi}\, d\tau\, d\varepsilon_2,$$

$$-\frac{F^2}{8\pi}\, \alpha\beta\, \gamma\, d\varepsilon_3 = -\frac{F^2}{8\pi}\, d\tau\, d\varepsilon_3.$$

La somme de ces travaux est

$$\frac{F^2}{8\pi}\, d\tau\, (d\varepsilon_1 - d\varepsilon_2 - d\varepsilon_3).$$

Si nous attribuons l'énergie potentielle aux travaux des pressions, nous devons avoir égalité entre ces travaux et la variation dW de l'énergie, c'est-à-dire

$$\frac{F^2}{8\pi}\, d\tau\, (d\varepsilon_1 - d\varepsilon_2 - d\varepsilon_3) = \frac{2F\,dF}{8\pi}\, d\tau,$$

ou,

$$d\varepsilon_1 - d\varepsilon_2 - d\varepsilon_3 = \frac{2\,dF}{F}.$$

En intégrant nous obtenons

$$\varepsilon_1 - \varepsilon_2 - \varepsilon_3 = 2\log F + \text{const.}$$

Ce résultat est inadmissible, car dans l'état d'équilibre, nous avons $F = o$ et l'égalité précédente ne pourrait alors avoir lieu que si ε_2 ou ε_3 devenait infini, conséquence évidemment absurde.

84. — La théorie du § **77** est donc incompatible avec l'hypothèse fondamentale de la localisation de l'énergie dans le diélectrique, si l'on regarde cette énergie comme *potentielle*. Il n'en serait plus de même si l'on regardait cette énergie comme *cinétique*, c'est-à-dire si l'on supposait que le diélectrique est le siège de mouvements tourbillonnaires et que W représente la force vive due à ces mouvements. Mais on ne peut encore adopter cette interprétation de la pensée de Maxwell sans se heurter à de grandes difficultés.

Lorsque le savant anglais applique les équations de Lagrange à la théorie des phénomènes électrodynamiques, il suppose expressément, comme nous le verrons plus loin, que l'énergie électrostatique

$$W = \int \frac{2\pi}{K} \left(f^2 + g^2 + h^2\right) d\tau$$

est de l'énergie potentielle et que l'énergie électrodynamique est au contraire cinétique.

Aussi réserve-t-il l'explication par les mouvements tourbillonnaires pour les attractions magnétiques et électrodynamiques et ne cherche-t-il pas à l'appliquer aux phénomènes électrostatiques.

J'arrête ici cette longue discussion qui me semble avoir prouvé que la théorie précédente, parfaitement acceptable en elle-même, ne rentre pas dans le cadre général des idées de Maxwell.

On pourrait, il est vrai supposer que l'énergie électrostatique W représente de la force vive, comme l'énergie électrodynamique, mais qu'elle en diffère parce qu'elle est la force vive due à des mouvements beaucoup plus subtils encore que ceux qui donnent naissance à l'énergie électrodynamique. Je ne crois pas qu'il y ait grand avantage à développer une interprétation aussi compliquée ; en tout cas on n'en voit pas de trace dans le Traité de Maxwell sous sa forme définitive.

CHAPITRE V

ÉLECTROKINÉTIQUE

85. *Conducteurs linéaires*. — La propagation de l'électricité, en régime permanent dans les conducteurs linéaires est réglée par deux lois : la *loi de Ohm* et celle de *Kirchhoff*.

D'après la première, la force électromotrice qui agit entre les extrémités d'un conducteur est proportionnelle à la quantité d'électricité qui traverse l'unité de section de ce conducteur pendant l'unité de temps. Dans le cas où la section du conducteur est partout la même, comme dans un fil cylindrique, la force électromotrice est proportionnelle à la quantité d'électricité qui passe à travers cette section pendant l'unité de temps. Cette quantité est appelée *l'intensité* du courant qui parcourt le conducteur ; nous la désignerons par i. Si le conducteur est homogène et si aucun de ses points n'est le siège de forces électromotrices, la force électromotrice entre ses extrémités est égale à la différence $\psi_1 - \psi_2$ des valeurs du potentiel en ces points et la loi de Ohm conduit à la relation

$$R i = \psi_1 - \psi_2.$$

Mais dans le cas le plus général il existe en différents points du conducteur des forces électromotrices qui sont dues soit à un défaut d'homogénéité, soit à des phénomènes calorifiques ou chimiques, soit enfin à des effets d'induction. En désignant par ΣE la somme des forces électromotrices de cette nature qui existent en divers points du conducteur linéaire, nous avons alors

$$(1) \qquad R i = \psi_1 - \psi_2 + \Sigma E.$$

Dans ces deux formules R est ce qu'on appelle la *résistance* du conducteur. Cette résistance est liée à la longueur l et à la section $d\omega$ du conducteur par la relation

$$(2) \qquad R = \frac{l}{C d\omega},$$

où C est un facteur ne dépendant que de la nature du conducteur et qu'on nomme *coefficient de conductivité*.

La loi de Kirchhoff n'est autre que l'application du principe de continuité. D'après cette loi, si plusieurs conducteurs linéaires aboutissent en un même point de l'espace, la somme des intensités des courants qui les traversent est nulle.

86. *Nouvelle expression analytique de la loi de Ohm.* — Si nous portons dans la formule (1) la valeur de la résistance donnée par la relation (2) nous obtenons

$$\frac{l}{C}\,\frac{i}{d\omega} = \psi_1 - \psi_2 + \Sigma E.$$

Considérons un élément infiniment petit de longueur dx du conducteur. Appelons $- d\psi$ la différence des potentiels entre deux extrémités quand on se déplace dans le sens du flux d'électricité, et $X dx$ la variation des forces électromotrices de toute autre nature. L'équation précédente devient alors

$$\frac{i\,dx}{C d\omega} = - d\psi + X dx$$

ou

$$\frac{i}{C d\omega} = - \frac{d\psi}{dx} + X.$$

Mais puisque i est la quantité d'électricité qui traverse pendant l'unité de temps la section du conducteur, le quotient $\dfrac{i}{d\omega}$ est la vitesse du déplacement de l'électricité; en appelant u cette vitesse nous avons

$$(3) \qquad \frac{u}{C} = - \frac{d\psi}{dx} + X,$$

équation équivalente à la loi de Ohm dans le cas d'un conducteur linéaire.

87. *Conducteurs de forme quelconque*. — L'analogie de la conductibilité électrique et de la conductibilité calorifique conduit à étendre la loi de Ohm aux conducteurs à trois dimensions. D'ailleurs cette extension se trouve justifiée par la concordance des conséquences théoriques et des faits expérimentaux observés dans quelques cas particuliers.

Admettons donc cette généralisation de la loi de Ohm. Si nous appelons ψ le potentiel en un point quelconque d'un élément dz du conducteur, X, Y, Z les composantes de la force électromotrice d'origine quelconque qui s'exerce en ce point, et enfin, u, v, w les composantes de la vitesse de l'électricité en ce point, nous aurons pour chacune des directions parallèles aux axes de coordonnées une relation analogue à la relation (3). Ces trois relations sont

$$(4) \qquad \begin{cases} \dfrac{u}{C} = -\dfrac{d\psi}{dx} + X, \\[2ex] \dfrac{v}{C} = -\dfrac{d\psi}{dy} + Y, \\[2ex] \dfrac{w}{C} = -\dfrac{d\psi}{dz} + Z. \end{cases}$$

Remarquons que u, v, w désignent les mêmes quantités qu'en électricité statique : les composantes de la vitesse de déplacement électrique. Ce sont donc encore les dérivées par rapport au temps des composantes f, g, h du déplacement de Maxwell.

Quant à la loi de Kirchhoff, il est évident qu'elle peut être étendue aux conducteurs à trois dimensions puisqu'elle n'est qu'une conséquence du principe de la continuité. Les intensités étant proportionnelles à u, v, w, cette loi conduit à la relation

$$\frac{du}{dx} + \frac{dv}{dy} + \frac{dw}{dz} = 0.$$

Dans la théorie de Maxwell où l'électricité est supposée incompressible, cette relation, qui exprime la condition d'incompressibilité du fluide, est toujours satisfaite, que le régime permanent soit atteint ou ne le soit pas.

88. *Différences entre les courants de conduction et les courants de déplacement.* — Suivant Maxwell, le fluide inducteur qui remplit un milieu diélectrique tend à se déplacer sous l'influence des forces électromotrices comme l'électricité qui remplit un milieu conducteur. Mais tandis que dans le premier cas ce déplacement s'arrête bientôt grâce à la réaction élastique du fluide inducteur, il n'en est plus ainsi dans le second, le fluide répandu à l'intérieur des milieux conducteurs ne jouissant pas de propriétés élastiques. Il en résulte que les courants de déplacement ne peuvent durer que pendant le temps très court nécessaire à l'établissement de l'équilibre. Au contraire les courants de conduction peuvent se maintenir tant qu'un agent extérieur maintient une force électromotrice entre deux points d'un conducteur. C'est là une première différence entre les courants de conduction et les courants de déplacement.

Une seconde différence résulte des équations qui expriment les lois auxquelles obéissent ces courants. Les équations (4) établies pour les courants de conduction, peuvent s'écrire

$$(5) \qquad \begin{cases} \dfrac{d\psi}{dx} = X - \dfrac{u}{C}, \\[2ex] \dfrac{d\psi}{dy} = Y - \dfrac{v}{C}, \\[2ex] \dfrac{d\psi}{dz} = Z - \dfrac{w}{C}. \end{cases}$$

D'autre part, nous avons montré (**72**) que s'il existe à l'intérieur d'un diélectrique des forces électromotrices (que nous avons supposées dues à l'induction, mais que nous pourrions supposer d'une autre nature s'il était possible d'en concevoir), les équations des courants de déplacement doivent s'écrire

$$(6) \qquad \begin{cases} \dfrac{d\psi}{dx} = X - \dfrac{4\pi}{K}\, f, \\[2ex] \dfrac{d\psi}{dy} = Y - \dfrac{4\pi}{K}\, g, \\[2ex] \dfrac{d\psi}{dz} = Z - \dfrac{4\pi}{K}\, h. \end{cases}$$

Le rapprochement des équations (5) et (6) fait voir immédiatement que tandis que les courants de déplacement dépendent de la grandeur du déplacement, les courants de conduction dépendent de la vitesse de ce déplacement.

89. — Pour bien comprendre la différence qui en résulte pour les deux courants prenons les deux exemples suivants comme termes de comparaison. En premier lieu supposons qu'on élève un corps pesant le long d'un plan incliné où le frottement est nul ; on accomplit un travail qui se retrouve sous la forme d'énergie potentielle sensible. Supposons maintenant que le mouvement s'effectue sur un plan horizontal où le frottement est considérable ; quand la puissance cessera d'agir le corps restera en repos ; le travail accompli ne se retrouve plus sous forme d'énergie potentielle sensible, il se retrouve sous forme de chaleur. Dans le premier cas le travail dépend du déplacement du corps, dans le second de sa vitesse. Nous trouvons quelque chose d'analogue dans les deux espèces de courants : la production de courants de déplacement produit une variation de l'énergie potentielle du système qui dépend du carré du déplacement ; les courants de conduction donnent lieu à un dégagement de chaleur.

Une autre comparaison empruntée à l'hydrodynamique permet également de se rendre compte de la différence qui existe entre

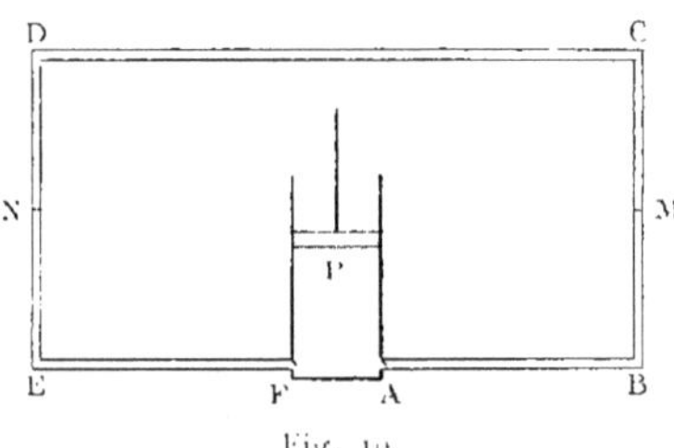

Fig. 10.

les deux espèces de courants. Prenons une pompe P (fig. 10) portant deux tubes latéraux AB et FE communiquant entre eux par deux tubes verticaux BC et ED et par un tube horizontal CD. Supposons cette pompe remplie de mercure, ainsi qu'une partie des tubes, et soient M et N les niveaux du mercure, situés à l'origine dans un même plan horizontal, dans les tubes verticaux. Admettons enfin, que le tube CD et les parties des tubes verticaux, non occupées par le mercure, sont remplies d'eau. Si nous faisons fonctionner la pompe, un courant liquide se produit dans l'appareil et dans un certain sens, le sens ABCDEF par exemple, et le niveau du mercure s'élève en M et s'abaisse en N, jusqu'à ce que la différence de niveau donne lieu à une pression suffisante pour empêcher le jeu de la pompe. Le travail dépensé est alors employé à produire une différence de niveau ; il se retrouve sous forme d'augmentation de l'énergie potentielle du système et cette énergie dépend de la position des niveaux du mercure. Nous avons là une image fidèle d'un courant de déplacement.

Modifions légèrement l'appareil précédent. Donnons aux tubes une très faible section et supposons que ces tubes et la pompe soient complètement remplis de mercure. Quand on fait mouvoir la pompe, le mercure se déplace, et par suite de sa viscosité il oppose une résistance au mouvement du piston. Lorsque cette résistance est égale à la puissance qui agit sur la pompe, le mercure se meut avec une vitesse constante et ce mouvement a lieu tant que dure le fonctionnement de la pompe. Le travail de la puissance se retrouve sous forme de chaleur développée par le frottement des molécules liquides et la quantité de chaleur dégagée dépend de la vitesse. Nous retrouvons dans cet exemple l'image complète d'un courant de conduction : régime variable pendant la période d'établissement, régime permanent se produisant ensuite, transformation du travail en chaleur.

90. *Loi de Joule.* — La quantité de chaleur dégagée dans un conducteur traversé par un courant est, d'après la loi de Joule, proportionnelle au carré de l'intensité de ce courant. Dans la théorie de Maxwell le travail nécessaire pour vaincre la résistance opposée par un élément de volume $d\tau$ à la propagation de l'électricité a pour expression

$$\left(\frac{u}{C}\, df + \frac{v}{C}\, dg + \frac{w}{C}\, dh \right) d\tau\, dt,$$

df, dg, dh étant les composantes du déplacement qui a lieu pendant un intervalle de temps dt. Cette expression peut s'écrire :

$$\left(u\,\frac{df}{dt} + v\,\frac{dg}{dt} + w\,\frac{dh}{dt} \right) \frac{d\tau}{C}\, dt$$

ou,

$$\frac{u^2 + v^2 + w^2}{C}\, d\tau\, dt.$$

Pour le conducteur tout entier, ce travail est.

$$\frac{1}{C}\, dt \int (u^2 + v^2 + w^2)\, d\tau.$$

Il est proportionnel au carré de l'intensité ; la quantité de chaleur qui résulte de sa transformation l'est donc aussi, comme le veut la loi de Joule.

Maxwell, dans son ouvrage, consacre plusieurs chapitres intéressants à l'étude de la conduction. Nous ne le suivrons pas dans tous les développements qu'il donne sur ce sujet et nous bornerons à ce que nous venons de dire l'exposé de l'électrokinétique.

CHAPITRE VI

MAGNÉTISME

91. *Fluides magnétiques. Lois des actions magnétiques.*
— Rappelons les points principaux de l'étude du magnétisme.

Nous savons que dans les phénomènes magnétiques tout se
passe comme s'il existait deux fluides magnétiques jouissant,
comme les fluides électriques, de propriétés opposées dans
leurs actions réciproques : les fluides de même espèce se repoussent, les fluides d'espèces contraires s'attirent.

Les lois de ces attractions et répulsions sont identiques à celles
des actions des fluides électriques : la force qui s'exerce entre
deux masses magnétiques varie en raison inverse du carré de la
distance et proportionnellement aux masses agissantes. En prenant pour unité de masse magnétique celle qui, agissant sur une
masse égale placée à l'unité de distance, exerce une force égale
à l'unité, et convenant de donner des signes contraires aux
masses magnétiques de nature différente, nous avons pour la
valeur de la force s'exerçant entre deux masses m et m' placées
à une distance r,

$$f = -\frac{mm'}{r^2}.$$

Dans ces conditions une force répulsive est négative ; une
force attractive est positive. La formule précédente a été établie
expérimentalement par Coulomb et son exactitude est confirmée
par la concordance de ses conséquences avec les résultats de
l'expérience.

92. *Masse magnétique d'un aimant.* — La seconde loi fondamentale du magnétisme est que dans un aimant quelconque la

somme algébrique des masses magnétiques, définies comme on vient de le voir, est nulle. Cette loi découle du fait expérimental qu'un aimant placé dans un champ magnétique uniforme, comme celui produit par la Terre, ne prend pas de mouvement de translation. En effet, si la masse magnétique totale de l'aimant n'était pas nulle, l'aimant serait soumis à une force et non à un couple et cet aimant se déplacerait sous l'action du champ.

93. *Constitution des aimants.* — La rupture d'un aimant en un grand nombre de petits morceaux donne naissance à autant de petits aimants et chacun d'eux présente deux pôles de même intensité et de signes contraires. En rassemblant ensemble ces petits aimants on reproduit l'aimant primitif avec toutes ses propriétés. On peut donc admettre qu'un aimant est constitué par des petites particules contenant deux masses magnétiques égales et de signes contraires. La somme algébrique des masses de chaque particule est nulle et, par suite, la masse totale de l'aimant tout entier est aussi nulle, comme l'exige la loi précédente. Cette hypothèse sur la constitution des aimants n'est donc pas en contradiction avec l'expérience.

94. *Potentiel d'un élément d'aimant. Composantes de l'aimantation.* — Prenons une des particules élémentaires, de volume $d\tau$, qui composent un aimant et cherchons la valeur du potentiel en un point P (fig. 11). Soient m et $-m$ les masses magnétiques placées aux points infiniment voisins A et B de cet élément ; r_1, r_2 les distances de ces points au point P. Le potentiel en P est

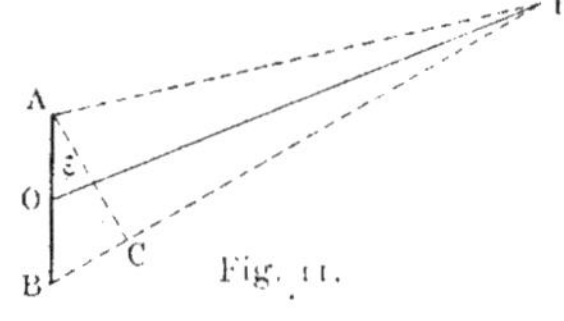

Fig. 11.

$$d\Omega = \frac{m}{r_1} - \frac{m}{r_2} = m\left(\frac{1}{r_1} - \frac{1}{r_2}\right) = m\,\frac{r_2 - r_1}{r_1 r_2}.$$

Abaissons de A la perpendiculaire AC sur la droite BP ; $r_2 - r_1$ est, à des infiniment petits du second ordre près, égal à BC. Avec la même approximation nous avons, en appelant da la distance AB, et ε l'angle de OP avec la direction BA,

$$r_1 - r_2 = da \cos\varepsilon,$$

et aussi

$$r_1 r_2 = r^2,$$

r étant la distance du point P au point O.

Par suite, la valeur du potentiel en P est

$$(1) \qquad d\Omega = \frac{m\, da \cos \varepsilon}{r^2}.$$

Transformons cette expression en y introduisant les composantes A, B, C de *l'aimantation* ou *magnétisation* I. Ces composantes sont définies par les relations suivantes

$$m\, dx = A\, d\tau, \qquad m\, dy = B\, d\tau, \qquad m\, dz = C\, d\tau,$$

où dx, dy, dz, désignent les projections de la droite BA suivant trois axes rectangulaires.

Nous avons, si ξ, η, ζ sont les coordonnées du point P et x, y, z celles du point O,

$$\cos \varepsilon = \frac{dx}{da}\, \frac{\xi - x}{r} + \frac{dy}{da}\, \frac{\eta - y}{r} + \frac{dz}{da}\, \frac{\zeta - z}{r},$$

et par conséquent pour la valeur de $d\Omega$,

$$d\Omega = m\, \frac{da \cos \varepsilon}{r^2} = m\left(\frac{\xi - x}{r^3}\, dx + \frac{\eta - y}{r^3}\, dy + \frac{\zeta - z}{r^3}\, dz \right).$$

Mais le carré de la distance du point O au point P est,

$$r^2 = (\xi - x)^2 + (\eta - y)^2 + (\zeta - z)^2 ;$$

nous en tirons

$$\xi - x = -r\, \frac{dr}{dx},$$

et

$$\frac{\xi - x}{r^3} = -\frac{1}{r^2}\, \frac{dr}{dx} = \frac{d\frac{1}{r}}{dx}.$$

Nous aurons de la même manière

$$\frac{\eta - y}{r^3} = \frac{d\frac{1}{r}}{dy}, \qquad \frac{\zeta - z}{r^3} = \frac{d\frac{1}{r}}{dz}.$$

Nous pouvons donc écrire :

$$d\Omega = m\,dx\,\dfrac{d\frac{1}{r}}{dx} + m\,dy\,\dfrac{d\frac{1}{r}}{dy} + m\,dz\,\dfrac{d\frac{1}{r}}{dz},$$

ou en tenant compte des relations qui définissent les composantes de la magnétisation,

$$d\Omega = \left(A\,\dfrac{d\frac{1}{r}}{dx} + B\,\dfrac{d\frac{1}{r}}{dy} + C\,\dfrac{d\frac{1}{r}}{dz} \right) d\tau.$$

95. *Potentiel d'un aimant*. — Le potentiel d'un aimant s'obtiendra en additionnant les potentiels dus à chacun de ses éléments ; il aura pour valeur

$$\Omega = \int \left(A\,\dfrac{d\frac{1}{r}}{dx} + B\,\dfrac{d\frac{1}{r}}{dy} + C\,\dfrac{d\frac{1}{r}}{dz} \right) d\tau.$$

Un aimant étant limité par une surface fermée, nous pouvons modifier cette expression. En désignant par l, m, n les cosinus directeurs de la normale à un élément $d\omega$ de la surface de l'aimant avec les axes de coordonnées nous avons en effet.

$$\int lA\,\frac{1}{r}\,d\omega = \int \frac{d}{dx}\,\frac{A}{r}\,d\tau$$

$$= \int A\,\frac{d\frac{1}{r}}{dx}\,d\tau + \int \frac{dA}{dx}\,\frac{1}{r}\,d\tau,$$

ou

$$\int A\,\frac{d\frac{1}{r}}{dx}\,d\tau = \int lA\,\frac{1}{r}\,d\omega - \int \frac{dA}{dx}\,\frac{1}{r}\,d\tau.$$

Si nous transformons de la même manière les deux autres

termes de l'intégrale qui donne Ω nous obtiendrons pour cette quantité,

$$\Omega = \int \frac{l\mathrm{A} + m\mathrm{B} + n\mathrm{C}}{r}\, d\omega - \int \frac{\dfrac{d\mathrm{A}}{dx} + \dfrac{d\mathrm{B}}{dy} + \dfrac{d\mathrm{C}}{dz}}{r}\, d\tau.$$

On peut donc considérer le potentiel en un point comme résultant d'une couche de magnétisme répandue à la surface de l'aimant et de densité

$$\sigma = l\mathrm{A} + m\mathrm{B} + n\mathrm{C},$$

et d'une masse magnétique occupant tout le volume de l'aimant et de densité

$$\rho = -\left(\frac{d\mathrm{A}}{dx} + \frac{d\mathrm{B}}{dy} + \frac{d\mathrm{C}}{dz} \right).$$

96. — Remarquons que la relation de Poisson donne pour un point extérieur à l'aimant :

$$\Delta\Omega = 0,$$

et pour un point intérieur :

$$\Delta\Omega = -4\pi\rho = 4\pi\left(\frac{d\mathrm{A}}{dx} + \frac{d\mathrm{B}}{dy} + \frac{d\mathrm{C}}{dz} \right).$$

97. *Potentiel d'un feuillet magnétique.* — Supposons un aimant limité par deux surfaces infiniment voisines chargées de couches magnétiques égales et de signes contraires. Si en chaque point de la surface la magnétisation est normale à cette surface, et si le produit Ie de l'intensité de magnétisation I par l'épaisseur e de l'aimant est constant, l'aimant prend le nom de *feuillet magnétique*. Le produit constant Ie s'appelle la *puissance* Φ du feuillet.

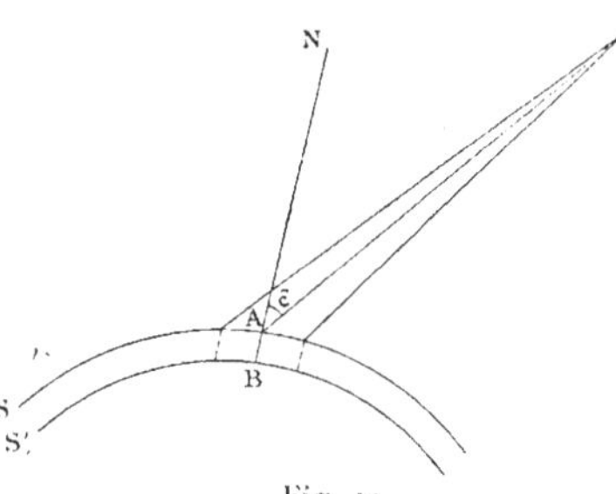

Fig. 12.

Prenons un élément A d'aire $d\omega$ sur la surface du feuillet ; la charge de cet élément est $\sigma d\omega$, σ étant la densité de la couche magnétique S au point A. La portion AB du feuillet qui correspond à cet élément de surface peut être considérée comme un aimant infiniment petit possédant des charges $\sigma d\omega$ et $-\sigma d\omega$ aux points A et B distants de e. La formule (1) du § **94** donne pour le potentiel en P de cet élément,

$$d\Omega = \sigma d\omega \; \frac{e \cos \varepsilon}{r^2}.$$

Cette expression peut être transformée. En effet, la magnétisation étant dirigée suivant BA, on a

$$\sigma d\omega e = I d\tau = I d\omega e = \Phi d\omega,$$

et par suite

$$d\Omega = \frac{\Phi d\omega \cos \varepsilon}{r^2}.$$

Mais $\dfrac{d\omega \cos \varepsilon}{r^2}$ est l'angle solide $d\varphi$ sous lequel l'élément de feuillet est vu du point P ; on peut donc écrire

$$d\Omega = \Phi d\varphi.$$

Pour un feuillet de dimensions finies, on aura

$$\Omega = \Phi \varphi,$$

c'est-à-dire :

Le potentiel d'un feuillet magnétique en un point extérieur est égal au produit de sa puissance par l'angle solide sous lequel le feuillet est vu du point considéré ; ce produit est pris avec le signe $+$ ou le signe $-$ suivant que la face vue est positive ou négative.

98. *Force magnétique en un point extérieur.* — Les composantes de la force qui s'exerce sur l'unité de masse magnétique positive placée en un point extérieur sont les dérivées partielles du potentiel en ce point prises en signe contraire. En les désignant par α, β, γ, nous avons

$$\alpha = -\frac{d\Omega}{dx}, \quad \beta = -\frac{d\Omega}{dy}, \quad \gamma = -\frac{d\Omega}{dz}.$$

99. *Force magnétique dans l'intérieur d'un aimant.* — Nous ne pouvons connaître la force qui s'exerce sur l'unité de masse magnétique placée à l'intérieur de l'aimant sans y creuser une petite cavité permettant d'y placer un petit aimant d'épreuve ; mais l'existence de cette cavité modifie l'action de l'aimant et cette modification dépend de la forme donnée à la cavité. Pour faire le calcul de la force en un point de la cavité, il faut donc en connaître la forme.

Maxwell ne considère que deux cas particuliers dans lesquels la cavité est un cylindre très petit dont les génératrices sont parallèles à la direction de la magnétisation. Dans le premier cas la hauteur du cylindre est infiniment grande par rapport à sa section ; dans le second elle est infiniment petite.

Appelons Ω le potentiel de l'aimant tout entier en un point intérieur et Ω_1 le potentiel de la masse cylindrique enlevée pour former la cavité en ce même point. La différence $\Omega - \Omega_1$ est la valeur du potentiel de l'aimant en P quand la cavité y est creusée. La force sur l'unité de masse magnétique a alors pour composantes

$$-\frac{d\Omega}{dx} + \frac{d\Omega_1}{dx}, \quad -\frac{d\Omega}{dy} + \frac{d\Omega_1}{dy}, \quad -\frac{d\Omega}{dz} + \frac{d\Omega_1}{dz}.$$

100. — Cherchons la valeur de Ω_1 quand la hauteur du cylindre est grande par rapport à la section. Ω_1 est la somme de deux intégrales, l'une étendue à la surface, l'autre au volume. Cette dernière est infiniment petite du troisième ordre et peut être négligée vis-à-vis de la première. Mais dans celle-ci les éléments correspondant aux bases du cylindre peuvent aussi être négligés, ces bases étant infiniment petites par rapport à la hauteur ; il n'y a donc à tenir compte que de la surface latérale. Or, en tout point de cette surface la normale est perpendiculaire à la direction de magnétisation ; par suite, la projection $l\mathrm{A} + m\mathrm{B} + n\mathrm{C}$ de la magnétisation sur cette normale est nulle et les éléments de l'intégrale correspondante à la surface latérale sont encore nuls. Il en résulte donc que l'on peut alors négliger la quantité Ω_1. On a pour les composantes de la force magnétique

$$\alpha = -\frac{d\Omega}{dx}, \quad \beta = -\frac{d\Omega}{dy}, \quad \gamma = -\frac{d\Omega}{dz},$$

expressions identiques à celles qui donnent les composantes en un point extérieur.

101. *Induction magnétique.* — Passons maintenant au cas où la hauteur de la cavité cylindrique est très petite par rapport à la base. Comme précédemment, nous pouvons dans la valeur de Ω_1 négliger l'intégrale étendue au volume. Dans l'intégrale double les éléments fournis par la surface latérale sont nuls puisque la normale à chaque élément de surface est perpendiculaire à la direction de magnétisation ; il suffit donc d'étendre l'intégrale double à la surface des bases du cylindre.

Pour trouver la valeur de cette intégrale prenons pour axe des x une parallèle à la direction de magnétisation ; cet axe sera alors perpendiculaire à chacune des bases du cylindre. Pour chaque élément de l'une d'elles nous aurons $l = 1$, $m = 0$, $n = 0$. et pour chaque élément de l'autre $l = -1$, $m = 0$, $n = 0$. Dans ce système d'axes particulier nous avons donc pour la valeur de Ω_1,

$$\Omega_1 = \int \frac{A}{r}\, d\omega - \int \frac{A}{r}\, d\omega,$$

chacune des deux intégrales étant étendue à la surface des bases. Cette valeur est la même que si l'on supposait que chaque base du cylindre est recouverte d'une couche de magnétisme ayant respectivement pour densités $+ A$ et $- A$. L'étendue de ces couches étant très grande par rapport à leur distance, qui est égale à la hauteur du cylindre, l'action qu'elles exercent sur l'unité de masse magnétique placée entre elles a pour valeur $4\pi A$. Cette force est dirigée du côté de la couche négative, c'est-à-dire en sens inverse de la magnétisation.

La cavité, qui a un effet contraire à celui du cylindre aimanté de même volume, produira donc une augmentation de la force dans la direction de la magnétisation et cette augmentation sera $4\pi A$. Par suite la composante suivant Ox de la force exercée par l'aimant sur l'unité de masse placée à l'intérieur de la cavité est

$$a = - \frac{d\Omega}{dx} + 4\pi A = \alpha + 4\pi A.$$

Il est évident que si au lieu de prendre le système particulier d'axes dont nous avons fait usage, nous prenons des axes quelconques nous obtiendrons pour les composantes de la force des expressions analogues à la précédente.

Ces composantes sont donc

$$\left\{ \begin{aligned} a &= \alpha + 4\pi\Lambda, \\ b &= \beta + 4\pi B, \\ c &= \gamma + 4\pi C. \end{aligned} \right.$$

Maxwell les appelle les composantes de *l'induction magnétique à l'intérieur de l'aimant.*

102. — Remarquons que la quantité

$$\alpha\, dx + \beta\, dy + \gamma\, dz$$

est une différentielle totale, puisqu'elle est égale à $-\, d\Omega$, tandis que la quantité

$$a\, dx + b\, dy + c\, dz$$

ne l'est pas.

Une autre différence entre la force magnétique et l'induction magnétique consiste dans la valeur de la somme des dérivées partielles de leurs composantes : cette somme est nulle pour l'induction magnétique ; elle ne l'est pas pour la force magnétique.

Montrons en effet que

$$\frac{da}{dx} + \frac{db}{dy} + \frac{dc}{dz} = 0.$$

On a

$$\frac{da}{dx} + \frac{db}{dy} + \frac{dc}{dz} = \frac{d\alpha}{dx} + \frac{d\beta}{dy} + \frac{d\gamma}{dz} + 4\pi\left(\frac{d\Lambda}{dx} + \frac{dB}{dy} + \frac{dC}{dz} \right)$$

ou

$$\frac{da}{dx} + \frac{db}{dy} + \frac{dc}{dz} = -\, \Delta\Omega + 4\pi\left(\frac{d\Lambda}{dx} + \frac{dB}{dy} + \frac{dC}{dz} \right).$$

Or,

$$\frac{dA}{dx} + \frac{dB}{dy} + \frac{dC}{dz} = \rho,$$

et la relation de Poisson donne, pour un point intérieur,

$$\Delta\Omega = -4\pi\rho.$$

La somme considérée est donc nulle.

103. *Magnétisme induit*. — Certains corps placés dans un champ magnétique s'aimantent par influence. Poisson admet que les composantes de la magnétisation induite en un point d'un tel corps sont proportionnelles aux composantes de la force magnétique en ce point. Posons donc

$$A = \varkappa\alpha, \qquad B = \varkappa\beta, \qquad C = \varkappa\gamma.$$

D'après les formules précédentes, les composantes de l'induction seront, au même point,

$$a = \alpha + 4\pi A = (1 + 4\pi\varkappa)\,\alpha,$$
$$b = \beta + 4\pi B = (1 + 4\pi\varkappa)\,\beta,$$
$$c = \gamma + 4\pi C = (1 + 4\pi\varkappa)\,\gamma.$$

En posant

$$\mu = (1 + 4\pi\varkappa),$$

ces formules deviennent :

$$a = \mu\alpha$$
$$b = \mu\beta$$
$$c = \mu\gamma.$$

Maxwell appelle μ la *capacité magnétique inductive*. Cette quantité est analogue au pouvoir inducteur spécifique K de l'électrostatique ; elle est plus grande que l'unité pour les corps magnétiques, égale à l'unité dans le vide, plus petite que l'unité pour les corps diamagnétiques.

104. — La simplicité des formules précédentes peut faire illusion sur la difficulté de la détermination de l'induction en un point d'un corps. C'est que nous n'avons pas tenu compte de ce que $\varkappa$ et μ ne sont pas des constantes ; en second lieu nous avons supposé n'avoir en présence que des aimants permanents où la force coercitive est infinie et des aimants produits par influence dans lesquels la force coercitive est nulle.

Les corps naturels ne satisfont pas à ces conditions. La force coercitive ne peut jamais être ni rigoureusement nulle, ni rigoureusement infinie. De plus le coefficient $\varkappa$ n'est pas une constante. C'est une fonction de l'intensité du magnétisme $\sqrt{A^2 + B^2 + C^2}$ à laquelle on a donné le nom de *fonction magnétisante*. On n'a le droit de regarder $\varkappa$ et μ comme des constantes que si la magnétisation est très faible.

C'est ce que nous supposerons toujours dans ce qui va suivre, et cela sera d'autant plus légitime que pour la plupart des corps μ diffère très peu de 1.

CHAPITRE VII

ÉLECTROMAGNÉTISME

105. *Lois fondamentales*. — Plusieurs modes d'exposition peuvent être adoptés pour trouver l'action exercée par un courant fermé sur un pôle magnétique et montrer que cette action peut être assimilée à celle d'un *feuillet magnétique* de même contour. Nous ne suivrons pas celui de Maxwell qui prend comme point de départ l'équivalence d'un courant infiniment petit et d'un aimant ; nous nous appuierons, pour arriver aux formules de Maxwell, sur trois lois démontrées par l'expérience et sur une hypothèse.

Les trois lois expérimentales sont les suivantes :

1° Deux courants parallèles de même intensité et de sens inverses exercent sur un pôle magnétique des actions égales et de signes contraires ;

2° Un courant sinueux exerce une action égale à celle d'un courant rectiligne qui aurait les mêmes extrémités ;

3° La force exercée par un courant sur un pôle magnétique est proportionnelle à l'intensité du courant, c'est-à-dire à la quantité d'électricité qui traverse une section du conducteur pendant l'unité de temps.

Les deux premières de ces lois ont été démontrées par Ampère ; la troisième a été vérifiée par de nombreuses expériences : les unes effectuées en déchargeant des batteries chargées de quantités d'électricité connues, comme dans les expériences de Colladon et de Faraday ; les autres plus précises, faites avec le voltamètre.

106. *Hypothèse*. — L'hypothèse que nous joindrons aux lois précédentes, est que les composantes de la force agissant sur un pôle magnétique sont les dérivées partielles d'une même fonction qui ne dépend que de la position du pôle par rapport au circuit.

Cette hypothèse paraîtra la plus naturelle si l'on songe qu'il doit y avoir conservation de l'énergie dans le système. Mais faisons observer que ce n'est pas la seule qui soit compatible avec le principe de la conservation de l'énergie; l'hypothèse adoptée pourrait donc se trouver en défaut sans que le principe de la conservation de l'énergie cesse d'être vérifié.

D'après cette hypothèse nous pouvons poser pour les valeurs α, β, γ des composantes de la force agissant sur l'unité du pôle

$$\alpha = -\frac{d\Omega}{dx}, \qquad \beta = -\frac{d\Omega}{dy}, \qquad \gamma = -\frac{d\Omega}{dz}.$$

La fonction Ω est appelée le *potentiel* du circuit parcouru par le courant. Pour en trouver l'expression nous aurons recours à quelques théorèmes que nous allons établir tout d'abord. Nous négligerons d'ailleurs, pour plus de commodité, la constante d'intégration de la fonction Ω.

107. Théorème I. — *Le potentiel dû à un circuit est égal à la somme des potentiels dus aux divers circuits suivant lesquels on peut le décomposer.*

Cette propriété découle immédiatement de la loi fondamentale des actions exercées par deux courants parallèles et de sens inverses.

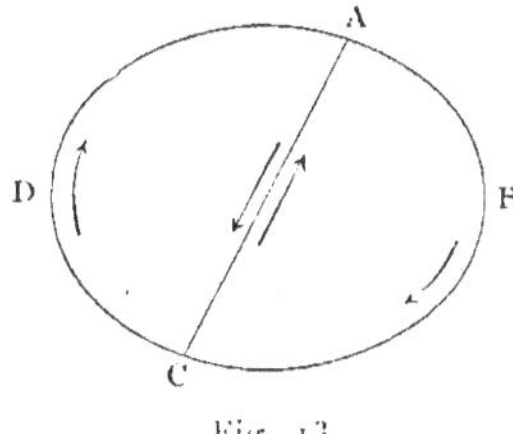

Fig. 13.

En effet, soit ABCD (fig. 13) un courant fermé; nous pouvons le décomposer en deux circuits ABCA et ACDA parcourus dans le sens des flèches. Le circuit AC étant parcouru par deux courants de même intensité mais de sens inverse n'exerce aucune action sur un pôle magnétique; par conséquent le potentiel du circuit total doit être égal à la somme des potentiels des deux circuits partiels ABCA et ACDA.

La généralisation de ce théorème à un nombre quelconque de circuits partiels est évidente.

108. Théorème II. — *Le potentiel d'un circuit fermé plan en un point extérieur situé dans son plan est nul.*

a. Supposons d'abord que le circuit possède un axe de symétrie OA (fig. 14), et plaçons un pôle magnétique en un point quelconque O de cet axe. Si nous faisons tourner le circuit autour de son axe de symétrie, le pôle magnétique conserve toujours la même position par rapport au circuit et, par conséquent, le potentiel en O ne varie pas. Mais quand le circuit a tourné d'un angle de 180°, il revient dans son plan primitif et le sens du courant représenté dans la position initiale par les flèches de la figure 14, est, après cette rotation, représenté par

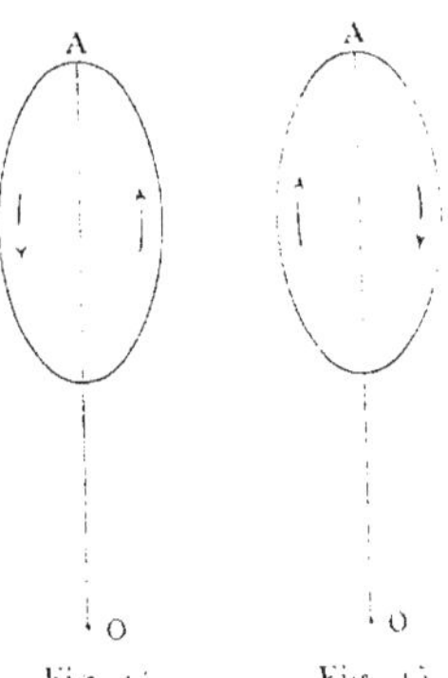

Fig. 14.   Fig. 15.

les flèches de la figure 15. Le courant a donc changé de sens par rapport au point O, et d'après la loi des courants de sens inverses, la force qui s'exerce sur le pôle a changé de sens. De ce changement dans le sens de la force résulte un changement dans le signe du potentiel Ω : comme d'autre part ce potentiel doit conserver la même valeur il doit être nul.

b. Si le circuit a la forme d'un rectangle curviligne BCDE (fig. 16), formé par les arcs de cercle BC et DE et par les portions BD et CE des rayons BO et CO le potentiel en O est nul puisque ce point appartient à l'axe de symétrie OA de la figure.

c. Quand le circuit fermé se compose d'une série d'arcs de cercles concentriques AB, CD,... (fig. 17), réunis par des portions rectilignes CD,DE,... passant par le centre commun O, le potentiel en ce point est évidemment nul, d'après ce qui précède et d'après le théorème I.

d. Passons enfin au cas général d'un circuit plan de forme quelconque (fig. 18). Prenons sur le circuit des points très voisins A, B, C,... et par ces points faisons passer des arcs de cercle ayant pour centre un point quelconque O du plan du circuit. En menant par O un nombre égal de rayons convenablement choisis, nous pourrons former un circuit fermé *abb'cc'...* dont les divers éléments sont très rapprochés des éléments du circuit donné. D'après le principe des courants sinueux, l'action de ces deux circuits sur un pôle magnétique est la même. Or, nous venons de voir que le potentiel en O dû au courant sinueux

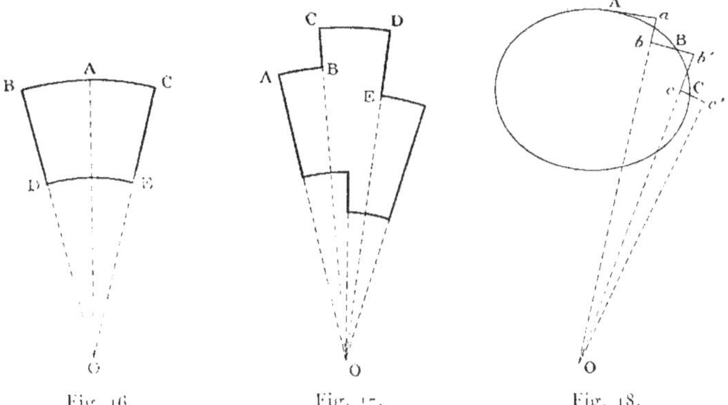

Fig. 16.   Fig. 17.   Fig. 18.

composé d'arcs de cercles concentriques et de portions rectilignes dirigées vers le centre est nul. Par suite il en est de même pour un circuit de forme quelconque.

109. Théorème III. — *Quand un circuit fermé est tracé sur la surface latérale d'un cône, de telle manière que chacune des génératrices du cône rencontre le circuit un nombre pair de fois, zéro pouvant être un de ces nombres, le potentiel au sommet du cône, supposé non enveloppé par le circuit, est nul.*

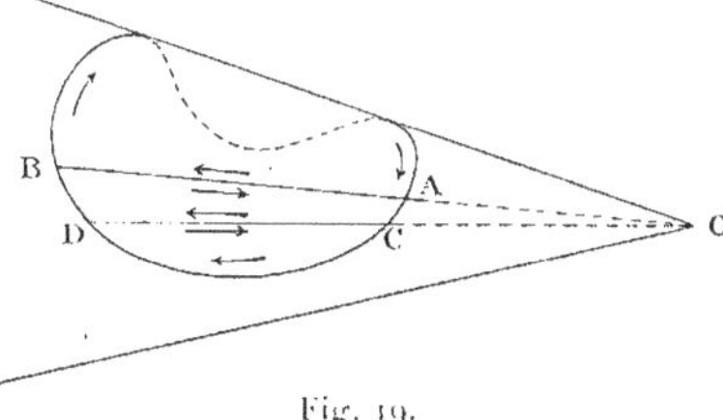

Fig. 19.

En effet, en traçant sur la surface du cône (fig. 19) des génératrices infiniment voisines, nous pouvons décomposer le circuit en éléments plans tels que ACDBA. Le point O étant situé dans les.

plans de chacun de ces circuits partiels le potentiel en ce point dû à l'un quelconque d'entre eux est nul; la somme de ces potentiels, c'est-à-dire le potentiel dû au circuit total, est donc nulle.

110. THÉORÈME IV. — *Quand deux circuits fermés, tracés sur la surface latérale d'un cône et coupant toutes les génératrices au moins une fois, sont parcourus par des courants de même intensité et de même sens par rapport à un observateur placé au sommet du cône le potentiel en ce point a la même valeur pour chacun des circuits.*

Soient ACE et BDF (fig. 20) les deux circuits parcourus par

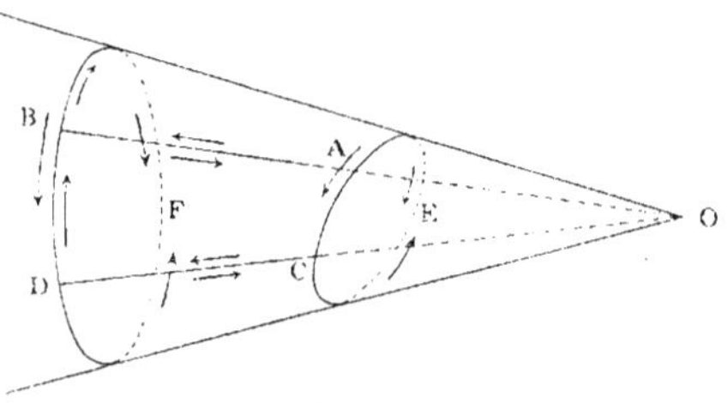

Fig. 20.

des courants dont le sens est indiqué par les flèches placées extérieurement. Si nous supposons ces circuits parcourus en même temps par des courants égaux en intensité mais dont le sens, indiqué par les flèches intérieures, est contraire à celui du courant réel qui les traverse, le potentiel en O dû à l'ensemble de ces quatre courants est évidemment nul. Il sera encore nul si nous ajoutons à ces courants des courants de même intensité mais de sens différents parcourant deux génératrices quelconques du cône, AB et CD. Mais l'intensité étant la même pour tous les courants, nous pouvons considérer le système comme formé :

1° Du circuit fermé ACDB parcouru dans le sens indiqué par l'ordre des lettres; 2° du circuit fermé ABFDCEA; 3° du circuit BDF; 4° du circuit AEC. Le potentiel en O dû à chacun des deux premiers circuits est nul, car chacun d'eux satisfait aux conditions du théorème précédent. Le potentiel dû à l'ensemble du troisième et du quatrième circuit est donc nul et par conséquent le potentiel résultant du circuit BDF parcouru par le courant réel est égal et de signe contraire au potentiel résultant du circuit AEC parcouru par le courant fictif de sens contraire au courant réel qui traverse ce circuit. Le potentiel du courant réel traversant le circuit ACE est égal et de signe contraire au potentiel du courant fictif qui parcourt ce même circuit en sens inverse ; il est donc égal au potentiel du courant réel qui traverse BDF.

Faisons d'ailleurs observer que les deux circuits considérés, au lieu d'être placés sur la surface d'un même cône, comme nous l'avons supposé, pourraient appartenir à deux cônes distincts mais superposables.

111. *Potentiel d'un courant fermé.* — Prenons un circuit fermé quelconque parcouru par un courant, et cherchons le potentiel en un point O extérieur au circuit.

Du point O comme sommet traçons un cône s'appuyant sur le contour du circuit. Ce cône découpera sur la surface de la sphère de rayon unité une surface dont la valeur φ mesure l'angle solide sous lequel le circuit est vu du point O. Nous pouvons décomposer ce cône en une infinité de cônes infiniment déliés de même angle solide et supposer le circuit donné décomposé en une infinité de petits circuits fermés tracés sur la surface de ces cônes. Ces cônes de même angle solide, étant infiniment petits, peuvent être choisis superposables et le potentiel en O est le même pour chacun des circuits tracés sur la surface de l'un d'eux. Le potentiel du circuit total est la somme de ces potentiels ; il est donc proportionnel au nombre des cônes élémentaires et, par suite, à l'angle solide φ.

Mais, d'après la troisième loi fondamentale que nous avons énoncée, l'action exercée par un courant fermé sur un pôle d'aimant est proportionnelle à l'intensité de ce courant ; par conséquent, en négligeant la constante d'intégration dans l'expression de la fonction potentielle, cette fonction doit également être proportionnelle à l'intensité du courant. Nous pouvons donc écrire

$$\Omega = \varphi i,$$

l'intensité étant mesurée au moyen d'une unité telle que le coefficient de proportionnalité soit égal à 1, unité que l'on appelle *unité électro-magnétique d'intensité*.

L'action d'un circuit sur un pôle magnétique changeant de signe quand on change le sens du courant qui le traverse, le signe de zi doit dépendre du sens du courant. Appelant *face positive* du circuit celle qui se trouve à gauche d'un observateur placé sur le circuit dans le sens du courant et tourné vers l'intérieur du circuit, on convient de donner à la valeur de l'angle solide le signe $+$ ou le signe $-$ suivant que c'est la face positive ou la face opposée qui est vue du point considéré. En adoptant cette convention et celle qui consiste à regarder comme positive une force attractive et comme négative une force répulsive, les composantes de la force exercée par un courant fermé sur l'unité de pôle sont données par les relations déjà écrites :

$$ \alpha = - \frac{d\Omega}{dx}, \quad \beta = - \frac{d\Omega}{dy}, \quad \gamma = - \frac{d\Omega}{dz}. $$

112. *Cas d'un circuit infiniment petit.* — Soient AA' (fig. 21) la projection d'un circuit infiniment petit et AOA' le cône élémen-

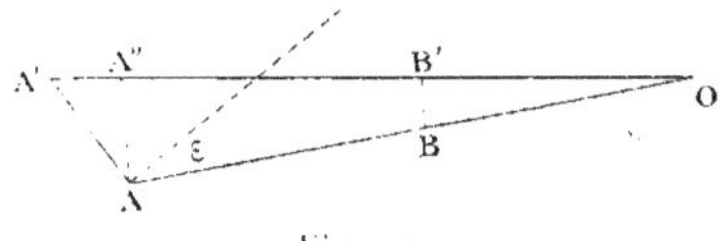

Fig. 21.

taire d'angle solide $d\varphi$ passant par ce circuit. Le potentiel au point O a pour valeur

$$ d\Omega = i\, d\varphi. $$

Or, $d\varphi$ étant l'aire de la section BB' découpée par le cône sur la sphère de rayon 1, l'aire de la section AA" découpée par ce même cône sur la sphère de rayon $OA = r$, est $r^2 d\varphi$. D'ailleurs en négligeant les infiniment petits d'ordre supérieur, on peut considérer cette aire AA" comme la projection de l'aire $d\omega$ du circuit AA' sur un plan perpendiculaire à OA.

Nous avons donc

$$ r^2 d\varphi = d\omega \cos \varepsilon, $$

et par suite

(1)
$$d\Omega = \frac{id\omega \cos \varepsilon}{r^2}.$$

Cette expression est analogue à la formule

(2)
$$d\Omega = \frac{\Phi d\omega \cos \varepsilon}{r^2}$$

que nous avons trouvée (**97**) pour le potentiel d'un élément de feuillet magnétique de puissance Φ. Par suite un élément de courant fermé a le même potentiel qu'un élément de feuillet de même surface et de puissance égale à l'intensité du courant.

113. *Équivalence d'un courant fermé et d'un feuillet magnétique.* — Les intégrales des formules (1) et (2) étendues à une même surface donneront, la première le potentiel d'un courant fermé de forme quelconque, la seconde, le potentiel d'un feuillet de même contour. Si on suppose $\Phi = i$, ces intégrales ont la même valeur, à une constante près. Par conséquent les composantes α, β, γ de la force exercée par un courant fermé sur l'unité de masse magnétique sont égales à celles de la force qu'exercerait une feuillet magnétique de même contour et dont la puissance Φ serait égale à l'intensité électromagnétique i du courant. Il y a donc équivalence dans les effets d'un courant fermé et d'un feuillet magnétique.

Il y a cependant lieu de faire remarquer que les fonctions potentielles ne jouissent pas de propriétés identiques dans les deux cas. Montrons qu'en effet le potentiel d'un aimant est une fonction uniforme, tandis que le potentiel d'un courant fermé peut prendre en chaque point de l'espace une infinité de valeurs.

La variation du potentiel d'un courant ou d'un feuillet quand on passe d'un point à un autre par un chemin quelconque est égale et de signe contraire à l'intégrale

$$\int \alpha dx + \beta dy + \gamma dz$$

prise le long du chemin parcouru puisque α, β, γ sont les dérivées partielles du potentiel changées de signe.

Les conditions d'intégrabilité

$$\frac{d\alpha}{dy} = \frac{d\beta}{dx}, \qquad \frac{d\alpha}{dz} = \frac{d\gamma}{dx}, \qquad \frac{d\beta}{dz} = \frac{d\gamma}{dy}$$

étant remplies, l'intégrale prise le long d'une courbe fermée C quelconque sera nulle : il y a toutefois à cela une condition.

Par cette courbe C faisons passer une surface quelconque et soit A la portion de cette surface qui est limitée par la courbe fermée C. Pour que l'intégrale soit nulle, il faut que les forces α, β, γ et leurs dérivées premières soient finies en tous les points de l'aire A.

Mais si la courbe fermée enlace le courant, ce courant viendra certainement couper l'aire A au moins en un point, et au point de rencontre les forces magnétiques α, β, γ seront infinies. L'intégrale prise le long d'une courbe fermée enlaçant le courant n'est donc pas nulle et la fonction Ω peut prendre en un même point deux valeurs différentes.

114. *Travail des forces électromagnétiques suivant une courbe fermée enlaçant le circuit.* — La différence entre ces deux valeurs, qui est égale à l'intégrale,

$$\int \alpha dx + \beta dy + \gamma dz$$

prise le long de la courbe décrite C, représente le travail de la force électromagnétique dans le déplacement. Pour avoir ce travail, considérons le feuillet F (fig. 22) équivalent au courant. Le potentiel de ce feuillet étant une fonction uniforme devra reprendre la même valeur quand on reviendra au point P' après avoir parcouru la courbe fermée C. Or la variation subie par le potentiel est égale à l'intégrale,

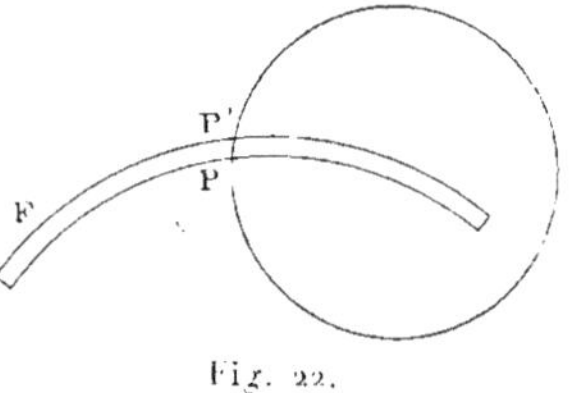

Fig. 22.

$$\int \alpha dx + \beta dy + \gamma dz$$

prise le long de la courbe C, plus la variation brusque que subit le potentiel quand on traverse le feuillet en allant de P′ au point infiniment voisin P. Soit H cette variation ; on aura donc :

$$H + \int_C (\alpha\,dx + \beta\,dy + \gamma\,dz) = 0.$$

Il nous reste donc à calculer cette variation brusque H.

Nous avons facilement cette variation dans le cas particulier où le feuillet forme une surface fermée. En un point extérieur le potentiel est nul puisque l'angle sous lequel le feuillet est vu de ce point est nul. En un point intérieur il est $\pm 4\pi\Phi$, suivant que c'est la face positive du feuillet ou sa face négative qui est tournée vers l'intérieur de la surface fermée. La variation du potentiel quand on passe de la face négative à un point de la face positive est donc $4\pi\Phi$.

Dans le cas où le feuillet ne forme pas une surface fermée la variation du potentiel est encore la même. Soit en effet ABC

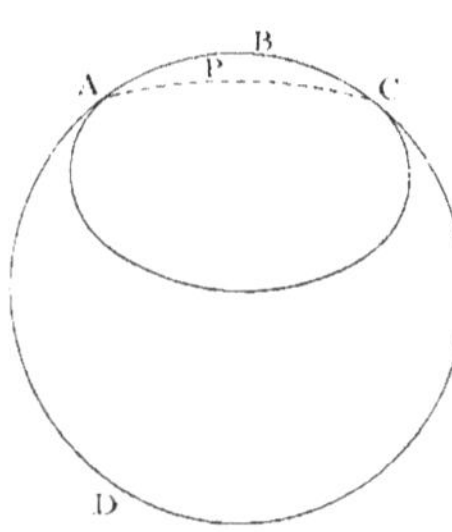

Fig. 23.

(fig. 23) un feuillet dont nous supposerons la face positive, située du côté convexe. Au moyen d'un second feuillet ADC de même contour et de même puissance que le premier et dont la face positive est également tournée du côté convexe, nous pouvons former un feuillet fermé ABCD. Quand on passe du point P en un point P′ infiniment voisin et situé de l'autre côté du feuillet l'angle sous lequel on voit ce feuillet fermé augmente de 4π. Comme l'angle sous lequel est vu le feuillet ADC reste le même, l'angle solide correspondant à l'autre feuillet ABC doit augmenter de 4π. Par suite la variation du potentiel est encore $4\pi\Phi$.

Si dans la figure 22 nous supposons que la face négative du feuillet équivalent au courant est du côté du point P, le potentiel augmentera de $4\pi i$ quand on passera de P en P′ et, d'après ce que nous avons dit, le travail de la force électromagnétique sera $- 4\pi i$ quand un pôle unité décrira la courbe fermée PCP′P dans le sens indiqué par l'ordre des lettres c'est-à-dire en pénétrant dans le feuillet par sa face positive. Nous pouvons donc écrire quand l'intégrale est prise le long d'une courbe fermée.

$$\int \alpha\,dx + \beta\,dy + \gamma\,dz = \pm\,4\pi i$$

le second membre étant pris avec le signe $+$ quand le contour d'intégration enlace le circuit en pénétrant par sa face négative et avec le signe $-$ dans le cas contraire.

Faisons observer que le contour d'intégration peut enlacer plusieurs fois le circuit; alors le travail électromagnétique est égal à autant de fois $\pm\,4\pi i$ qu'il y a d'enlacements.

115. *Cas de plusieurs courants.* — S'il y a plusieurs courants la force exercée sur l'unité de pôle placée en un point de l'espace est égale à la résultante des forces exercées par chacun d'eux, et le travail électromagnétique, quand le pôle décrit une courbe fermée, est égal à la somme des travaux des composantes, c'est-à-dire à $\Sigma \pm\,4\pi i$, la sommation s'étendant à tous les courants enlacés par la courbe. On a donc

$$\int \alpha\,dx + \beta\,dy + \gamma\,dz = 4\pi\,\Sigma \pm i.$$

Cette relation peut d'ailleurs être interprétée autrement. En effet si nous considérons une surface S passant par la courbe C, tous les courants pour lesquels l'intensité est prise dans la formule 1 avec le même signe, le signe $+$ par exemple, traversent cette surface dans le même sens; les courants pour lesquels l'intensité est prise avec le signe $-$ traversent au contraire la surface en sens inverse. L'intensité d'un courant étant la quantité d'électricité qui traverse une section du circuit pendant l'unité de temps, nous pouvons considérer $\Sigma \pm i$ comme égale à la quantité d'électricité qui traverse dans un certain sens la surface S pendant l'unité de temps. Par conséquent, le travail électromagnétique, quand on se déplace sur une courbe fermée C enlaçant plusieurs circuits, est égal au produit par 4π de la quantité d'électricité qui traverse pendant l'unité de temps une surface S limitée à la courbe C.

116. *Nouvelle expression du travail électromagnétique suivant une courbe fermée.* — Si nous désignons par u, v, w, les composantes de la vitesse de l'électricité dans un des circuits, par $d\omega$ la section de ce circuit par la surface S et enfin par l, m, n les cosinus directeurs de la normale à cet élément prise dans une direction convenable, nous aurons pour la quantité d'électricité qui traverse la surface S :

$$\Sigma\, i = \Sigma\, (lu + mv + nw)\, d\omega.$$

Mais nous pouvons remplacer le signe Σ du second membre par le signe $\int$ et étendre l'intégration à toute la surface S, les éléments de cette surface non traversés par un courant donnant dans l'intégrale des éléments nuls. Par conséquent, la formule (1) peut s'écrire

$$(2) \qquad \int \alpha dx + \beta dy + \gamma dz = 4\pi \int (lu + mv + nw)\, d\omega,$$

la première intégrale étant prise le long de la courbe C, la seconde étant étendue à la surface S.

117. *Transformation de l'intégrale curviligne.* — Nous pouvons transformer l'intégrale curviligne du premier membre. Dans le cas où la courbe C est plane cette transformation est très facile. En effet, si nous prenons le plan de cette courbe pour plan des xy, l'intégrale considérée se réduit à

$$\int \alpha dx + \beta dy,$$

où α et β sont des fonctions continues et uniformes des coordonnées x et y. Or, on sait que dans ces conditions la valeur de l'intégrale précédente, quand le contour d'intégration est décrit de telle sorte que l'espace illimité se trouve à gauche, est égale à celle de l'intégrale

$$\int \left(\frac{d\beta}{dx} - \frac{d\alpha}{dy} \right) dx\, dy$$

étendue à l'aire plane limitée par la courbe C.

Effectuons une transformation du même genre dans le cas où
l'intégrale curviligne est prise le
long d'un contour triangulaire
ABC dont les sommets sont
situés sur les axes de coordonnées (fig. 24). Nous pouvons
obtenir la valeur de l'intégrale
en prenant successivement pour
contours d'intégration OAB,
OBC, OCA et additionnant les
trois résultats obtenus, puisqu'en opérant ainsi chacune des
droites OA, OB, OC est prise
deux fois en sens inverses et que

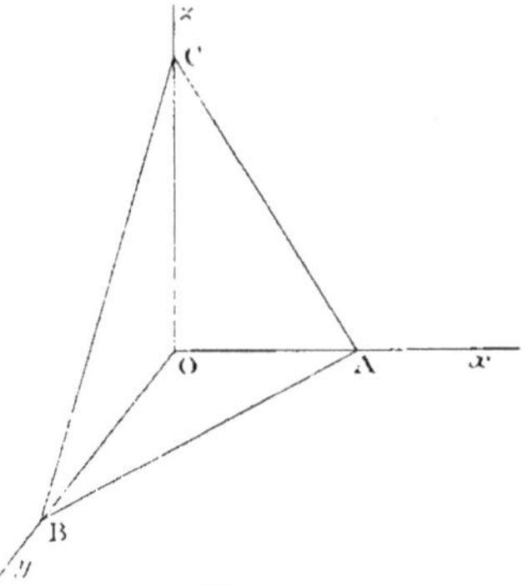

Fig. 24.

les côtés du triangle sont parcourus dans le sens ABC. Nous
avons donc

$$\int_{ABC} (\alpha\,dx + \beta\,dy + \gamma\,dz) = \int_{OBC} (\beta\,dy + \gamma\,dz) + \int_{OCA} (\gamma\,dz + \alpha\,dx)$$

$$= \int_{OAB} (\alpha\,dx + \beta\,dy)$$

ou, en transformant les intégrales curvilignes du second membre
pour lesquelles le contour d'intégration est dans un des plans
de coordonnées.

$$\int_{ABC} \alpha\,dx + \beta\,dy + \gamma\,dz = \int \left(\frac{d\gamma}{dy} - \frac{d\beta}{dz} \right) dy\,dz +$$

$$\int \left(\frac{d\alpha}{dz} - \frac{d\gamma}{dx} \right) dz\,dx + \int \left(\frac{d\beta}{dx} - \frac{d\alpha}{dy} \right) dx\,dy.$$

Supposons le tétraèdre OABC infiniment petit et désignons
par $d\omega$ l'aire du triangle ABC et par l, m, n les cosinus directeurs de la normale au plan de ce triangle. Nous avons pour les
projections du triangle sur les plans de coordonnées,

$$OBC = l\,d\omega, \qquad OCA = m\,d\omega, \qquad OAB = n\,d\omega.$$

Les intégrales du second membre de l'égalité précédente devant être étendues à l'une de ces surfaces infiniment petites, les quantités placées sous le signe d'intégration conservent très sensiblement la même valeur et peuvent être placées en dehors du signe d'intégration ; nous avons donc pour la valeur de l'intégrale curviligne prise le long d'un contour triangulaire infiniment petit,

$$\int_{ABC} (\alpha\,dx + \beta\,dy + \gamma\,dz) =$$
$$l\left(\frac{d\gamma}{dy} - \frac{d\beta}{dz}\right) d\omega + m\left(\frac{d\alpha}{dz} - \frac{d\gamma}{dx}\right) d\omega + n\left(\frac{d\beta}{dx} - \frac{d\alpha}{dy}\right) d\omega.$$

Si l'intégrale curviligne doit être prise le long d'une courbe quelconque C limitant une surface finie, nous pouvons toujours décomposer cette surface en éléments triangulaires infiniment petits et obtenir l'intégrale curviligne en faisant la somme des intégrales prises le long des contours triangulaires limitant ces éléments ; par conséquent, puisque chaque intégrale triangulaire est donnée par l'égalité précédente, nous avons pour l'intégrale curviligne prise le long du contour C,

$$\int_{C} (\alpha\,dx + \beta\,dy + \gamma\,dz) =$$
$$\int \left[l\left(\frac{d\gamma}{dy} - \frac{d\beta}{dz}\right) + m\left(\frac{d\alpha}{dz} - \frac{d\gamma}{dx}\right) + n\left(\frac{d\beta}{dx} - \frac{d\alpha}{dy}\right) \right] d\omega,$$

l'intégrale du second membre étant étendue à l'aire limitée par la courbe C.

118. *Relations de Maxwell*. — Remplaçons dans l'équation (2) l'intégrale curviligne par la valeur que nous venons de trouver, nous obtenons

$$\int \left[l\left(\frac{d\gamma}{dy} - \frac{d\beta}{dz}\right) + m\left(\frac{d\alpha}{dz} - \frac{d\gamma}{dx}\right) + n\left(\frac{d\beta}{dx} - \frac{d\alpha}{dy}\right) \right] d\omega$$
$$= 4\pi \int (lu + mv + nw)\,d\omega.$$

Cette égalité devant avoir lieu quelle que soit la surface d'intégration et par conséquent quels que soient l, m, n, il vient

$$u = \frac{1}{4\pi}\left(\frac{d\gamma}{dy} - \frac{d\beta}{dz}\right),$$

$$v = \frac{1}{4\pi}\left(\frac{d\alpha}{dz} - \frac{d\gamma}{dx}\right),$$

$$w = \frac{1}{4\pi}\left(\frac{d\beta}{dx} - \frac{d\alpha}{dy}\right).$$

Ces formules, établies par Maxwell, lient les composantes u, v, w de l'intensité du courant aux composantes α, β, γ de la force électromagnétique. Faisons observer qu'elles s'appliquent aux courants de déplacement aussi bien qu'aux courants de conduction, les courants de déplacement étant supposés obéir aux lois d'Ampère.

119. ***Action d'un pôle sur un élément de courant.*** — Puisque dans la théorie de Maxwel tout courant est un courant fermé, l'assimilation d'un courant fermé à un feuillet magnétique permet de déterminer l'action exercée par un système quelconque de courants sur un système d'aimants. Par l'application du principe de l'égalité de l'action et de la réaction on en déduit immédiatement l'action qu'exerce un système d'aimants sur un système de courants. Le problème de la détermination des actions réciproques qui ont lieu entre les courants et les aimants se trouve donc complètement résolu. Mais nous pouvons envisager l'action exercée par un pôle d'aimant sur un courant fermé comme la résultante des actions exercées par le pôle sur les différents éléments du circuit parcouru par le courant. Nous sommes donc conduits à chercher l'expression de ces actions élémentaires.

120. — Considérons le système formé par un pôle d'aimant égal à l'unité et un circuit parcouru par un courant d'intensité 1. Si φ est l'angle solide sous lequel le circuit est vu du point P où se trouve placé le pôle, les composantes de la force qu'exerce le courant sur ce pôle sont

$$-\frac{d\varphi}{dx}, \quad -\frac{d\varphi}{dy}, \quad -\frac{d\varphi}{dz}.$$

Les composantes de la force exercée par le pôle sur le courant étant égales et de signes contraires à ces quantités, le travail de cette force pour un déplacement infiniment petit du circuit sera

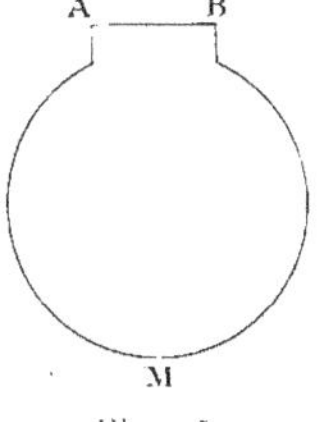

Fig. 25.

$d\varphi$, c'est-à-dire la variation de l'angle solide sous lequel le circuit est vu du point P.

Cela posé prenons un circuit AMB dont un élément AB (fig. 25) peut se mouvoir suivant sa propre direction. Si nous donnons à AB un déplacement suivant cette direction l'angle solide sous lequel le circuit est vu du point P ne varie pas. Le travail de la force électromagnétique dans ce déplacement est donc nul et par suite cette force n'a pas de composante suivant AB : *l'action élémentaire est normale à l'élément.*

121. — Pour avoir l'expression de cette force et déterminer complètement sa direction, évaluons de deux manières différentes le travail qu'elle accomplit quand l'élément AB du circuit AMB (fig. 26) passe de la position AB à la position AB′. Il faut supposer qu'il y a un fil métallique, dirigé suivant BB′ et son prolongement, et sur lequel la partie mobile AB du circuit glisse en s'appuyant constamment.

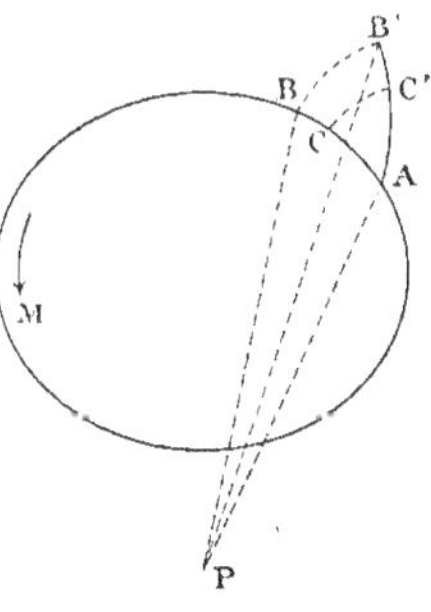

Fig. 26.

Ce travail est égal à l'angle solide $d\varphi$ sous lequel le triangle ABB′ est vu du pôle P. Les dimensions de ce triangle étant infiniment petites par rapport aux longueurs des droites PA, PB, PB′, nous pouvons regarder ces droites comme égales entre elles ; autrement dit nous pouvons confondre la surface du triangle avec la surface découpée dans la sphère de rayon $PA = r$ par l'angle trièdre P. La surface du triangle ABB′ est donc $r^2 d\varphi$ et le volume du tétraèdre PABB′ est

$$\frac{r^3 d\varphi}{3}$$

Mais on peut évaluer le volume de ce tétraèdre d'une autre

manière en prenant pour base le triangle PAB. Si nous désignons par P l'angle BPA sous lequel l'élément de courant est vu du point P et par h la projection de BB' sur une normale au plan PAB nous avons pour le volume du tétraèdre

$$\mathrm{P} r \frac{r}{2} \frac{h}{3},$$

et en égalant les deux expressions trouvées pour ce volume,

$$(1) \qquad d\varphi = \frac{\mathrm{P}}{r} \frac{h}{2}.$$

Tel est le travail de la force f qui s'exerce sur l'élément AB.

Nous en aurons une autre expression en écrivant qu'il est égal au produit de la force par la projection, sur la direction de la force, du chemin parcouru par le point d'application. Si nous admettons que la force est appliquée au milieu C de l'élément, le chemin décrit par le point d'application est CC', qui est la moitié de BB'. En appelant h' la projection de BB' sur la direction de la force f, le travail de cette force est

$$f \frac{h'}{2},$$

et, puisqu'il est déjà donné par la relation (1), nous avons

$$f h' = \frac{\mathrm{P}}{r} h.$$

Cette égalité est satisfaite si $h = h'$ et si $f = \dfrac{\mathrm{P}}{r}$; mais $h = h'$ exprime que la force est normale au plan PAB. *Par conséquent la force exercée par un pôle d'aimant sur un élément de courant est normale au plan passant par le pôle et par l'élément.* Sa valeur pour un pôle magnétique de masse m et pour une intensité i du courant traversant l'élément est

$$f = \frac{m i \mathrm{P}}{r}.$$

Comme l'angle P dépend de r et varie en raison inverse de cette quantité, l'action élémentaire f varie en raison inverse du carré de la distance du pôle à l'élément.

CHAPITRE VIII

ÉLECTRODYNAMIQUE

122. *Travail électrodynamique.* — Nous admettrons que deux circuits parcourus par des courants d'intensité i et i' étant en présence, le travail des forces agissant sur l'un d'eux, lorsqu'il se déplace par rapport à l'autre, est donné par un certain potentiel T proportionnel aux intensités i et i' et ne dépendant, quand i et i' restent constants, que de la forme et de la position relative des deux circuits. Cette hypothèse se trouve vérifiée expérimentalement par les conséquences qui s'en déduisent.

123. *Solénoïdes.* — Partageons une courbe AB (fig. 27) en une infinité d'arcs égaux ab de longueur infiniment petite δ et par les milieux de ces arcs menons les plans C normaux à la courbe. Dans chacun de ces plans traçons des courbes fermées égales, d'aire $d\omega$, et contenant le point d'intersection de leur plan avec la courbe AB. Si nous supposons chacune de ces courbes parcourues dans le même sens par des courants de même intensité i, ce système de courants porte le nom de *solénoïde*.

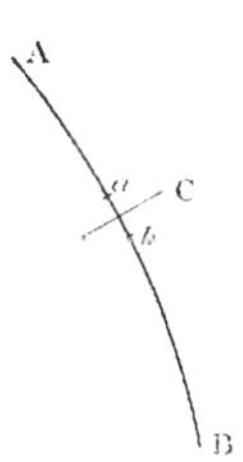

Fig. 27.

Chacun des courants qui composent le solénoïde est équivalent, au point de vue de l'action exercée sur un pôle d'aimant, à un feuillet magnétique de même contour et de puissance i. Si nous prenons pour épaisseur de ces feuillets la longueur δ des arcs élémentaires, les quantités de magnétisme que possède chacune de leurs faces seront $+ \dfrac{i}{\delta} d\omega$ et $- \dfrac{i}{\delta} d\omega$; les faces en contact de deux feuillets consécutifs possèdent donc des masses magnétiques égales et de signes contraires et leur ensemble n'a aucune action sur un point extérieur. Par conséquent l'action du solénoïde se réduit à celles de deux masses magnétiques $+\dfrac{\delta}{i}\,d\omega$ et $-\dfrac{\delta}{i}\,d\omega$ situés aux extrémités de AB. Ce sont les *pôles* du solénoïde.

Si la courbe AB est limitée, le solénoïde a deux pôles égaux et de noms contraires ; si la courbe AB a une de ses extrémités à l'infini le pôle correspondant du solénoïde est rejeté à l'infini et l'action du solénoïde se réduit à celle de l'autre pôle ; enfin si la courbe AB est fermée le solénoïde n'a plus de pôles.

124. *Solénoïdes et courants*. — L'expérience montre que l'action d'un solénoïde fermé sur un courant est nulle. De ce fait expérimental il est facile de déduire que l'action d'un solénoïde ouvert ne dépend que de la position de ses pôles.

Soient T le potentiel relatif à l'action exercée par un solénoïde ACB (fig. 28) sur un courant se déplaçant dans son voisinage et T' le potentiel relatif à l'action d'un second solénoïde BDA choisi

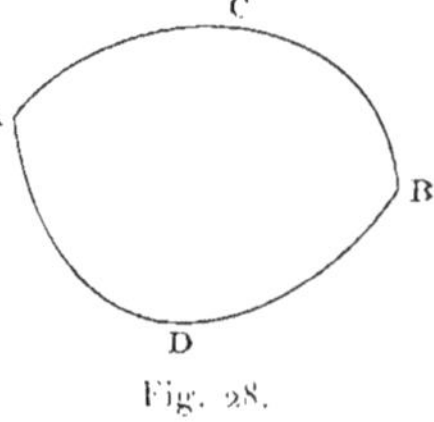
Fig. 28.

de manière à former avec le premier un solénoïde fermé ; nous aurons pour le potentiel de l'ensemble de ces deux solénoïdes

$$T + T' = 0.$$

Cette égalité est satisfaite tant que le solénoïde ACBDA reste fermé, quelles que soient les déformations que nous fassions subir aux portions qui le composent. Si en particulier nous ne déformons que le solénoïde ACB le potentiel de BDA conserve la même valeur T' et, à cause de l'égalité précédente, T ne varie pas. Le potentiel d'un solénoïde ACB conserve donc la même valeur quand ses pôles A et B restent dans les mêmes positions ; en d'autres termes le potentiel ne dépend que de la position des pôles du solénoïde.

125. — Le raisonnement précédent subsiste encore lorsque l'un des pôles, B par exemple, du solénoïde ACB est rejeté à l'infini, car il suffit pour obtenir un solénoïde fermé d'y adjoindre un second solénoïde dont le pôle de nom contraire à B est également rejeté à l'infini. Mais dans ces conditions l'action du solénoïde ACB se réduit à celle du pôle A ; le potentiel d'un pôle de solénoïde dépend donc uniquement de sa position par rapport aux courants qui agissent sur lui.

126. — Faisons observer qu'au début de l'électromagnétisme nous avons admis que le potentiel d'un pôle magnétique soumis à l'action de courants fermés ne dépendait que de la position du pôle par rapports aux courants ; et c'est sur cette seule hypothèse qu'ont reposé tous nos raisonnements. Puisqu'il en est de même pour le potentiel d'un pôle de solénoïde soumis à l'action de courants fermés, nous démontrerions de la même manière que dans ce nouveau cas le potentiel est encore de la même forme. Le potentiel électrodynamique d'un pôle de solénoïde sera donc proportionnel à l'angle solide φ sous lequel on voit de ce pôle les faces positives des courants qui agissent sur lui, et à la masse magnétique $\pm \dfrac{id\omega}{\delta}$ équivalente au pôle du solénoïde dans les actions électromagnétiques. Comme d'autre part nous avons admis (**121**) que le potentiel d'un courant qui se déplace en présence d'un autre courant d'intensité i' est proportionnel à i' nous aurons pour le potentiel d'un pôle de solénoïde soumis à l'action d'un seul courant

$$T = \pm\, a\, \frac{ii'd\omega}{\delta}\, \varphi.$$

Des expériences précises ont montré que le coefficient a est égal à l'unité quand les intensités sont exprimées en unités électromagnétiques ; nous avons donc

$$T = \pm\, \frac{id\omega}{\delta}\, i'\varphi,$$

c'est-à-dire que l'action électrodynamique qui s'exerce entre un pôle de solénoïde et un courant est égale à l'action électromagnétique qui a lieu entre ce courant et une masse magnétique $\pm \dfrac{id\omega}{\delta}$ dont le signe est déterminé par le sens du courant dans le pôle solénoïdal.

127. — Lorsque le solénoïde a deux pôles A et B (fig. 29) on peut, sans changer son action, lui ajouter un solénoïde BC s'étendant à l'infini dans une direction C et parcouru par deux courants de sens inverses d'intensité égale à celle du courant qui parcourt AB. L'ensemble de ces trois solénoïdes peut être considéré comme deux solénoïdes infinis dont l'un a son pôle en A, l'autre son pôle en B et dans lesquels circulent des courants de même intensité et de sens contraires. Ces deux pôles équivalent à deux masses magnétiques égales et de signes contraires de sorte que le solénoïde fini AB est assimilable à un aimant uniforme de même longueur.

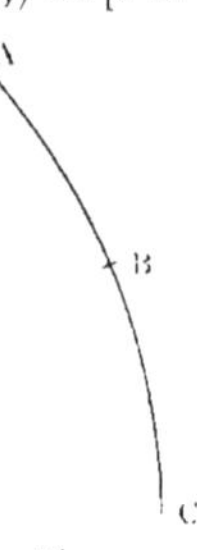

Fig. 29.

128. *Potentiel électrodynamique d'un courant infiniment petit.*

— Un courant infiniment petit peut être considéré comme un élément de solénoïde de longueur δ. Si donc sa surface est $d\omega$ et son intensité i, il peut être assimilé à deux masses

magnétiques $+\dfrac{id\omega}{\delta}$ et $-\dfrac{id\omega}{\delta}$ placées en A et B à une dis-

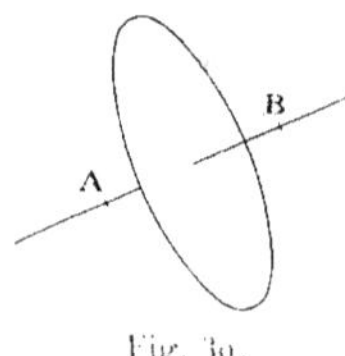

Fig. 30.

tance δ l'une de l'autre.

Appelons Ω le potentiel de l'action qu'exerce le système des courants fixes sur l'unité de magnétisme positif placée au point A (fig. 30). Au point B, infiniment voisin de A, le potentiel sera $\Omega + d\Omega$. Par conséquent le potentiel des deux masses magnétiques qui remplacent le courant infiniment petit a pour expression

$$\Omega \frac{id\omega}{\delta} - (\Omega + d\Omega) \frac{id\omega}{\delta} = - d\Omega \frac{id\omega}{\delta}.$$

En désignant par x, y, z les coordonnées du point A, il vient

$$d\Omega = \frac{d\Omega}{dx} \, dx + \frac{d\Omega}{dy} \, dy + \frac{d\Omega}{dz} \, dz,$$

ou encore

$$d\Omega = - (\alpha dx + \beta dy + \gamma dz),$$

α, β, γ étant les composantes de la force qu'exerce le système de courants fixes sur l'unité de pôle magnétique situé en A.

Si nous appelons l, m, n les cosinus directeurs de la direction AB de la normale au plan du courant infiniment petit, les quantités dx, dy, dz ont pour valeurs

$$dx = l\delta, \qquad dy = m\delta, \qquad dz = n\delta,$$

et l'expression de $d\Omega$ peut se mettre sous la forme

$$d\Omega = - (\alpha l + \beta m + \gamma n)\,\delta.$$

On a alors pour le potentiel du courant infiniment petit,

$$- d\Omega\,\frac{id\omega}{\delta} = i\,(\alpha l + \beta m + \gamma n)\,d\omega,$$

c'est-à-dire que *le potentiel d'un courant élémentaire est égal au produit de son intensité par le flux de force qui pénètre par sa face positive.*

129. *Potentiel électrodynamique d'un courant fermé.* — Dans le cas où l'on a un système de courants fixes agissant sur un courant fini mobile on peut décomposer le courant mobile en une infinité de courants élémentaires de même intensité et circulant dans le même sens. Le potentiel du courant ainsi décomposé est égal à la somme des potentiels des courants élémentaires ; il est donc

$$(1) \qquad T = i\int (\alpha l + \beta m + \gamma n)\,d\omega,$$

l'intégrale étant étendue à toute la surface d'une aire courbe ou plane quelconque limitée par le courant mobile.

130. *Autre expression du potentiel d'un courant.* — L'intégrale précédente étendue à une surface peut être remplacée par une intégrale curviligne prise le long du circuit traversé par le courant. C'est la transformation inverse à celle que nous avons employée au paragraphe 117. En se reportant à ce que nous avons dit à cet endroit il est facile de voir que l'intégrale

$$(2) \qquad T = i\int_C (F dx + G dy + H dz),$$

prise le long du circuit mobile, est égale à

$$i \int \int \left[l\left(\frac{dH}{dy} - \frac{dG}{dz}\right) + m\left(\frac{dF}{dz} - \frac{dH}{dx}\right) + n\left(\frac{dG}{dx} - \frac{dF}{dy}\right)\right] d\omega$$

étendue à une surface limitée par le même circuit. Si donc on veut que l'intégrale (2) représente le potentiel, donné par l'intégrale (1), d'un courant fermé, il faut qu'on ait

$$(3) \quad \begin{cases} \alpha = \dfrac{dH}{dy} - \dfrac{dG}{dz}, \\[2mm] \beta = \dfrac{dF}{dz} - \dfrac{dH}{dx}, \\[2mm] \gamma = \dfrac{dG}{dx} - \dfrac{dF}{dy}. \end{cases}$$

Les quantités F, G, H ainsi introduites sont appelées par Maxwell *les composantes du moment électromagnétique* (le mot *moment* est pris dans le sens de *quantité de mouvement*).

131. *Cas d'un courant se déplaçant dans un milieu magnétique.* — Jusqu'ici nous avons implicitement supposé que s'il existe des aimants en présence du courant mobile, celui-ci ne les traverse pas. Examinons le cas où le courant mobile se déplace dans un milieu magnétique.

Il peut y avoir indécision sur le choix des quantités à prendre pour les composantes α, β, γ de la force qui s'exerce sur l'unité de pôle. Nous avons vu, en effet, à propos des aimants, que la force qui agit sur un pôle placé à l'intérieur d'une cavité creusée dans un milieu magnétique dépendait de la forme de la cavité, et parmi les valeurs qu'elle peut prendre nous en avons considéré deux : l'une (*la force magnétique*) ayant pour composantes

$$\alpha = -\frac{d\Omega}{dx}, \qquad \beta = -\frac{d\Omega}{dy}, \qquad \gamma = -\frac{d\Omega}{dz};$$

l'autre (*l'induction magnétique*) de composantes

$$a = \alpha + 4\pi A, \quad b = \beta + 4\pi B, \quad c = \gamma + 4\pi C,$$

Ω désignant le potentiel de l'aimant et A, B, C les composantes de la magnétisation au point considéré.

Mais la forme des équations (3) permet de lever facilement l'indétermination et montre qu'il faut y introduire les composantes de l'induction magnétique. En effet, en prenant les dérivées des deux membres de chacune d'elles respectivement par rapport à x, y, z, on obtient

$$\frac{d\alpha}{dx} + \frac{d\beta}{dy} + \frac{d\gamma}{dz} = 0.$$

Or nous avons vu que cette condition n'est pas satisfaite par les composantes de la force magnétique dans le cas d'un point intérieur aux masses magnétiques tandis qu'elle l'est toujours pour les composantes de l'induction. C'est donc ces dernières qu'il faut introduire dans les formules ; celles-ci deviennent

$$(4) \qquad \begin{cases} a = \dfrac{dH}{dy} - \dfrac{dG}{dz}, \\[2mm] b = \dfrac{dF}{dz} - \dfrac{dH}{dx}, \\[2mm] c = \dfrac{dG}{dx} - \dfrac{dF}{dy}. \end{cases}$$

132. — Une indétermination du même genre a eu lieu pour les formules du paragraphe 118 qui donnent les composantes u, v, w, de la vitesse d'un courant en fonction de α, β, γ, mais il est facile de la lever en montrant que dans ce cas on ne doit pas prendre les composantes de l'induction.

En effet, plaçons-nous dans le cas particulier où le circuit mobile n'est traversé par aucun courant ; nous aurons alors $u = v = w = 0$. Si donc on prenait les composantes de l'induction il viendrait

$$\frac{dc}{dy} - \frac{db}{dz} = 0, \quad \frac{da}{dz} - \frac{dc}{dx} = 0, \quad \frac{db}{dx} - \frac{da}{dy} = 0,$$

conditions qui ne sont pas satisfaites en général. Nous ne pouvons donc prendre les composantes de l'induction et nous devons conserver les composantes α, β, γ de la force magnétique. Nous nous contenterons de ce double aperçu, en l'absence d'une théorie plus satisfaisante.

133. *Déterminations des composantes du moment électromagnétique.* — Abandonnons le cas où le courant mobile se meut dans un milieu magnétique et cherchons les composantes F, G, H du moment magnétique.

Les trois équations différentielles (3) ne suffisent pas pour déterminer ces quantités, car il est facile de voir que si F, G, H est une solution de ces équations, le groupe de valeurs

$$F + \frac{d\chi}{dx}, \quad G + \frac{d\chi}{dy}, \quad H + \frac{d\chi}{dz},$$

où χ est une fonction quelconque des coordonnées, est également une solution du système. En effet, le second membre de la première des équations devient quand on substitue à F, G, H les valeurs précédentes,

$$\frac{d}{dy}\left(H + \frac{d\chi}{dz}\right) - \frac{d}{dz}\left(G + \frac{d\chi}{dy}\right) = \frac{dH}{dy} + \frac{d^2\chi}{dydz} - \frac{dG}{dz}$$
$$- \frac{d^2\chi}{dydz} = \frac{dH}{dy} - \frac{dG}{dz},$$

et le dernier membre de cette suite d'égalités est égal à α puisque, par hypothèse, F, G, H forment une solution du système. On verrait par un calcul semblable que les deux autres équations sont également satisfaites.

134. — Pour déterminer les composantes F, G, H nous devons donc leur imposer la condition de satisfaire à une nouvelle équation. Maxwell prend pour cette équation de condition,

$$(5) \qquad J = \frac{dF}{dx} + \frac{dG}{dy} + \frac{dH}{dz} = 0.$$

En tenant compte de cette relation il est possible de trouver entre les composantes u, v, w de la vitesse du courant et les composantes F, G, H du moment magnétique trois relations qui nous permettront d'obtenir les valeurs de ces dernières quantités. Nous avons, d'après les formules du paragraphe 118 et les formules (3) du paragraphe 130 :

$$4\pi u = \frac{d\gamma}{dy} - \frac{d\beta}{dz} = \frac{d^2G}{dx\,dy} - \frac{d^2F}{dy^2} - \frac{d^2F}{dz^2} + \frac{d^2H}{dx\,dz},$$

ou, en ajoutant et retranchant au second membre la quantité $\dfrac{d^2F}{dx^2}$ et groupant les termes d'une manière convenable

$$4\pi u = \frac{d^2F}{dx^2} + \frac{d^2G}{dx\,dy} + \frac{d^2H}{dx\,dz} - \frac{d^2F}{dx^2} - \frac{d^2F}{dy^2} - \frac{d^2F}{dz^2}$$

ou enfin

$$(6) \qquad\qquad 4\pi u = \frac{dJ}{dx} - \Delta F.$$

Si on suppose que l'équation (5) est toujours satisfaite, c'est-à-dire qu'elle est une identité, les dérivées partielles de J sont nulles et la relation (6) se réduit à

$$\Delta F + 4\pi u = 0.$$

Cette équation étant analogue à l'équation de Poisson, F peut être considéré comme le potentiel d'une matière attirante de densité u. D'après ce que nous savons sur la forme du potentiel qui satisfait à une telle équation nous pouvons poser immédiatement

$$F = \int \frac{u}{r}\, d\tau,$$

l'intégrale étant étendue à tous les éléments $d\tau$ de l'espace tout entier ; u est la valeur de la première composante du courant au centre de gravité de l'élément $d\tau$ et r est la distance de cet élément au point x, y, z.

Nous obtiendrons par des calculs analogues

$$G = \int \frac{v}{r}\, d\tau, \quad H = \int \frac{w}{r}\, d\tau.$$

Ces valeurs de F, G, H satisfont nécessairement aux équations différentielles (3) ; montrons que l'équation de condition (5) est également satisfaite et pour cela cherchons les dérivées partielles de F, G, H qui y entrent.

135. — Donnons à un point de coordonnées x, y, z un déplacement parallèle à l'axe des x et de grandeur dx ; la distance de ce point aux différents éléments de la matière attirante fictive de densité u croît de dr et le potentiel F au point considéré augmente de $\dfrac{dF}{dx} dx$. Mais supposons qu'au lieu de déplacer le point attiré x, y, z, comme nous venons de le faire en laissant fixe la matière attirante, nous donnions aux divers points de la matière attirante, un déplacement égal à $- dx$, en laissant fixe le point x, y, z ; cela reviendra absolument au même. L'accroissement dr de la distance du point attiré au point attirant sera évidemment le même, si l'on donne au point attiré un déplacement quelconque, ou si c'est le point attiré qui subit un déplacement parallèle égal et de sens contraire. Cela revient à supposer que la densité u au centre de gravité de l'élément devient après le déplacement, $u + \dfrac{du}{dx} dx$. Nous avons donc

$$\frac{dF}{dx}\, dx = \int \frac{u + \dfrac{du}{dx}\, dx}{r}\, d\tau - \int \frac{u}{r}\, d\tau,$$

la première intégrale étant étendue à tout le volume occupé par la matière attirante après le déplacement. Or ces deux champs d'intégration sont les mêmes puisque tous deux comprennent l'espace tout entier ; par conséquent, nous avons simplement

$$\frac{dF}{dx}\, dx = \int \frac{\dfrac{du}{dx}\, dx}{r}\, d\tau,$$

d'où

$$\frac{dF}{dx} = \int \frac{1}{r}\, \frac{du}{dx}\, d\tau.$$

Nous obtiendrons des expressions analogues pour les différentielles partielles de G par rapport à y et de H par rapport à z ; leur addition donne

$$ J = \frac{dF}{dx} + \frac{dG}{dy} + \frac{dH}{dz} = \int \frac{1}{r}\left(\frac{du}{dx} + \frac{dv}{dy} + \frac{dw}{dz}\right) d\tau. $$

Tous les éléments de cette dernière intégrale sont nuls puisque, pour Maxwell, l'électricité est incompressible et que l'équation qui exprime cette incompressibilité est

$$ \frac{du}{dx} + \frac{dv}{dy} + \frac{dw}{dz} = 0. $$

L'équation de condition (5) est donc satisfaite.

136. — Revenons au cas où le milieu étant magnétique, les composantes F, G, H du moment électromagnétique sont liées à celles de l'induction par les équations (4). Il est facile de s'assurer que ces équations et l'équation de condition (5) seront satisfaites si l'on prend pour F, G, H le produit des valeurs trouvées par le coefficient de perméabilité magnétique μ du milieu ; nous avons donc

$$ F = \mu \int \frac{u}{r}\, d\tau, \qquad G = \mu \int \frac{v}{r}\, d\tau, \qquad H = \mu \int \frac{w}{r}\, d\tau. $$

137. *Valeurs de F, G, H pour un courant linéaire.* — Plaçons-nous dans le cas particulier où en présence du courant mobile il n'y a qu'un seul courant dont le circuit est formé par un fil de faible section $d\sigma$. L'intensité de ce dernier courant étant désignée par i, la vitesse de l'électricité est $\dfrac{i}{d\sigma}$ et la direction de cette vitesse est celle de la tangente au circuit menée dans le sens du courant. Les cosinus directeurs de cette tangente sont $\dfrac{dx}{ds}$, $\dfrac{dy}{ds}$, $\dfrac{dz}{ds}$ (en appelant ds l'élément d'arc du circuit), de sorte que l'on a pour les composantes u, v, w de la vitesse de l'électricité

$$u = \frac{i}{d\tau}\frac{dx}{ds}, \qquad v = \frac{i}{d\tau}\frac{dy}{ds}, \qquad w = \frac{i}{d\tau}\frac{dz}{ds}$$

ou, puisque $d\tau ds = d\tau$,

$$(7) \qquad u = \frac{idx}{d\tau}, \qquad v = \frac{idy}{d\tau}, \qquad w = \frac{idz}{d\tau}.$$

Par conséquent la composante F du moment électromagnétique en un point de l'espace peut s'écrire

$$F = \int \frac{u}{r}\,d\tau = \int \frac{idx}{r} = i\int \frac{dx}{r}$$

et nous avons pour les trois composantes

$$(8) \qquad F = i\int \frac{dx}{r}, \qquad G = i\int \frac{dy}{r}, \qquad H = i\int \frac{dz}{r}.$$

138. *Formule de Neumann*. — Soit C (fig. 31) un circuit fixe parcouru par un courant d'intensité i, et C' un circuit mobile parcouru par un courant d'intensité i'. Le potentiel électrodynamique T du courant C' par rapport au courant C a pour valeur,

$$T = i'\int_{C'} Fdx' + Gdy' + Hdz'.$$

Dans cette expression F, G, H sont relatives au circuit C puisque ce circuit est seul en présence du circuit mo-

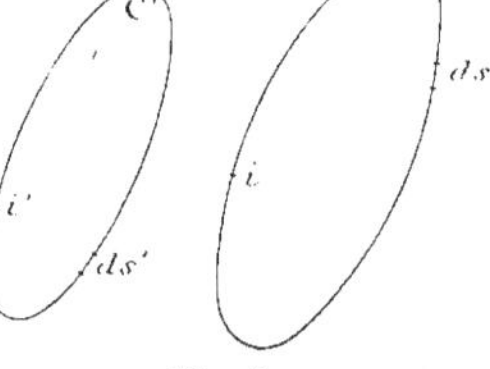

Fig. 31.

bile ; si donc nous supposons que ce circuit est formé d'un fil de faible section, F, G, H sont données par les expressions (8) trouvées précédemment et dans lesquelles r est la distance du milieu de l'élément ds au milieu de l'élément ds'. En portant ces valeurs dans l'expression de T nous obtenons

$$T = ii'\int\int \frac{dxdx' + dydy' + dzdz'}{r};$$

et, en appelant ε l'angle des deux éléments ds et ds',

$$(9) \qquad T = ii' \int \int \frac{ds\,ds' \cos\varepsilon}{r}.$$

Telle est la forme donnée par Neumann au potentiel électro-dynamique d'un courant par rapport à un autre.

La symétrie de cette formule par rapport à i et i', à ds et ds' montre que le potentiel électrodynamique de C' par rapport à C est égal au potentiel électrodynamique de C par rapport à C'.

139. Nouvelle expression du potentiel électrodynamique d'un courant. — La formule

$$T = i \int (F\,dx + G\,dy + H\,dz)$$

peut facilement se mettre sous une autre forme qui nous sera utile dans ce qui va suivre.

Des valeurs (7) établies au n° **137** on tire immédiatement

$$i\,dx = u\,d\tau, \qquad i\,dy = v\,d\tau, \qquad i\,dz = w\,d\tau,$$

et en portant ces valeurs dans l'expression de T, il vient

$$(10) \qquad T = \int (Fu + Gv + Hw)\,d\tau,$$

l'intégrale étant étendue à l'espace occupé par la matière conductrice qui constitue le circuit mobile.

140. Potentiel électrodynamique d'un courant par rapport à lui-même. — On peut par la pensée décomposer un circuit traversé par un courant en une infinité de circuits de section infiniment petite. Chacun des courants ainsi obtenus possède par rapport aux autres un potentiel électrodynamique ; la somme de ces potentiels est ce qu'on appelle le potentiel du courant par rapport à lui-même. Cherchons l'expression de ce potentiel.

Soient u, v, w les composantes de la vitesse de l'électricité en un point du circuit, F, G, H les composantes du moment électromagnétique en ce même point, et T le potentiel du courant par rapport à lui-même. Si nous donnons à u, v, w, les accroissements du, dv, dw, ces quantités F, G, H, et T prendront respectivement les accroissements dF, dG, dH et dT. Le courant qui circule alors dans le circuit peut être considéré comme résultant de la superposition du courant primitif et du courant provenant de l'accroissement donné à la vitesse de l'électricité ; nous appellerons ce dernier, courant supplémentaire. L'accroissement dT du potentiel peut donc être regardé comme égal à la somme du potentiel du courant ancien par rapport au courant supplémentaire et du potentiel du courant supplémentaire par rapport à lui-même. Le potentiel du courant primitif par rapport au courant supplémentaire est, d'après l'expression (10) du potentiel d'un courant

$$\int (u dF + v dG + w dH)\, d\tau.$$

Quant au potentiel du courant supplémentaire par rapport à lui-même, ce sera une quantité infiniment petite du second ordre et on pourra le négliger ; on a donc

$$dT = \int (u dF + v dG + w dH)\, d\tau.$$

Mais on peut considérer dT comme étant égal au potentiel du courant supplémentaire par rapport au courant primitif augmenté du potentiel du courant supplémentaire par rapport à lui-même. En négligeant ce dernier, il vient

$$dT = \int (F du + G dv + H dw)\, d\tau,$$

et en additionnant les deux valeurs de dT puis divisant par 2,

$$dT = \frac{1}{2} \int (F du + u dF + G dv + v dG + H dw + w dH)\, d\tau,$$

ou

$$dT = \frac{1}{2}\, d \int (F u + G v + H w)\, d\tau.$$

L'intégration donne pour la valeur du potentiel du courant par rapport à lui-même

$$(11) \qquad T = \frac{1}{2} \int (Fu + Gv + Hw)\, d\tau.$$

141. — Remarquons que le raisonnement qui nous a conduit à cette expression s'applique tout aussi bien au cas d'un système de plusieurs courants qu'à celui d'un courant unique. Cette expression représente donc d'une manière générale le potentiel électrodynamique d'un système de courants par rapport à lui-même. Il faut alors étendre l'intégration à tout le volume occupé par les conducteurs matériels du système, ou bien encore à l'espace tout entier, ce qui revient au même puisque le système est supposé n'être en présence d'aucun autre système de courants.

142. *Expressions diverses du potentiel d'un système de courants par rapport à lui-même.* — Nous avons établi au paragraphe **134** que la composante F du moment électromagnétique en un point de l'espace est donnée par la formule

$$F = \int \frac{u'\,d\tau'}{r},$$

r étant la distance du point considéré à l'élément de volume $d\tau'$ pour lequel la composante de la vitesse est u'. Au point de l'espace occupé par un élément de volume $d\tau$ d'un système de courants les composantes du moment électromagnétique relatif au système lui-même seront donc

$$F = \int \frac{u'\,d\tau'}{r}, \quad G = \int \frac{v'\,d\tau'}{r}, \quad H = \int \frac{w'\,d\tau'}{r}.$$

En portant ces valeurs dans l'expression (10) du potentiel électrodynamique du système par rapport à lui-même il vient

$$T = \frac{1}{2} \int \left(u \int \frac{u'\,d\tau'}{r} + v \int \frac{v'\,d\tau'}{r} + w \int \frac{w'\,d\tau'}{r} \right) d\tau.$$

Chacune des intégrales doubles du second membre de cette égalité doit être étendue à toutes les combinaisons possibles de deux éléments $d\tau$ et $d\tau'$. Ces éléments appartenant au même système de courants, un même élément de volume joue le rôle de $d\tau$ et de $d\tau'$ et chaque intégrale contient deux fois le même élément différentiel. Si l'on ne prend qu'une seule fois chaque élément différentiel il faut, dans l'égalité précédente, porter le double du résultat obtenu par l'intégration ainsi conduite. Le facteur $\dfrac{1}{2}$ disparait donc et on a la formule

$$(12) \qquad T = \int \int \frac{uu' + vv' + ww'}{r} \, d\tau \, d\tau'.$$

143. — Dans l'expression (11) du travail électrodynamique, nous pouvons remplacer u, v, w par leurs valeurs :

$$u = \frac{1}{4\pi} \left(\frac{d\gamma}{dy} - \frac{d\beta}{dz} \right),$$

$$v = \frac{1}{4\pi} \left(\frac{d\alpha}{dz} - \frac{d\gamma}{dx} \right),$$

$$w = \frac{1}{4\pi} \left(\frac{d\beta}{dx} - \frac{d\alpha}{dy} \right);$$

nous obtenons

$$T = \frac{1}{8\pi} \int \left[F \left(\frac{d\gamma}{dy} - \frac{d\beta}{dz} \right) + G \left(\frac{d\alpha}{dz} - \frac{d\gamma}{dx} \right) \right. $$
$$\left. + H \left(\frac{d\beta}{dx} - \frac{d\alpha}{dy} \right) \right] d\tau.$$

Considérons l'intégrale

$$\int F \frac{d\gamma}{dy} \, d\tau;$$

en intégrant par parties, il vient

$$\int \int \int F \frac{d\gamma}{dy} \, d\tau = \int \int F \gamma \, m \, d\omega - \int \int \int \gamma \frac{dF}{dy} \, d\tau,$$

m étant le cosinus de l'axe des y avec la normale à l'élément $d\omega$ de la surface qui limite le volume d'intégration. Si, comme nous en avons le droit, nous étendons les intégrales triples à l'espace tout entier, les composantes α, β, γ, de la force qui s'exerce sur un point de la surface limitant le volume sont nulles, puisque le point est rejeté à l'infini. Les éléments de l'intégrale double sont donc nuls et l'intégrale elle-même est égale à zéro. Nous avons donc simplement

$$\int F \frac{d\gamma}{dy}\, d\tau = - \int \gamma \frac{dF}{dy}\, d\tau.$$

En effectuant une transformation analogue pour les autres intégrales de l'expression précédente de T et portant les valeurs obtenues dans cette expression, on obtient

$$(13)\quad T = \frac{1}{8\pi} \int \left[\alpha \left(\frac{dH}{dy} - \frac{dG}{dz} \right) + \beta \left(\frac{dF}{dz} - \frac{dH}{dx} \right) \right.$$
$$\left. + \gamma \left(\frac{dG}{dx} - \frac{dF}{dy} \right) \right] d\tau.$$

144. — Cette nouvelle forme du potentiel peut être simplifiée en tenant compte des groupes d'équations (3) et (4) qui donnent les valeurs des différences des dérivées partielles de F, G, H, dans le cas où le système de courants est dans un milieu non magnétique et dans le cas où il est au contraire dans un milieu magnétique. Nous avons dans le premier cas

$$T = \frac{1}{8\pi} \int (\alpha^2 + \beta^2 + \gamma^2)\, d\tau$$

et dans le second

$$T = \frac{1}{8\pi} \int (\alpha a + \beta b + \gamma c)\, d\tau.$$

145. *Cas d'un système de conducteurs linéaires.* — Quand les circuits qui composent le système sont linéaires, le potentiel électrodynamique du système par rapport à lui-même peut se mettre sous la forme qu'a donnée Neumann au potentiel de deux systèmes de courants linéaires l'un par rapport à l'autre. En effet, d'après les formules (7) et (8) établies au n° **137** les composantes de la vitesse de l'électricité en un point sont

$$u = \frac{idx}{dz}, \qquad v = \frac{idy}{dz}, \qquad w = \frac{idz}{dz},$$

et les composantes du moment électromagnétique au même point sont

$$F = i' \int \frac{dx'}{r}, \qquad G = i' \int \frac{dy'}{r}, \qquad H = i' \int \frac{dz'}{r}.$$

En portant ces diverses valeurs dans l'expression (9) elle devient

$$T = \frac{1}{2} ii' \int \int \frac{dx\,dx' + dy\,dy' + dz\,dz'}{r}.$$

ou, en appelant ε l'angle formé par deux éléments quelconques du système de courants.

$$T = \frac{1}{2} ii' \int \int \frac{ds\,ds' \cos \varepsilon}{r}.$$

146. Cas d'un système de deux courants linéaires. — Appelons C_1 et C_2 ces deux courants et affectons les quantités qui entrent dans nos formules des indices 1 et 2 suivant qu'elles se rapportent au courant C_1 ou au courant C_2. Nous avons pour les composantes du moment électromagnétique en un point

$$F = i_1 \int_{C_1} \frac{dx_1}{r} + i_2 \int_{C_2} \frac{dx_2}{r},$$

$$G = i_1 \int_{C_1} \frac{dy_1}{r} + i_2 \int_{C_2} \frac{dy_2}{r},$$

$$H = i_1 \int_{C_1} \frac{dz_1}{r} + i_2 \int_{C_2} \frac{dz_2}{r};$$

ce sont des fonctions linéaires et homogènes des intensités i_1 et i_2.

Le potentiel électrodynamique de ce système de courants par rapport à lui-même est donné par la formule (11)

$$T = \frac{1}{2} \int (Fu + Gv + Hw)\, d\tau.$$

Or, en un point du premier circuit on a

$$u\,d\tau = i_1\,dx_1, \qquad v\,d\tau = i_1\,dy_1, \qquad w\,d\tau = i_1\,dz_1,$$

et en un point du second

$$u\,d\tau = i_2\,dx_2, \qquad v\,d\tau = i_2\,dy_2, \qquad w\,d\tau = i_2\,dz_2.$$

Par conséquent l'intégrale (9) donne

$$T = \frac{i_1}{2} \int_{C_1} (F\,dx_1 + G\,dy_1 + H\,dz_1) + \frac{i_2}{2} \int_{C_2} (F\,dx_2 + G\,dy_2 + H\,dz_2)$$

T est donc une fonction linéaire et homogène par rapport à i_1 et i_2 et par rapport à F, G, H. Mais nous venons de voir que ces dernières quantités sont homogènes et du premier degré en i_1 et i_2; par conséquent T est une fonction homogène et du second degré en i_1 et i_2, et nous pouvons écrire

$$T = \frac{1}{2}\left(L i_1^2 + 2M i_1 i_2 + N i_2^2\right).$$

Les quantités L, M, N ne dépendent évidemment que de la forme et de la position relative des deux courants C_1 et C_2. Il est d'ailleurs facile de voir leur signification. En effet M étant le coefficient de $i_1\,i_2$ dans la valeur de T, M est égal à l'intégrale

$$\int \frac{dx_1\,dx_2 + dy_1\,dy_2 + dz_1\,dz_2}{r}$$

prise le long d'un des circuits ; c'est donc le potentiel électrodynamique de l'un des courants par rapport à l'autre. On constaterait aussi simplement que L est le potentiel du courant C_1 supposé seul par rapport à lui-même et que N est le potentiel de C_2 supposé seul par rapport à lui-même.

CHAPITRE IX

INDUCTION

147. *Forces électromotrices d'induction*. — Dans l'étude de l'électromagnétisme et de l'électrodynamique nous avons implicitement supposé que les intensités des courants restaient constantes. Or on sait que, lorsqu'il y a déplacement relatif de courants ou de courants et d'aimants, il se produit des phénomènes particuliers connus sous le nom de *phénomènes d'induction* et dont la découverte est due à Faraday. Ces phénomènes se manifestent dans les circuits par la production de courants temporaires dont les intensités s'ajoutent à l'intensité du courant primitif et qui peuvent être attribués à des forces électromotrices que l'on nomme *forces électromotrices d'induction*.

Des expériences faites sur l'induction, il résulte que si les intensités i_1 et i_2 de deux courants fixes C_1 et C_2 subissent dans l'intervalle de temps dt des accroissements di_1 et di_2, les forces électromotrices d'induction développées dans les circuits sont, pour le circuit C_1,

$$A \frac{di_1}{dt} + B \frac{di_2}{dt},$$

et pour le circuit C_2,

$$B \frac{di_1}{dt} + C \frac{di_2}{dt}.$$

148. Cherchons l'expression de la force électromotrice résultant du déplacement de circuits traversés par des courants d'intensités constantes.

Prenons d'abord le cas où un seul des circuits se déplace de C en C'. L'expérience prouve que tout se passe comme si le courant C était supprimé et qu'en C′ soit créé un nouveau courant de même intensité. Or, d'après ce que nous avons dit dans le paragraphe précédent, à une variation di de l'intensité i du courant C correspond une force électromotrice d'induction $\mathrm{A}\,\dfrac{di}{dt}$ dans le circuit C. Par conséquent, la suppression du courant C, qui équivaut à une diminution i de l'intensité de ce courant, produit une force électromotrice $-\dfrac{\mathrm{A}i}{dt}$; et la création du courant C′ une force électromotrice $(\mathrm{A}+d\mathrm{A})\,\dfrac{i}{dt}$, $d\mathrm{A}$ étant la variation du coefficient A quand le courant passe de C en C′. Nous avons donc pour la force électromotrice résultant du déplacement

$$(\mathrm{A}+d\mathrm{A})\,\frac{i}{dt} - \mathrm{A}\,\frac{i}{dt} = i\,\frac{d\mathrm{A}}{dt}.$$

Il serait facile de voir que si deux courants C_1 et C_2 sont en présence les forces électromotrices résultant de leur déplacement relatif sont, pour le circuit C_1,

$$i_1\frac{d\mathrm{A}}{dt} + i_2\frac{d\mathrm{B}}{dt},$$

et pour le circuit C_2

$$i_1\frac{d\mathrm{B}}{dt} + i_2\frac{d\mathrm{C}}{dt}.$$

Dans le cas où les deux courants varient d'intensité en même temps qu'ils se déplacent, les forces électromotrices d'induction sont, pour chacun des deux circuits, égales à la somme des forces électromotrices qui résultent de chaque genre de variation pris séparément ; on a donc pour le circuit C_1,

$$\mathrm{A}\,\frac{di_1}{dt} + \mathrm{B}\,\frac{di_2}{dt} + i_1\frac{d\mathrm{A}}{dt} + i_2\frac{d\mathrm{B}}{dt} = \frac{d}{dt}\,(\mathrm{A}i_1 + \mathrm{B}i_2),$$

et pour l'autre circuit C_2,

$$\mathrm{B}\,\frac{di_1}{dt} + \mathrm{C}\,\frac{di_2}{dt} + i_1\frac{d\mathrm{B}}{dt} + i_2\frac{d\mathrm{C}}{dt} = \frac{d}{dt}\,(\mathrm{B}i_1 + \mathrm{C}i_2).$$

149. *Determination des coefficients A, B, C.* — Les coefficients qui entrent dans l'expression des forces électromotrices d'induction peuvent être déterminés par l'application du principe de la conservation de l'énergie.

Prenons deux circuits dans lesquels les courants d'intensités i_1 et i_2 sont fournis par des piles de forces électromotrices E_1 et E_2. La quantité d'énergie chimique détruite dans la pile se transforme en partie en chaleur dans la pile elle-même tandis que l'autre partie se retrouve sous forme d'énergie voltaïque. L'expérience apprend que la quantité d'énergie voltaïque produite dans le temps dt est

$$E_1 i_1 dt + E_2 i_2 dt.$$

Cette énergie voltaïque se retrouve sous forme de chaleur produite dans les conducteurs par le phénomène de Joule et sous forme de travail mécanique résultant du déplacement des conducteurs. Si R_1 et R_2 sont les résistances des deux circuits les quantités de chaleur dégagées sont $R_1 i_1^2\, dt$ $R_2 i_2^2 dt$. Quant au travail mécanique fourni par le système, il est égal à la variation dT du potentiel électrodynamique du système par rapport à lui-même, ou plus exactement à la partie de cette variation qui est due au déplacement des circuits, sans tenir compte de la partie de cette variation due à l'augmentation des intensités. Ce potentiel a pour expression dans le cas de deux circuits

$$T = \frac{1}{2}\left[L i_1^2 + 2 M i_1 i_2 + N i_2^2 \right].$$

On en tire,

$$dT = \frac{1}{2}\left[i_1^2 dL + 2 i_1 i_2 dM + i_2^2 dN \right].$$

L'excès de l'énergie voltaïque fournie au système pendant le temps dt sur l'énergie recueillie sous forme de chaleur et de travail mécanique pendant le même temps est donc

$$(1) \qquad E_1 i_1 dt + E_2 i_2 dt - R_1 i_1^2 dt - R_2 i_2^2 dt - dT.$$

D'après le principe de la conservation de l'énergie, cette expression doit être nulle dans le cas où le système décrit un *cycle fermé.* Si le cycle n'est pas fermé, elle doit être une différentielle exacte. En exprimant que c'est une différentielle exacte nous obtiendrons les valeurs de A, B, C.

150. — Pour transformer l'expression (1), écrivons les lois d'Ohm pour chacun des circuits en observant que, puisqu'il y a déplacement des circuits il y a production de forces électromotrices d'induction ; nous avons

$$E_1 + \frac{d}{dt}(Ai_1 + Bi_2) = R_1 i_1,$$

et

$$E_2 + \frac{d}{dt}(Bi_1 + Ci_2) = R_2 i_2.$$

En multipliant les deux membres de ces relations respectivement par $i_1 dt$ et $i_2 dt$, nous obtenons

$$E_1 i_1 dt - R_1 i_1^2 dt = -i_1 d(Ai_1 + Bi_2),$$

et

$$E_2 i_2 dt - R_2 i_2^2 dt = -i_2 d(Bi_1 + Ci_2).$$

Si nous remplaçons les quatre premiers termes de l'expression (1) par la somme des seconds membres des relations précédentes, nous avons

$$(2) \quad -i_1 d(Ai_1 + Bi_2) - i_2 d(Bi_1 + Ci_2) - \frac{1}{2}\left[i_1^2 dL + 2i_1 i_2 dM + i_2^2 dN\right].$$

Dans le cas où il n'y aurait ni déplacement ni déformation des circuits cette expression se réduirait à

$$-Ai_1 di_1 - Bi_1 di_2 - Bi_2 di_1 - Ci_2 di_2$$

ou

$$-\frac{1}{2}\, d(Ai_1^2 + 2Bi_1 i_2 + Ci_2^2)\;;$$

elle serait donc la différentielle exacte de la quantité

$$(3) \quad -\frac{1}{2}(Ai_1^2 + 2Bi_1 i_2 + Ci_2^2).$$

Quand il y a déplacement des circuits la différentielle de cette quantité est

$$- A i_1 di_1 - B i_1 di_2 - B i_2 di_1 - C i_2 di_2 - \frac{1}{2} i_1^2 dA - i_1 i_2 dB - \frac{1}{2} i_2^2 dC$$

et pour que l'expression (2) reste la différentielle de la même quantité (3) il faut qu'il y ait identité entre cette différentielle et le développement de l'expression (2) qui est

$$- A i_1 di_1 - B i_1 di_2 - B i_2 di_1 - C i_2 di_2 - i_1^2 dA - 2 i_1 i_2 dB - i_2^2 dC$$
$$- \frac{1}{2} i_1^2 dL - i_1 i_2 dM - \frac{1}{2} i_2^2 dN .$$

L'identification donne les relations

$$\frac{1}{2} dA = dA + \frac{1}{2} dL,$$
$$dB = 2 dB + dM,$$
$$\frac{1}{2} dC = dC + \frac{1}{2} dN,$$

qui se réduisent à

$$dA = - dL \qquad dB = - dM \qquad dC = - dN ;$$

d'où l'on tire en intégrant et en supposant nulle la constante d'intégration

$$A = - L, \qquad B = - M, \qquad C = - N.$$

Ainsi les coefficients qui entrent dans l'expression des forces électromotrices d'induction sont, au signe près, les coefficients L, M, N de l'expression du potentiel électrodynamique du système de courants. Aussi appelle-t-on généralement coefficients d'induction ces derniers; L et N sont des *coefficients de self-induction* et M le *coefficient d'induction mutuelle* des deux courants.

151. *Théorie de Maxwell*. — La théorie de l'induction sous la forme que nous venons de lui donner, a été développée pour la première fois par Helmholtz dans son mémoire sur la *Conservation de la force* et peu de temps après par lord Kelvin ; celle de Maxwell est différente et plus complète à bien des égards.

On peut en effet, par l'application des équations de Lagrange à l'étude du mouvement des molécules du fluide impondérable que Maxwell suppose présider à la manifestation des phénomènes électriques, retrouver les lois de l'Induction et celle de l'Électrodynamique.

152. Dans les chapitres qui précèdent, nous avons été amenés à conclure que les hypothèses faites par le savant anglais n'étaient que provisoires, et que, tout en nous satisfaisant mieux que l'hypothèse des deux fluides, elles n'avaient pas, même aux yeux de leur auteur, plus de réalité objective. *Au contraire nous touchons ici, à ce que je crois, à la vraie pensée de Maxwell.*

Au début de sa théorie, Maxwell fait les deux hypothèses suivantes :

1° Les coordonnées des molécules du fluide impondérable dépendent des coordonnées des molécules matérielles des corps soumis aux phénomènes électriques et aussi des coordonnées des molécules matérielles des fluides hypothétiques (électricité positive et électricité négative) de la théorie ordinaire de l'Électricité ; mais nous ignorons complètement la loi de cette dépendance ;

2° Le potentiel électrodynamique d'un système de courants n'est autre que la demi-force vive du fluide de Maxwell ; c'est donc de l'énergie kinétique.

153. Pour introduire dans les équations de Lagrange les paramètres qui définissent la position d'une molécule du fluide de Maxwell il faut, par suite de la première hypothèse, connaître les paramètres qui définissent la position d'une molécule de nos fluides hypothétiques. Or la position d'une molécule d'électricité A qui parcourt un circuit linéaire C est parfaitement déterminée si on connaît d'une part, la position du circuit dans l'espace, et d'autre part, la longueur s de l'arc OA compté à partir d'une origine déterminée O. Par conséquent si x_1, x_2, x_3,... sont les paramètres qui définissent la position des molécules matérielles qui constituent le circuit, la position d'une molécule du fluide impondérable de Maxwell dépend des paramètres s, x_1, x_2, x_3.

Mais, au lieu de s on peut prendre une fonction de cet arc car la connaissance de cette fonction permettrait de déterminer s et par suite la position d'une molécule d'électricité sur le circuit C; Maxwell prend la quantité

$$y = \int_0^t i\,dt,$$

qui est, ainsi que nous allons le démontrer, une fonction de s.

En effet la section du conducteur, qui peut être variable d'un point à un autre, est une fonction $\varphi(s)$ de l'arc s; la vitesse de l'électricité, quotient de l'intensité par la section du conducteur, est alors $\dfrac{i}{\varphi(s)}$ et comme cette vitesse a aussi pour valeur $\dfrac{ds}{dt}$ nous devons avoir

$$\frac{ds}{dt} = \frac{i}{\varphi(s)},$$

d'où nous tirons,

$$\int i\,dt = \int \varphi'(s)\,ds = \psi(s),$$

et

$$\int_0^t i\,dt = \psi(s) - \psi(s_0),$$

s_0 étant la position de la molécule d'électricité à l'origine des temps. Par conséquent, y est une fonction de s seulement et nous pouvons prendre pour les paramètres dont dépend la position d'une molécule du fluide impondérable de Maxwell les quantités y, x_1, x_2,... x_n.

154. *Application au cas de deux circuits*. — Si nous désignons par i_1 et i_2 les intensités des courants qui traversent ces circuits et si nous posons

$$y_1 = \int_0^t i_1\,dt, \qquad \text{et} \qquad y_2 = \int_0^t i_2\,dt,$$

la position d'une molécule du fluide impondérable de Maxwell dépendra des paramètres y_1 et y_2 et des n paramètres x_1, ..., x_n qui définissent la position des molécules matérielles des conducteurs.

Par conséquent le mouvement du système formé par les deux courants sera donné par un système de $n + 2$ équations de Lagrange

$$\frac{d}{dt}\frac{dT}{dq_i'} - \frac{dT}{dq_i} = Q_i,$$

où q_i est un quelconque des paramètres et Q_i le coefficient de δq_i dans l'expression

$$Q_1\delta q_1 + Q_2\delta q_2 + \ldots + Q_i\delta q_i + \ldots + Q_n\delta q_n$$

du travail correspondant à un déplacement virtuel du système.

155. L'énergie kinétique T qui entre dans ces équations est la somme de la demi-force vive T_1 des molécules matérielles du système et de l'énergie kinétique des molécules du fluide impondérable de Maxwell. Cette dernière étant, d'après la seconde hypothèse, le potentiel électrodynamique du système par rapport à lui-même, nous avons dans le cas considéré où deux courants seulement sont en présence,

$$T = T_1 + \frac{1}{2}\left(Li_1^2 + 2Mi_1i_2 + Ni_2^2\right).$$

Le premier terme T_1 de cette somme ne dépend que des dérivées x_1', $x_2'\ldots$, x_n' des paramètres x_1, $x_2\ldots x_n$, des molécules matérielles.

La position des molécules du fluide impondérable dépendant des paramètres y_1, y_2, x_1, $x_2\ldots x_n$ l'ensemble des trois derniers termes de la somme précédente pourrait dépendre de ces $n + 2$ paramètres et de leurs dérivées. Mais L, M, N, ne dépendant que de la forme et de la position relative des circuits, sont des fonctions de x_1, $x_2\ldots x_n$ seulement; de plus i_1 et i_2 sont, d'après les intégrales qui définissent y_1 et y_2, les dérivées y_1' et y_2' de ces quantités par rapport au temps. Par conséquent l'énergie kinétique des molécules du fluide impondérable dépend uniquement de $x_1, x_2\ldots x_n$ et de y_1' et y_2'.

156. Occupons-nous maintenant du second membre des équations. Si nous supposons le courant qui parcourt le circuit

C_1 entretenu par une pile de force électromotrice E_1, la quantité d'énergie voltaïque qu'elle fournit pendant le temps dt est $E_1 i_1 dt$ ou $E_1 \delta y_1$. Or dans les idées de Maxwell la force électromotrice est une force qui agit sur les molécules du fluide impondérable; par suite $E_1 \delta y_1$ est un travail résultant du déplacement des molécules de ce fluide.

Mais la force électromotrice de la pile n'est pas la seule force qui agit sur les molécules du fluide impondérable; il faut encore tenir compte de la résistance qu'oppose le milieu au mouvement de ces molécules et dont le travail se retrouve sous forme de chaleur dans le conducteur. La quantité de chaleur ainsi produite étant, d'après la loi de Joule, $R_1 i_1^2 dt$, le travail accompli par le fluide impondérable est $- R_1 i_1^2 dt$, ou $- R_1 i_1 \delta y_1$.

Nous avons donc pour le travail du fluide impondérable dans le circuit C_1

$$(E_1 - R_1 i_1) \delta y_1,$$

et pour l'ensemble des deux circuits

$$(E_1 - R_1 i_1) \delta y_1 + (E_2 - R_2 i_2) \delta y_2.$$

Quant au travail des molécules matérielles, il ne dépend que des paramètres x_1, x_2, ... x_n; nous le représentons par

$$X_1 \delta x_1 + X_2 \delta x_2 \ldots + X_n \delta x_n,$$

de sorte que nous aurons pour le travail accompli dans un déplacement virtuel tant par les molécules du fluide impondérable que par les molécules matérielles

$$(E_1 - R_1 i_1) \delta y_1 + (E_2 - R_2 i_2) \delta y_2 + X_1 \delta x_1 + X_2 \delta x_2 + \ldots + X_n \delta x_n,$$

et il nous faudra, dans chacune des équations de Lagrange, prendre pour second membre le coefficient de l'expression précédente qui se rapporte au paramètre considéré.

157. *Valeurs des forces électromotrices d'induction*. — L'équation de Lagrange relative au paramètre y_1 est

$$\frac{d}{dt}\left(\frac{dT_1}{dy'_1} + \frac{1}{2} \frac{d\,[L i_1^2 + 2M i_1 i_2 + N i_2^2]}{dy'_1} \right) - \frac{dT}{dy_1} = E_1 - R i_1.$$

Mais T ne dépend pas de y_1 puisque aucun de ses termes n'en dépend ; par conséquent $\dfrac{dT}{dy_1} = 0$. On a aussi $\dfrac{dT_1}{dy'_1} = 0$ car T_1 étant l'énergie kinétique des molécules matérielles il ne dépend pas de y_1'. L'équation précédente se réduit donc à

$$\frac{d}{dt}\,(Li_1 + Mi_2) = E_1 - R_1 i_1.$$

ou

$$E_1 - \frac{d}{dt}\,(Li_1 + Mi_2) = R_1\, i_1.$$

La force électromotrice d'induction est donc la dérivée par rapport au temps, changée de signe, de $Li_1 + Mi_2$. C'est l'expression à laquelle nous étions parvenus par la méthode de lord Kelvin.

En écrivant l'équation de Lagrange relative au second paramètre y_2, nous trouverons pour la force électromotrice développée dans le second circuit

$$-\frac{d}{dt}\,(Mi_1 + Ni_2).$$

158. *Travail des forces électrodynamiques*. — Si nous prenons une des équations de Lagrange relatives aux paramètres $x_1, x_2\ldots, x_n$, nous obtiendrons le travail des forces électrodynamiques pour un déplacement correspondant à l'accroissement δx_i du paramètre considéré.

En effet, en observant que $Li_1^2 + 2\,Mi_1i_2 + Ni_2^2$ ne dépend pas de la dérivée x'_i, que T_1 ne dépend pas de x_i et que i_1 et i_2 ne dépendent ni de x'_i ni de x_i, nous avons

$$\frac{d}{dt}\,\frac{dT_1}{dx'_i} - \frac{1}{2}\left(i_1^2\frac{dL}{dx_i} + 2i_1i_2\frac{dM}{dx_i} + i_2^2\frac{dN}{dx_i}\right) = X_i.$$

Si nous supposons en outre qu'à l'instant considéré le système soit au repos, T_1 sera nul, et nous aurons pour le travail résultant d'un déplacement virtuel,

$$X_i\delta x_i = -\frac{1}{2}\,(i_1^2\delta L + 2i_1i_2\delta M + i_2^2\delta N).$$

Mais ce travail est celui des forces extérieures qui agissent sur

les molécules matérielles du système; celui des forces électrodynamiques est de signe contraire. Il est donc égal à la variation
de la fonction

$$\frac{1}{2}\left(L i_1^2 + 2 M i_1 i_2 + N i_2^2\right),$$

qui est, comme cela devait être, le potentiel électrodynamique
du système par rapport à lui-même.

159. Cherchons maintenant le travail des forces électrodynamiques exercées par le courant C_2, supposé fixe, sur le circuit C_1.

Le circuit C_2 ne se déformant pas, δN est nul et le travail des
forces électrodynamiques se réduit à

$$\frac{1}{2}\left(i_1^2 \delta L + 2 i_1 i_2 \delta M\right).$$

Mais le premier terme de cette somme se rapporte à l'action
que le courant C_1 exerce sur lui-même. Par conséquent le travail
des forces électrodynamiques dues à l'action du courant C_2 sur le
circuit C_1 a pour expression $i_1 i_2 \delta M$. D'ailleurs $M i_1 i_2$, potentiel
électrodynamique du courant C_1 par rapport au courant C_2 a pour
valeur (**129**)

$$M i_1 i_2 = i_1 \int (l\alpha + m\beta + n\gamma)\, d\omega$$

quand C_1 se déplace dans un milieu non magnétique, ou plus
généralement

$$M i_1 i_2 = i_1 \int (la + mb + nc)\, d\omega$$

quand C_1 se déplace dans un milieu magnétique en un point
duquel les composantes de l'induction magnétique sont a, b, c;
nous aurons donc pour le travail des forces électrodynamiques
qui s'exercent entre C_1 et C_2

$$i_1 \delta \int (la + mb + nc)\, d\omega.$$

160. *Expression des forces électrodynamiques.* — Si nous désignons par $X dz$, $Y dz$, $Z dz$ les composantes de la force électrodynamique due à l'action du courant C_2 sur un élément x, y, z du circuit C_1, le travail de ces forces quand l'élément se déplace de δx, δy, δz sera

$$(X \delta x + Y \delta y + Z \delta z)\, dz\,;$$

par suite le travail des forces électrodynamiques qui agissent sur C_1 sera, quand le circuit tout entier se déplace ou se déforme,

$$\int dz\, (X \delta x + Y \delta y + Z \delta z),$$

l'intégration étant prise le long du circuit C_1. En égalant cette expression du travail à celle que nous avons trouvée précédemment nous obtenons la relation

$$(1) \qquad \int dz\, (X \delta x + Y \delta y + Z \delta z) = i_1 \delta \int (la + mb + nc)\, d\omega,$$

dont nous allons évaluer le second membre.

Soient C_1 *(fig.* 32) la position du circuit C_1 et C'_1 sa position finale. Nous pouvons par ces deux positions faire passer une surface A et prendre pour champ d'intégration de

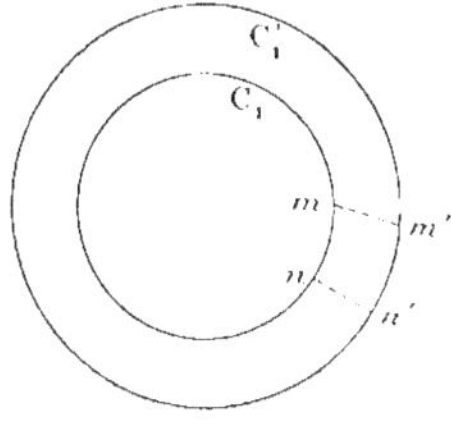

Fig. 32.

$$\int (la + mb + nc)\, d\omega,$$

l'aire limitée sur cette surface par la courbe C_1. La variation de cette intégrale quand le circuit passe de C_1 en C'_1 est alors la valeur de cette même intégrale étendue à l'aire comprise entre les deux courbes. Pour trouver cette valeur considérons un élément mn du courant C_1 dont la position après le déplacement est $m'n'$. La figure $mn\,m'n'$ peut être considérée comme un parallélogramme dont le côté mn a pour projections dx, dy, dz et le côté mn', égal au déplacement, δx, δy, δz; nous avons donc pour les aires des projections de ce parallélogramme sur les plans de coordonnées

$$\begin{aligned}
l\,d\omega &= \delta y\, dz - \delta z\, dy,\\
m\,d\omega &= \delta z\, dx - \delta x\, dz,\\
n\,d\omega &= \delta x\, dy - \delta y\, dx,
\end{aligned}$$

et, par conséquent,

$$\delta \int (la + mb + nc)\, d\omega = \int a\,(\delta y\,dz - \delta z\,dy) + b\,(\delta z\,dx - \delta x\,dz)$$
$$+ c\,(\delta x\,dy - \delta y\,dx).$$

En portant cette valeur dans l'égalité (1) il vient,

$$\int dz\,(X\delta x + Y\delta y + Z\delta z) = i_1 \int (c\,dy - b\,dz)\,\delta x + (a\,dz - c\,dx)\,\delta y$$
$$(b\,dx - a\,dx)\,\delta z;$$

ce qui nous donne en identifiant

$$X\,dz = i_1\,(c\,dy - b\,dz),$$
$$Y\,dz = i_1\,(a\,dz - c\,dx),$$
$$Z\,dz = i_1\,(b\,dx - a\,dy).$$

Mais on sait que

$$a\,dz = i_1\,dx, \qquad c\,dz = i_1\,dy, \qquad a\,dz = i_1\,dz,$$

par conséquent, les trois équations précédentes peuvent s'écrire

$$(2) \quad \begin{cases} X = cv - bw \\ Y = aw - cu \\ Z = bu - av. \end{cases}$$

161. Cas d'un nombre quelconque de courants. — Forces électrodynamiques. — Les formules précédentes s'appliquent au cas où un nombre quelconque de courants C_2, C_3..., C_n, agissent sur l'élément considéré du circuit C_1. En effet, appelons a_2, b_2, c_2, a_3, b_3..., c_n les composantes de l'induction magnétique due aux divers courants au point où se trouve l'élément de C_1. La force électrodynamique produite par l'ensemble des courants est la résultante des forces produites par chacun d'eux; sa composante suivant l'axe des x est donc

$$X = c_2 v - b_2 w + c_3 v - b_3 w + \ldots + c_n v - b_n w,$$

ou

$$X = (c_2 + c_3 + \ldots + c_n)\, v - (b_2 + b_3 + \ldots + b_n)\, w$$

ou, enfin, en désignant par a, b, c les composantes suivant les trois axes de la résultante des inductions magnétiques dues aux courants C_2, C_3... C_n

$$X = cv - bw.$$

On peut également tenir compte de la force électrodynamique due au courant C_1 lui-même. Pour cela décomposons ce courant en deux portions, l'une ne comprenant que l'élément considéré, l'autre, le reste du circuit. On peut négliger l'action de la première portion sur elle-même et on est alors ramené à la recherche de la force électrodynamique due à l'ensemble de n courants $c_1, c_2, c_3... c_n$. Si donc on appelle a, b, c les composantes de l'induction magnétique due à tous ces courants on a encore pour la composante suivant l'axe des x

$$X = cv - bw.$$

Les formules (2) sont donc générales.

162. *Forces électromotrices d'induction.* — Nous avons trouvé que, lorsqu'il n'y a qu'un seul courant C_2 placé en présence du courant C_1, la force électromotrice totale d'induction développée dans le circuit C_1 est

$$E = - \frac{d}{dt} (Li_1 + Mi_2).$$

Le terme $\dfrac{dLi_1}{dt}$ ne dépendant que de l'action du courant C_1 sur lui-même, la force électromotrice d'induction due seulement au courant C_2 est donnée par $\dfrac{dMi_2}{dt}$, dérivée que nous allons mettre sous une autre forme.

La variation δMi_2 de la quantité Mi_2, quand le circuit C_1 se déplace et que les intensités des courants varient, peut être considérée comme la somme de la variation résultant du déplacement, les intensités restant constantes, et de la variation due au changement des intensités dans les circuits supposés fixes. Or nous avons démontré (**157**) que la variation de Mi_1i_2 due au déplacement relatif des deux circuits dans lesquels les intensités conservent les mêmes valeurs, est

$$\delta Mi_1i_2 = i_1 \int a\,(\delta y\,dz - \delta z\,dy) + b\,(\delta z\,dx - \delta x\,dz) + c\,(\delta x\,dy - \delta y\,dx)\,;$$

par conséquent, nous aurons pour la variation correspondante de Mi_2, l'intégrale du second membre.

Pour avoir la variation de Mi_2 résultant du changement des intensités prenons $M_1 i_2$ sous la forme

$$M_1 i_2 = i_1 \int_{C_1} F\,dx + G\,dy + H\,dz.$$

Puisque les circuits ne se déforment ni se déplacent, le contour d'intégration reste le même et la variation de Mi_2 se réduit à

$$\int_{C_1} \delta F\,dx + \delta G\,dy + \delta H\,dz.$$

Nous aurons donc pour la variation totale de Mi_2

$$\int a\,(\delta y\,dz - \delta z\,dy) + b\,(\delta z\,dx - \delta x\,dz) + c\,(\delta x\,dy - \delta y\,dz)$$
$$+ \int \delta F\,dx + \delta G\,dy + \delta H\,dz$$

et par suite, pour la force électromotrice d'induction

$$-\frac{dMi_2}{dt} = - \int a\,(y'dz - z'dy) + b\,(z'dx - x'dz) + c\,(x'dy - y'dx)$$
$$- \int \frac{dF}{dt}\,dx + \frac{dG}{dt}\,dy + \frac{dH}{dt}\,dz$$

ou encore

$$-\frac{dMi_2}{dt} = \int \left(cy' - bz' - \frac{dF}{dt} \right) dx + \left(az' - cx' - \frac{dG}{dt} \right) dy$$
$$+ \left(bx' - ay' - \frac{dH}{dt} \right) dz.$$

163. Si nous désignons par P, Q, R les composantes suivant les trois axes de la force électromotrice d'induction par unité de longueur, la force électromotrice dans le circuit C_1 est donnée par l'intégrale

$$\int_{C_1} P\,dx + Q\,dy + R\,dz.$$

En identifiant avec l'expression précédente de la force électro-motrice nous obtiendrons trois relations dont la première est

$$\int \mathrm{P}\,dx = \int \left(cy' - bz' - \frac{d\mathrm{F}}{dt} \right) dx.$$

Nous en tirons par différentiation

$$(1) \qquad \mathrm{P} = cy' - bz' - \frac{d\mathrm{F}}{dt} \,;$$

mais il est évident que nous pouvons ajouter au second membre de cette dernière relation la dérivée partielle $-\dfrac{d\psi}{dx}$ d'une fonction uniforme $-\psi$, car, en intégrant, l'intégrale relative à ce terme sera nulle et la relation (1) sera encore satisfaite. Nous avons donc pour les composantes de la force électromotrice d'induction par unité de longueur

$$(2) \qquad \left\{ \begin{aligned} \mathrm{P} &= cy' - bz' - \frac{d\mathrm{F}}{dt} - \frac{d\psi}{dx} \\[1mm] \mathrm{Q} &= az' - cx' - \frac{d\mathrm{G}}{dt} - \frac{d\psi}{dy} \\[1mm] \mathrm{R} &= bx' - ay' - \frac{d\mathrm{H}}{dt} - \frac{d\psi}{dz}. \end{aligned} \right.$$

164. Montrons maintenant que ces équations sont encore applicables au cas où un nombre quelconque de courants C_2, $C_3,\dots C_n$ sont en présence du courant C_1.

La force électromotrice d'induction développée dans C_1 par l'ensemble des $n-1$ autres courants est égale à la somme des forces électromotrices développées par chacun d'eux ; on a donc pour la composante P,

$$\begin{aligned} \mathrm{P} = {}& c_2 y' - b_2 z' - \frac{d\mathrm{F}_2}{dt} - \frac{d\psi_2}{dx} \\[1mm] &+ c_3 y' - b_3 z' - \frac{d\mathrm{F}_3}{dt} - \frac{d\psi_3}{dx} \\[1mm] &+ \dots\dots\dots\dots\dots \\[1mm] &+ c_n y' - b_n z' - \frac{d\mathrm{F}_n}{dt} - \frac{d\psi_n}{dx}. \end{aligned}$$

ou

$$P = y' \sum c - z' \sum b - \frac{d\Sigma F}{dt} - \frac{d\Sigma\psi}{dx}.$$

Or $\sum c$ et $\sum b$ sont les composantes suivant deux des axes de l'induction magnétique au point considéré sur C_1; $\sum F$ est la composante du moment électromagnétique au même point; quant à $\sum \psi$ c'est une fonction uniforme des coordonnées. Par conséquent la première des équations du groupe (2) s'applique au cas d'un nombre quelconque de courants pourvu que l'on prenne pour b, c, et F les valeurs de ces quantités dues à l'ensemble des courants agissants. On verrait de la même manière que les deux autres équations sont également applicables.

165. On peut aussi tenir compte de l'action du courant C_1 sur lui-même. En effet nous pouvons considérer le circuit C_1 comme formé de deux portions, l'une se réduisant à l'élément de circuit pour lequel on cherche les composantes de la force électromotrice, l'autre comprenant le reste du circuit. Cette dernière portion peut être confondue avec le circuit C_1 lui-même, de sorte que si l'on néglige l'induction de l'élément sur lui-même l'induction provient des n circuits C_1, C_2,... C_n. Les composantes de la force électromotrice seront donc données par les formules (2) où a, b, c, F, G, H seront les valeurs dues à tous les courants.

166. *Signification de ψ*. — La fonction ψ est une fonction quelconque des coordonnées assujettie à la seule condition d'être uniforme. Maxwel admet que c'est le potentiel électrostatique résultant des masses électriques qui peuvent exister dans le champ.

Cette hypothèse aurait besoin d'être vérifiée expérimentalement par la concordance entre les valeurs mesurées des forces électromotrices d'induction dans un circuit *ouvert* et les valeurs fournies par les équations (2) où ψ serait donnée par l'expérience et les quantités a, b, c, F, G, H par les formules

$$a = \alpha + 4\pi A,$$
$$b = \beta + 4\pi B,$$
$$c = \gamma + 4\pi C,$$

et

$$F = \int \frac{u\,d\tau}{r}, \qquad G = \int \frac{v\,d\tau}{r}, \qquad H = \int \frac{w\,d\tau}{r}.$$

Toutefois il est toujours permis de prendre pour ψ le potentiel électrostatique car les quantités F, G, H n'ont pu être déterminées qu'en les supposant liées par l'équation différentielle

$$\frac{dF}{dx} + \frac{dG}{dy} + \frac{dH}{dz} = 0$$

et nous sommes libres d'abandonner cette hypothèse. Si nous n'avions pas introduit cette hypothèse, nous aurions trouvé pour F, G, H des valeurs de la forme

$$F = \int \frac{u}{r}\,d\tau + \frac{dZ}{dx},$$

Z étant une fonction arbitraire des coordonnées, et pour les composantes P, Q, R de la force électromotrice par unité de longueur

$$P = cy' - bz' - \int \frac{du}{dt}\frac{d\tau}{r} - \frac{d^2Z}{dx\,dt} - \frac{d\psi}{dx},$$

$$Q = az' - cx' - \int \frac{dv}{dt}\frac{d\tau}{r} - \frac{d^2Z}{dy\,dt} - \frac{d\psi}{dy},$$

$$R = bx' - ay' - \int \frac{dw}{dt}\frac{d\tau}{r} - \frac{d^2Z}{dz\,dt} - \frac{d\psi}{dz}.$$

Il est donc toujours possible, en choisissant convenablement la fonction arbitraire Z, de faire en sorte que la fonction ψ qui entre dans ces équations et les équations (2) représente le potentiel électrostatique.

CHAPITRE X

ÉQUATIONS DU CHAMP MAGNÉTIQUE

167. *Équations du champ magnétique.* — Récapitulons les équations qui lient entre elles les composantes en un point de l'induction magnétique, de la force et du moment électromagnétiques, de la force électromotrice d'induction et de la vitesse de l'électricité.

Dans le § **103** nous avons vu, que si α, β, γ sont les composantes de la force magnétique en un point d'un milieu magnétique dont le coefficient de perméabilité est μ, les composantes de l'induction magnétique au même point sont données par les équations.

$$(\mathrm{I})\qquad \begin{cases} a = \mu\alpha, \\ b = \mu\beta, \\ c = \mu\gamma. \end{cases}$$

Si au point considéré passe un flux d'électricité, les composantes u, v, w de la vitesse de ce flux peuvent être déduites des composantes de la force magnétique au moyen des relations établies au § **118** :

$$(\mathrm{II})\qquad \begin{cases} 4\pi u = \dfrac{d\gamma}{dy} - \dfrac{d\beta}{dz}, \\[2mm] 4\pi v = \dfrac{d\alpha}{dz} - \dfrac{d\gamma}{dx}, \\[2mm] 4\pi w = \dfrac{d\beta}{dx} - \dfrac{d\alpha}{dy}. \end{cases}$$

Quant aux composantes F, G, H du moment électromagnétique elles sont liées (§ **131**) à celles de l'induction magnétique par les équations différentielles

$$(\mathrm{III}) \quad \left\{ \begin{aligned} a &= \frac{d\mathrm{H}}{dy} - \frac{d\mathrm{G}}{dz}, \\ b &= \frac{d\mathrm{F}}{dz} - \frac{d\mathrm{H}}{dx}, \\ c &= \frac{d\mathrm{G}}{dx} - \frac{d\mathrm{F}}{dy}. \end{aligned} \right.$$

Mais puisque a, b, c sont les produits de α, β, γ par un facteur constant μ et que α, β, γ dépendent de u, v, w les composantes F, G, H du moment électromagnétique sont elles-mêmes des fonctions de u, v, w. D'après ce que nous avons dit aux § **137** et **166** ces fonctions ont pour expressions :

$$(\mathrm{IV}) \quad \left\{ \begin{aligned} \mathrm{F} &= \mu \int \frac{u}{r}\, dz + \frac{d\chi}{dx}, \\ \mathrm{G} &= \mu \int \frac{v}{r}\, dz + \frac{d\chi}{dy}, \\ \mathrm{H} &= \mu \int \frac{w}{r}\, dz + \frac{d\chi}{dz}. \end{aligned} \right.$$

Enfin la force électromotrice résultant de l'induction électromagnétique et des masses électriques à l'état statique a pour composantes, ainsi que nous l'avons montré au § **163**,

$$(\mathrm{V}) \quad \left\{ \begin{aligned} \mathrm{P} &= cy' - bz' - \frac{d\mathrm{F}}{dt} - \frac{d\psi}{dx}, \\ \mathrm{Q} &= az' - cx' - \frac{d\mathrm{G}}{dt} - \frac{d\psi}{dy}, \\ \mathrm{R} &= bx' - ay' - \frac{d\mathrm{H}}{dt} - \frac{d\psi}{dz}. \end{aligned} \right.$$

168. *Équations des courants de conduction.* — Dans les formules (III), u, v, w désignent les composantes de la vitesse de l'électricité sans distinction du mode de mouvement : conduction ou déplacement. Dans le cas où l'on a un courant de conduction ces composantes doivent en outre satisfaire aux équations qui expriment la loi de Ohm. Au § **87** nous avons vu que si C désigne la conductibilité électrique du milieu et X la variation par unité de longueur de la projection suivant l'axe des x des forces électromotrices résultant de toute autre cause qu'une différence de potentiel statique, nous avons pour la première de ces équations,

$$\frac{u}{C} = -\frac{d\psi}{dx} + X.$$

Lorsqu'on suppose que ces forces électromotrices sont dues uniquement à l'induction exercée par les masses magnétiques et les courants qui varient ou qui se déplacent dans le champ, le second membre de cette dernière équation est égal à P. Par conséquent, nous avons alors pour les trois composantes de la vitesse de l'électricité dans un courant de conduction

$$(\text{VI}) \qquad \begin{cases} u = CP, \\ v = CQ, \\ w = CR. \end{cases}$$

169. *Équations des courants de déplacement.* — Les équations précédentes ne sont pas applicables aux courants de déplacement, ces courants étant supposés ne pas suivre la loi d'Ohm. Quant aux équations (III), elles doivent être satisfaites puisque, comme nous l'avons déjà dit (**118**), Maxwell admet que les courants de déplacement obéissent aux lois électromagnétiques et électrodynamiques d'Ampère. Mais outre ces dernières équations, il en existe trois autres qui lient les composantes de la vitesse de l'électricité, dans un courant de ce genre, aux composantes de la force électromotrice.

Nous avons vu, en effet (**72**), que les composantes du déplacement électrique sont données par trois équations dont la première est

$$f = -\frac{K}{4\pi}\left(\frac{d\psi}{dx} - X\right),$$

X ayant dans cette formule la même signification que dans le paragraphe précédent. Si donc, nous admettons que les forces électromotrices soient dues uniquement à une différence de potentiel statique et à l'induction des aimants et des courants placés dans le champ, le facteur entre parenthèses dans l'expression de f est égal à $-$ P ; par suite, nous avons alors,

$$(\text{VII})\qquad\left\{\begin{aligned} f &= \frac{\text{K}}{4\pi}\,\text{P},\\[2mm] g &= \frac{\text{K}}{4\pi}\,\text{Q},\\[2mm] h &= \frac{\text{K}}{4\pi}\,\text{R}. \end{aligned}\right.$$

En dérivant ces équations par rapport au temps, il vient pour les composantes $u,\,v,\,w$ de la vitesse du déplacement électrique

$$(\text{VIII})\qquad\left\{\begin{aligned} u &= \frac{\text{K}}{4\pi}\,\frac{d\text{P}}{dt},\\[2mm] v &= \frac{\text{K}}{4\pi}\,\frac{d\text{Q}}{dt},\\[2mm] w &= \frac{\text{K}}{4\pi}\,\frac{d\text{R}}{dt}. \end{aligned}\right.$$

170. *Équations des courants dans un milieu imparfaitement isolant.* — Le groupe d'équations (VI) s'applique aux milieux conducteurs comme les métaux ; le groupe d'équations (VIII) s'applique, au contraire, aux milieux parfaitement isolants. Lorsque le corps est imparfaitement isolant, Maxwell admet que le *courant électrique vrai*, duquel dépendent les phénomènes électromagnétiques, a pour composantes la somme des composantes du courant de conduction et du courant de déplacement ; nous avons donc dans ce cas

$$(\text{IX})\qquad\left\{\begin{aligned} u &= \text{CP} + \frac{\text{K}}{4\pi}\,\frac{d\text{P}}{dt},\\[2mm] v &= \text{CQ} + \frac{\text{K}}{4\pi}\,\frac{d\text{Q}}{dt},\\[2mm] w &= \text{CR} + \frac{\text{K}}{4\pi}\,\frac{d\text{R}}{dt}. \end{aligned}\right.$$

Remarquons que l'hypothèse de Maxwell soulève une difficulté. En effet, le milieu possédant des propriétés intermédiaires entre celles des conducteurs et celles des isolants, la force électromotrice qui produit le courant doit vaincre deux espèces de résistance : l'une analogue à la résistance $\dfrac{1}{C}$ des métaux, l'autre du genre de celle qu'oppose un isolant. Il semble donc que, contrairement aux vues de Maxwell, l'intensité du courant et, par suite, les quantités u, v, w dussent alors être plus petites que dans un milieu conducteur ou un milieu parfaitement isolant.

171. M. Potier a substitué à l'hypothèse de Maxwell une hypothèse plus rationnelle. Il admet que la force électromotrice en un point est la somme de celle qui donne lieu au courant de conduction et de celle qui produit le déplacement. Nous avons alors, en tirant des équations (VI) et (VII) les valeurs des composantes de la force électromotrice et additionnant :

$$(X) \quad \begin{cases} P = \dfrac{u}{C} + \dfrac{4\pi}{K} f, \\[2mm] Q = \dfrac{v}{C} + \dfrac{4\pi}{K} g, \\[2mm] R = \dfrac{w}{C} + \dfrac{4\pi}{K} h. \end{cases}$$

172. Les formules (IX) et les formules (X) se réduisent à celles des courants de conduction, les premières pour $K = o$, les secondes pour $K = \infty$. Un conducteur doit être considéré, d'après Maxwell, comme un diélectrique de pouvoir inducteur nul, et, d'après M. Potier, comme un diélectrique de pouvoir inducteur infini.

La conséquence de l'hypothèse de M. Potier s'interprète facilement dans la théorie des cellules.

Dans cette théorie, en effet, on se représente un diélectrique parfait comme formé par des cellules parfaitement conductrices séparées les unes des autres par des intervalles parfaitement isolants.

Qu'arrivera-t-il alors pour un corps tenant le milieu entre les diélectriques et les conducteurs, c'est-à-dire pour un diélectrique imparfait?

Les formules de Maxwell et celle de M. Potier donnent à cette question deux réponses différentes.

Adoptons-nous les formules de Maxwell? C'est supposer que les intervalles qui séparent les cellules ne sont plus parfaitement isolants mais que leur conductibilité spécifique C n'est plus nulle.

173. Adoptons-nous au contraire les formules de M. Potier; cela revient à supposer que les cellules conductrices ne sont plus parfaitement conductrices et que leur conductibilité C n'est plus infinie.

Il est peu probable que la réalité soit aussi simple que le supposent Maxwell et M. Potier. Peut-être devrait-on adopter une combinaison des deux hypothèses : des cellules imparfaitement conductrices, séparées par des intervalles imparfaitement isolants.

Tout cela a d'ailleurs peu d'importance ; toutes ces hypothèses ne peuvent être regardées que comme une première approximation, appropriée à l'état actuel de la science ; et dans cet état actuel, on n'a intérêt à considérer que des conducteurs ordinaires ou des diélectriques regardés comme parfaits.

CHAPITRE XI

THÉORIE ÉLECTROMAGNÉTIQUE DE LA LUMIÈRE

174. Conséquences des théories de Maxwell. — Des diverses théories que nous avons exposées dans les Chapitres précédents, il résulte nettement que la préoccupation constante de Maxwell est de trouver une explication des phénomènes électriques et électromagnétiques, généralement attribués à des actions s'exerçant à distance, par le mouvement d'un fluide hypothétique remplissant l'espace. Nous avons pu constater que Maxwell n'avait qu'imparfaitement atteint son but ; en particulier nous avons vu dans le Chapitre VI que, s'il est possible de rendre compte des attractions et des répulsions électrostatiques au moyen des pressions et des tensions d'un fluide remplissant les diélectriques, les propriétés qu'il faut alors attribuer à ce fluide sont incompatibles avec celles que Maxwell lui suppose dans d'autres parties de son ouvrage. Ainsi, malgré les efforts de Maxwell, nous ne possédons pas encore une explication mécanique complète de ces phénomènes ; néanmoins les travaux de ce physicien ont une importance capitale : ils démontrent la possibilité d'une telle explication.

175. Mais laissons de côté les quelques contradictions que nous avons relevées dans l'œuvre de Maxwell et attachons-nous plus spécialement à la théorie qu'il a proposée pour expliquer l'Électromagnétisme et l'Induction et que nous avons exposée dans le Chapitre IX. Une des conséquences les plus importantes de cette théorie, et cette conséquence mérite à elle seule toute notre admiration, est l'identité des propriétés essentielles de l'éther qui, d'après Fresnel, transmet les radiations lumineuses et du fluide que Maxwell suppose présider aux actions électromagnétiques. Ainsi que le fait observer ce dernier, cette identité de propriétés est une confirmation de l'existence d'un fluide servant de véhicule à l'énergie.

« Remplir l'espace d'un nouveau milieu toutes les fois que l'on doit expliquer un nouveau phénomène ne serait point un procédé bien philosophique ; au contraire, si, étant arrivés indépendamment, par l'étude de deux branches différentes de la science, à l'hypothèse d'un milieu, les propriétés qu'il faut attribuer à ce milieu pour rendre compte des phénomènes électromagnétiques se trouvent être de la même nature que celles que nous devons attribuer à l'éther luminifère pour expliquer les phénomènes de la lumière, nos raisons de croire à l'existence physique d'un pareil milieu se trouveront sérieusement confirmées. » Maxwell. *Traité d'Électricité*, t. II, § 781.

176. L'éther et le fluide de Maxwell jouissant des mêmes propriétés, la lumière doit être considérée comme un phénomène électromagnétique et le mouvement vibratoire qui produit, sur notre rétine, l'impression d'une intensité lumineuse doit résulter de perturbations périodiques du champ magnétique. S'il en est ainsi, des équations générales de ce champ doit pouvoir se déduire l'explication des phénomènes lumineux. C'est à cette explication qu'on a donné le nom de *Théorie électromagnétique de la lumière*.

Cette théorie conduit nécessairement à des relations entre les valeurs des constantes optiques et des constantes électriques d'un même corps. Si ces relations se trouvent satisfaites numériquement par les données de l'expérience, elles constitueront autant de vérifications, indirectes mais néanmoins très probantes, de la théorie. L'une des meilleures vérifications de ce genre est l'accord satisfaisant que l'on constate entre les valeurs trouvées par Foucault, Fizeau et M. Cornu pour la vitesse de propagation de la lumière et celle qu'on déduit de la théorie électromagnétique. Cherchons donc la formule qui exprime cette vitesse en fonction des constantes électriques mesurables du milieu où s'effectue la propagation.

177. *Équations de la propagation d'une perturbation magnétique dans un diélectrique.* — Tous les corps transparents étant des isolants plus ou moins parfaits, si toutefois on excepté les solutions électrolytiques, bornons d'abord notre étude à la considération des diélectriques. De plus admettons que les molécules matérielles du milieu qui propage les perturbations magnétiques sont en repos.

Par suite de cette dernière hypothèse les composantes x', y', z', de la vitesse d'un point matériel sont nulles et les équations (V) du § **167** se réduisent aux suivantes :

$$P = - \frac{dF}{dt} - \frac{d\psi}{dx},$$

$$Q = - \frac{dG}{dt} - \frac{d\psi}{dy}.$$

$$R = - \frac{dH}{dt} - \frac{d\psi}{dz}.$$

Le potentiel électrostatique ψ étant dû à des masses électriques ne variant ni en grandeur ni en position, cette quantité et ses dérivées partielles par rapport à x, y, z, sont indépendantes du temps ; par conséquent en dérivant les équations précédentes par rapport à t, nous obtenons

$$(1) \quad \begin{cases} \dfrac{dP}{dt} = - \dfrac{d^2F}{dt^2}, \\[2mm] \dfrac{dQ}{dt} = - \dfrac{d^2G}{dt^2}, \\[2mm] \dfrac{dR}{dt} = - \dfrac{d^2H}{dt^2}. \end{cases}$$

La perturbation magnétique étant supposée s'effectuer dans un milieu diélectrique, les composantes u, v, w de la vitesse de l'électricité sont liées aux composantes de la force électromotrice par les équations (VIII) d'où nous pouvons tirer les dérivées de P, Q, R par rapport à t. En portant les valeurs de ces dérivées dans les équations précédentes nous avons

$$(2) \quad \begin{cases} 4\pi u = - K\, \dfrac{d^2F}{dt^2}, \\[2mm] 4\pi v = - K\, \dfrac{d^2G}{dt^2}. \\[2mm] 4\pi w = - K\, \dfrac{d^2H}{dt^2}. \end{cases}$$

Pour avoir les équations différentielles qui donnent F, G, H en fonction du temps, il nous faut exprimer u, v, w en fonction de F, G, H et des dérivées de ces quantités. Pour cela adressons-nous aux groupes d'équations (I), (II) et (III).

Les équations (I) et (III) nous donnent

$$\mu\alpha = \frac{dH}{dy} - \frac{dG}{dz},$$

$$\mu\beta = \frac{dF}{dz} - \frac{dH}{dx},$$

$$\mu\gamma = \frac{dG}{dx} - \frac{dF}{dy}.$$

Au moyen de ces équations calculons les dérivées de α, β, γ, par rapport à x, y, z et portons les valeurs ainsi trouvées dans les équations (II) ; nous obtenons

$$4\pi\mu u = \frac{dJ}{dx} - \Delta F,$$

$$4\pi\mu v = \frac{dJ}{dy} - \Delta G,$$

$$4\pi\mu w = \frac{dJ}{dz} - \Delta H,$$

J désignant la somme des dérivées partielles :

$$J = \frac{dF}{dx} + \frac{dG}{dy} + \frac{dH}{dz}.$$

L'élimination de u, v, w entre ces dernières équations et les équations (2) nous conduit aux équations différentielles cherchées.

$$(A) \quad \begin{cases} K\mu \dfrac{d^2F}{dt^2} = \Delta F - \dfrac{dJ}{dx}, \\[2mm] K\mu \dfrac{d^2G}{dt^2} = \Delta G - \dfrac{dJ}{dy}, \\[2mm] K\mu \dfrac{d^2H}{dt^2} = \Delta H - \dfrac{dJ}{dz}. \end{cases}$$

Sous cette forme, ces équations sont semblables à celles du

mouvement d'une molécule d'un milieu élastique (¹) et par conséquent à celles du mouvement d'une molécule d'éther ; c'est une première confirmation de l'hypothèse sur la nature électromagnétique des vibrations lumineuses.

178. Ces équations étant linéaires et à coefficients constants, les dérivées par rapport à une variable quelconque des fonctions F, G, H qui y satisfont, sont aussi des solutions de ces équations ; en outre, il en est encore de même de toute combinaison linéaire de ces dérivées. Par conséquent les composantes a, b, c de l'induction magnétique, liées aux composantes du moment électromagnétique par les relations (III), satisfont aux équations (A). D'ailleurs dans ce cas ces dernières se simplifient car la quantité J est alors

$$J = \frac{da}{dx} + \frac{db}{dy} + \frac{dc}{dz}$$

et nous savons que cette somme de dérivées partielles est nulle (102). Nous avons donc

$$K\mu \frac{d^2a}{dt^2} = \Delta a,$$

$$K\mu \frac{d^2b}{dt^2} = \Delta b,$$

$$K\mu \frac{d^2c}{dt^2} = \Delta c.$$

Quant aux composantes α, β, γ de la force magnétique elles doivent également satisfaire aux équations (A) puisqu'elles ne diffèrent de a, b, c que par un facteur constant ; la somme J des dérivées partielles subsiste alors dans les équations.

Enfin les composantes u, v, w de la vitesse du déplacement étant des fonctions linéaires et homogènes des dérivées de α, β, γ sont aussi des solutions des équations (A). L'hypothèse de l'incompressibilité de l'électricité étant exprimée par la condition

$$\frac{du}{dx} + \frac{dv}{dy} + \frac{dw}{dz} = 0,$$

J disparaît des équations.

---

179. D'ailleurs si comme le suppose Maxwell (**133**), les composantes F, G, H du moment électromagnétique satisfont à l'identité

$$ J = \frac{dF}{dx} + \frac{dG}{dy} + \frac{dH}{dz} = 0, $$

les équations (A) et celles qui donnent les composantes de la force magnétique ne contiennent pas J. Mais l'abandon de cette hypothèse ne modifie en rien les résultats auxquels conduit la théorie électromagnétique de la lumière car J disparaît lorsqu'on suppose périodiques les perturbations du champ magnétique.

En effet dérivons les équations (A) par rapport à x, y, z, et additionnons ; nous obtenons après simplification

$$ K\mu \frac{d^2 J}{dt^2} = 0 ; $$

J doit donc être une fonction linéaire du temps, ou une constante, ou zéro ; il en est de même pour les dérivées de J par rapport à x, y, z. Or, si F, G, H sont des fonctions périodiques du temps, J et ses dérivées sont également des fonctions périodiques ; par suite ces quantités ne peuvent être ni des fonctions du premier degré en t, ni des constantes ; elles sont donc nulles.

180. *Cas des ondes planes.* — Supposons que les phénomènes électromagnétiques qui ont lieu dans le diélectrique ne dépendent que du temps et de la coordonnée z du point considéré. Dans ce cas ces phénomènes sont, au même instant, identiques pour tous les points d'un plan parallèle au plan des xy ; on dit alors que les perturbations magnétiques forment des *ondes planes*.

Les composantes F, G, H du moment électromagnétique ne dépendant pas de x ni de y, les dérivées de ces quantités par rapport à x et à y sont nulles et les équations (A) se réduisent à

$$ \text{(B)} \quad \left\{ \begin{aligned} K\mu \frac{d^2 F}{dt^2} &= \frac{d^2 F}{dz^2} \\[2mm] K\mu \frac{d^2 G}{dt^2} &= \frac{d^2 G}{dz^2} \\[2mm] K\mu \frac{d^2 H}{dt^2} &= 0. \end{aligned} \right. $$

Cette dernière équation montre que dans le cas où les perturbations sont périodiques la composante H est nulle. Par conséquent le moment électromagnétique est situé dans le plan de l'onde. Il en est de même des autres quantités, vitesse de l'électricité, force électromagnétique, etc., dont les composantes satisfont à des équations semblables aux équations (B). On peut donc dire que, comme les vibrations de l'éther dans la théorie ordinaire de la lumière, les perturbations électromagnétiques périodiques sont *transversales*.

181. *Vitesse de propagation d'une onde périodique plane.* — Si nous posons

$$V = \frac{1}{\sqrt{K\mu}},$$

les deux premières des équations (B) deviennent

$$\frac{d^2F}{dt^2} = V^2 \frac{d^2F}{dz^2},$$

$$\frac{d^2G}{dt^2} = V^2 \frac{d^2G}{dz^2}.$$

Sous cette forme, ces équations sont identiques à celles qui donnent les composantes du déplacement d'une molécule d'un milieu élastique dans le cas d'un mouvement par ondes planes transversales. Nous pouvons donc considérer les perturbations électromagnétiques comme se propageant avec une vitesse égale à

$$\frac{1}{\sqrt{K\mu}}.$$

182. *Valeur de cette vitesse dans le vide.* — Le coefficient de perméabilité μ du vide étant égal à 1 dans le système de mesures électromagnétique, la vitesse de propagation des ondes planes dans ce milieu est égale à $\frac{1}{\sqrt{K}}$, K étant exprimé dans le même système. Cherchons la valeur de cette quantité.

L'une des composantes du déplacement électrique est donnée par la formule

$$f = -\frac{K}{4\pi}\frac{d\psi}{dx}.$$

Le pouvoir inducteur spécifique n'ayant pas de dimensions dans le système électrostatique, les dimensions du déplacement dans ce système sont celles du quotient d'un potentiel par une longueur et, par suite, celle du quotient d'une quantité d'électricité par le carré d'une longueur. Il s'ensuit que si on passe d'un système de mesures à un autre dans lequel l'unité de longueur a conservé la même valeur que dans le premier, les nombres qui mesurent le déplacement dans l'un et l'autre système sont dans le même rapport que ceux qui expriment une même quantité d'électricité. Si donc nous appelons v le rapport de l'unité électromagnétique de quantité d'électricité à l'unité électrostatique, le nombre qui exprime, soit une quantité d'électricité, soit un déplacement dans le premier système est égal au produit de $\dfrac{1}{v}$ par le nombre qui mesure la même grandeur dans le système électrostatique. D'autre part on sait que le rapport des unités de force électromotrice dans les deux systèmes de mesure électrique est inverse de celui des unités de quantité ; donc le nombre qui exprime $\dfrac{d\psi}{dx}$ dans le système électromagnétique est le produit de v par la mesure de cette quantité au moyen de l'unité électrostatique. Il en résulte que la valeur du quotient de f par $\dfrac{d\psi}{dx}$ et, par suite, la valeur de K se trouvent multipliées par $\dfrac{1}{v^2}$ quand on passe du système électrostatique au système électromagnétique. Le pouvoir inducteur spécifique du vide étant 1 dans le système électrostatique, sa valeur est $\dfrac{1}{v^2}$ dans le système électromagnétique.

Si nous portons cette valeur de K dans l'expression de la vitesse, nous avons

$$V = \frac{1}{\sqrt{K}} = \frac{1}{\sqrt{\dfrac{1}{v^2}}} = v ;$$

la vitesse de propagation d'une perturbation électromagnétique est donc égale au rapport v des unités de quantité d'électricité dans les deux systèmes de mesures électriques.

183. — Cette dernière quantité a été déterminée par de nombreux expérimentateurs au moyen de méthodes que l'on peut classer en trois groupes suivant que v est donné par le rapport des unités de quantité d'électricité, ou par celui des forces électromotrices, ou enfin par la comparaison des capacités. Voici les résultats de quelques-unes de ces déterminations pour le quotient par 10^{10} de la valeur de v exprimée en unités C. G. S.

		$\dfrac{v}{10^{10}}$
1er groupe.	Weber et Kohlrausch	3,1074
2me groupe.	Maxwell, 1868	2,8410
	W. Thomson et King, 1869	2,8080
	Mac Kichan, 1872	2,8960
	Shida 1880	2,9550
	Exner, 1882	2,9200
	Lord Kelvin, 1889	3,004
	Pellat, 1891	3,0092
	Hurmuzescu, 1896	3,0001
3me groupe.	Ayrton et Perry, 1879	2,96
	Stoletow, 1881	2,99
	J.-J. Thomson, 1883	2,9630
	Klemencic { 1881	3,019
	1884	3,0180
	1886	3,0142
	Himstedt. { 1886	3,0033
	1887	3,0049
	1888	3,0092
	E.-B. Rosa, 1889	3,0004
	J.-J. Thomson et Searle, 1890	2,9955
	Abraham, 1892	2,9912

Pour la vitesse de la lumière dans le vide, M. Cornu a trouvé $3,004 \times 10^{10}$ centimètres : seconde avec une erreur probablement inférieure à $\frac{1}{1000}$. On voit que ce nombre ne diffère que d'une quantité très petite, de l'ordre des erreurs expérimentales, des valeurs de v données par MM. Klemencic, Himstedt, Rosa, d'après des méthodes paraissant présenter la plus grande précision. La théorie de Maxwell reçoit donc une confirmation aussi satisfaisante qu'il est permis de la souhaiter.

D'autre part, M. Hertz, en mesurant la vitesse de propagation des ondes électromagnétiques, a trouvé un nombre du même ordre de grandeur que la vitesse de la lumière. C'est encore une vérification très satisfaisante de la théorie électromagnétique de la lumière.

184. *Relation entre l'indice de réfraction et le pouvoir inducteur d'une substance isolante.* — La perméabilité magnétique des milieux transparents étant très sensiblement égale à celui du vide, le rapport de la vitesse de propagation V_1 des ondes électromagnétiques dans le vide et de la vitesse V de ces ondes dans un milieu transparent est

$$\frac{V_1}{V} = \sqrt{K},$$

K étant le pouvoir inducteur spécifique de ce dernier milieu exprimé dans le système électrostatique.

D'après la théorie ordinaire de la lumière ce rapport est égal à l'indice de réfraction absolu n. Il en résulte que l'on doit avoir

$$K = n^2.$$

Mais, puisque n varie avec la longueur d'onde, cette relation ne peut évidemment être satisfaite que si les quantités K et n se rapportent à des phénomènes de même période. Nous devons donc prendre l'indice de réfraction qui correspond à des ondes de très longue période, ces ondes étant les seules dont le mouvement puisse se comparer aux opérations lentes à l'aide desquelles on détermine le pouvoir inducteur spécifique. La valeur de cet indice peut être obtenue approximativement en faisant $\lambda = \infty$ dans la formule de Cauchy,

$$n = A + \frac{B}{\lambda^2} + \frac{C}{\lambda^4};$$

nous avons ainsi $n = A$.

Des expériences faites sur le spectre calorifique, il résulte que la formule de Cauchy ne suffit pas pour représenter les indices des radiations de longue période ; la formule qui les représente le mieux est de la forme :

$$n = A\lambda^2 + B + \frac{C}{\lambda^2}.$$

On trouverait ainsi, pour $\lambda = \infty$, $n = \infty$ ce qui est inadmissible : mais ce qui montre combien il faut peu se fier à des extrapolations de ce genre. C'est sans doute là la principale cause des divergences que nous signalons plus loin.

185. — Au moment où Maxwell écrivait son Traité, la paraffine était le seul diélectrique dont le pouvoir inducteur ait été déterminé avec une exactitude suffisante. Une seule vérification de la relation $K = n^2$ était donc possible ; encore était-elle peu satisfaisante. MM. Gibson et Barclay avaient trouvé pour le pouvoir inducteur de la paraffine solide 1,975, dont la racine carrée est 1,405. Or ce nombre diffère sensiblement de la valeur 1,422 de l'indice de réfraction, pour une longueur d'onde infinie, déduite des expériences du Dr Gladstone sur la paraffine fondue. Toutefois, les nombres comparés se rapportant à deux états différents de la paraffine, leur divergence ne peut infirmer la théorie ; aussi Maxwell en conclut-il seulement que si la racine carrée de K n'est pas l'expression complète de l'indice de réfraction, elle en forme le terme le plus important.

186. — Depuis, on a fait de nombreuses déterminations des pouvoirs inducteurs spécifiques des corps transparents ; en voici les résultats, au point de vue qui nous occupe.

Pour les solides la racine carrée de K diffère de l'indice de réfraction d'une quantité quelquefois considérable. D'après M. Hopkinson les indices de réfraction des différentes espèces de verre sont toujours plus petits que la racine carrée de leur pouvoir inducteur ; pour certains verres ils ne sont que la moitié de cette racine.

La relation $K = n^2$ se trouve un peu mieux vérifiée dans le cas des liquides. Pour certains hydrocarbures liquides, les expériences de MM. Hopkinson, Négréano, Palaz montrent que la vérification est assez satisfaisante. Les deux tableaux suivants résument, le premier les résultats de M. Négréano, le second ceux de M. Palaz ; dans ces tableaux l'indice de réfraction se rapporte à la raie D du sodium.

I

	K	$\sqrt{K}$	n_D
Benzine pure.	2,2921	1,5139	1,5062
Toluène	2,2420	1,4949	1,4912

	K	$\sqrt{K}$	n_D
Xylène (mélange de plusieurs isomères)	2,2679	1,5059	1,4897
Métaxylène.	2,3781	1,5421	1,4977
Pseudocumène	2,4310	1,5591	1,4837
Cymène	2,4706	1,5716	1,4837
Essence de térébenthine.	2,2618	1,5039	1,4726

II

	K	$\sqrt{K}$	n_D
Benzine	2,3377	1,517	1,4997
Toluène nº 1	2,3646	1,537	1,4949
» nº 2	2,3649	1,537	1,4848
Pétrole ordinaire nº 1	2,1234	1,457	1,4487
» » nº 2	2,0897	1,445	1,4477
» rectifié	2,1950	1,481	1,4766

La vérification est beaucoup moins bonne si l'on prend des huiles végétales ou animales. Pour celles sur lesquelles il a opéré, M. Hopkinson a toujours trouvé $n > \sqrt{K}$. M. Palaz arrive à une conclusion inverse pour l'huile de navet et l'huile de ricin :

Huile de navet.	$\sqrt{K} = 1{,}737$	$n_D = 1{,}4706$
Huile de ricin	2,147	1,4772.

En 1888, M. Gouy (¹) a mesuré le pouvoir inducteur spécifique de l'eau par l'attraction qu'éprouvent deux plateaux électrisés entre lesquels se trouve une couche de ce liquide ; il a trouvé $K = 80$. Il en résulterait, d'après la relation de Maxwell, $n = 9$ environ, nombre à peu près sept fois plus grand que l'indice de réfraction réel ; cette relation est donc dans ce cas, tout à fait en défaut. Il est vrai qu'elle n'a été établie que pour les corps isolants, condition qui est loin d'être satisfaite par l'eau, toujours plus ou moins conductrice par suite des sels qu'elle contient. Mais au moins on devrait trouver pour K des valeurs de plus en plus petites lorsqu'on prend de l'eau de plus en plus pure ; or c'est précisément l'inverse qui paraît avoir lieu.

Enfin, si nous passons aux gaz, nous trouvons un accord très satisfaisant entre les valeurs de $\sqrt{K}$ et celles de n. Le tableau suivant donne les valeurs de ces quantités pour quelques gaz ;

(¹) *Comptes rendus*, t. CVI, p. 548 ; 1888.

les valeurs du pouvoir inducteur spécifique résultent des expériences de M. Boltzmann.

	K	$\sqrt{K}$	n
Air	1.000590	1,000295	1.000294
Acide carbonique.	1,000946	1,000473	1.000454
Hydrogène.	1,000264	1.000132	1.000138
Oxyde de carbone	1,000690	1.000345	1.000335
Protoxyde d'azote	1,000984	1,000492	1.000516
Bicarbure d'hydrogène	1,001312	1,000656	1.000730
Protocarbure d'hydrogène . . .	1,000944	1.000472	1.000443

187. — En résumé, la relation $K = n^2$ est vérifiée pour les gaz et quelques liquides ; elle est en défaut pour la plupart des liquides, des solides, et surtout pour l'eau. Malgré la multiplicité des recherches, nous ne sommes donc pas mieux renseignés que Maxwell sur le degré d'exactitude qu'on doit accorder à cette relation.

Mais si l'on excepte l'eau, qui s'écarte complètement des diélectriques par sa nature électrolytique dès qu'elle renferme une trace d'un sel en dissolution, les divergences constatées entre n et la racine carrée de K ne sont pas de nature à faire abandonner cette relation, surtout si l'on tient compte des conditions défectueuses dans lesquelles on l'applique. En premier lieu les substances étudiées en vue de sa vérification sont souvent loin d'être des isolants parfaits comme le suppose sa démonstration. Comme isolants, la plupart des solides sont beaucoup moins bons que les gaz et quelques liquides tels que le pétrole et la benzine bien pure ; or ce sont précisément ces derniers corps qui vérifient le mieux la relation de Maxwell. En second lieu, le pouvoir inducteur et l'indice de réfraction varient avec la température, et généralement les mesures des deux quantités à comparer sont faites à des températures différentes. Enfin, on sait que, quelle que soit la méthode employée pour la mesure de K, les résultats dépendent de la rapidité des variations du champ dans lequel se trouve placée la substance ; peut-être donc, la relation dont il s'agit se trouverait-elle mieux satisfaite si les variations du champ étaient aussi rapides que les vibrations lumineuses. Pour ces diverses raisons il ne faut pas s'étonner si la vérification de cette relation n'est pas aussi satisfaisante que la comparaison du rapport v et de la vitesse de la lumière dans le vide.

188. *Direction du déplacement électrique.* — Considérons une onde plane électromagnétique. Prenons pour plan des xy un plan parallèle à l'onde et choisissons pour axe des x une direction parallèle à celle du moment électromagnétique ; nous avons alors $G = o$, $H = o$. Quant à F, son expression dépend de la nature de la perturbation ; admettons qu'on ait

$$F = A \cos \frac{2\pi}{\lambda} (z - Vt).$$

D'après les équations (III) du chapitre précédent, les composantes de l'induction magnétique, sont alors

$$a = \frac{dH}{dy} - \frac{dG}{dz} = o,$$

$$b = \frac{dF}{dz} - \frac{dH}{dx} = - A \frac{2\pi}{\lambda} \sin \frac{2\pi}{\lambda} (z - Vt),$$

$$c = \frac{dG}{dx} - \frac{dF}{dy} = o.$$

L'induction magnétique est donc parallèle à l'axe des y, c'est-à-dire perpendiculaire à la direction du moment électromagnétique. Il en est de même de la force magnétique qui a même direction que l'induction puisque les composantes de ces deux quantités ne diffèrent que par un facteur constant μ.

Les composantes de l'induction étant connues, les équations (II) permettent de calculer celles de la vitesse du déplacement ; nous trouvons

$$4\pi u = \frac{d\gamma}{dy} - \frac{d\beta}{dz} = A\mu \left(\frac{2\pi}{\lambda}\right)^2 \cos \frac{2\pi}{\lambda} (z - Vt),$$

$$4\pi v = \frac{d\alpha}{dz} - \frac{d\gamma}{dx} = o,$$

$$4\pi w = \frac{d\beta}{dx} - \frac{d\alpha}{dy} = o,$$

équations qui nous montrent que la vitesse du déplacement est, comme le moment électromagnétique, parallèle à l'axe des x. C'est évidemment aussi la direction du déplacement lui-même, et d'après les équations (VII), celle de la force électromotrice qui le produit.

Ainsi en un point d'une onde plane, le déplacement électrique et le moment électromagnétique ont même direction ; la force électromotrice et l'induction leur sont perpendiculaires ; ces directions sont d'ailleurs situées dans le plan de l'onde.

189. — Mais, lorsque les perturbations électromagnétiques sont assez rapides pour donner naissance aux phénomènes lumineux, quelle est la direction du déplacement électrique par rapport au plan de polarisation de la lumière ? L'hypothèse de Maxwell sur l'expression de l'énergie kinétique du milieu qui transmet les ondes et l'étude des diverses théories proposées pour l'explication de la réflexion vitreuse nous permettent de répondre facilement à cette question.

Nous savons que dans les théories ordinaires de la lumière, les phénomènes observés dans les milieux isotropes s'interprètent tout aussi bien, soit en admettant, avec Fresnel, que les vibrations de l'éther sont perpendiculaires au plan de polarisation, soit en admettant, comme le font Neumann et Mac-Cullagh, que ces vibrations s'effectuent dans le plan de polarisation. Nous avons montré, en outre, à propos de la réflexion vitreuse [1], que ces deux hypothèses conduisent à des résultats opposés pour la densité de l'éther ; si l'on adopte celle de Fresnel, la densité doit être considérée comme variable ; si l'on prend celle de Neumann et Mac-Cullagh, cette densité est constante.

Mais dans l'une et l'autre théorie l'énergie kinétique a pour valeur

$$\frac{1}{2} \int \rho \, (\xi'^2 + \eta'^2 + \zeta'^2)\, d\tau,$$

ρ désignant la densité, ξ', η', ζ' les composantes de la vitesse de la molécule d'éther. Suivant Maxwell, l'énergie kinétique n'est autre que le potentiel électrodynamique du système de courants qui existent dans le milieu ; l'expression de cette énergie est donc, dans le cas où le milieu est supposé magnétique (**143**),

$$\frac{1}{8\pi} \int (\alpha a + \beta b + \gamma c)\, d\tau,$$

---

[1] *Théorie mathématique de la Lumière*, p. 320 et suiv.

ou, en exprimant les composantes de l'induction au moyen des composantes de la force électromagnétique,

$$\frac{1}{8\pi}\,\mu \int (\alpha^2 + \beta^2 + \gamma^2)\, d\tau.$$

Pour faire cadrer la théorie de Maxwell avec la théorie ordinaire de la lumière qui, jusqu'ici, s'est trouvée d'accord avec l'expérience, nous devons admettre que dans ces deux théories les expressions de l'énergie kinétique sont identiques. Nous devons donc avoir

$$\rho = \frac{\mu}{4\pi},$$

$$\xi' = \alpha, \qquad \eta' = \beta, \qquad \zeta' = \gamma.$$

Or, μ étant constant pour un milieu isotrope, la première de ces égalités nous indique que la densité ρ de l'éther doit être constante; nous devons donc adopter l'hypothèse de Neumann et Mac-Cullagh. Mais alors la force électromagnétique, qui, d'après les trois dernières égalités, a même direction que la vibration de la molécule d'éther, est située dans le plan de polarisation. Par conséquent, en nous reportant à ce qui a été démontré dans le paragraphe précédent nous arrivons à cette conclusion : le déplacement électrique est perpendiculaire au plan de polarisation, si toutefois l'on adopte les hypothèses de Maxwell.

190. *Propagation dans un milieu anisotrope. — Double réfraction.* — Jusqu'ici nous avons implicitement supposé que le milieu isolant qui propage les perturbations électromagnétiques est isotrope; cherchons maintenant ce que deviennent les équations du champ lorsque le diélectrique est anisotrope.

Nous avons vu (73) que l'analogie de la loi des échanges d'électricité entre les cellules d'un diélectrique avec la loi des échanges de chaleur dans la théorie de Fourier, conduit, si l'on choisit convenablement les axes de coordonnées, aux valeurs suivantes pour les composantes du déplacement électrique dans un milieu anisotrope,

$$f = -\frac{K}{4\pi}\left(\frac{d\psi}{dx} - X\right),$$

$$g = -\frac{K'}{4\pi}\left(\frac{d\psi}{dy} - Y\right),$$

$$h = -\frac{K''}{4\pi}\left(\frac{d\psi}{dz} - Z\right);$$

ψ désigne le potentiel électrostatique, X, Y et Z, les composantes de la force électromotrice due à toute autre cause qu'une différence de potentiel. En supposant cette force électromotrice due uniquement à l'induction produite par les courants et les aimants du champ, ces égalités deviennent

$$(1) \qquad \begin{cases} f = \dfrac{K}{4\pi}\,P, \\[2ex] g = \dfrac{K'}{4\pi}\,Q, \\[2ex] h = \dfrac{K''}{4\pi}\,R. \end{cases}$$

191. — Mais il n'est pas nécessaire pour établir ces formules de s'appuyer sur l'hypothèse de la constitution cellulaire des diélectriques.

D'après les formules (VII) du Chapitre précédent, les composantes du déplacement électrique dans un milieu isotrope sont proportionnelles à celles de la force électromotrice; par suite, l'hypothèse la plus simple qui se présente, est d'admettre que, pour un milieu anisotrope, f, g, h sont des fonctions linéaires et homogènes de P, Q, R,

$$f = AP + BQ + CR,$$
$$g = A'P + B'Q + C'R,$$
$$h = A''P + B''Q + C''R.$$

D'ailleurs les neuf coefficients A, B, C,... ne sont pas absolument arbitraires. Montrons en effet qu'ils forment un déterminant symétrique.

Si nous donnons aux composantes du déplacement des accroissements df, dg, dh, le travail correspondant de la force électro-motrice est

$$P\,df + Q\,dg + R\,dh,$$

ou, d'après les relations précédentes,

$$B\,(A\,dP + B\,dQ + C\,dR) + Q\,(A'dP + B'dQ + C'dR) + R\,(A''dP + B''dQ + C''dR),$$

ou encore

$$(AP + A'Q + A''R)\,dP + (BP + B'Q + B''R)\,dQ + (CP + C'Q + C''R)\,dR.$$

Pour qu'il y ait conservation de l'énergie cette expression doit être une différentielle exacte. Cette dernière condition s'exprime par trois égalités dont la première est

$$\frac{d(AP + A'Q + A''R)}{dR} = \frac{d(CP + C'Q + C''R)}{dP};$$

nous en tirons

$$A'' = C.$$

Les deux autres égalités nous donneraient

$$B = A', \qquad\qquad C' = B'',$$

ce qui montre bien que le déterminant des coefficients est symétrique.

Le nombre de ces coefficients se trouve donc réduit à 6. Par le choix des axes de coordonnées nous disposons des valeurs de trois d'entre eux ; nous pouvons donc faire ce choix de telle sorte que les coefficients qui ne sont pas sur la diagonale du déterminant se réduisent à zéro ; les valeurs de f, g, h se réduisent alors aux expressions (1).

192. — Nous devrions faire, pour les équations qui donnent les composantes a, b, c de l'induction magnétique en fonction des composantes α, β, γ de la force électromagnétique, la même hypothèse que celle que nous venons d'adopter pour exprimer f, g, h en fonction de P, Q, R. Nous serions ainsi amenés à remplacer les équations I du Chapitre précédent par trois équations de même forme n'en différant qu'en ce que le coefficient μ aurait dans chacune d'elles une valeur différente μ, μ', μ'. Mais la perméabilité magnétique des corps transparents étant toujours très voisine de l'unité, ce coefficient n'a guère d'influence sur le résultat des calculs. Pour ne pas compliquer inutilement la question nous admettrons que μ est constant et égal à 1.

193. — En dérivant les équations (1) par rapport à t, et remplaçant dans les seconds membres des équations ainsi trouvées, $\dfrac{d\mathrm{P}}{dt}$, $\dfrac{d\mathrm{Q}}{dt}$ et $\dfrac{d\mathrm{R}}{dt}$ par les valeurs obtenues au § **177**, nous avons les relations

$$4\pi u = -\ \mathrm{K}\ \frac{d^2\mathrm{F}}{dt^2}\,,$$

$$4\pi v = -\ \mathrm{K}'\ \frac{d^2\mathrm{G}}{dt^2}\,,$$

$$4\pi w = -\ \mathrm{K}''\ \frac{d^2\mathrm{H}}{dt^2}\,,$$

qui peuvent s'écrire

$$\text{(C)}\quad
\begin{cases}
\dfrac{d^2\mathrm{F}}{dt^2} = -\ \dfrac{1}{\mathrm{K}}\ 4\pi u, \\[2ex]
\dfrac{d^2\mathrm{G}}{dt^2} = -\ \dfrac{1}{\mathrm{K}'}\ 4\pi v, \\[2ex]
\dfrac{d^2\mathrm{H}}{dt^2} = -\ \dfrac{1}{\mathrm{K}''}\ 4\pi w.
\end{cases}$$

Nous avons d'ailleurs (**167**)

$$\text{(D)}\quad
\begin{cases}
4\pi u = \dfrac{d\gamma}{dy} - \dfrac{d\beta}{dz}, \\[2ex]
4\pi v = \dfrac{d\alpha}{dz} - \dfrac{d\gamma}{dx}, \\[2ex]
4\pi w = \dfrac{d\beta}{dx} - \dfrac{d\alpha}{dy}.
\end{cases}$$

Enfin, puisque nous avons supposé $\mu = 1$, les équations (III) du

§ **167** deviennent

$$(E) \quad \begin{cases} \alpha = \dfrac{d\mathrm{H}}{dy} - \dfrac{d\mathrm{G}}{dz}, \\[2mm] \beta = \dfrac{d\mathrm{F}}{dz} - \dfrac{d\mathrm{H}}{dx}, \\[2mm] \gamma = \dfrac{d\mathrm{G}}{dx} - \dfrac{d\mathrm{F}}{dy}. \end{cases}$$

Tels sont les trois groupes d'équations qui permettent de déterminer les valeurs, à un moment quelconque, des éléments d'une perturbation magnétique en un point d'un diélectrique anisotrope, lorsqu'on connaît leurs valeurs initiales.

194. — S'il est vrai que la lumière est due à une perturbation de ce genre, ces équations doivent nous conduire à l'explication de la double réfraction que présente la lumière lorsqu'elle traverse un milieu anisotrope. L'étude que nous avons faite de ce phénomène [1], nous permet de montrer qu'il en est bien ainsi, sans entrer dans de longs développements.

Nous savons que si on désigne les composantes du déplacement de la molécule d'éther par ξ, η, ζ dans la théorie de M. Sarrau, par X, Y, Z dans la théorie de Neumann, par u, v, w dans celle de Fresnel, on a les neuf relations [2]

$$\frac{d^2\xi}{dt^2} = -au,$$

$$\frac{d^2\eta}{dt^2} = -bv,$$

$$\frac{d^2\zeta}{dt^2} = -cw,$$

$$u = \frac{d\mathrm{Z}}{dy} - \frac{d\mathrm{Y}}{dz},$$

$$v = \frac{d\mathrm{X}}{dz} - \frac{d\mathrm{Z}}{dx},$$

$$w = \frac{d\mathrm{Y}}{dx} - \frac{d\mathrm{X}}{dy},$$

---

[1] *Théorie mathématique de la Lumière*, p. 217 à 318.
[2] *Loc. cit.*, p. 279.

$$X = \frac{d\zeta}{dy} - \frac{d\eta}{dz},$$

$$Y = \frac{d\xi}{dz} - \frac{d\zeta}{dx},$$

$$Z = \frac{d\eta}{dx} - \frac{d\xi}{dy}.$$

Ces équations deviennent identiques aux groupes (C), (D) et (E) du paragraphe précédent si nous y faisons

$$a = \frac{1}{K}, \qquad b = \frac{1}{K'}, \qquad c = \frac{1}{K''},$$

$$u = 4\pi a,\ldots, \qquad X = \alpha,\ldots, \qquad \xi = F,\ldots$$

Or les trois théories optiques de Fresnel, de Neumann, et de M. Sarrau expliquent également bien tous les faits observés puisque, jusqu'ici, aucune expérience n'a pu faire préférer l'une à l'autre; nous pouvons donc être assurés que les groupes d'équations (C), (D), (E), déduits de la théorie de Maxwell, permettront d'expliquer tous les phénomènes connus et ne seront en contradiction avec aucun d'eux.

195. — En particulier, l'équation des vitesses de propagation des deux ondes planes provenant d'une même onde incidente doit être identique dans la théorie électromagnétique et dans les théories optiques. Dans ces dernières elle est

$$\frac{l^2}{V^2 - a} + \frac{m^2}{V^2 - b} + \frac{n^2}{V^2 - c} = 0,$$

l, m, n étant les cosinus directeurs de la normale au plan de l'onde; par conséquent elle devient avec les notations de la théorie électromagnétique

$$\frac{l^2}{KV^2 - 1} + \frac{m^2}{K'V^2 - 1} + \frac{n^2}{K''V^2 - 1} = 0.$$

Il en résulte que les vitesses de propagation suivant les axes de coordonnées sont inversement proportionnelles aux racines carrées des pouvoirs inducteurs suivant ces mêmes axes ou, ce qui revient au même, que ces racines carrées sont proportionnelles aux valeurs des indices de réfraction suivant les axes d'élasticité du milieu.

196. — Cette relation se trouve assez bien vérifiée pour le soufre cristallisé. Les pouvoirs inducteurs suivant les trois axes d'élasticité d'un cristal de cette substance sont respectivement, d'après M. Boltzmann [1] : 4,773, — 3,970, — 3,811. Les racines carrées de ces nombres : 2,185, — 1,91, — 1,95 diffèrent peu des indices de réfraction correspondant aux mêmes directions : 2,143, — 1,96 — 1,89.

Les autres substances anisotropes étudiées donnent des résultats bien moins satisfaisants. D'après les expériences faites par M. J. Curie [2] sur le quartz, le spath, la tourmaline, béryl, etc., la racine carrée de K est toujours beaucoup plus grande que l'indice de réfraction; toutefois, conformément à la théorie, les cristaux positifs, comme le quartz, possèdent un pouvoir inducteur plus grand suivant la direction de l'axe optique que suivant une direction perpendiculaire, tandis que pour les cristaux négatifs, comme le spath d'Islande, c'est suivant cette dernière direction que le pouvoir inducteur est le plus grand.

La relation $K = n^2$ n'est donc que très imparfaitement vérifiée. Mais, comme dans le cas des corps isotropes, nous devons faire observer que les conditions que suppose l'établissement de cette relation ne sont pas remplies par les substances étudiées. Plusieurs d'entre elles sont hygrométriques et acquièrent, par la couche d'eau qui les recouvre, une conductibilité qui peut expliquer jusqu'à un certain point les divergences observées. Cette manière de voir se trouve d'ailleurs confirmée par les résultats obtenus pour le soufre, substance remarquable par ses propriétés isolantes et par la difficulté avec laquelle la vapeur d'eau se condense sur sa surface.

197. — L'identification des équations des § **193** et **194** nous permet de déterminer les directions relatives des diverses quantités qui définissent le courant de déplacement en un point, et

---

[1] *Wiener Sitzungsberichte*, t. LXX, part. II, p. 242, 1874.
[2] *Lumière Électrique*, t. XIX, p. 127, 1888.

leurs directions par rapport au rayon lumineux et par rapport au plan de polarisation.

Nous savons que les directions ON et OF (*fig.* 33) des vibrations de Neumann et Fresnel sont rectangulaires entre elles et situées dans le plan de l'onde, et que les directions OS et ON des vibrations de M. Sarrau et de Neumann, également perpendiculaires entre elles, sont dans un plan normal au rayon lumineux OR. Or, de l'identité des équations que nous venons de rappeler, il résulte que la vitesse du déplacement électrique est parallèle à la vibration de Fresnel, la force électromagnétique parallèle à celle

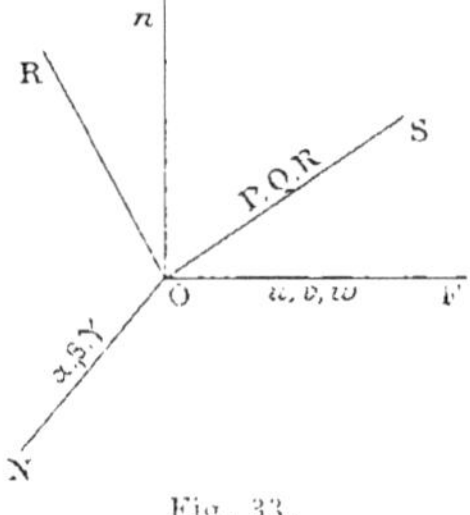

Fig. 33.

de Neumann, enfin le moment électromagnétique et, par suite, la force électromotrice parallèles à la vibration de M. Sarrau. Nous en concluons que le déplacement électrique s'effectue dans le plan de l'onde perpendiculairement à la force électromagnétique, et que cette dernière quantité, située dans le plan de l'onde, est perpendiculaire à la direction du rayon lumineux et à la force électromotrice, elle-même normale au rayon. Dans le cas d'un corps isotrope, la direction de ce rayon se confond avec celle de la normale O*n* au plan de l'onde et par conséquent la force électromotrice prend la direction du déplacement comme nous le savions déjà.

Quant aux directions par rapport au plan de polarisation il résulte de ce que nous savons sur la position de ce plan relativement aux vibrations de l'éther que la force électromotrice et le déplacement sont presque normaux au plan de polarisation tandis que la force électromagnétique lui est sensiblement parallèle. Si l'on passe au cas d'un milieu isotrope ces quantités deviennent rigoureusement perpendiculaires ou parallèles au plan de polarisation.

198. *Propagation dans un milieu imparfaitement isolant.*
—*Absorption de la lumière.* — Nous avons dans ce cas le choix entre les formules (IX) de Maxwell et les formules (X) de M. Potier (170 et 171). Ces deux groupes de formules conduisant aux

mêmes résultats, prenons celles de Maxwell et cherchons quel est alors le mode de propagation d'une onde plane électromagnétique.

Si nous prenons le plan des xy parallèle au plan de l'onde et l'axe des x, parallèle à la direction du moment électromagnétique, nous avons $G = H = o$, et les équations (1) du paragraphe **177** se réduisent à la première

$$-\frac{dP}{dt} = -\frac{d^2F}{dt^2};$$

d'où nous tirons :

$$P = -\frac{dF}{dt},$$

en négligeant la constante d'intégration qui doit être nulle lorsque les perturbations sont périodiques. En portant ces valeurs dans la première des équations (IX) de Maxwell

$$u = CP + \frac{K}{4\pi}\frac{dP}{dt},$$

nous obtenons :

$$(1) \qquad u = -C\frac{dF}{dt} - \frac{K}{4\pi}\frac{d^2F}{dt^2}.$$

Mais les groupes d'équations (I), (II), (III) du paragraphe **167** nous donnent :

$$4\pi u = \frac{d\gamma}{dy} - \frac{d\beta}{dz} = \frac{1}{\mu}\left(-\frac{d^2F}{dy^2} - \frac{d^2F}{dz^2}\right),$$

ou, puisque, par suite du choix des axes de coordonnées, F ne dépend pas de y

$$4\pi u = -\frac{1}{\mu}\frac{d^2F}{dz^2};$$

nous avons donc en éliminant u entre l'équation (1) et cette dernière

$$(2) \qquad \frac{d^2F}{dz^2} = \mu K\frac{d^2F}{dt^2} + 4\pi\mu C\frac{dF}{dt}.$$

Cette équation est satisfaite par une fonction périodique du temps de la forme

$$F = e^{i(nt - mz)},$$

pourvu que les coefficients n et m satisfassent à la relation

$$m^2 = \mu K n^2 - 4\pi\mu C n i.$$

Mais n ayant pour valeur $\dfrac{2\pi}{T}$, T désignant la période de la fonction, cette quantité est réelle; par suite m^2 est une quantité essentiellement imaginaire. Il en est de même de m et nous pouvons poser

$$m = q - pi.$$

En portant cette valeur de m dans l'égalité précédente et en écrivant qu'il y a égalité entre les parties réelles et les parties imaginaires nous obtenons les deux conditions

$$(3) \qquad \begin{cases} q^2 - p^2 = \mu K n^2, \\ 2pq = 4\pi\mu C n. \end{cases}$$

La fonction périodique satisfaisant à l'équation (2) peut alors s'écrire

$$F = e^{-pz} \, e^{i(nt - qz)}$$

dont la partie réelle, la seule qui nous intéresse au point de vue des conséquences expérimentales, est :

$$F = e^{-pz} \cos(nt - qz).$$

199. — Si l'on fait abstraction des variations de F résultant du facteur $\cos(nt - qz)$, cette expression nous montre que la valeur du moment électromagnétique varie comme l'exponentielle e^{-pz}. Or, d'après la seconde des équations de condition (3), p et q sont de même signe; par suite, si la direction de propagation de l'onde plane considérée est celle des z positifs, p et q sont positifs et e^{-pz} décroît quand z augmente. La valeur du moment électromagnétique diminue donc à mesure que l'onde pénètre plus profondément dans le milieu considéré.

Il en est de même pour le déplacement électrique et la force électromagnétique puisque les valeurs de ces quantités se déduisent de celles du moment électromagnétique par une suite d'équations différentielles linéaires et du premier ordre qui laissent subsister dans leurs expressions le facteur e^{-pz}.

Il en est encore ainsi pour la vitesse de déplacement d'une molécule d'éther luminifère puisque nous avons vu (**189**) que cette vitesse est proportionnelle à la force électromagnétique.

Par conséquent, lorsque les perturbations magnétiques seront assez rapides pour donner lieu aux phénomènes lumineux, l'intensité de la lumière, proportionnelle au carré de la vitesse moyenne d'une molécule d'éther, devra varier comme $e^{-\mu^2}$.

200. — Dans le cas où la substance considérée possède un pouvoir inducteur spécifique très faible et une perméabilité magnétique voisine de 1, la valeur de p déduite des équations (3) montre que cette quantité est sensiblement proportionnelle à la racine carrée de C. Il résulte donc de ce qui précède que l'intensité de la lumière transmise par un tel milieu est d'autant plus faible que C est plus grand ; en d'autres termes, plus un corps est conducteur pour l'électricité, plus il est opaque pour la lumière.

Il y a un grand nombre d'exceptions à cette règle. Toutefois, d'une manière générale, les corps solides transparents sont de bons isolants tandis que les corps solides conducteurs sont très opaques. En outre, il résulte des recherches de M. J. Curie ([1]) sur les diélectriques que la liste de ces corps rangés par ordre de conductibilité croissante est presque identique à celle de ces mêmes corps rangés par ordre de diathermanéité décroissante. Voici ces deux listes ; celle des pouvoirs diathermes est déduite des travaux de Melloni.

Conductibilité électrique croissant du premier au dernier.	Pouvoir diathermane décroissant du premier au dernier.
Soufre.	Sel gemme.
Sel gemme.	Soufre.
Fluorine.	Fluorine.
Spath d'Islande.	Spath d'Islande.
Quartz.	Quartz
Barytine.	Verre.
Alun.	Barytine.
Verre.	Tourmaline foncée.
Tourmaline foncée.	Alun.

([1]) *Lumière Électrique,* t. XXIX, p. 322, 1888.

On pourrait encore citer l'ébonite qui a été signalée comme se laissant facilement traverser par les radiations obscures.

201. — Contrairement à la loi précédente les électrolytes sont bons conducteurs de l'électricité et généralement transparents. Maxwell explique ce fait en faisant observer que la conductibilité des électrolytes n'est pas de même nature que la conductibilité des métaux. Dans ceux-ci les molécules matérielles sont en repos ; et l'électricité seule est en mouvement ; dans les électrolytes, au contraire, les ions se meuvent d'une électrode à l'autre et le transport de l'électricité s'effectue par les ions qui deviennent ainsi les *convecteurs* de l'électricité.

On peut trouver une autre explication qui a été également donnée par Maxwell. L'énergie absorbée par le passage de l'onde à travers la substance doit se retrouver nécessairement sous une forme quelconque. Dans les métaux, elle se transforme en chaleur. Dans les électrolytes, elle sert à effectuer la séparation des ions. Mais le sens du mouvement des ions dépend de celui du mouvement électrique : par suite, l'effet produit par le passage d'une certaine quantité d'électricité dans un sens se trouve détruit par le passage d'une même quantité en sens inverse et une succession de courants alternatifs comme ceux qui résultent des perturbations capables de produire la lumière ne peut donner lieu à une décomposition. Il n'y a donc pas d'énergie absorbée et l'intensité lumineuse à la sortie d'un électrolyte doit être sensiblement égale à l'intensité de la lumière incidente.

202. — Maxwell a fait quelques expériences pour vérifier quantitativement si l'intensité lumineuse décroît bien comme l'exponentielle e^{-2v^2}. Il a opéré sur le platine, l'or, l'argent, qui réduits en lames très minces, laissent passer la lumière. Il semble résulter que la transparence de ces corps est beaucoup plus grande que ne le voudrait la théorie. Mais ce résultat s'explique facilement ; l'épaisseur des lames n'est pas uniforme et une forte proportion de la lumière transmise traverse une épaisseur beaucoup plus faible que la valeur de z prise dans le calcul de l'exponentielle.

203. *Réflexion des ondes.* — Les lois de la réflexion de la

lumière peuvent se déduire des équations du champ magnétique.
Dans une note publiée dans la traduction française du traité de
Maxwell (t. II, p. 507) M. Potier a montré qu'on retrouve ainsi
les formules données par Fresnel pour la réflexion vitreuse et
celles de Cauchy et Lamé pour la réflexion métallique. Ces formules ayant été vérifiées par l'expérience, leur déduction de la
théorie de Maxwell est une nouvelle confirmation de cette théorie.
Cependant, les valeurs numériques des constantes, déterminées
par les méthodes optique et électrique ne concordent pas ; le
désaccord, notable pour les diélectriques transparents, est encore
plus marqué pour les métaux. En particulier la réflexion de la
lumière sur le fer devrait différer, d'après la théorie de Maxwell,
de la réflexion sur les autres métaux puisque le coefficient de
perméabilité magnétique du fer est environ 30 fois plus grand
que celui de la plupart des métaux ; or l'expérience n'a jusqu'ici,
révélé aucune particularité dans les lois de la réflexion sur le fer.

Cette divergence peut s'expliquer si l'on suppose que l'induction magnétique est un phénomène qui n'est pas instantané. Avec
des vibrations extrêmement rapides, le phénomène n'aurait pas
le temps de se produire.

On pourrait invoquer un argument à l'appui de cette manière
de voir. Les expériences de M. Fizeau sur la vitesse de propagation de l'électricité à travers un fil ont prouvé que cette vitesse
est plus faible dans le fer que dans le cuivre. Cela s'explique
aisément car grâce au phénomène de l'aimantation transversale
qui se produit dans un fil de fer parcouru par un courant, la self-
induction du fer est plus grande que celle du cuivre.

Au contraire, les expériences de Hertz donnent pour la vitesse
dans le fer la même valeur que pour la vitesse dans le cuivre,
comme si, dans ces alternances extrêmement rapides réalisées
par l'illustre physicien de Carlsruhe, le fer n'avait pas le temps
de se magnétiser par induction. « Auch Eisendrähte machen
keine Ausnahme von der allgemeinen Regel, die Magnetisirbar-
keit des Eisens kommt also bei so schnellen Bewegungen nicht in
Betracht » (Hertz, *Wied. Ann.*, t. XXXIV, p. 558).

204. *Energie de la radiation*. — Dans les théories ordinaires
des phénomènes lumineux, le milieu qui transmet la lumière

renferme de l'énergie sous forme d'énergie potentielle et sous forme d'énergie kinétique ; l'énergie potentielle est due à la déformation du milieu, supposé élastique ; l'énergie kinétique résulte de son mouvement vibratoire. L'énergie totale d'un élément de volume reste constante et par suite, quand l'énergie potentielle varie, l'énergie kinétique varie en sens inverse d'une quantité égale.

Dans la théorie électromagnétique, on suppose également que l'énergie du milieu est en partie potentielle, en partie kinétique. L'énergie potentielle, due aux actions électrostatiques, a pour expression (32)

$$W = \int \frac{2\pi}{K} (f^2 + g^2 + h^2)\, d\tau,$$

l'énergie kinétique est le potentiel électrodynamique du système de courants développés dans le milieu, c'est-à-dire (144)

$$T = \int \frac{1}{8\pi} (\alpha a + \beta b + \gamma c)\, d\tau.$$

Cherchons les valeurs de ces deux quantités dans le cas d'une onde plane parallèle au plan xy et dans laquelle le moment électromagnétique est dirigé parallèlement à l'axe des x.

Nous avons alors, d'après le paragraphe **181**,

$$G = H = 0, \quad Q = R = 0, \quad g = h = 0,$$
$$\alpha = \gamma = 0, \quad a = c = 0,$$

et les expressions des deux formes de l'énergie deviennent

$$W = \int \frac{2\pi}{K} f^2\, d\tau,$$
$$T = \int \frac{1}{8\pi\mu} b^2\, d\tau.$$

Mais les équations (VII) et (III) du champ électromagnétique nous donnent

$$f = \frac{K}{4\pi} P = \frac{K}{4\pi} \frac{dF}{dt},$$
$$b = \frac{dF}{dz};$$

de sorte que nous avons pour les valeurs de l'énergie potentielle et de l'énergie kinétique rapportées à l'unité de volume

$$(1) \qquad W = \frac{K}{8\pi} \left[\frac{dF}{dt} \right]^2,$$

$$(2) \qquad T = \frac{1}{8\pi\mu} \left[\frac{dF}{dz} \right]^2.$$

La fonction F, devant satisfaire à l'équation différentielle (**180**)

$$K\mu \frac{d^2F}{dt^2} = \frac{d^2F}{dz^2},$$

est de la forme

$$F = f(z - Vt),$$

où

$$V = \frac{1}{\sqrt{K\mu}};$$

nous avons donc

$$\frac{dF}{dt} = - Vf'(z - Vt),$$

$$\frac{dF}{dz} = - f'(z - Vt),$$

et par conséquent

$$K \left[\frac{dF}{dt} \right]^2 = \frac{1}{\mu} \left[\frac{dF}{dz} \right]^2.$$

Les valeurs (1) et (2) des deux formes de l'énergie sont donc égales entre elles ; quand l'une d'elles varie, l'autre varie dans le même sens de la même quantité. Nécessairement, puisqu'il y a conservation de l'énergie dans le système tout entier, l'énergie perdue dans un élément de volume doit se retrouver dans un autre élément. Ces conséquences diffèrent de celles des théories ordinaires de la lumière que nous avons rappelées en commençant.

205. *Tensions et pressions dans le milieu qui transmet la lumière.* — Nous avons vu (**81**) que dans un milieu diélectrique en équilibre contraint, un élément de surface perpendiculaire aux lignes de force, subit une tension normale dont la valeur par unité de surface est égale au produit de $\dfrac{K}{8\pi}$ par le carré de la force électromotrice, tandis que sur les éléments parallèles aux lignes s'exercent des pressions qui, rapportées à l'unité de surface, ont la même valeur que cette tension. Si donc nous prenons l'axe des x parallèle aux lignes de force et si avec Maxwell, nous convenons de représenter les pressions par des quantités négatives, nous aurons pour les valeurs des tensions et des pressions, par unité de surface, qui s'exercent sur des éléments perpendiculaires aux axes de coordonnées,

$$ \mathrm{P}_{xx} = \frac{K}{8\pi}\,\mathrm{P}^2, \qquad \mathrm{P}_{yy} = -\frac{K}{8\pi}\,\mathrm{P}^2, \qquad \mathrm{P}_{zz} = -\frac{K}{8\pi}\,\mathrm{P}^2. $$

Mais, avec ce système d'axes, l'énergie électrostatique rapportée à l'unité de volume a pour valeur

$$ \mathrm{W} = \frac{2\pi}{K}\,f^2 = \frac{K}{8\pi}\,\mathrm{P}^2\,; $$

par conséquent les tensions et pressions par unité de surface sur les éléments considérés sont égales à l'énergie électrostatique par unité de volume.

206. — La loi des attractions et des répulsions étant la même pour les masses électriques et les masses magnétiques nous devons nous attendre à trouver des tensions et des pressions analogues aux précédentes dans le champ magnétique. Maxwell traite le cas général où il existe dans le champ des aimants et des courants. La méthode qu'il emploie est sujette à des objections. Mais il est inutile d'envisager le cas général puisque, d'après l'hypothèse d'Ampère, le magnétisme permanent s'explique par des courants particuliers. Nous pouvons donc supposer qu'il n'y a que des courants circulant dans un milieu dont la perméabilité est égale à 1 ; nous y gagnerons en rigueur et en concision.

Considérons un élément de volume $d\tau$, et soient u, v, w les composantes de la vitesse de l'électricité au point qu'il occupe. D'après notre hypothèse, l'induction magnétique en ce point se confond avec la force électromagnétique et les formules (2) du paragraphe **160** qui donnent les composantes de la force électrodynamique rapportées à l'unité de volume deviennent

$$X = \gamma v - \beta w,$$
$$Y = \alpha w - \gamma u,$$
$$Z = \beta u - \alpha v.$$

Les composantes u, v, w de la vitesse de l'électricité étant liées à celles de la force électromagnétique par les équations (II) (**167**), la première des équations précédentes peut s'écrire

$$4\pi X = \gamma \left(\frac{d\alpha}{dz} - \frac{d\gamma}{dx} \right) - \beta \left(\frac{d\beta}{dx} - \frac{d\alpha}{dy} \right),$$

ou, en ajoutant et retranchant au second membre le produit

$$\alpha \frac{d\alpha}{dx},$$

$$4\pi X = \alpha \frac{d\alpha}{dx} + \beta \frac{d\alpha}{dy} + \gamma \frac{d\alpha}{dz} - \alpha \frac{d\alpha}{dx} - \beta \frac{d\beta}{dx} - \gamma \frac{d\gamma}{dx}.$$

Mais, puisque la force électromagnétique est égale à l'induction magnétique, la relation qui lie les composantes de cette dernière quantité (**102**)

$$\frac{da}{dx} + \frac{db}{dy} + \frac{dc}{dz} = 0,$$

devient

$$\frac{d\alpha}{dx} + \frac{d\beta}{dy} + \frac{d\gamma}{dz} = 0 \, ;$$

nous pouvons donc ajouter le produit $\alpha \left(\dfrac{d\alpha}{dx} + \dfrac{d\beta}{dy} + \dfrac{d\gamma}{dz} \right)$ au second membre de la relation qui donne $4\pi X$ sans en changer la valeur et nous avons

$$4\pi X = \alpha \frac{d\alpha}{dx} + \beta \frac{d\alpha}{dy} + \gamma \frac{d\alpha}{dz} - \alpha \frac{d\alpha}{dx} - \beta \frac{d\beta}{dx} - \gamma \frac{d\gamma}{dx}$$
$$+ \alpha \frac{d\alpha}{dx} + \alpha \frac{d\beta}{dy} + \alpha \frac{d\gamma}{dz}.$$

En rangeant convenablement les termes du second membre on

voit que l'on peut écrire

$$4\pi X = \frac{d}{dx}\left(\frac{\alpha^2 - \beta^2 - \gamma^2}{2}\right) + \frac{d}{dy}(\alpha\beta) + \frac{d}{dz}(\alpha\gamma),$$

et de même

$$4\pi Y = \frac{d}{dx}(\beta\alpha) + \frac{d}{dy}\left(\frac{\beta^2 - \gamma^2 - \alpha^2}{2}\right) + \frac{d}{dz}(\beta\gamma),$$

$$4\pi Z = \frac{d}{dx}(\alpha\beta) + \frac{d}{dy}(\gamma\beta) + \frac{d}{dz}\left(\frac{\gamma^2 - \alpha^2 - \beta^2}{2}\right).$$

207. — Supposons maintenant que les forces électrodynamiques soient dues à des pressions ou tensions résultant de l'élasticité du milieu et désignons les composantes des tensions par

$P_{xx}d\omega$, $P_{xy}d\omega$, $P_{xz}d\omega$, pour un élément normal à l'axe des x,

$P_{yx}d\omega$, $P_{yy}d\omega$, $P_{yz}d\omega$,   —   — y,

$P_{zx}d\omega$, $P_{zy}d\omega$, $P_{zz}d\omega$,   —   — z.

Un parallélipipède élémentaire de volume $d\tau$ et dont les faces sont parallèles aux plans de coordonnées doit être en équilibre sous l'action de ces neuf forces et des trois composantes $X d\tau$, $Y d\tau$ $Z d\tau$ de la force électrodynamique. En écrivant que ce parallélipipède ne peut prendre aucun mouvement de rotation autour d'un quelconque des axes de coordonnées, nous obtenons les relations

$$P_{xy} = P_{yx} \qquad P_{yz} = P_{zy} \qquad P_{yz} = P_{xz} \; ;$$

et, en écrivant qu'il ne peut y avoir translation suivant ces mêmes axes, nous avons

$$X = \frac{dP_{xx}}{dx} + \frac{dP_{yx}}{dy} + \frac{dP_{zx}}{dz},$$

$$Y = \frac{dP_{xy}}{dx} + \frac{dP_{yy}}{dy} + \frac{dP_{zy}}{dz},$$

$$Z = \frac{dP_{xz}}{dx} + \frac{dP_{yz}}{dy} + \frac{dP_{zz}}{dz}.$$

L'identification de ces valeurs de X, Y, Z avec celles que l'on déduit des équations obtenues dans le paragraphe précédent nous donne :

$$P_{xx} = \frac{1}{8\pi}(\alpha^2 - \beta^2 - \gamma^2),$$

$$P_{yy} = \frac{1}{8\pi}(\beta^2 - \gamma^2 - \alpha^2),$$

$$P_{zz} = \frac{1}{8\pi}(\gamma^2 - \alpha^2 - \beta^2),$$

$$P_{xy} = P_{yx} = \frac{\alpha\beta}{4\pi},$$

$$P_{yz} = P_{zy} = \frac{\beta\gamma}{4\pi},$$

$$P_{zx} = P_{xz} = \frac{\gamma\alpha}{4\pi}.$$

Lorsqu'on prend les axes de coordonnées de telle sorte que l'axe des x soit parallèle à la force magnétique, on a $\beta = \gamma = 0$ et par conséquent les six dernières composantes des tensions que nous venons de calculer sont nulles. Les trois premières deviennent

$$P_{xx} = \frac{\alpha^2}{8\pi}, \qquad P_{yy} = -\frac{\alpha^2}{8\pi}, \qquad P_{zz} = -\frac{\alpha^2}{8\pi}.$$

Un élément perpendiculaire aux lignes de force magnétique éprouve donc une tension normale et les éléments parallèles à ces lignes de force, des pressions normales. Les valeurs de cette tension et de ces pressions rapportées à l'unité de surface, sont égales entre elles. Elles sont aussi égales à l'énergie électrodynamique par unité de volume puisque cette énergie, par suite du choix des axes de coordonnées, devient

$$T = \frac{\alpha^2}{8\pi}.$$

208. — Appliquons ces résultats au cas d'un milieu transmettant des ondes planes, en prenant le plan des xy parallèle à l'onde et l'axe des x parallèle au moment électromagnétique.

La force électromotrice ayant même direction que le moment électromagnétique, les lignes de force électrique sont parallèles à l'axe des x ; un élément perpendiculaire à cet axe subit donc une tension normale dont la valeur par unité de surface est égale à l'énergie électrostatique W rapportée à l'unité de volume. Mais les lignes de force magnétique sont perpendiculaires aux lignes de force électrique puisque la force électromagnétique et la force électromotrice sont rectangulaires entre elles ; par suite, l'élément considéré est parallèle aux lignes de force magnétique et de ce fait, il éprouve une pression normale dont la valeur par unité de surface est égale à l'énergie électrodynamique T rapportée à l'unité de volume. Ces deux quantités W et T étant toujours égales entre elles (204), la pression et la tension qui s'exercent sur l'élément se compensent.

On verrait qu'il en est de même pour un élément perpendiculaire à l'axe des y.

Pour un élément perpendiculaire à l'axe des z, c'est-à-dire parallèle au plan de l'onde, la pression électrostatique s'ajoute à la pression électromagnétique, de sorte que la pression totale par unité de surface est égale à l'énergie totale par unité de volume.

209. — Maxwell a calculé la pression qui s'exerce sur une surface éclairée par le soleil. En admettant que l'énergie de la lumière qu'un fort rayon de soleil envoie sur un espace d'un mètre carré est de 124,1 kilogrammètres par seconde, l'énergie moyenne contenue dans un mètre cube de l'espace traversé par le rayon est d'environ $41,36 \times 10^{-8}$ kilogrammètre ; par suite la pression moyenne par mètre carré est $41,36 \times 10^{-5}$ kilogramme ou 0,0004136 gramme.

La moitié de cette pression étant égale à l'énergie électrostatique et à l'énergie électrodynamique, il est facile d'obtenir les valeurs de la force électromotrice par unité de longueur et de la force électromagnétique. Maxwell a trouvé que la force électromotrice est d'environ 600 volts par mètre et que la force électromagnétique est de 0,193 en mesure électromagnétique, soit un peu plus du dixième de la composante horizontale du champ magnétique terrestre en Angleterre.

210. *Interprétation des pressions électrodynamiques.* — Nous avons fait remarquer (84) que l'existence des pressions

électrostatiques s'accordait mal avec l'hypothèse fondamentale de la localisation de l'énergie dans le milieu diélectrique. Les pressions électrodynamiques s'interprètent plus facilement et dans un mémoire publié dans le *Philosophical Magazine* (¹), Maxwell en a donné une explication qui présente un certain intérêt.

L'énergie électrodynamique $\int \dfrac{\alpha^2 + \beta^2 + \gamma^2}{8\pi} d\tau$ étant supposée de l'énergie kinétique nous pouvons regarder le milieu dans lequel s'effectuent les phénomènes électrodynamiques comme constitué par des molécules animées de mouvements de rotation. Si α', β', γ' sont les composantes du mouvement de rotation d'une des molécules supposée libre, l'énergie kinétique résultant de ce mouvement est proportionnelle à $\dfrac{\alpha'^2 + \beta'^2 + \gamma'^2}{2}$. Il est donc possible d'identifier l'expression de l'énergie électrodynamique avec celle de l'énergie du milieu tourbillonnant en prenant les composantes de la rotation proportionnelles à celles de la force électromagnétique. La direction de cette force devient alors celle de l'axe de rotation de la molécule.

Si nous supposons cette molécule sphérique, elle tendra à s'aplatir aux pôles et à se renfler à l'équateur. Un élément de surface perpendiculaire à l'axe de rotation se trouvera sollicité par une force normale dirigée vers le centre de la molécule; au contraire, un élément situé sur l'équateur parallèlement à l'axe subira une force normale dirigée vers l'extérieur de la molécule tournante. Comme l'axe de rotation a même direction que la force magnétique, un élément perpendiculaire à cette force est donc soumis à une tension, tandis qu'un élément parallèle est soumis à une pression. La différence algébrique entre les valeurs de cette pression et de cette tension est due à la force centrifuge ; elle est proportionnelle à $\alpha'^2 + \beta'^2 + \gamma'^2$, c'est-à-dire au double de l'énergie kinétique. Nous retrouvons donc bien les résultats du paragraphe **307**.

Dans son mémoire, Maxwell suppose que la rotation des molécules magnétiques se transmet de l'une à l'autre au moyen d'un mécanisme de connexion formé de petites molécules sphériques

---

(1) *Phil. Mag.*, années 1861 et 1862.

dont le rôle peut être assimilé à celui d'engrenages. L'induction magnétique est alors due à l'inertie des sphères tournantes, la force électromotrice est l'effort exercé sur le mécanisme de connexion, enfin le déplacement de l'électricité est le déplacement résultant des déformations de ce mécanisme.

CHAPITRE XII

POLARISATION ROTATOIRE MAGNÉTIQUE

211. *Lois du phénomène.* — La rotation du plan de polarisation de la lumière sous l'influence d'un champ magnétique créé par des aimants ou des courants est le phénomène le plus remarquable de ceux qui mettent en évidence les actions réciproques de la lumière et de l'électricité.

Découverte par Faraday en 1845, la polarisation rotatoire magnétique a été ensuite étudiée par Verdet qui a établi les lois suivantes :

1° La rotation du plan de polarisation d'une lumière simple est proportionnelle à l'épaisseur du milieu traversé par le rayon ; elle varie à peu près en raison inverse du carré de la longueur d'onde de la lumière employée ;

2° Elle est proportionnelle à la composante de l'intensité du champ magnétique suivant la direction du rayon ; la rotation est donc maximum quand la direction du rayon coïncide avec celle du champ ; elle varie comme le cosinus de l'angle formé par ces deux directions lorsqu'elles ne coïncident pas ;

3° Sa grandeur et son sens dépendent de la nature du milieu. Les corps diamagnétiques dévient le plan de polarisation dans le sens du courant qui, tournant autour du rayon, donnerait au champ sa direction actuelle ; les corps magnétiques, comme les dissolutions de perchlorure de fer dans l'alcool ou l'éther donnent une rotation inverse. Toutefois cette dernière loi présente quelques exceptions ; ainsi le chromate neutre de potasse, quoique diamagnétique, produit comme le perchlorure de fer une rotation de sens inverse à celui du courant.

212. — Une différence importante distingue la polarisation

rotatoire magnétique de la polarisation rotatoire que présentent
naturellement certaines substances cristallisées comme le quartz,
et plusieurs liquides comme l'essence de térébenthine.

Dans ce dernier phénomène la rotation du plan de polarisation
est encore proportionnelle à l'épaisseur de la substance traversée, mais le sens de cette rotation change en même temps que la
direction de propagation du rayon ; en d'autres termes le sens
de rotation reste toujours le même pour un observateur qui se
place de manière à recevoir le rayon de lumière. Par suite, les
plans de polarisation de deux rayons traversant, suivant des
directions opposées, une même épaisseur d'une substance active,
subissent des déviations égales mais de sens inverse. Il en
résulte que si un rayon polarisé rectilignement, après avoir
traversé une substance, est réfléchi sur lui-même de manière à
la traverser une seconde fois en sens inverse, le plan de polarisation de la lumière émergente se confond avec celui de la
lumière incidente.

Dans la polarisation rotatoire magnétique le sens de la rotation
est indépendant de la direction du rayon ; il ne dépend, pour une
substance déterminée, que de la direction du champ magnétique.
Un rayon lumineux que l'on fait passer deux fois en sens inverses à travers cette substance au moyen d'une réflexion subit
donc une rotation double de celle qui résulterait d'un seul passage.

Cette propriété a été mise à profit pour augmenter considéra-
blement la rotation observée en faisant traverser plusieurs fois la
substance par le même rayon S. à l'aide de deux miroirs plans M
et M' (fig. 34) disposés presque normalement à la direction du

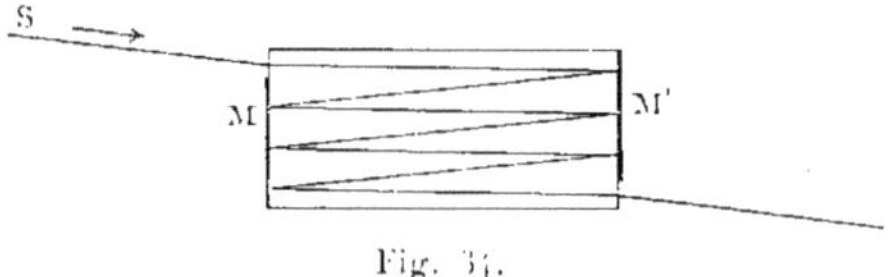

Fig. 34.

rayon. Cet artifice et l'emploi d'un champ magnétique très puissant ont permis à M. H. Becquerel et à M. Bichat de découvrir
presque simultanément le pouvoir rotatoire des gaz qui avait
échappé aux observations de Faraday et de Verdet.

213. *Essais d'explication de la polarisation rotatoire magnétique*. — Avant Maxwell plusieurs tentatives avaient été faites dans le but d'expliquer la rotation du plan de polarisation sous l'influence d'un champ magnétique.

Dès l'année qui suivit la découverte de Faraday, Airy [1] proposa plusieurs formules exprimant cette rotation en fonction de la longueur d'onde dans le vide de la lumière employée et de l'indice de réfraction de la substance pour cette lumière. Airy avait été conduit à ces formules par les travaux antérieurs de Mac-Cullagh sur la polarisation rotatoire du quartz. Comme nous l'avons vu dans un autre ouvrage [2] la rotation du plan de polarisation d'un rayon se propageant suivant l'axe du cristal s'explique par l'addition de certaines dérivées du troisième ordre des composantes du déplacement d'une molécule d'éther aux seconds membres des équations du mouvement de cette molécule ; ces équations deviennent alors, si l'on prend pour axe des z la direction du rayon lumineux.

$$\rho\,\frac{d^2\xi}{dt^2} = \frac{d^2\xi}{dz^2} + a\,\frac{d^3\eta_1}{dz^3},$$

$$\rho\,\frac{d^2\eta_1}{dt^2} = \frac{d^2\eta_1}{dz^2} - a\,\frac{d^3\xi}{dz^3}.$$

En substituant aux dérivées du troisième ordre, par rapport à z, les dérivées du même ordre prises par rapport à z et à t, $+\dfrac{d^3\eta_1}{dz^2 dt}$ et $-\dfrac{d^3\xi}{dz^2 dt}$. Airy obtint la formule

$$(\text{I}) \qquad\qquad \theta = m\,\frac{i^2}{\lambda^2}\left(i - \lambda\,\frac{di}{dt}\right),$$

où m est un coefficient dépendant de l'intensité du champ magnétique, λ la longueur d'onde dans le vide, i l'indice de réfraction. La substitution de dérivées du troisième ordre prises uniquement par rapport au temps $+\dfrac{d^3\eta_1}{dt^3}$ et $-\dfrac{d^3\xi}{dt^3}$, le conduisit à une autre formule

$$(\text{II}) \qquad\qquad \theta = m\,\frac{1}{\lambda^2}\left(i - \lambda\,\frac{di}{dt}\right).$$

[1] *Philosophical Magazine*, juin 1846.
[2] *Théorie mathématique de la Lumière*, p. 182.

Enfin, en prenant les dérivées du premier ordre par rapport au temps $+\dfrac{d\tau_1}{dt}$ et $-\dfrac{d\zeta}{dt}$, il arriva à une troisième formule

$$(\text{III}) \qquad \vartheta = m\left(i - \lambda\,\dfrac{di}{dt}\right).$$

214. — Quoique très différentes, ces formules rendaient compte des faits observés par Faraday qui n'avait fait aucune mesure quantitative. Ce physicien avait seulement démontré que la rotation dépend de la nature de la radiation en constatant qu'avec la lumière blanche, l'image donnée par l'analyseur présente des colorations rapidement variables avec la position de la section principale de celui-ci ; toute formule contenant la longueur d'onde était donc acceptable. En 1847, M. Ed. Becquerel [1] compara le phénomène de Faraday à la polarisation rotatoire présentée par l'eau sucrée ; il trouva que ces deux phénomènes étaient absolument analogues ; par suite la loi de Biot semblait applicable à la polarisation rotatoire magnétique, c'est-à-dire que la rotation devait être en raison inverse du carré de la longueur d'onde. La formule (III) qui est loin de remplir cette condition devait donc être rejetée.

Des expériences directes, faites avec le plus grand soin, furent entreprises par Verdet, en 1863, pour mesurer la rotation du plan de polarisation de radiations simples, de longueurs d'onde connues, sous l'influence d'un champ magnétique ; leurs résultats furent comparés aux valeurs fournies par chacune des formules précédentes dans lesquelles le coefficient m était déterminé au moyen des données d'une expérience. Comme on devait s'y attendre d'après les résultats de M. Becquerel, la formule III donne des nombres s'écartant beaucoup de ceux fournis par l'expérience ; la formule (II) convient mieux, mais la formule (I) est celle qui est préférable ; en particulier, pour le sulfure de carbone, les nombres donnés par cette dernière formule ne diffèrent des résultats de l'expérience que d'une quantité de l'ordre de l'erreur expérimentale. Des trois formules proposées par Airy la première est donc la seule à conserver.

---

[1] *Comptes rendus de l'Académie des Sciences*, t. XXI, p. 952.

215. — Mais, si la concordance de la formule (I) avec l'expérience justifie l'introduction des dérivées $+\dfrac{d^3\eta}{dz^2 dt}$ et $-\dfrac{d^3\zeta}{dz^2 dt}$ dans les seconds membres des équations du mouvement d'une molécule d'éther, aucune considération théorique ne préside au choix de ces dérivées, à l'exclusion des autres ; on ne possédait donc pas encore de théorie de la polarisation rotatoire magnétique. Il est vrai que Airy n'avait pas proposé ses formules comme donnant une explication mécanique de la rotation du plan de polarisation mais seulement, dit-il, « pour faire voir qu'elle peut être expliquée par des équations qui semblent de nature à pouvoir se déduire de quelque hypothèse mécanique plausible, quoique l'on n'ait pas encore formulé cette hypothèse. »

Quelques années avant les expériences de Verdet, M. Ch. Neumann [1] avait tenté de combler cette lacune. Neumann suppose que les molécules du fluide électrique des courants particulaires qui, d'après Ampère, prennent naissance à l'intérieur d'un corps aimanté agissent sur les molécules d'éther ; en outre il admet que ces actions réciproques, comme celles qui s'exercent entre deux molécules électriques dans la théorie de Weber, sont modifiées par le mouvement relatif de ces molécules. Il résulte de ces hypothèses qu'une molécule d'éther est soumise non seulement aux forces résultant de l'élasticité de l'éther, mais encore à des forces, variables avec le temps, provenant des actions des molécules électriques voisines. Neumann démontre que la résultante de ces dernières forces est à chaque instant proportionnelle à la vitesse de la molécule d'éther et à la force magnétique et perpendiculaire au plan de ces deux directions. Par conséquent, si nous considérons une onde plane se propageant suivant la direction du champ magnétique, et si nous prenons le plan des xy parallèle à l'onde, les composantes suivant les axes des x et des y, de cette résultante auront respectivement pour valeurs

$$+\, a\,\frac{d\eta}{dt} \qquad \text{et} \qquad -\, a\,\frac{d\zeta}{dt},$$

---

[1] *Die magnetische Drehung der Polarisationsebene des Lichtes.* Halle, 1863.

a étant un coefficient proportionnel à l'intensité du champ.
Nous aurons donc pour les équations du mouvement d'une molécule d'éther

$$\rho\,\frac{d^2\zeta}{dt^2} = \frac{d^2\zeta}{dz^2} + a\,\frac{d\eta_1}{dt},$$

$$\rho\,\frac{d^2\eta_1}{dt^2} = \frac{d^2\eta_1}{dz^2} - a\,\frac{d\zeta}{dt}.$$

Ces équations ne diffèrent des équations de Mac-Cullagh (**213**) que par la substitution des dérivées de η_1 et ζ par rapport à t aux dérivées du troisième ordre de ces mêmes quantités par rapport à z; par suite elles doivent conduire pour la valeur de la rotation du plan de polarisation à la formule (III), formule en complet désaccord avec l'expérience. La théorie de Neumann, bien que remarquable par la simplicité des hypothèses, doit donc être rejetée.

216. *Théorie de Maxwell.* — Ainsi, au moment où Maxwell écrivait son Traité, il était reconnu que la théorie de Neumann conduisait à une formule en complète contradiction avec les résultats expérimentaux, et que, des formules proposées par Airy, la formule (I) était celle qui s'accordait le mieux avec ces résultats. Il suffisait donc, pour obtenir une théorie acceptable de la polarisation rotatoire magnétique, d'expliquer par des hypothèses plausibles, l'addition des deux dérivées du troisième ordre $+\dfrac{d^3\eta_1}{dz^2\,dt}$ et $-\dfrac{d^3\zeta}{dz^2\,dt}$ aux équations du mouvement d'une molécule d'éther dans un milieu isotrope.

Faisons observer que l'introduction de ces dérivées dans les équations du mouvement peut, indépendamment de toute idée théorique, s'effectuer de deux manières différentes.

Pour le montrer rappelons en quelques mots comment on arrive aux équations du mouvement d'une molécule d'éther dans un milieu isotrope ([1]). Si nous appelons U la fonction des forces qui résultent de l'élasticité de l'éther lorsqu'un ébranlement se propage dans ce milieu, le mouvement d'une molécule de

---

[1] *Théorie mathématique de la Lumière*, pp. 1 à 48 et 176 à 182.

masse m subissant un déplacement ξ suivant l'axe des x, est donné par l'équation

$$(1) \qquad m\,\frac{d^2\xi}{dt^2} = \frac{dU}{d\xi}\,;$$

où ξ n'est qu'une des composantes du déplacement; η et ζ étant les deux autres composantes, nous aurions en outre deux équations analogues. Lorsqu'on admet que les forces qui s'exercent entre les molécules n'agissent qu'à des distances excessivement petites, la fonction U peut s'écrire

$$U = \int W\,d\tau,$$

W étant la valeur de la fonction des forces, rapportée à l'unité de volume, au point occupé par l'élément $d\tau$, et l'intégrale étant étendue à tout l'espace occupé par l'éther. L'étude de W montre que c'est une fonction des dérivées partielles des divers ordres de ξ, η, ζ par rapport aux coordonnées x, y, z, et, par diverses transformations, on arrive à mettre les équations du mouvement (1) sous la forme

$$\rho\,\frac{d^2\xi}{dt^2} = -\sum \frac{d}{dx}\,\frac{dW}{d\xi'} + \sum \frac{d^2}{dx^2}\,\frac{dW}{d\xi''} - \ldots\,;$$

ξ' étant l'une quelconque des dérivées de ξ par rapport à x, y, z; ξ'' une quelconque des dérivées secondes de ξ par rapport à ces mêmes variables. Ces équations nous montrent que les termes de W qui ne contiennent ces dérivées qu'à la première puissance doivent disparaître lorsqu'on suppose les déplacements périodiques. Par conséquent, si nous négligeons les termes du troisième degré par rapport à ces dérivées et si nous désignons par W_2 l'ensemble des termes du second degré, l'équation précédente devient

$$\rho\,\frac{d^2\xi}{dt^2} = -\sum \frac{d}{dx}\,\frac{dW_2}{d\xi'} + \sum \frac{d^2}{dx^2}\,\frac{dW_2}{d\xi''}\cdot$$

En général, le second membre de cette équation contient des dérivées de ξ, η, ζ, par rapport à x, y, z, de tout ordre à partir du second, mais pour les milieux isotropes les dérivées d'ordre

impair disparaissent. Cette équation se simplifie encore dans ce
cas, lorsqu'on considère une onde plane perpendiculaire à l'axe
des z; il ne reste plus que les dérivées d'ordre pair de ξ par
rapport à z. L'équation précédente peut alors s'écrire

$$(3) \qquad \rho\,\frac{d^2\xi}{dt^2} = A_0\,\frac{d^2\xi}{dz^2} + A_1\,\frac{d^4\xi}{dz^4} + \cdots$$

Les deux autres équations du mouvement s'obtiendraient en
remplaçant dans celle-ci, ξ par η, puis par ζ.

Mais les équations générales telles que (2) peuvent se mettre
sous la forme indiquée par Lagrange,

$$(4) \qquad \frac{d}{dt}\,\frac{dT}{d\xi'} - \frac{dT}{d\xi} = \frac{dU}{d\xi},$$

où U a la même signification que précédemment et où T désigne
l'énergie kinétique,

$$T = \frac{\rho}{2}\int \left(\xi'^2 + \eta'^2 + \zeta'^2\right)\,dz,$$

ξ', η', ζ' représentant maintenant les dérivées par rapport au
temps. Cette dernière équation n'étant qu'une transformation
de l'équation (2), il est évident qu'elle ne peut contenir, comme
celle-ci, que des dérivées d'ordre pair dans le cas d'un milieu
isotrope. Par conséquent, pour que les équations du mouvement
contiennent des dérivées d'ordre impair il faut introduire des
termes complémentaires, soit dans l'expression de la fonction U
relative aux corps isotropes, soit au contraire dans l'expression T
de l'énergie kinétique. On a donc deux moyens différents pour
arriver aux formules d'Airy.

217. — Dans les théories ordinaires de la lumière c'est la fonction U qui, changée de signe, réprésente l'énergie potentielle du
milieu, que l'on modifie toutes les fois qu'il s'agit d'expliquer
les phénomènes présentés par les milieux anisotropes. Dans la
théorie de la polarisation rotatoire de Maxwell, c'est, au contraire, l'énergie kinétique T qui est modifiée, U conservant la
même expression que dans un milieu isotrope. Quant aux

raisons invoquées par ce physicien pour justifier cette modification et surtout pour arriver aux termes complémentaires qu'il convient d'introduire dans T pour retrouver la formule (I), elles laissent beaucoup à désirer comme précision et comme clarté. Nous y reviendrons plus tard; pour le moment acceptons sans explications le résultat des spéculations de Maxwell et montrons comment l'équation (4), et les deux qui s'en déduisent par la substitution de $\eta_{,}$ et ζ à ξ, conduisent dans le cas d'une onde plane, à la formule (I).

Si nous posons

$$\frac{d\varphi}{d\nu} = \alpha\,\frac{d\varphi}{dx} + \beta\,\frac{d\varphi}{dy} + \gamma\,\frac{d\varphi}{dz},$$

φ étant une fonction quelconque et α, β, γ les composantes de la force magnétique, le terme complémentaire introduit par Maxwell dans l'énergie kinétique a pour expression :

$$(5) \qquad C \int \left[\xi'\,\frac{d}{d\nu}\left(\frac{d\zeta}{dy} - \frac{d\eta_{,}}{dz}\right) + \eta'\,\frac{d}{d\nu}\left(\frac{d\xi}{dz} - \frac{d\zeta}{dx}\right) \right.$$
$$\left. + \zeta'\,\frac{d}{d\nu}\left(\frac{d\eta_{,}}{dx} - \frac{d\xi}{dy}\right) \right]d\tau.$$

Dans le cas d'une onde plane parallèle au plan des xy, les composantes ξ, $\eta_{,}$, ζ ne dépendent ni de x, ni de y; par suite, on a :

$$\frac{d\varphi}{d\nu} = \gamma\,\frac{d\varphi}{dz}$$

et le terme complémentaire se réduit à

$$C \int \gamma\left(\eta'\,\frac{d^2\xi}{dz^2} - \xi'\,\frac{d^2\eta_{,}}{dz^2}\right)d\tau.$$

L'énergie kinétique est donc égale à

$$T = \frac{\rho}{2}\int (\xi'^2 + \eta'^2 + \zeta'^2)\,d\tau + C\int \gamma\left(\eta'\,\frac{d^2\xi}{dz^2} - \xi'\,\frac{d^2\eta_{,}}{dz^2}\right)d\tau.$$

218. — Cherchons ce que devient l'équation (4) lorsqu'on y porte cette valeur de T.

Si nous supposons γ constant, nous avons

$$\frac{d}{dt}\,\frac{dT}{d\zeta} = \int \left(\rho\,\frac{d^2\zeta}{dt^2} - C\gamma\,\frac{d^3\eta_1}{dz^2\,dt} \right) d\tau.$$

Le terme principal de T ne donne rien dans $\dfrac{dT}{d\zeta}$; quant au terme complémentaire, il faut le transformer pour pouvoir calculer sa dérivée par rapport à ζ. Or, on peut écrire

$$\int \eta_1'\,\frac{d^2\zeta}{dz^2}\,d\tau = \int \lambda\eta_1'\,\frac{d\zeta}{dz}\,d\omega - \int \frac{d\eta_1'}{dz}\,\frac{d\zeta}{dz}\,d\tau,$$

la première intégrale du second membre étant étendue à la surface du volume considéré, et λ désignant le cosinus de l'angle formé par l'axe des x avec la normale à l'élément $d\omega$ de cette surface. Si nous supposons les intégrales de volume étendues à l'espace tout entier les éléments de l'intégrale double se rapportent à des points situés à l'infini. Comme on peut supposer que ξ, η_1, ζ sont nuls à l'infini, les éléments de cette intégrale sont également nuls, et nous pouvons écrire

$$\int \eta_1'\,\frac{d^2\zeta}{dz^2}\,d\tau = - \int \frac{d\eta_1'}{dz}\,\frac{d\zeta}{dz}\,d\tau.$$

En effectuant une transformation analogue pour l'intégrale du second membre de l'égalité précédente, nous obtenons

$$- \int \frac{d\eta_1'}{dz}\,\frac{d\zeta}{dz}\,d\tau = \int \zeta\,\frac{d^2\eta_1'}{dz^2}\,d\tau.$$

La dérivée par rapport à ζ de cette dernière intégrale est

$$\int \frac{d^2\eta_1'}{dz^2}\,d\tau\,;$$

par suite le terme complémentaire de T donne

$$- C\gamma \int \frac{d^3 \eta_i}{dz^2 dt}\, dz,$$

dans l'équation (4) et celle-ci peut s'écrire :

$$\rho\, \frac{d^2 \xi}{dt^2} - 2C\gamma\, \frac{d^3 \eta_i}{dz^2 dt} = -\frac{dW}{d\xi}.$$

D'après Cauchy $\dfrac{dW}{d\xi}$ a pour expression dans un milieu isotrope

$$A_0\, \frac{d^2 \xi}{dz^2} + A_1\, \frac{d^4 \xi}{dz^4} + \ldots$$

C'est d'ailleurs ce qui résulte de la forme du second membre de l'équation (3). L'équation (4) et celle qui s'en déduit en remplaçant ξ par η_i deviennent donc

$$(6)\quad
\begin{cases}
\rho\, \dfrac{d^2 \xi}{dt^2} - 2C\gamma\, \dfrac{d^3 \eta_i}{dz^2 dt} = A_0\, \dfrac{d^2 \xi}{dz^2} + A_1\, \dfrac{d^4 \xi}{dz^4} + \ldots \\[2ex]
\rho\, \dfrac{d^2 \eta_i}{dt^2} + 2C\gamma\, \dfrac{d^3 \xi}{dz^2 dt} = A_0\, \dfrac{d^2 \eta_i}{dz^2} + A_1\, \dfrac{d^4 \eta_i}{dz^4} + \ldots
\end{cases}$$

219. — Cherchons à satisfaire à ces équations en posant

$$(7)\quad
\begin{cases}
\xi = r \cos (nt - qz) \\
\eta_i = r \sin (nt - qz)
\end{cases}$$

égalités qui expriment que la molécule considérée décrit une circonférence de rayon r. En substituant ces valeurs de ξ et η_i, nous obtenons, après suppression des facteurs communs, l'équation de condition.

$$(8)\qquad \rho n^2 - 2C\gamma q^2 n = A_0 q^2 + A_1 q^4 + \ldots$$

En divisant les deux membres par q^2 nous avons une équation du second degré en $\dfrac{n}{q}$. Ce rapport exprimant la vitesse de propagation du mouvement, nous avons donc deux valeurs pour cette vitesse. Mais le coefficient A_0 étant positif et les coefficients $A_1 \ldots,$

étant très petits, l'une de ces valeurs est négative et il n'y a pas lieu de la considérer, si l'on ne s'occupe que des phénomènes qui se passent au-dessus du plan des xy.

Si nous donnons à n deux valeurs ne différant que par le signe, ce qui correspond à deux molécules décrivant la circonférence de rayon r en sens inverses, les valeurs positives de $\dfrac{n}{q}$ sont différentes, pourvu toutefois que γ ne soit pas nul. Un rayon circulaire droit ne se propage donc pas avec la même vitesse qu'un rayon circulaire gauche, par conséquent l'un d'eux prend une avance sur l'autre et si ces rayons proviennent d'un même rayon polarisé rectilignement ils se composent à la sortie du milieu pour donner un rayon polarisé rectilignement mais dont le plan de polarisation n'a pas le même azimut que la lumière incidente; il y a donc rotation du plan de polarisation.

220. — Évaluons cette rotation. On sait qu'elle est égale à la moitié de la différence de phase que les rayons droit et gauche contractent, l'un par rapport à l'autre, en traversant le milieu et qu'elle s'effectue dans le sens du mouvement des molécules du rayon qui va le plus vite. Si donc nous désignons par q' et par q'' les valeurs de q pour le rayon droit et pour le rayon gauche et par e l'épaisseur du milieu traversé, le plan de polarisation tournera dans le sens des aiguilles d'une montre d'un angle égal à

$$\eta = \frac{e}{2}\,(q'' - q').$$

Mais d'après l'équation de condition (8), q dépend de γ. Comme d'ailleurs la variation de q due à l'action magnétique n'est toujours qu'une très faible fraction de la valeur même de q, nous pouvons écrire

$$q = q_0 + \frac{dq}{d\gamma}\,\gamma,$$

q_0 étant la valeur de q pour une force magnétique nulle. Cette quantité q_0 doit donc satisfaire à l'équation (8) dans laquelle on prend $\gamma = 0$; par suite on a

$$\varsigma n^2 = A_0 q_0^2 + A_1 q_0^4 + \ldots\ldots$$

Les quantités q' et q'' doivent satisfaire à cette même équation (8) dans laquelle on donne à n des valeurs ne différant que par le signe; à la valeur positive de n correspondra la valeur q'' puisque d'après les équations (7) on a un rayon circulaire gauche se propageant suivant la direction positive de l'axe des z quand n est positif; à la valeur négative de n correspondra au contraire la valeur q'; par conséquent nous aurons

$$\rho n^2 + 2C\gamma q'^2 n = A_0 q'^2 + A_1 q'^4 + \ldots\ldots$$
$$\rho n^2 + 2C\gamma q''^2 n = A_0 q''^2 + A_1 q''^4 + \ldots\ldots$$

La comparaison des trois dernières relations montre immédiatement que l'on a $q' > q_0$ et $q'' < q_0$; nous devons donc écrire

$$q' = q_0 + \frac{dq'}{d\gamma}\gamma, \qquad q'' = q_0 - \frac{dq''}{d\gamma}\gamma.$$

Si nous portons ces valeurs de q' et q'' dans l'expression de la rotation, nous obtenons

$$\theta = - \frac{c\gamma}{2}\left(\frac{dq'}{d\gamma} + \frac{dq''}{d\gamma}\right),$$

ou, en confondant les valeurs des dérivées de q' et de q'' par rapport à γ,

$$(9) \qquad \theta = - c\gamma \frac{dq}{d\gamma}.$$

221. — En dérivant par rapport à γ les deux membres de l'équation (8) où nous considérons n comme constant, nous avons

$$-2Cq^2 n - 4C\gamma qn \frac{dq}{d\gamma} = (2A_0 q + 4A_1 q^3 + \ldots\ldots)\frac{dq}{d\gamma} = \frac{dQ}{dq}\frac{dq}{d\gamma}.$$

Mais, admettre, comme nous l'avons fait, que la quantité q ne varie que très peu sous l'influence d'un champ magnétique, c'est supposer que le coefficient C est très petit. Nous pouvons donc négliger le terme $4C\gamma qn \frac{dq}{d\gamma}$ par rapport aux termes du second membre, et il vient alors

$$(10) \qquad \frac{dq}{d\gamma} = - 2Cq^2 n \frac{1}{\frac{dQ}{dq}}.$$

Si maintenant, dans l'équation (8) nous regardons γ comme
constant nous avons en dérivant par rapport à n

$$2\rho n - 2C\gamma q^2 n - 4C\gamma qn\frac{dq}{dn} = \left(2A_0 q + 4A_1 q^3 + \ldots\right)\frac{dq}{dn} = \frac{dQ}{dq}\frac{dq}{dn}.$$

Pour la même raison que précédemment le terme $2C\gamma q^2 n$ peut
être négligé par rapport à $2\rho n$ et le terme $4C\gamma qn\dfrac{dq}{dn}$ par rapport
à ceux du second membre ; par suite nous obtenons

$$2\rho n = \frac{dQ}{dq}\frac{dq}{dn}.$$

Si nous portons dans la relation (10) la valeur de $\dfrac{dQ}{dq}$ tirée de
cette dernière égalité, nous avons pour la valeur de la dérivée
partielle $\dfrac{dq}{d\gamma}$,

$$(11) \qquad \frac{dq}{d\gamma} = -\frac{Cq^2}{\rho}\frac{dq}{dn}.$$

Pour exprimer cette dérivée en fonction de la longueur d'onde
dans le vide λ, de la lumière considérée et de l'indice de réfraction i du milieu, remarquons que l'on a

$$q\lambda = 2\pi i \qquad \text{et} \qquad n\lambda = 2\pi V,$$

V étant la vitesse de propagation dans le vide. De ces deux relations nous tirons

$$q = \frac{in}{V},$$

et par conséquent

$$(12) \qquad \frac{dq}{dn} = \frac{1}{V}\left(i + n\frac{di}{dn}\right).$$

En outre, en différentiant la seconde, nous obtenons

$$\lambda dn + nd\lambda = 0,$$

d'où

$$\frac{n}{dn} = -\frac{\lambda}{d\lambda} \qquad \text{et} \qquad n\frac{di}{dn} = -\lambda\frac{di}{d\lambda}.$$

L'égalité (12) peut donc s'écrire

$$\frac{dq}{dn} = \frac{1}{V}\left(i - \lambda\frac{di}{d\lambda}\right);$$

si nous portons cette valeur dans la relation (11) et si dans cette relation nous remplaçons q par sa valeur $\dfrac{2\pi i}{\lambda}$, nous obtenons

$$\frac{dq}{d\gamma} = -\frac{4\pi^2 C}{\rho V}\cdot\frac{i^2}{\lambda^2}\left(i - \lambda\frac{di}{d\lambda}\right).$$

Par conséquent en posant

$$\frac{4\pi^2 C}{\rho V} = m,$$

la valeur de la rotation donnée par la formule (9) deviendra

$$\theta = mc\gamma\,\frac{i^2}{\lambda^2}\left(i - \lambda\frac{di}{d\lambda}\right).$$

Nous retrouvons donc bien la formule (I) d'Airy.

222. *Interprétation du terme complémentaire de l'énergie kinétique.* — Il s'agit maintenant d'expliquer l'introduction du terme complémentaire (5) dans l'expression de l'énergie kinétique du milieu. Comme nous l'avons dit, les explications de Maxwell n'ont pas toute la rigueur qu'on désirerait y rencontrer. Essayons cependant de les reproduire.

Maxwell pose ainsi la question : L'expérience apprend qu'un milieu isotrope soumis à l'action d'un champ magnétique fait tourner le plan de polarisation de la lumière ; par conséquent un rayon polarisé circulairement ne se propage pas avec la même vitesse suivant qu'il est droit ou gauche. Or si les composantes du déplacement d'une molécule d'éther sont exprimées par les équations (7), nous aurons un rayon circulaire droit ou gauche suivant que n est négatif ou positif. La vitesse de propagation des z est $\dfrac{n}{q}$; comme elle doit avoir une valeur différente pour le rayon droit et pour le rayon gauche, à deux valeurs de n ne différant que par le signe doivent correspondre deux valeurs de

q différentes et de signes contraires; ou bien, ce qui revient au même, à une valeur de q doivent correspondre deux valeurs de n différant par la valeur absolue et par le signe. Mais le milieu considéré constitue un système dynamique dont l'état est déterminé, à chaque instant, par un certain nombre d'équations. Nous avons donc à rendre compte de ce fait que, pour une valeur déterminée donnée à l'une et à l'autre des quantités q et r, il y a deux valeurs distinctes de n qui satisfont à ces équations.

Écrivons l'équation de Lagrange relative au paramètre r,

$$\frac{d}{dt}\frac{dT}{dr'} - \frac{dT}{dr} = \frac{dU}{dr}.$$

Ce paramètre ayant une valeur déterminée ne changeant pas avec le temps, r' est nul; par conséquent le premier terme disparaît de l'équation précédente, qui devient

$$\frac{dT}{dr} + \frac{dU}{dr} = 0.$$

Mais T, énergie kinétique du système, est une fonction homogène du second degré des vitesses de ce système; T contient donc n^2, puisque n est la vitesse angulaire d'une molécule d'éther. Il peut également contenir des termes où se trouvent les produits de n par d'autres vitesses et aussi des termes dans lesquels ces vitesses entrent au second degré mais où ne figure pas n. Quant à U, Maxwell suppose qu'il conserve la valeur qu'il possède dans un milieu isotrope non soumis à l'action du magnétisme; par suite, U ne renferme que des dérivées de ξ et η, par rapport à z; il ne contient donc pas n. Par conséquent l'expression la plus générale de l'équation de Lagrange que nous venons de considérer est

$$An^2 + Bn + C = 0.$$

Puisque, d'après ce qui précède, cette équation doit être satisfaite pour deux valeurs de n inégales en valeur absolue, il faut nécessairement que B soit différent de zéro. Comme les termes Bn proviennent uniquement de l'énergie kinétique, celle-ci contient donc au moins deux séries de termes. L'une, An^2, est homogène et du second degré par rapport à n; c'est l'expression de l'énergie kinétique d'un milieu non soumis à l'action du magnétisme. L'autre contient la première puissance de n; elle est due au champ magnétique et, par suite, elle représente le terme complémentaire qu'il s'agit d'expliquer ou au moins une partie de ce terme.

223. — Voici maintenant les conclusions que Maxwell déduit de ce qui précède :

« Tous les termes de T sont du second degré par rapport aux vitesses. Donc les termes qui renferment n doivent renfermer quelque autre vitesse. Or cette autre vitesse ne peut être ni r' ni q', puisque, dans le cas que nous considérons, r et q sont constants. C'est donc une vitesse existant dans le milieu, indépendamment du mouvement qui constitue la lumière. De plus, ce doit être une quantité ayant avec n une relation telle qu'en la multipliant par n le résultat soit une quantité scalaire; car, T étant une quantité scalaire, ses termes ne peuvent être que des quantités scalaires. Donc cette vitesse doit être dans la même direction que n ou dans la direction contraire, c'est-à-dire que ce doit être une *vitesse angulaire* relative à l'axe des z.

« Or cette vitesse ne peut être indépendante de la force magnétique; car, si elle se rapportait à une direction fixe dans le milieu, les phénomènes seraient différents quand on retourne le milieu bout pour bout, ce qui n'est pas le cas.

« Nous sommes donc amenés à cette conclusion, que cette vitesse est obligatoirement liée à la force magnétique, dans le milieu où se manifeste la rotation magnétique du plan de polarisation (*Traité d'électricité*, t. II, § 820). »

Un peu plus loin (§ 822), Maxwell ajoute :

« Lorsqu'on étudie l'action du magnétisme sur la lumière polarisée, on est donc conduit à conclure que, dans un milieu soumis à l'action d'une force magnétique, une partie du phénomène est due à quelque chose qui, par sa nature mathématique, se rapproche d'une vitesse angulaire agissant autour d'un axe dirigé suivant la force magnétique.

« Cette vitesse angulaire ne peut être celle d'aucune partie de dimensions finies du milieu, tournant d'un mouvement d'ensemble. Nous devons donc penser que cette rotation est celle de parties très petites du milieu tournant chacune autour de son axe. Telle est l'hypothèse des tourbillons moléculaires. »

224. — Ainsi, d'après Maxwell, l'explication de la polarisation rotatoire magnétique doit résulter de l'existence de tourbillons dans le milieu soumis à l'action d'un champ magnétique, tourbillons que nous avons déjà vu intervenir dans l'interprétation des pressions électrodynamiques (**210**). Mais quelles sont les lois qui régissent les mouvements de ces tourbillons? Maxwell avoue notre ignorance absolue sur ce sujet et, faute de mieux, il admet que les tourbillons d'un milieu magnétique sont soumis aux mêmes conditions que ceux que Helmholtz [1] a introduits dans l'Hydrodynamique, et que les composantes d'un tourbillon en un point sont égales à celles de la force magnétique en ce point.

Une des propriétés des tourbillons de Helmholtz peut s'énoncer comme il suit : soient P et Q deux molécules voisines sur l'axe d'un tourbillon ; si le mouvement du milieu a pour effet d'amener les molécules en P' et en Q', la droite P'Q' représente la direction de l'axe du tourbillon, et la grandeur de celui-ci est modifiée dans le rapport de PQ à P'Q'.

Si nous appliquons cette propriété aux tourbillons d'un milieu soumis au magnétisme, nous aurons, en appelant α, β, γ, les composantes de la force magnétique au point P, α', β', γ', les composantes de cette même force quand le point P est venu en P', et ξ, η, ζ, les composantes du déplacement du point P,

$$(12)\quad\begin{cases} \alpha' = \alpha + \alpha\,\dfrac{d\xi}{dx} + \beta\,\dfrac{d\xi}{dy} + \gamma\,\dfrac{d\xi}{dz}, \\[2ex] \beta' = \beta + \alpha\,\dfrac{d\eta}{dx} + \beta\,\dfrac{d\eta}{dy} + \gamma\,\dfrac{d\eta}{dz}, \\[2ex] \gamma' = \gamma + \alpha\,\dfrac{d\zeta}{dx} + \beta\,\dfrac{d\zeta}{dy} + \gamma\,\dfrac{d\zeta}{dz}. \end{cases}$$

225. — Les composantes de la vitesse angulaire d'un élément

---

[1] *Sur le mouvement tourbillonnaire : Journal de Crelle*, vol. LV, 1858.

du milieu ont pour valeur

$$(13) \quad \begin{cases} \omega_1 = \dfrac{1}{2}\dfrac{d}{dt}\left(\dfrac{d\zeta}{dy} - \dfrac{d\eta}{dz}\right), \\[2ex] \omega_2 = \dfrac{1}{2}\dfrac{d}{dt}\left(\dfrac{d\xi}{dz} - \dfrac{d\zeta}{dx}\right), \\[2ex] \omega_3 = \dfrac{1}{2}\dfrac{d}{dt}\left(\dfrac{d\eta}{dx} - \dfrac{d\xi}{dy}\right). \end{cases}$$

Or, puisque d'après les conclusions du § **223** l'énergie kinétique doit contenir cette vitesse, le terme correspondant, dans le cas où les axes de coordonnées sont quelconques par rapport à la direction de la force magnétique, doit être de la forme

$$2C\left(\omega_1\alpha' + \omega_2\beta' + \omega_3\gamma'\right),$$

et le terme complémentaire de l'énergie kinétique d'un certain volume du milieu a pour expression

$$2C\int\left(\omega_1\alpha' + \omega_2\beta' + \omega_3\gamma'\right)d\tau.$$

Si dans cette expression nous remplaçons α', β', γ' par les valeurs (12) et ω_1, ω_2, ω_3, par les valeurs (13) nous obtenons

$$(14)\quad \begin{aligned}
&\mathrm{C}\int\left[\alpha\left(\frac{d\zeta'}{dy}-\frac{d\eta'}{dz}\right)+\beta\left(\frac{d\xi'}{dz}-\frac{d\zeta'}{dx}\right)+\gamma\left(\frac{d\eta'}{dx}-\frac{d\xi'}{dy}\right)\right]d\tau \\[2ex]
&+\mathrm{C}\int\left[\alpha\frac{d\xi}{dx}\left(\frac{d\zeta'}{dy}-\frac{d\eta'}{dz}\right)+\beta\frac{d\xi}{dy}\left(\frac{d\zeta'}{dy}-\frac{d\eta'}{dz}\right)+\gamma\frac{d\xi}{dz}\left(\frac{d\zeta'}{dy}-\frac{d\eta'}{dz}\right)\right]d\tau \\[2ex]
&+\mathrm{C}\int\left[\alpha\frac{d\eta}{dx}\left(\frac{d\xi'}{dz}-\frac{d\zeta'}{dx}\right)+\beta\frac{d\eta}{dy}\left(\frac{d\xi'}{dz}-\frac{d\zeta'}{dx}\right)+\gamma\frac{d\eta}{dz}\left(\frac{d\xi'}{dz}-\frac{d\zeta'}{dx}\right)\right]d\tau \\[2ex]
&+\mathrm{C}\int\left[\alpha\frac{d\zeta}{dx}\left(\frac{d\eta'}{dx}-\frac{d\xi'}{dy}\right)+\beta\frac{d\zeta}{dy}\left(\frac{d\eta'}{dx}-\frac{d\xi'}{dy}\right)+\gamma\frac{d\zeta}{dz}\left(\frac{d\eta'}{dx}-\frac{d\xi'}{dy}\right)\right]d\tau.
\end{aligned}$$

Montrons que si l'on étend l'intégration à l'espace tout entier

la première intégrale de cette somme est nulle dans le cas qui
nous occupe. En effet, en intégrant par parties, le premier terme
de cette intégrale donne

$$\int \alpha \frac{d\zeta'}{dy}\, d\tau = \int \alpha \zeta'\, dx\,dy - \int \zeta' \frac{d\alpha}{dy}\, d\tau.$$

L'intégrale de surface se rapportant à la surface limite, qui est
à l'infini d'après notre hypothèse, ζ et α sont nuls ; par suite
l'intégrale elle-même est égale à zéro. Dans l'intégrale triple du
second membre entre la dérivée $\dfrac{d\alpha}{dy}$; si donc le champ magnétique est uniforme, comme c'est généralement le cas lorsqu'on
étudie la polarisation rotatoire magnétique, cette dérivée est
nulle et l'intégrale triple l'est aussi. En prenant ainsi successivement tous les termes de la première intégrale de l'expression du
terme complémentaire, on verrait qu'ils sont tous égaux à zéro.
Il n'y a donc à considérer que les trois autres intégrales de cette
expression.

Celles-ci peuvent se mettre sous une autre forme. Considérons
en effet le premier terme de la première d'entre elles ; nous obtenons, en intégrant par parties

$$\int \alpha \frac{d\xi}{dx} \frac{d\zeta'}{dy}\, d\tau = \int \alpha \zeta' \frac{d\xi}{dx}\, dx\,dz - \int \alpha \zeta' \frac{d\xi^2}{dx\,dy}\, d\tau.$$

ou, puisque l'intégrale de surface est nulle pour les mêmes raisons que précédemment

$$\int \alpha \frac{d\xi}{dx} \frac{d\zeta'}{dy}\, d\tau = - \int \alpha \zeta' \frac{d^2\xi}{dx\,dy}\, d\tau.$$

Le second terme de l'avant-dernière intégrale du terme complémentaire nous donne, en opérant de la même manière,

$$- \int \alpha \cdot \frac{d\eta_1}{dx} \frac{d\zeta'}{dx} d\tau = + \int \alpha \zeta' \frac{d^2\eta_1}{dx^2} d\tau,$$

et nous avons pour la somme des deux termes considérés

$$\int \alpha \zeta' \frac{d}{dx} \left(\frac{d\eta_1}{dx} - \frac{d\zeta}{dy} \right) d\tau.$$

Une transformation analogue effectuée sur tous les termes et un groupement convenable de ceux-ci montreraient que l'expression (14) se réduit bien à l'expression (5) que nous avons introduite (217) comme terme complémentaire dans l'énergie kinétique du milieu soumis à l'action du magnétisme.

226. *Difficultés soulevées par la théorie de Maxwell.* — Dans la théorie que nous venons d'analyser, Maxwell semble avoir complètement abandonné la théorie électromagnétique de la lumière. Nous avons, en effet, implicitement admis avec ce physicien, que lorsqu'une onde se propage dans un milieu placé dans un champ magnétique, les composantes ξ, η et ζ du déplacement d'une molécule d'éther ne dépendent pas directement de la force magnétique. Or, nous avons vu (189) que la concordance de la théorie électromagnétique de la lumière avec les théories actuellement adoptées pour l'explication des phénomènes lumineux exigeait que les dérivées par rapport au temps de ξ, η, ζ soient respectivement égales aux composantes α, β, γ de la force magnétique. Pour que la théorie de Maxwell sur la polarisation rotatoire magnétique s'accorde avec la théorie électromagnétique il faudrait qu'il en fût encore ainsi ; c'est ce qui ne semble pas avoir lieu.

D'autre part les formules de Helmholtz semblent assez difficilement applicables au cas qui nous occupe. Elles s'appuient sur les principes de l'Hydrodynamique qu'il serait sans doute malaisé d'étendre à l'éther, puisqu'il faudrait y supposer une pression uniforme dans tous les sens.

Elles supposent en outre qu'il y a entre les composantes du déplacement et celles du tourbillon, certaines relations qui pourraient s'écrire :

$$\alpha = \frac{d^2\zeta}{dy\,dt} - \frac{d^2\eta}{dz\,dt},$$

$$\beta = \frac{d^2\xi}{dz\,dt} - \frac{d^2\zeta}{dx\,dt},$$

$$\gamma = \frac{d^2\eta}{dx\,dt} - \frac{d^2\xi}{dy\,dt},$$

et dont Maxwell ne tient pas compte.

227. — Admettons pour un instant que les dérivées ξ', η', ζ' sont respectivement égales à α, β, γ et cherchons les conséquences de cette hypothèse .

Le terme principal de l'énergie kinétique devient

$$\frac{\mu}{8\pi}\int (\alpha^2 + \beta^2 + \gamma^2)\,d\tau.$$

Les binômes alternés qui entrent dans l'expression (14) du terme complémentaire ou les dérivées par rapport au temps de ceux qui se trouvent dans l'expression (5) de ce même terme ont alors pour valeurs

$$\frac{d\zeta'}{dy} - \frac{d\eta'}{dz} = \frac{d\gamma}{dy} - \frac{d\beta}{dz},$$

$$\frac{d\xi'}{dz} - \frac{d\zeta'}{dx} = \frac{d\alpha}{dz} - \frac{d\gamma}{dx},$$

$$\frac{d\eta'}{dx} - \frac{d\xi'}{dy} = \frac{d\beta}{dx} - \frac{d\alpha}{dy}.$$

Mais d'après les équations (II) du paragraphe **167** les seconds membres de ces égalités sont respectivement égaux à $4\pi u$, $4\pi v$, $4\pi w$. Comme u, v, w, sont les dérivées par rapport au temps des composantes f, g, h du déplacement électrique nous obtenons donc en intégrant,

$$(15) \quad \left\{ \begin{aligned} \frac{d\zeta}{dy} - \frac{d\eta}{dz} &= 4\pi f, \\ \frac{d\xi}{dz} - \frac{d\zeta}{dx} &= 4\pi g, \\ \frac{d\eta}{dx} - \frac{d\xi}{dy} &= 4\pi h. \end{aligned} \right.$$

Par conséquent l'expression (5) du terme complémentaire peut s'écrire

$$(16) \qquad 4\pi C \int \left(\alpha \frac{df}{d\nu} + \beta \frac{dg}{d\nu} + \gamma \frac{dh}{d\nu} \right) d\tau.$$

Les quantités désignées par les symboles $\dfrac{df}{d\nu}\cdots$, renfermant les produits des composantes de la force magnétique par les dérivées du déplacement électrique prises par rapport à x, y, z, ce terme complémentaire est du troisième degré par rapport à ces quantités. Dans le terme principal de T, α, β, γ entrent au second degré, mais les dérivées du déplacement électrique n'y figurent pas. Par conséquent, en général les équations du mouvement seront linéaires, comme cela a lieu dans les théories ordinaires de la lumière ; dans la polarisation rotatoire, elles cesseront d'être linéaires par suite de l'introduction du terme complémentaire. Il en résulte que dans ce dernier cas la vitesse de propagation des perturbations constituant la lumière dépendra de α, β, γ et par conséquent de l'intensité lumineuse qui est fonction de ces quantités. Cette conséquence est tout à fait contraire aux faits observés dans tous les autres phénomènes lumineux ; toutes ces difficultés n'ont été définitivement levées que par la théorie de Lorentz dont nous parlerons à la fin de cet ouvrage.

228. — Toutefois, dans les conditions où se font les expériences, on se trouve dans un des cas particuliers, où quoique le terme complémentaire soit du troisième degré, les équations du mouvement sont linéaires.

Pour le montrer, considérons une onde plane polarisée, et prenons pour plan des xy un plan parallèle à l'onde. Le déplacement électrique s'effectuant dans le plan de l'onde (**180**) la composante h est nulle. En outre f et g ne dépendent ni de x ni de y. Par conséquent le terme complémentaire (16) se réduit à

$$4\pi C \int \gamma \left(\alpha\, \frac{df}{dz} + \beta\, \frac{dg}{dz} \right) dz.$$

Les composantes α, β, γ de la force magnétique peuvent être considérées comme la somme des composantes de la force magnétique du champ constant dans lequel se trouve le milieu traversé par l'onde et des composantes de la force magnétique du champ dont les perturbations périodiques donnent lieu aux phénomènes lumineux. Ces dernières composantes sont variables avec le temps. Mais nous savons que la force magnétique du champ périodique est dirigée dans le plan de l'onde ; sa composante suivant l'axe des z est donc nulle dans le cas qui nous occupe. Par suite la quantité γ qui entre dans l'expression précédente du terme complémentaire a pour valeur la composante suivant l'axe des z du champ constant produit par les aimants ou les courants. Cette quantité étant constante le terme complémentaire n'est plus que du second degré par rapport à α, β, $\frac{df}{dz}$ et $\frac{dg}{dz}$ et les équations du mouvement redeviennent linéaires.

On peut d'ailleurs faire voir autrement que γ est une constante. En effet, écrivons l'équation de Lagrange relative à cette quantité ; nous aurons

$$\frac{d}{dt}\,\frac{dT}{d\gamma'} - \frac{dT}{d\gamma} = \frac{dU}{d\gamma}.$$

Or d'après Cauchy, U ne dépend pas de ζ ; par suite il est indépendant de γ et le second membre de cette équation est nul. Le premier terme est aussi nul puisque T, qui a ici pour valeur

$$T = \frac{\mu}{8\pi} \int (\alpha^2 + \beta^2 + \gamma^2)\, dz + 4\pi C \int \gamma \left(\alpha\, \frac{df}{dx} + \beta\, \frac{dg}{dz} \right) dz,$$

ne contient pas γ'. Par conséquent l'équation précédente se réduit
à

$$\frac{d\mathrm{T}}{d\gamma'} = 0$$

ou, en remplaçant T par la valeur précédente et effectuant la dé-
rivation,

$$-\frac{u}{4\pi}\,\gamma + 4\pi\mathrm{C}\left(\alpha\frac{df}{dz} + \beta\frac{dg}{dz}\right) = 0.$$

Pour que γ soit constant il suffit donc que le second terme le
soit également. Or, si nous tenons compte des relations (15) qui
donnent les composantes du déplacement, nous avons pour ce
terme

$$\mathrm{C}\left[\alpha\left(\frac{d^2\zeta}{dy\,dz} - \frac{d^2\eta_1}{dz^2}\right) + \beta\left(\frac{d^2\zeta}{dz^2} - \frac{d^2\zeta}{dx\,dz}\right)\right],$$

ou, puisque l'onde est perpendiculaire à l'axe des z,

$$\mathrm{C}\left(\beta\frac{d^2\zeta}{dz^2} - \alpha\frac{d^2\eta_1}{dz^2}\right),$$

ou enfin

$$\mathrm{C}\left(\eta'\frac{d^2\zeta}{dz^2} - \zeta'\frac{d^2\eta_1}{dz^2}\right).$$

Mais ζ et η_1 étant les composantes du déplacement d'une molécule d'éther, ces quantités satisfont aux équations

$$\zeta = r\cos\left(nt - qz\right),$$
$$\eta_1 = r\sin\left(nt - qz\right).$$

Si nous calculons les dérivées de ζ et η_1 par rapport à t et leurs
dérivées secondes par rapport à z et si nous portons les valeurs
ainsi trouvées dans le terme précédent, nous obtenons

$$\mathrm{C}r^2nq^2\left[-\cos\left(nt - qz\right)\cos\left(nt - qz\right)\right.$$
$$\left. -\sin\left(nt - qz\right)\sin\left(nt - qz\right)\right] = -\mathrm{C}r^2nq.$$

C'est donc une quantité indépendante de t; par suite γ est
constant.

229. — Une autre difficulté de la théorie découle de l'application des propriétés des tourbillons d'Helmholtz aux tourbillons moléculaires d'un milieu soumis au magnétisme. En effet il faut nécessairement que l'énergie de ce milieu ait pour valeur

$$\frac{\mu}{8\pi}\int (\alpha^2 + \beta^2 + \gamma^2)\, d\tau.$$

Or, si α, β, γ sont, comme l'admet Maxwell, les composantes d'un tourbillon d'Helmholtz l'énergie kinétique du milieu a une valeur toute différente.

Il paraît assez difficile d'aplanir cette difficulté. On ne pourrait guère y parvenir qu'en modifiant profondément la théorie de Maxwell et ces modifications la rapprocheraient de la théorie proposée par M. Potier.

230. *Théorie de M. Potier.* — Cette théorie est fondée sur les deux hypothèses suivantes :

1° La matière pondérable participe dans une certaine mesure, variable avec la longueur d'onde, au mouvement de l'éther ;

2° Les molécules d'un corps pondérable deviennent de véritables aimants sous l'action d'un champ magnétique.

La première hypothèse, déjà admise par Fresnel, semble confirmée par les expériences de M. Fizeau sur l'entraînement de l'éther ; la seconde est conforme au mode ordinaire d'interprétation des propriétés magnétiques ou diamagnétiques des milieux pondérables.

De ces deux hypothèses il résulte que chaque molécule aimantée du milieu éprouve un déplacement périodique lorsqu'un rayon traverse ce milieu. En général ce déplacement n'est pas une translation, les deux pôles de l'aimant se déplaçant de quantités inégales ; la direction de l'axe magnétique d'une molécule change donc périodiquement ainsi que les composantes de son moment magnétique et, par suite, des forces électromotrices d'induction prennent naissance dans le milieu. Ces forces s'ajoutant à celles qui résultent de la perturbation magnétique constituant la lumière, la loi qui lie cette perturbation au temps se trouve modifiée et on conçoit que le plan de polarisation change d'azimut

231. — Montrons, en effet, que les hypothèses de M. Potier conduisent à introduire dans l'expression de l'énergie kinétique le terme complémentaire de Maxwell et, par conséquent, permettent de retrouver la formule (I) d'Airy.

Soient x, y, z et $x + \partial x$, $y + \partial y$, $z + \partial z$ les coordonnées des pôles d'une molécule aimantée dans sa position normale, et $+ m$ et $- m$ les masses magnétiques respectives de ces pôles ; nous avons pour les composantes du moment magnétique de la molécule,

$$m\partial x, \quad m\partial y, \quad m\partial z.$$

Pour avoir les valeurs nouvelles de ces composantes lorsque la molécule est dérangée de sa position d'équilibre par l'effet de la perturbation lumineuse, il nous faut connaître la direction suivant laquelle la matière pondérable est entraînée par cette perturbation. Nous admettrons, ce qui est le plus naturel, que cette direction est celle du déplacement électrique. Comme d'ailleurs, dans la théorie électromagnétique, le déplacement électrique est perpendiculaire au plan de polarisation (**189**), cette hypothèse revient à admettre que la matière pondérable se déplace suivant la direction de la vibration de Fresnel. Si donc f, g, h sont les composantes du déplacement électrique au point x, y, z, et ε un coefficient de proportionnalité, nous aurons pour les coordonnées de l'un des pôles de la molécule déplacée,

$$x + \varepsilon f, \quad y + \varepsilon g, \quad z + \varepsilon h,$$

et pour les coordonnées de l'autre pôle,

$$x + \partial x + \varepsilon f + \varepsilon \partial f, \quad y + \partial y + \varepsilon g + \varepsilon \partial g, \quad z + \partial z + \varepsilon h + \varepsilon \partial h.$$

La variation ∂f de la composante f du déplacement pour les variations ∂x, ∂y, ∂z des coordonnées peut se développer suivant les puissances croissantes de ces dernières quantités ; en négligeant les termes du second degré et des degrés plus élevés, nous aurons

$$\partial f = \frac{df}{dx}\,\partial x + \frac{df}{dy}\,\partial y + \frac{df}{dz}\,\partial z.$$

Par conséquent les composantes du moment magnétique de la

molécule déplacée sont données par

$$m\left(\partial x + \varepsilon \partial f\right) = m\partial x + \varepsilon \frac{df}{dx}\, m\partial x + \varepsilon \frac{df}{dy}\, m\partial y + \varepsilon \frac{df}{dz}\, m\partial z,$$

et deux autres expressions analogues.

232. — Introduisons les composantes de la magnétisation. Soient A, B, C ces composantes au point x, y z; A′, B′, C′ leurs nouvelles valeurs quand ce point s'est déplacé de εf, εg, εh; nous avons

$$A\,d\tau = m\partial x, \qquad B\partial\tau = m\partial y, \qquad C\,d\tau = m\partial z,$$
$$A'd\tau = m\left(\partial x + \varepsilon\partial f\right), \quad B'd\tau = m\left(\partial y + \varepsilon\partial g\right), \quad C'd\tau = m\left(\partial z + \varepsilon\partial h\right).$$

$d\tau$ étant le volume de la molécule aimantée. Par suite la dernière égalité du paragraphe précédent peut s'écrire

$$A' = A + \varepsilon\left(A\,\frac{df}{dx} + B\,\frac{df}{dy} + C\,\frac{df}{dz}\right).$$

Mais les composantes de la magnétisation sont liées à celles de la force magnétique (**103**) par les relations

$$A = \varkappa\alpha, \qquad B = \varkappa\beta, \qquad C = \varkappa\gamma$$

$\varkappa$ étant la fonction magnétisante. Par conséquent l'égalité précédente devient, lorsqu'on y remplace A, B, C par ces valeurs.

$$A' = \varkappa\alpha + \varepsilon\varkappa\left(\alpha\,\frac{df}{dx} + \beta\,\frac{df}{dy} + \gamma\,\frac{df}{dz}\right)$$

ou

$$(\text{I}) \qquad\qquad A' = \varkappa\alpha + \varepsilon\varkappa\frac{df}{d\nu}.$$

233. — D'autre part l'induction magnétique a pour composantes

$$a = \alpha + 4\pi A, \qquad b = \beta + 4\pi B, \qquad c = \gamma + 4\pi C,$$

et ces composantes deviennent après le déplacement de la molécule

$$a' = \alpha' + 4\pi A', \qquad b' = \beta' + 4\pi B', \qquad c' = \gamma' + 4\pi C'.$$

Montrons que les composantes α', β' γ' de la force magnétique qui entrent dans ces dernières égalités sont respectivement égales à α, β, γ.

Nous avons en dérivant par rapport à x les deux membres de l'équation (1).

$$\frac{dA'}{dx} = \varkappa\,\frac{d\alpha}{dx} + \varepsilon\varkappa\,\frac{d}{dy}\,\frac{df}{dx}.$$

En dérivant B' par rapport à y et C' par rapport à z et additionnant les trois dérivées partielles ainsi trouvées, nous obtenons

$$\frac{dA'}{dx} + \frac{dB'}{dy} + \frac{dC'}{dz} = \varkappa\,\frac{d\alpha}{dx} + \varkappa\,\frac{d\beta}{dy} + \varkappa\,\frac{d\gamma}{dz}$$
$$+ \varepsilon\varkappa\,\frac{d}{dy}\left(\frac{df}{dx} + \frac{dg}{dy} + \frac{dh}{dz}\right).$$

Mais, par suite de l'incompressibilité de l'électricité, la somme des dérivées partielles $\dfrac{df}{dx}$, $\dfrac{dg}{dy}$, $\dfrac{dh}{dz}$ est égale à zéro; par suite, l'égalité précédente se réduit à

$$\frac{dA'}{dx} + \frac{dB'}{dy} + \frac{dC'}{dz} = \frac{dA}{dx} + \frac{dB}{dy} + \frac{dC}{dz}.$$

Le premier membre est, au signe près, la densité au point $x + \varepsilon f$, $y + \varepsilon g$, $z + \varepsilon h$ de la distribution magnétique fictive pouvant remplacer dans ses effets le corps soumis à l'influence du champ; le second membre représente la même quantité au point x, y, z.

Par conséquent la distribution fictive n'est pas modifiée par le déplacement des molécules aimantées. La force magnétique en un point doit donc conserver la même valeur que ces molécules soient, ou non, dans leurs positions d'équilibre.

234. — Puisque nous avons

$$a' = \alpha + 4\pi A',$$

nous obtenons en remplaçant A' par sa valeur (1)

$$a' = \alpha\,(1 + 4\pi\varkappa) + 4\pi\varkappa\varepsilon\,\frac{df}{dy}.$$

Or on sait que

$$1 + 4\pi\varkappa = \mu;$$

par suite si on pose

$$\varkappa\zeta = 8\pi C,$$

C ne désignant pas la composante de la magnétisation suivant l'axe des z, on obtient pour les composantes de l'induction

$$a' = \mu\alpha + 32\pi^2 C \frac{df}{dy},$$

$$b' = \mu\beta + 32\pi^2 C \frac{dg}{dy},$$

$$c' = \mu\gamma + 32\pi^2 C \frac{dh}{dy}.$$

L'énergie kinétique du milieu,

$$T = \int \frac{a'\alpha + b'\beta + c'\gamma}{8\pi}\, d\tau,$$

aura donc pour valeur

$$T = \frac{\mu}{8\pi} \int \alpha^2 + \beta^2 + \gamma^2\, d\tau + 4\pi C \int \left(\alpha\frac{df}{dy} + \beta\frac{dg}{dy} + \gamma\frac{dh}{dy} \right) d\tau.$$

Nous retrouvons donc la même valeur que dans la théorie de Maxwell, le terme complémentaire étant mis sous la forme (16) [1].

------

[1] Postérieurement à l'époque où ces leçons ont été faites d'après les indications verbales de M. Potier, ce savant a exposé sa théorie de la polarisation rotatoire magnétique dans deux notes publiées, l'une dans la traduction française du *Traité de Maxwell* (t. II. p. 534), l'autre dans les *Comptes rendus de l'Académie des Sciences*, (t. CVIII. p. 510). Dans ces deux notes, M. Potier détermine les composantes de la force électromotrice induite par le déplacement des molécules aimantées et démontre qu'en chaque point du milieu cette force électromotrice est normale au courant qui passe par ce point, dirigée dans le plan de l'onde, proportionnelle au courant et à la composante suivant la direction du rayon de la force magnétique. Introduisant ensuite les composantes de cette force électromotrice dans les équations du champ magnétique, il en tire les équations différentielles qui donnent à chaque instant les composantes de la perturbation. Il arrive ainsi, dans le cas d'une onde de plan parallèle au plan des xy, soit aux équations

$$K\mu \frac{d^2 F}{dt^2} + 2K\mu C\gamma \frac{d^3 G}{dz^2 dt} = \frac{d^2 F}{dz^2},$$

$$K\mu \frac{d^2 G}{dt^2} - 2K\mu C\gamma \frac{d^3 F}{dz^2 dt} = \frac{d^2 G}{dz^2},$$

235. *Théorie de M. Rowland* [1]. — Avant M. Potier, M. Rowland avait essayé de concilier la théorie de la polarisation rotatoire magnétique avec la théorie électromagnétique de la lumière en introduisant une hypothèse dont l'origine résulte d'une interprétation d'un phénomène découvert peu de temps auparavant par M. Hall [2].

Rappelons en quoi consiste le phénomène de Hall. Soit ABCD (*fig.* 35) un conducteur métallique très mince taillé en forme de

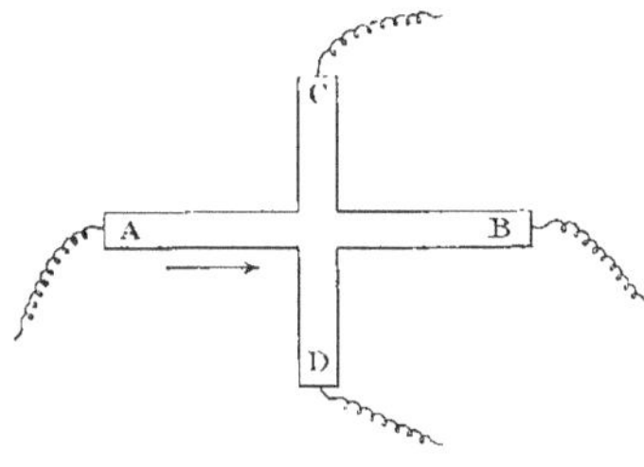

Fig. 35.

croix, parcouru par le courant d'une pile de A en B et dont les extrémités CD de la branche transversale communiquent avec un galvanomètre. En déplaçant les points d'attache des fils du galvanomètre on arrive facilement à ce qu'aucun courant dérivé ne traverse le galvanomètre. L'appareil étant ainsi disposé, si on le place dans un champ magnétique très intense de telle sorte que son plan soit perpendiculaire à la direction du champ on voit

---

qui donnent les composantes du moment électromagnétique, soit aux équations

$$\rho\,\frac{d^2\zeta}{dt^2} + 2\mathrm{C}\gamma\,\frac{d^3\eta}{dz^2\,dt} = \mathrm{A}_0\,\frac{d^2\zeta}{dz^2},$$

$$\rho\,\frac{d^2\eta}{dt^2} - 2\mathrm{C}\gamma\,\frac{d^3\zeta}{dz^2\,dt} = \mathrm{A}_0\,\frac{d^2\eta}{dz^2},$$

qui donnent le mouvement d'une molécule d'éther. Ces deux groupes d'équations contenant des dérivées du troisième ordre conduisent, comme nous l'avons vu, à la rotation du plan de polarisation.

Le mode d'exposition de M. Potier, qui n'est d'ailleurs pas identique dans les deux notes, diffère donc beaucoup de celui que nous avons adopté; il se rapproche de celui que nous suivrons dans l'exposé de la théorie de M. Rowland.

[1] *Philosophical Magazine*, avril 1881; Mascart et Joubert. *Traité d'électricité*, t. I, p. 702 et suiv.

[2] *American Journal of Mathematics*, t. II. 1879.

l'aiguille du galvanomètre dévier. Pour la plupart des métaux et pour un champ magnétique traversant le plan de la figure d'avant en arrière la déviation du galvanomètre indique que le courant qui traverse cet instrument va de C en D dans la branche transversale du conducteur; le courant AB paraît donc entraîné suivant la direction de la force électromagnétique qui s'exerce sur le conducteur lui-même. Pour le fer, la déviation de l'aiguille du galvanomètre et, par suite, le courant dérivé changent de sens; néanmoins on peut encore dire que le courant est entraîné suivant la force magnétique, puisqu'à l'intérieur d'une lame de fer, par suite de l'aimantation sous l'influence du champ extérieur, le sens des lignes de force et la direction de la force magnétique ont changé de signe.

Ces faits peuvent évidemment s'interpréter en admettant qu'une force électromotrice prend naissance sous l'action du champ magnétique et qu'elle est dirigée suivant la force magnétique qui agit sur la matière pondérable du conducteur. Quant à sa grandeur, comme l'effet observé est toujours très petit, on peut admettre qu'elle est proportionnelle à la force magnétique. Toutefois cette explication est peu satisfaisante, car elle devrait s'appliquer à tout conducteur quelles que soient ses dimensions, et le phénomène de Hall ne se produit plus dès que l'épaisseur de la lame dépasse quelques dixièmes de millimètre. D'ailleurs, elle a été mise en doute par des expériences récentes, notamment par celles de M. Righi et M. Leduc, qui ont montré qu'une hétérotropie spéciale du conducteur sous l'action du champ était la meilleure explication des faits.

236. — Quoiqu'il en soit, M. Rowland adopte l'hypothèse de la production d'une force électromotrice et suppose qu'une force électromotrice du même genre se développe dans un milieu non conducteur placé dans un champ magnétique lorsque ce milieu est parcouru par les courants de déplacement résultant de la propagation de la lumière. C'est d'ailleurs cette même force électromotrice que M. Potier introduit au moyen d'hypothèses plus acceptables que celles de M. Rowland.

Cette force électromotrice étant proportionnelle à la force électromagnétique et ayant même direction que celle-ci, nous aurons pour ses composantes

$$(1) \qquad \left\{ \begin{aligned} P_1 &= \varepsilon\,(cv - bw), \\ Q_1 &= \varepsilon\,(aw - cu), \\ R_1 &= \varepsilon\,(bu - av). \end{aligned} \right.$$

L'induction magnétique se compose de l'induction du champ constant auquel est soumis le milieu et de l'induction du champ périodique donnant naissance à la lumière. Les composantes de la première sont $\mu\alpha_1$, $\mu\beta_1$, $\mu\gamma_1$, les composantes de l'intensité du champ constant et uniforme étant α_1, β_1, γ_1; celles de la seconde sont données par les équations (III) du § **167**. Nous avons donc,

$$a = \frac{dH}{dy} - \frac{dG}{dz} + \mu\alpha_1,$$
$$b = \frac{dF}{dz} - \frac{dH}{dx} + \mu\beta_1,$$
$$c = \frac{dG}{dx} - \frac{dF}{dy} + \mu\gamma_1.$$

237. — Si l'on considère une onde plane parallèle au plan des xy les variables ne dépendent ni de x, ni de y et les équations précédentes se réduisent à

$$(2) \qquad \left\{ \begin{aligned} a &= - \frac{dG}{dz} + \mu\alpha_1, \\ b &= + \frac{dF}{dz} + \mu\beta_1, \\ c &= \mu\gamma_1. \end{aligned} \right.$$

Les équations (II) du § **167** qui donnent les composantes u, v, w de la vitesse du déplacement électrique deviennent

$$4\pi u = - \frac{d\beta}{dz} = - \frac{1}{\mu}\frac{db}{dz},$$
$$4\pi v = \frac{d\alpha}{dz} = \frac{1}{\mu}\frac{da}{dz},$$
$$4\pi w = 0.$$

En y remplaçant les dérivées de a et de b par rapport à z, par leurs valeurs déduites des équations (2), nous obtenons puisque α_1, β_1, γ_1, sont constants

$$(3)\quad\begin{cases} 4\pi u = -\dfrac{1}{\mu}\dfrac{d^2F}{dz^2} - \dfrac{d\beta_1}{dz} = -\dfrac{1}{\mu}\dfrac{d^2F}{dz^2}, \\[2ex] 4\pi v = -\dfrac{1}{\mu}\dfrac{d^2G}{dz^2} - \dfrac{d\alpha_1}{dz} = -\dfrac{1}{\mu}\dfrac{d^2G}{dz^2}, \\[2ex] 4\pi w = 0. \end{cases}$$

Nous pouvons donc, à l'aide des relations (2) et (3), exprimer les composantes de la force électromotrice données par les équations (1) en fonction du moment électromagnétique ; nous trouvons pour les composantes parallèles au plan de l'onde

$$P_1 = -\frac{\varepsilon\gamma_1}{4\pi}\frac{d^2G}{dz^2},$$

$$Q_1 = -\frac{\varepsilon\gamma_1}{4\pi}\frac{d^2F}{dz^2};$$

quant à la troisième composante il est inutile de la considérer, car étant perpendiculaire au plan de l'onde elle ne peut avoir aucun effet sur la perturbation magnétique constituant la lumière. Les composantes de la force électromotrice résultant de cette dernière perturbation étant (177)

$$P = -\frac{dF}{dt}\cdot\qquad Q = -\frac{dG}{dt},$$

nous aurons pour les composantes parallèles au plan de l'onde de la force électromotrice totale

$$P = -\frac{dF}{dt} - \frac{\varepsilon\gamma_1}{4\pi}\frac{d^2G}{dz^2},$$

$$Q = -\frac{dG}{dt} + \frac{\varepsilon\gamma_1}{4\pi}\frac{d^2F}{dz^2}.$$

et, par suite des équations (VIII) du n° **169**,

$$4\pi u = -K\frac{d^2F}{dt^2} - \frac{K\varepsilon\gamma_1}{4\pi}\frac{d^3G}{dz^2 dt},$$

$$4\pi v = -K\frac{d^2G}{dt^2} + \frac{K\varepsilon\gamma_1}{4\pi}\frac{d^3F}{dz^2 dt}.$$

En remplaçant les premiers membres de ces équations par leurs valeurs (3) nous obtenons enfin

$$K \frac{d^2F}{dt^2} + \frac{K\varepsilon\gamma_1}{4\pi} \frac{d^3G}{dz^2 dt} = \frac{1}{\mu} \frac{d^2F}{dz^2},$$

$$K \frac{d^2G}{dt^2} - \frac{K\varepsilon\gamma_1}{4\pi} \frac{d^3F}{dz^2 dt} = \frac{1}{\mu} \frac{d^2G}{dz^2}.$$

D'après la remarque faite au n° **178**, α, β, γ satisfont à des équations de même forme; par suite il en est de même des composantes ξ, η, ζ du déplacement d'une molécule d'éther dont les dérivées par rapport à τ sont ξ, η, ζ. Nous retrouvons donc les équations du mouvement qui ont conduit Airy à une expression de l'angle θ de rotation du plan de polarisation d'accord avec l'expérience.

238. *Phénomène de Kerr*. — A la polarisation rotatoire magnétique se rattache un phénomène découvert en 1876 par M. Kerr [1] et qui consiste dans la rotation du plan de polarisation d'un rayon polarisé réfléchi sur le pôle d'un aimant.

La lumière d'une lampe, polarisée par un nicol et réfléchie par une lame de verre inclinée à 45°, tombe normalement sur le pôle, s'y réfléchit et, après avoir traversé la lame de verre et un nicol analyseur, est reçue par l'œil. Une masse de fer, qui est percée d'un trou conique pour permettre le passage aux rayons lumineux, est placée très près de la surface réfléchissante, dans le but de rendre très intense l'aimantation de cette surface.

Ayant placé le polariseur dans une position telle que les vibrations qui tombaient sur les pôles étaient parallèles ou perpendiculaires au plan d'incidence, et ayant tourné l'analyseur jusqu'à l'extinction, M. Kerr vit reparaître la lumière, bien que faiblement, en aimantant par un courant le pôle réfléchissant. Mais comme M. Kerr ne disposait que d'une faible force magnétique, pour rendre l'action plus évidente, il déplaçait légèrement le polariseur ou l'analyseur avant de faire l'expérience, de manière à ce que l'extinction ne fut pas complète. Au moment

---

[1] *Philosophical Magazine*, 5° série, t. III. p. 321 (1877); t. V, p. 161 (1878).

où l'on fermait le courant dans une certaine direction, la lumière reçue par l'œil augmentait; dans la direction contraire, elle diminuait et souvent l'on arrivait tout à fait à l'extinction. Cette diminution de l'intensité se produisait si, avant le passage du courant, on avait tourné l'analyseur dans une direction contraire à celle du courant d'aimantation. M. Kerr en conclut qu'il se produisait par l'aimantation, une rotation du plan de polarisation, en sens contraire des courants d'Ampère.

M. Kerr observa également une rotation lorsque le rayon tombait obliquement sur la surface réfléchissante ; mais dans ce cas les phénomènes se compliquent de la polarisation elliptique due à la réflexion métallique, à moins cependant que les vibrations du rayon incident soient ou parallèles ou perpendiculaires au plan d'incidence.

239. — M. Gordon [1] et M. Fitzgerald [2], répétèrent bientôt ces expériences avec des champs magnétiques très puissants : les résultats qu'ils obtinrent confirmèrent les travaux de M. Kerr. Plus récemment l'étude de ce phénomène a été reprise par M. Righi [3] qui l'a rendu plus facilement observable en l'amplifiant par des réflexions successives du rayon lumineux sur deux pôles d'aimant convenablement disposés. Enfin M. Kuntz [4], s'est également occupé de cette question; il a montré que la réflexion sur le nickel et le cobalt donnait aussi naissance au phénomène de Kerr; de plus, il a reconnu que la rotation du plan de polarisation dans le cas de l'incidence normale, qui change de valeur avec la couleur de la radiation, est plus grande pour les rayons rouges que pour les rayons violets : la dispersion est donc anormale.

Mais malgré ces nombreux travaux et les recherches théoriques de M. Righi [5] l'explication complète du phénomène de Kerr

[1] *Philosophical Magazine.* 5ᵉ série, t. IV, p. 107 (1877).

[2] *Philosophical Magazine,* 5ᵉ série, t. III, p. 529 (1877).

[3] Mémoire présenté à l'Académie royale des Lincei (14 décembre 1884).

[4] *Wied. Ann.,* octobre 1884.

[5] *Loc. cit.,* et nouveau Mémoire inséré dans les *Annales de chimie et de Physique,* septembre 1886.

fait encore défaut. On ne peut affirmer si c'est un phénomène nouveau ou s'il est dû uniquement au pouvoir rotatoire magnétique de l'air qui environne les pôles. Aussi, n'insisterons-nous pas plus longuement sur ce sujet.

En résumé, Maxwell n'est pas arrivé à se tirer des difficultés que soulève le phénomène observé par Faraday. M. Potier en a donné une théorie satisfaisante. Nous verrons plus loin que M. Lorentz est également arrivé à une explication satisfaisante qui se rattache à ses idées générales sur la nature de l'électricité. Disons seulement que dans la théorie de Lorentz comme dans celle de Potier, les molécules matérielles prennent part à la vibration et que c'est cette circonstance qui produit la polarisation rotatoire ; seulement, dans la théorie de Potier, les molécules en mouvement agissent parce qu'elles transportent avec elles leur magnétisme ; dans celle de Lorentz, elles agissent parce qu'elles transportent avec elles une charge électrique.

THÉORIES ÉLECTRODYNAMIQUES

D'AMPÈRE, WEBER, HELMOLTZ

CHAPITRE PREMIER

FORMULE D'AMPÈRE

240. *Action de deux éléments de courant.* — Ampère avait la prétention de ne rien emprunter qu'à l'expérience (¹). Cette prétention n'est pas absolument justifiée, car l'expérience ne peut porter sur deux éléments de courant. On peut observer l'action d'un courant fermé sur une portion de courant, mais non l'action d'une portion de courant sur une autre.

Si, en effet, la décharge d'un condensateur par exemple constitue un courant qui d'après les idées antérieures à Maxwell n'est pas fermé, ce courant est de trop courte durée pour qu'on puisse l'utiliser dans les expériences. On ne peut donc expérimenter que sur des courants fermés ; on peut, il est vrai, par divers artifices, rendre mobile une portion d'un des courants, ce qui permet d'étudier l'action d'un courant fermé sur une portion de courant (voir ce sujet discuté plus loin, n° **258** ; mais cette portion mobile reste toujours soumise à l'action simultanée de tous les éléments de l'autre courant fermé.

Ampère qui énonce une loi applicable à deux éléments de courant a dû par conséquent faire des hypothèses. Voici ses hypothèses :

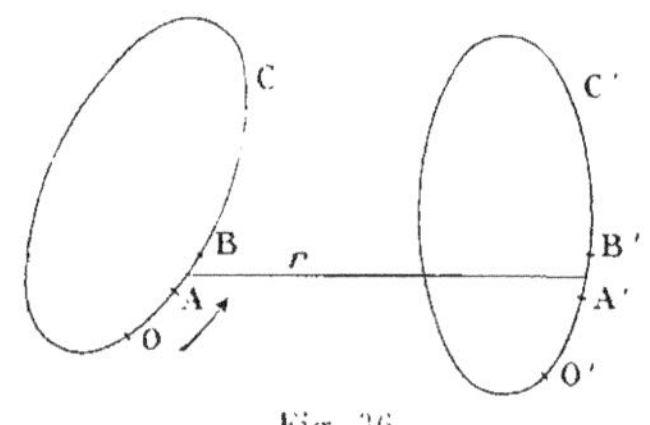

Fig. 36.

1° Pour avoir l'action d'un circuit fermé sur un élément de courant, il suffit de composer les

---

(¹) Le titre de son ouvrage est : *Théorie mathématique des phénomènes électrodynamiques uniquement déduite de l'expérience*, 1826.

actions des éléments de ce circuit fermé sur l'autre élément;

2° L'action de deux éléments de courant est une force dirigée suivant la droite qui les joint.

Soient deux circuits C et C' (fig. 36). Soit A un point de C. Je définis le point A par la longueur s de l'arc OA comptée à partir du point fixe O.

Soient maintenant AB et A'B' deux éléments appartenant respectivement aux circuits C et C'. Soit O' un point fixe de C' à partir duquel nous compterons les arcs, et appelons

$$OA = s, \qquad O'A' = s';$$

d'autre part,

$$OB = s + ds, \qquad O'B' = s' + ds';$$

d'où

$$AB = ds,$$

et de même,

$$A'B' = ds'.$$

En appelant x, y, z les coordonnées de A

$x + dx, y + dy, z + dz$, celles de B

$\qquad x', y', z', \qquad$ » $\qquad$ A'

$x' + dx', y' + dy', z' + dz', \qquad$ » $\qquad$ B'

la distance des deux éléments AB et A'B' est donnée par

$$(1) \qquad r^2 = (x - x')^2 + (y - y')^2 + (z - z')^2;$$

r est fonction de s et s'

Les cosinus directeurs de AB sont $\dfrac{dx}{ds}, \dfrac{dy}{ds}, \dfrac{dz}{ds}$,

$\qquad$ » $\qquad$ de A'B' $\qquad \dfrac{dx'}{ds'}, \dfrac{dy'}{ds'}, \dfrac{dz'}{ds'}$,

$\qquad$ » $\qquad$ de AA' $\qquad \dfrac{x' - x}{r}, \dfrac{y' - y}{r}, \dfrac{z' - z}{r}$.

Soient θ l'angle de AB avec AA',

$\qquad \theta'$ $\quad$ » $\quad$ de A'B' avec AA',

$\qquad \varepsilon$ $\quad$ » $\quad$ des deux éléments AB et A'B'.

On a :

$$\cos \theta = \frac{dx}{ds} \cdot \frac{x' - x}{r} + \frac{dy}{ds} \cdot \frac{y' - y}{r} + \frac{dz}{ds} \cdot \frac{z' - z}{r}.$$

$$(2) \quad \cos \theta' = \frac{dx'}{ds'} \cdot \frac{x' - x}{r} + \frac{dy'}{ds'} \cdot \frac{y' - y}{r} + \frac{dz'}{ds'} \cdot \frac{z' - z}{r}.$$

$$\cos \varepsilon = \frac{dx}{ds} \cdot \frac{dx'}{ds'} + \frac{dy}{ds} \cdot \frac{dy'}{ds'} - \frac{dz}{ds} \cdot \frac{dz'}{ds'}.$$

Entre ces trois cosinus et les dérivées de la fonction r existent certaines relations.

On trouve en effet par différentiation :

$$(3) \quad r \frac{dr}{ds} = \sum (x - x') \frac{dx}{ds}.$$

$$(4) \quad \begin{cases} \dfrac{dr}{ds} = \sum \dfrac{x - x'}{r} \cdot \dfrac{dx}{ds} = -\cos \theta, \\[2ex] \dfrac{dr}{ds'} = \sum \dfrac{x' - x}{r} \cdot \dfrac{dx'}{ds'} = \cos \theta'. \end{cases}$$

le signe Σ indiquant une permutation circulaire à effectuer sur les lettres x, y, z; x', y', z'.

Différentions maintenant la relation (3), par rapport à s'; il vient,

$$(5) \quad \frac{dr}{ds} \cdot \frac{dr}{ds'} + r \frac{d^2 r}{ds\,ds'} = -\sum \frac{dx'}{ds'} \cdot \frac{dx}{ds} = -\cos \varepsilon.$$

d'où, en tenant compte des relations (4),

$$r \frac{d^2 r}{ds\,ds'} = \cos \theta \cos \theta' - \cos \varepsilon.$$

L'action de ds sur ds' est évidemment proportionnelle aux longueurs ds et ds' des deux éléments et aux intensités i et i' des deux courants ; elle dépend d'autre part de la distance r des deux éléments et des angles θ, θ' et ε. Elle ne peut manifestement dépendre d'aucune autre quantité. Nous pouvons donc représenter cette action par la formule :

$$i\,i'\,ds\,ds'\,f(r, \theta, \theta', \varepsilon).$$

Il nous reste à déterminer la fonction f.

Afin d'abréger les écritures nous supposerons

$$i = i' = 1,$$

quitte à rétablir à la fin du calcul le facteur ii'.

Ampère a emprunté à l'expérience les trois principes suivants qui serviront de point de départ à l'analyse qui va suivre :

1° Le principe des courants sinueux ;

2° L'action d'un courant fermé sur un élément quelconque est normale à cet élément ;

3° L'action d'un solénoïde fermé sur un élément quelconque est nulle.

Soit $A\,dx\,ds'$ l'action qu'exercerait sur ds' un élément de courant dx qui serait la projection de ds sur l'axe x ; de même $B\,dy\,ds'$ et $C\,dz\,ds'$. Le *principe expérimental des courants sinueux* qui est le premier emprunt fait par Ampère à l'expérience, nous apprend que l'action de ds sur ds' est la résultante des actions de ses projections suivant les trois axes, et, comme toutes ces forces sont dirigées suivant la même droite AA', on a :

$$f\,(r, \theta, \theta', \varepsilon)\,dsds' = A\,dx\,ds' + B\,dy\,ds' + C\,dz\,ds' ;$$

donc,

$$f = A\,\frac{dx}{ds} + B\,\frac{dy}{ds} + C\,\frac{dz}{ds}.$$

La fonction f est donc *linéaire* par rapport aux cosinus directeurs de AB,

La fonction f dépend de r, θ', θ et ε ; r et θ' ne dépendent pas des cosinus directeurs $\dfrac{dx}{ds}$, $\dfrac{dy}{ds}$, $\dfrac{dz}{ds}$; $\cos\theta$ et $\cos\varepsilon$ sont linéaires et homogènes par rapport à ces cosinus. Donc f ne peut être linéaire et homogène par rapport à ces mêmes cosinus directeurs que si f est linéaire et homogène en $\cos\theta$ et $\cos\varepsilon$, ou, ce qui revient au même, en $\dfrac{dr}{ds'}$ et $\dfrac{d^2r}{dsds'}$.

Elle est de même linéaire et homogène en $\dfrac{dr}{ds}$ et $\dfrac{d^2r}{dsds'}$.

Donc elle doit être linéaire et homogène en $\dfrac{dr}{ds} \cdot \dfrac{dr}{ds'}$ d'une part et $\dfrac{d^2r}{ds\,ds'}$ d'autre part.

Donc,

$$(6) \qquad f\,ds\,ds' = \left(A\,\frac{dr}{ds} \cdot \frac{dr}{ds'} + B\,\frac{d^2r}{ds\,ds'} \right) ds\,ds'.$$

Or, A et B sont fonctions de r seul ; je puis donc poser :

$$A = \psi(r), \qquad B = 2\varphi'(r),$$

et (6) devient alors,

$$(6\ bis) \qquad f\,ds\,ds' = \left[\psi(r)\,\frac{dr}{ds} \cdot \frac{dr}{ds'} + 2\varphi'(r)\,\frac{d^2r}{ds\,ds'} \right] ds\,ds'.$$

241. — Pour déterminer ces deux fonctions ψ et φ, il faudra deux expériences.

Ampère a montré qu'un arc de cercle quelconque mobile autour de son centre et soumis à l'action d'un courant fermé dont la forme est quelconque, ne se déplace pas ; l'action tangentielle exercée sur un élément quelconque de cet arc de cercle est donc nulle. Donc l'action d'un courant fermé sur un élément est normale à cet élément : c'est le second principe d'Ampère énoncé plus haut.

Donc l'intégrale

$$ds' \int \left[\psi(r) \cdot \frac{dr}{ds} \cdot \frac{dr}{ds'} + 2\varphi'(r)\,\frac{d^2r}{ds\,ds'} \right] \frac{dr}{ds'}\,ds = 0$$

lorsqu'elle est prise le long du circuit C, qui est quelconque.

Posons,

$$\rho = \frac{dr}{ds'};$$

l'intégrale précédente devient

$$\int \left[\psi(r)\,\rho^2\,dr + 2\varphi'(r)\,\rho\,d\rho \right] = 0.$$

La quantité sous le signe $\int$ est donc la différentielle exacte d'une fonction des deux variables indépendantes r et ρ, c'est-à-dire qu'on a.

$$\rho\rho\psi'(r) = \rho\rho\varphi'(r),$$

ou

$$\psi'(r) = \varphi'(r).$$

Il nous reste donc à déterminer la fonction φ, ce que le troisième principe expérimental d'Ampère nous permettra de faire ; en attendant, tirons toutes les conséquences des deux premiers principes et montrons d'abord que l'action élémentaire (6 bis) qui s'écrit maintenant,

$$(6\ ter)\qquad \left[\varphi'(r)\,\frac{dr}{ds}\,\frac{dr}{ds'} + 2\varphi(r)\,\frac{d^2r}{dsds'}\right]dsds'.$$

peut se mettre sous la forme $V\dfrac{d^2U}{dsds'}$, V et U étant fonctions de r seul.

En effet, nous pouvons écrire,

$$\frac{dU}{ds} = U'\,\frac{dr}{ds}.$$

en écrivant U' pour $\dfrac{dU}{dr}$; et,

$$\frac{d^2U}{dsds'} = U'\,\frac{d^2r}{dsds'} + U''\,\frac{dr}{ds}\,\frac{dr}{ds'},$$

en écrivant U'' pour $\dfrac{d^2U}{dr^2}$;

donc.

$$V\,\frac{d^2U}{dsds'} = VU'\,\frac{d^2r}{dsds'} + VU''\,\frac{dr}{ds}\,\frac{dr}{ds'},$$

et en identifiant avec (6 ter) il vient

$$VU'' = \varphi',$$
$$VU' = 2\varphi,$$
$$\frac{U''}{U'} = \frac{\varphi'}{2\varphi},$$

$$\log U = \frac{1}{2}\log \varphi,$$

$$U = \sqrt{\varphi},$$

$$V = 2\sqrt{\varphi} = 2U.$$

L'action de deux éléments de courant est mise ainsi sous la
forme

$$2\,dsds'\,U\,\frac{d^2U}{dsds'}.$$

**242. *Travail produit par un déplacement relatif de deux
circuits*.** — Si nous donnons à r un accroissement δr, l'action de
l'élément AB sur A'B' produira un certain travail. Nous choisirons les signes, suivant les conventions ordinaires en électrodynamique, de façon que la force soit positive quand elle est attractive ; alors le travail élémentaire dû à une variation δr est :

$$- 2\,dsds'\,U\,\delta r\,.\,\frac{d^2U}{dsds'} = - 2\,dsds'\,\delta U\,\frac{d^2U}{dsds'},$$

et le travail dû à l'action totale d'un des circuits sur l'autre est :

$$\delta T = - 2\int \int \delta U\,\frac{d^2U}{dsds'}\,dsds'.$$

Transformons cette expression en intégrant par parties.
Nous savons que,

$$\int u\,\frac{dv}{ds}\,ds = uv - \int v\,\frac{du}{ds}\,ds = - \int v\,\frac{du}{ds}\,ds,$$

car le contour d'intégration, qui n'est autre que le circuit C,
étant fermé, uv a la même valeur aux deux limites d'intégration.
Donc,

$$- \int \delta U\,\frac{d^2U}{dsds'}\,ds = \int \frac{dU}{ds}\,\frac{d\delta U}{ds}\,ds = \int \frac{dU}{ds}\,\delta\,\frac{dU}{ds}\,ds;$$

par conséquent,

$$\delta T = 2 \int \int \frac{dU}{ds'}\, \delta\, \frac{dU}{ds}\, ds\, ds',$$

et comme rien ne distingue C' de C on a aussi :

$$\delta T = 2 \int \int \frac{dU}{ds}\, \delta\, \frac{dU}{ds'}\, ds\, ds'.$$

Donc,

$$\delta T = \int \int \left[\frac{dU}{ds}\, \delta\, \frac{dU}{ds'} + \frac{dU}{ds'}\, \delta\, \frac{dU}{ds} \right] ds\, ds',$$

ou encore,

$$\delta T = \delta \int \int \frac{dU}{ds}\, \frac{dU}{ds'}\, ds\, ds ;$$

δT est par conséquent l'accroissement de la fonction

$$T = \int \int \frac{dU}{ds}\, \frac{dU}{ds'}\, ds\, ds'. \qquad (7)$$

Le travail élémentaire est donc la différentielle d'une fonction T dépendant seulement des positions relatives des deux circuits. Cette fonction [1] est le *potentiel électrodynamique mutuel* des deux circuits. Cette forme élégante donnée à l'expression du travail élémentaire est due à M. Bertrand [2].

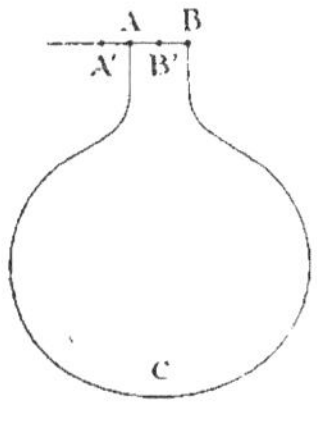

243. — Nous avons ainsi démontré l'existence d'un potentiel pour l'action de deux courants fermés, en nous appuyant simplement sur le fait que l'action d'un courant fermé sur un élément de courant est normale à l'élément.

Fig. 37.

---

[1] Le travail est, *en grandeur et en signe*, l'accroissement du potentiel, si l'on convient, comme nous l'avons fait, de considérer comme positive une force attirante.

[2] *Théorie mathématique de l'électricité* (1890), § 131. p. 175.

On peut, réciproquement, montrer que ce fait expérimental est une conséquence nécessaire de l'existence d'un potentiel.

Soit un élément AB (fig. 37), mobile suivant sa propre direction. S'il se déplace en A'B', le courant conserve la même position dans l'espace, il décrit le même circuit. Le potentiel électrodynamique, s'il existe, n'a pas varié, donc pas de travail, ce qui prouve que la force est normale au chemin parcouru.

244. *Détermination de la fonction U.* — Pour aller plus loin, il faut de nouveau recourir à l'expérience. Nous nous appuierons sur ce fait que l'action d'un solénoïde fermé sur un élément de courant est toujours nulle.

Nous avons vu précédemment que,

$$T = \int \int \frac{dU}{ds} \frac{dU}{ds'} \, ds \, ds',$$

ce qui peut s'écrire, en remarquant que

$$\frac{dU}{ds} = U' \frac{dr}{ds}, \qquad \frac{dU}{ds'} = U' \frac{dr}{ds'},$$

$$T = \int \int U'^2 \frac{dr}{ds} \frac{dr}{ds'} \, ds \, ds',$$

ou, en tenant compte des équations (4) :

$$T = \int ds \left[\frac{dx}{ds} \int U'^2 \frac{dr}{ds'} \cdot \frac{x - x'}{r} \, ds' \right.$$

$$\left. + \frac{dy}{ds} \int U'^2 \frac{dr}{ds'} \cdot \frac{y - y'}{r} \, ds' + \frac{dz}{ds} \int U'^2 \frac{dr}{ds'} \cdot \frac{z - z'}{r} \, ds' \right].$$

On peut encore écrire pour abréger :

$$T = \int (F \, dx + G \, dy + H \, dz),$$

en posant :

$$F = \int U^2 \frac{dr}{ds'} \cdot \frac{x - x'}{r} \, ds',$$

$$(8) \qquad G = \int U^2 \frac{dr}{ds'} \cdot \frac{y - y'}{r} \, ds',$$

$$H = \int U^2 \frac{dr}{ds'} \cdot \frac{z - z'}{r} \, ds'.$$

En effectuant les intégrations le long du contour C' on peut écrire :

$$F = \int (x - x') \cdot \frac{U^2}{r} \, dr = \int (x - x') f'(r) \, dr$$

en posant :

$$f'(r) = \frac{U^2}{r}.$$

Intégrons par parties ; le terme fini est nul et l'on a :

$$F = - \int f(r) \frac{d(x - x')}{ds'} \, ds' = \int f(r) \, dx',$$

car

$$\frac{d(x - x')}{ds'} = - \frac{dx'}{ds'}.$$

Sous cette forme il est aisé de voir qu'on a :

$$(9) \qquad \frac{dF}{dx} + \frac{dG}{dy} + \frac{dH}{dz} = 0.$$

En effet

$$\frac{dF}{dx} = \int \frac{df(r)}{dx} \, dx' = - \int \frac{df(r)}{dx'} \, dx',$$

car

$$\frac{dr}{dx} = -\frac{dr}{dx'}.$$

Donc,

$$\frac{dF}{dx}+\frac{dG}{dy}+\frac{dH}{dz} = -\int \left(\frac{df}{dx'}dx'+\frac{df}{dy'}dy'+\frac{df}{dz'}dz'\right)$$

$$= -\int df = 0.$$

C. Q. F. D.

Les quantités F, G. H définies plus haut sont ce que Maxwell appelle les composantes du *potentiel vecteur* dû à un courant d'intensité 1 parcourant le circuit C'. Pour avoir le potentiel vecteur dû à un courant d'intensité i parcourant le même circuit. il faudrait multiplier par i les intégrales 8.

245. — Proposons-nous maintenant de calculer le potentiel électrodynamique d'un solénoïde par rapport au courant C', et d'exprimer que ce potentiel est nul quand le solénoïde est fermé.

Nous avons trouvé,

$$T = \int Fdx + Gdy + Hdz,$$

F, G. H étant les composantes du potentiel vecteur dû à C' et l'intégrale étant prise le long de C.

Nous allons transformer cette intégrale de ligne en une intégrale étendue à l'aire d'une surface passant par le contour C et limitée à ce contour. Appliquons pour cela le théorème de Stokes. Ce théorème nous donne

$$\int (Fdx + Gdy + Hdz) = \int \left[l\left(\frac{dH}{dy}-\frac{dG}{dz}\right)\right.$$

$$\left. + m\left(\frac{dF}{dz}-\frac{dH}{dx}\right) + n\left(\frac{dG}{dx}-\frac{dF}{dy}\right)\right]d\omega.$$

Donc,

$$(10)\ T = \int \left[l\left(\frac{dH}{dy}-\frac{dG}{dz}\right) + m\left(\frac{dF}{dz}-\frac{dH}{dx}\right) + n\left(\frac{dG}{dx}-\frac{dF}{dy}\right)\right]d\omega,$$

$d\omega$ étant un élément de l'aire considérée, et l, m, n les cosinus directeurs de la normale à cet élément.

Rappelons brièvement la définition d'un solénoïde. Un solénoïde est un ensemble d'une infinité de courants infiniment petits construits de la manière suivante :

Soit un arc de courbe quelconque que l'on appelle l'axe du solénoïde. Partageons cet arc de courbe en une infinité d'éléments $d\sigma$ *tous égaux entre eux.*

A chacun de ces éléments correspondra un courant élémentaire défini comme il suit :

1° L'intensité de ce courant sera i ;

2° Ce courant parcourra un circuit infiniment petit dont le plan sera normal à l'élément $d\sigma$;

3° Ce circuit limitera une aire plane infiniment petite égale à $d\omega$;

4° Le centre de gravité de cette aire coïncidera avec le milieu de $d\sigma$;

5° Les valeurs de i et de $d\omega$ seront les mêmes pour tous les courants élémentaires.

L'ensemble de ces courants élémentaires constituera le solénoïde.

Nous sommes convenus plus haut de supposer provisoirement $i = 1$ pour abréger un peu les écritures.

Soient donc un solénoïde et un élément d'arc $d\sigma$ pris sur son axe et dont les cosinus directeurs sont l, m, n. Dans le plan normal à l'axe mené par l'élément $d\sigma$, circule un courant qui embrasse une aire infiniment petite $d\omega$. Le potentiel T dû à l'action de ce courant se calcule aisément. L'intégrale (10) se réduit en effet à un seul élément qui peut s'écrire,

$$T = d\omega\left[l\left(\frac{dH}{dy} - \frac{dG}{dz}\right) + m\left(\frac{dF}{dz} - \frac{dH}{dx}\right) + n\left(\frac{dG}{dx} - \frac{dF}{dy}\right)\right]$$

$$= \frac{d\omega}{d\sigma}\left[dx\left(\frac{dH}{dy} - \frac{dG}{dz}\right) + dy\left(\frac{dF}{dz} - \frac{dH}{dx}\right) + dz\left(\frac{dG}{dx} - \frac{dF}{dy}\right)\right],$$

en remarquant que

$$dx = l\,d\sigma, \qquad dy = m\,d\sigma, \qquad dz = n\,d\sigma.$$

Comme $d\omega$ et dz sont des constantes, quand on passe d'un élément du solénoïde à un autre, il faut, pour avoir le potentiel dû au solénoïde total, intégrer par rapport à dx, dy, dz le long de l'axe. On obtient ainsi,

$$T = \frac{d\omega}{dz} \int \left[dx\left(\frac{dH}{dy} - \frac{dG}{dz}\right) + dy\left(\frac{dF}{dz} - \frac{dH}{dx}\right) \right.$$
$$\left. + dz\left(\frac{dG}{dx} - \frac{dF}{dy}\right) \right].$$

246. — L'action d'un solénoïde fermé est nulle ; donc la quantité sous le signe $\int$ est une différentielle exacte, ce qui s'écrit :

$$\frac{d}{dz}\left(\frac{dF}{dz} - \frac{dH}{dx}\right) = \frac{d}{dy}\left(\frac{dG}{dx} - \frac{dF}{dy}\right),$$

ou encore en ajoutant et en retranchant $\dfrac{d^2F}{dx^2}$,

$$\Delta F - \frac{d}{dx}\left(\frac{dF}{dx} + \frac{dG}{dy} + \frac{dH}{dz}\right) = 0.$$

Or, d'après l'équation (9),

$$\frac{dF}{dx} + \frac{dG}{dy} + \frac{dH}{dz} = 0 ;$$

par suite

$$\Delta F = 0.$$

Mais (244)

$$\Delta F = -\int \Delta f(r)\, dx'.$$

Il faut donc que $\Delta f(r)$ soit une constante, pour que l'intégrale précédente, prise le long d'un circuit fermé quelconque, soit nulle. En effet cette intégrale ne peut être nulle que si $\Delta f'(r)$ est fonction de x' seulement. Mais $\Delta f'(r)$ est une fonction de r seulement. Elle ne peut donc être fonction de x' qu'en se réduisant à une constante. Écrivons donc :

$$\Delta f(r) = h.$$

On tire de là :

$$f'(r) = \frac{hr^2}{6} + k + \frac{k'}{r}.$$

La fonction $f'(r)$ devant s'annuler à l'infini, h et k sont nécessairement nuls, et il vient,

$$f'(r) = \frac{k'}{r}.$$

L'expérience montre que $k' = 1$ en valeur absolue ; il faut donc ici faire intervenir l'expérience.

Nous avons pu, en effet, par une convention arbitraire, choisir l'unité de magnétisme, puis celle d'intensité de façon que le coefficient qui entre dans l'expression de l'action mutuelle de deux aimants soit égal à 1, de même que celui qui entre dans l'expression de l'action d'un courant sur un aimant. Il n'en est plus de même ici ; nous ne disposons plus du choix de l'unité que les conventions précédentes ont fixée définitivement ; c'est donc l'expérience seule qui peut nous faire savoir que le coefficient k' est bien égal à 1.

De plus, nous devons prendre le signe $+$; nous avons donc

$$f'(r) = + \frac{1}{r} ;$$

c'est encore l'expérience qui l'indique, les conventions de signe étant celles qui ont été faites plus haut. Jusqu'ici nous n'avions considéré, en effet, que des expériences dans lesquelles on avait une action nulle ; une nouvelle expérience pouvait donc seule décider si, entre deux éléments parallèles et de même sens, s'exerçait une attraction ou une répulsion.

Ainsi donc,

$$f''(r) = -\frac{1}{r^2} = \frac{U'^2}{r},$$

d'où :

$$U' = \pm \frac{i}{\sqrt{r}}.$$

Voilà par conséquent la fonction U déterminée. Cela va nous permettre de mettre l'expression de l'action de deux éléments de courant sous une forme très simple.

Nous avons,

$$U' \frac{d^2 U}{ds\,ds'} = U' \frac{d}{ds}\left(U' \frac{dr}{ds'}\right) = U'U'' \frac{dr}{ds} \frac{dr}{ds'} + U'^2 \frac{d^2 r}{ds\,ds'},$$

ou en remplaçant U' et U'' par leurs valeurs,

$$U' \frac{d^2 U}{ds\,ds'} = \frac{1}{2r^2} \frac{dr}{ds} \frac{dr}{ds'} - \frac{1}{r} \frac{d^2 r}{ds\,ds'}.$$

La force attractive exercée entre deux éléments est donc,

$$2ii'ds\,ds'U' \frac{d^2 U}{ds\,ds'} = \frac{ii'ds\,ds'}{r^2} \left(\frac{dr}{ds} \frac{dr}{ds'} - 2r \frac{d^2 r}{ds\,ds'} \right).$$

En tenant compte de la relation,

$$r \frac{d^2 r}{ds\,ds'} = \cos\theta \cos\theta' - \cos\varepsilon,$$

et des relations,

$$\frac{dr}{ds} = -\cos\theta,$$

$$\frac{dr}{ds'} = \cos\theta'.$$

cette force attractive peut encore s'écrire,

$$(11) \qquad \frac{2ii'ds\,ds'}{r^2} \left(\cos\varepsilon - \frac{3}{2} \cos\theta \cos\theta' \right).$$

247. *Relation entre la force électromagnétique et le potentiel vecteur.* — On a vu dans la première partie (111), que l'action exercée par le circuit C', sur un pôle magnétique égal à 1 ([1]) est une force qui dérive d'un potentiel et dont les composantes sont,

$$\alpha = -\frac{d\Omega}{dx},$$

$$\beta = -\frac{d\Omega}{dy},$$

$$\gamma = -\frac{d\Omega}{dz}.$$

Ω est le potentiel magnétique dû à un feuillet limité au con-

---

([1]) On peut avoir un pôle magnétique isolé, en considérant un solénoïde magnétique de longueur infinie dont un seul pôle est à distance finie.

tour du circuit C′, et de puissance égale à l'intensité du courant.
Soit $d\omega'$ un élément de l'aire limitée au contour C′, et l', m', n', les
cosinus directeurs de la normale ; ce potentiel a pour valeur,

$$\Omega = \int \left(l' \frac{d\frac{1}{r}}{dx'} + m' \frac{d\frac{1}{r}}{dy'} + n' \frac{d\frac{1}{r}}{dz'} \right) d\omega'.$$

Or $\frac{1}{r}$ est fonction de $x - x'$, $y - y'$, $z - z'$; par suite

$$\frac{d\frac{1}{r}}{dx} = -\frac{d\frac{1}{r}}{dx'}, \qquad \frac{d\frac{1}{r}}{dy} = -\frac{d\frac{1}{r}}{dy'}; \qquad \frac{d\frac{1}{r}}{dz} = -\frac{d\frac{1}{r}}{dz'}.$$

Il vient donc, pour la valeur du potentiel magnétique,

$$\Omega = -\int \left(l' \frac{d\frac{1}{r}}{dx} + m' \frac{d\frac{1}{r}}{dy} + n' \frac{d\frac{1}{r}}{dz} \right) d\omega'.$$

Cela donne pour les composantes (α, β, γ) de la force magnétique les valeurs suivantes,

$$\alpha = \int \left(l' \frac{d^2\frac{1}{r}}{dx^2} + m' \frac{d^2\frac{1}{r}}{dx\,dy} + n' \frac{d^2\frac{1}{r}}{dx\,dz} \right) d\omega',$$

$$\beta = \int \left(l' \frac{d^2\frac{1}{r}}{dx\,dy} + m' \frac{d^2\frac{1}{r}}{dy^2} + n' \frac{d^2\frac{1}{r}}{dy\,dz} \right) d\omega',$$

$$\gamma = \int \left(l' \frac{d^2\frac{1}{r}}{dx\,dz} + m' \frac{d^2\frac{1}{r}}{dy\,dz} + n' \frac{d^2\frac{1}{r}}{dz^2} \right) d\omega'.$$

Transformons maintenant

$$\mathrm{F} = \int f(r)\, dx' = \int \frac{1}{r}\, dx'$$

en une intégrale étendue à l'aire $\int d\omega'$ limitée au contour C'.

Il vient,

$$F = \int \frac{1}{r} dx = \int d\omega' \left(m' \frac{d\frac{1}{r}}{dz'} - n' \frac{d\frac{1}{r}}{dy'} \right)$$

$$- \int d\omega' \left(n' \frac{d\frac{1}{r}}{dy} - m' \frac{d\frac{1}{r}}{dz} \right).$$

Nous aurons de la même manière,

$$G = \int d\omega' \left(l' \frac{d\frac{1}{r}}{dz} - n' \frac{d\frac{1}{r}}{dx} \right).$$

$$H = \int d\omega' \left(m' \frac{d\frac{1}{r}}{dx} - l' \frac{d\frac{1}{r}}{dy} \right).$$

Calculons $\dfrac{dH}{dy} - \dfrac{dG}{dz}$; nous avons,

$$\frac{dH}{dy} - \frac{dG}{dz} = \int d\omega' \left(m' \frac{d^2\frac{1}{r}}{dx\,dy} - l' \frac{d^2\frac{1}{r}}{dy^2} \right)$$

$$+ \int d\omega' \left(n' \frac{d^2\frac{1}{r}}{dx\,dz} - l' \frac{d^2\frac{1}{r}}{dz^2} \right).$$

et, en ajoutant l'identité suivante.

$$\int d\omega' \left(l' \frac{d^2\frac{1}{r}}{dx\,dx} - l' \frac{d^2\frac{1}{r}}{dx^2} \right) = 0,$$

il vient,

$$\frac{dH}{dy} - \frac{dG}{dz} = z - \int d\omega' l' \Delta \frac{1}{r} ,$$

Or,

$$\Delta \frac{1}{r} = 0:$$

donc,

$$\frac{dH}{dy} - \frac{dG}{dz} = \alpha.$$

Un calcul analogue au précédent donne de même,

$$\frac{dF}{dz} - \frac{dH}{dx} = \beta,$$

$$\frac{dG}{dx} - \frac{dF}{dy} = \gamma.$$

Or on a, d'une manière générale, entre la force et l'induction magnétique les relations suivantes,

$$(12) \qquad \left\{ \begin{aligned} a &= \alpha + 4\pi A, \\ b &= \beta + 4\pi B, \\ c &= \gamma + 4\pi C. \end{aligned} \right.$$

Si le milieu n'est pas magnétique, $A = B = C = 0$ et a, b, c se confondent avec α, β, γ.

Les formules précédentes peuvent donc s'écrire dans ce cas

$$(13) \qquad \left\{ \begin{aligned} a &= \frac{dH}{dy} - \frac{dG}{dz}. \\ b &= \frac{dF}{dz} - \frac{dH}{dx}, \\ c &= \frac{dG}{dx} - \frac{dF}{dy}. \end{aligned} \right.$$

248. — Ces formules sont démontrées pour un milieu non magnétique ; on a toujours supposé, dans les calculs, que $\frac{1}{r}$ et ses dérivées restaient finies, ce qui suppose que le point où est placé le pôle-unité est extérieur aux masses attirantes ; il n'y avait ici de masses attirantes que le feuillet C'.

Nous verrons plus loin (**276, 277**) que les formules (13) sont encore vraies dans un milieu magnétique ; on n'a plus alors

$\alpha = \dfrac{dH}{dy} = \dfrac{dG}{dz}$, formule équivalente à la première des formules (13) dans un milieu non magnétique. Maxwell admet *sans démonstration* que ce sont les formules (13) qui conviennent dans le cas d'un milieu magnétique; ou plutôt, il définit, à propos du magnétisme, les quantités F, G, H, par les équations (13), et les appelle les composantes du *potentiel vecteur de l'induction magnétique* [1] ; deux cents pages plus loin, il introduit les quantités F, G, H, en électromagnétisme; comme nous les avons introduites précédemment, et il dit : « Ces fonctions F, G, H, ne sont autre chose que les composantes du potentiel vecteur, qu'on a déjà rencontré. » Enfin, un peu plus loin, il dit : « *Nous avons démontré* que les composantes de l'induction sont liées par les relations (13) aux composantes du potentiel vecteur. » Nous donnerons plus loin cette démonstration que Maxwell *n'a pas donnée* (**275, 276**).

Appliquons maintenant les relations (13) que nous venons d'obtenir, pour transformer l'expression (10) du potentiel électrodynamique. Nous avions,

$$T = \int \left[l\left(\frac{dH}{dy} - \frac{dG}{dz}\right) + m\left(\frac{dF}{dz} - \frac{dH}{dx}\right) + n\left(\frac{dG}{dx} - \frac{dF}{dy}\right) \right] d\omega ;$$

cette expression peut s'écrire maintenant

$$T = \int (la + mb + nc)\, d\omega.$$

249. *Potentiel électrodynamique d'un système voltaïque constitué par deux circuits*. — Le potentiel mutuel de deux circuits peut recevoir une expression très simple. Nous avons trouvé

$$T = \int_{C} (F\,dx + G\,dy + H\,dz),$$

avec

$$F = \int_{C'} f r\, dx',$$

<hr>

[1] Maxwell, *Traité d'électricité et de magnétisme*, traduction française, t. II, § 405, p. 32, § 589-592, p. 266-269, et § 616, p. 290.

or (n° **246**),

$$f'(x) = \frac{1}{r},$$

donc,

$$F = \int_{C'} \frac{dx'}{r}.$$

L'expression précédente peut alors s'écrire

$$T = \int \int \frac{dx\,dx' + dy\,dy' + dz\,dz'}{r} = \int \int \frac{ds\,ds'\cos\varepsilon}{r}.$$

Si les intensités qui étaient jusqu'ici prises égales à 1, étaient quelconques, on aurait :

$$T = ii' \int \int \frac{ds\,ds'\cos\varepsilon}{r}$$

et, en posant,

$$M = \int \int \frac{ds\,ds'\cos\varepsilon}{r},$$

il vient finalement

$$(14) \qquad\qquad T = ii'M.$$

M est ce qu'on appelle *le coefficient d'induction mutuelle* des circuits C et C'.

250. — Soit maintenant

$$L = \int \int \frac{ds\,ds'\cos\varepsilon}{r},$$

le coefficient d'induction mutuelle du circuit C et d'un autre qui coïnciderait avec C. L est ce qu'on appelle le *coefficient de self-induction* du circuit C.

Les divers éléments du circuit C exercent évidemment l'un sur l'autre une certaine action ; si le circuit se déforme, cette action produira un certain travail δT. Proposons-nous d'évaluer ce travail.

Nous avons vu plus haut quel est le travail dû à l'action d'un courant sur un *autre* courant. Quand on veut en déduire l'expression du travail dû à l'action d'un courant sur *lui-même*, on rencontre une petite difficulté que nous tournerons par l'artifice suivant :

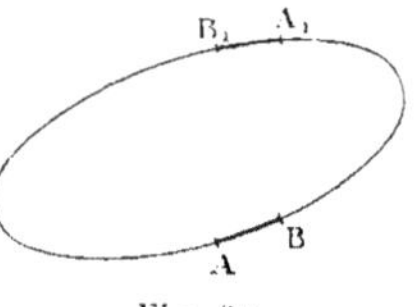

Fig. 38.

Supposons deux courants différents C et C' d'intensités i et i' parcourant un même circuit C. Nous pouvons appliquer à ces deux courants *différents* la formule (14) et, si nous appelons δT_1 le travail dû à leur *action mutuelle* nous pouvons écrire :

$$\delta T_1 = \delta L i i'.$$

Il nous reste à comparer δT à δT_1.

Soient $d\sigma$ un élément du courant C d'intensité i ; $d\sigma'$, l'élément du courant C' d'intensité i' qui coïncide avec $d\sigma$; soient $d\sigma_1$ un autre élément de C, et $d\sigma'_1$ celui des éléments de C' qui coïncide avec $d\sigma'$.

Si μ est le travail de l'action de $d\sigma$ sur $d\sigma'_1$,

si μ' »   de $d\sigma'$ sur $d\sigma_1$,

si λ »   de $d\sigma$ sur $d\sigma_1$,

et si δT_1 est le travail élémentaire total de l'action du courant C sur le courant C' et δT le travail de l'action de C sur lui-même, on a :

$$\delta T_1 = \delta (L i i') = \int (\mu + \mu')$$

$$\delta T = \int \lambda.$$

Or :

$$\frac{\mu}{\lambda} = \frac{i'}{i}$$

et

$$\frac{\mu'}{\lambda} = \frac{i'}{i} ;$$

donc,

$$\mu = \mu' = \frac{i'}{i} \lambda.$$

L'expression du travail δT_1 devient ainsi,

$$\delta T_1 = \int 2\frac{i'}{i}\,\lambda = 2\,\frac{i'}{i}\,\delta T,$$

d'où

$$\delta T = \frac{1}{2}\,\delta\,(L i^2).$$

Le potentiel électrodynamique total du système voltaïque formé par deux circuits C et C', par rapport à lui-même, a donc pour expression :

$$(15)\qquad T = \frac{L i^2}{2} + M i i' + \frac{N i'^2}{2}$$

N étant le coefficient de self-induction de C'.

Le travail dû aux actions électrodynamiques est :

$$\frac{i^2 \delta L + 2 i i' \delta M + i'^2 \delta N}{2}.$$

Il se compose en effet,

1° Du travail de l'action de C sur lui-même, égal à,

$$\frac{i^2}{2}\,\delta L\,;$$

2° Du travail de l'action de C sur C', égal à,

$$i i' \delta M\,;$$

3° Du travail de l'action de C' sur lui-même, égal à,

$$\frac{i'^2}{2}\,\delta N.$$

CHAPITRE II

THÉORIE DE L'INDUCTION

251. — L'opinion reçue est qu'une fois connues les lois de l'électrodynamique, l'application du principe de la conservation de l'énergie suffit à trouver les lois de l'induction. M. Bertrand a cherché à réfuter cette opinion [1]. Je vais discuter ses objections en détail, mais on verra que la plus grande partie du champ de bataille restera à M. Bertrand.

On a deux courants en présence. Chacun est alimenté par une pile ; les conducteurs s'échauffent. S'ils sont mobiles et se rapprochent, il se produit un travail mécanique, ce travail a dû être emprunté à quelque chose : il faut donc admettre qu'un phénomène ignoré jusqu'ici introduit dans les équations un terme nouveau. La loi $dQ = Ri^2 dt$ est-elle encore applicable ? Pourquoi, dit M. Bertrand, de même que la vapeur qui travaille refroidit le vase qui la contient, l'électricité n'aurait-elle pas un effet analogue ? On pourrait concevoir que les conducteurs s'échauffent moins quand le courant travaille et ne serait-ce pas aussi vraisemblable que de supposer que les intensités varient ?

On peut répondre : non, cette hypothèse ne serait pas *a priori aussi vraisemblable* que celle qui est confirmée par l'expérience. Supposons que la loi de Joule ne s'applique plus ; les conducteurs s'échauffent moins ; on a $dQ = Ri^2 t - Hdt$, H étant une quantité positive dépendant de la vitesse des conducteurs. On pourra rendre H très grand, en donnant à la vitesse une valeur très grande, et il pourra arriver que dQ soit négatif. On emprunterait donc de la chaleur au circuit qui se refroidirait et

---

[1] *Théorie mathématique de l'électricité*, ch. XI, p. 208.

l'on pourrait la transformer en travail mécanique susceptible d'être transformé à son tour, par frottement, en chaleur à température aussi élevée qu'on voudrait : ce serait contraire au principe de Clausius.

Une autre conjecture est possible : la loi de Joule s'appliquerait, mais la pile consommerait davantage pour donner le même courant. En d'autres termes la loi de Faraday ne s'appliquerait pas aux courants qui produisent un travail mécanique. — Cette hypothèse est fort invraisemblable ; si j'ai une pile à Paris et que je la relie par des fils à une machine située à Creil, il serait étrange que, l'intensité restant toujours la même, la loi de Faraday cessât de s'appliquer à Paris quand le courant travaille à Creil.

Malgré l'invraisemblance de ces deux hypothèses, on a peut-être eu tort d'en regarder la fausseté comme évidente, mais j'appellerai plus particulièrement l'attention sur deux autres objections de M. Bertrand qui me semblent beaucoup plus graves. Il ne s'agit plus en effet d'hypothèses que l'expérience démontre fausses et qu'on n'aurait pas dû pourtant rejeter *a priori*, mais de circonstances *réelles* dont on a souvent oublié de tenir compte en s'exposant ainsi à des erreurs.

En premier lieu, lorsque deux courants s'attirent, ils deviennent solidaires, et l'on n'a pas le droit, quoiqu'on le fasse constamment, d'appliquer le principe de la conservation de l'énergie à l'un d'entre eux seulement : il faut considérer *le système* des deux courants.

Ce n'est pas tout : l'éther a une force vive variable dont il faut tenir compte dans les calculs, comme de la force vive de l'air que met en mouvement un moulin à vent. Ici il y a deux manières de présenter l'objection : on peut supposer qu'un courant permanent rayonne de la force vive comme une lampe constante rayonne de la lumière ; on peut supposer au contraire que la force vive de l'éther reste constante dès que l'état de régime est atteint et qu'il n'y en a point d'empruntée au courant : c'est seulement pendant la période variable que la force vive de l'éther varie ; quand le courant croît, l'éther absorbe de la force vive qu'il restitue au moment où le courant décroît.

La première hypothèse, celle du rayonnement indéfini, est contredite par l'expérience, puisque avec un courant permanent la chaleur produite dans les conducteurs est l'équivalent de l'énergie voltaïque de la pile. Il est vrai de dire que *l'expérience seule* nous l'a appris.

Quant à la seconde hypothèse, non seulement elle n'est pas à rejeter, mais il y a certainement à tenir compte de la force vive communiquée à l'éther, sous peine de ne pas tenir compte des faits. En la négligeant on s'expose à l'erreur.

On pourrait varier les objections à l'infini, et l'on serait conduit à des conjectures plus ou moins invraisemblables qu'il faudrait rejeter l'une après l'autre. C'est en quoi M. Bertrand a raison de dire que *l'expérience seule* pouvait montrer que les lois de Joule, de Faraday et de Ohm sont encore applicables aux courants qui travaillent.

252. — Nous allons prendre comme point de départ ce fait expérimental ; et, de plus, nous admettrons que l'éther a une énergie électrocinétique constante quand le courant est constant, mais variable avec l'intensité du courant. Mais nous devons emprunter plus encore à l'expérience.

Soient deux circuits fermés C et C', parcourus par des courants i et i'. L'expérience montre que quand i' varie, il en résulte dans C

Fig. 39.

une force électromotrice $A \dfrac{di'}{dt}$, A étant un *coefficient d'induction* de C' sur C, coefficient indépendant des intensités. Si C' se déplace et est parcouru par un courant constant i', si au bout du temps dt, C' prend une position infiniment voisine C'', le déplacement du circuit de C' en C'' pendant le temps dt produit une force électromotrice $i' \dfrac{dB}{dt}$, $\dfrac{dB}{dt}$ étant aussi un coefficient ne dépendant que des conditions géométriques des deux circuits.

Ici se présente une hypothèse toute naturelle, il est vrai, mais qui a besoin d'être confirmée par l'expérience ; soient A

le coefficient d'induction de C' sur C; $A + dA$, celui de C''
sur C.

Supposons qu'à l'époque t, nous ayons en C' un courant di'
et en C'' un courant O. Le courant di' se déplace en conservant
son intensité et vient en C'' au temps $t + dt$: on a alors un
courant O en C', et un courant di' en C''.

On peut imaginer qu'on est passé du même état initial au
même état final par une autre modification en faisant varier les
intensités : l'intensité en C' primitivement égale à di' a décru
jusqu'à s'annuler et pendant ce temps l'intensité en C'' primitivement nulle est devenue di'. Les circuits C' et C'' sont d'ailleurs
demeurés fixes. Il est *naturel* de supposer que l'effet produit
sur C est le même dans les deux cas.

Dans le premier cas, la force électromotrice née en A est
$di' \dfrac{dB}{dt}$; dans le second, elle est la différence entre $- A \dfrac{di'}{dt}$, et

$(A + dA) \dfrac{di'}{dt}$, c'est-à-dire $\dfrac{dA \cdot di'}{dt}$; donc,

$$dA = dB.$$

Si le courant se déplace et varie en même temps, les deux
forces électromotrices ont pour somme :

$$A \frac{di'}{dt} + i' \frac{dA}{dt} = \frac{d(Ai')}{dt}.$$

Nous admettrons cette équation, conséquence de l'égalité
$dA = dB$, *comme un fait expérimental*.

253. — L'application du principe de la conservation de
l'énergie va nous permettre de déterminer les coefficients d'induction définis comme précédemment.

Soient A le coefficient d'induction de C par rapport à lui-même

»	B	»	C	»	C'
»	B'	»	C'	»	C
»	D	»	C'	»	lui-même

La loi de Ohm, appliquée aux deux circuits, donne :

$$\text{1)} \quad \begin{cases} Ri = E - \dfrac{d(Ai)}{dt} - \dfrac{d(Bi')}{dt}, \\[2ex] R'i' = E' - \dfrac{d(Bi)}{dt} - \dfrac{d(Di')}{dt}. \end{cases}$$

Écrivons que l'énergie se conserve. L'énergie voltaïque dépensée dans le temps dt est

$$(Ei + E'i')\,dt.$$

Elle se retrouve sous trois formes :

1° Chaleur de Joule ;

2° Travail électrodynamique ;

3° Accroissement d'énergie électrocinétique de l'éther.

Si cette énergie de l'éther est représentée par U, l'équation s'écrit :

$$\text{2)} \quad (Ei + E'i')\,dt = Ri^2 dt + R'i'^2 dt$$
$$+ \frac{1}{2}\,i^2 dL + 2ii'dM + i'^2 dN + dU.$$

Je ne connais rien sur la fonction U ; j'écris seulement que dU est une différentielle exacte. Remplaçons dans l'expression de dU, $E - Ri$ par sa valeur tirée de 1 :

$$\text{3)} \quad dU = i\,d(Ai) + i\,d(Bi') + i'\,d(Bi) + i'\,d(Di)$$
$$- \frac{1}{2}\,i^2 dL + 2ii'dM + i'^2 dN.$$

Supposons que les intensités varient seules. Le dernier terme disparaît et dU se réduit à :

$$dU = Ai\,di + Bi\,di' + B'i'\,di + Di'\,di' ;$$

dU étant différentielle exacte, il faut que

$$\frac{d}{di'}(Ai + B'i') = \frac{d}{di}\,Bi + Di'.$$

d'où

$$B = B' ;$$

donc,

$$dU = Aidi + Bd\,(ii') + Di'di',$$

et en intégrant :

$$U = \frac{Ai^2}{2} + Bii' + \frac{Di'^2}{2} + \text{const.}$$

la constante ne dépendant pas des intensités. Comme U est nul quand il n'y a pas de courant, quand $i = i' = o$, la constante est nulle.

D'après cela, *quand les intensités sont constantes et que les conducteurs se déplacent*, dU se réduit à :

$$dU = \frac{1}{2}(i^2dA + 2ii'dB + i'^2dD),$$

expression qui doit être identique à la valeur du second membre de (3), quand on fait $di = di' = o$, c'est-à-dire à :

$$i^2dA + 2ii'dB + i'^2dD - \frac{1}{2}(i^2dL + 2ii'dM + i'^2dN).$$

En identifiant, il vient,

$$\frac{1}{2}\,dA = dA - \frac{1}{2}\,dL,$$

$$dB = 2dB - dM$$

$$\frac{1}{2}\,dD = dD - \frac{1}{2}\,dN$$

ou encore,

$$dA = dL,$$

d'où

$$A = L$$

car A et L s'annulent quand les conducteurs sont à une distance infinie et de même

$$D = N,$$

$$B = M$$

et

$$T = U.$$

Le potentiel électrodynamique représente donc l'énergie électro-cinétique de l'éther.

On peut écrire, d'après cela, la loi de Ohm :

$$E - Ri = \frac{d(Li + Mi')}{dt} = \frac{d}{dt} \cdot \frac{dT}{di}$$

$$E' - R'i' = \frac{d}{dt} \cdot \frac{dT}{di'}.$$

Cette forme rappelle celle des équations de Lagrange.

Maxwell a montré, — et c'est là une des parties les plus originales de son œuvre —, que les lois des actions électrodynamiques et de l'induction peuvent être mises sous la forme des équations de Lagrange ; les forces électromotrices d'induction seraient ainsi des forces d'inertie [1].

---

[1] Voir la première partie, n° 151, p. 135 et suivre.

CHAPITRE III

THÉORIE DE WEBER [1]

254. *Explication des attractions électrodynamiques.* — Weber a voulu rendre compte des attractions électrodynamiques, en considérant les courants comme produits par des *masses électriques* se déplaçant dans les conducteurs, et supposant qu'entre deux masses électriques s'exerce une action qui dépend de leur mouvement et qui se réduit à l'action déterminée par la loi de Coulomb quand elles sont au repos.

Soient deux masses e et e', au repos : la force répulsive qui s'exerce entre elles est égale à $+\dfrac{ee'}{r^2}$, *en unités électrostatiques.*

Weber admet que si elles sont en mouvement, la répulsion devient :

$$(1) \qquad \frac{ee'}{r^2} + ee'\left[A\,\frac{d^2r}{dt^2} + B\left(\frac{dr}{dt}\right)^2 \right],$$

A et B étant fonctions de r seul.

Il s'agit de déterminer A et B de manière à retrouver la formule d'Ampère, en vertu de laquelle la *répulsion* entre deux éléments de courant est, *en unités électromagnétiques* :

$$(2) \qquad +\frac{ii'dsds'}{r^2}\left(2r\,\frac{d^2r}{dsds'} - \frac{dr}{ds}\,\frac{dr}{ds'} \right).$$

Les quantités d'électricité e et e' sont supposées parcourir les

---

[1] *Électrodynamische Maassbestimmungen*, p. 3o5.

deux circuits avec des vitesses constantes v et v'. La distance r est fonction de s et de s' et on a :

$$v = \frac{ds}{dt}, \qquad v' = \frac{ds'}{dt}.$$

$$\frac{dr}{dt} = \frac{dr}{ds} v + \frac{dr}{ds'} v',$$

$$\frac{d^2r}{dt^2} = \frac{d^2r}{ds^2} v^2 + 2 \frac{d^2r}{ds\,ds'} vv' + \frac{d^2r}{ds'^2} v'^2.$$

$$\left(\frac{dr}{dt}\right)^2 = \left(\frac{dr}{ds}\right)^2 v^2 + 2 \frac{dr}{ds} \frac{dr}{ds'} vv' + \left(\frac{dr}{ds'}\right)^2 v'^2.$$

La répulsion électrodynamique (le second terme de l'expression 1) devient ainsi :

$$\lambda ee'v^2 + 2\mu ee'vv' + \nu ee'v'^2.$$

en posant, pour abréger :

$$\lambda = A \frac{d^2r}{ds^2} + B \left(\frac{dr}{ds}\right)^2.$$

$$\mu = A \frac{d^2r}{ds\,ds'} + B \frac{dr}{ds} \frac{dr}{ds'},$$

$$\nu = A \frac{d^2r}{ds'^2} + B \left(\frac{dr}{ds'}\right)^2.$$

Supposons que ds contienne e d'électricité positive, e_1 d'électricité négative (e_1 est un nombre essentiellement négatif ; quand le corps est à l'état neutre $e + e_1 = 0$. La vitesse de e est v, de e_1 est v_1. Dans ds' on a de même une quantité e' d'électricité positive et une quantité e'_1 d'électricité négative animées respectivement de vitesses v' et v'_1.

La répulsion totale de ds sur ds' s'obtient en composant les répulsions des quantités e et e_1 d'électricité contenues dans ds sur les quantités e' et e'_1, contenues dans ds'.

Il vient donc :

$$R = \lambda \sum ee'v^2 + 2\mu \sum ee'vv' + \nu \sum ee'v'^2,$$

en posant :

$$\sum ee'v^2 = ee'v^2 + ee'_1v^2 + e_1e'v_1^2 + e_1e'_1v_1^2$$
$$= (ev^2 + e_1v_1^2)(e' + e'_1).$$

De même

$$\sum ee'vv' = (ev + e_1v_1)(e'v' + e'_1v'_1),$$

$$\sum ee'v'^2 = (e + e')(e'v'^2 + e'_1v'^2_1).$$

Le débit électrique du premier circuit est :

$$\frac{e}{\dfrac{ds}{v}} = \frac{ev}{ds},$$

pour l'électricité positive ;

Il est égal à $\dfrac{e_1v_1}{ds}$ pour l'électricité négative. Le débit total est

donc $\dfrac{ev + e_1v_1}{ds}$;

D'autre part l'intensité i est par définition le débit total
exprimé en unités électromagnétiques. Le débit total exprimé
en unités électrostatiques est donc ci, c étant le rapport des
unités, de sorte qu'on a :

$$\frac{ev + e_1v_1}{ds} = ci.$$

Donc :

$$\sum ee'vv' = c^2 ii' ds ds'.$$

La répulsion électrodynamique est nulle entre un conducteur
chargé d'électricité, mais où ne passe pas de courant, et un
autre parcouru par un courant sans être chargé.

R doit être nul si le conducteur C n'est pas chargé mais est
parcouru par un courant, c'est-à-dire si $e + e_1 = 0$, et si le conducteur C' est chargé mais n'est parcouru par aucun courant,
c'est-à-dire si $e' = e'_1 = 0$;

Mais si $v' = v'_1 = 0$ les deux derniers termes de R s'annulent ;
le premier terme doit donc s'annuler également ; donc on a :

$$\lambda\,(e' + e'_1)\,(ev_1^2 + e_1 v'^2_1) = 0.$$

λ n'est pas nul en général ; $e + e'_1 \gtrless 0$ si le conducteur C est
chargé ainsi que nous l'avons supposé.

Donc on a :

$$ev^2 + e_1 v_1^2 = 0,$$

et de même :

$$e'v'^2 + e'_1 v'^2_1 = 0.$$

Voilà des conditions bien étranges et bien artificielles. En
outre elles obligent d'admettre l'existence réelle des deux
fluides. Il y a plus : Rowland a réalisé des actions électrodynamiques avec un disque chargé d'électricité et animé d'un mouvement rapide (voir plus loin, p. 382) ; alors

$$v = v_1, \qquad \text{d'où } ev^2 + e_1 v_1^2 = (e + e_1)\,v^2,$$

et ni v ni $e - e_1$ n'est nul. Il est vrai qu'en faisant le calcul on
reconnaît que ce facteur est absolument négligeable dans les
expériences de Rowland.

255. — On peut présenter la théorie de Weber sous un jour plus
favorable. Rien n'est plus loin de ma pensée que de la défendre ;
mais je veux montrer seulement en quoi on pourrait la rendre
moins étrange. On peut supposer e et e_1 séparément très grands,
très supérieurs en valeur absolue à leur somme algébrique $e + e_1$;
v et v_1 seraient de l'ordre de grandeur d'une quantité très
grande N, $e + e_1$ de l'ordre de grandeur de l'unité et, au contraire, v et v_1 de l'ordre de $\dfrac{1}{N}$. Ceci pourra paraître assez naturel d'après la vitesse que certains physiciens attribuent à l'électricité dans les électrolytes, vitesse qui, à les en croire ne dé-
passerait pas quelques millimètres par seconde ; je ne veux discuter ici en aucune façon leurs conclusions. Il n'est pas nécessaire
d'ailleurs que v et v_1 soient si petits pour pouvoir être regardés
comme très petits. Il suffit en effet que v soit petit par rapport
à c, qui est égal à la vitesse de la lumière.

$ev + e_1v_1$ sera de l'ordre de grandeur de 1 ; $ev^2 + e_1v^2_1$, de l'ordre de $\dfrac{1}{N}$. Le produit $(ev^2 + e_1v^2_1)\,(v' + v'_1)$ sera dès lors très petit, de l'ordre de $\dfrac{1}{N}$; et deux des termes de R, les termes en λ et en ν sont complètement négligeables en présence du terme en μ. On n'a plus alors les mêmes difficultés, et l'on rend compte des expériences de Rowland.

256. — On trouve en somme, en ne tenant compte que du terme en μ et remplaçant

$$\sum ee'vv'.$$

par sa valeur.

$$R = 2c^2 ii' ds ds' \left(A\, \frac{d^2r}{ds\,ds'} + B\, \frac{dr}{ds}\, \frac{dr}{ds'} \right);$$

en identifiant avec (2), il vient.

$$A = \frac{1}{c^2 r}, \qquad B = \frac{-1}{2c^2 r^2} :$$

donc l'expression de la répulsion électrodynamique entre deux masses en mouvement est :

$$\frac{ee'}{c^2}\left[\frac{1}{r}\,\frac{d^2r}{dt^2} - \frac{1}{2r^2}\left(\frac{dr}{dt}\right)^2 \right].$$

257. — Une question se pose : l'hypothèse de Weber est-elle conforme au principe de la conservation de l'énergie?

Le travail de la répulsion électrodynamique est :

$$\frac{ee'}{c^2}\left[\frac{dr}{r}\,\frac{d^2r}{dt^2} - \frac{dr}{2r^2}\left(\frac{dr}{dt}\right)^2 \right],$$

et doit être égal à $- d\psi$ s'il existe un potentiel et qu'on appelle ψ ce potentiel. Mais on a :

$$\frac{dr}{r}\cdot\frac{d^2r}{dt^2} = \frac{1}{r}\,\frac{dr}{dt}\cdot d\cdot\frac{dr}{dt},$$

d'où :

$$d\varphi = - \frac{ee'}{c^2}\left[\frac{1}{r}\frac{dr}{dt}.\,d.\frac{dr}{dt} - \frac{dr}{r^2}\times\frac{1}{2}\left(\frac{dr}{dt}\right)^2\right]$$

$$= - \frac{ee'}{c^2}d\left[\frac{1}{2r}\left(\frac{dr}{dt}\right)^2\right].$$

Le potentiel *total* (obtenu en tenant compte à la fois de la répulsion électrostatique et de la répulsion électrodynamique) de deux masses e et e' est donc,

$$\varphi = \frac{ee'}{r}\left[1 - \frac{1}{2c^2}\left(\frac{dr}{dt}\right)^2\right].$$

Cherchons, d'après cela, le potentiel mutuel de deux éléments de courant (en nous bornant ici au potentiel électrodynamique) : c'est :

$$- \frac{1}{2c^2 r}\sum ee'\left(\frac{dr}{dt}\right)$$

$$= - \frac{1}{2c^2 r}\left[\left(\frac{dr}{ds}\right)^2\sum ee'v^2 + 2\frac{dr}{ds}.\frac{dr}{ds'}\sum ee'vv' + \left(\frac{dr}{ds'}\right)^2\sum ee'v'^2\right]$$

Le premier et le dernier terme disparaissant, il reste le terme du milieu qui est $2c^2ii'dsds'\frac{dr}{ds}.\frac{dr}{ds'}$; le potentiel électrodynamique est donc,

$$- ii'dsds'\frac{dr}{ds}.\frac{dr}{ds'}.$$

258. — Nous avons là une différence avec la théorie d'Ampère, d'après laquelle l'action réciproque de deux circuits fermés admet bien un potentiel, mais non l'action réciproque de deux éléments, ni même l'action réciproque d'un courant fermé et d'une portion de courant. Je dis que dans la théorie d'Ampère un élément de courant n'a pas de potentiel par rapport à un courant fermé ; en effet, soit un élément AB qui se déplace sous l'action d'un courant fermé et vient en A'B' ; je puis choisir AA', tel que le travail effectué dans ce déplacement ne soit pas nul. Je pourrai toujours ramener l'élément en AB sans travail, si la loi d'Ampère est vraie : en effet, je fais tourner A'B' autour de A', jusqu'à ce que sa direction coïncide avec AA'. Le travail effectué dans cette relation est un infiniment petit d'ordre supérieur. Je fais ensuite mouvoir l'élément dans sa propre direction : il vient en AB″ : aucun travail, puisque l'action d'un courant fermé est normale à l'élément ; une rotation autour de

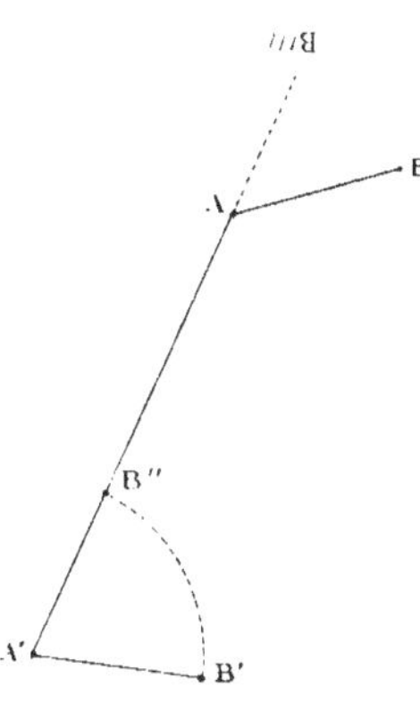

Fig. 40.

A le ramène ensuite en AB, et en n'effectuant encore qu'un travail infiniment petit d'ordre supérieur. Il n'existe donc pas de potentiel, puisqu'on a pu ramener l'élément à sa position initiale sans que le travail total effectué soit nul ; ce travail total se réduit à celui qui a été effectué pour amener AB en A′B′.

La contradiction avec la théorie de Weber n'est qu'apparente. On a supposé, dans cette théorie, les molécules électriques animées d'un mouvement uniforme ; cela n'est possible que pour un courant fermé, non pour un courant ouvert. A l'extrémité d'un courant ouvert en effet les molécules électriques *s'arrêtent;* leur accélération n'est donc pas nulle. Les éléments voisins des extrémités n'obéiraient pas à la loi d'Ampère, parce qu'il y aurait à tenir compte de l'accélération des molécules électriques qui y circulent, accélération qui n'est plus nulle. Il y aurait donc divergence entre les deux théories si on avait à faire, par exemple, à un courant fermé et à une portion de courant entièrement libre.

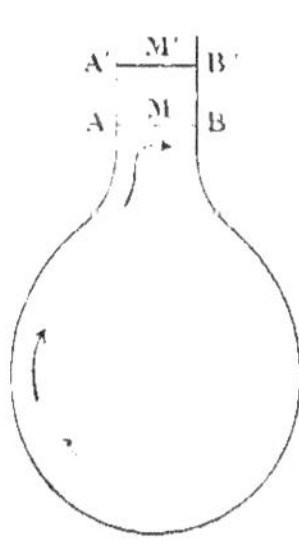

Fig. 41.

Mais ce n'est pas le cas où l'on se place d'ordinaire quand on examine expérimentalement l'action d'un courant fermé sur un élément de courant.

En effet, quand on étudie l'action d'un conducteur fermé sur un élément mobile AMB, cet élément mobile AMB fait partie lui-même d'un courant fermé et ses extrémités A et B sont mobiles le long de conducteurs fixes. Il n'y a pas alors d'accélération pour la molécule qui arrive en A ou en A′ ; et, dans ce cas, la théorie de Weber nous conduit à la loi d'Ampère. On trouve alors, en effet, que les forces qu'indiquent les deux lois admettent toutes deux un potentiel, et le même potentiel ; seulement dans la théorie d'Ampère, il n'y a un potentiel qu'en vertu des liaisons particulières imposées au système. Si, au contraire, on considérait des courants instantanés, ouverts, la loi d'Ampère et l'hypothèse de Weber conduiraient à des résultats différents ; mais dans ce cas l'expérience ne semble guère possible.

259. *L'induction dans la théorie de Weber.* — La loi de Weber satisfait au principe de la conservation de l'énergie. Donc, d'après Maxwell, les lois de l'induction doivent s'en déduire. Dans l'espèce, ce raisonnement ne vaut rien : on ne trouverait les lois ordinaires de l'induction en partant de l'hypothèse de Weber, qu'en supposant qu'on n'a que des courants fermés, et nullement si on suppose qu'on a des circuits ouverts. Maxwell a commis dans son calcul [1] des erreurs graves, mais il en a commis deux qui se compensent.

Cherchons l'induction de C sur C'. Les deux circuits sont mobiles, la distance r de deux éléments ds et ds' est ici fonction non seulement de s et de s', mais encore du temps t ; on a donc

$$\frac{ds}{dt} = v, \qquad v \text{ fonction de } s \text{ et } t,$$

$$\frac{ds'}{dt} = v', \qquad v' \text{ fonction de } s' \text{ et } t.$$

L'action électrodynamique est :

$$(3) \qquad \frac{ee'}{c^2 r^2}\left[r\frac{\partial^2 r}{\partial t^2} - \frac{1}{2}\left(\frac{\partial r}{\partial t}\right)^2 \right] ;$$

je représente par des ∂ les dérivées totales, et par des d les dérivées partielles .

$\dfrac{\partial r}{\partial t}$ et $\dfrac{\partial^2 r}{\partial t^2}$ ont pour valeur,

$$\frac{\partial r}{\partial t} = \frac{dr}{ds}v + \frac{dr}{ds'}v' + \frac{dr}{dt}.$$

$$\frac{\partial^2 r}{\partial t^2} = \frac{d^2 r}{dt^2}v^2 + 2\frac{d^2 r}{ds\,ds'}vv' + \frac{d^2 r}{ds'^2}v'^2 + \left[2\frac{d^2 r}{ds\,dt}v + 2\frac{d^2 r}{ds'\,dt}v \right]$$
$$+ \frac{d^2 r}{dt^2} + \frac{dr}{ds}\frac{dv}{dt} + \frac{dr}{ds'}\frac{dv'}{dt} + \frac{dr}{ds}\frac{dv}{ds}v + \frac{dr}{ds'}\frac{dv'}{ds'}v'.$$

---

[1] Maxwell, *Électr. et Magn.*, trad. franç., t. II, § 856-860, p. 554-558, voir *Comptes rendus*, t. CX, p. 825 ·21 avril 1890·.

Maxwell oublie les deux termes que nous avons mis entre parenthèses.

Dans ds nous avons e d'électricité positive, animée de la vitesse e; et e_1 de négative, animée de la vitesse e_1; dans ds', on a des quantités d'électricité e' et e'_1, animées de vitesses e' et e'_1.

Si R_1 est la répulsion de e sur e'.
$\quad R_2 \qquad\qquad$ de e_1 sur e'.
$\quad R_3 \qquad\qquad$ de e sur e'_1.
$\quad R_4 \qquad\qquad$ de e_1 sur e'_1,

la répulsion totale, précédemment trouvée, est

$$R_1 + R_2 + R_3 + R_4.$$

La force électromotrice d'induction est évidemment proportionnelle à la force qui tend à séparer l'électricité positive de l'électricité négative dans l'élément ds; ce sera $R_1 + R_2 - R_3 - R_4$; et il faudra multiplier par $\cos \theta = \dfrac{dr}{ds}$, pour avoir la composante de la force dans la direction du fil. La force électromotrice cherchée est donc égale à

$$E = k \cos \theta \left(R_1 + R_2 - R_3 - R_4 \right).$$

k étant un coefficient constant qui dépend de l'unité à laquelle sont rapportées les forces électromotrices.

Pour déterminer ce coefficient k examinons un cas particulier, par exemple celui où les masses électriques sont au repos et où les forces électromotrices se réduisent par conséquent aux forces électrostatiques.

Dans ce cas, si l'on pose pour abréger

$$H = \cos \theta \left(R_1 + R_2 - R_3 - R_4 \right),$$

il vient :

$$H = \frac{e + e_1}{r^2} \left(e' - e'_1 \right) \frac{dr}{ds'} = -\frac{1}{c} \left(e' - e'_1 \right) \frac{d\varphi}{ds'},$$

en représentant par φ le potentiel électrostatique

$$\varphi = \frac{1}{c} \frac{e + e_1}{r}.$$

La force électromotrice électrostatique est d'ailleurs

$$E = -\frac{d\varphi}{ds'}\, ds' = \frac{H ds'}{e' - e'_1} \cdot c,$$

et, comme par définition $E = kH$, il vient :

$$(5) \qquad k = c\, \frac{ds'}{(e' - e'_1)} \cdot$$

Nous pourrons donc en général déduire la force électromotrice E de la connaissance de

$$H = \cos \vartheta' \,(R_1 + R_2 - R_3 - R_4).$$

260. — En se reposant aux expressions de $\left(\dfrac{\partial r}{\partial t}\right)^2$ et $\dfrac{\partial^2 r}{\partial t^2}$ on reconnaîtra que H contient des termes en φ^2, φ'^2, $\varphi\varphi'$, φ, φ', qui sont tous connus ; et des termes en $\dfrac{d\varphi}{dt}$, $\dfrac{d\varphi'}{dt}$, $\varphi\dfrac{d\varphi}{ds}$ et $\varphi'\dfrac{d\varphi'}{ds'}$.

Si on laisse de côté un coefficient dépendant seulement de la position et du mouvement relatifs des deux éléments ds et ds' mais qui est indépendant de e, e_1, φ et φ_1 et de e', c'_1, φ' et φ'_1 :

$$
\begin{aligned}
&\text{les termes en } \varphi^2 \text{ seront} && (e\varphi^2 + e_1\varphi^2_1)\,(e' - e'_1), \\
&\text{en } \varphi\varphi' && (e\varphi + c_1\varphi_1)\,(e'\varphi' - c'_1\varphi'_1), \\
&\text{en } \varphi'^2 && (e + c_1)\,(e'\varphi'^2 - e'_1\varphi'^2_1), \\
&\text{en } \varphi && (e\varphi + c_1\varphi_1)\,(e' - e'_1), \\
&\text{en } \varphi' && (e + e_1)\,(e'\varphi' - c'_1\varphi'_1), \\
&\text{connus :} && (e + e_1)\,(e' - e'_1) ;
\end{aligned}
$$

on aurait de même ce que donnent les termes en $\dfrac{d\varphi}{dt}$, $\varphi\dfrac{d\varphi}{ds}$, etc.

Dans les courants voltaïques ordinaires, on a :

$$e = -e_1, \quad e' = -c'_1, \quad \varphi = -\varphi_1, \quad \varphi' = -\varphi'_1.$$

Tous les termes disparaissent, sauf le terme en φ et le terme en $\dfrac{d\varphi}{dt}$ $\left(\text{le terme en } \varphi\dfrac{d\varphi}{ds} \text{ disparaissant pour la même raison que le terme en } \varphi^2\right)$. Les seuls termes qui importent dans l'expression de $\dfrac{\partial^2 r}{\partial t^2}$ sont donc le terme $\dfrac{dr}{ds}\dfrac{d\varrho}{dt}$ et le terme $2\dfrac{d^2 r}{dsdt}\varrho$, qui est un de ceux que Maxwell a oubliés.

Dans $\left(\dfrac{\partial r}{\partial t}\right)^2$ qui a pour valeur,

$$\left(\frac{\partial r}{\partial t}\right)^2 = \left(\frac{dr}{ds}\right)^2 \varrho^2 + \left(\frac{dr}{ds'}\right)^2 \varrho'^2 + \left(\frac{dr}{dt}\right)^2 + 2\frac{dr}{ds}\frac{dr}{dt}\varrho$$
$$+ 2\frac{dr}{ds}\frac{dr}{ds'}\varrho\varrho' + 2\frac{dr}{ds'}\frac{dr}{dt}\varrho',$$

on aura à conserver $2\dfrac{dr}{ds}\dfrac{dr}{dt}\varrho$.

L'action électrodynamique (3) s'écrit donc, après l'avoir multipliée par

$$\cos\theta' = \frac{dr}{ds'}$$

pour avoir la composante de la force dans la direction du fil,

$$\mathrm{H} = \frac{(e' - e'_1)}{c^2 r^2}\left[r\frac{dr}{ds}\left(e\frac{d\varrho}{dt} + e_1\frac{d\varrho_1}{dt}\right) + \left\{2r\frac{d^2 r}{dsdt}(e\varrho + e_1\varrho_1)\right\}\right.$$
$$\left. - \frac{dr}{ds}\frac{dr}{dt}(e\varrho + e_1\varrho_1)\right]\frac{dr}{ds'}.$$

Or,
$$e\varrho + e_1\varrho_1 = cids$$
$$e\frac{d\varrho}{dt} + e_1\frac{d\varrho_1}{dt} = c\frac{di}{dt}ds.$$

Donc,

$$\mathrm{H} = c\frac{(e_1 - e'_1)}{c^2 r^2}ds\left[r\frac{dr}{ds}\frac{di}{dt} + \left\{2r\frac{d^2 r}{dsdt}i\right\} - \frac{dr}{ds}\frac{dr}{dt}i\right]\frac{dr}{ds'}.$$

D'où la valeur de la force électromotrice,

$$\mathrm{E} = k\mathrm{H} = c\frac{ds'}{(e' - e'_1)} \cdot c\frac{(e' - e'_1)}{c^2 r^2}ds\left[r\frac{dr}{ds}\frac{di}{dt} + \left\{2ir\frac{d^2 r}{dsdt}\right\}\right.$$
$$\left. - \frac{dr}{ds}\frac{dr}{dt}i\right]\frac{dr}{ds'} = \frac{dsds'}{r^2}\left[r\frac{dr}{ds}\frac{di}{dt} + \left\{2ir\frac{d^2 r}{dsdt}\right\}\right.$$
$$\left. - i\frac{dr}{ds}\frac{dr}{dt}\right]\frac{dr}{ds'}.$$

Or,

$$\frac{dsds'}{r^2}\left[r\,\frac{dr}{ds}\,\frac{di}{dt}\,\frac{dr}{ds'} - i\,\frac{dr}{ds}\,\frac{dr}{dt}\,\frac{dr}{ds'}\right] = dsds'\,\frac{dr}{ds}\,\frac{dr}{ds'}\,\frac{d}{dt}\left(\frac{i}{r}\right).$$

Donc,

$$E = dsds'\,\frac{dr}{ds}\,\frac{dr}{ds'}\,\frac{d}{dt}\left(\frac{i}{r}\right) + \frac{2idsds'}{r}\,\frac{dr}{ds'}\,\frac{d^2r}{dsdt}.$$

Maxwell néglige le second terme et écrit le premier

$$E = dsds'\,\frac{d}{dt}\left(\frac{dr}{ds}\,\frac{dr}{ds'}\,\frac{i}{r}\right),$$

ce qui n'est pas exact. Car,

$$dsds'\,\frac{d}{dt}\left[\frac{dr}{ds}\,\frac{dr}{ds'}\,\frac{i}{r}\right]$$

$$= dsds'\,\frac{dr}{ds}\,\frac{dr}{ds'}\,\frac{d}{dt}\left(\frac{i}{r}\right)$$

$$+ \frac{idsds'}{r}\left[\frac{dr}{ds}\,\frac{d^2r}{ds'dt} + \frac{dr}{ds'}\,\frac{d^2r}{dsdt}\right];$$

il oublie donc le second terme.

En dernière analyse, la somme algébrique des termes négligés

$$\frac{2idsds'}{r}\,\frac{dr}{ds}\,\frac{d^2r}{dsdt}$$

et

$$-\frac{idsds'}{r}\left[\frac{dr}{ds}\,\frac{d^2r}{ds'dt} + \frac{dr}{ds'}\,\frac{d^2r}{dsdt}\right]$$

s'écrit

$$-\frac{idsds'}{r}\left[\frac{dr}{ds}\,\frac{d^2r}{ds'dt} - \frac{dr}{ds'}\,\frac{d^2r}{dsdt}\right].$$

Ainsi donc, d'après Maxwell, la force électromotrice totale (1)
a pour valeur, en intégrant par rapport à s et s',

$$E = \frac{d}{dt}\int\int\frac{dr}{ds}\,\frac{dr}{ds'}\,\frac{i}{r}\,dsds' = -\frac{d(Mi)}{dt},$$

ce qui n'est vrai que si l'intégrale des termes négligés,

$$\int \int \frac{i\,ds\,ds'}{r} \left[\frac{dr}{ds'} \frac{d^2r}{ds\,dt} - \frac{dr}{ds} \frac{d^2r}{ds'\,dt} \right],$$

est nulle.

Or, cette intégrale n'est nulle que si les deux circuits auxquels on étend l'intégration sont fermés.

Montrons cela. Considérons à cet effet l'intégrale,

$$\int \frac{ds'}{r} \frac{d^2r}{ds\,dt} \frac{dr}{ds},$$

qui, intégrée par parties, donne,

$$\int \frac{ds'}{r} \frac{d^2r}{ds\,dt} \frac{dr}{ds} - \left[\log r . \frac{d^2r}{ds\,dt} \right] - \int \log r . \frac{d^2r}{ds\,ds'\,dt} \, ds'.$$

Le circuit considéré étant fermé, le premier terme du second membre de cette expression est nul, sa valeur étant la même aux deux limites. Il reste donc,

$$\int \frac{ds'}{r} \frac{d^2r}{ds\,dt} \frac{dr}{ds} = - \int \log r . \frac{d^2r}{ds\,ds'\,dt} \, ds'.$$

Intégrons par rapport à s; il vient

$$\int \int \frac{ds\,ds'}{r} \frac{d^2r}{ds\,dt} \frac{dr}{ds'} = - \int \int \log r . \frac{d^2r}{ds\,ds'\,dt} \, ds\,ds'.$$

Cela veut dire que le premier membre est égal à une expression qui ne change pas quand on y permute s et s'. Par suite,

$$\int \int \frac{ds\,ds'}{r} \frac{d^2r}{ds\,dt} \frac{dr}{ds'} = \int \int \frac{ds\,ds'}{r} \frac{d^2r}{ds'\,dt} \frac{dr}{ds},$$

et c'est précisément ce que nous voulions montrer.

Mais, je le répète, *ceci n'est vrai que pour deux courants fermés.*

CHAPITRE IV

THÉORIE DE HELMHOLTZ

261. — L'expérience nous fait connaître l'action mutuelle de deux courants fermés ; pour en déduire l'action de deux éléments de courants, Ampère a été obligé de faire une hypothèse : il suppose que cette action se réduit à une force dirigée suivant la droite qui joint ces deux éléments. Cette hypothèse n'est pas la seule qu'on puisse faire. Nous avons vu plus haut comment Weber, guidé par une théorie qui concorde avec celle d'Ampère dans le cas des courants fermés, a été conduit à admettre que deux éléments ont un potentiel mutuel qui a pour expression :

$$- ii' \frac{dsds'}{r} \frac{dr}{ds} \frac{dr}{ds'}.$$

D'un autre côté F. Neumann admet pour le potentiel mutuel de deux éléments l'expression :

$$ii'dsds' \frac{\cos \varepsilon}{r}.$$

Helmholtz cherche une formule générale comprenant celles de Weber et de Neumann et il fait à cet effet les hypothèses suivantes :

1° Il existe un potentiel mutuel de deux éléments de courants ;

2° Ce potentiel est inversement proportionnel à r.

Comme, en vertu du principe des courants sinueux, ce potentiel doit être linéaire en $\cos \varepsilon$ et $\cos \theta \cos \theta'$ (Cf. n° **240**, p. 234) Helmholtz est conduit à lui donner pour expression :

$$ii'dsds' \left(A \frac{\cos \varepsilon}{r} + B \frac{\cos \theta \cos \theta'}{r} \right).$$

où A et B sont des coefficients constants.

Cette expression peut s'écrire, en se rappelant que (n° **240**),

$$\cos \theta \cos \theta' = \cos \varepsilon + r \frac{d^2 r}{ds\,ds'},$$

$$ii'ds\,ds'\left[(A+B)\frac{\cos \varepsilon}{r} + B\frac{d^2 r}{ds\,ds'} \right].$$

Si l'on a deux courants *fermés*, leur potentiel électrodynamique mutuel sera l'intégrale double

$$T = \int\!\!\int ii'ds\,ds'\left[(A+B)\frac{\cos \varepsilon}{r} + B\frac{d^2 r}{ds\,ds'} \right].$$

Le second terme est nul, l'intégrale étant prise le long d'un circuit fermé ; donc,

$$\int ds \frac{d^2 r}{ds\,ds'} = 0.$$

Le potentiel électrodynamique se réduit alors à,

$$(A+B)\int\!\!\int ii'ds\,ds'\frac{\cos \varepsilon}{r}.$$

L'expérience montre que l'on doit prendre (n°ˢ **246** et **249**)

$$A + B = 1.$$

Mais tant que l'expérience porte sur des courants fermés, elle est impuissante à déterminer le coefficient B du terme $\frac{d^2 r}{ds\,ds'}$; c'est pourquoi, dans diverses hypothèses, on a pu attribuer à B des valeurs différentes.

En posant avec Helmholtz

$$B = \frac{1-k}{2},$$

l'expression du potentiel élémentaire devient,

$$ii'ds\,ds'\left(\frac{\cos \varepsilon}{r} + \frac{1-k}{2}\frac{d^2 r}{ds\,ds'} \right).$$

La formule de Weber est un cas particulier de celle de Helmholtz ; on la retrouve en donnant à k la valeur -1 ; alors le potentiel a la forme :

$$ ii' ds ds' \left(\frac{\cos \varepsilon}{r} + \frac{d^2 r}{ds ds'} \right) = - \frac{ii' ds ds'}{r} \frac{dr}{ds} \frac{dr}{ds'} . $$

En faisant $k = 1$, on a l'expression du potentiel qu'avait proposée Franz Neumann. En faisant $k = 0$, dit Helmholtz, on retrouverait l'électrodynamique de Maxwell. Cette assertion de Helmholtz a été parfois mal comprise ; nous y reviendrons plus loin (n° 285).

262. — La formule d'Ampère peut-elle être considérée comme un cas particulier de celle de Helmholtz ? En aucune façon. Nous avons vu, en effet, que dans la théorie d'Ampère l'action mutuelle de deux éléments n'a pas de potentiel. La formule d'Ampère est la seule qui explique les faits par une action entre deux éléments, réduite à une force dirigée suivant la droite qui les joint. Dès qu'on admet que cette action dérive d'un potentiel, comme le potentiel dépend de l'orientation des éléments, ses dérivées par rapport aux angles qui définissent cette orientation ne sont pas identiquement nulles, et il en est de même du travail virtuel qu'entraîne une variation infinitésimale de ces angles : c'est dire que, outre la force dirigée suivant la droite de jonction, existent des couples qui tendent à faire tourner les éléments et dont les moments sont de l'ordre de grandeur de la force. M. Bertrand a fait à ce sujet des objections à la théorie de Helmholtz (*Comptes rendus*, LXXIII, p. 965 ; LXXV, p. 860 ; LXXVII, p. 1049) : selon lui, tous ces couples, agissant sur tous les éléments d'un fil conducteur parcouru par un courant et soumis à l'action d'un autre courant ou de la terre, devraient immédiatement briser le fil et le réduire en poussière. Helmholtz répondait qu'une aiguille aimantée ne se brisait pas sous l'action de la terre, quoique sur chaque élément de longueur agît un couple dont le moment est de l'ordre de grandeur de l'élément. M. Bertrand a répliqué que personne ne croyait plus aujourd'hui à l'existence réelle des fluides magnétiques de Coulomb et que la réponse de Helmholtz n'avait pas de sens ; il semble que Helm-

holtz aurait pu dire qu'on ne croyait pas davantage à l'existence objective d'un courant matériel circulant dans un conducteur.

Je ne veux pas m'immiscer dans cette polémique ; je veux toutefois montrer en quoi consiste le malentendu qui sépare ces deux savants éminents.

Pour M. Bertrand, le courant se compose d'éléments extrêmement petits, dont le nombre est extrêmement grand quoique fini ; à chacun d'eux est appliqué un couple dont les deux composantes ont une existence réelle et un point d'application parfaitement déterminé. Sur la figure, les éléments sont représentés par les quatre rectangles en trait plein et les couples qui leur sont appliqués sont A_1F_1, B_1G_1 ; A_2F_2, B_2G_2 ; A_3F_3, B_3G_3 ; A_4F_4, B_4G_4.

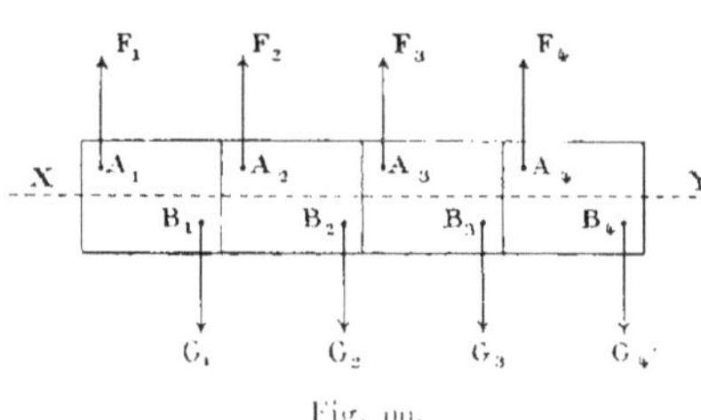

Fig. 111.

Dans ces conditions, il est clair que la rupture se produira suivant la ligne pointillée XY.

Pour M. von Helmholtz au contraire le couple n'est qu'une sorte de tendance à tourner qui a une existence propre indépendante de ses deux composantes, qui peuvent ne pas avoir de point d'application déterminé. Le couple existe toutes les fois que la rotation produit un travail.

En d'autres termes Helmholtz suppose que, si loin que l'on pousse la division de la matière, chaque partie restera toujours soumise à un couple. M. Bertrand croit au contraire qu'il arrivera un moment où les parties ultimes de la matière seront soumises à une force unique et qu'en adoptant une autre manière de voir, on est dupe d'une fiction mathématique qui cache la réalité des faits. Il ne serait peut-être pas impossible, même en acceptant le point de vue de M. Bertrand, d'imaginer une distribution des forces qui n'entraînerait pas la rupture des conducteurs. Mais elle serait probablement compliquée et peu naturelle.

Je me bornerai à rappeler que, dans la théorie de Weber,

qui n'est qu'un cas particulier de celle de Helmholtz, on peut tout expliquer en supposant que l'action mutuelle de deux éléments se réduit à une force unique dirigée suivant la droite qui les joint. J'ai dit au n° **258** comment cela peut se concilier avec le fait de l'existence d'un potentiel qui est en apparence contradictoire.

263. *Équations fondamentales.* — Nous avons mis le potentiel électrodynamique mutuel de deux circuits sous la forme (n° **249**).

$$(1) \qquad T = i \int (F\,dx + G\,dy + H\,dz)$$

dans le cas d'un circuit *fermé*.

Ici, on a, pour deux circuits *quelconques* :

$$(2) \qquad T = \int \int ii'\,ds\,ds' \left[\frac{\cos \varepsilon}{r} + \frac{1-k}{2}\,\frac{d^2 r}{ds\,ds'} \right].$$

Or on a d'autre part,

$$\cos \varepsilon\, ds\,ds' = dx\,dx' + dy\,dy' + dz\,dz',$$

$$\frac{d^2 r}{ds\,ds'}\,ds = \frac{d^2 r}{dx\,ds'}\,dx + \frac{d^2 r}{dy\,ds'}\,dy + \frac{d^2 r}{dz\,ds'}\,dz.$$

En substituant dans T cette valeur de $\dfrac{d^2 r}{ds\,ds'}$, que nous venons de trouver, nous pouvons donner à T la forme (1) déjà trouvée dans le cas d'un courant fermé, en posant,

$$(3) \quad \begin{cases} F = \displaystyle\int \frac{i'\,dx'}{r} + \frac{1-k}{2} \int i'\,ds'\,\frac{d^2 r}{dx\,ds'}, \\[3ex] G = \displaystyle\int \frac{i'\,dy'}{r} + \frac{1-k}{2} \int i'\,ds'\,\frac{d^2 r}{dy\,ds'}, \\[3ex] H = \displaystyle\int \frac{i'\,dz'}{r} + \frac{1-k}{2} \int i'\,ds'\,\frac{d^2 r}{dz\,ds'}. \end{cases}$$

Nous dirons que F, G, H sont les composantes du *potentiel vecteur*.

Posons

$$(4) \qquad \frac{\psi}{i} = \int i'ds' \frac{dr}{ds'}$$

l'intégrale étant étendue au contour C' et étant nulle dans le cas d'un courant fermé ; en différentiant par rapport à x, il vient,

$$\frac{d\psi}{dx} = \int i' \frac{d^2r}{dx\,ds'}\, ds' \, ;$$

F, G, H deviennent donc,

$$(5) \qquad \left\{ \begin{aligned} F &= \int \frac{i'dx'}{r} + \frac{1-k}{2}\, \frac{d\psi}{dx}, \\[2ex] G &= \int \frac{i'dy'}{r} + \frac{1-k}{2}\, \frac{d\psi}{dy}, \\[2ex] H &= \int \frac{i'dz'}{r} + \frac{1-k}{2}\, \frac{d\psi}{dz}. \end{aligned} \right.$$

On peut écrire aussi,

$$(6) \qquad \frac{\psi}{i} = \int i' \left(\frac{dr}{dx'}\, dx' + \frac{dr}{dy'}\, dy' + \frac{dr}{dz'}\, dz' \right)$$

et en effet si on regarde x, y, z comme des constantes on a,

$$dr = \frac{dr}{ds'}\, ds' = \frac{dr}{dx'}\, dx' + \frac{dr}{dy'}\, dy' + \frac{dr}{dz'}\, dz'.$$

264. — Donnons à ces équations une forme applicable aux conducteurs à trois dimensions.

Si ρ est la densité de l'électricité libre, $\rho d\tau$ est la quantité d'électricité contenue dans le volume $d\tau$; $u d\omega$ est la quantité d'électricité qui traverse dans l'unité de temps l'aire $d\omega$ normale à Ox; de même, $vd\omega$ c'est la quantité d'électricité qui traverse l'aire $d\omega$ normale à Oy; $wd\omega$, celle qui traverse $d\omega$ normale à Oz.

On a :

$$\frac{du}{dx} + \frac{dv}{dy} + \frac{dw}{dz} = -\frac{dz}{dt}.$$

C'est l'équation dite de continuité (Cf. 1re partie, n° **29**).

Le fil conducteur peut être assimilé à un cylindre de section $d\omega$. L'élément de longueur étant ds, l'élément de volume a pour valeur $d\tau = d\omega ds$.

La section par un plan perpendiculaire à dx est $\dfrac{d\tau}{dx}$.

Donc,

$$i = u \frac{d\tau}{dx},$$

d'où,

$$\begin{cases} ud\tau = idx, \\ vd\tau = idy, \\ wd\tau = idz, \end{cases}$$

et pour l'élément ds,

$$\begin{cases} u'd\tau' = i'dx', \\ v'd\tau' = i'dy', \\ w'd\tau' = i'dz'. \end{cases}$$

Donc,

$$\mathrm{T} = \int (\mathrm{F}u + \mathrm{G}v + \mathrm{H}w)\, d\tau$$

avec,

$$(7)\quad \begin{cases} \mathrm{F} = \displaystyle\int \frac{u'd\tau'}{r} + \frac{1-k}{2}\cdot\frac{d\psi}{dx}, \\[3ex] \mathrm{G} = \displaystyle\int \frac{v'd\tau'}{r} + \frac{1-k}{2}\cdot\frac{d\psi}{dy}, \\[3ex] \mathrm{H} = \displaystyle\int \frac{w'd\tau'}{r} + \frac{1-k}{2}\cdot\frac{d\psi}{dz}. \end{cases}$$

Transformons maintenant l'expression (6) ; nous avons,

$$\psi = \int \left(u' \frac{dr}{dx'} + v' \frac{dr}{dy'} + w' \frac{dr}{dz'} \right) d\tau'.$$

Si nous cherchons le potentiel électrodynamique mutuel total nous avons à prendre l'élément différentiel :

$$(Fu + Gv + Hw)\, d\tau$$

où F, G, H sont des intégrales étendues à tous les éléments $d\tau'$ de tous les conducteurs, $d\tau$ excepté. En opérant de la sorte on compte deux fois dans l'intégrale double le potentiel mutuel d'un couple d'éléments $d\tau$ et $d\tau'$. Donc il faut diviser par 2 l'intégrale ainsi calculée pour avoir T :

$$(8) \qquad T = \frac{1}{2} \int (Fu + Gv + Hw)\, d\tau.$$

On peut dire que l'intégrale est étendue à tout l'espace, car en dehors des conducteurs, u, v, w sont nuls.

On pourra, dès lors, appliquer le théorème de Green, relatif à l'intégration par parties dans tout l'espace [1] ; cela nous donnera

$$\int d\tau'.u' \frac{dr}{dx'} = - \int d\tau' r \frac{du'}{dx'},$$

$$\int d\tau' v' \frac{dr}{dy'} = - \int d\tau' r \frac{dv'}{dy'},$$

$$\int d\tau' w' \frac{dr}{dz'} = - \int d\tau' r \frac{dw'}{dz'};$$

---

[1] Nous intégrons par partie par rapport à x entre les limites ∞ et $-\infty$ et, comme u' est supposé nul à l'infini, le terme tout connu disparaît.

φ prend alors la forme

$$(9) \quad \varphi = - \int r\, d\tau' \left(\frac{du'}{dx'} + \frac{dv'}{dy'} + \frac{dw'}{dz'} \right) = \int r \frac{d\rho'}{dt}\, d\tau'.$$

265. — Considérons deux quantités d'électricité e', e' ; elles se repoussent avec une force d'intensité $\frac{1}{\lambda} \frac{ee'}{r^2}$, λ étant une constante. Si l'on adopte les idées universellement reçues, λ est 1 dans le système d'unités électrostatiques et est le carré de la vitesse de la lumière dans le système électromagnétique. Je conserve λ parce que nous serons conduits à modifier un peu les idées reçues.

Le potentiel électrostatique φ est donné dès lors par,

$$\lambda\varphi = \int \frac{\rho'}{r}\, d\tau'$$

d'où, par différentiation,

$$\lambda \frac{d\varphi}{dt} = \int \frac{1}{r} \frac{d\rho'}{dt}\, d\tau'.$$

Or :

$$\Delta\varphi = \int \Delta r \frac{d\rho'}{dt}\, d\tau'.$$

et comme,

$$\frac{dr}{dx} = \frac{x - x'}{r},$$

$$\frac{d^2r}{dx^2} = \frac{1}{r} - \frac{(x - x')^2}{r^3},$$

il en résulte que

$$\Delta r = \frac{2}{r}.$$

Donc,

$$(9\ bis) \qquad \Delta\varphi = \int \frac{2}{r} \frac{d\rho'}{dt}\, d\tau' = 2\lambda \frac{d\varphi}{dt}.$$

Appliquons maintenant aux deux membres des équations (7) l'opérateur Δ ; il vient pour les premiers membres de ces équations, d'après le théorème de Poisson,

$$\Delta \int \frac{u'd\tau'}{r} = -4\pi u,$$

$$\Delta \int \frac{v'd\tau'}{r} = -4\pi v,$$

$$\Delta \int \frac{w'd\tau'}{r} = -4\pi w.$$

En ce qui concerne les seconds membres, nous avons,

$$\Delta \frac{d\psi}{dx} = \frac{d}{dx}\Delta\psi \; ; \text{ etc.,}$$

et, en tenant compte de (9 bis),

$$\Delta \frac{d\psi}{dx} = 2\lambda \cdot \frac{d^2\varphi}{dx\,dt},$$

$$\Delta \frac{d\psi}{dy} = 2\lambda \cdot \frac{d^2\varphi}{dy\,dt},$$

$$\Delta \frac{d\psi}{dz} = 2\lambda \cdot \frac{d^2\varphi}{dz\,dt}.$$

Donc,

$$(10) \quad \begin{cases} \Delta F = -4\pi u + (1-k)\,\lambda \cdot \dfrac{d^2\varphi}{dx\,dt}, \\[2mm] \Delta G = -4\pi v + (1-k)\,\lambda \cdot \dfrac{d^2\varphi}{dy\,dt}, \\[2mm] \Delta H = -4\pi w + (1-k)\,\lambda \cdot \dfrac{d^2\varphi}{dz\,dt}. \end{cases}$$

Calculons maintenant

$$\frac{dF}{dx} + \frac{dG}{dy} + \frac{dH}{dz} = J.$$

Nous avons en différentiant la première équation $\frac{}{}$ par rapport à x,

$$\frac{dF}{dx} = \int u' d\tau' \frac{d\frac{1}{r}}{dx} + \frac{1-k}{2} \frac{d^2\psi}{dx^2}.$$

Or,

$$\frac{d\frac{1}{r}}{dx} = - \frac{d\frac{1}{r}}{dx'}.$$

Donc,

$$\int u' d\tau' \frac{d\frac{1}{r}}{dx} = - \int u' d\tau' \frac{d\frac{1}{r}}{dx'}.$$

et, en appliquant le théorème de Green,

$$- \int d\tau' u' \frac{d\frac{1}{r}}{dx'} = \int \frac{d\tau'}{r} \frac{du'}{dx'}.$$

En effectuant des transformations analogues sur

$$\frac{dG}{dy} = \int v' d\tau' \frac{d\frac{1}{r}}{dy} + \frac{1-k}{2} \frac{d^2\psi}{dy^2},$$

et

$$\frac{dH}{dz} = \int w' d\tau' \frac{d\frac{1}{r}}{dz} + \frac{1-k}{2} \frac{d^2\psi}{dz^2}.$$

on trouve,

$$\begin{cases} \dfrac{dF}{dx} = \displaystyle\int \dfrac{d\tau'}{r} \dfrac{du'}{dx'} + \dfrac{1-k}{2} \dfrac{d^2\psi}{dx^2}, \\[2em] \dfrac{dG}{dy} = \displaystyle\int \dfrac{d\tau'}{r} \dfrac{dv'}{dy'} + \dfrac{1-k}{2} \dfrac{d^2\psi}{dy^2}, \\[2em] \dfrac{dH}{dz} = \displaystyle\int \dfrac{d\tau'}{r} \dfrac{dw'}{dz'} + \dfrac{1-k}{2} \dfrac{d^2\psi}{dz^2}. \end{cases}$$

L'expression que nous nous sommes proposé de calculer s'écrit donc,

$$\frac{dF}{dx} + \frac{dG}{dy} + \frac{dH}{dz} = \int \frac{d\tau'}{r}\left(\frac{du'}{dx'} + \frac{dv'}{dy'} + \frac{dw'}{dz'}\right) + \frac{1-k}{2}\Delta\psi$$

et en tenant compte de l'équation de continuité,

$$\frac{dF}{dx} + \frac{dG}{dy} + \frac{dH}{dz} = -\int \frac{d\tau'}{r}\frac{d\rho'}{dt} + \frac{1-k}{2}\Delta\psi$$

ou encore, d'après (9 *bis*),

$$= \lambda\frac{d\varphi}{dt} + (1-k)\lambda\frac{d\varphi}{dt}.$$

On a donc finalement,

$$J = \frac{dF}{dx} + \frac{dG}{dy} + \frac{dH}{dz} = -k\lambda\frac{d\varphi}{dt}.$$

On voit que J serait nul en particulier si on faisait $k = 0$.

266. *Équations de la loi de Ohm*. — La formule,

$$Ri = E - \frac{d(Mi')}{dt}$$

s'applique aux courants fermés. Si on l'applique à une portion de courant, il faut tenir compte de la différence de potentiel aux extrémités. Appelons $\varphi_1 - \varphi_0$ cette différence de potentiel ; on a donc dans ce cas,

$$Ri = \varphi_0 - \varphi_1 + E - \frac{d(Mi)}{dt}.$$

Si on a un élément rectiligne parallèle à Ox, $\varphi_1 - \varphi_0$ devient,

$$\varphi_1 - \varphi_0 = \frac{d\varphi}{dx}dx.$$

On peut poser,

$$E = Xdx$$

et,

$$R = \frac{dx}{C d\omega},$$

C étant la conductibilité spécifique ; d'où

$$Ri = \frac{i\,dx}{C d\omega} = \frac{u\,dx}{C}.$$

Quant à la force électromotrice d'induction, on a ici :

$$T = i F\,dx = M i i'$$

d'où

$$\frac{d(M i)}{dt} = dx\,\frac{dF}{dt}.$$

Les équations de la loi de Ohm s'écrivent donc :

$$(12)\quad
\begin{cases}
\dfrac{u}{C} = -\dfrac{dz}{dx} - \dfrac{dF}{dt} + X, \\[2ex]
\dfrac{v}{C} = -\dfrac{dz}{dy} - \dfrac{dG}{dt} + Y, \\[2ex]
\dfrac{w}{C} = -\dfrac{dz}{dz} - \dfrac{dH}{dt} + Z.
\end{cases}$$

On peut dire qu'il y a quatre forces électromotrices se faisant équilibre :

1° *La force électrostatique* $\left(-\dfrac{dz}{dx}, -\dfrac{dz}{dy}, -\dfrac{dz}{dz} \right)$;

2° *La force d'induction* $\left(-\dfrac{dF}{dt}, -\dfrac{dG}{dt}, -\dfrac{dH}{dt} \right)$;

3° *La force électromotrice extérieure* (d'origine chimique, thermoélectrique, etc.) (X, Y, Z) ;

4° *La force électromotrice résistante* $\left(-\dfrac{u}{C}, -\dfrac{v}{C}, -\dfrac{w}{C} \right)$.

L'hypothèse sur laquelle reposent les formules (12), l'extension de la loi de Ohm aux conducteurs à trois dimensions, semble très plausible ; mais c'est une hypothèse, et M. Bertrand n'en admet pas la légitimité. Nous verrons qu'en faisant sur la généralité de la loi de Joule dans les conducteurs à trois dimensions une hypothèse qui paraît s'imposer (voir formule (18 *bis*), n° 270), les formules (12) s'accordent avec le principe de la conservation de l'énergie. Il y a plus : on pourrait appliquer aux conducteurs à trois dimensions les équations de Lagrange et de la théorie de l'induction de Maxwell (1re partie, n° **151**) ; si je ne donne pas dans ces leçons ce calcul, c'est qu'on a ici un nombre infini de paramètres, et que je serais forcé d'employer le calcul des variations.

Je me bornerai à dire que *si l'on admet la formule* (18 *bis*), le calcul conduirait aux équations (12).

267. *Définition de la force magnétique.* — Dans le cas où *tous les courants sont fermés*, la force magnétique est susceptible de deux définitions équivalentes.

1° On peut dire que la force magnétique, dont nous avons appelé les composantes α, β, γ, est la résultante de toutes les actions électromagnétiques appliquées à un pôle magnétique égal à 1. C'est la définition que nous avons donnée plus haut au n° **147**. Un pôle magnétique peut être assimilé à un solénoïde indéfini. En effet l'action d'un courant *fermé* sur un solénoïde fermé est nulle ; son action sur un solénoïde limité ne dépend par conséquent que de la position de ses deux extrémités qui peuvent être assimilées à deux pôles magnétiques égaux et de signe contraire ; son action sur un solénoïde indéfini est donc la même que sur un pôle magnétique unique situé à l'extrémité libre du solénoïde (Cf. 1re partie, n° **124**) ;

2° Considérons un élément magnétique et soient $A\,d\tau$, $B\,d\tau$, $C\,d\tau$, les composantes de son moment magnétique. Les actions subies par cet élément peuvent se réduire à une force unique appliquée au centre de gravité de l'élément et dont les composantes sont :

$$\left(\frac{d\alpha}{dx} A + \frac{d\alpha}{dy} B + \frac{d\alpha}{dz} C \right) d\tau,$$

$$\left(\frac{d\beta}{dx} A + \frac{d\beta}{dy} B + \frac{d\beta}{dz} C \right) d\tau,$$

$$\left(\frac{d\gamma}{dx} A + \frac{d\gamma}{dy} B + \frac{d\gamma}{dz} C \right) d\tau.$$

et à un couple dont le moment a pour composantes :

$$(C\beta - B\gamma)\,d\tau,$$
$$(A\gamma - C\alpha)\,d\tau,$$
$$(B\alpha - A\beta)\,d\tau.$$

En d'autres termes le moment de ce couple est normal au plan des deux vecteurs qui représentent le moment magnétique de l'élément et la force magnétique et est égal au produit de ces deux vecteurs par le sinus de leur angle.

Si l'élément change de direction sans que son centre de gravité se déplace et sans que la *grandeur* de son moment varie, le travail de ce couple est égal à la variation du produit de ces deux mêmes vecteurs par le cosinus de leur angle, c'est-à-dire à la variation de l'expression suivante :

$$(A\alpha - B\beta + C\gamma)\,d\tau.$$

Imaginons maintenant un circuit fermé infiniment petit, parcouru par un courant d'intensité i ; soit $d\omega$ l'aire de ce circuit ; l, m, n les cosinus directeurs de son plan. Ce circuit sera équivalent à un élément magnétique dont le moment aura pour composantes :

$$A\,d\tau = il\,d\omega,$$
$$B\,d\tau = im\,d\omega,$$
$$C\,d\tau = in\,d\omega.$$

Les actions subies par ce circuit se réduiront donc à une force unique appliquée au centre de gravité du circuit et à un couple dont le moment aura pour composantes :

$$(12\ bis)\qquad \begin{cases} i\,d\omega\,(n\beta - m\gamma), \\ i\,d\omega\,(l\gamma - n\alpha), \\ i\,d\omega\,(m\alpha - l\beta). \end{cases}$$

Si le circuit change de direction sans que son centre de gravité se déplace, sans se déformer et sans que l'intensité i varie, le travail de ce couple sera la variation de l'expression :

$$(12\ ter)\qquad i\,d\omega\,(l\alpha + m\beta + n\gamma).$$

D'où la définition suivante de la *force magnétique* :

C'est un vecteur dont j'appellerai les composantes α, β, γ et qui est tel que l'action exercée sur un circuit infiniment petit se réduise à une force appliquée au centre de gravité du circuit et à un couple dont le moment a pour composantes les expressions (12 bis) et dont le travail est égal à la variation de l'expression (12 ter).

Imaginons maintenant un système S contenant des courants *non fermés*.

La première définition de la force magnétique n'a plus aucun sens.

Il est en effet impossible de réaliser un pôle magnétique isolé à l'aide d'un solénoïde indéfini. Voici pourquoi :

L'action d'un courant *non fermé* sur un solénoïde fermé n'est pas nulle ; son action sur un solénoïde non fermé ne dépend donc pas seulement de la position des deux extrémités mais de la forme du solénoïde ; et son action sur un solénoïde indéfini ne se réduit pas à une force unique appliquée à son extrémité libre.

Nous sommes donc conduits à adopter la seconde définition.

Cherchons l'expression du potentiel électrodynamique T d'un circuit fermé quelconque C par rapport au système S.

Supposons d'abord que le circuit C soit infiniment petit, l'action du système S sur ce circuit se réduira à une force appliquée à son centre de gravité et à un couple. Si le circuit change de direction sans se déformer, sans que l'intensité varie et sans que son centre de gravité se déplace, le travail de la force sera nul ; celui du couple sera *par définition* égal à la variation de l'expression (12 *ter*), c'est-à-dire à :

$$i\,d\omega\,(\alpha\,\delta l + \beta\,\delta m + \gamma\,\delta n).$$

Si donc l'intensité i du courant, l'aire $d\omega$ du circuit, les coordonnées x, y, z de son centre de gravité ne changent pas ; si par conséquent les cosinus directeurs l, m, n varient seuls, on aura :

$$\delta T = i\,d\omega\,(\alpha\,\delta l + \beta\,\delta m + \gamma\,\delta n).$$

On en déduit :

$$T = i\,d\omega\,(\alpha l + \beta m + \gamma n)$$
$$+ \text{fonction arbitraire de } i\,d\omega, \text{ de } x, \text{ de } y \text{ et de } z.$$

Cette fonction arbitraire qui ne contient pas les cosinus directeurs l, m et n est évidemment nulle : car T doit changer de signe quand le courant change de sens, ou ce qui revient au même, quand on fait tourner le circuit de 180° autour d'un axe situé dans son plan, ou ce qui revient encore au même, quand on change l, m, n en $-l$, $-m$, et $-n$.

On a donc finalement :

$$T = i d\omega \left(\alpha l + \beta m + \gamma n \right).$$

Si le circuit C est fini, on le décomposera en une infinité de circuits infiniment petits ainsi qu'il a été dit au n° **107** de la première partie et on aura :

$$(13) \qquad T = \int i d\omega \left(\alpha l + \beta m + \gamma n \right).$$

l'intégration étant étendue à tous les éléments $d\omega$ d'une aire A appartenant à une surface d'ailleurs quelconque passant par le circuit C et limitée par ce circuit.

Quant à l, m, n, ce sont les cosinus directeurs de l'élément $d\omega$ ou, ce qui revient au même, de la normale à la surface à laquelle appartient l'aire A.

268. — On a équation (1)

$$T = i \int \left(F dx + G dy + H dz \right).$$

Transformons cette équation à l'aide du théorème de Stokes ; il vient

$$T = i \int d\omega \left[l \left(\frac{dH}{dy} - \frac{dG}{dz} \right) + m \left(\frac{dF}{dz} - \frac{dH}{dx} \right) + n \left(\frac{dG}{dx} - \frac{dF}{dy} \right) \right].$$

Comme on a par définition de (α, β, γ),

$$(13) \qquad T = i \int \left(l\alpha + m\beta + n\gamma \right) d\omega,$$

il s'ensuit que

$$(14) \quad \begin{cases} \alpha = \dfrac{dH}{dy} - \dfrac{dG}{dz}, \\[2ex] \beta = \dfrac{dF}{dz} - \dfrac{dH}{dx}, \\[2ex] \gamma = \dfrac{dG}{dx} - \dfrac{dF}{dy}. \end{cases}$$

Calculons maintenant

$$\frac{d\gamma}{dy} - \frac{d\beta}{dz}.$$

Nous avons, en différentiant la troisième des équations (14) par rapport à y et la seconde par rapport à z,

$$\frac{d\gamma}{dy} = \frac{d^2G}{dx\,dy} - \frac{d^2F}{dy^2},$$

$$\frac{d\beta}{dz} = \frac{d^2F}{dz^2} - \frac{d^2H}{dx\,dz},$$

et en ajoutant l'identité

$$\frac{d^2F}{dx^2} - \frac{d^2F}{dx^2} = 0.$$

il vient,

$$\frac{d\gamma}{dy} - \frac{d\beta}{dz} = \frac{d}{dx}\left(\frac{dF}{dx} + \frac{dG}{dy} + \frac{dH}{dz}\right) - \Delta F.$$

Or, nous savons déjà que [équations (10) et (11)]

$$\begin{cases} \Delta F = -4\pi u + (1 - k)\,\lambda\,\dfrac{d^2\varphi}{dx\,dt}, \\[2ex] \Delta G = -4\pi v + (1 - k)\,\lambda\,\dfrac{d^2\varphi}{dy\,dt}, \\[2ex] \Delta H = -4\pi w + (1 - k)\,\lambda\,\dfrac{d^2\varphi}{dz\,dt}, \\[2ex] J = \dfrac{dF}{dx} + \dfrac{dG}{dy} + \dfrac{dH}{dz} = -k\lambda\,\dfrac{d\varphi}{dt} \end{cases}$$

Donc,

$$\frac{d\gamma}{dy} - \frac{d\beta}{dz} = \frac{dA}{dx} - \Delta F = -k\lambda\frac{d^2\varphi}{dx\,dt} + 4\pi u - \iota - k\lambda\frac{d^2\varphi}{dx\,dt}$$

$$= 4\pi u - \lambda\frac{d^2\varphi}{dx\,dt}.$$

Un calcul analogue au précédent nous donnera $\dfrac{d\alpha}{dz} - \dfrac{d\gamma}{dx}$ et $\dfrac{d\beta}{dx} - \dfrac{d\alpha}{dy}$.

On obtient ainsi finalement,

$$(15)\quad \begin{cases} \dfrac{d\gamma}{dy} - \dfrac{d\beta}{dz} = 4\pi u - \lambda\dfrac{d^2\varphi}{dx\,dt}, \\[2mm] \dfrac{d\alpha}{dz} - \dfrac{d\gamma}{dx} = 4\pi v - \lambda\dfrac{d^2\varphi}{dy\,dt}, \\[2mm] \dfrac{d\beta}{dx} - \dfrac{d\alpha}{dy} = 4\pi w - \lambda\dfrac{d^2\varphi}{dz\,dt}. \end{cases}$$

Dans Maxwell, les derniers termes n'existent pas. Nous verrons en effet que Maxwell suppose $\lambda = 0$.

Les équations (15) se prêtent à la vérification suivante :

En différentiant la première des équations (15) par rapport à x, la seconde par rapport à y, la troisième par rapport à z, et ajoutant il vient :

$$4\pi\left(\frac{du}{dx} + \frac{dv}{dy} - \frac{dw}{dz}\right) - \lambda\Delta\frac{d\varphi}{dt} = 0.$$

En effet, nous savons que (n° **165**),

$$\lambda\varphi = \int_0^{\cdot} \frac{\rho\,d\tau}{r},$$

d'où,

$$\lambda\Delta\varphi = -4\pi\rho,$$

et en différentiant par rapport à t,

$$\lambda\Delta\frac{d\varphi}{dt} = -4\pi\frac{d\rho}{dt},$$

d'où,

$$4\pi \left(\frac{du}{dx} + \frac{dv}{dy} + \frac{dw}{dz} + \frac{d\rho}{dt} \right) = 0.$$

Nous retrouvons ainsi l'équation de continuité.

CONSERVATION DE L'ÉNERGIE ET STABILITÉ DE L'ÉQUILIBRE

269. *Expression de l'énergie électrocinétique* T *et de l'énergie électrostatique* U. — Je vais donner de T une expression nouvelle. Remplaçons dans l'équation (8)

$$(16) \qquad T = \frac{1}{2} \int (Fu + Gv + Hw)\, d\tau,$$

u, v, w par leurs valeurs tirées de (15). Il vient alors,

$$(16\ bis) \qquad T = \frac{1}{8\pi} \int \sum \left(\frac{d\gamma}{dy} - \frac{d\beta}{dz} \right) F d\tau$$

$$+ \frac{1}{8\pi} \int \sum \lambda\, \frac{d^2\varphi}{dx\,dt} F d\tau.$$

où le signe $\sum$ indique une permutation circulaire à effectuer sur les lettres α, β, γ ; x, y, z et F, G, H.

En intégrant par parties *dans tout l'espace* on a,

$$\int \frac{d\gamma}{dy} F d\tau = - \int \frac{dF}{dy} \gamma d\tau,$$

$$- \int \frac{d\beta}{dz} F d\tau = \int \frac{dF}{dz} \beta d\tau.$$

$$\int \frac{d\alpha}{dz} G\,d\tau = - \int \frac{dG}{dz}\,\alpha\,d\tau,$$

$$- \int \frac{d\gamma}{dx} G\,d\tau = \int \frac{dG}{dx}\,\gamma\,d\tau.$$

$$\int \frac{d\beta}{dx} H\,d\tau = - \int \frac{dH}{dx}\,\beta\,d\tau,$$

$$- \int \frac{d\alpha}{dy} H\,d\tau = \int \frac{dH}{dy}\,\alpha\,d\tau.$$

La première intégrale de (16_bis) a donc pour valeur

$$\frac{1}{8\pi} \int \left[\alpha\left(\frac{dH}{dy} - \frac{dG}{dz}\right) + \beta\left(\frac{dF}{dz} - \frac{dH}{dx}\right) + \gamma\left(\frac{dG}{dx} - \frac{dF}{dy}\right) \right] d\tau$$

$$= \frac{1}{8\pi} \int (\alpha^2 + \beta^2 + \gamma^2)\,d\tau$$

d'après (14).

La seconde intégrale de $(16\ bis)$ se transforme de même, et on obtient

$$\int F \frac{d^2\varphi}{dx\,dt}\,d\tau = - \int \frac{dF}{dx}\,\frac{d\varphi}{dt}\,d\tau$$

$$\int G \frac{d^2\varphi}{dy\,dt}\,d\tau = - \int \frac{dG}{dy}\,\frac{d\varphi}{dt}\,d\tau,$$

$$\int H \frac{d^2\varphi}{dz\,dt}\,d\tau = - \int \frac{dH}{dz}\,\frac{d\varphi}{dt}\,d\tau\,;$$

donc, finalement,

$$\frac{\lambda}{8\pi} \int \sum \frac{d^2\varphi}{d.x\,dt}\, d\tau = -\frac{\lambda}{8\pi} \int \frac{d\varphi}{dt} \left(\frac{dF}{dx} + \frac{dG}{dy} + \frac{dH}{dz} \right) d\tau,$$

et, en tenant compte de (11),

$$= -\frac{k\lambda^2}{8\pi} \int \left(\frac{d\varphi}{dt} \right)^2 dt.$$

L'expression (16 *bis*) devient donc finalement,

$$(16\ ter) \qquad T = \frac{1}{8\pi} \int (\alpha^2 + \beta^2 + \gamma^2)\, d\tau + \frac{k\lambda^2}{8\pi} \int \left(\frac{d\varphi}{dt} \right)^2 d\tau.$$

Si k est positif ou nul, tous les éléments de l'intégrale sont positifs, et si T est nul, c'est que tous ses éléments sont nuls ; au contraire, si k est négatif, on ne peut affirmer que du moment que T est nul, tous les éléments soient nuls et qu'il n'y ait pas de courant.

T, énergie électrocinétique, n'est qu'un des termes de l'énergie. L'autre terme est l'énergie électrostatique

$$U = \frac{1}{2} \int \rho\varphi\, d\tau.$$

Or :

$$\lambda\Delta\varphi = -4\pi\rho.$$

Donc,

$$U = -\frac{\lambda}{8\pi} \int \Delta\varphi.\varphi\, d\tau.$$

Or, d'après le théorème de Green,

$$\int \varphi.\Delta\varphi\, d\tau = -\int \left[\left(\frac{d\varphi}{dx} \right)^2 + \left(\frac{d\varphi}{dy} \right)^2 + \left(\frac{d\varphi}{dz} \right)^2 \right] d\tau.$$

L'expression U s'écrit alors,

$$(17) \qquad U = \frac{\lambda}{8\pi} \int \left[\left(\frac{d\varphi}{dx}\right)^2 + \left(\frac{d\varphi}{dy}\right)^2 + \left(\frac{d\varphi}{dz}\right)^2 \right] d\tau.$$

U est donc essentiellement positif.

L'énergie totale $T + U$ est positive si $k \geqq 0$. Si k est < 0, $T + U$ peut être de signe quelconque.

Supposons que F, G, H, soient tels que l'on ait,

$$F = \frac{d\chi}{dx}, \qquad G = \frac{d\chi}{dy}, \qquad H = \frac{d\chi}{dz},$$

χ étant une fonction quelconque de x, y, z; les trois binômes (14) sont alors nuls, et le premier terme de (16 *ter*) disparaît. Le second ne disparaît pas.

Supposons maintenant que $\varphi = 0$ à l'origine des temps; $T + U$ sera négatif; comme $\varphi = 0$ à l'origine des temps, il n'y a pas d'électricité libre au début, mais il y en a tout de suite après, car $\frac{d\varphi}{dt}$ n'est pas nul.

270. *Conservation de l'énergie*. — Vérifions que l'énergie se conserve, c'est-à-dire que la variation $T + U$ est égale au travail accompli par les forces électromotrices extérieures (chimiques, thermo-électriques, etc.), diminuée de la chaleur dégagée dans les résistances en vertu de la loi de Joule :

$$(18) \quad d(T+U) = -dt \int \frac{u^2+v^2+w^2}{C} d\tau + dt \int (Xu+Yv+Zw) d\tau.$$

Reportons-nous aux équations (12) et multiplions la première par $-u d\tau$, la seconde par $-v d\tau$, la troisième par $-w d\tau$, puis intégrons dans tout l'espace et ajoutons; il vient,

$$(18') \qquad -\int \frac{u^2+v^2+w^2}{C} d\tau + \int (Xu+Yv+Zw) d\tau$$

$$= \int \left(u\frac{d\varphi}{dx} + v\frac{d\varphi}{dy} + w\frac{d\varphi}{dz} \right) d\tau + \int \left(u\frac{dF}{dt} + v\frac{dG}{dt} + w\frac{dG}{dt} \right).$$

Nous allons démontrer que la première intégrale du second membre est $\dfrac{dU}{dt}$, et la seconde $\dfrac{dT}{dt}$.

Quant à l'intégrale $\displaystyle\int \dfrac{u^2 + v^2 + w^2}{C}\, d\tau$, c'est la chaleur de Joule. Montrons cela. Une *ligne de courant* est une ligne qui satisfait aux équations différentielles $\dfrac{dx}{u} = \dfrac{dy}{v} = \dfrac{dz}{w}$, c'est-à-dire qui a pour tangente en chaque point la vitesse de l'électricité.

Un conducteur à trois dimensions peut être considéré comme formé d'une infinité de conducteurs linéaires élémentaires ayant la forme de cylindres infiniment petits, de hauteur ds, de section droite $d\omega$, de volume $d\tau = ds\,d\omega$ et dont la hauteur est dirigée suivant les lignes de courant.

Admettons que la loi de Joule s'applique à ces conducteurs linéaires élémentaires.

Si l'on considère l'un d'eux, la chaleur dégagée par le passage du courant est $Ri^2 dt$; or

$$R = \frac{ds}{C\,d\omega},$$

et

$$i^2 = \left(u^2 + v^2 + w^2\right) d\omega^2 ;$$

donc,

$$(18\ bis) \qquad Ri^2 dt = \frac{u^2 + v^2 + w^2}{C}\, ds\,d\omega\,dt = \frac{u^2 + v^2 + w^2}{C}\, d\tau\, dt.$$

C. Q. F. D.

271. — Je me propose maintenant de démontrer que la première intégrale du deuxième membre (de $18'$) est égale à $\dfrac{dU}{dt}$.

Nous avons vu que,

$$U = \frac{1}{2} \int \rho\varphi\, d\tau.$$

Je dis que,

$$\frac{dU}{dt} = \int \frac{d\rho}{dt}\,\varphi\,d\tau.$$

Car,

$$\frac{dU}{dt} = \frac{1}{2}\int \frac{d\rho}{dt}\,\varphi\,d\tau + \frac{1}{2}\int \varphi\,\frac{d\rho}{dt}\,d\tau,$$

et,

$$\int \frac{d\rho}{dt}\,\varphi\,d\tau = \int \varphi\,\frac{d\rho}{dt}\,d\tau.$$

En effet,

$$\varphi = \int \frac{\rho'\,d\tau'}{\lambda r}$$

Nous tirons de là,

$$(\text{18 } ter)\qquad \int\int \frac{d\rho}{dt}\,\rho'\,\frac{d\tau\,d\tau'}{\lambda r} = \int\int \rho\,\frac{d\rho'}{dt}\,\frac{d\tau\,d\tau'}{\lambda r},$$

car la première intégrale ne change pas, si on permute ρ et ρ' en même temps que $d\tau$ et $d\tau'$, puisque les deux intégrations par rapport à $d\tau$ et $d\tau'$ s'étendent à tout l'espace.

Donc,

$$\frac{dU}{dt} = \int \frac{d\rho}{dt}\,\varphi\,d\tau. \qquad\qquad \text{C.Q.F.D.}$$

D'autre part,

$$\frac{d\rho}{dt} = -\left(\frac{du}{dx} + \frac{dv}{dy} + \frac{dw}{dz}\right),$$

par conséquent,

$$\frac{dU}{dt} = \int \frac{d\rho}{dt}\,\varphi\,d\tau = -\int \varphi\left(\frac{du}{dx} + \frac{dv}{dy} + \frac{dw}{dz}\right)d\tau.$$

et en intégrant par parties dans tout l'espace il vient finalement,

$$\frac{dU}{dt} = \int_0^\infty \left(u\frac{d\varphi}{dx} - v\frac{d\varphi}{dy} + w\frac{d\varphi}{dz} \right) d\tau,$$

c'est ce que nous voulions démontrer.

272. — Passons maintenant à l'intégrale

$$\int_0^\infty \left(u\frac{dF}{dt} + v\frac{dG}{dt} + w\frac{dH}{dt} \right) d\tau,$$

Nous avons vu que,

$$T = \frac{1}{2} \int_0^\infty \left(Fu + Gv + Hw \right) d\tau,$$

d'où

$$\frac{dT}{dt} = \frac{1}{2} \int_0^\infty \sum F \frac{du}{dt}\, d\tau + \frac{1}{2} \int_0^\infty \sum u \frac{dF}{dt}\, d\tau ;$$

le signe $\sum$ ayant la même signification que précédemment. Je dis que ces deux intégrales sont égales. Pour le démontrer, posons,

$$F = F' + \frac{1-k}{2}\frac{d\psi}{dx},$$

avec,

$$F' = \int_0^\infty \frac{u'd\tau'}{r} .$$

L'identité à démontrer devient alors,

$$\int_0^\infty \sum F \frac{du}{dt}\, d\tau + \frac{1-k}{2} \int_0^\infty \sum \frac{d\psi}{dx}\frac{du}{dt}\, d\tau$$

$$= \int_0^\infty \sum \frac{dF'}{dt}\, u\, d\tau + \frac{1-k}{2} \int_0^\infty \sum u \frac{d^2\psi}{dx\,dt}\, d\tau.$$

Or, on a,

$$\int_0^\circ \mathrm{F}\frac{du}{dt}\,d\tau = -\int_0^\circ u\frac{d\mathrm{F}}{dt}\,d\tau,$$

car

$$\int_0^\circ\int_0^\circ u\,\frac{du}{dt}\,\frac{d\tau\,d\tau'}{r} = \int_0^\circ\int_0^\circ u\,\frac{du}{dt}\,\frac{d\tau\,d\tau'}{r}$$

les intégrations par rapport à $d\tau$ et $d\tau'$ s'étendant à tout l'espace.

En ce qui concerne les intégrales

$$\int_0^\circ \sum \frac{d\varphi}{dx}\frac{du}{dt}\,d\tau \quad \text{et} \quad \int_0^\circ \sum u\,\frac{d^2\varphi}{dx\,dt}\,d\tau,$$

je dis que,

$$\int_0^\circ \sum \frac{d\varphi}{dx}\frac{du}{dt}\,d\tau = \int_0^\circ \sum u\,\frac{d^2\varphi}{dx\,dt}\,d\tau$$

En effet, en intégrant par parties dans tout l'espace, il vient pour la première intégrale,

$$\int_0^\circ \frac{d\varphi}{dx}\frac{du}{dt}\,d\tau = -\int_0^\circ \varphi\,\frac{d^2u}{dx\,dt}\,d\tau,$$

et pour la seconde,

$$\int_0^\circ \frac{d^2\varphi}{dx\,dt}\,u\,d\tau = -\int_0^\circ \frac{d\varphi}{dt}\frac{du}{dx}\,d\tau.$$

Il faut donc démontrer que

$$\int_0^\circ \frac{d^2\varphi}{dx\,dt}\,\varphi\,d\tau = \int_0^\circ \frac{d\varphi}{dt}\frac{du}{dx}\,d\tau.$$

Or on a,

$$\sum \frac{du}{dx} = -\frac{d\varphi}{dt},$$

$$\sum \frac{d^2u}{dx\,dt} = -\frac{d^2\varphi}{dt^2};$$

d'autre part,

$$\psi = \int \frac{d\rho'}{dt}\, r\,d\tau',$$

et, par un artifice de calcul analogue à celui qui nous a servi à la démonstration de l'égalité (18 *ter*), on obtient l'égalité,

$$\int \int \frac{d\rho'}{dt}\frac{d^2\rho}{dt^2}\, r\,d\tau d\tau' = \int \int \frac{d\rho}{dt}\frac{d^2\rho'}{dt^2}\, r\,d\tau d\tau' ;$$

donc,

$$\int \sum \psi \frac{d^2 u}{dx\,dt} = \int \sum \frac{d\psi}{dt}\frac{du}{dx}\, d\tau.$$

C. Q. F. D.

En remplaçant les deux intégrales du second membre de (18') par les valeurs ainsi trouvées, on a :

$$\frac{d(\mathrm{T}+\mathrm{U})}{dt} = - \int \frac{u^2+v^2+w^2}{\mathrm{C}}\, d\tau + \int (\mathrm{X}u + \mathrm{Y}v + \mathrm{Z}w)\, d\tau.$$

Si on multipliait cette équation par dt, le premier membre représenterait l'accroissement de l'énergie tant électrodynamique qu'électrostatique, la seconde intégrale du second membre représenterait le travail des forces électromotrices extérieures (chimiques, thermo-électriques, etc.); la première intégrale du second membre représenterait l'énergie perdue sous forme de chaleur de Joule.

Cette équation exprime donc bien qu'il y a conservation de l'énergie.

273. *Stabilité de l'équilibre*. — Dans le cas où il n'y a aucune force électromotrice extérieure au système,

$$\frac{d(\mathrm{T}+\mathrm{U})}{dt} = - \int \frac{u^2+v^2+w^2}{\mathrm{C}}\, d\tau,$$

la dérivée de $T + U$ par rapport au temps est donc essentiellement négative dans ce cas.

Si la constante k de Helmholtz est $\geqq 0$, l'équilibre est stable. En effet, $T + U$ est essentiellement positif et ne s'annule que s'il n'y a ni électricité libre ni courants dans l'espace ; si $T + U$ est très petit, c'est que les courants et la densité de l'électricité libre sont partout très petits. Partons de l'équilibre : $T + U = 0$, et faisons subir une petite perturbation, $T + U$ prendra une valeur positive très petite ; mais si nous abandonnons le système à lui-même, $T + U$ va aller en diminuant, tout en restant positif ; $T + U$ restera donc très petit, ce qui ne peut avoir lieu que si les courants restent eux-mêmes très petits. Donc il y a stabilité.

Au contraire, si k est négatif, nous pouvons encore partir de l'équilibre absolu et faire subir au système une perturbation très petite ; mais nous pouvons toujours supposer cette perturbation telle que la valeur initiale très petite que prend $T + U$ soit négative. À partir de là, $T + U$ va diminuer ; sa valeur absolue va aller en croissant, et on s'éloignera de plus en plus de l'équilibre primitif. L'équilibre est instable.

Nous devons donc rejeter toute théorie qui donne à h une valeur négative, en particulier la théorie de Weber, qui se déduit de celle de Helmholtz, en faisant $k = -1$.

ÉTUDE DES MILIEUX MAGNÉTIQUES

274. — Que deviennent, dans les milieux magnétiques, les équations 14 et 15 ?

Définissons d'abord la force et l'induction magnétique en un point.

La force magnétique sera la somme géométrique de deux vecteurs :

1° La force électro-magnétique, due aux courants fermés ou non, et définie comme au n° 28, telle qu'elle serait au point considéré si le milieu n'était pas magnétique : cette force pourra ne pas dériver d'un potentiel, cela aura lieu si au point considéré le courant électrique n'est pas nul.

2° La force magnétique due aux aimants permanents ou non; elle pourra se réduire à l'action qu'exerce l'aimantation induite par les courants dans la masse magnétique à l'intérieur de laquelle est pris le point considéré. Cette force dérive toujours d'un potentiel, du potentiel magnétique :

$$\Omega = - \int_c^s \left(\frac{dA'}{dx} + \frac{dB'}{dy} + \frac{dC'}{dz} \right) \frac{1}{r} \, dz'.$$

Donc,

$$\chi = - \int_\varrho^s \left(\frac{dA'}{dx'} + \frac{dB'}{dy'} + \frac{dC'}{dz'} \right) \frac{d\frac{1}{r}}{dx} \, dz'.$$

Quant à l'induction magnétique, elle est la somme géométrique de la force magnétique et de l'aimantation au point considéré, multipliée par 4π.

275. — Je dis que dans un milieu magnétique, les équations (14) doivent être remplacées par les équations :

$$(19) \qquad \begin{cases} a = \dfrac{dH}{dy} - \dfrac{dG}{dz} \\[2mm] b = \dfrac{dF}{dz} - \dfrac{dH}{dx} \\[2mm] c = \dfrac{dG}{dx} - \dfrac{dF}{dy} \end{cases}$$

et que les équations (15) restent encore vraies.

276. — En effet, considérons un aimant; supposons qu'il n'y ait pas de courant extérieur. L'aimant peut être considéré comme constitué par un système de courants particulaires d'après les idées d'Ampère.

La composante F du potentiel vecteur dû à l'un de ces courants est :

$$F = i' \int_c^s \frac{dx'}{r} + \frac{1 - k}{2} \frac{d\chi}{dx}.$$

Tous les courants particulaires étant fermés, la dérivée $\dfrac{d\zeta}{dx}$ disparaît, et il reste

$$F = i \int_{c} \frac{dx}{r}.$$

En transformant cette intégrale de ligne en une intégrale de surface il vient

$$F = i \int_{c} \left(m' \frac{d\frac{1}{r}}{dz} - n' \frac{d\frac{1}{r}}{dy} \right) d\omega',$$

$d\omega'$ étant l'élément de l'aire embrassée par le courant ; cette aire est infiniment petite ; donc l'intégrale se réduit au seul élément

$$i\,d\omega' \left(m' \frac{d\frac{1}{r}}{dz} - n' \frac{d\frac{1}{r}}{dy} \right).$$

Le courant est équivalent à un élément magnétique, dont le moment a pour composantes $A'\,d\tau'$, $B'\,d\tau'$, $C'\,d\tau'$,

$$\begin{cases} A'\,d\tau' = i\,l'\,d\omega', \\ B'\,d\tau' = i\,m'\,d\omega', \\ C'\,d\tau' = i\,n'\,d\omega' ; \end{cases}$$

par suite la composante F du potentiel vecteur dû à cet élément est

$$\left(B' \frac{d\frac{1}{r}}{dz} - C' \frac{d\frac{1}{r}}{dy} \right) d\tau'.$$

Pour avoir la composante due à l'aimant entier il faut intégrer par rapport aux éléments $d\tau'$ du volume de l'aimant, ou, ce qui

revient au même, intégrer dans tout l'espace, car, à l'extérieur,
$A' = B' = C' = 0$. Il vient donc

$$F = \int \left(B' \frac{d\frac{1}{r}}{dz'} - C' \frac{d\frac{1}{r}}{dy'} \right) dz'.$$

Voici le point délicat du calcul : r est la distance de deux éléments dz et dz' et l'élément dz est à l'intérieur de la masse ; donc r peut être infiniment petit ; $\frac{1}{r}$ est alors infiniment grand : s'il est infiniment grand du premier ordre, $\frac{d\frac{1}{r}}{dx'}$ l'est du second, et $\frac{d^2\frac{1}{r}}{dx'^2}$ du troisième ; et ainsi de suite.

J'ai à prendre des intégrales triples ; si j'ai sous le signe $\int$ des termes en $\frac{1}{r}$, l'intégrale est finie et déterminée, de même pour des termes en $\frac{d\frac{1}{r}}{dx'}$, mais il n'en est plus ainsi si l'on a des dérivées secondes. Si on ne faisait pas attention à cette remarque, on démontrerait aisément que ΔV est nul même à l'intérieur du corps attirant, ce qui est faux.

Je dois donc m'arranger pour ne pas introduire, comme aux n° **147** et n° **148**, les dérivées secondes de $\frac{1}{r}$ par rapport aux cordonnées.

En intégrant par parties *dans tout l'espace*, on a,

$$\int B' \frac{d\frac{1}{r}}{dz'} dz' = - \int \frac{1}{r} \frac{dB'}{dz'} dz'.$$

L'expression de F que nous voulions transformer devient donc,

$$(20) \quad \begin{cases} F = \displaystyle\int \left(\frac{dC'}{dy'} - \frac{dB'}{dz'} \right) \frac{1}{r} \, dz', \text{ et de même :} \\[2em] G = \displaystyle\int \left(\frac{dA'}{dz'} - \frac{dC'}{dx'} \right) \frac{1}{r} \, dz', \\[2em] H = \displaystyle\int \left(\frac{dB'}{dx'} - \frac{dA'}{dy'} \right) \frac{1}{r} \, dz'. \end{cases}$$

Calculons maintenant l'expression qui nous intéresse,

$$\frac{dH}{dy} - \frac{dG}{dz}.$$

Il vient en différentiant la troisième relation (20) par rapport à y et la deuxième par rapport à z :

$$(21) \quad \begin{cases} \dfrac{dH}{dy} = \displaystyle\int \frac{dB'}{dx'} \frac{d\frac{1}{r}}{dy} \, dz' - \int \frac{dA'}{dy'} \frac{d\frac{1}{r}}{dy} \, dz', \\[2.5em] -\dfrac{dG}{dz} = \displaystyle\int \frac{dC'}{dx'} \frac{d\frac{1}{r}}{dz} \, dz' - \int \frac{dA'}{dz'} \frac{d\frac{1}{r}}{dz} \, dz'. \end{cases}$$

Considérons encore l'identité,

$$0 = \int \frac{dA'}{dx'} \frac{d\frac{1}{r}}{dx} \, dz' - \int \frac{dA'}{dx'} \frac{d\frac{1}{r}}{dx} \, dz'$$

Transformons ces intégrales ; nous savons que,

$$\frac{d\frac{1}{r}}{dy} = - \frac{d\frac{1}{r}}{dy'},$$

parce que r est fonction de $x - x'$, $y - y'$ et $z - z'$. On a donc en tenant compte de cette identité et intégrant par parties dans tout l'espace par rapport à y :

$$\int \frac{d\mathrm{B}'}{dx'} \frac{d\frac{1}{r}}{dy} \, d\tau' = - \int \frac{d\mathrm{B}'}{dx'} \frac{d\frac{1}{r}}{dy'} \, d\tau = \int \frac{d^2\mathrm{B}'}{dx'dy'} \frac{1}{r} \, d\tau'.$$

et, en intégrant de nouveau par parties par rapport à x'

$$\int \frac{d^2\mathrm{B}'}{dx'dy'} \frac{1}{r} \, d\tau = - \int \frac{d\mathrm{B}'}{dy'} \frac{d\frac{1}{r}}{dx'} \, d\tau' = \int \frac{d\mathrm{B}'}{dy'} \frac{d\frac{1}{r}}{dx} \, d\tau'.$$

Donc,

$$\int \frac{d\mathrm{B}'}{dx'} \frac{d\frac{1}{r}}{dy} \, d\tau' = \int \frac{d\mathrm{B}'}{dy'} \frac{d\frac{1}{r}}{dx} \, d\tau'.$$

et de même,

$$\int \frac{d\mathrm{C}'}{dx'} \frac{d\frac{1}{r}}{dz} \, d\tau' = \int \frac{d\mathrm{C}'}{dz} \frac{d\frac{1}{r}}{dx} \, d\tau'.$$

D'autre part, si l'on pose

$$\mathrm{V} = \int \frac{\mathrm{A}' d\tau'}{r}.$$

nous avons

$$\frac{d\mathrm{V}}{dx} = \int \mathrm{A}' \frac{d\frac{1}{r}}{dx} \, d\tau' = - \int \mathrm{A}' \frac{d\frac{1}{r}}{dx'} \, d\tau',$$

et, en intégrant par parties dans tout l'espace, il vient

$$\frac{dN}{dx} = \int_e \frac{dN}{dx'} \frac{1}{r} \, d\tau'.$$

d'où, en différentiant par rapport à x,

$$\frac{d^2V}{dx^2} = \int_e \frac{dN}{dx'} \frac{d\frac{1}{r}}{dx} \, d\tau.$$

et par un calcul analogue,

$$\frac{d^2V}{dy^2} = \int_e \frac{dN}{dy'} \frac{d\frac{1}{r}}{dy} \, d\tau'.$$

$$\frac{d^2V}{dz^2} = \int_e \frac{dN}{dz'} \frac{d\frac{1}{r}}{dz} \, d\tau'.$$

Les équations (24) s'écrivent alors,

$$\frac{dH}{dy} = \int_e \frac{dB}{dy'} \frac{d\frac{1}{r}}{dx} \, d\tau' - \frac{d^2V}{dy^2}.$$

$$-\frac{dG}{dz} = \int_e \frac{dC}{dz'} \frac{d\frac{1}{r}}{dx} \, d\tau' - \frac{d^2V}{dz^2}.$$

$$o = \int_e \frac{dN'}{dx'} \frac{d\frac{1}{r}}{dx} \, d\tau - \frac{d^2V}{dx^2}.$$

En additionnant membre à membre ces équations on obtient,

$$\frac{dH}{dy} - \frac{dG}{dz} = \int_e \left(\frac{dN}{dx'} + \frac{dB}{dy'} + \frac{dC}{dz'} \right) \frac{d\frac{1}{r}}{dx} \, d\tau - \Delta V ;$$

d'autre part la relation de Poisson nous donne,

$$\Delta V = - 4\pi\Lambda.$$

Il vient donc,

$$\frac{dH}{dy} - \frac{dG}{dz} = \alpha + 4\pi\Lambda,$$

et, en tenant compte des relations (12) du n° 8, il vient finalement,

$$\frac{dH}{dy} - \frac{dG}{dz} = a,$$

et, par un calcul analogue au précédent,

$$\frac{dF}{dz} - \frac{dH}{dx} = b,$$

$$\frac{dG}{dx} - \frac{dF}{dy} = c.$$

C. Q. F. D.

277. — Prenons maintenant un milieu magnétique parcouru par des courants finis ; u, v, w sont les composantes du courant ; α_1, β_1, γ_1 sont les composantes de la force électro-magnétique due aux courants finis, F_1, G_1, H_1 les composantes de leur potentiel vecteur. De même, α_2, β_2, γ_2 seront les composantes de la force magnétique due aux courants particulaires ; a_2, b_2, c_2 les composantes de l'induction qui leur est due, et F_2, G_2, H_2 les composantes de leur potentiel vecteur. On a pour les composantes de la force magnétique totale, de l'induction totale et du potentiel vecteur total :

$$\alpha = \alpha_1 + \alpha_2,$$
$$\beta = \beta_1 + \beta_2,$$
$$\gamma = \gamma_1 + \gamma_2,$$
$$a = a_1 + a_2,$$
$$b = b_1 + b_2,$$
$$c = c_1 + c_2,$$
$$F = F_1 + F_2,$$
$$G = G_1 + G_2,$$
$$H = H_1 + H_2.$$

Or, d'après le n° **268**. on a, pour les courants finis,

$$a_1 = \frac{dH_1}{dy} - \frac{dG_1}{dz}.$$
$$b_1 = \frac{dF_1}{dz} - \frac{dH_1}{dx}.$$
$$c_1 = \frac{dG_1}{dx} - \frac{dF_1}{dy}.$$

et

$$\frac{d\gamma_1}{dy} - \frac{d\beta_1}{dz} = 4\pi u - \lambda \frac{d^2\varphi}{dx\,dt}.$$
$$\frac{d\alpha_1}{dz} - \frac{d\gamma_1}{dx} = 4\pi v - \lambda \frac{d^2\varphi}{dy\,dt},$$
$$\frac{d\beta_1}{dx} - \frac{d\alpha_1}{dy} = 4\pi w - \lambda \frac{d^2\varphi}{dz\,dt}.$$

Pour les courants particulaires, d'après le n° **275**, on a,

$$a_2 = \frac{dH_2}{dy} - \frac{dG_2}{dz}.$$
$$b_2 = \frac{dF_2}{dz} - \frac{dH_2}{dx},$$
$$c_2 = \frac{dG_2}{dx} - \frac{dF_2}{dy},$$

et

$$\frac{d\gamma_2}{dy} - \frac{d\beta_2}{dz} = 0,$$
$$\frac{d\alpha_2}{dz} - \frac{d\gamma_2}{dx} = 0.$$
$$\frac{d\beta_2}{dx} - \frac{d\alpha_2}{dy} = 0.$$

En ajoutant ces quatre séries d'équations membre à membre il vient,

$$a = \frac{dH}{dy} - \frac{dG}{dz}.$$
$$b = \frac{dF}{dz} - \frac{dH}{dx}.$$
$$c = \frac{dG}{dx} - \frac{dF}{dy},$$

et

$$\frac{d\gamma}{dy} - \frac{d\beta}{dz} = 4\pi u - \lambda\,\frac{d^2\varphi}{dx\,dt},$$

$$\frac{d\alpha}{dz} - \frac{d\gamma}{dx} = 4\pi v - \lambda\,\frac{d^2\varphi}{dy\,dt},$$

$$\frac{d\beta}{dx} - \frac{d\alpha}{dy} = 4\pi w - \lambda\,\frac{d^2\varphi}{dz\,dt},$$

ce qui était à démontrer.

CHAPITRE V

PASSAGE DE LA THÉORIE DE HELMHOLTZ
A CELLE DE MAXWELL

278. — Pour se rendre compte de la façon dont on peut passer de la théorie de Helmholtz à celle de Maxwell, qui n'en est qu'un cas particulier ou plus exactement qu'un cas limite, il faut connaître les diverses hypothèses faites au sujet du magnétisme induit et de la polarisation diélectrique. Le présent chapitre est intimement lié au chapitre III de la première partie où j'ai exposé des idées analogues à celles de Helmholtz sous une forme différente.

Avant d'aborder la question de la polarisation diélectrique, rappelons les théories du magnétisme induit. Nous commencerons par celle de Poisson, la plus importante au point de vue de ce qui va suivre. Mais comme les calculs ont été exposés en détail dans la première partie de ce volume (n°s 52 à 59), nous nous bornerons à rappeler succinctement les résultats. Je dois avertir toutefois que la théorie exposée dans les numéros cités, 52 à 59, se rapportant plus particulièrement aux diélectriques, il faut, pour en déduire la théorie du magnétisme qui n'en diffère pas au point de vue mathématique, changer quelques-unes des notations.

C'est ainsi que ce que j'ai appelé $-\dfrac{dU}{d\zeta}$ et h dans ces paragraphes s'appellera ici z et ε. En effet U représentait le potentiel électrique ; il doit être remplacé ici par le potentiel magnétique dont les dérivées changées de signe ne sont autre chose que les composantes de la force magnétique. De même ce que nous appelions K s'appellera ici $\varkappa$.

279. *Induction magnétique.* — Poisson attribue les phéno-

mènes magnétiques à deux fluides, austral et boréal. Un corps
magnétique est constitué par de petites sphères conductrices du
magnétisme, distribuées irrégulièrement dans un espace intermédiaire isolant. Chaque sphère peut être regardée comme étant
la superposition d'une sphère solide de fluide austral et d'une
de fluide boréal : l'effet de l'aimantation est de faire glisser
l'une de ces sphères par rapport à l'autre d'une quantité plus
ou moins grande ; on a ainsi des *couches de glissement* ([1]).

Poisson admet que les actions mutuelles de toutes les autres
sphères sur l'une d'elles se neutralisent. Si m est la masse de
chacune des sphères, australe et boréale, et si ξ, η, ζ sont les
composantes du déplacement du centre de la sphère qui glisse,
on a

$$m\xi = A\,d\tau,$$
$$m\eta = B\,d\tau,$$
$$m\zeta = C\,d\tau,$$

$A\,d\tau$, $B\,d\tau$, $C\,d\tau$ étant les composantes du moment magnétique de
cet élément sphérique.

Pour pouvoir définir la force magnétique en un point intérieur, il faut supposer une cavité creusée autour du point, et la
force dépend de la forme de cette cavité, contrairement à ce que
croyait Poisson. Elle a pour composantes α, β, γ à l'intérieur
d'un cylindre infiniment long par rapport à sa base et dont
l'axe est dirigé suivant l'aimantation ; les composantes sont
$\alpha + 4\pi A$, $\beta + 4\pi B$, $\gamma + 4\pi C$ à l'intérieur d'un cylindre infiniment plat, parallèle aussi à l'aimantation ; enfin, elles sont

$$\alpha + \frac{4}{3}\pi A, \qquad \beta + \frac{4}{3}\pi B, \qquad \gamma + \frac{4}{3}\pi C$$

à l'intérieur d'une sphère.

Décrivons autour du point O une sphère σ de volume $d\tau$, très
petite d'une façon absolue, mais grande par rapport aux éléments sphériques ; écrivons qu'il y a équilibre à l'intérieur d'un
de ces éléments, s. L'action des corps extérieurs à la sphère σ

([1]) Voir pour cette théorie des couches de glissement, première partie, ch. III.

a pour composante parallèle à Ox, $\alpha + \dfrac{4}{3}\,\pi A$. A, B, C sont les composantes de la magnétisation. Si ε est le rapport du volume des petites sphères s au volume $d\tau$ de τ, l'aimantation de chacun de ces éléments s a pour composantes $\dfrac{A}{\varepsilon}$, $\dfrac{B}{\varepsilon}$, $\dfrac{C}{\varepsilon}$. L'action sur un point intérieur à τ des éléments sphériques extérieurs à s, mais intérieurs à τ, est supposée nulle (Cf., première partie, n° **55**). L'action de l'élément s lui-même a pour composante parallèle à Ox, $-\dfrac{4}{3}\,\pi\,\dfrac{A}{\varepsilon}$.

L'équation de l'équilibre s'écrit ainsi

$$(1) \qquad \alpha + \frac{4}{3}\,\pi A - \frac{4}{3}\,\pi\,\frac{A}{\varepsilon} = 0.$$

d'où,

$$\alpha = \frac{4}{3}\,\pi A\,\frac{1-\varepsilon}{\varepsilon},$$

et,

$$4\pi A = \frac{3\varepsilon\alpha}{1-\varepsilon}\;;$$

donc,

$$a = \alpha + 4\pi A = \frac{1+2\varepsilon}{1-\varepsilon}\,\alpha,$$

et en posant

$$\frac{1-2\varepsilon}{1-\varepsilon} = \mu,$$

il vient finalement

$$a = \mu\alpha,$$

$\dfrac{1+2\varepsilon}{1-\varepsilon} = \mu$ est ce qu'on appelle la *perméabilité magnétique*.

J'insiste sur la signification de l'équation (1).

Une molécule magnétique située à l'intérieur de la sphère s qui est conductrice du magnétisme doit être en équilibre sous l'action de toutes les forces qui agissent sur elle. Si l'on considère seulement les composantes parallèles à l'axe des x, la somme de ces composantes doit être nulle. On a donc :

$$\left(\text{Action des aimants extérieurs et des éléments magnétiques extérieurs à } \sigma = z + \frac{4}{3}\pi\Lambda\right) + \left(\text{action des éléments magnétiques intérieurs à } \sigma \text{ et autres que } s = 0\right) + \left(\text{action de } s = -\frac{4}{3}\pi\frac{\Lambda}{\varepsilon}\right) = 0.$$

La théorie présente des difficultés : ε doit être $< \frac{\pi}{6}$, ce qui impose à $\varkappa$ une limite supérieure qui est dépassée pour le fer. On peut dire, il est vrai, que rien n'obligeait à considérer des éléments sphériques : on peut, comme l'a fait M. Mathieu, prendre des éléments d'autres formes, et l'on échappe à cette difficulté.

Une autre difficulté c'est que $\varkappa$ n'est pas une constante mais varie avec la force $\sqrt{\alpha^2 + \beta^2 + \gamma^2}$.

Weber suppose des éléments déjà polarisés, mais orientés d'une manière quelconque : la force magnétique les ramène à une direction commune, ce qui se rapproche des idées d'Ampère.

Quant au diamagnétisme, remarquons que pour s'en rendre compte dans les idées de Poisson, il faut admettre que le vide est susceptible de polarisation magnétique et que les corps diamagnétiques sont seulement moins magnétiques que le vide. Alors le $\varkappa$ du vide n'est plus 1 : on nous avait défini l'unité de magnétisme en admettant que deux pôles égaux à 1 s'attirent avec une force 1 à l'unité de distance ; si $\varkappa = 1$ pour le vide, l'attraction observée dans le vide est bien l'attraction réelle. Il n'en est plus de même si $\varkappa > 1$.

280. *Polarisation diélectrique*. — Mossotti est arrivé à rendre compte des phénomènes que présentent les diélectriques dans les idées de Coulomb, en transportant les théories de Poisson à l'électricité, et ces théories, qui ne sont plus que de l'archéologie en magnétisme, peuvent encore servir dans l'étude des diélectriques, sans pourtant correspondre probablement à aucune réalité objective.

Les diélectriques seraient composés de sphères conductrices plongées dans un milieu isolant. Ce qui joue le rôle de l'aimantation, c'est la *polarisation diélectrique*, que Maxwell appelle *déplacement électrique* : *f. g. h.*

On a donc dans ce cas,

$$\left\{ \begin{aligned} m\xi &= f\,d\tau, \\ m\eta &= g\,d\tau, \\ m\zeta &= h\,d\tau. \end{aligned} \right.$$

Un diélectrique constitué de la sorte est tout à fait assimilable à un aimant; je veux dire que le fluide électrique y est distribué absolument de la même façon que le fluide magnétique dans un aimant constitué comme le suppose Poisson.

Le potentiel magnétique d'une masse magnétique m par rapport à un point extérieur est $\dfrac{m}{r}$. Le potentiel électrique d'une masse électrique m est de même, d'après les notations que nous avons adoptées, $\dfrac{m}{\lambda r}$.

Le potentiel d'une des sphères de Poisson par rapport à un point extérieur est, en appelant $A\,d\tau$, $B\,d\tau$, $C\,d\tau$ les composantes du moment magnétique de cette sphère :

$$d\tau \left(A\,\frac{d\frac{1}{r}}{dx} + B\,\frac{d\frac{1}{r}}{dy} + C\,\frac{d\frac{1}{r}}{dz} \right).$$

De même le potentiel d'une des sphères de Mossotti par rapport à un point extérieur sera :

$$\frac{d\tau}{\lambda} \left(f\,\frac{d\frac{1}{r}}{dx} + g\,\frac{d\frac{1}{r}}{dy} + h\,\frac{d\frac{1}{r}}{dz} \right).$$

De même donc que le potentiel d'un aimant est représenté par l'intégrale :

$$\Omega = \int d\tau \left(A\,\frac{d\frac{1}{r}}{dx} + B\,\frac{d\frac{1}{r}}{dy} + C\,\frac{d\frac{1}{r}}{dz} \right).$$

celui d'un diélectrique sera représenté par l'intégrale :

$$\varphi = \int \frac{dz'}{\lambda}\left(f'' \frac{d\frac{1}{r}}{dx'} + g' \frac{d\frac{1}{r}}{dy'} + h' \frac{d\frac{1}{r}}{dz'} \right).$$

La force magnétique (parallèle à l'axe de x) due à un aimant est en un point extérieur $\alpha = -\dfrac{d\Omega}{dx}$; la force électrostatique due à un diélectrique sera de même $-\dfrac{d\varphi}{dx}$.

Si l'on veut calculer cette force en un point intérieur, on retrouve l'analogie avec les aimants. Il faut pour la définir supposer une petite cavité creusée dans le diélectrique autour du point considéré ; on voit alors que la composante parallèle à l'axe des x est égale à :

$$-\frac{d\varphi}{dx} \quad \text{si la cavité est un cylindre très allongé ;}$$

$$-\frac{d\varphi}{dx} + \frac{4\pi f}{\lambda} \quad \text{si elle est un cylindre très aplati ;}$$

$$-\frac{d\varphi}{dx} + \frac{4\pi f}{3\lambda} \quad \text{si elle est sphérique.}$$

Écrivons comme précédemment les équations de l'équilibre ; il faut seulement ajouter ici les forces électromotrices d'induction, et d'autre part les forces électromotrices d'origine quelconque, chimique par exemple ou thermoélectrique, et dont j'appelle les composantes X, Y et Z.

α doit être ici remplacé par $-\dfrac{d\varphi}{dx}$, φ étant le potentiel électrostatique.

Une molécule électrique située à l'intérieur d'une des sphères de Mossotti doit être en équilibre ; si donc on considère les forces électromotrices d'origine diverse auxquelles cette molécule est soumise et les composantes de ces forces suivant l'axe des x, la somme de ces composantes doit être nulle, ce qui nous donne une équation tout à fait analogue à l'équation (1) ; nous supposerons comme plus haut que l'on a creusé dans le diélectrique une cavité limitée par une sphère σ concentrique à s : on aura :

$\left(\text{action des conducteurs extérieurs et de la portion du dié-}\right.$
lectrique extérieure à $\sigma = -\dfrac{d\varphi}{dx} + \dfrac{4}{3}\pi\dfrac{f}{\lambda}\left.\right) + \left(\text{action des sphères}\right.$
de Mossotti intérieures à σ et autres que $s = 0\left.\right) + \left(\text{action de}\right.$
$s = -\dfrac{4}{3}\pi\dfrac{f}{\lambda\varepsilon}\left.\right) + \left(\text{forces d'induction} = -\dfrac{dF}{dt}\right) + \left(\text{forces élec-}\right.$
tromotrices extérieures, d'origine diverse $= X\left.\right) = 0$, c'est-à-dire :

$$-\frac{d\varphi}{dx} - \frac{dF}{dt} + X + \frac{4}{3}\pi\frac{f}{\lambda} - \frac{4}{3}\pi\frac{f}{\varepsilon\lambda} = 0$$

d'où,

$$\frac{4}{3}\pi\frac{f}{\lambda}\cdot\frac{1-\varepsilon}{\varepsilon} = -\frac{d\varphi}{dx} - \frac{dF}{dt} + X;$$

et en posant,

$$K = \frac{\lambda(1+2\varepsilon)}{1-\varepsilon}$$

on a :

$$\text{(2)} \qquad \frac{4\pi f}{K-\lambda} = -\frac{d\varphi}{dx} - \frac{dF}{dt} + X.$$

K est le *pouvoir inducteur spécifique* du milieu.

Proposons-nous maintenant d'évaluer le courant de déplacement qui se produit dans un diélectrique quand son état de polarisation se modifie. Nous avons défini plus haut les composantes u, v et w du courant. Cette définition peut encore s'énoncer comme il suit :

$u\,d\tau$ est la projection sur l'axe des x de la quantité de mouvement de toutes les molécules électriques contenues dans l'élément de volume $d\tau$.

Considérons un élément $d\tau$ contenant une sphère de Mossotti. Quand cette sphère est polarisée on peut la regarder comme formée de deux sphères, l'une de fluide positif, l'autre de fluide négatif, dont les masses électriques sont égales et de signe contraire, qui ont même volume et dont les centres ne coïncident pas (voir première partie, n° 47). Soient $+m$ et $-m$ les masses des deux sphères ; soient x_1, y_1, z_1 les coordonnées du centre de la sphère positive ; $x_2 = x_1 - \xi$, $y_2 = y_1 - \eta$, $z_2 = z_1 - \zeta$ celles du centre de la sphère négative.

Alors ξ, η, ζ, ont la même signification qu'au début du paragraphe.

On a pour la composante parallèle à Ox du courant dû au déplacement relatif des deux sphères :

$$u\,d\tau = m\,\frac{dx_1}{dt} - m\,\frac{dx_2}{dt} = m\,\frac{d\xi}{dt} \; ;$$

or,

$$m\xi = f\,d\tau,$$
$$m\eta = g\,d\tau,$$
$$m\zeta = h\,d\tau,$$

donc,

$$u = \frac{df}{dt},$$

et de même

$$v = \frac{dg}{dt},$$

$$w = \frac{dh}{dt}.$$

281. — Le potentiel électrostatique φ est dû à l'électricité répandue dans les conducteurs et à celle qui polarise les diélectriques : ceux-ci se comportent comme des aimants.

On a donc

$$\varphi = \frac{1}{\lambda} \int \frac{\sigma\,d\tau'}{dr} + \frac{1}{\lambda} \int \left(f'\,\frac{d\frac{1}{r}}{dx'} + g'\,\frac{d\frac{1}{r}}{dy'} + h'\,\frac{d\frac{1}{r}}{dz'} \right) d\tau'$$

en appelant σ la densité au point (x, y, z) du conducteur. Dans cette équation, la première intégrale représente le potentiel dû à l'électricité libre des conducteurs, la seconde le potentiel dû à l'électricité polarisée dans les diélectriques.

D'ordinaire il n'y a d'électricité libre qu'à la surface des conducteurs. Appelons σ la densité *superficielle* de cette électricité au point x, y, z de cette surface, σ' la densité superficielle au point x', y', z'. S'il y a de l'électricité non seulement à la surface, mais à l'intérieur des conducteurs j'appellerai de même σ la densité de *volume* de l'électricité au point x, y, z du conducteur.

Nous avons alors :

$$V = \int_e^s \frac{\sigma\, d\tau}{r} + \int_e^s \frac{\sigma'\, d\omega}{r}$$
$$+ \int_e^s \left(f' \frac{d\frac{1}{r}}{dx} + g' \frac{d\frac{1}{r}}{dy} + h' \frac{d\frac{1}{r}}{dz} \right) d\tau'.$$

la première intégrale devant être étendue à tous les éléments de volume $d\tau$ des conducteurs, la troisième à tous les éléments $d\tau'$ des diélectriques et la seconde à tous les éléments $d\omega'$ de la surface qui sépare les conducteurs des diélectriques.

La troisième intégrale peut se transformer par l'intégration par parties et donne :

$$(3) \quad \int_e^s \left(f' \frac{d\frac{1}{r}}{dx} + g' \frac{d\frac{1}{r}}{dy} + h' \frac{d\frac{1}{r}}{dz} \right) d\tau' = \int (lf' + mg' + nh')\, d\omega'$$
$$- \int_e^s \left(\frac{df}{dx} + \frac{dg}{dy} + \frac{dh}{dz} \right) d\tau'.$$

Dans le second membre, la première intégrale doit être étendue à tous les éléments $d\omega'$ de la surface qui limite les diélectriques et la seconde à tous les éléments de volume des diélectriques.

Pour abréger les écritures dans l'équation (3), j'ai supposé que les propriétés du diélectrique varient d'une manière continue de telle sorte que f, g, h soient des fonctions continues; si donc on a plusieurs diélectriques différents je supposerai, qu'ils sont séparés les uns des autres par une *couche de passage* très mince. Au contraire, je regarderai les diélectriques comme séparés des conducteurs par une surface géométrique de telle façon que les propriétés du milieu varient *brusquement* quand on traverse cette surface.

Posons maintenant

$$\rho = \tau$$

dans les conducteurs ;

$$\rho = -\frac{df}{dx} - \frac{dg}{dy} - \frac{dh}{dz}$$

dans les diélectriques ;

$$[\rho] = [\tau] + lf + mg + nh$$

à la surface de séparation des conducteurs et des diélectriques.

Il viendra alors,

$$\lambda\varphi = \int \rho'\,\frac{d\tau'}{r} + \int \frac{[\rho']d\omega'}{r}.$$

En d'autres termes tout se passera comme si l'on avait de l'électricité répandue dans tout l'espace avec une densité ρ et d'autre part de l'électricité répandue à la surface des conducteurs avec la densité superficielle $[\rho]$.

Il est aisé de se rendre compte de ce résultat :

Si l'on considère un aimant, on sait que tout se passe comme si la densité magnétique à l'intérieur était $\dfrac{dA}{dx}\ \dfrac{dB}{dy}\ \dfrac{dC}{dz}$ et la densité superficielle à la surface de l'aimant égale à $Al + Bm + Cn$. Les diélectriques étant assimilables à des aimants, tout se passe comme si on avait à l'intérieur des diélectriques une densité électrique $-\dfrac{df}{dx} - \dfrac{dg}{dy} - \dfrac{dh}{dz}$ et à la surface une densité égale à $lf + mg + nh$.

Si on considère donc la surface de séparation d'un conducteur et d'un diélectrique, qui sera par exemple extérieur à cette surface, nous aurons à l'intérieur de cette surface une couche électrique infiniment mince de densité $[\tau]$, provenant de l'électricité qui, libre de circuler dans le conducteur, s'est portée à sa surface ; et nous aurons d'autre part, à l'extérieur de cette surface, une couche infiniment mince, de densité $lf + mg + nh$, provenant de la polarisation du diélectrique.

Tout se passera en définitive comme si nous avions une couche unique de densité σ.

Il importe de ne pas confondre ces deux densités superficielles σ et σ' dont la définition est très différente.

Dans un diélectrique, on a :

$$\frac{df}{dx} + \frac{dg}{dy} + \frac{dh}{dz} = -\rho,$$

et en différentiant par rapport au temps, en tenant compte des relations $u = \dfrac{df}{dt}$, etc., on retrouve l'équation de continuité :

$$\frac{du}{dx} + \frac{dv}{dy} + \frac{dw}{dz} = -\frac{d\rho}{dt}.$$

282. — Il y a une remarque à faire. Une molécule électrique situé à l'intérieur d'une sphère de Mossotti est soumise à une force électrostatique dont la composante parallèle à Ox est :

$$(4) \qquad X = -\frac{d\rho}{dx} - \frac{4\pi f}{K - \lambda}.$$

On peut s'étonner de voir que sa force n'est pas la dérivée du potentiel, changée de signe. C'est que *le diélectrique n'est pas un milieu homogène ;* le potentiel vrai varie irrégulièrement ; à l'état statique, par exemple, il est constant à l'intérieur de chacune des sphères de Mossotti et variable au dehors. Un observateur traversant le diélectrique en ligne droite verra le potentiel varier suivant une courbe telle que la courbe MN de la figure 8 ; cette courbe présente des sinuosités.

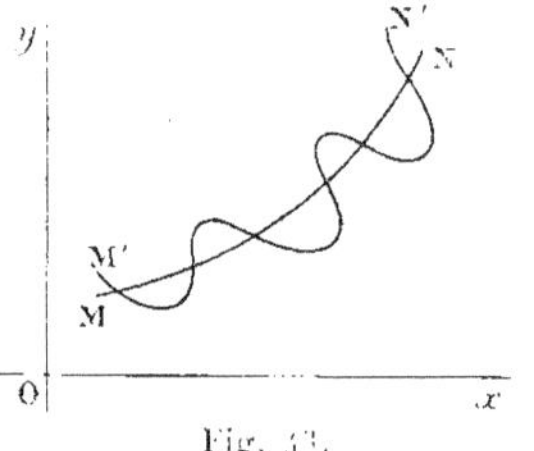

Fig. 8.

La fonction ρ définie par les équations du n° **276** est au contraire continue ainsi que toutes ses dérivées ; ce n'est qu'à cette condition qu'elle peut être introduite dans les calculs avec avantage ; cette fonction ρ, qu'on pourrait appeler *potentiel moyen,* n'est donc pas rigoureusement égale au potentiel vrai, mais la différence est très petite et du même ordre de grandeur que la distance qui sépare deux sphères de Mossotti ([1]).

Ce potentiel vrai oscille autour d'une valeur moyenne qui est φ, les deux courbes représentant le potentiel vrai (M'N') et le potentiel moyen (MN) sont extrêmement voisines, *mais les tangentes sont très différentes*, et c'est pourquoi la force, qui est la dérivée du potentiel vrai (au signe près), est très différente de la dérivée du potentiel moyen.

283. *Expression de l'énergie électrostatique dans le cas de diélectriques.* — Une force électromotrice (X, Y, Z) appliquée à une masse d'électricité m placée en un point (x, y, z) produit dans le temps dt un travail.

$$m\left(X\,\frac{dx}{dt} + Y\,\frac{dy}{dt} + Z\,\frac{dz}{dt} \right)dt.$$

Pour toutes les masses de l'élément $d\tau$, le travail rapporté à l'unité de temps est :

$$X \sum m\,\frac{dx}{dt} = Xu\,d\tau,$$

---

[1] Si on considère par exemple un point situé en dehors de ces sphères le potentiel moyen est égal à *l'intégrale*

$$\int_{e} \left(f'\,\frac{d\frac{1}{r}}{dx'} - g'\,\frac{d\frac{1}{r}}{dy'} + h'\,\frac{d\frac{1}{r}}{dz'} \right)d\tau'$$

et le potentiel vrai est égal à la *somme*

$$\sum \left(f'\,\frac{d\frac{1}{r}}{dx'} + g'\,\frac{d\frac{1}{r}}{dy'} + h'\,\frac{d\frac{1}{r}}{dz'} \right)\Delta\tau'$$

obtenue en décomposant le volume du diélectrique en éléments $\Delta\tau'$ contenant chacun une sphère de Mossotti et une seule et par conséquent finis quoique extrêmement petits.

On voit ainsi avec quel degré d'approximation le « potentiel moyen » représente le « potentiel vrai ». Ces différences n'ont aucune importance, puisque d'une part rien n'empêche de supposer les sphères aussi petites qu'on le veut, et que d'autre part les hypothèses de Mossotti ne doivent être considérées que comme une manière commode de considérer les choses et n'ont probablement aucun rapport avec la réalité des faits. J'ai cru néanmoins devoir entrer dans tous ces détails afin de lever une apparente contradiction.

et pour le volume entier, on a le travail :

$$\int \left(Xu + Yv + Zw \right)\, d\tau.$$

Or on a (4, n° **282**) :

$$X = -\frac{d\varphi}{dx} - \frac{4\pi f}{3 K \varepsilon} = -\frac{d\varphi}{dx} - \frac{4\pi f}{K - \lambda},$$

$$Y = -\frac{d\varphi}{dy} - \frac{4\pi g}{K - \lambda},$$

$$Z = -\frac{d\varphi}{dz} - \frac{4\pi h}{K - \lambda}.$$

Le travail changé de signe, est $\dfrac{dU}{dt}$ en appelant U l'énergie électrostatique ; donc :

$$\frac{dU}{dt} = \int \left(u\,\frac{d\varphi}{dx} + v\,\frac{d\varphi}{dy} + w\,\frac{d\varphi}{dz} \right) d\tau$$

$$+ \frac{4\pi}{K - \lambda} \int \left(uf + vg + wh \right) d\tau.$$

La première intégrale est égale à, en intégrant par parties dans tout l'espace,

$$\int \left(u\,\frac{d\varphi}{dx} + v\,\frac{d\varphi}{dy} + w\,\frac{d\varphi}{dz} \right) d\tau$$

$$= - \int \varphi \left(\frac{du}{dx} + \frac{dv}{dy} + \frac{dw}{dz} \right) d\tau,$$

et en tenant compte de l'équation de continuité,

$$- \int \varphi \left(\frac{du}{dx} + \frac{dv}{dy} + \frac{dw}{dz} \right) d\tau = \int \varphi\,\frac{d\varphi}{dt}\, d\tau.$$

Mais

$$\lambda \Delta \varphi = - 4\pi\varphi.$$

L'intégrale est donc,

$$\int \varphi \frac{d\varphi}{dt}\, d\tau = -\frac{1}{4\pi}\int \lambda\varphi \frac{d\Delta\varphi}{dt}\, d\tau = -\frac{\lambda}{4\pi}\int \varphi\Delta \frac{d\varphi}{dt}\, d\tau$$

$$= \frac{\lambda}{4\pi}\int \left(\frac{d\varphi}{dx}\frac{d^2\varphi}{dx\,dt} + \frac{d\varphi}{dy}\frac{d^2\varphi}{dy\,dt} + \frac{d\varphi}{dz}\frac{d^2\varphi}{dz\,dt} \right) d\tau$$

$$= \frac{\lambda}{8\pi}\frac{d}{dt}\int \left[\left(\frac{d\varphi}{dx}\right)^2 + \left(\frac{d\varphi}{dy}\right)^2 + \left(\frac{d\varphi}{dz}\right)^2 \right] d\tau.$$

La seconde intégrale est, en tenant compte des relations $u = \frac{df}{dt}$, etc.

$$\frac{4\pi}{K-\lambda}\int (uf + vg + wh)\, d\tau = \frac{4\pi}{K-\lambda}\int \left(f\frac{df}{dt} + g\frac{dg}{dt} + h\frac{dh}{dt} \right) d\tau$$

$$= \frac{2\pi}{K-\lambda}\frac{d}{dt}\int f^2 + g^2 + h^2\, d\tau.$$

L'expression du travail devient ainsi,

$$\frac{dU}{dt} = \frac{\lambda}{8\pi}\cdot\frac{d}{dt}\int \left[\left(\frac{d\varphi}{dx}\right)^2 + \left(\frac{d\varphi}{dy}\right)^2 + \left(\frac{d\varphi}{dz}\right)^2 \right] d\tau$$

$$+ \frac{2\pi}{K-\lambda}\frac{d}{dt}\int (f^2 + g^2 + h^2)\, d\tau.$$

Nous supposerons qu'à l'origine des temps tous les conducteurs partent de l'état neutre et qu'il n'y a ni électricité libre ni courant.

On a donc pour $t = 0$:

$$U = 0$$

et pour une époque ultérieure quelconque,

$$U = \frac{\lambda}{8\pi} \int \left[\left(\frac{d\varphi}{dx}\right)^2 + \left(\frac{d\varphi}{dy}\right)^2 + \left(\frac{d\varphi}{dz}\right)^2 \right] d\tau$$
$$+ \frac{2\pi}{K - \lambda} \int (f^2 + g^2 + h^2)\, d\tau.$$

284. — Telle est l'expression générale de l'énergie électrostatique. Quand on a affaire à des phénomènes purement électrostatiques, l'expression se simplifie ; on a en effet :

$$f = - \frac{d\varphi}{dx} \frac{K - \lambda}{4\pi}$$

et deux autres équations analogues ; d'où :

$$\frac{2\pi}{K - \lambda} f^2 = \frac{K - \lambda}{8\pi} \left(\frac{d\varphi}{dx}\right)^2.$$

Il vient donc :

$$U = \int d\tau \left[\frac{\lambda}{8\pi} \sum \left(\frac{d\varphi}{dx}\right)^2 + \frac{K - \lambda}{8\pi} \sum \left(\frac{d\varphi}{dx}\right)^2 \right]$$

le signe $\sum$ indiquant une permutation circulaire sur les lettres x, y, z.

Ou enfin,

$$(5) \qquad U = \int \frac{K}{8\pi} \left[\left(\frac{d\varphi}{dx}\right)^2 + \left(\frac{d\varphi}{dy}\right)^2 + \left(\frac{d\varphi}{dz}\right)^2 \right] d\tau.$$

D'autre part, nous avons à l'intérieur des conducteurs :

$$(6) \qquad\qquad\qquad \varphi = \text{const.}$$

A l'intérieur des diélectriques, l'équation de Poisson nous donne :

$$\lambda \Delta\varphi = - 4\pi\rho = 4\pi \sum \frac{df}{dx},$$

le signe $\sum$ ayant la même signification que plus haut; d'où, en remplaçant f par sa valeur n° **284**,

$$\lambda \sum \frac{d^2\varphi}{dx^2} = -\sum \frac{d}{dx}\left[(K-\lambda)\frac{d\varphi}{dx}\right]$$

ce qui peut encore s'écrire,

$$(7)\qquad \sum \frac{d}{dx}\left(K\frac{d\varphi}{dx}\right) = 0.$$

Considérons maintenant un point de la surface de séparation des conducteurs et des diélectriques. Nous poserons, conformément à une notation généralement adoptée :

$$(8)\qquad \frac{d\varphi}{dn} = l\,\frac{d\varphi}{dx} + m\,\frac{d\varphi}{dy} + n\,\frac{d\varphi}{dz}.$$

Nous aurons alors (en nous rappelant que φ est constant à l'intérieur des conducteurs) en un point situé dans le diélectrique mais infiniment voisin de la surface de séparation :

$$\lambda\,\frac{d\varphi}{dn} = -4\pi\,[\sigma].$$

Nous avons posé

$$[\varphi] = [\sigma] + (lf + mg + nh);$$

nous supposions alors que l, m, n étaient les cosinus directeurs de la normale *dirigée vers le conducteur*; si nous supposons comme dans la formule (8) que l, m, n sont les cosinus de la normale *dirigée vers le diélectrique*, il faudra écrire :

$$[\varphi] = [\sigma] - (lf + mg + nh)$$

d'où

$$\lambda\,\frac{d\varphi}{dn} = -4\pi\,[\sigma] + 4\pi\,(lf + mg + nh),$$

et en remplaçant f, g, h par leurs valeurs

$$f = -\frac{d\varphi}{dx}\,\frac{K-\lambda}{4\pi}; \text{ etc.}$$

il vient,

$$\lambda\,\frac{d\varphi}{dn} = -4\pi\sigma - K - \lambda\left(l\,\frac{d\varphi}{dx} + m\,\frac{d\varphi}{dy} + n\,\frac{d\varphi}{dz}\right)$$

ou

$$\lambda\,\frac{d\varphi}{dn} = -4\pi\sigma - K - \lambda\,\frac{d\varphi}{dn}$$

ou enfin :

$$(9) \qquad K\,\frac{d\varphi}{dn} = -4\pi\sigma.$$

J'observe encore que l'on a :

$$(10) \qquad \text{charge d'un conducteur quelconque} = \int \sigma\, d\omega.$$

l'intégration étant étendue à tous les éléments $d\omega$ de la surface de ce conducteur.

Les équations 6, 7, 9 et 10 suffisent pour nous faire connaître la fonction φ quand on connaît la charge de chaque conducteur.

L'équation 5 nous fait connaître ensuite l'énergie U et comme nous savons que le travail virtuel des attractions électrostatiques est égal à l'accroissement virtuel de cette énergie, nous pouvons en déduire la valeur de ces attractions.

Ainsi, si nous connaissons la charge et la position de chaque conducteur, les équations 5, 6, 7, 9 et 10 nous feront connaître les attractions électrostatiques. Mais dans ces équations la constante λ ne figure pas : nous n'y voyons figurer que le pouvoir inducteur K.

Les attractions électrostatiques, pour des charges et des positions données des conducteurs, *qui sont l'unique objet des expériences électrostatiques*, ne dépendent donc pas de λ. Ces expériences ne peuvent donc pas nous faire connaître λ, mais seulement le pouvoir inducteur K qui est fonction à la fois de λ et de ε.

Nous désignerons par K_0 le pouvoir inducteur du vide et par ε_0 la valeur de ε relative au vide.

Dans les théories anciennes on suppose que le vide ne contient pas de sphères de Mossotti, qu'il ne s'y produit pas de polarisation diélectrique, c'est-à-dire que $\varepsilon_0 = 0$ d'où :

$$\lambda = K_0$$

et pour un diélectrique quelconque :

$$\varepsilon = \frac{K - K_0}{K + 2K_0}.$$

Mais rien n'oblige à supposer $\varepsilon_0 = 0$. C'est ainsi que dans la théorie du magnétisme induit, après avoir supposé que pour le vide $\varkappa = 0$, $\mu = 1$ on a été conduit, pour expliquer le diamagnétisme, à supposer que le μ du vide est plus grand que 1, c'est-à-dire que le vide est faiblement magnétique (Cf. n° **274**). On peut faire ici une hypothèse analogue.

Comme les expériences électrostatiques ne nous font connaître que K et K_0, les *phénomènes électrostatiques peuvent s'expliquer quelle que soit la valeur plus petite que K_0, attribuée à λ* pourvu que l'on suppose en même temps :

$$\varepsilon_0 = \frac{K_0 - \lambda}{K_0 + 2\lambda_0}$$

et pour un diélectrique quelconque (¹)

$$\varepsilon = \frac{K - \lambda}{K + 2\lambda}.$$

K est exprimé en fonction de λ et de ε, mais ni λ, ni ε n'entrent séparément dans l'expression de l'énergie électrostatique. Si on change λ en même temps que ε de manière à laisser K invariable,

____

(¹) Ces formules supposent que, comme Poisson et Mossotti, on attribue la forme sphérique aux parties conductrices du diélectrique. Cette hypothèse ne joue dans la théorie aucun rôle essentiel, elle sert seulement à simplifier les calculs. Si on supposait que la forme des parties conductrices est quelconque, on arriverait à un résultat analogue et on trouverait :

$$K = \lambda \varphi \, (\varepsilon)$$

$\varphi (\varepsilon)$ étant une fonction qui se comporte comme $\dfrac{1 + 2\varepsilon}{1 - \varepsilon}$, je veux dire qu'elle croit avec ε, qu'elle est égale à 1 pour $\varepsilon = 0$ et infinie pour $\varepsilon = 1$.

on ne changera rien à l'expression de ce que nous pouvons connaître expérimentalement. L'expérience ne nous fera donc pas connaître λ si nous nous en tenons aux phénomènes électrostatiques.

285. — Dans les idées de Mossotti, ordinairement reçues. $\varepsilon = 0$. Alors

$$K_0 = \frac{\lambda(1 + 2\varepsilon)}{1 - \varepsilon} = \lambda.$$

Deux unités d'électricité placées à l'unité de distance, se repoussent avec une force

$$\frac{1}{\lambda} = \frac{1}{K_0}.$$

Mais on peut aussi expliquer les phénomènes en admettant que ε_0 ne soit pas nul, même pour l'air et pour le vide. Alors

$$K_0 > \lambda, \text{ et } \frac{1}{\lambda} > \frac{1}{K_0}.$$

La répulsion *réelle* entre deux unités d'électricité est plus grande que $\frac{1}{K_0}$, mais la répulsion *observée* dans le vide est toujours $\frac{1}{K_0}$: elle n'est pas modifiée. Elle est seulement plus petite que la répulsion réelle à cause de l'action de sens contraire due à la présence des sphères polarisées. *La théorie de Maxwell consiste à faire* $\lambda = 0$. Pour que K soit fini, il faut que ε soit égal à 1. C'est-à-dire que les parties conductrices occupent la totalité du volume du diélectrique. Cela revient à se représenter les diélectriques comme des cellules conductrices séparées par des cloisons isolantes d'épaisseur infiniment petite par rapport aux dimensions de ces cellules [1] (Cf. 1re partie, n° **61** sqq.). La répulsion réelle entre deux molécules unités serait infiniment grande, λ

---

[1] Ceci ne doit pas être pris à la lettre. Il serait difficile d'admettre que le vide eût une semblable constitution. Il ne faut voir là qu'une façon d'exprimer ce fait que, dans le diélectrique, l'électricité ne circule pas, ne se déplace pas, il y a seulement polarisation.

étant nul, mais la répulsion observée entre ces deux molécules, plongées dans le diélectrique, est finie.

Les phénomènes électrodynamiques ordinaires ne dépendent pas non plus de la valeur de λ, et ne peuvent nous faire connaître cette valeur, $\dfrac{dF}{dt}$ est nul pour des courants constants. L'équation φ, n° **280**, s'écrit donc :

$$\frac{4\pi f}{\mathrm{K} - \lambda} = -\frac{d\varphi}{dx}$$

puisque les forces électromotrices d'origine diverse que nous avons représentées par X sont généralement nulles.

On retombe donc sur les équations du n° **280**.

Dans le cas des courants variables ordinaires, $\dfrac{dF}{dt}$ est généralement négligeable, il faudra avoir recours à des courants alternatifs très rapides, comme dans les expériences de Hertz si l'on veut que $\dfrac{dF}{dt}$ soit assez grand pour que l'influence du terme en λ se fasse sentir.

La théorie de Maxwell n'est donc en définitive qu'un *cas limite* plutôt qu'un cas particulier de la théorie de Helmholtz. Il faut pour passer de l'une à l'autre attribuer à λ une valeur *infiniment petite*.

Voyons ce que deviennent dans ce cas les diverses quantités que nous avons envisagées :

1° Le potentiel électrostatique φ, ainsi que les densités σ et $|\sigma|$ qui, d'après le n° **280**, ne dépendent pas de la valeur attribuée à λ, restent *finis* ;

2° Au contraire les densités que nous avons appelées ρ et $|\rho|$ sont des *infiniment petits* du même ordre que λ.

On peut s'étonner que le potentiel φ et les attractions électrostatiques restent finis bien que les densités électriques ρ et $|\rho|$ soient infiniment petites ; mais je rappellerai :

1° Que nous avons trouvé :

$$\varphi = \int \frac{|\rho'|\, d\omega'}{\lambda r} + \int \frac{\rho'\, d\tau'}{\lambda r}.$$

d'où il suit que φ est fini si ρ, ρ' et λ sont des infiniment petits de même ordre ;

2° Que le travail des forces électrostatiques qui est égal à la variation de la fonction U définie par l'équation (5) du n° **284** est également fini.

On peut d'ailleurs s'expliquer la chose d'une autre manière.

Rappelons, ainsi que je l'ai exposé dans la première partie, que, d'après la manière de voir que nous avons été conduits à adopter, les diélectriques sont constitués par des cellules conductrices séparées par des cloisons infiniment minces et que chacune de ces cloisons isolantes représente un condensateur dont les deux cellules voisines sont les armatures.

Ces deux armatures ont des charges égales et de signe contraire q et $-q$; comme la cloison est infiniment mince, l'action de ces deux charges sur un point extérieur est du même ordre de grandeur que l'épaisseur δ de la cloison divisée par λ et multipliée par q ; si donc, comme nous le supposons, δ et λ sont de même ordre, cette action sera de même ordre que q.

Il y a deux remarques à faire au sujet du calcul des actions électrostatiques :

1° Nous avons fait ce calcul en partant de l'expression de U. On emploie souvent en électrostatique une autre méthode qui est applicable à un conducteur *libre* placé dans un diélectrique impolarisable $(\varepsilon = 0)$. On considère les diverses molécules électriques répandues à la surface des conducteurs et les forces auxquelles elles sont soumises et on les compose d'après les lois de la statique. Cette méthode appliquée à un conducteur placé dans un diélectrique polarisable constitué d'après les idées de Mossotti donnerait des résultats erronés et si on l'appliquait au cas d'un diélectrique constitué conformément à la théorie de Maxwell et aux idées exposées dans le présent numéro, on trouverait une attraction infinie. En effet ce conducteur ne pourrait se déplacer sans déranger les sphères de Mossotti ou les cellules conductrices, ce qui produirait un travail électrostatique négatif et par conséquent une résistance dont il y a lieu de tenir compte ;

2° Il ne faudrait pas non plus pour calculer U partir de la formule :

$$U = \frac{1}{2} \int \rho \varphi \, d\tau$$

ce qui donnerait $U = o$ puisque $\rho = o$.

En effet la fonction n'est pas continue puisqu'elle varie brusquement quand on passe d'une cellule à l'autre. Si nous revenons aux petits condensateurs dont je parlais tout à l'heure et si nous appelons q et q' les charges des deux armatures, φ et φ' leur potentiel ; $q + q'$ sera de l'ordre de λ, mais ce n'est pas une raison pour qu'il en soit de même de $q\varphi + q'\varphi'$ puisque $\varphi - \varphi'$ n'est pas un infiniment petit de l'ordre de λ.

On a d'ailleurs

$$\int \rho \, d\tau = \sum (q + q'),$$

$$\int \rho \varphi \, d\tau = \sum (q\varphi + q'\varphi'),$$

les intégrations étant étendues à un volume quelconque et les sommations à tous les petits condensateurs contenus dans ce volume.

On conçoit donc comment la première intégrale peut être nulle sans que la seconde le soit.

286. *Vitesses de propagation des perturbations électromagnétiques.* — Cherchons comment se propagent, dans les diverses théories électromagnétiques en présence, les perturbations électrodynamiques. Si les vitesses de propagation qui sont fonctions des quantités λ, k et K sont accessibles à l'expérience, ce sera un moyen de déterminer quelqu'une de ces quantités.

On a dix équations aux dérivées partielles définissant les dix quantités u, v, w, α, β, γ, F, G, H et φ.

Considérons en effet un diélectrique de pouvoir inducteur K.

On a (n° **280**, éq. [2]),

$$\frac{4\pi f}{K - \lambda} = - \frac{d\varphi}{dx} - \frac{dF}{dt}.$$

En différentiant par rapport à t, et en tenant compte des relations $u = \dfrac{df}{dt}$, etc., il vient

$$\left\{ \begin{aligned} \frac{4\pi u}{K - \lambda} &= -\frac{d^2\varphi}{dx\,dt} - \frac{d^2 F}{dt^2}, \\[2mm] \frac{4\pi v}{K - \lambda} &= -\frac{d^2\varphi}{dy\,dt} - \frac{d^2 G}{dt^2}, \\[2mm] \frac{4\pi w}{K - \lambda} &= -\frac{d^2\varphi}{dz\,dt} - \frac{d^2 H}{dt^2}. \end{aligned} \right.$$

d'autre part on a les équations (15) du n° **268**

$$\left\{ \begin{aligned} 4\pi u &= \frac{d\gamma}{dy} - \frac{d\beta}{dz} + \lambda\,\frac{d^2\varphi}{dx\,dt}, \\[2mm] 4\pi v &= \frac{d\alpha}{dz} - \frac{d\gamma}{dx} + \lambda\,\frac{d^2\varphi}{dy\,dt}, \\[2mm] 4\pi w &= \frac{d\beta}{dx} - \frac{d\alpha}{dy} + \lambda\,\frac{d^2\varphi}{dz\,dt}. \end{aligned} \right.$$

les équations (19) du n° **275**

$$\left\{ \begin{aligned} a &= \varphi\alpha = \frac{dH}{dy} - \frac{dG}{dz}, \\[2mm] b &= \varphi\beta = \frac{dF}{dz} - \frac{dH}{dx}, \\[2mm] c &= \varphi\gamma = \frac{dG}{dx} - \frac{dF}{dy}, \end{aligned} \right.$$

et

$$J = \frac{dF}{dx} + \frac{dG}{dy} + \frac{dH}{dz} = -k\lambda\,\frac{d\varphi}{dt}.$$

Considérons maintenant une perturbation électromagnétique dans le milieu diélectrique. Supposons qu'on ait une onde plane perpendiculaire à Ox : les quantités qui figurent dans les équations précédentes seront donc fonctions seulement de x et de t.

Ces équations deviennent par suite,

$$(\text{I}) \qquad \frac{4\pi u}{K-\lambda} = -\frac{d^2\varphi}{dx\,dt} - \frac{d^2F}{dt^2},$$

$$(\text{II}) \qquad \frac{4\pi v}{K-\lambda} = -\frac{d^2G}{dt^2},$$

$$(\text{III}) \qquad \frac{4\pi w}{K-\lambda} = -\frac{d^2H}{dt^2},$$

$$(\text{IV}) \qquad 4\pi u = -\lambda\,\frac{d^2\varphi}{dx\,dt},$$

$$(\text{V}) \qquad 4\pi v = -\frac{d\gamma}{dx},$$

$$(\text{VI}) \qquad 4\pi w = \frac{d\beta}{dx},$$

$$(\text{VII}) \qquad \mu\alpha = 0,$$

$$(\text{VIII}) \qquad \mu\beta = -\frac{dH}{dx},$$

$$(\text{IX}) \qquad \mu\gamma = \frac{dG}{dx},$$

$$(\text{X}) \qquad \frac{dF}{dx} = -k\lambda\,\frac{d\varphi}{dt}.$$

1° Étudions d'abord L'ONDE LONGITUDINALE. Supposons donc que

$$G = H = v = w = \alpha = \beta = \gamma = 0.$$

Il reste F, φ, u et on n'a qu'à satisfaire aux trois équations (I), (IV) et (X) : les autres sont satisfaites d'elles-mêmes.

Comparons (I) et (IV) ; on a,

$$(\text{I}) \qquad 4\pi u = -(K-\lambda)\frac{d^2\varphi}{dx\,dt} - \frac{d^2F}{dt^2}(K-\lambda),$$

$$(\text{IV}) \qquad 4\pi u = \lambda\,\frac{d^2\varphi}{dx\,dt},$$

d'où
$$\frac{\lambda}{K-\lambda}\frac{d^2\varphi}{dx\,dt} = -\frac{d^2\varphi}{dx\,dt} - \frac{d^2F}{dt^2}.$$

d'où encore,
$$\frac{d^2F}{dt^2} = -\frac{d^2\varphi}{dx\,dt}\left(1+\frac{\lambda}{K-\lambda}\right) = -\frac{d^2\varphi}{dx\,dt}\frac{K}{K-\lambda},$$

d'autre part en différentiant la relation (X) par rapport à x, il vient
$$\frac{d^2F}{dx^2} = -k\lambda\,\frac{d^2\varphi}{dx\,dt}$$

d'où
$$-\frac{d^2\varphi}{dx\,dt} = \frac{1}{k\lambda}\frac{d^2F}{dx^2}.$$

La relation précédente en $\dfrac{d^2F}{dt^2}$ devient ainsi
$$\frac{d^2F}{dt^2} = \frac{d^2F}{dx^2}\frac{K}{(K-\lambda)k\lambda}.$$

La vitesse de propagation des ondes longitudinales est donc.
$$V_1 = \sqrt{\frac{K}{(K-\lambda)k\lambda}}.$$

2° ONDES TRANSVERSALES. — On peut satisfaire aux équations en posant
$$F = H = u = w = \alpha = \beta = \varphi = 0.$$

Restent G, γ, v et les trois équations (II), (V) et (IX). Comparons (II) et (V); on a

(II)
$$4\pi v = -(K-\lambda)\frac{d^2G}{dt^2},$$

(V)
$$4\pi v = -\frac{d\gamma}{dx},$$

d'où
$$\frac{1}{K-\lambda}\frac{d\gamma}{dx} = \frac{d^2G}{dt^2};$$

d'autre part en différentiant (IX) par rapport à x, il vient,

$$\frac{d\psi}{dx} = \frac{1}{\mu}\frac{d^2G}{dx^2}.$$

Il en résulte que,

$$\frac{d^2G}{dt^2} = \frac{1}{\mu\,(K-\lambda)}\cdot\frac{d^2G}{dx^2}.$$

La vitesse de propagation est donc,

$$V_2 = \sqrt{\frac{1}{\mu\,(K-\lambda)}}.$$

287. — Il y a des cas où l'onde longitudinale ne peut se propager. Ce sont les cas où,

$$k = 0;$$

$$\lambda = 0;$$

$$K = \lambda.$$

La vitesse de propagation est alors infinie. C'est l'hypothèse de Maxwell ; les vibrations sont alors transversales.

Pour les ondes transversales, si $\lambda = K$, la vitesse de propagation est infinie. C'est ce qui a lieu dans l'ancienne théorie de Mossotti, d'après laquelle λ est égal à la valeur K_0 du pouvoir inducteur du vide ; $\mu_0 = 1$. Dans cette théorie, dans le vide (ou dans l'air), il n'y a pas propagation d'onde transversale, pas plus que d'onde longitudinale.

Dans la théorie de Maxwell, il n'y a que des vibrations transversales et leur vitessse de propagation V_2 est égale à la vitesse v de la lumière. Nous nous supposons placés dans le système électromagnétique, l'expérience nous apprend que K_0 est l'inverse du carré de la vitesse de la lumière ; $\mu_0 = 1$. Si on donne à λ la valeur 0, on a $V_2 = v$. Si on donne à λ une valeur positive différente de 0, on a pour V_2 une vitesse supérieure à celle de la lumière. La théorie de Maxwell se déduit donc de la théorie de Helmholtz en faisant $\lambda = 0$.

288. — Reprenons les équations du n° **46** avec cette valeur de λ. Nous avons,

$$\frac{4\pi f}{K} = -\frac{d\varphi}{dx} - \frac{dF}{dt},$$

$$\frac{4\pi g}{K} = -\frac{d\varphi}{dy} - \frac{dG}{dt},$$

$$\frac{4\pi h}{K} = -\frac{d\varphi}{dz} - \frac{dH}{dt},$$

$$4\pi u = \frac{d\gamma}{dy} - \frac{d\beta}{dz},$$

$$4\pi v = \frac{d\alpha}{dz} - \frac{d\gamma}{dx},$$

$$4\pi w = \frac{d\beta}{dx} - \frac{d\alpha}{dy},$$

$$a = \mu\alpha = \frac{dH}{dy} - \frac{dG}{dz},$$

$$b = \mu\beta = \frac{dF}{dz} - \frac{dH}{dx},$$

$$c = \mu\gamma = \frac{dG}{dx} - \frac{dF}{dy},$$

$$J = \frac{dF}{dx} + \frac{dG}{dy} + \frac{dH}{dz} = 0.$$

Différentions les équations du second groupe respectivement par rapport à x, y, z; il vient

$$\frac{du}{dx} + \frac{dv}{dy} + \frac{dw}{dz} = 0$$

c'est-à-dire $\frac{d\varphi}{dt} = 0$. L'électricité est incompressible; tous les courants sont fermés.

φ ne varie pas avec le temps; si $\varphi = 0$ à l'origine, la densité *vraie* de l'électricité est toujours nulle.

On voit en somme que si $\lambda = 0$, le k d'Helmholtz n'entre pas dans les équations. On passe donc à la théorie de Maxwell en faisant $\lambda = 0$ et en laissant k quelconque.

Helmholtz dit dans sa préface qu'on passe à la théorie de Maxwell en faisant $k = 0$. Ce n'est pas exact; on obtient bien, en faisant $k = 0$, l'équation $J = 0$ (n° 26), mais pour déduire de la formule donnant V_2 la vitesse des ondes transversales telle qu'elle est dans Maxwell, on est obligé d'introduire des hypothèses complémentaires. C'est d'ailleurs ce qu'Helmholtz explique dans le courant de l'ouvrage en complétant ainsi l'assertion de sa préface qui a cependant trompé quelques personnes (¹).

Au contraire, en faisant $\lambda = 0$, cela suffit. Il n'est pas étonnant qu'on n'ait pas à donner à k une valeur particulière pour faire rentrer la théorie de Maxwell dans celle de Helmholtz : Maxwell ne considère que des courants fermés, k doit donc toujours disparaître des équations.

Nous avons montré seulement jusqu'ici *en quoi consiste* la théorie de Maxwell et comment on peut la faire rentrer dans celle de Helmholtz. Il restera à donner les raisons qui doivent la faire adopter de préférence à toutes les autres.

289. — Revenons aux ondes transversales : le courant est dirigé suivant Oy et la force magnétique suivant Oz ; ces deux perturbations, électrique et magnétique, sont dans le plan de l'onde, mais perpendiculaires entre elles.

La lumière, d'après Maxwell, est une perturbation électromagnétique ; mais on peut supposer que le plan de polarisation de la lumière est perpendiculaire à la vibration électrique et contient la vibration magnétique, ou faire l'hypothèse inverse. La question de la direction de la vibration par rapport au plan de polarisation paraît plus accessible à l'expérience dans le cas de l'électricité que dans le cas de la lumière ; et l'on peut attendre des expériences électromagnétiques des arguments en faveur de

---

(¹) Helmholtz dit en effet que pour passer de sa théorie à celle de Maxwell il convient de faire :

$$k = 0, \qquad \varepsilon = \infty \qquad \theta = \infty,$$

ce qui avec nos notations revient à faire :

$$k = 0, \qquad \lambda = 0, \qquad \varkappa = \infty.$$

Il n'y a aucune raison pour faire $k = 0$ ni $\varkappa = \infty$: du moment qu'on fait $\lambda = 0$, on retrouve la théorie de Maxwell quels que soient k et $\varkappa$.

l'une des deux hypothèses. Pour Maxwell, la vibration lumineuse est parallèle à la force magnétique ; et celle-ci est dans le plan de polarisation, conformément à l'hypothèse de Neumann et contrairement à celle de Fresnel ; le courant est perpendiculaire au plan de polarisation.

Une remarque encore sur la vitesse de propagation des ondes longitudinales. λ étant différent de zéro, on pourrait se débarrasser de ces ondes en faisant $k = 0$; mais on pourrait arriver au même résultat en faisant k négatif. On aurait alors des rayons évanescents et l'on retomberait sur les idées de Cauchy [1], mais dans ce cas l'équilibre est instable comme nous l'avons démontré n° **34**.

J'ai exposé d'ailleurs dans la *Théorie mathématique de la lumière* qu'avec les idées de Cauchy, l'éther serait en équilibre instable.

---

[1] POINCARÉ. *Théorie mathématique de la lumière*, p. 35, n° 47. G. Carré et C. Naud, éditeurs.

CHAPITRE PREMIER

THÉORIE DE HERTZ

ÉLECTRODYNAMIQUE DES CORPS EN REPOS

290. — Avant d'entrer dans l'étude détaillée de cette théorie, commençons par indiquer en quelques lignes les idées que Hertz avait sur le point de départ des autres théories électrodynamiques proposées avant lui.

Il constate d'abord qu'en allant de l'idée de la simple action à distance à l'action par l'intermédiaire d'un milieu, on peut se placer à plusieurs points de vue différents [1] :

1° *Action à distance.* — Pour que cette action puisse s'exercer il faut que les deux corps entre lesquels elle s'exerce existent en même temps : s'il n'y en a qu'un seul, cette action électrique ne peut pas exister : c'est le point de vue astronomique de l'attraction réciproque.

2° *Point de vue de la théorie du potentiel.* — On suppose que la force électrique existe même avec un seul corps électrisé, avant qu'on introduise dans le champ un autre corps électrisé.

3° *Polarisation du diélectrique.* — On suppose les diélectriques constitués de cellules qui s'électrisent par influence. Si on considère un condensateur, les forces qui s'exercent entre les armatures seraient alors dues non seulement aux charges des deux armatures, mais aussi aux charges des cellules. C'est le point de départ de la théorie de Poisson.

Si on attribue aux cellules le rôle principal, les forces à distance ne jouent plus alors qu'un rôle minime ; on ne peut cependant les négliger faute de supprimer en même temps l'action par influence sur les cellules : c'est l'idée de Helmholtz.

---

[1] Hertz. *Untersuchungen über Ausbreitung der electrischen Kraft*, p. 22 (Leipzig. Barth, 1892). Voir aussi *La Lumière électrique* du 21 mai 1892.

4° *Suppression de toute action à distance.* — Le champ consiste alors en une certaine polarisation du diélectrique : c'est l'idée de Maxwell. Cependant le livre classique de Maxwell ne s'explique pas complètement en partant de là. Hertz attribue ce défaut de clarté à deux causes :

a) Le mot « électricité » n'a pas un sens précis dans ses raisonnements : il l'emploie pour désigner l'électricité dans le sens vulgaire, dans le sens fluide incompressible, etc.

b) L'ouvrage de Maxwell ne forme pas un seul ensemble d'idées : il donne plusieurs théories se rapportant au même sujet, puis il les abandonne successivement, de sorte qu'on y trouve plutôt un mélange de théories qu'une théorie unique.

En somme, Hertz n'admet que les équations établies par Maxwell, en laissant de côté le texte de son ouvrage classique comme étant obscur, et il essaie, en se posant ses équations finales d'avance, de faire une théorie y conduisant.

C'est cette théorie de Hertz que nous nous proposons d'exposer et discuter en détail.

Toute la théorie de Hertz est contenue dans deux mémoires célèbres qu'il a publiés en 1890 et qui sont intitulés : *Sur les équations fondamentales de l'électrodynamique des corps en repos* [1] et l'autre *Sur les équations fondamentales de l'électrodynamique des corps en mouvement* [2]. Il y aurait peut-être des réserves à faire sur cette distinction peu justifiée, car les actions électriques étant mesurées au moyen de petits corps qui sont mis en mouvement, ces petits corps en mouvement modifient un peu le champ ; mais on peut supposer qu'ils le modifient peu.

Nous diviserons donc l'étude de la théorie de Hertz en deux parties : l'électrodynamique des corps en repos et l'électrodynamique des corps en mouvement, et nous emploierons les nota-

---

[1] HERTZ. *Nachrichten von der Kœnigl. Gesellschaft*, mars 1890, et *La Lumière électrique* du 19 juillet 1890 et numéros suivants.

[2] HERTZ. *Wiedeman's Annalen*, t. XLI, p. 369 ; ou *La Lumière électrique* du 6 décembre 1890 et numéro suivant.

tions de Maxwell qu'on retrouvera aussi dans la théorie de Lorentz.

ÉLECTRODYNAMIQUE DES CORPS EN REPOS

291. *Première loi fondamentale.* — Considérons une surface S, quelconque, limitée par une certaine courbe fermée C. Nous savons que si le champ varie et si le contour de la surface est constitué par un fil, il nait alors dans ce fil un courant d'induction et la force électromotrice d'induction est représentée par l'intégrale de ligne,

$$\int (P\,dx + Q\,dy + R\,dz)$$

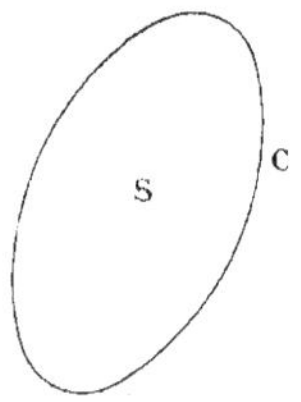

que nous écrirons plus simplement

$$\int \sum P\,dx.$$

Fig. 44.

le signe $\sum$ s'étendant aux composantes du vecteur (P, Q, R) qui représente la force électrique, et aux coordonnées x, y, z.

L'expérience nous apprend que cette force électromotrice qui prend naissance dans les circonstances énoncées plus haut, est égale à la dérivée par rapport au temps du flux d'induction magnétique qui traverse la surface S limitée par le circuit en question.

On a donc,

$$(1) \qquad \int \sum P\,dx = \frac{d}{dt} \int \mu\,(l\alpha + m\beta + n\gamma)\,d\omega,$$

l'intégrale du premier membre étant étendue à toute la courbe C qui limite la surface S et l'intégrale du second membre s'étendant à toute la surface S.

$(l, m, n$ sont les cosinus directeurs de l'élément $d\omega.)$

292. *Equations fondamentales de Hertz et de Maxwell.* — Transformons le premier membre de la relation (1) à l'aide du théorème de Stokes ; il vient,

$$\int \sum P dx = \int \sum l d\omega \left(\frac{dQ}{dz} - \frac{dR}{dy} \right),$$

l'intégrale du second membre s'étendant à toute la surface S.

La relation (1) devient donc,

$$\int \sum l d\omega \left(\frac{dQ}{dz} - \frac{dR}{dy} \right) = \frac{d}{dt} \int \sum \mu d\omega l\alpha$$

$$= \int \sum l d\omega \frac{d\mu\alpha}{dt}.$$

D'où, en identifiant les coefficients de $l d\omega$, $m d\omega$, $n d\omega$,

$$(1) \qquad
\begin{cases}
\dfrac{d\mu\alpha}{dt} = \dfrac{dQ}{dz} - \dfrac{dR}{dy}, \\[2mm]
\dfrac{d\mu\beta}{dt} = \dfrac{dR}{dx} - \dfrac{dP}{dz}, \\[2mm]
\dfrac{d\mu\gamma}{dt} = \dfrac{dP}{dy} - \dfrac{dQ}{dx}.
\end{cases}$$

Ce sont *les premières équations fondamentales de Hertz.*

Si, au lieu de considérer le flux d'induction magnétique d'après Hertz, on considère le flux d'induction magnétique d'après Maxwell qui désigne par a, b, c les composantes de l'induction magnétique, on obtient

$$(2) \qquad
\begin{cases}
\dfrac{da}{dt} = \dfrac{dQ}{dz} - \dfrac{dR}{dy}, \\[2mm]
\dfrac{db}{dt} = \dfrac{dR}{dx} - \dfrac{dP}{dz}, \\[2mm]
\dfrac{dc}{dt} = \dfrac{dP}{dy} - \dfrac{dQ}{dx}.
\end{cases}$$

Introduisons maintenant le potentiel vecteur ; posons avec Maxwell

$$(3)\qquad\left\{\begin{aligned} P &= -\frac{dF}{dt} - \frac{d\psi}{dx},\\ Q &= -\frac{dG}{dt} - \frac{d\psi}{dy},\\ R &= -\frac{dH}{dt} - \frac{d\psi}{dz}. \end{aligned}\right.$$

F, G, H étant les composantes du *potentiel vecteur* et ψ étant le potentiel électrostatique, $\frac{dF}{dt}$, $\frac{dG}{dt}$, $\frac{dH}{dt}$ représentent les composantes de la force électromotrice d'induction d'origine magnétique et $\frac{d\psi}{dx}$, $\frac{d\psi}{dy}$, $\frac{d\psi}{dz}$ représentent les composantes de la force électromotrice d'induction d'origine électrostatique.

Remplaçons dans (2) P, Q, R par leurs valeurs (3) ; il vient,

$$\left\{\begin{aligned} \frac{da}{dt} &= \frac{d^2H}{dy\,dt} - \frac{d^2G}{dz\,dt},\\ \frac{db}{dt} &= \frac{d^2F}{dz\,dt} - \frac{d^2H}{dx\,dt},\\ \frac{dc}{dt} &= \frac{d^2G}{dx\,dt} - \frac{d^2F}{dy\,dt}. \end{aligned}\right.$$

d'où, par intégration,

$$\left\{\begin{aligned} a &= \frac{dH}{dy} - \frac{dG}{dz} + C^{te},\\ b &= \frac{dF}{dz} - \frac{dH}{dx} + C^{te},\\ c &= \frac{dG}{dx} - \frac{dF}{dy} + C^{te}. \end{aligned}\right.$$

Mais on peut supposer nulle la constante d'intégration ; en effet, nous avons la relation (n° **102**)

$$\frac{da}{dx} + \frac{db}{dy} + \frac{dc}{dz} = 0 \qquad \text{(Maxwell)}$$

et, d'autre part, nous ne savons définir le potentiel vecteur que par ses dérivées ; il n'est donc déterminé qu'à une constante près.

Il reste alors,

$$(4) \quad \begin{cases} a = \dfrac{dH}{dy} - \dfrac{dG}{dz}, \\[2mm] b = \dfrac{dF}{dz} - \dfrac{dH}{dx}, \\[2mm] c = \dfrac{dG}{dx} - \dfrac{dF}{dy}. \end{cases}$$

293. *Courant total*. — Rappelons rapidement les idées de Maxwell sur la nature du courant électrique, pour les comparer à celles de Hertz.

Maxwell désigne par les lettres u, v, w les trois composantes du *courant total*, c'est-à-dire le courant de conduction plus le courant de déplacement. Mais qu'entend-on par déplacement électrique ? — Considérons un diélectrique placé dans un champ électrique ; ce diélectrique, par suite de l'action du champ se trouve dans un état d'équilibre contraint, analogue à l'état dans lequel se trouve un ressort *bandé*. Maxwell représente cet état d'équilibre par un vecteur qu'il appelle déplacement électrique ; il représente ses composantes par f, g, h ; il désigne en outre les composantes du courant de conduction par p, q, r. Si le champ électrique dans lequel se trouve le diélectrique est variable, le déplacement électrique sera naturellement variable et il résulte de cette variation du déplacement électrique un phénomène que Maxwell appelle *courant de déplacement*. Il désigne ses composantes par

$$\frac{df}{dt}, \qquad \frac{dg}{dt}, \qquad \frac{dh}{dt},$$

qui sont, comme on le voit, les dérivées par rapport au temps des composantes du déplacement électrique.

Ce courant de Maxwell produirait, d'après lui, les mêmes effets électrodynamiques que les courants ordinaires ; c'est là une hypothèse qui a été pleinement justifiée par les expériences de Hertz.

Ainsi donc, d'après Maxwell, le courant total est représenté par,

$$(5) \qquad \begin{cases} u = p + \dfrac{df}{dt}, \\[2ex] v = q + \dfrac{dg}{dt}, \\[2ex] w = r + \dfrac{dh}{dt}. \end{cases}$$

294. — Voyons maintenant quelles sont les lois qui régissent les courants de conduction et de déplacement.

Les courants de conduction sont régis par la loi d'Ohm,

$$p = \lambda P, \qquad q = \lambda Q, \qquad r = \lambda R.$$

λ étant un coefficient dépendant de la conductibilité du milieu. Seulement, cette loi suppose que dans le milieu conducteur considéré, le courant n'a à vaincre que ce qu'on appelle la résistance caractéristique de ce milieu qu'il traverse ; mais si dans ce milieu il y avait aussi des forces électromotrices d'origine chimique ou thermique, des effets Peltier, etc., il faudrait alors représenter dans notre formule ces forces par un terme complémentaire; appelons P_0, Q_0, R_0 ces termes complémentaires ; il viendrait alors dans ce cas,

$$p = \lambda(P - P_0), \qquad q = \lambda(Q - Q_0), \qquad r = \lambda(R - R_0).$$

Quant au Déplacement électrique il est proportionnel à P, Q, R ; Maxwell représente ses composantes par

$$f = \frac{K}{4\pi} P, \qquad g = \frac{K}{4\pi} Q, \qquad h = \frac{K}{4\pi} R.$$

K est ce qu'on appelle le pouvoir inducteur spécifique du diélectrique. Dans le vide, ce coefficient est égal à l'inverse du carré de la vitesse de la lumière.

Maxwell démontre en outre la relation suivante (n° 87),

$$(6) \qquad \frac{du}{dx} + \frac{dv}{dy} + \frac{dw}{dz} = 0.$$

Cette relation signifie que si l'on tient compte des courants de conduction et des courants de déplacement, il n'y a alors que des *courants fermés*.

Hertz, dans sa théorie, introduit à la place du vecteur (f, g, h) de Maxwell un autre vecteur qu'il appelle *induction électrique* et dont il représente les composantes par

$$KP, \quad KQ, \quad KR.$$

On voit que ce nouveau vecteur de Hertz est égal au vecteur f, g, h de Maxwell au facteur 4π près.

295. Seconde loi fondamentale. — Reprenons la surface S précédemment considérée, limitée par la courbe C et considérons une masse magnétique décrivant cette courbe ; cette masse magnétique est soumise de la part du champ extérieur à une force ; le travail de cette force est représenté par l'intégrale de ligne,

$$\int \alpha\, dx + \beta\, dy + \gamma\, dz$$

l'intégrale étant étendue au contour C.

L'*expérience* nous apprend que cette intégrale est égale au produit, changé de signe, du facteur constant 4π par la quantité d'électricité qui traverse la surface S ; on a donc.

$$7. \qquad \int_C \sum \alpha\, dx = - 4\pi \int_S (lu + mv + nw)\, d\omega.$$

296. — Transformons la première intégrale par le théorème de Stokes, comme nous l'avons fait précédemment pour l'intégrale de ligne de la force électrique, la relation $7)$ devient alors,

$$8 \qquad \int_S \sum l\, d\omega \left(\frac{d\beta}{dz} - \frac{d\gamma}{dy} \right) = - 4\pi \int_S \sum l u\, d\omega,$$

d'où, en identifiant les coefficients de $l\, d\omega$, $m\, d\omega$, $n\, d\omega$,

$$9. \qquad \left\{ \begin{aligned} 4\pi u &= \frac{d\gamma}{dy} - \frac{d\beta}{dz}, \\[2mm] 4\pi v &= \frac{d\alpha}{dz} - \frac{d\gamma}{dx}, \\[2mm] 4\pi w &= \frac{d\beta}{dx} - \frac{d\alpha}{dy} ; \end{aligned} \right.$$

relations de Maxwell.

Mais il importe de remarquer que l'expérience n'a jamais porté que sur des courants fermés ; son extension au cas des courants non fermés (décharge d'un condensateur par exemple) a été faite par Maxwell, comme nous l'avons déjà dit plus haut, à condition de prendre pour courant total la valeur

$$u = p + \frac{df}{dt}.$$

297. — Remplaçons maintenant dans (9) u, v, w par leurs valeurs 5, il vient

$$(10) \quad \begin{cases} \dfrac{d\gamma}{dy} - \dfrac{d\beta}{dz} = 4\pi p + 4\pi \dfrac{df}{dt}, \\[2mm] \dfrac{d\alpha}{dz} - \dfrac{d\gamma}{dx} = 4\pi q + 4\pi \dfrac{dg}{dt}, \\[2mm] \dfrac{d\beta}{dx} - \dfrac{d\alpha}{dy} = 4\pi r + 4\pi \dfrac{dh}{dt}. \end{cases}$$

Or,

$$f = \frac{KP}{4\pi}, \text{ etc.} ; \text{ d'où } \frac{df}{dt} = \frac{1}{4\pi}\frac{dKP}{dt}, \text{ etc.} ;$$

les relations (10) deviennent donc,

$$(11) \quad \begin{cases} \dfrac{dKP}{dt} = \dfrac{d\gamma}{dy} - \dfrac{d\beta}{dz} - 4\pi p, \\[2mm] \dfrac{dKQ}{dt} = \dfrac{d\alpha}{dz} - \dfrac{d\gamma}{dx} - 4\pi q, \\[2mm] \dfrac{dKR}{dt} = \dfrac{d\beta}{dx} - \dfrac{d\alpha}{dy} - 4\pi r. \end{cases}$$

C'est le *deuxième groupe des équations fondamentales de Hertz.*

293. — La relation (7) peut se mettre sous une autre forme. Nous avons,

$$\int_0^s \sum \alpha\, dx = \int_0^s \sum l\, d\omega \left(\frac{d\beta}{dz} - \frac{d\gamma}{dy} \right)$$
$$= -4\pi \int_0^s \sum l u\, d\omega.$$

Or, d'après (11)

$$\int \sum l\,d\omega \left(\frac{d\beta}{dz} - \frac{d\gamma}{dy}\right) = -\frac{d}{dt}\int \sum l\mathrm{KP}\,d\omega$$

$$- 4\pi \int \sum lp\,d\omega;$$

donc

$$(12) \qquad -\int \sum \alpha\,d\sigma = 4\pi \int \sum lu\,d\omega$$

$$= -\frac{d}{dt}\int \sum l\mathrm{KP}\,d\omega + 4\pi \int \sum lp\,d\omega.$$

Remarquons que si notre surface S se trouve placée dans un diélectrique, le courant de conduction est nul et la relation (12) devient,

$$\int \sum \alpha\,d\sigma = \frac{d}{dt}\int \sum l\mathrm{KP}\,d\omega.$$

299. *Définition de l'électricité et du magnétisme d'après Hertz.* — Voici comment Hertz définit les quantités d'électricité et de magnétisme qui se trouvent à l'intérieur d'un volume T limité par une surface S.

Hertz distingue d'abord le magnétisme libre et le magnétisme vrai, puis l'électricité libre et l'électricité vraie.

La quantité de *magnétisme libre* à l'intérieur du volume T est, *par définition*, le flux de force magnétique total à travers la surface S qui limite le volume T, divisé par 4π.

Le *magnétisme vrai* se définit de la même manière, seulement au lieu de considérer le flux de force magnétique on considère le flux d'induction magnétique. On peut par conséquent écrire symboliquement,

$$\text{magnétisme libre} = \frac{\text{flux de force magnétique}}{4\pi},$$

$$\text{magnétisme vrai} = \frac{\text{flux d'induction magnétique}}{4\pi}.$$

L'*électricité libre*, c'est le flux de force électrique divisé par 4π; seulement comme je prendrai les unités électromagnétiques, il faut introduire en plus le facteur K_0 valeur de K dans le vide.

L'*électricité vraie*, c'est le flux d'induction électrique divisé par 4π.

On a donc encore,

$$\text{électricité libre} = \frac{\text{flux de force électrique}}{4\pi} \times K_0.$$

$$\text{électricité vraie} = \frac{\text{flux d'induction électrique}}{4\pi}.$$

Nous voyons donc que, pour Hertz, ce qu'on appelle électricité et magnétisme ce n'est pas un fluide, ce n'est pas quelque chose de matériel, mais bien une expression purement analytique : une intégrale : ce qui existe effectivement c'est la force électrique et la force magnétique. Hertz suppose le champ électrique et le champ magnétique bien déterminés quand on se donne en chaque point la valeur du vecteur appelé force électrique ou force magnétique [1].

300. — Traduisons les définitions précédentes *analytiquement*. Commençons par le magnétisme libre.

Magnétisme libre. — Considérons un élément de volume $d\tau$, limité par une surface S. Le flux de force magnétique à travers S a pour valeur :

$$\left(\frac{d\alpha}{dx} + \frac{d\beta}{dy} + \frac{d\gamma}{dz} \right) d\tau.$$

Désignons par M la densité du magnétisme libre ; nous avons pour cette densité, par définition,

$$(3) \qquad 4\pi M = \frac{d\alpha}{dx} + \frac{d\beta}{dy} + \frac{d\gamma}{dz} = \sum \frac{d\alpha}{dx}.$$

____

[1] Hertz indique deux cas où la connaissance des deux vecteurs (P. Q. R) ; (α. β. γ) ne suffit pas pour déterminer toutes les propriétés du champ magnétique : c'est le cas du *magnétisme permanent* et le cas de *la dispersion*. (Voir POINCARÉ. *Oscillations électriques*, p. 7. G. Carré, éditeur.)

Or, d'après Maxwell,

$$\sum \frac{d\alpha}{dx} = 0,$$

et

$$\left\{ \begin{aligned} a &= \alpha + 4\pi A, \\ b &= \beta + 4\pi B, \\ c &= \gamma + 4\pi C; \end{aligned} \right.$$

par conséquent,

$$\sum \frac{da}{dx} = \sum \frac{d\alpha}{dx} + 4\pi \sum \frac{dA}{dx} = 0.$$

Donc,

$$(14) \qquad M = \frac{1}{4\pi} \sum \frac{d\alpha}{dx} = - \sum \frac{dA}{dx},$$

c'est la densité du magnétisme *libre*.

Magnétisme vrai. — On a, en appelant M_1 la densité du magnétisme vrai,

$$(15) \qquad 4\pi M_1 = \sum \frac{d\mu\alpha}{dx},$$

si nous posons,

$$\begin{aligned} a &= \mu\alpha + 4\pi A_0, \\ b &= \mu\beta + 4\pi B_0, \\ c &= \mu\gamma + 4\pi C_0; \end{aligned}$$

de sorte que A_0, B_0, C_0 soient les composantes de l'aimantation *permanente*, on aura,

$$\sum \frac{da}{dx} = 0 = \sum \frac{d\mu\alpha}{dx} + 4\pi \sum \frac{dA_0}{dx};$$

par conséquent,

$$(16) \qquad M_1 = - \sum \frac{dA_0}{dx}.$$

La densité du magnétisme *vrai* a donc la même expression que celle du magnétisme libre, à cela près que les composantes de l'aimantation totale sont remplacées par les composantes de l'aimantation permanente.

Le magnétisme libre c'est donc le magnétisme total, tant permanent qu'induit; le magnétisme vrai, c'est le magnétisme permanent.

Électricité vraie. — C'est celle qui se porte par conduction ou convection sur la surface des conducteurs; on a, en désignant par ρ sa densité.

$$4\pi\rho = \sum \frac{d\mathrm{KP}}{dx};$$

or.

$$\frac{\mathrm{KP}}{4\pi} = f; \text{ etc..}$$

donc

$$17 \qquad \rho = \sum \frac{df}{dx}.$$

relation de Maxwell.

Électricité libre. — En appelant ρ_1 la densité de l'électricité libre, on a.

$$4\pi\rho_1 = \sum \frac{d\mathrm{K_0P}}{dx}.$$

d'où

$$18 \qquad \rho_1 = \frac{1}{4\pi} \sum \frac{d\mathrm{K_0P}}{dx}.$$

Quelle différence y a-t-il au point de vue physique entre ces deux quantités d'électricité? Pour nous rendre compte de cette différence considérons un conducteur électrisé et un diélectrique séparé du conducteur par une lame d'air. Il y a de l'électricité vraie à la surface du conducteur; mais il n'y en a pas à la surface du diélectrique. Quant à l'électricité libre, elle existe à la surface du conducteur et à même densité que l'électricité vraie, mais il y a aussi de l'électricité libre à la surface du diélectrique. Elle est due aux charges « apparentes » produites par la polarisation du diélectrique.

Si maintenant le conducteur est au contact du diélectrique qui, par exemple, le recouvrira complètement, il y aura de l'électricité vraie à la surface du conducteur, mais il n'y en aura pas sur la surface extérieure du diélectrique ; il y aura électricité libre à la surface extérieure du diélectrique ; il y en aura également à la surface de séparation du conducteur et du diélectrique mais la densité de l'électricité libre et celle de l'électricité vraie à cette surface ne seront pas les mêmes.

301. *Remarque* — Supposons que nous ayons une surface S fermée et placée dans le vide ; supposons qu'à l'intérieur de cette surface puissent se trouver des corps conducteurs, des diélectriques ou des corps magnétiques. *En tous les points de la surface* S *on a*

$$\mu = 1 ; \qquad K = K_0 :$$

par conséquent sur cette surface il y a égalité entre la force magnétique et l'induction magnétique ; quant à la force électrique et l'induction électrique, elles sont égales au facteur K_0 près. Les flux correspondants seront par suite égaux deux à deux : il en résulte que la quantité totale d'électricité vraie est égale à la quantité totale d'électricité libre et que la quantité totale de magnétisme libre est égale à la quantité totale de magnétisme vrai. Seulement à l'intérieur de la surface on pourrait avoir une répartition différente.

VÉRIFICATION DU PRINCIPE DE LA CONSERVATION DU MAGNÉTISME

ET DU PRINCIPE DE LA CONSERVATION DE L'ÉLECTRICITÉ

302. — Commençons par le principe de la conservation du magnétisme et faisons cette vérification en partant du magnétisme vrai.

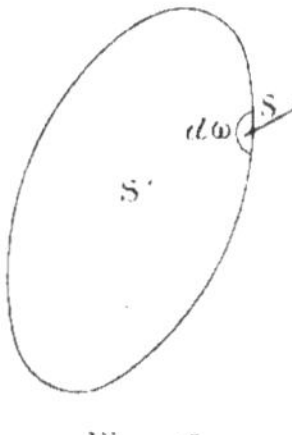

Considérons une surface S fermée. Il s'agit de démontrer que le flux magnétique à travers cette surface est constant.

Détachons de S un élément de surface $d\omega$. La surface restante S′ sera ainsi ouverte. Le flux d'induction à travers la surface totale S diffère infiniment peu du flux d'induction à travers S′. Il s'agit donc de démontrer que le flux à travers S′

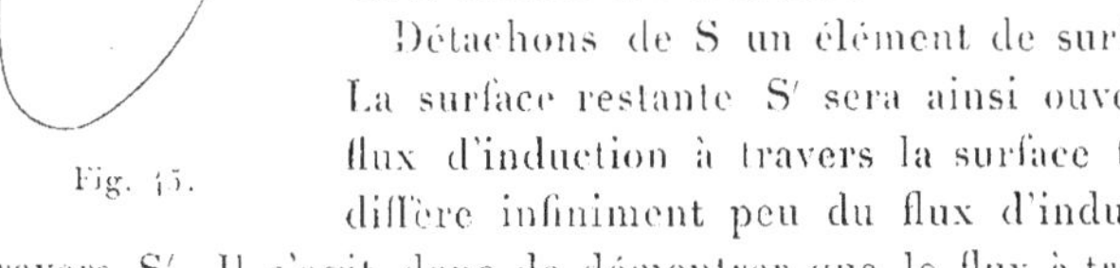

Fig. 45.

travers S′. Il s'agit donc de démontrer que le flux à travers S′

est constant et que par conséquent sa dérivée est nulle.

Or nous avons

$$\int \sum P\,dx = \frac{d}{dt} \int \sum \mu l z\,d\omega,$$

la première intégrale étant étendue à la courbe C limitant l'élément de surface $d\omega$ et la seconde à la surface S'; or, cette courbe est infiniment petite vu la petitesse de $d\omega$: l'intégrale de ligne en question peut par conséquent être considérée comme nulle et il reste alors,

$$\frac{d}{dt} \int \sum \mu l z\,d\omega = 0,$$

et par suite

$$\int \sum \mu l z\,d\omega = C^{te}.$$

C. Q. F. D.

303. — Pour l'*électricité*, on démontrerait de la même manière que

$$\int \sum z\,dx = 0,$$

l'intégrale étant étendue à la courbe C.

Et en tenant compte de (12)

$$4\pi \int \sum lp\,d\omega + \frac{d}{dt} \int \sum l K P\,d\omega = 0.$$

les intégrales étant étendues à la surface S' ou à la surface fermée S qui en diffère infiniment peu.

Or, la première intégrale représente la quantité d'électricité qui sort de la surface S par conduction; la seconde intégrale représente le flux d'induction électrique à travers la surface S : c'est bien là le principe *de la conservation de l'électricité*.

VÉRIFICATION DU PRINCIPE DE LA CONSERVATION DE L'ÉNERGIE

304. — Les équations de Hertz sont-elles conformes au principe de la conservation de l'énergie?

Pour vérifier cela, voyons de quoi se compose cette énergie. Hertz admet que l'énergie totale se compose de l'énergie électrique et de l'énergie magnétique. D'après Maxwell, l'énergie électrique a pour expression

$$\int \frac{2\pi d\tau}{K}\, f^2 + g^2 + h^2.$$

que nous écrirons pour abréger,

$$(19) \qquad \int \frac{2\pi d\tau}{K} \sum f^2,$$

l'intégrale étant étendue à l'espace tout entier.

D'après Hertz l'énergie électrique a pour valeur

$$(20) \qquad \int \frac{d\tau}{8\pi} \sum KP^2.$$

Ces deux expressions (19) et (20) sont équivalentes; il suffit, en effet, de nous rappeler que le vecteur (KP, KQ, KR) de Hertz est égal au vecteur (*f*, *g*, *h*) de Maxwell au facteur 4π près.

Mais il n'en est plus de même pour l'énergie magnétique. Dans ce cas non seulement il n'y a plus accord entre la formule donnée par Maxwell et celle donnée par Hertz, mais encore les tomes I et II du *Traité classique* de Maxwell ne sont pas d'accord entre eux sur ce point.

Ainsi Maxwell dans le tome I de son traité, quand il s'occupe

des aimants sans parler de courants, donne pour expression de
l'énergie électromagnétique

$$(21) \qquad -\int A\alpha - B\beta + C\gamma \, \frac{d\tau}{2} = -\int \frac{d\tau}{2} \sum A\alpha,$$

l'intégration étant étendue à tous les éléments de volume $d\tau$ de
l'espace.

Quand il s'occupe des courants il donne l'expression suivante,

$$(22) \qquad \int a\alpha + b\beta + c\gamma \, \frac{d\tau}{8\pi} = \int \frac{d\tau}{8\pi} \sum a\alpha.$$

Or, il est aisé de voir que ces deux expressions de Maxwell
ne sont pas compatibles entre elles. En effet, s'il n'y a pas de
courants mais seulement des aimants, la deuxième expression
de Maxwell est nulle. Plaçons-nous dans ce cas. On a donc,

$$\int \frac{d\tau}{8\pi} \sum a\alpha = 0.$$

Or,

$$a = \alpha + 4\pi A, \text{ etc.};$$

donc

$$\int \frac{d\tau}{8\pi} \sum a\alpha = \int \frac{d\tau}{8\pi} \sum \alpha^2 + 4\pi \int \frac{d\tau}{8\pi} \sum A\alpha = 0,$$

d'où

$$(23) \qquad -\int \frac{d\tau}{2} \sum A\alpha = \int \frac{d\tau}{8\pi} \sum \alpha^2.$$

Or le premier membre de cette relation représente la première expression de l'énergie électromagnétique de Maxwell.
On voit donc que ces deux expressions de Maxwell sont complètement inadmissibles.

Hertz donne comme expression de l'énergie magnétique la
formule suivante,

$$(24) \qquad \int \frac{d\tau}{8\pi} \sum \mu \alpha^2 \cdots$$

On remarque facilement que cette expression est identique à
l'expression (22) de Maxwell quand *il n'y a pas de magnétisme
permanent* $(A_0 = B_0 = C_0 = 0)$.

S'il n'y a que du magnétisme permanent et pas de magnétisme induit $(\mu = 1)$ alors l'expression de Hertz se réduit à

$$\int \frac{d\tau}{8\pi} \sum \alpha^2 ,$$

expression identique à l'expression (21) de Maxwell (d'après la
relation (23) que nous venons d'établir).

305. — Adoptons l'expression de Hertz. Hertz donne comme
expression d'énergie totale tant électrique que magnétique l'expression suivante,

$$(25) \qquad J = \int \frac{d\tau}{8\pi} \Big[\sum K P^2 + \sum \mu \alpha^2 \Big] ;$$

d'où, en différentiant par rapport à t,

$$\frac{dJ}{dt} = \int \frac{d\tau}{4\pi} \left(\sum P \frac{dKP}{dt} + \sum \alpha \frac{d\mu\alpha}{dt} \right).$$

Remplaçons dans cette relation $\dfrac{dKP}{dt}$ et $\dfrac{d\mu\alpha}{dt}$ par leurs valeurs
tirées des équations (I) et (II) de Hertz (p. 346 et 351) il vient,

$$(26) \qquad \frac{dJ}{dt} = \int \frac{d\tau}{4\pi} \sum \Big[P \left(\frac{d\gamma}{dy} - \frac{d\beta}{dz} \right) + \alpha \left(\frac{dQ}{dz} - \frac{dR}{dy} \right) \Big]$$

$$- \int \sum P p\, d\tau .$$

Je dis que la première intégrale du second membre est nulle. En effet, remarquons que cette intégrale peut s'écrire,

$$(27) \qquad \int \frac{d\tau}{4\pi} \sum \frac{d}{dx} (Q\gamma - R\beta)$$

l'intégration étant étendue à l'espace tout entier.

D'autre part nous savons que, U étant une fonction quelconque, on a

$$\int \frac{dU}{dx}\, d\tau = 0,$$

car toutes nos fonctions s'annulent à l'infini et nos intégrales sont étendues à l'espace entier. On a donc,

$$\int \frac{dU}{dx}\, d\tau = \int_{-\infty}^{+\infty} dz \int_{-\infty}^{+\infty} dy \int_{-\infty}^{+\infty} \frac{dU}{dx}\, dx = 0\ ;$$

il en résulte que l'intégrale (27) et par conséquent la première intégrale du second membre de (26) est nulle.

La relation (26) devient donc

$$(28) \qquad \frac{dJ}{dt} = - \int \sum \mathrm{P} p\, d\tau.$$

Quelle est la signification de cette équation ? — Prenons l'axe des x parallèle à la direction du courant dans l'élément $d\tau$ et prenons pour élément de volume un petit cylindre de section $d\sigma$ et de longueur dS.

On a,

$$d\tau = d\sigma\, dS,$$

la relation (28) peut donc s'écrire,

$$(29) \qquad \frac{dJ}{dt} = - \int \sum \mathrm{P}\, dS . p\, d\sigma,$$

Or $P\,dS$ exprime la force électromotrice ; désignons-la par E ;
l'autre facteur $p\,d\tau$ exprime l'intensité du courant ; désignons
par i cette intensité ; la relation (29) devient donc finalement,

$$\frac{d\mathrm{J}}{dt} = - \int_{o}^{s} \mathrm{E}i.$$

Or $\mathrm{E}i$ représente la chaleur de Joule ; le principe de la conservation de l'énergie est donc vérifié par les équations de Hertz.
*L'expression de l'énergie magnétique de Hertz est donc la seule
acceptable.*

CHAPITRE II

ÉLECTRODYNAMIQUE DES CORPS EN MOUVEMENT

Jusqu'à présent nous ne nous sommes occupé que des corps en repos : nos circuits ne se déplaçaient pas. Nous allons envisager maintenant le cas des circuits en mouvement. L'étude des phénomènes qui se présentent dans ce cas constitue l'électrodynamique des corps en mouvement.

306. *Dérivées par rapport au temps.* — Désignons les composantes de la vitesse de la matière par ξ, η, ζ et soit U la valeur d'une fonction en un point M (x, y, z) ; cherchons la dérivée par rapport au temps de cette fonction.

Deux cas peuvent se présenter :

1° Le point M (x, y, z) est fixe.

2° Le point M (x, y, z) est entraîné dans le mouvement de la matière.

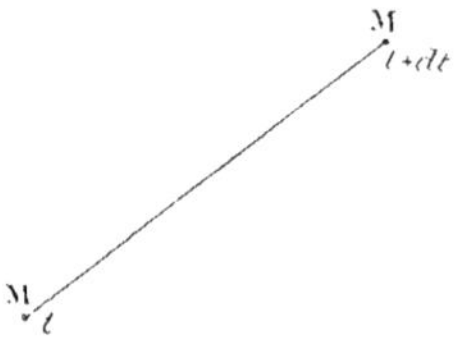

On aura par conséquent deux sortes de dérivées par rapport au temps :

1° La dérivée de la fonction U en supposant M (x, y, z) fixe :

2° La dérivée de la fonction U en supposant que M (x, y, z) est entraîné dans le mouvement de la matière,

Fig. 46.

Dans le premier cas, la valeur de U au temps $t + dt$ sera $U + \dfrac{dU}{dt} dt$ et, dans le second cas, elle sera $U + \dfrac{\partial U}{\partial t} dt$, en désignant par $\dfrac{\partial}{\partial t}$ (avec des ∂ ronds) les dérivés d'une fonction par rapport au temps quand le point (x, y, z) est entraîné dans le mouvement de la matière ; — nous ferons usage de cette convention toutes les fois qu'on aura à considérer des dérivées par rapport au temps.

Calculons maintenant cette dérivée $\dfrac{\partial}{\partial t}$.

Considérons donc un point M (x, y, z), successivement à l'époque t et à l'époque $t + dt$. Ce point étant entraîné dans le mouvement de la matière, ses coordonnées x, y, z subissent des accroissements.

$$dx = \xi\, dt,$$
$$dy = \eta\, dt,$$
$$dz = \zeta\, dt,$$

et il vient alors pour valeur de cette dérivée

$$(1)\qquad \frac{\partial U}{\partial t} = \frac{dU}{dt} + \xi\,\frac{dU}{dx} + \eta\,\frac{dU}{dy} + \zeta\,\frac{dU}{dz}.$$

307. *Induction dans un circuit en mouvement.* — Considérons un vecteur quelconque (α, β, γ), une surface S limitée par une courbe C et l'expression

$$(2)\qquad \Phi = \int \sum l\alpha\, d\omega.$$

Proposons-nous d'évaluer la dérivée de cette expression par rapport au temps.

Pour fixer les idées supposons que le vecteur considéré soit la force magnétique (α, β, γ) ; l'expression (2) représentera alors ce qu'on appelle le flux de force magnétique à travers la surface considérée.

Il y a deux manières d'envisager la question.

1° On peut supposer que la surface S reste fixe, et dans ce cas la dérivée en question s'écrit $\dfrac{d\Phi}{dt}$ (avec des d ordinaires) d'après notre convention.

2° On peut supposer, qu'au contraire, la surface S, au lieu de rester fixe, se déplace, entraînée dans le mouvement de la matière, et vienne en S' : dans ce cas c'est la dérivée $\dfrac{\partial \Phi}{\partial t}$ (avec des ∂ ronds) qu'il faut considérer.

Je me propose d'évaluer cette seconde dérivée $\dfrac{\partial\Phi}{\partial t}$. Quand t augmente et dt et qu'en même temps la surface S est entraînée dans le mouvement de la matière et vient en S', Φ subit alors un accroissement représenté par

$$\frac{\partial\Phi}{\partial t}\,dt.$$

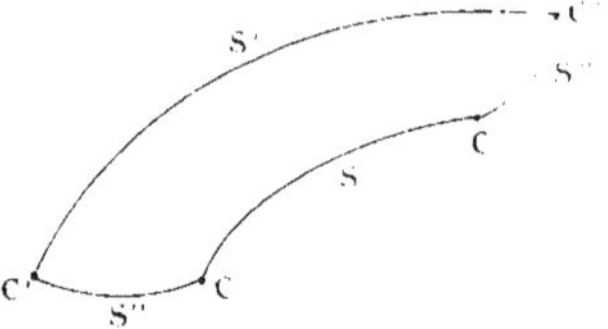

Fig. 47.

Cet accroissement peut être décomposé en trois parties distinctes. Soit S″ une surface annulaire qu'on peut faire passer par les circuits CC. C'C' qui limitent les surfaces S, S'. Les trois parties de l'accroissement sont :

1° L'accroissement subi pendant le temps dt par le flux qui traverse la surface S. Cet accroissement a pour valeur

$$\frac{d\Phi}{dt}\,dt.$$

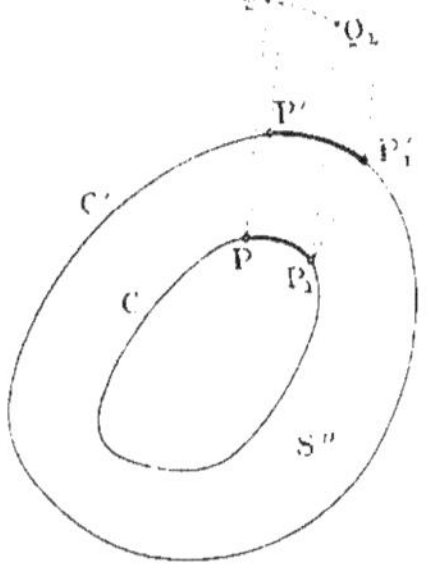

Fig. 48.

2° Le flux qui traverse la surface annulaire S″. Je désignerai par $\partial_1\Phi$ cet accroissement ;

3° La différence entre le flux qui traverse $S + S″$ et le flux qui traverse S'. J'appellerai $\partial_2\Phi$ cette différence.

On a donc,

$$(3) \qquad \frac{\partial\Phi}{\partial t}\,dt = \frac{d\Phi}{dt}\,dt + \partial_1\Phi + \partial_2\Phi.$$

Évaluons chaque terme du second membre séparément.

D'abord, pour $\dfrac{d\Phi}{dt}$, on a, en différentiant Φ par rapport à t,

$$(4) \qquad \frac{d\Phi}{dt} = \int \sum l\,d\omega\,\frac{d\alpha}{dt}.$$

Calculons maintenant $\partial_1 \Phi$.

Soit CC la courbe qui limite la surface S ; au bout du temps dt cette courbe vient en C'C' et si nous considérons deux points PP, limitant un arc PP_1 sur la courbe C, au bout du temps dt cet arc viendra en $P'P'_1$.

Considérons le petit quadrilatère $PP_1 P'_1 P'$ formé par les deux arcs PP_1 et $P'P'_1$ et les deux petites droites PP', $P_1 P'_1$. Ce petit quadrilatère est assimilable à un parallélogramme. Appelons $d\omega$ son aire et évaluons le flux de force magnétique à travers cette aire. A cet effet menons par les sommets du petit parallélogramme des droites PQ, $P_1 Q_1$, $P'Q'$, $P'_1 Q'_1$, représentant la force magnétique en grandeur et direction, et considérons le petit parallélipipède ainsi formé. Je dis que le volume de ce parallélipipède représente le flux cherché. En effet

$$\text{vol}^e \text{ du paral}^e = d\omega \times \text{hauteur}$$

et la hauteur c'est la composante normale de la force magnétique, par construction.

Le calcul du flux cherché se ramène donc au calcul du volume du parallélipipède $PP_1 P'P'_1 QQ_1 Q'Q'_1$.

Évaluons ce volume. Observons à cet effet que PP' c'est le chemin parcouru pendant le temps dt par le point P ; les trois composantes de ce petit chemin sont, en désignant par ξ, η, ζ, les composantes de la vitesse du point P (qui est la même que la vitesse de la matière), ξdt, ηdt, ζdt.

Le volume du parallélipipède en question est donc

$$\begin{vmatrix} dx & dy & dz \\ \xi dt & \eta dt & \zeta dt \\ \alpha & \beta & \gamma \end{vmatrix} = dt \begin{vmatrix} dx & dy & dz \\ \xi & \eta & \zeta \\ \alpha & \beta & \gamma \end{vmatrix}.$$

Pour avoir le flux total il faut intégrer cette expression, il vient alors,

$$\frac{\partial_1 \Phi}{dt} = \int \begin{vmatrix} dx & dy & dz \\ \xi & \eta & \zeta \\ \alpha & \beta & \gamma \end{vmatrix}.$$

Développons le déterminant qui figure dans le second membre ; en désignant par X, Y, Z ses mineurs, il vient.

$$X = \gamma\eta - \beta\zeta$$
$$Y = \alpha\zeta - \gamma\xi,$$
$$Z = \beta\xi - \alpha\eta ;$$

donc

$$\frac{\partial_1 \Phi}{dt} = \int \begin{vmatrix} dx & dy & dz \\ \xi & \eta & \zeta \\ \alpha & \beta & \gamma \end{vmatrix} = \int \sum X dx.$$

la dernière intégrale étant étendue au contour C.

Transformons cette dernière intégrale par le théorème de Stokes. il vient.

$$5 \qquad \frac{\partial_1 \Phi}{dt} = \int_c \sum b\omega \left(\frac{dY}{dz} - \frac{dZ}{dy} \right).$$

Calculons maintenant $\partial_2 \Phi$.

Nous avons désigné par ce symbole la différence des flux qui traversent $S + S'$ et S'. Remarquons d'abord que ces surfaces sont limitées par une même courbe C.

Pour avoir $\partial_2 \Phi$ considérons un élément de surface $d\omega$ de S et par les différents points de cet élément menons des lignes de force ; nous déterminerons

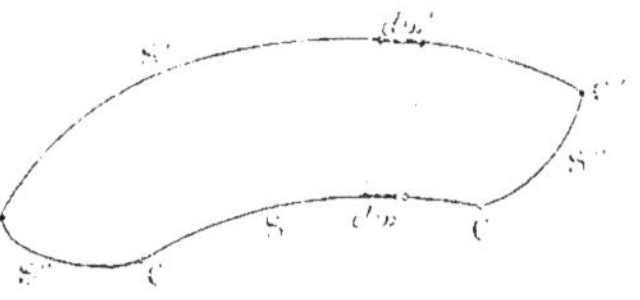

ainsi des tubes de force qui découperont sur S' un élément $d\omega'$. Quel est le flux total qui traverse le petit cylindre ainsi formé ? Si nous désignons par $d\tau$ le volume de ce cylindre infiniment délié, ce flux a pour valeur

$$6 \qquad \left(\frac{d\alpha}{dx} + \frac{d\beta}{dy} - \frac{d\gamma}{dz} \right) d\tau$$

et il provient de l'excédent du flux qui traverse $d\omega$ sur celui qui traverse $d\omega'$ et du flux qui traverse les parois latérales du cylindre.

Mais remarquons que ce dernier est nul : à travers les parois d'un tube de force ne passe pas de flux. Le flux total (6) est donc la différence entre le flux qui traverse $d\omega'$ et celui qui traverse $d\omega$: c'est précisément la quantité que nous voulions calculer.

Mais il nous reste encore à évaluer $d\tau$. Or nous avons sur la figure

$$d\tau = \text{H} \times d\omega,$$

H étant la hauteur du petit cylindre dont les bases sont $d\omega$ et $d\omega'$,

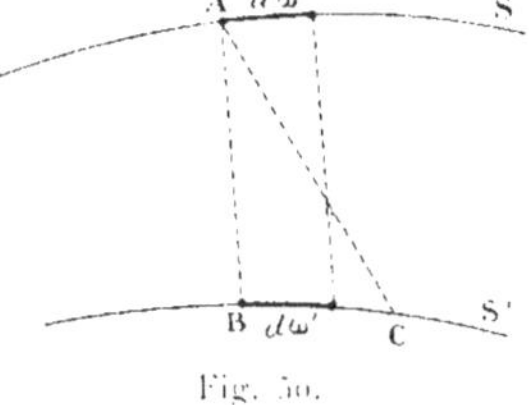

Fig. 50.

c'est-à-dire la projection de AB sur la normale à S.

Remarquons que le point A sur la surface S, à l'époque t, appartient à la surface S' à l'époque $t - dt$: il vient en C, voisin de B. D'autre part, on a,

$$\text{proj. AB} = \text{proj. AC} + \text{proj. CB},$$

et comme CB est un arc situé sur S', la projection de CB est un infiniment petit d'ordre supérieur.

Reste donc à évaluer la projection AC.

Or, les trois projections AC sur les axes sont

$$\xi\,dt, \qquad \eta\,dt, \qquad \zeta\,dt\,;$$

par conséquent

$$\text{proj. AB} = (l\xi + m\eta + n\zeta)\,dt.$$

Voilà donc la hauteur du cylindre (en supposant que les deux surfaces S, S' sont infiniment rapprochées l'une de l'autre).

La valeur du volume $d\tau$ est alors

$$d\tau = (l\xi + m\eta + n\zeta)\,dt\,d\omega = d\omega\,dt \sum l\xi,$$

et l'expression (6) devient,

$$\partial_2\Phi = dt\,d\omega \sum l\xi.\left(\frac{d\alpha}{dx} + \frac{d\beta}{dy} + \frac{d\gamma}{dz}\right),$$

ou encore

$$= dt\,d\omega \sum l\xi \sum \frac{d\alpha}{dx}.$$

En intégrant cette expression il vient.

$$(7) \qquad \frac{\partial_{\varphi} \Phi}{dt} = \int_c^{\prime} d\omega \sum l\xi \sum \frac{d\alpha}{dx}.$$

La relation (3) peut maintenant s'écrire.

$$\frac{\partial \Phi}{\partial t} = \int_c^{\prime} \sum l d\omega \, \frac{d\alpha}{dt},$$

$$+ \int_c^{\prime} \sum l d\omega \left(\frac{dY}{dz} - \frac{dZ}{dy} \right),$$

$$+ \int_c^{\prime} \sum l d\omega . \xi \sum \frac{d\alpha}{dx},$$

ou encore

$$(8) \qquad \frac{\partial \Phi}{\partial t} = \int_c^{\prime} \sum l d\omega \left| \frac{d\alpha}{dt} + \frac{dY}{dz} + \frac{dZ}{dy} + \xi \sum \frac{d\alpha}{dx} \right|.$$

et en remplaçant X, Y, Z par leurs valeurs.

$$\frac{\partial \Phi}{\partial t} = \int_c^{\prime} \sum l d\omega \left| \frac{d\alpha}{dt} + \frac{d}{dz} \, \alpha\zeta - \gamma\xi \right.$$

$$\left. - \frac{d}{dy} \, \beta\xi - \alpha\eta + \xi \sum \frac{d\alpha}{dx} \right|.$$

Posons pour simplifier,

$$(9) \qquad \left\{ \begin{array}{l} \alpha_1 = \dfrac{d}{dy} \, \beta\xi - \alpha\eta - \dfrac{d}{dz} \, \alpha\zeta - \gamma\xi - \xi \sum \dfrac{d\alpha}{dx}, \\[2ex] \beta_1 = \dfrac{d}{dz} \, \gamma\eta - \beta\zeta - \dfrac{d}{dx} \, \beta\xi - \alpha\eta - \eta \sum \dfrac{d\alpha}{dx}, \\[2ex] \gamma_1 = \dfrac{d}{dx} \, \alpha\zeta - \gamma\xi - \dfrac{d}{dy} \, \gamma\eta - \beta\zeta - \zeta \sum \dfrac{d\alpha}{dx}; \end{array} \right.$$

la relation en $\dfrac{\partial \Phi}{\partial t}$ devient

$$(10) \qquad \frac{\partial \Phi}{\partial t} = \int_\varrho \sum l\,d\omega \left(\frac{d\alpha}{dt} - [\alpha] \right).$$

C'est la formule que nous voulions établir.

Les considérations qui précèdent s'appliquent à un vecteur quelconque : on n'aura qu'à remplacer dans (10) le vecteur (α, β, γ) par un vecteur quelconque ; on aura ainsi des expressions analogues à $[\alpha]$, $[\beta]$, $[\gamma]$ qu'on déduira des relations (9) en remplaçant le vecteur α par le vecteur considéré.

308. Théorème. — Nous nous proposons de démontrer encore le théorème suivant qui nous sera utile dans la suite.

Prenons un vecteur quelconque — (α, β, γ) pour préciser les idées — et considérons la valeur absolue de ce vecteur, valeur que je désignerai par N de sorte que

$$N^2 = \alpha^2 + \beta^2 + \gamma^2\,;$$

je dis que

$$N \frac{\partial N}{\partial t} = \sum \alpha \frac{d\alpha}{dt} - \sum \alpha\,[\alpha].$$

Pour démontrer cette relation, considérons un élément de surface $d\omega$ quelconque et exprimons le flux qui traverse cet élément.

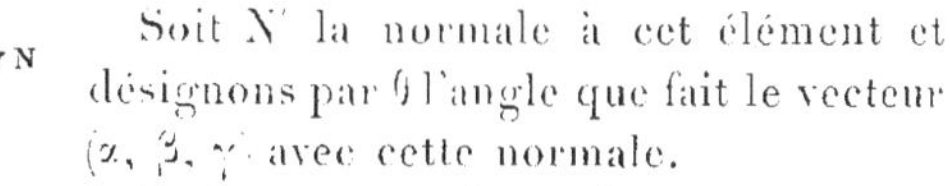

Fig. 51.

Soit N' la normale à cet élément et désignons par θ l'angle que fait le vecteur (α, β, γ) avec cette normale.

Le flux en question a alors pour valeur,

$$\Phi = N \cos \theta\, d\omega.$$

Calculons $\dfrac{\partial \Phi}{\partial t}$. Supposons pour çela que nous ayons affaire à un corps solide ; dans ce cas si ξ, η, ζ sont les composantes de la vitesse de la matière, ces composantes satisferont à une certaine relation qui exprimera que le corps solide se déplace sans se déformer, c'est-à-dire qu'on aura,

$$\frac{d\xi}{dx} = \frac{d\eta}{dy} = \frac{d\zeta}{dz} = 0.$$

$$\frac{d\xi}{dy} + \frac{d\eta}{dx} = \frac{d\eta}{dz} + \frac{d\zeta}{dy} = \frac{d\zeta}{dx} + \frac{d\xi}{dz} = 0.$$

Formons $\dfrac{\partial\Phi}{\partial t}$. Il vient

$$\frac{\partial\Phi}{\partial t} = \frac{\partial N}{\partial t}\cos\theta\, d\omega - N\sin\theta\,\frac{\partial\theta}{\partial t}.$$

Supposons qu'à l'instant t le vecteur N soit perpendiculaire à $d\omega$; on a alors

$$\theta = 0; \qquad \cos\theta = 1; \qquad \sin\theta = 0;$$

et la relation précédente devient,

$$\frac{\partial\Phi}{\partial t} = \frac{\partial N}{\partial t}\, d\omega.$$

Cette nouvelle expression de $\partial\Phi$ doit être égale à celle trouvée précédemment (10). En identifiant ces deux expressions il vient

$$\frac{\partial N}{\partial t}\, d\omega = d\omega \sum l\left(\frac{d\alpha}{dt} - \alpha\right):$$

en multipliant cette relation par N et en remarquant que

$$lN = \alpha,$$
$$mN = \beta,$$
$$nN = \gamma,$$

il vient finalement

$$(11) \qquad N\frac{\partial N}{\partial t} = \sum \alpha\frac{d\alpha}{dt} - \sum \alpha\,\alpha;$$

c'est la relation annoncée. Mais n'oublions pas que *cette démonstration suppose que l'élément de surface $d\omega$ appartient à un corps solide.*

309. *Equations fondamentales de Hertz*. — Ces préliminaires étant établis voyons comment fait Hertz pour trouver les équations fondamentales de l'électrodynamique des corps en mouvement.

Rappelons pour cela les lois fondamentales que nous avons trouvées pour les corps en repos.

Considérons une surface S limitée par une courbe C.

Première loi. — L'intégrale de ligne de la force électrique, étendue à la courbe C, est égale à la dérivée par rapport au temps du flux d'induction magnétique qui traverse la surface S limitée par le contour C, c'est-à-dire

$$\int \sum P\,dx = \frac{d}{dt} \int \sum l\mu\lambda d\omega.$$

Comment cette loi doit-elle être interprétée pour les corps en mouvement ? Doit-on supposer la surface S fixe, ou bien entraînée dans le mouvement de la matière ? — Cette question est tranchée par l'expérience : l'expérience prouve, en effet, qu'on doit supposer la surface S comme étant entraînée dans le mouvement de la matière.

C'est ainsi qu'un circuit mobile dans un champ invariable est le siège de courants d'induction. Je n'insisterai pas sur ces faits expérimentaux : j'admettrai seulement la conclusion. C'est donc la dérivée $\dfrac{\partial}{\partial t}$ (avec des ∂ ronds) qu'on doit considérer pour les corps en mouvement.

Première loi fondamentale. — Il résulte de ce qui précède que :

L'intégrale de ligne de la force électrique, étendue au contour C, est égale à la dérivée par rapport au temps du flux d'induction magnétique qui traverse la surface S limitée par le contour C, cette surface étant supposée comme entraînée dans le mouvement de la matière.

L'expression analytique de cette loi est la suivante,

$$(12) \qquad \int \sum P\,dx = \frac{\partial}{\partial t} \int \sum l\mu\lambda d\omega.$$

Transformons cette expression. Le théorème de Stokes nous donne pour la première intégrale,

$$\int \sum l d\omega \left(\frac{dQ}{dz} - \frac{dR}{dy} \right).$$

Quant au second membre transformons-le en lui appliquant le théorème que nous avons démontré plus haut (formule 10) et qui, avons-nous dit, s'applique à un vecteur quelconque.

Nous avions pour le vecteur (α, β, γ)

$$\frac{\partial \Phi}{\partial t} = \int \sum l d\omega \left(\frac{d\alpha}{dt} - [\alpha] \right) ;$$

pour le vecteur $(\mu\alpha, \mu\beta, \mu\gamma)$, qui nous intéresse en ce moment, nous aurons donc,

$$\int \sum l d\omega \left(\frac{d\mu\alpha}{dt} - [\mu\alpha] \right).$$

La relation (12) peut alors s'écrire,

$$\int \sum l d\omega \left(\frac{dQ}{dz} - \frac{dR}{dy} \right) = \int \sum l d\omega \left(\frac{d\mu\alpha}{dt} - [\mu\alpha] \right) ;$$

et en identifiant les coefficients de $l d\omega$, $m d\omega$, $n d\omega$ des deux membres de cette relation, il vient

$$(I) \quad \begin{cases} \dfrac{d\mu\alpha}{dt} = \dfrac{dQ}{dz} - \dfrac{dR}{dy} + [\mu\alpha], \\[2mm] \dfrac{d\mu\beta}{dt} = \dfrac{dR}{dx} - \dfrac{dP}{dz} + [\mu\beta], \\[2mm] \dfrac{d\mu\gamma}{dt} = \dfrac{dP}{dy} - \dfrac{dQ}{dx} + [\mu\gamma]; \end{cases}$$

ce sont les équations fondamentales de Hertz pour les corps en mouvement.

Rappelons que $[\mu\alpha]$, $[\mu\beta]$, $[\mu\gamma]$ ont pour valeurs,

$$[\mu\alpha] = \frac{d}{dy}\,\mu\,(\beta\xi - \alpha\eta) - \frac{d}{dz}\,\mu\,(\alpha\zeta - \gamma\xi) - \xi\sum\frac{d\mu\alpha}{dx},$$

$$[\mu\beta] = \frac{d}{dz}\,\mu\,(\gamma\eta - \beta\zeta) - \frac{d}{dx}\,\mu\,(\beta\xi - \alpha\eta) - \eta\sum\frac{d\mu\alpha}{dx},$$

$$[\mu\gamma] = \frac{d}{dx}\,\mu\,(\alpha\zeta - \gamma\xi) - \frac{d}{dy}\,\mu\,(\gamma\eta - \beta\zeta) - \zeta\sum\frac{d\mu\alpha}{dx}.$$

310. — Maxwell raisonne de la même manière, seulement au lieu de considérer le vecteur $[\mu\alpha, \mu\beta, \mu\gamma]$, il considère le vecteur (a, b, c) qui représente l'induction magnétique suivant lui; obtient ainsi,

$$(13)\qquad
\begin{aligned}
\frac{da}{dt} &= \frac{dQ}{dz} - \frac{dR}{dy} + [a], \\[4pt]
\frac{db}{dt} &= \frac{dR}{dx} - \frac{dP}{dz} + [b], \\[4pt]
\frac{dc}{dt} &= \frac{dP}{dy} - \frac{dQ}{dx} + [c].
\end{aligned}$$

$[a]$, $[b]$, $[c]$ ayant pour valeurs

$$[a] = \frac{d}{dy}\,(b\xi - a\eta) - \frac{d}{dz}\,(a\zeta - c\xi),$$

$$[b] = \frac{d}{dz}\,(c\eta - b\zeta) - \frac{d}{dx}\,(b\xi - a\eta),$$

$$[c] = \frac{d}{dx}\,(a\zeta - c\xi) - \frac{d}{dy}\,(c\eta - b\zeta).$$

car les derniers termes $\xi\sum\dfrac{da}{dx}$, $\eta\sum\dfrac{da}{dx}$, $\zeta\sum\dfrac{da}{dx}$ sont nuls si on tient compte de la relation de Maxwell

$$\sum\frac{da}{dx} = 0.$$

Dans ces équations (13) de Maxwell, les deux premiers termes des seconds membres expriment l'induction magnétique due à la variation du champ et le troisième terme $[a]$, $[b]$, $[c]$ exprime l'induction magnétique due au mouvement du circuit.

COMPARAISON ENTRE LES RELATIONS FONDAMENTALES DE HERTZ ET CELLES DE MAXWELL

311. — Y a-t-il identité entre les équations I de Hertz et les équations (13) de Maxwell ? Remarquons que si les deux systèmes d'équations paraissent avoir une certaine analogie quant à leur forme, il n'en est plus de même des vecteurs qui y figurent : le vecteur de Hertz a pour composantes $\rho\alpha$, $\rho\beta$, $\rho\gamma$, tandis que celui de Maxwell a pour composantes

$$a = \alpha + 4\pi A,$$
$$b = \beta - 4\pi B,$$
$$c = \gamma - 4\pi C.$$

Pour qu'il y ait identité entre ces deux vecteurs, il faut que

$$a = \rho\alpha, \quad b = \rho\beta, \quad c = \rho\gamma,$$

c'est-à-dire qu'il n'y a identité entre ces deux vecteurs que dans les corps *dépourvus de magnétisme permanent;* n'ayant par conséquent que du *magnétisme induit*.

Cependant les équations I et 13 peuvent à certaines conditions se ramener l'une à l'autre.

Posons en effet,

$$a = \rho\alpha + 4\pi A_0,$$
$$b = \rho\beta + 4\pi B_0,$$
$$c = \rho\gamma + 4\pi C_0.$$

A_0, B_0, C_0 étant les composantes de l'aimantation permanente. On tire de ces relations

$$(14) \qquad \left\{ \begin{aligned} a &= \rho\alpha + 4\pi A_0, \\ b &= \rho\beta + 4\pi B_0, \\ c &= \rho\gamma + 4\pi C_0, \end{aligned} \right.$$

car α, β, γ entrent linéairement dans α, β, γ.

Cela posé, retranchons membre à membre les relations (13) des relations (I); il vient

$$(15) \qquad \frac{d\mu\alpha}{dt} - \frac{da}{dt} = [\mu\alpha] - [a]$$

et deux autres équations symétriques de celles-là que je n'écris pas.

Ces équations doivent être satisfaites pour qu'il y ait identité entre ces équations de Hertz et celles de Maxwell.

Tirons $[\mu\alpha] - [a]$ des relations (14) et substituons sa valeur dans (15), il vient,

$$\frac{d\mu\alpha}{dt} - \frac{da}{dt} = 4\pi[A_0],$$

ou, en remplaçant a par sa valeur

$$a = \mu\alpha + 4\pi A_0,$$

$$(16) \quad \left\{ \begin{aligned} \frac{dA_0}{dt} &= [A_0], \\ \frac{dB_0}{dt} &= [B_0], \\ \frac{dC_0}{dt} &= [C_0]. \end{aligned} \right.$$

les deux dernières de ces équations s'obtenant comme la première.

Ainsi il y aura identité entre les équations de Hertz et celles de Maxwell si les équations (16) ont lieu.

Supposons maintenant que les aimants permanents soient des corps solides qui, en se déplaçant, entraînent avec eux leur aimantation permanente. Je dis que, dans ce dernier cas, les relations (16) sont légitimes. Considérons, en effet, dans un solide aimanté qui entraîne avec lui son aimantation permanente, une surface quelconque et évaluons le flux (Φ) qui traverse cette surface et qui correspond au vecteur (A_0, B_0, C_0). L'aimantation permanente étant entraînée en bloc, on a alors

$$\frac{d\Phi}{dt} = 0.$$

Or nous avons, pour le vecteur (A_0, B_0, C_0) (p. 370),

$$\frac{\partial \Phi}{\partial t} = \int \sum l\, d\omega \left(\frac{dA_0}{dt} - [A_0] \right) ;$$

donc

$$\int \sum l\, d\omega \left(\frac{dA_0}{dt} - [A_0] \right) = 0,$$

et par conséquent,

$$\frac{dA_0}{dt} = [A_0],$$

$$\frac{dB_0}{dt} = [B_0],$$

$$\frac{dC_0}{dt} = [C_0].$$

C. Q. F. D.

Ce sont bien les relations (16) que nous obtenons. Il y a donc identité entre les relations I de Hertz et les relations (13) de Maxwell, à condition que l'aimantation soit permanente et qu'elle ne soit pas modifiée par le déplacement de l'aimant. Ces relations cesseraient d'être équivalentes si les corps aimantés ne conservaient pas leur aimantation permanente, si par exemple ils étaient désaimantés par la chaleur. Si les corps aimantés ne sont pas des corps solides, mais se déplacent en se déformant, il n'y aura pas non plus équivalence entre les deux systèmes d'équations, à moins qu'on ne fasse des hypothèses particulières sur l'influence de ces déformations sur l'aimantation.

Donnons un exemple d'un cas où les deux systèmes d'équations conduisent à des conclusions contradictoires. Considérons un tore d'acier aimanté uniformément ; il n'a pas d'action sur un morceau de fer placé à l'extérieur, mais sa magnétisation n'est pas nulle : on peut, en effet, la faire apparaître en coupant le tore en deux parties qui agiront comme deux aimants ; par contre, il n'y a pas de magnétisme vrai à l'intérieur du tore. — Modifions maintenant son aimantation en le chauffant après l'avoir entouré d'un fil conducteur enroulé en hélice. Que va-t-il s'y passer? Les relations de Maxwell annoncent un courant d'induction dans le fil; d'après les relations de Hertz, il ne doit pas y avoir de courants d'induction dans le fil. On obtient donc des conclusions contradictoires. — Peut-être d'ailleurs aucune des deux formules n'est-elle applicable à un cas de ce genre.

312. *Deuxième loi fondamentale.* — Nous avons trouvé pour les corps en repos la relation suivante,

$$(17) \qquad -\int \sum \alpha . dx = 4\pi \int \sum l p d\omega + \frac{d}{dt} \int \sum l \mathrm{KP} d\omega,$$

où le premier membre représente l'intégrale de ligne de la force magnétique, le premier terme du second membre exprime la quantité d'électricité qui traverse la surface S par conduction et le dernier terme du second membre représente le flux d'induction électrique qui traverse cette même surface.

Cette relation est-elle encore valable pour les corps en mouvement? En d'autres termes, faut-il supposer la surface S fixe ou bien entraînée dans le mouvement de la matière?

Par analogie avec le cas précédent, où on considérait le flux d'induction magnétique, Hertz *admet* qu'on doit considérer la surface S comme étant entraînée dans le mouvement de la matière.

C'est donc aux vérifications expérimentales de confirmer ou d'infirmer cette hypothèse de Hertz. Nous verrons dans la suite que beaucoup d'expériences confirment les conséquences qu'on tire des formules de Hertz bâties sur cette hypothèse.

La relation (17) devient donc pour les corps en mouvement,

$$(18) \qquad -\int \sum \alpha . dx = 4\pi \int \sum l p d\omega + \frac{\partial}{\partial t} \int \sum l \mathrm{KP} d\omega,$$

et elle constitue la seconde loi fondamentale de l'électrodynamique des corps en mouvement.

343. *Courant total de Hertz.* — Transformons cette relation (18). Le premier membre devient en lui appliquant le théorème de Stokes,

$$-\int \sum \alpha\, dx = \int \sum l\, d\omega \left(\frac{d\gamma}{dy} - \frac{d\beta}{dz} \right).$$

D'autre part, le dernier terme du second membre a pour valeur, d'après un théorème précédemment démontré (p. 370)

$$\frac{\partial}{\partial t} \int \sum l \mathrm{KP}\, d\omega = \int \sum l\, d\omega \left(\frac{d\mathrm{KP}}{dt} - \mathrm{KP} \right).$$

La relation (18) devient donc,

$$\int \sum l\, d\omega \left(\frac{d\gamma}{dy} - \frac{d\beta}{dz} \right) = 4\pi \int \sum l p\, d\omega$$

$$+ \int \sum l\, d\omega \left(\frac{d\mathrm{KP}}{dt} - \mathrm{KP} \right),$$

d'où l'on tire,

$$(19) \quad \begin{cases} \dfrac{d\gamma}{dy} - \dfrac{d\beta}{dz} = 4\pi p + \dfrac{d\mathrm{KP}}{dt} - \mathrm{KP}, \\[2mm] \dfrac{d\alpha}{dz} - \dfrac{d\gamma}{dx} = 4\pi q + \dfrac{d\mathrm{KQ}}{dt} - \mathrm{KQ}, \\[2mm] \dfrac{d\beta}{dx} - \dfrac{d\alpha}{dy} = 4\pi r + \dfrac{d\mathrm{KR}}{dt} - \mathrm{KR}. \end{cases}$$

Posons maintenant,

$$(20) \quad \begin{cases} 4\pi p + \dfrac{d\mathrm{KP}}{dt} - \mathrm{KP} = 4\pi u, \\[2mm] 4\pi q + \dfrac{d\mathrm{KQ}}{dt} - \mathrm{KQ} = 4\pi v, \\[2mm] 4\pi r + \dfrac{d\mathrm{KR}}{dt} - \mathrm{KR} = 4\pi w, \end{cases}$$

u, v, w seront les composantes du courant *total* (courant susceptible de se manifester par un champ). Les relations (19) deviennent ainsi,

$$\frac{d\gamma}{dy} - \frac{d\beta}{dz} = 4\pi u,$$

$$\frac{d\alpha}{dz} - \frac{d\gamma}{dx} = 4\pi v,$$

$$\frac{d\beta}{dx} - \frac{d\alpha}{dy} = 4\pi w.$$

Ces équations sont analogues aux équations (19) de Maxwell,
pour les corps en repos (n° **57**), à cela près que u, v, w ont des
valeurs différentes de celles appartenant aux mêmes lettres des
équations (19).

Voyons en quoi diffèrent ces valeurs.

Des équations (20) on tire

$$u = p + \frac{1}{4\pi} \frac{dKP}{dt} - \frac{1}{4\pi} |KP|,$$

$$v = q + \frac{1}{4\pi} \frac{dKQ}{dt} - \frac{1}{4\pi} |KQ|,$$

$$w = r + \frac{1}{4\pi} \frac{dKR}{dt} - \frac{1}{4\pi} |KR|;$$

or

$$\frac{KP}{4\pi} = f;\ \text{etc.,}$$

il vient donc

$$\begin{aligned}
u &= p + \frac{df}{dt} - |f|, \\[1ex]
(21) \qquad v &= q + \frac{dg}{dt} - [g], \\[1ex]
w &= r + \frac{dh}{dt} - [h],
\end{aligned}$$

f, g, h ayant d'ailleurs pour valeur.

$$f = \frac{d}{dy}(g\zeta - f\eta) - \frac{d}{dz}(f\zeta - h\xi) - \xi\sum\frac{df}{dx},$$

$$g = \frac{d}{dz}(h\eta - g\zeta) - \frac{d}{dx}(g\xi - f\eta) - \eta\sum\frac{df}{dx},$$

$$h = \frac{d}{dx}(f\zeta - h\xi) - \frac{d}{dy}(h\eta - g\zeta) - \zeta\sum\frac{df}{dx}.$$

Comparons ces relations (21) que nous venons d'obtenir avec
les relations (5) de Maxwell (n° 293), on voit que dans le cas
présent on a des termes complémentaires qui ne figurent pas
dans les relations analogues de Maxwell. Ce sont les termes f,
g, h.

314. — Quelle est la signification de ces termes? Pour le voir,
explicitons d'abord ces termes. À cet effet, posons,

$$\begin{cases} X = h\eta - g\zeta, \\ Y = f\zeta - h\xi, \\ Z = g\xi - f\eta ; \end{cases}$$

d'autre part nous avons,

$$\sum\frac{df}{dx} = \rho.$$

ρ étant la densité de l'électricité.

Les relations (21) deviennent alors

$$(22)\begin{cases} u = p + \dfrac{df}{dt} + \rho\xi + \left(\dfrac{dY}{dz} - \dfrac{dZ}{dy}\right), \\[2mm] v = q + \dfrac{dg}{dt} + \rho\eta + \left(\dfrac{dZ}{dx} - \dfrac{dX}{dz}\right), \\[2mm] w = r + \dfrac{dh}{dt} + \rho\zeta + \left(\dfrac{dX}{dy} - \dfrac{dY}{dx}\right). \end{cases}$$

Ces relations nous indiquent que le courant total se compose
de quatre parties :

1° Le courant de conduction (p, q, r),

2° » déplacement $\left(\dfrac{df}{dt}, \dfrac{dg}{dt}, \dfrac{dh}{dt}\right)$,

3° » convection $(\rho\xi, \rho\eta, \rho\zeta)$,

4° » » $\left[\dfrac{dY}{dz} - \dfrac{dZ}{dy}, \quad \dfrac{dZ}{dx} - \dfrac{dX}{dz}, \quad \dfrac{dX}{dy} - \dfrac{dY}{dx}\right].$

Indiquons sommairement comment l'expérience a pu déceler l'existence des deux derniers courants.

M. Rowland [1] a reconnu que le transport mécanique d'une charge électrostatique équivaut à un courant dirigé dans le sens du mouvement : En employant un disque isolant électrisé, et en le faisant tourner avec une grande rapidité il a observé la création d'un champ magnétique.

Supposons maintenant qu'un diélectrique se déplace dans un champ électrique constant mais non uniforme ; supposons, par exemple, un disque d'ébonite mobile autour d'un axe vertical et un système de quatre secteurs métalliques qui couvrent complètement le disque ; en électrisant les secteurs en diagonale, comme

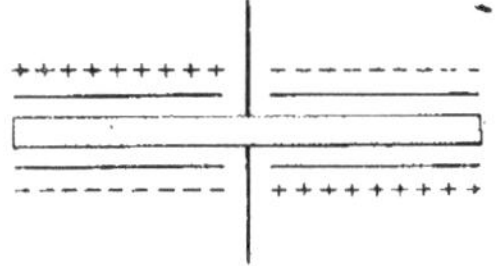

Fig. 52.

l'indique la figure, on obtient deux champs de sens contraires : celui de gauche est dirigé de haut en bas et celui de droite de bas en haut. Le champ en un point quelconque de l'espace sera invariable, mais le disque qui est animé d'un mouvement de rotation traversera successivement des régions où le champ aura des valeurs égales et de signes contraires : la polarisation du diélectrique subira des variations rapides et on aura comme résultat un

<hr>

[1] Les expériences de M. Rowland ont été connues d'abord par un rapport de Helmholz (Pogg. Ann., t. CLVIII. p. 487) et publiées ensuite dans l'*American Journal*, 1878. Voir aussi *Journal de Physique*, 1re série, t. VI, p. 29 et t. VIII. p. 214. — ROWLAND et HUTCHINSON. *Phil. Mag.*, 5e série, t. XXVII. p. 445 et *Journal de Physique*, 2e série, t. VII, p. 536, 1889.

courant qui pourra être mis en évidence par un galvanomètre. C'est ce courant qui a été mis en évidence par Röntgen [1].

Seulement les conditions expérimentales sont très compliquées et les expériences excessivement délicates et d'ailleurs purement qualitatives, de sorte que les résultats obtenus par Röntgen ne peuvent ni confirmer ni infirmer l'exactitude de l'expression analytique de ce courant.

315. — Interprétons ces résultats. — Considérons un diélectrique et adoptons pour l'instant les idées de Mossotti sur les diélectriques [sphères conductrices extrêmement petites, disséminées dans une substance non conductrice jouissant des mêmes propriétés que l'air, qui s'électrisent par influence et qui produisent ainsi la polarisation du diélectrique [2]]. Plaçons ce diélectrique dans un champ électrique : deux cas peuvent se présenter.

1° *Le champ est variable avec le temps.* — Dans ce cas on observera un courant dans les petites sphères conductrices : le courant aura pour composantes

$$\left\{ \begin{array}{l} \dfrac{K - K_0}{K} \dfrac{df}{dt}, \\[2ex] \dfrac{K - K_0}{K} \dfrac{dg}{dt}, \\[2ex] \dfrac{K - K_0}{K} \dfrac{dh}{dt}; \end{array} \right.$$

c'est le *courant de déplacement* de Maxwell au facteur $\dfrac{K - K_0}{K}$ près.

Rappelons que K désigne le pouvoir inducteur spécifique du diélectrique et K_0 le pouvoir inducteur spécifique de l'air.

Remarquons que si le diélectrique était de l'air, K deviendrait égal à K_0 et le courant de déplacement disparaîtrait dans ce cas.

---

[1] Röntgen. *Sitzungsberichte der Berliner Akademie der Wissenschaften :* 26 février 1885, et *Philosophical Magazine*, mai 1885.

[2] Voir la première partie, chapitre II.

2° Supposons maintenant le diélectrique mobile et le champ non uniforme, mais ne variant pas avec le temps. Les sphères de Mossotti seront alors le siège d'un courant de la forme,

$$
\left\{
\begin{aligned}
&\frac{K - K_0}{K} \left(\frac{dY}{dz} - \frac{dZ}{dy} \right), \\[2mm]
&\frac{K - K_0}{K} \left(\frac{dZ}{dx} - \frac{dX}{dz} \right), \\[2mm]
&\frac{K - K_0}{K} \left(\frac{dX}{dy} - \frac{dY}{dx} \right) :
\end{aligned}
\right.
$$

c'est le courant de Röntgen au facteur $\dfrac{K - K_0}{K}$ près.

Ce courant est donc dû à un changement d'orientation du diélectrique même sans que le champ électrique varie. Ainsi un observateur invariablement lié au diélectrique verra varier l'état de polarisation du diélectrique et il y aura par rapport à lui production de courants de déplacement.

Passons maintenant aux idées de Maxwell sur les diélectriques.

D'après Maxwell, tous les diélectriques sont constitués de la même manière : des petites sphères conductrices séparées par des interstices remplis d'un isolant dont le pouvoir inducteur spécifique est extrêmement petit ; l'air, le vide, sont constitués de la même manière d'après Maxwell : c'est là la différence entre les idées de Mossotti et les idées de Maxwell sur les diélectriques. Le rôle de diélectrique est ici joué par les interstices, ou, pour être plus précis, par la matière qui remplit ces interstices et qui a, avons-nous dit, un pouvoir inducteur spécifique extrêmement petit. En faisant par conséquent $K_0 = 0$ dans les relations précédentes on doit trouver les expressions des mêmes courants d'après Maxwell et Hertz. On trouve, en effet, comme composantes du courant de déplacement

$$
\frac{df}{dt}, \; \frac{dg}{dt}, \; \frac{dh}{dt}.
$$

et comme composantes du courant de Röntgen

$$\left\{ \begin{aligned} \frac{dY}{dz} &- \frac{dZ}{dy} \\ \frac{dZ}{dx} &- \frac{dY}{dr} \\ \frac{dX}{dy} &- \frac{dY}{dx} \end{aligned} \right.$$

C'est bien l'expression du courant de Rœntgen qui figure dans les seconds membres des relations (12). — On aurait donc là un moyen de décider sur la légitimité de l'hypothèse de Maxwell ou de l'hypothèse de Mossotti sur les diélectriques. Malheureusement les expériences que Rœntgen a instituées pour mettre en évidence l'existence de ce courant sont insuffisantes et d'ailleurs purement qualitatives, comme nous l'avons déjà fait remarquer : elles ne peuvent nous fixer sur la valeur exacte de ce courant.

Quoi qu'il en soit on arrive à la conclusion suivante : Le courant total se compose de quatre parties.

1° *Le courant de conduction.*
2° » *déplacement.*
3° » *Rowland.*
4° » *Rœntgen.*

VÉRIFICATION DES PRINCIPES DE LA CONSERVATION DE L'ÉLECTRICITÉ
ET DE LA CONSERVATION DU MAGNÉTISME

316. — Nous allons montrer que la théorie de Hertz pour l'électrodynamique des corps en mouvement est conforme aux principes de la conservation de l'électricité et du magnétisme. Commençons par le principe de la conservation du magnétisme.

Principe de la conservation du magnétisme. — Considérons une surface S et supposons qu'elle soit presque complètement fermée et entraînée dans le mouvement de la matière.

Nous avons la relation ([1])

$$(1) \qquad \int \sum P dx = \frac{\partial}{\partial t} \int \sum l_{\gamma z} d\omega,$$

l'intégrale du premier membre étant étendue à la courbe qui limite la surface S. Dans le cas particulier où nous nous sommes placés, cette intégrale de ligne est très petite, et à la limite, quand la surface S est complètement fermée elle est nulle. La relation (1) devient donc dans ce dernier cas

$$\frac{\partial}{\partial t} \int \sum l_{\gamma z} d\omega = 0.$$

ce qui signifie que

$$\int \sum l_{\gamma z} d\omega = C^{te}$$

Or cette intégrale représente le flux d'induction magnétique qui traverse la surface S, et qui est, au facteur constant 4π près, la quantité de magnétisme vrai à l'intérieur de la surface en question (d'après la définition même du magnétisme vrai); c'est précisément le principe de la conservation du magnétisme.

Principe de la conservation de l'électricité. — Nous avons trouvé

$$- \int \sum u dx = 4\pi \int \sum l p d\omega + \frac{\partial}{\partial t} \int \sum l K P d\omega$$

l'intégrale de ligne du premier membre s'étendant au contour qui limite la surface S.

([1]) Page 372, éq. (12).

Si cette surface est fermée, cette intégrale est nulle et il reste

$$\int \sum lp\,d\omega + \frac{\partial}{\partial t}\cdot\frac{1}{4\pi}\int \sum l\,d\omega\,\mathrm{KP} = 0,$$

or $\dfrac{1}{4\pi}\int \sum l\,d\omega\,\mathrm{KP}$ exprime la quantité d'électricité vraie par définition). La relation (2) montre donc que la variation de la quantité d'électricité vraie qui se trouve à l'intérieur de la surface fermée entraînée dans le mouvement de la matière est égale à la quantité d'électricité qui traverse la surface S par conduction : c'est le principe de la conservation de l'électricité

317. *Première remarque.* — Remarquons que les équations de Hertz ne cessent pas d'être conformes au principe de la conservation de l'électricité si on y supprime les termes correspondant au courant de Rœntgen. Pour montrer cela, il me suffit de faire voir que la quantité d'électricité qui traverse la surface S sous forme de courants de Rœntgen est nulle. Or cette quantité d'électricité a pour expression

$$\int d\omega \sum l \left(\frac{dY}{dz} - \frac{dZ}{dy}\right).$$

Je dis que cette intégrale est nulle. Pour le voir il me suffit de démontrer que,

$$\frac{d}{dx}\left(\frac{dY}{dz} - \frac{dZ}{dy}\right) + \frac{d}{dy}\left(\frac{dZ}{dx} - \frac{dX}{dz}\right) + \frac{d}{dz}\left(\frac{dX}{dy} - \frac{dY}{dx}\right) = 0.$$

Or, cette dernière relation est une identité bien connue.

Ainsi, donc,

Le principe de la conservation de l'électricité est vérifié soit avec les équations proprement dites de Hertz, soit avec ces équations modifiées par la suppression des termes correspondant au courant de Rœntgen.

318. *Deuxième remarque.* — Je dis maintenant que,

Les équations de Hertz conservent la même forme, soit qu'on adopte des axes fixes, soit qu'on adopte des axes mobiles ; en d'autres termes,

Les équations de Hertz gardent la même forme dans le mouvement relatif et dans le mouvement absolu.

En effet, les deux lois fondamentales d'où sont déduites ces équations peuvent s'énoncer ainsi : une intégrale simple prise le long d'une certaine courbe doit être égale à la dérivée par rapport au temps d'une intégrale double étendue à une surface limitée par cette courbe, *cette courbe et cette surface étant supposées entraînées dans le mouvement de la matière.* Il est manifeste qu'un pareil énoncé est indépendant du choix des axes et qu'il reste le même, que ces axes soient fixes ou mobiles. Les équations qu'on en déduit doivent donc être aussi les mêmes dans les deux cas.

Prenons en particulier la première équation fondamentale de Hertz,

$$\frac{d\gamma\alpha}{dt} = \frac{dQ}{dz} - \frac{dR}{dy} + [\gamma\alpha]$$

et plaçons-nous dans le cas le plus simple : supposons que toute la matière soit entraînée dans un mouvement de translation. Ceci revient à supposer que ξ, η, ζ sont des constantes.

Considérons maintenant un système d'axes mobiles entraînés dans ce mouvement. Je dis que nous tomberons sur les mêmes équations que dans le cas d'un corps en repos.

En effet, $[\alpha]$, dont la valeur est

$$[\alpha] = \frac{d}{dy}(\beta\xi - \alpha\eta) - \frac{d}{dz}(\alpha\zeta - \gamma\xi) - \xi \sum \frac{d\alpha}{dx}$$

devient dans ce cas [où $(\xi, \eta, \zeta) = C^{te}$],

$$[\alpha] = -\xi \frac{d\alpha}{dx} - \eta \frac{d\alpha}{dy} + \zeta \frac{d\alpha}{dz}$$

et en remplaçant dans l'équation de Hertz ci-dessus $[\gamma\alpha]$ par la valeur que nous venons de calculer, il vient,

$$\frac{d\gamma\alpha}{dt} + \xi\,\frac{d\alpha}{dx} + \eta\,\frac{d\alpha}{dy} + \zeta\,\frac{d\alpha}{dz} = \frac{dQ}{dz} - \frac{dR}{dy};$$

or,

$$\frac{d\gamma\alpha}{dt} + \xi\,\frac{d\alpha}{dx} + \eta\,\frac{d\alpha}{dy} + \zeta\,\frac{d\alpha}{dz} = \frac{\partial\gamma\alpha}{\partial t}$$

c'est la dérivée par rapport au temps du flux d'induction magnétique en supposant que la surface S est entraînée dans le mouvement de la matière ; il vient donc,

$$\frac{\partial\gamma\alpha}{\partial t} = \frac{dQ}{dz} - \frac{dR}{dy}$$

relation analogue à celle que nous avons trouvée pour l'électro-dynamique des corps en repos (n° **292**).

Il résulte donc de là que la dérivée $\dfrac{\partial}{\partial t}$ joue par rapport au mouvement relatif le même rôle que jouait la dérivée $\dfrac{\partial}{\partial t}$ par rapport au mouvement absolu.

319. *Conséquences*. — Cette dernière remarque entraîne deux conséquences : l'une heureuse, l'autre fâcheuse. La conséquence heureuse c'est que les équations de Hertz sont conformes au principe de l'égalité de l'action et de la réaction ; la conséquence fâcheuse, c'est que ces équations ne peuvent pas rendre compte de certains phénomènes optiques.

Considérons un milieu transparent animé d'un mouvement de translation et traversé par des ondes lumineuses et considérons un observateur situé en un point de ce milieu et entraîné par le mouvement de ce milieu. Pour cet observateur tout va se passer comme si le milieu était en repos ; par conséquent la vitesse relative, par rapport à des axes mobiles invariablement liés au milieu et à l'observateur, sera la même que si le milieu était en repos. Pour avoir la vitesse absolue il faut ajouter la vitesse de translation des axes ; les ondes seront donc entraînées totalement dans le mouvement de la matière.

Or, Fizeau, dans une expérience célèbre qu'il fit pour confirmer des vues théoriques de Fresnel, montra que les ondes lumineuses ne sont pas entraînées par l'air en mouvement, mais si l'on remplace l'air par de l'eau il y a entraînement *partiel* des ondes. Les équations de Hertz sont donc impuissantes pour expliquer ces phénomènes optiques.

Pour expliquer cet entraînement partiel il faudrait modifier un peu les équations de Hertz. Or, rappelons-nous que les équations de Hertz ne cessent pas d'être conformes au principe de la conservation de l'électricité si on y supprime les termes contenant le courant de Rœntgen; nous l'avons montré un peu plus haut. Seulement en faisant cela, elles ne conservent plus la même forme dans les deux mouvements : relatif et absolu; on pourrait alors se demander si ces équations ainsi modifiées ne pourraient pas expliquer l'entraînement partiel des ondes lumineuses et qui ne pouvait en aucune façon être expliqué par les équations de Hertz non modifiées. C'est ce que nous allons tenter de voir.

320. *Entraînement partiel des ondes lumineuses.* — Supposons donc que nous ayons affaire à un milieu transparent et écrivons les équations fondamentales de Hertz pour ce milieu; nous avons,

$$\frac{d\mu\alpha}{dt} - [\mu\alpha] = \frac{dQ}{dz} - \frac{dR}{dy},$$

$$\frac{d\mu\beta}{dt} - [\mu\beta] = \frac{dR}{dx} - \frac{dP}{dz},$$

$$\frac{d\mu\gamma}{dt} - [\mu\gamma] = \frac{dP}{dy} - \frac{dQ}{dx}.$$

$$\frac{dKP}{dt} - [KP] = \frac{d\gamma}{dy} - \frac{d\beta}{dz},$$

$$\frac{dKQ}{dt} - [KQ] = \frac{d\alpha}{dz} - \frac{d\gamma}{dx},$$

$$\frac{dKR}{dt} - [KR] = \frac{d\beta}{dx} - \frac{d\alpha}{dy}.$$

Modifions ces équations en affectant les termes en $[\mu\alpha],\dots$;

[KP],...... par des coefficients H, H_1 que nous ne déterminerons pas pour le moment; il viendra (1)

$$
(1)
\begin{cases}
\dfrac{d\mu\alpha}{dt} - H[\mu\alpha] = \dfrac{dQ}{dz} - \dfrac{dR}{dy}, \\[2ex]
\dfrac{d\mu\beta}{dt} - H[\mu\beta] = \dfrac{dR}{dx} - \dfrac{dP}{dz}, \\[2ex]
\dfrac{d\mu\gamma}{dt} - H[\mu\gamma] = \dfrac{dP}{dy} - \dfrac{dQ}{dx}.
\end{cases}
$$

$$
(2)
\begin{cases}
\dfrac{dKP}{dt} - H_1[KP] = \dfrac{d\gamma}{dy} - \dfrac{d\beta}{dz}, \\[2ex]
\dfrac{dKQ}{dt} - H_1[KQ] = \dfrac{d\alpha}{dz} - \dfrac{d\gamma}{dx}, \\[2ex]
\dfrac{dKR}{dt} - H_1[KR] = \dfrac{d\beta}{dx} - \dfrac{d\alpha}{dy}.
\end{cases}
$$

Supposons maintenant que nous ayons affaire à des ondes planes et prenons le plan de l'onde perpendiculaire à l'axe des x; cela fera que nos fonctions ne dépendront que de x et de t. Supposons de plus que le plan de polarisation soit perpendiculaire à l'axe des z: cela veut dire que toutes les quantités qui figuraient dans les formules précédentes sont nulles à présent, excepté β et R. Supposons enfin que $\mu = 1$, ce qui n'est pas loin de la vérité, car en général les milieux transparents ne sont pas magnétiques, et écrivons la deuxième équation du groupe (1) et la troisième du groupe (2) dans ces hypothèses.

D'abord $[\mu\beta]$ et $[KR]$ deviennent.

$$
-[\mu\beta] = \xi\frac{d\beta}{dx}.
$$

$$
-[KR] = K\xi\frac{dR}{dx}.
$$

Les relations en question deviennent donc.

$$
(3)
\begin{cases}
-\dfrac{d\beta}{dt} + H\xi\dfrac{d\beta}{dx} = \dfrac{dR}{dx}, \\[2ex]
K\left(\dfrac{dR}{dt} + H_1\xi\dfrac{dR}{dx}\right) = \dfrac{d\beta}{dx}.
\end{cases}
$$

Appelons V la vitesse des ondes ; on a alors,

$$\beta = \psi\,(x - Vt)$$
$$R = \varphi\,(x - Vt)$$

d'où

$$\frac{d\beta}{dx} = \psi'$$

$$\frac{dR}{dx} = \varphi'$$

en désignant par φ' et ψ' les dérivées de $\varphi\,(x - Vt)$ et de $\psi\,(x - Vt)$. Calculons encore les dérivées de β et de R par rapport au temps ; il vient

$$\frac{d\beta}{dt} = - V\psi',$$

$$\frac{dR}{dt} = - V\varphi'.$$

Les équations (3) s'écrivent alors,

$$- \psi'\,(V - H\xi) = \varphi',$$
$$- K\varphi'\,(V - H_1\xi) = \psi'.$$

En éliminant φ' et ψ' entre ces deux équations on trouve finalement,

$$(V - H\xi)\,(V - H_1\xi) = \frac{1}{K},$$

qu'on peut encore écrire

$$\left(V - \frac{H + H_1}{2}\,\xi\right)^2 - \left(\frac{H - H_1}{2}\right)^2\xi^2 = \frac{1}{K}\,.$$

Or ξ c'est la vitesse de la matière, qui est très petite par rapport à V ; le terme en ξ^2 est donc négligeable par rapport au premier et il reste simplement

$$\left(V - \frac{H + H_1}{2}\,\xi\right)^2 = \frac{1}{K}\,;$$

d'où enfin,

$$V = \frac{1}{\sqrt{K}} + \frac{H + H_1}{2}\,\xi.$$

Cette relation nous montre que l'entraînement de l'onde n'est pas total, à cause du terme en $\dfrac{H+H_1}{2}$; c'est en effet ce qu'on constate par l'expérience ; seulement pour que cette formule soit d'accord avec les expériences de Fizeau il faut que le coefficient $\dfrac{H+H_1}{2}$ (coefficient d'entraînement des ondes) ait pour valeur

$$\frac{H+H_1}{2} = \frac{K-K_0}{K}.$$

Conclusion. — Pour que les équations de Hertz puissent rendre compte de certains phénomènes optiques, en particulier des expériences de Fizeau, nous avons été obligés d'affecter le terme en $[\mu z]$ du coefficient $\dfrac{K-K_0}{K}$ et outre que rien ne justifie l'introduction d'un pareil coefficient on pourrait encore se demander si on ne se trouvait pas en contradiction avec les expériences d'induction magnétique (qui dépendent directement du terme en $[\mu z]$); mais je n'insiste pas davantage sur cette question, du moins pour le moment ; j'ai voulu seulement indiquer les difficultés qu'on a à vaincre pour expliquer ces phénomènes optiques en partant de la théorie de Hertz ; ce sont ces difficultés que la théorie de Lorentz avait pour but de tourner.

321. *Remarque.* — Dans le calcul que nous venons de faire, nous avons affecté le terme en $[KP]$ et par conséquent le terme en $[f]$ d'un certain coefficient H_1. Or ce terme en $[f]$ représente les courants de Rowland et de Rœntgen. — En ce qui concerne le courant de Rœntgen, nous avons dit précédemment qu'on ne peut pas encore fixer sa valeur ; mais il n'en est plus de même du courant de Rowland ; car on peut se faire une idée de sa valeur.

Les coefficients H ou H_1 ne devraient donc pas affecter les termes $[KP]$ tout entiers, mais seulement la partie de ces termes qui se rapporte au courant de Rœntgen, celle qui se rapporte au courant de Rowland conservant le coefficient 1. Il n'y a rien à changer de ce fait à l'analyse qui précède et qui se rapporte aux

phénomènes optiques, car, dans les phénomènes optiques les
ondes étant transversales, on a

$$\sum \frac{df}{dx} = 0.$$

Or (n° 300), éq. (17)

$$\sum \frac{df}{dx} = \rho.$$

ρ étant la densité de l'électricité vraie. Donc $\rho = 0$; il n'y a
donc pas d'électricité vraie, et par conséquent,

$$\left.\begin{array}{l} \rho\xi \\ \rho\eta \\ \rho\zeta \end{array}\right\} = 0$$

le courant de Rowland n'existe donc pas.

VÉRIFICATION DU PRINCIPE DE LA CONSERVATION DE L'ÉNERGIE

322. — Les équations de Hertz pour l'électrodynamique des
corps en mouvement sont-elles conformes au principe de la conservation de l'énergie? Pour le voir, considérons l'expression de
l'énergie totale, tant électrique que magnétique, donnée par Hertz,

$$(1) \qquad J = \int_\rho^\circ \frac{d\tau}{8\pi} \left[\sum \mu x^2 + \sum K P^2 \right].$$

Cette énergie provient de plusieurs causes. Il y a d'abord
l'énergie fournie par la pile (moins l'énergie dépensée sous forme
de chaleur de Joule, effet Peltier, etc.). Représentons par

$$dt \int U \, d\tau$$

l'accroissement de cette énergie pendant le temps dt.

Ensuite, si nous considérons un élément $d\tau$ de la matière, cet
élément subit de la part du champ extérieur des actions mécaniques; soient,

$$X \, d\tau, \qquad Y \, d\tau, \qquad Z \, d\tau$$

les composantes d'une force extérieure au système, qui compense ces actions du champ. L'élément $d\tau$ étant soumis à ces deux forces antagonistes n'acquerra pas de vitesse, ce qui permettra de négliger la force vive de la matière.

Quel est, maintenant, le travail des forces extérieures qui tendent à accroître J? En nous rappelant que nous avons désigné par

$$\xi\,dt, \qquad \eta\,dt, \qquad \zeta\,dt$$

les composantes du déplacement de l'élément $d\tau$, ce travail est alors représenté par

$$dt \int d\tau\,(X\xi + Y\eta + X\zeta)$$

et le principe de la conservation de l'énergie s'exprime par la relation suivante,

$$\frac{dJ}{dt} = \int d\tau\,(U + X\xi + Y\eta + Z\zeta)\,;$$

d'autre part, nous avons en différentiant (1) par rapport à t,

$$\frac{dJ}{dt} = \int \frac{d\tau}{8\pi}\left[\sum \frac{d\alpha^2}{dt} + \sum \frac{dKP^2}{dt}\right].$$

Or le second membre de cette relation étant une fonction linéaire de ξ, η, ζ et leurs dérivées, nous pouvons écrire,

$$(3)\quad \frac{dJ}{dt} = \int d\tau\left(U_0 + V_1\xi + V_2\eta + V_3\zeta + V_4\frac{d\xi}{dx} + \ldots\right);$$

où U_0 représente l'ensemble des termes indépendants de ξ, η, ζ.

L'intégration par parties nous donnera,

$$\int V_4\frac{d\xi}{dx}\,d\tau = -\int \xi\,\frac{dV_4}{dx}\,d\tau\,;$$

puisque les intégrations sont étendues à tout l'espace et que toutes nos fonctions s'annulent à l'infini.

La relation (3) devient donc

$$\frac{dJ}{dt} = \int d\tau \left[U_0 + \xi \left(V_1 - \frac{dV_1}{dx} - \dots \right) + \eta \left(V_2 - \dots \right) + \zeta \left(V_3 - \dots \right) \right]$$

ou encore

$$(4) \qquad \frac{dJ}{dt} = \int d\tau \left(U_0 + X_0 \xi + Y_0 \eta + Z_0 \zeta \right).$$

En identifiant cette expression (4) à la précédente (2), on trouve

$$U = U_0,$$
$$X = X_0,$$
$$Y = Y_0,$$
$$Z = Z_0.$$

ce qui signifie que la force qu'il faut appliquer à l'élément de volume $d\tau$ pour équilibrer l'action du champ sur cet élément, a pour composantes,

$$\left. \begin{array}{l} X_0 d\tau, \\ Y_0 d\tau, \\ Z_0 d\tau. \end{array} \right.$$

et que, par conséquent, l'action du champ est

$$\left. \begin{array}{l} - X_0 d\tau, \\ - Y_0 d\tau, \\ - Z_0 d\tau. \end{array} \right.$$

Cela va nous permettre de calculer l'action du champ sur l'élément $d\tau$.

323. *Energie électro-cinétique et énergie élastique d'un champ magnétique.* — Mais avant de passer au calcul de cette action, indiquons une transformation utile pour les calculs qui vont suivre.

L'énergie magnétique a pour expression, d'après Hertz,

$$(1) \qquad \int \frac{d\tau}{8\pi} \sum \mu \alpha^2 ;$$

d'autre part nous avons

$$\begin{cases} a = \alpha + 4\pi A = \mu\alpha + 4\pi A_0, \\ b = \beta + 4\pi B = \mu\beta + 4\pi B_0, \\ c = \gamma + 4\pi C = \mu\gamma + 4\pi C_0. \end{cases}$$

(A, B, C) étant le vecteur que nous avons appelé aimantation *totale* et (A_0, B_0, C_0) étant le vecteur que nous avons appelé aimantation *permanente* : nous tirons de là,

$$\begin{aligned} (\mu - 1)\,\alpha &= 4\pi\,(A - A_0), \\ (\mu - 1)\,\beta &= 4\pi\,(B - B_0), \\ (\mu - 1)\,\gamma &= 4\pi\,(C - C_0), \end{aligned}$$

$(A - A_0, B - B_0, C - C_0)$ étant les composantes de l'aimantation *induite*. On en déduit aisément,

$$(\mu - 1)\,\alpha^2 = \frac{16\pi^2}{\mu - 1}\,(A - A_0)^2 ; \text{ etc..}$$

d'où

$$\mu\alpha^2 = \alpha^2 + \frac{16\pi^2}{\mu - 1}\,(A - A_0)^2 ; \text{ etc.}$$

En substituant ces valeurs de $\mu\alpha^2$, $\mu\beta^2$, $\mu\gamma^2$, dans la relation (1), cette relation devient,

$$(2) \qquad \int \frac{d\tau}{8\pi} \sum \mu\alpha^2 = \int \frac{d\tau}{8\pi} \sum \alpha^2 + \int \frac{d\tau\,2\pi}{\mu - 1} \sum (A - A_0)^2 ;$$

où la seconde intégrale du second membre est, au facteur $\dfrac{2\pi}{\mu - 1}$ près, le carré de l'aimantation induite.

Quelle est la signification physique de cette relation ?

Nous savons que, d'après Ampère, dans un aimant tout se passe comme s'il était parcouru par d'innombrables courants

particulaires. Dans les aimants permanents ces courants sont tous
orientés de la même manière ; mais il n'en est plus de même
dans les aimants induits. Pour expliquer, en effet, le fait que ces
corps, susceptibles de s'aimanter par induction, s'aimantent dans
un champ magnétique et qu'ils perdent leur aimantation dès que
l'action du champ est supprimée on est obligé de faire une hypothèse supplémentaire : il faut supposer que ces courants d'Ampère ont une direction variable. Tant que le corps à aimanter ne
se trouve pas encore dans le champ magnétique ces courants
particuliers sont orientés indifféremment dans tous les sens ; le
moment magnétique est par conséquent nul : l'aimantation résultante est nulle ; mais dès que le corps en question se trouve placé
dans un champ magnétique, les courants particuliers vont tendre
à se rapprocher d'une orientation commune ; le moment magnétique ne sera plus nul et l'aimantation induite apparaîtra. Le
champ magnétique vient-il à être supprimé ? Les courants vont
reprendre leur orientation primitive et le moment magnétique
redeviendra nul. Tout se passe comme si le milieu magnétique
était déformé par l'action du champ (comme le serait par exemple
un ressort bandé) et reprendrait sa position d'équilibre, en vertu
de la force élastique mise en jeu par cette déformation, dès que
le champ aurait cessé d'agir. Il en résulte que l'énergie totale
magnétique se composera de deux parties :

1° *L'énergie électro-cinétique* des courants particuliers, et
2° *l'énergie due à la force élastique*, dont je viens de parler.

Le premier terme de l'expression (2) est l'énergie électro-cinétique et le second terme,

$$\int \frac{d\tau\, 2\pi}{\mu - 1} \sum (A - A_1)^2$$

représente cette énergie élastique particulière.

Maxwell, dans son raisonnement sur les aimants, a calculé
seulement le travail des forces magnétiques proprement dites ;
il néglige le travail de la force élastique que nous venons d'invoquer ; aussi son expression de l'énergie magnétique est en
désaccord avec le principe de la conservation de l'énergie et

même avec les résultats qu'il a obtenus lui-même dans une autre partie de son Traité classique.

Voyons maintenant la valeur de cette énergie élastique. Supposons que les courants particulaires soient écartés de leur position d'équilibre primitif par l'action d'un champ magnétique : l'énergie potentielle qui en résulte est proportionnelle à cet écart, si cet écart est petit ; par conséquent le moment magnétique résultant sera proportionnel à l'écart

$$\sqrt{\sum (A - A_0)^2}$$

et par suite le carré de l'aimantation induite sera proportionnel au carré de l'écart. Il en résulte que le travail des forces élastiques est proportionnel au carré de cette même quantité : c'est bien ce que la seconde intégrale de la relation 2) indique.

324. Calcul des actions mécaniques exercées par le champ électromagnétique sur la matière. — Nous avons vu précédemment que l'énergie totale se compose de l'énergie magnétique et de l'énergie électrique. Désignons la première par J_1 et la seconde par J_2. Nous avons donc,

$$J_1 = \int \frac{d\tau}{8\pi} \sum \mu \alpha^2,$$

$$J_2 = \int \frac{d\tau}{8\pi} \sum K P^2.$$

Comme nous l'avons déjà dit nous mettrons le principe de la conservation de l'énergie sous la forme,

$$1) \qquad \frac{dJ}{dt} = \int U_0 \, d\tau + \int (X_0 \xi + Y_0 \eta + Z_0 \zeta) \, d\tau.$$

La première intégrale exprime l'énergie fournie par la pile

moins l'énergie dépensée sous forme de chaleur de Joule, effet Peltier, etc. Il suffit pour s'en convaincre de remarquer que ce terme est indépendant de la vitesse de la matière. Il a donc même expression que dans le cas des milieux en repos, que nous avons examiné plus haut. La seconde intégrale représente le travail des forces extérieures que nous avons invoquées pour équilibrer les actions mécaniques produites par le champ. L'action du champ aura donc pour composantes suivant les trois axes,

$$\left. \begin{aligned} &- X_0 \, d\tau, \\ &- Y_0 \, d\tau, \\ &- Z_0 \, d\tau. \end{aligned} \right.$$

Pour calculer ces composantes je supposerai que les différents corps matériels conservent le même μ et le même K en se déplaçant dans l'espace. Ceci revient à écrire que,

$$\frac{\partial \mu}{\partial t} = 0,$$

or,

$$\frac{\partial \mu}{\partial t} = \frac{d\mu}{dt} + \xi \frac{d\mu}{dx} + \eta \frac{d\mu}{dy} + \zeta \frac{d\mu}{dz}$$

ce qui peut s'écrire,

$$\frac{\partial \mu}{\partial t} = \frac{d\mu}{dt} + \sum \xi \frac{d\mu}{dx} ;$$

donc

$$\frac{d\mu}{dt} = - \sum \xi \frac{d\mu}{dx}$$

$\dfrac{d\mu}{dt}$ est donc fonction linéaire de ξ, η, ζ. — Prenons maintenant $[\mu\alpha]$ et développons cette expression, il vient,

$$[\mu\alpha] = \frac{d}{dy} \, \mu \, (\beta\xi - \alpha\eta) - \frac{d}{dz} \, \mu \, (\alpha\zeta - \gamma\xi) - \xi \sum \frac{d\mu\alpha}{dx} ;$$

on voit que cette expression est également une fonction linéaire de ξ, η, ζ et leurs dérivées et il en sera de même de $\dfrac{d\mu\alpha}{dt}$, etc.

En effet, les équations fondamentales de Hertz s'écrivent,

$$\frac{d\gamma\alpha}{dt} = \frac{dQ}{dz} - \frac{dR}{dy} + \gamma\alpha, \text{ etc.};$$

or

$$\frac{d\gamma\alpha}{dt} = \gamma\,\frac{d\alpha}{dt} + \alpha\,\frac{d\gamma}{dt};$$

d'où

$$\gamma\,\frac{d\alpha}{dt} = \frac{d\gamma\alpha}{dt} - \alpha\,\frac{d\gamma}{dt};$$

$\gamma\,\dfrac{d\alpha}{dt}$ sera donc encore une fonction linéaire de ξ, η, ζ et leurs dérivées.

Ceci étant établi, évaluons $\dfrac{dJ_1}{dt}$. Nous avons en différentiant par rapport à t l'expression de J_1,

$$\frac{dJ_1}{dt} = \int_c^a \frac{dz}{8\pi} \sum \left(\alpha^2 \frac{d\gamma}{dt} + 2\alpha\gamma\,\frac{d\alpha}{dt} \right),$$

et nous voyons, d'après ce que nous venons d'établir, que la fonction qui figure sous le signe $\int$ est linéaire par rapport à ξ, η, ζ et leurs dérivées. Je puis donc écrire

$$\frac{dJ_1}{dt} = \int_c^a dz\,(U_1 + H_1),$$

où U_1 est l'ensemble des termes ne dépendant pas de ξ, η, ζ et de leurs dérivées et H_1 celui des termes dépendant de ξ, η, ζ et de leurs dérivées; H_1 sera donc un polynôme homogène et du premier degré par rapport à ξ, η, ζ et à leurs dérivées.

On trouvera par un calcul analogue

$$\frac{dJ_2}{dt} = \int_c^a dz\,(U_2 - H_2).$$

L'intégration par parties nous permettra de mettre $\int H_1\,d\tau$ et $\int H_2\,d\tau$ sous la forme suivante,

$$\int H_1\,d\tau = \int d\tau\,(X_1\xi + Y_1\eta + Z_1\zeta)$$

$$= \int d\tau \sum X_1\xi\,;$$

$$\int H_2\,d\tau = \int d\tau \sum X_2\xi,$$

de sorte que $\dfrac{dJ}{dt}$ devient finalement,

$$\frac{dJ}{dt} = \int d\tau\,(U_1 + U_2) + \int d\tau\left[\sum X_1\xi + \sum X_2\xi\right].$$

En identifiant cette relation avec la relation (1) on trouve,

$$U_0 = U_1 + U_2,$$
$$X_0 = X_1 + X_2,$$
$$Y_0 = Y_1 + Y_2,$$
$$Z_0 = Z_1 + Z_2.$$

La première relation

$$U = U_1 + U_2$$

nous apprend que $U_1 + U_2$ correspond à l'énergie créée par la pile moins celle qui disparaît sous forme de chaleur de Joule. Les autres relations nous montrent que les projections de l'action du champ sur les trois axes sont

$$- (X_1 + X_2)\,d\tau,$$
$$- (Y_1 + Y_2)\,d\tau,$$
$$- (Z_1 + Z_2)\,d\tau.$$

Ces composantes comprennent, comme on le voit, deux parties.

$$-X_1\,d\tau, \qquad -X_2\,d\tau,$$
$$-Y_1\,d\tau, \qquad -Y_2\,d\tau,$$
$$-Z_1\,d\tau, \qquad -Z_2\,d\tau;$$

$-X_1\,d\tau, -Y_1\,d\tau, -Z_1\,d\tau$ représentent les composantes de l'action du champ magnétique sur la matière : les autres composantes sont celles qui proviennent de l'action du champ électrique sur la matière.

325. — Calculons chacune de ces actions en particulier.

I. — ACTIONS MÉCANIQUES DU CHAMP MAGNÉTIQUE

Je commencerai par faire une hypothèse : je supposerai qu'il pourra y avoir des corps susceptibles d'aimantation, c'est-à-dire des corps tels que pour eux $\mu \gtrless 1$, et des diélectriques pour lesquels $K \gtrless 1$; mais je ferai une restriction : je supposerai que si le système considéré peut contenir des corps pour lesquels $\mu \gtrless 1$ et $K \gtrless 1$, ces corps seront *solides*. On n'aura donc ni corps magnétiques fluides, ni diélectriques fluides autres que l'air. — En dehors de ces corps solides je supposerai toujours $\mu = 1$.

Nous avons

$$(1)\quad J_1 = \int \frac{d\tau}{8\pi} \sum \mu\,\alpha^2 = \int \frac{d\tau}{8\pi} \sum \alpha^2 + \int \frac{d\tau}{8\pi} \sum (\mu - 1)\alpha^2;$$

la première intégrale du second membre sera étendue à l'espace tout entier; la seconde ne s'étendra qu'aux aimants solides.

Nous avons trouvé précédemment

$$(\mu - 1)\,\alpha = 4\pi\,(A - A_0);$$

Posons maintenant,

$$(\mu - 1)\,\alpha = 4\pi\,(A - A_0) = \alpha'$$

et de même

$$\left.\begin{aligned}(\mu - 1)\,\beta &= \beta',\\ (\mu - 1)\,\gamma &= \gamma';\end{aligned}\right\} \tag{2}$$

on en tire aisément

$$(2\;bis) \qquad \left\{\begin{aligned}\mu\alpha &= \alpha + \alpha',\\ \mu\beta &= \beta + \beta',\\ \mu\gamma &= \gamma + \gamma';\end{aligned}\right.$$

et la relation (1) devient,

$$J_1 = \int \frac{d\tau}{8\pi}\sum \alpha^2 + \int \frac{d\tau}{8\pi}\frac{1}{\mu - 1}\sum \alpha'^2. \tag{3}$$

Formons maintenant $\dfrac{dJ_1}{dt}$. Différentions pour cela la relation (3) sous le signe $\int$. Seulement, pour avoir le droit de différentier sous le signe $\int$ il faut que le champ d'intégration soit le même au temps t et au temps $t + dt$. Pour la première intégrale on n'a pas de difficulté, car elle s'étend à l'espace tout entier ; mais ce n'est pas ce qui arrive pour la seconde intégrale qui ne s'étend qu'aux solides aimantés. Étendons cette intégrale à un seul solide aimanté ; ce solide se déplaçant, le champ d'intégration sera variable au temps t et au temps $t + dt$. Mais tournons la difficulté en considérant un observateur lié à ce solide : pour cet observateur le champ d'intégration sera le même à l'époque t et à l'époque $t + dt$: seulement il nous faudra alors prendre la dérivée par rapport au temps avec des ∂ ronds. On aura donc,

$$\frac{dJ_1}{dt} = \int \frac{d\tau}{4\pi}\sum \alpha\,\frac{d\alpha}{dt} + \int \frac{d\tau}{8\pi}\frac{1}{\mu - 1}\frac{\partial}{\partial t}\sum \alpha'^2 \tag{4}$$

car $\dfrac{\partial\mu}{\partial t} = 0$ comme nous l'avons supposé plus haut.

Mais comment obtenir cette dérivée $\dfrac{\partial}{\partial t}\sum \alpha'^2$?

Pour calculer cette dérivée utilisons le théorème que nous avons démontré un peu plus haut (308) ; nous avions démontré que si N est la valeur absolue d'un vecteur (α, β, γ), on a alors,

$$N\frac{\partial N}{\partial t} = \sum \alpha\frac{d\alpha}{dt} - \sum \alpha[\alpha] ;$$

ou bien, en remplaçant N par sa valeur,

$$\frac{1}{2}\frac{\partial}{\partial t}\sum \alpha^2 = \sum \alpha\frac{d\alpha}{dt} - \sum \alpha[\alpha] ;$$

et souvenons-nous que la démonstration de ce théorème supposait que le point considéré appartenait à un corps solide : c'est précisément notre cas. Appliquons ce théorème au vecteur α' ; il vient,

$$\frac{1}{2}\frac{\partial}{\partial t}\sum \alpha'^2 = \sum \alpha'\frac{d\alpha'}{dt} - \sum \alpha'[\alpha'] .$$

En divisant les deux membres de cette relation par $\mu - 1$ et en tenant compte des relations (2), on aura

$$\frac{1}{2(\mu - 1)}\frac{\partial}{\partial t}\sum \alpha'^2 = \sum \alpha\frac{d\alpha'}{dt} - \sum \alpha[\alpha'] ;$$

c'est précisément la valeur de la dérivée que nous voulions évaluer.

La relation (4) devient donc,

$$(5) \qquad \frac{dJ_1}{dt} = \int \frac{d\tau}{4\pi}\sum \alpha\left(\frac{d\alpha}{dt} + \frac{d\alpha'}{dt} - [\alpha']\right).$$

Évaluons

$$\frac{d\alpha}{dt} + \frac{d\alpha'}{dt} - [\alpha'].$$

Remplaçons à cet effet dans les équations de Hertz $\mu\alpha$ par sa valeur (2 *bis*). Cela nous donne,

$$\frac{d\alpha}{dt} + \frac{d\alpha'}{dt} = \frac{dQ}{dz} - \frac{dR}{dy} + [\alpha] + [\alpha']$$

d'où

$$\frac{d\alpha}{dt} + \frac{d\alpha'}{dt} - [\alpha'] = \frac{dQ}{dz} - \frac{dR}{dy} + [\alpha].$$

La relation (5) peut donc s'écrire,

$$(6) \qquad \frac{dJ_1}{dt} = \int \frac{d\tau}{4\pi} \sum \alpha \left(\frac{dQ}{dz} - \frac{dR}{dy} + [\alpha] \right).$$

Remarquons maintenant que la quantité sous le signe $\int$ contient deux parties différentes : la première partie $\frac{dQ}{dz} - \frac{dR}{dy}$ est indépendante de ξ, η, ζ et de leurs dérivées et l'autre partie en $[\alpha]$ qui dépend, au contraire, de ces quantités et leurs dérivées : elle est fonction linéaire de ces quantités. La relation (6) peut donc se mettre sous la forme,

$$\frac{dJ_1}{dt} = \int (U_1 + H_1)\, d\tau,$$

d'où, en identifiant avec (6)

$$U_1 = \sum \frac{\alpha}{4\pi} \left(\frac{dQ}{dz} - \frac{dR}{dy} \right),$$

et

$$(7) \qquad 4\pi H_1 = \sum \alpha\, [\alpha].$$

Maintenant, une fois que nous avons H_1, nous allons en tirer X_1. Voici comment.

Par intégration par parties, H_1 peut se mettre sous la forme

$$(7\ bis) \qquad \int H_1 d\tau = \int (X_1 \xi + Y_1 \eta + Z_1 \zeta) d\tau,$$

ou, en y faisant $\eta = \zeta = 0$

$$(8) \qquad \int H_1 d\tau = \int X_1 \xi\, d\tau \, ;$$

d'autre part, en développant $\left(7\right)$ et en y faisant $\eta_1 = \zeta = 0$, il vient

$$(9) \qquad 4\pi H_1 = \alpha\,\frac{d\beta\xi}{dy} + \alpha\,\frac{d\gamma\xi}{dz} + \alpha\xi\sum\frac{d\alpha}{dx} - \beta\,\frac{d\beta\xi}{dx} - \gamma\,\frac{d\gamma\xi}{dx}$$

car, avec $\eta_1 = \zeta = 0$

$$\alpha = \frac{d\beta\xi}{dy} + \frac{d\gamma\xi}{dz} - \xi\sum\frac{d\alpha}{dx},$$

$$\beta = -\frac{d\beta\xi}{dx},$$

$$\gamma = -\frac{d\gamma\xi}{dx};$$

on a donc,

$$(10) \quad 4\pi\int H_1\,dz = \int dz\left(\alpha\,\frac{d\beta\xi}{dy} + \alpha\,\frac{d\gamma\xi}{dz} + \alpha\xi\sum\frac{d\alpha}{dx}\right.$$
$$\left. - \beta\,\frac{d\beta\xi}{dx} - \gamma\,\frac{d\gamma\xi}{dx}\right),$$

et en intégrant par parties

$$\int \alpha\,\frac{d\beta\xi}{dy}\,dz = -\int \beta\xi\,\frac{d\alpha}{dy}\,dz,$$

$$\int \alpha\,\frac{d\gamma\xi}{dz}\,dz = -\int \gamma\xi\,\frac{d\alpha}{dz}\,dz,$$

$$-\int \beta\,\frac{d\beta\xi}{dx}\,dz = \int \beta\xi\,\frac{d\beta}{dx}\,dz,$$

$$-\int \gamma\,\frac{d\gamma\xi}{dx}\,dz = \int \gamma\xi\,\frac{d\gamma}{dx}\,dz;$$

la relation (10) peut donc s'écrire,

$$4\pi \int_0^s \mathrm{H}_1\,d\tau = \int_0^s d\tau \left(\beta\xi \frac{d\beta}{dx} + \gamma\xi \frac{d\gamma}{dx} + \alpha\xi \sum \frac{d\alpha}{dx} - \beta\xi \frac{d\alpha}{dy} - \gamma\xi \frac{d\alpha}{dz} \right);$$

en comparant cette dernière relation à la suivante (obtenue en multipliant les deux membres de (8) par 4π)

$$4\pi \int_0^s \mathrm{H}_1\,d\tau = \int_0^s 4\pi \mathrm{X}_1\xi\,d\tau,$$

il vient

$$(11) \qquad 4\pi\mathrm{X}_1 = \beta \frac{d\beta}{dx} + \gamma \frac{d\gamma}{dx} + \alpha \sum \frac{d\alpha}{dx} - \beta \frac{d\alpha}{dy} - \gamma \frac{d\alpha}{dz}.$$

Voyons maintenant la signification de cette équation.

D'abord, nous avons vu précédemment (**300**) que,

$$(12) \qquad\qquad \sum \frac{d\alpha}{dx} = 4\pi m,$$

m étant la densité du magnétisme libre, c'est-à-dire la densité du magnétisme total en tenant compte du magnétisme permanent et du magnétisme induit.

D'autre part nous savons que

$$\frac{d\gamma}{dy} - \frac{d\beta}{dz} = 4\pi u,$$

$$\frac{d\alpha}{dz} - \frac{d\gamma}{dx} = 4\pi v,$$

$$\frac{d\beta}{dx} - \frac{d\alpha}{dy} = 4\pi w.$$

En tenant compte de ces dernières relations et de la relation (12), la relation (11) devient,

$$\mathrm{X}_1 = \beta w - \gamma v - \alpha m.$$

L'action mécanique du champ magnétique sur l'élément $d\tau$ a donc pour projection suivant l'axe des x

$$- X_1 d\tau = (\alpha m + \gamma v - \beta w) d\tau,$$

et on aura par un calcul tout à fait analogue (en faisant successivement dans (7) et (7 bis), $\xi = \zeta = 0$ et $\xi = \eta = 0$)

$$- Y_1 d\tau = (\beta m + \alpha w - \gamma u) d\tau,$$
$$- Z_1 d\tau = (\gamma m + \beta u - \alpha v) d\tau.$$

Dans ces relations ($\alpha m d\tau$, $\beta m d\tau$, $\gamma m d\tau$) représentent l'action du champ sur la masse magnétique $m d\tau$ et les deux derniers termes de chaque parenthèse représentent évidemment l'action du champ magnétique sur le *courant total* (u, v, w) [1] : cette action se calcule par la formule d'Ampère.

Maxwell donne pour la première composante de cette force

$$\alpha m + cv - bw) d\tau ;$$

mais cette expression n'est pas conforme au principe de la conservation de l'énergie.

Remarque. — Tout ce que nous venons de dire s'applique seulement aux cas où les corps aimantés sont des solides qui se déplacent sans se déformer, en conservant leur pouvoir inducteur μ et en entraînant avec eux leur aimantation permanente. S'il y avait des corps magnétiques fluides ou déformables, on ne pourrait faire le calcul sans faire des hypothèses au sujet de l'influence de la déformation sur le coefficient μ et sur la distribution du magnétisme permanent. D'autre part le principe de la conservation de l'énergie ne pourrait plus être appliqué sous la même forme ; car ces déformations et les variations qui en résulteraient pour μ et pour l'aimantation permanente pourraient entraîner des dégagements de chaleur.

Le résultat que nous venons d'obtenir nous montre une fois de plus que l'expression qu'il convient d'adopter pour l'énergie

---

[1] Courant total = cour. de conduction + cour. de déplacement + cour. de Rowland + cour. de Röntgen.

magnétique est celle de Hertz et non aucune de celles de Maxwell.

II. — Actions mécaniques du champ électrique

326. — Calculons maintenant les expressions des forces mécaniques qui s'exercent entre les corps en mouvement dans un champ électrique.

Prenons comme point de départ le deuxième groupe d'équations fondamentales de Hertz pour l'électrodynamique des corps en mouvement,

$$(1) \quad \begin{cases} \dfrac{d\mathrm{KP}}{dt} = \dfrac{d\gamma}{dy} - \dfrac{d\beta}{dz} + [\mathrm{KP}] - 4\pi p, \\[2ex] \dfrac{d\mathrm{KQ}}{dt} = \dfrac{d\alpha}{dz} - \dfrac{d\gamma}{dx} + [\mathrm{KQ}] - 4\pi q, \\[2ex] \dfrac{d\mathrm{KR}}{dt} = \dfrac{d\beta}{dx} - \dfrac{d\alpha}{dy} + [\mathrm{KR}] - 4\pi r; \end{cases}$$

et posons,

$$(2) \quad \begin{cases} (\mathrm{K} - \mathrm{K}_0)\,\mathrm{P} = \mathrm{P}', \\[1ex] (\mathrm{K} - \mathrm{K}_0)\,\mathrm{Q} = \mathrm{Q}', \\[1ex] (\mathrm{K} - \mathrm{K}_0)\,\mathrm{R} = \mathrm{R}'; \end{cases}$$

l'induction électrique de Hertz devient alors,

$$\begin{cases} \mathrm{KP} = \mathrm{K}_0\mathrm{P} + \mathrm{P}', \\[1ex] \mathrm{KQ} = \mathrm{K}_0\mathrm{Q} + \mathrm{Q}', \\[1ex] \mathrm{KR} = \mathrm{K}_0\mathrm{R} + \mathrm{R}'; \end{cases}$$

et par suite le système d'équations (1) devient,

$$(3) \quad \begin{cases} \dfrac{d\mathrm{K}_0\mathrm{P}}{dt} + \dfrac{d\mathrm{P}'}{dt} = \dfrac{d\gamma}{dy} - \dfrac{d\beta}{dz} + [\mathrm{K}_0\mathrm{P}] + [\mathrm{P}'] - 4\pi p. \\[2ex] \dfrac{d\mathrm{K}_0\mathrm{Q}}{dt} + \dfrac{d\mathrm{Q}'}{dt} = \dfrac{d\alpha}{dz} - \dfrac{d\gamma}{dx} + [\mathrm{K}_0\mathrm{Q}] + [\mathrm{Q}'] - 4\pi q, \\[2ex] \dfrac{d\mathrm{K}_0\mathrm{R}}{dt} + \dfrac{d\mathrm{R}'}{dt} = \dfrac{d\beta}{dx} - \dfrac{d\alpha}{dy} + [\mathrm{K}_0\mathrm{R}] + [\mathrm{R}'] - 4\pi r. \end{cases}$$

L'énergie électrique est, d'après Hertz,

$$(4) \qquad \mathrm{J}_2 = \int \frac{d\tau}{8\pi} \sum \mathrm{KP}^2 ;$$

or, de (2) nous tirons,

$$\mathrm{KP}^2 = \mathrm{K}_0 \mathrm{P}^2 + \frac{\mathrm{P}'^2}{\mathrm{K} - \mathrm{K}_0} ;$$

la relation (4) devient donc

$$\mathrm{J}_2 = \int \frac{d\tau}{8\pi} \sum \mathrm{K}_0 \mathrm{P}^2 + \int \frac{d\tau}{8\pi} \frac{1}{\mathrm{K} - \mathrm{K}_0} \sum \mathrm{P}'^2 ;$$

la première intégrale est étendue à l'espace tout entier ; la seconde ne s'étend qu'aux diélectriques solides dont le pouvoir inducteur spécifique $\mathrm{K} \gtrless 0$ et $\mathrm{K} \gtrless \mathrm{K}_0$.

Le reste du calcul est calqué sur le calcul précédent (champ magnétique). On obtient ainsi

$$\frac{d\mathrm{J}_2}{dt} = \int \frac{d\tau}{4\pi} \sum \mathrm{P} \frac{d\mathrm{K}_0 \mathrm{P}}{dt} + \int \frac{d\tau}{8\pi} \frac{1}{\mathrm{K} - \mathrm{K}_0} \frac{\partial}{\partial t} \sum \mathrm{P}'^2 ;$$

or, en appliquant le théorème cité plus haut, en divisant par $\mathrm{K} - \mathrm{K}_0$ et en tenant compte des relations (2),

$$\frac{1}{\mathrm{K} - \mathrm{K}_0} \frac{\partial}{\partial t} \sum \mathrm{P}'^2 = 2 \left[\sum \mathrm{P} \frac{d\mathrm{P}'}{dt} - \sum \mathrm{P} \mathrm{P}' \right] ;$$

donc

$$\frac{d\mathrm{J}_2}{dt} = \int \frac{d\tau}{4\pi} \sum \mathrm{P} \left[\frac{d\mathrm{K}_0 \mathrm{P}}{dt} + \frac{d\mathrm{P}'}{dt} - \mathrm{P}' \right] ;$$

ou encore, en tenant compte de (3),

$$\frac{d\mathrm{J}_2}{dt} = \int \frac{d\tau}{4\pi} \sum \mathrm{P} \left[\frac{d\gamma}{dy} - \frac{d\beta}{dz} - 4\pi\rho + \mathrm{K}_0 \mathrm{P} \right] .$$

On déduit de là, en remarquant que $\sum [K_0 P]$ est fonction linéaire de ξ, η, ζ et leurs dérivées,

$$U_2 = \sum \frac{P}{4\pi} \left(\frac{d\gamma}{dy} - \frac{d\beta}{dz} - 4\pi\rho \right).$$

et

$$(5) \qquad H_2 = \frac{K_0}{4\pi} \sum P [P],$$

ces deux quantités étant reliées par la relation

$$\frac{dJ_2}{dt} = \int d\tau \, (U_2 + H_2) \, ;$$

or l'intégration par parties nous donne pour $\int H_2 \, d\tau$, après multiplication par 4π

$$(6) \qquad 4\pi \int H_2 d\tau = \int d\tau \sum X_2 \xi.$$

Prenons la relation (5) et développons $[P]$, il vient

$$[P] = \frac{d}{dy} (Q\zeta - P\eta) - \frac{d}{dz} (P\zeta - R\xi) - \xi \sum \frac{dP}{dx}$$

$$[Q] = \frac{d}{dz} (R\eta - Q\zeta) - \frac{d}{dx} (Q\xi - P\eta) - \eta \sum \frac{dP}{dx}$$

$$[R] = \frac{d}{dx} (P\zeta - R\xi) - \frac{d}{dy} (R\eta - Q\zeta) - \zeta \sum \frac{dP}{dx}.$$

Pour avoir X_2 faisons $\eta = \zeta = 0$ dans ces relations ; il vient ainsi,

$$[P] = \frac{dQ\xi}{dy} + \frac{dR\xi}{dz} - \xi \sum \frac{dP}{dx},$$

$$[Q] = - \frac{dQ\xi}{dx},$$

$$[R] = - \frac{dR\xi}{dx} \, ;$$

et par conséquent la relation (5) devient

$$5 \ bis \qquad \frac{4\pi}{K_0} \int H_2 \, d\tau = \int d\tau \left[P \frac{dQ\xi}{dy} + P \frac{dR\xi}{dz} - P\xi \sum \frac{dP}{dx} - Q \frac{dQ\xi}{dx} - R \frac{dR\xi}{dx} \right];$$

et en intégrant par parties,

$$\int P \frac{dQ\xi}{dy} \, d\tau = - \int Q\xi \frac{dP}{dy} \, d\tau,$$

$$\int P \frac{dR\xi}{dz} \, d\tau = - \int R\xi \frac{dP}{dz} \, d\tau,$$

$$- \int Q \frac{dQ\xi}{dx} \, d\tau = \int Q\xi \frac{dQ}{dx} \, d\tau,$$

$$- \int R \frac{dR\xi}{dx} \, d\tau = \int R\xi \frac{dR}{dx} \, d\tau;$$

5 *bis* devient alors,

$$5 \ ter \qquad \frac{4\pi}{K_0} \int H_2 \, d\tau = \int d\tau \, \xi \left[Q \left(\frac{dQ}{dx} - \frac{dP}{dy} \right) - R \left(\frac{dP}{dz} - \frac{dR}{dx} \right) - P \sum \frac{dP}{dx} \right].$$

Faisons maintenant $\eta = \zeta = 0$, dans la relation (6) et comparons la relation qui en résulte avec la relation (5 *ter*); on trouve ainsi,

$$- \frac{4\pi X_2}{K_0} = Q \left(\frac{dQ}{dx} - \frac{dP}{dy} \right) - R \left(\frac{dP}{dz} - \frac{dR}{dx} \right) - P \sum \frac{dP}{dx}.$$

Or on a

$$K_0 \sum \frac{dP}{dx} = 4\pi e,$$

e étant la densité de l'électricité *libre*, c'est-à-dire non seulement l'électricité qui se trouve à la surface (électricité vraie), mais aussi l'électricité *apparente* qui paraît se porter à la surface des diélectriques placés dans un champ électrique.

Il vient donc,

$$\frac{4\pi X_2}{K_0} = Q\left(\frac{dQ}{dx} - \frac{dP}{dy}\right) - R\left(\frac{dP}{dz} - \frac{dR}{dx}\right) - P\,\frac{4\pi e}{K_0}.$$

Les deux premiers termes du second membre de cette relation représentent *la force de Hertz*. Le dernier terme qui dans l'expression de X_2 prendra la forme $- Pe$ et qui, par conséquent, donnera $Pedz$ pour l'action du champ sur la masse edz d'électricité, représente la force électrostatique ordinaire s'exerçant non seulement sur l'électricité vraie, mais sur ce qu'on a appelé électricité libre.

327. — La force de Hertz est trop petite pour que l'expérience puisse la mettre en évidence : elle est restée jusqu'ici insensible aux expériences. Cherchons néanmoins de nous rendre compte de la signification de cette force ; pour bien la faire comprendre je suis forcé de faire une digression sur le parallélisme et la réciprocité des phénomènes électriques et magnétiques et sur la notion nouvelle du courant de déplacement magnétique.

Considérons un diélectrique et admettons pour le moment les idées de Mossotti sur les diélectriques (sphères conductrices extrêmement petites disséminées dans une substance non conductrice jouissant des mêmes propriétés que l'air, qui s'électrisent par influence et qui produisent par suite la polarisation du diélectrique). Supposons que ce diélectrique ait la forme d'une lame à faces planes et qu'il soit placé dans un champ magnétique constant. On aura une distribution d'électricité positive sur une des faces de la lame et de l'électricité négative sur l'autre face. La densité électrique de ces couches est, d'après les calculs de Mossotti,

$$\frac{K - K_0}{4\pi}\,P = \frac{K - K_0}{K}\,f.$$

Lorsque le champ est variable on a alors des courants analogues aux courants de déplacement de Maxwell ; ces courants ont pour valeur,

$$\frac{K - K_0}{4\pi} \frac{dP}{dt} = \frac{K - K_0}{K} \frac{df}{dt}.$$

Supposons maintenant que nous ayons deux diélectriques de pouvoirs inducteurs spécifiques K et K_1, appliqués l'un contre l'autre ; on aura sur la face des premiers une couche électrique de densité

$$\frac{K - K_0}{4\pi} P ;$$

sur l'autre diélectrique on aura

$$\frac{K_1 - K_0}{4\pi} P.$$

et la couche de séparation résultante aura pour densité

$$\frac{K - K_1}{4\pi} P.$$

Généralisons maintenant ces idées de Mossotti en les combinant avec celles de Maxwell. On aura alors des petites sphères conductrices séparées par un milieu hypothétique de pouvoir inducteur spécifique K'. Il faut donc remplacer dans les formules de Mossotti K_0 par K'. Il vient alors pour la densité superficielle.

$$\frac{K - K'}{4\pi} P$$

et pour le courant de déplacement

$$\frac{K - K'}{4\pi} \frac{dP}{dt}.$$

Si on a deux diélectriques appliqués l'un contre l'autre dont l'un est constitué par l'air, on a alors

$$1^{re} \text{ couche}\ldots\ldots\ldots \frac{K - K'}{4\pi} P ;$$

$$2^e \text{ couche}\ldots\ldots\ldots \frac{K' - K_0}{4\pi} P ;$$

$$\text{couche résultante } \frac{K - K_0}{4\pi} P.$$

On obtient donc le même résultat dans les deux théories au point de vue électrostatique. Mais il n'en est plus de même au point de vue électrodynamique : les actions électrodynamiques sont en effet différentes dans les deux ordres d'idées.

Passons maintenant aux corps magnétiques. On aura la même chose ; nous savons en effet que la théorie de Mossotti sur les diélectriques n'est que la traduction de la théorie de Poisson sur les milieux magnétiques ; on passe de l'une à l'autre en changeant le mot flux électrique en flux magnétique et réciproquement.

Considérons donc une lame d'un corps magnétique placé dans un champ magnétique ; la lame magnétique va s'aimanter et nous aurons deux couches de magnétisme de densité

$$\frac{\mu - 1}{4\pi} \, \alpha$$

en prenant $\mu = 1$ pour le vide.

Si on appelle μ_0 le coefficient du vide, nous aurons alors

$$\frac{\mu - \mu_0}{4\pi} \, \alpha.$$

Si le champ n'est pas constant, tout va se passer comme si les charges magnétiques variaient, comme si le magnétisme passait d'une face à l'autre. On aura donc un véritable courant magnétique de densité

$$\frac{\mu - \mu_0}{4\pi} \, \frac{d\alpha}{dt}.$$

Mais pour que le parallélisme soit complet, il faut modifier la définition de ce courant de déplacement magnétique en introduisant une théorie nouvelle qui sera pour ainsi dire à celle de Poisson ce que celle de Maxwell est à celle de Mossotti.

Supposons maintenant que le vide soit comme les autres corps : magnétisable. Les sphères magnétiques seront alors séparées par un milieu de perméabilité magnétique μ' et à la surface de ces sphères on aura

$$\frac{\mu - \mu'}{4\pi} \, \alpha.$$

et le courant magnétique sera

$$(7) \qquad \frac{\mu - \mu'}{4\pi} \frac{d\alpha}{dt}.$$

Si nous considérons enfin la surface de séparation des deux milieux : corps magnétique — vide, nous aurons alors une double couche

$$\frac{\mu - \mu'}{4\pi} \alpha \; ; \qquad \frac{\mu_0 - \mu'}{4\pi} \alpha$$

et la couche résultante sera

$$\frac{\mu - \mu_0}{4\pi} \alpha.$$

Les deux théories sont donc concordantes au point de vue des phénomènes statiques.

Dans cette manière de voir, les corps diamagnétiques sont moins magnétiques que le milieu qui les entoure, par conséquent moins magnétiques que le vide. Cela s'accorde avec l'hypothèse que nous venons de faire et d'après laquelle le vide serait magnétique. Nous devons avoir pour un corps quelconque $\mu > \mu'$; mais si le vide est magnétique nous avons $\mu_0 > \mu'$; il peut donc y avoir des corps pour lesquels $\mu < \mu_0$: ce sont les corps diamagnétiques.

Reprenons l'expression (7) du courant de déplacement magnétique et passons à la limite (comme fait Maxwell pour les courants de déplacement électrique) en posant $\mu' = 0$; le courant magnétique sera alors

$$\frac{\mu}{4\pi} \frac{d\alpha}{dt}$$

ou encore

$$\frac{1}{4\pi} \frac{d\mu\alpha}{dt}.$$

Or, d'après Hertz,

$$\frac{d\mu\alpha}{dt} = \frac{dQ}{dz} - \frac{dR}{dy} + \mu\alpha.$$

Posons alors,

$$\frac{dR}{dy} - \frac{dQ}{dz} = -\frac{d\gamma\alpha}{dt} + [\gamma\alpha] = \frac{4\pi U}{K_0},$$

$$\frac{dP}{dz} - \frac{dR}{dx} = \frac{4\pi V}{K_0},$$

$$\frac{dQ}{dx} - \frac{dP}{dy} = \frac{4\pi W}{K_0}.$$

Il résulte, en comparant ces relations avec les relations,

$$\frac{d\gamma}{dy} - \frac{d\beta}{dz} = 4\pi u,$$

$$\frac{d\alpha}{dz} - \frac{d\gamma}{dx} = 4\pi v,$$

$$\frac{d\beta}{dx} - \frac{d\alpha}{dy} = 4\pi w.$$

que nous avons (à des facteurs constants près) entre les courants magnétiques et le champ électrique la même relation qu'entre les courants électriques et le champ magnétique. Par conséquent, un courant électrique produirait un champ magnétique et de même un courant magnétique produirait un champ électrique. Il y a donc réciprocité parfaite. Cette réciprocité mise en évidence par Hertz peut s'énoncer sous une forme indiquée par M. Blondlot.

Soit une masse électrique qui se déplace : les expériences de Rowland prouvent qu'un tel déplacement produit les effets électrodynamiques d'un courant ; on crée donc un champ magnétique. Considérons d'autre part un pôle magnétique mobile ; s'il se déplace au voisinage de conducteurs il donne naissance à des effets d'induction. Dans la pensée de Maxwell le déplacement de ce pôle dans un diélectrique produit aussi dans le diélectrique des forces électromotrices d'induction : la seule différence est que dans le diélectrique ces forces électromotrices donnent lieu à un *déplacement électrique* au lieu de produire un courant de conduction ; le mouvement du pôle magnétique crée donc un champ électrique.

On peut énoncer la réciprocité entre les phénomènes électriques et magnétiques, en disant que si deux pôles, l'un électrique, l'autre magnétique, subissent le même déplacement, ils donnent naissance au même champ.

Ainsi donc, prenons un circuit C, le *primaire*, et un autre circuit C'. le *secondaire* : l'expérience nous apprend que si l'intensité du courant qui passe dans le primaire varie, il naît alors un courant d'induction dans le secondaire. D'après la manière de voir de Hertz, cette action serait indirecte ; le courant qui passe dans le primaire produit un champ magnétique ; si l'intensité de ce courant est variable. le champ magnétique sera lui-même variable ; ses variations donneront naissance à un *déplacement magnétique* : à un courant magnétique ; ce courant magnétique produira à son tour un champ électrique qui se manifestera dans le secondaire par un courant électrique. On aura donc par suite de la variation de l'intensité du courant primaire un courant dans le secondaire. Ainsi donc, des courants magnétiques produisent un champ électrique, de même que les courants électriques produisent un champ magnétique. D'autre part, une force magnétique exerce une action mécanique sur la matière qui est traversée par un courant électrique. Par réciprocité une force électrique doit exercer une action mécanique sur la matière qui est traversée par un courant magnétique. *C'est cette action mécanique qui constitue la force de Hertz.*

328. — Reprenons maintenant le calcul de X_2.
Nous avions,

$$\frac{4\pi X_2}{K_0} = Q\left(\frac{dQ}{dx} - \frac{dP}{dy}\right) - R\left(\frac{dP}{dz} - \frac{dR}{dx}\right) - P\sum\frac{dP}{dx}.$$

En tenant compte des relations en U. V. W et de la relation

$$\frac{4\pi}{K_0}\sum\frac{dP}{dx} = e$$

il viendra finalement,

$$X_2 = QW - RV - Pe.$$

Par conséquent le champ électrique exerce sur l'élément de volume $d\tau$ une action mécanique dont la projection sur l'axe des x est

$$\left(Pe + RV - QW\right)d\tau.$$

Voyons la signification de cette relation. Qu'est-ce que $Pe\,d\tau$? Nous avons déjà dit que c'est l'action exercée par le champ électrique sur la masse électrique $e\,d\tau$; cette action électrique est exercée par la force électrique *totale* P qui a pour expression d'après Maxwell,

$$P = -\frac{d\psi}{dx} - \frac{dF}{dt}$$

et qui comprend aussi bien la force d'origine électrostatique que la force électrique due à l'induction magnétique.

Qu'est-ce que $(QW - RV)$? — C'est l'action du champ électrique sur le courant magnétique. Cette action est *nécessaire* pour que le principe de l'égalité de l'action et de la réaction soit vérifié. Si, en effet, un courant électrique variable produit des courants magnétiques, et par ces courants une force électrique d'induction, laquelle agit sur une charge électrique e, il faut qu'il y ait réaction de cette charge e soit sur la matière traversée par ces courants magnétiques, soit sur le circuit parcouru par le courant électrique variable. D'après Hertz ce serait la première hypothèse qui serait réalisée. — L'expérience n'a pas encore vérifié ces prévisions.

VÉRIFICATION DU PRINCIPE DE L'ÉGALITÉ DE L'ACTION ET DE LA RÉACTION

329. — Démontrons encore, pour finir avec la théorie de Hertz, que cette théorie est conforme au principe de l'égalité de l'action et de la réaction.

Nous avons déjà montré que les équations de Hertz gardent la même forme dans le mouvement relatif et dans le mouvement absolu. Il est aisé de voir d'autre part que l'expression de l'énergie totale garde, elle aussi, la même forme dans ces deux mouvements.

Nous savons que,

$$\frac{dJ}{dt} = \int d\tau \left(U_0 + \sum X_0 \xi \right).$$

Or, $\int U_0 d\tau$ ne dépend pas de ξ, η, ζ, ni de leurs dérivées par conséquent cette intégrale sera la même dans les deux mouvements.

Quant au second terme

$$\int d\tau \sum X_0 \xi,$$

X_0, Y_0, Z_0 ne changent pas non plus dans les deux mouvements car toutes ces quantités ne contiennent pas ξ, η, ζ, ni leurs dérivées.

En appelant ξ, η, ζ les composantes de la vitesse relative, ξ_1, η_1, ζ_1 celles de la vitesse d'entraînement, alors $\xi + \xi_1$, $\eta + \eta_1$, $\zeta + \zeta_1$ représenteront les composantes de la vitesse dans le mouvement absolu.

Nous aurons donc dans le mouvement absolu,

$$\frac{dJ}{dt} = \int d\tau \left[U_0 + \sum X_0 (\xi + \xi_1) \right];$$

et dans le mouvement relatif

$$\frac{dJ}{dt} = \int d\tau \left(U_0 + \sum X_0 \xi \right).$$

En retranchant ces deux relations membre à membre, il vient,

$$\int \sum X_0 \xi_1 \, d\tau = 0.$$

Cette relation est vraie quels que soient ξ_1, η_1, ζ_1.

Supposons que le mouvement en question soit un mouvement de translation ; alors

$$\eta_1 = \zeta_1 = 0 ; \qquad \xi_1 = 1$$

et l'intégrale précédente devient dans ce cas,

$$\int X_0 \, d\tau = 0.$$

La composante de translation totale est donc nulle : *le principe de l'égalité de l'action et de la réaction est donc vérifié par les équations de Hertz.*

CHAPITRE III

THÉORIE DE LORENTZ

CONDUCTEURS

330. — La théorie de Hertz est, comme nous l'avons vu, parfaitement cohérente ; mais si elle rend compte des phénomènes électriques elle ne rend pas compte de certains phénomènes optiques et en particulier des phénomènes optiques en mouvement (entraînement partiel des ondes lumineuses, aberration astronomique, etc.). En revanche, elle est parfaitement en accord avec le principe de la conservation de l'énergie, avec le principe de la conservation de l'électricité et du magnétisme, et avec le principe de l'égalité de l'action et de la réaction.

Nous allons, maintenant, exposer une nouvelle théorie électrodynamique qui explique assez bien les phénomènes optiques qui ne pouvaient pas être expliqués par la théorie de Hertz, mais qui, malheureusement, n'est pas conforme au principe de l'égalité de l'action et de la réaction : c'est la *Théorie de Lorentz*.

Avant d'entrer dans l'étude détaillée de cette théorie nous allons commencer par énumérer les hypothèses fondamentales de Lorentz.

331. *Hypothèses fondamentales*. — D'après Lorentz :

1° *Il n'y a pas de magnétisme* : les apparences de magnétisme sont dues aux courants particulaires d'Ampère.

2° *Il n'y a pas de courants de conduction* : l'électricité adhère à la matière. Les phénomènes électriques sont dus à certains petits corps matériels, extrêmement tenus et chargés d'électricité, que Lorentz appelle *ions* ou *électrons*. Ces molécules matérielles sont des corps solides qui se déplacent sans se déformer ; les charges électriques sont portées par ces molécules dont elles sont inséparables. La charge de chacune de ces molécules est constante et la distribution en est invariable.

Conducteurs. — A l'intérieur d'un corps conducteur liquide ou solide, ces molécules peuvent se mouvoir librement, et ces mouvements produisent les courants appelés *voltaïques*. Seulement dans ce mouvement elles ont à surmonter une espèce de frottement ou de résistance, de la part du conducteur : un corps est d'autant meilleur conducteur qu'il oppose moins de résistance au mouvement de ces particules. En d'autres termes, les courants qui traversent un conducteur métallique se propageront par le même mécanisme que ceux qui traversent un électrolyte ; les molécules ou particules à charge invariable se comporteront donc de la même manière que les ions des électrolytes : cela justifie leur dénomination.

Ces particules sont chargées les unes positivement, les autres négativement. Si un corps est chargé positivement, c'est qu'il contient plus de molécules chargées positivement que de molécules chargées négativement.

Diélectriques. — La masse des diélectriques est parsemée d'ions comme celle des conducteurs, seulement, chacun de ces ions, au lieu de pouvoir se déplacer librement à l'intérieur du diélectrique, ne peut s'écarter que très peu de sa position d'équilibre : dès qu'il s'en éloigne, une force antagoniste due à l'action des ions voisins tend à l'y ramener ; cette force est proportionnelle à l'écart, si cet écart est petit.

Quand le diélectrique est placé dans un champ électrique, la force électrique extérieure tend à éloigner l'ion de sa position d'équilibre et il s'en écarte légèrement jusqu'à ce que cette force extérieure soit contre-balancée par l'attraction des ions voisins qui tend à ramener l'ion à sa position d'équilibre primitive.

En d'autres termes le diélectrique se polarise.

Une analyse qui ne diffère pas essentiellement de celle à laquelle conduit l'hypothèse de Poisson et de Mossotti montre que la *polarisation du diélectrique* est proportionnelle à l'intensité du champ extérieur ; on retombe donc sur les formules bien connues de la théorie des diélectriques.

Voyons maintenant comment M. Lorentz a réduit ces hypothèses en équations. Commençons par les conducteurs.

I. — CONDUCTEURS

332. — On peut étudier ce qui se passe dans les conducteurs en nous plaçant à deux points de vue différents. D'abord, considérons un observateur ayant les sens très subtils, et voyons comment se présenteront à lui les phénomènes qu'on observe dans les conducteurs. — Grâce à ses sens très développés, très subtils, il sera en état d'apercevoir les courants particulaires d'Ampère : il distinguera même les ions et les verra se mouvoir : pour lui, le magnétisme et les courants de conduction n'existeront pas. — Si, au contraire, nous considérions un observateur ayant les sens grossiers — comme les nôtres, — le mouvement des ions ne lui sera pas accessible ; il ne verra que des phénomènes moyens, des effets d'ensemble, et c'est ainsi qu'il sera conduit à admettre l'existence des courants de conduction et du magnétisme.

Nous allons étudier les conducteurs en nous plaçant successivement à ces deux points de vue différents.

A. — PHÉNOMÈNES QUI SE PRÉSENTENT A UN OBSERVATEUR AYANT LES SENS TRÈS SUBTILS

333. — Considérons le courant total ; d'après Lorentz, il se compose de deux parties : le courant de déplacement et le courant de convection de Rowland.

Désignons, comme précédemment, par u, v, w les composantes du courant total ; il vient alors

$$(1)\qquad \left\{ \begin{aligned} u &= \frac{df}{dt} + \rho\xi, \\[4pt] v &= \frac{dg}{dt} + \rho\eta, \\[4pt] w &= \frac{dh}{dt} + \rho\zeta. \end{aligned} \right.$$

Nous admettrons aussi la relation

$$(2)\qquad \sum \frac{df}{dx} = \rho.$$

C'est là une liaison que nous imposons au déplacement f, g, h. D'autre part, les particules étant des solides invariables et emportant leurs charges avec elles on aura :

$$\frac{\partial \rho}{\partial t} = 0$$

or,

$$\frac{\partial \rho}{\partial t} = \frac{d\rho}{dt} + \xi\,\frac{d\rho}{dx} + \eta\,\frac{d\rho}{dy} + \zeta\,\frac{d\rho}{dz}$$

donc

$$(3)\qquad \frac{d\rho}{dt} + \xi\,\frac{d\rho}{dx} + \eta\,\frac{d\rho}{dy} + \zeta\,\frac{d\rho}{dz} = 0$$

et de plus

$$(4)\qquad \rho\left(\frac{d\xi}{dx} + \frac{d\eta}{dy} + \frac{d\zeta}{dz}\right) = 0$$

puisque la dilatation des particules est nulle.

En additionnant les relations (3) et (4) membre à membre il vient,

$$\frac{d\rho}{dt} + \frac{d\,\rho\xi}{dx} + \frac{d\,\rho\eta}{dy} + \frac{d\,\rho\zeta}{dz} = 0$$

ou encore,

$$(5)\qquad \frac{d\rho}{dt} + \sum \frac{d\,\rho\xi}{dx} = 0$$

Différentions maintenant la première équation du système (1) par rapport à x, la seconde par rapport à y, la troisième par rapport à z et ajoutons, il vient,

$$\sum \frac{du}{dx} = \sum \frac{d^2 f}{dx\,dt} + \sum \frac{d\,\rho\xi}{dx}$$
$$= \frac{d}{dt}\sum \frac{df}{dx} + \sum \frac{d\,\rho\xi}{dx};$$

ou, en tenant compte des relations (2) et (5),

$$(6)\qquad \sum \frac{du}{dx} = 0.$$

Cette dernière relation exprime le principe de la conservation de l'électricité.

334. — Introduisons maintenant le potentiel vecteur (F, G, H). On a d'après le théorème de Poisson

$$(7) \qquad \begin{cases} \Delta F = -4\pi u, \\ \Delta G = -4\pi v, \\ \Delta H = -4\pi w. \end{cases}$$

En différentiant la première de ces relations par rapport à x, la seconde par rapport à y, la troisième par rapport à z et en ajoutant, il vient,

$$\sum \frac{d}{dx} \Delta F = \Delta \sum \frac{dF}{dx} = -4\pi \sum \frac{du}{dx},$$

et en vertu de la relation (6)

$$\Delta \sum \frac{dF}{dx} = 0$$

$\sum \dfrac{dF}{dx}$ exprime donc le potentiel de la masse attirante dont la densité $\left(\dfrac{du}{dx}, \dfrac{dv}{dy}, \dfrac{dw}{dz} \right)$ est nulle. Ce potentiel est donc nul, et il vient alors,

$$8 \qquad \sum \frac{dF}{dx} = 0.$$

335. — Montrons maintenant qu'il n'y a pas de magnétisme permanent ou induit. Introduisons pour cela la force magnétique (α, β, γ). Posons,

$$(9) \qquad \begin{cases} \dfrac{dH}{dy} - \dfrac{dG}{dz} = \alpha, \\ \dfrac{dF}{dz} - \dfrac{dH}{dx} = \beta, \\ \dfrac{dG}{dx} - \dfrac{dF}{dy} = \gamma. \end{cases}$$

Différentions la première de ces équations par rapport à x, la seconde par rapport à y, la troisième par rapport à z et ajoutons ; il vient

$$\sum \frac{d\alpha}{dx} = 0$$

C. Q. F. D.

336. — Formons maintenant les expressions,

$$\frac{d\gamma}{dy} - \frac{d\beta}{dz},$$

$$\frac{d\alpha}{dz} - \frac{d\gamma}{dx},$$

$$\frac{d\beta}{dx} - \frac{d\alpha}{dy}.$$

que nous avons rencontrées dans la théorie de Hertz.

En remplaçant dans ces expressions α, β, γ, par leurs valeurs tirées de (9), on obtient pour la première

$$\frac{d\gamma}{dy} - \frac{d\beta}{dz} = \frac{d^2G}{dx\,dy} - \frac{d^2F}{dy^2} - \frac{d^2F}{dz^2} + \frac{d^2H}{dx\,dz} ;$$

ajoutons et retranchons au second membre $\dfrac{d^2F}{dx^2}$, il vient,

$$\frac{d\gamma}{dy} - \frac{d\beta}{dz} = - \Delta F + \frac{d^2F}{dx^2} + \frac{d^2G}{dx\,dy} + \frac{d^2H}{dx\,dz},$$

ou encore,

$$\frac{d\gamma}{dy} - \frac{d\beta}{dz} = - \Delta F + \frac{d}{dx} \sum \frac{dF}{dx} ;$$

et enfin, en tenant compte des relations (7) et (8) on obtient

$$(10) \quad \begin{cases} \dfrac{d\gamma}{dy} - \dfrac{d\beta}{dz} = 4\pi u, \\[2mm] \dfrac{d\alpha}{dz} - \dfrac{d\gamma}{dx} = 4\pi v, \\[2mm] \dfrac{d\beta}{dx} - \dfrac{d\alpha}{dy} = 4\pi w. \end{cases}$$

337. — Pour aller plus loin je me servirai des équations de Lagrange.

Je supposerai que le système est composé d'un grand nombre de variables, et que les coordonnées des diverses particules chargées de la matière, dépendent des paramètres q_1, q_2, q_3,... q_n; les déplacements dépendront aussi de ces quantités.

Désignons par T la force vive totale du système; elle se compose de la force vive de la matière, T', et de la force vive de l'éther que je désignerai par T''. On aura donc

$$T = T' + T''.$$

Et si U désigne l'énergie totale du système, U' l'énergie due aux forces autres que les forces électriques, U'' l'énergie due aux forces électriques, on aura encore,

$$U = U' + U''.$$

Les équations de Lagrange peuvent alors s'écrire,

$$(11) \qquad \frac{d}{dt}\frac{dT}{dq'} - \frac{dT}{dq} + \frac{dU}{dq} = 0.$$

Mais quelles sont les valeurs explicites de T'' et U''?

Je suppose que T'' soit représenté par l'énergie magnétique; cela revient à écrire

$$(12) \qquad T'' = \int \frac{d\tau}{8\pi} \sum \alpha^2;$$

d'où, par un calcul bien connu,

$$(12\ bis) \qquad T'' = \int \frac{d\tau}{8\pi} \sum \alpha^2 = \int \frac{d\tau}{2} \sum F u.$$

U'' c'est l'énergie potentielle de l'éther; je suppose que c'est l'énergie électrique; donc,

$$(13) \qquad U'' = \int \frac{2\pi}{K_0} d\tau \sum f^2.$$

Calculons maintenant les dérivées $\dfrac{dT''}{dq'}$, $\dfrac{dT''}{dq}$ et $\dfrac{dU''}{dq}$

Il vient,

$$(14) \qquad \frac{dU''}{dq} = \frac{4\pi}{K_0} \int d\tau \sum f \frac{df}{dq}.$$

En ce qui concerne T'', remarquons dans $(12\ bis)$ que F est le potentiel d'une masse attirante dont la densité est u; et si je donne alors un accroissement δu à u, l'accroissement correspondant de F sera δF; l'intégrale $(12\ bis)$ s'accroîtra par conséquent de (en ne considérant que le premier terme de Σ)

$$\delta \int \frac{d\tau}{2} Fu = \int \frac{d\tau}{2} (F\delta u + u\delta F);$$

or, en vertu d'un théorème bien connu,

$$\int d\tau\, F\, \delta u = \int d\tau\, u\delta F,$$

donc

$$\int \frac{d\tau}{2} (F\delta u + u\delta F) = \int d\tau\, F\, \delta u,$$

et par suite,

$$(15) \qquad \frac{dT''}{dq} = \int d\tau \sum F \frac{du}{dq};$$

et de la même manière,

$$(16) \qquad \frac{dT''}{dq'} = \int d\tau \sum F \frac{du}{dq'}.$$

Il nous reste encore à calculer $\dfrac{du}{dq}$ et $\dfrac{du}{dq'}$. Et ici nous sommes amenés à distinguer deux sortes de coordonnées q :

1° Les coordonnées du centre de gravité de la particule considérée. Ces coordonnées suffisent pour déterminer complète-

ment la situation de la particule, si on suppose que la particule
ne peut pas tourner sur elle-même. Lorentz a d'ailleurs démontré que les particules étant infiniment petites, le moment du
couple qui tendrait à les faire tourner sur elles mêmes, est un
infiniment petit d'ordre supérieur. Nous ne reproduirons pas cette
démonstration, faute de temps ; nous nous bornerons à admettre
la conclusion.

Les variables de la première sorte suffisent donc pour déterminer la position de la matière et par suite la position de l'électricité qui, d'après Lorentz, est invariablement liée à la matière.

2° Les coordonnées qui définissent la position de l'éther. La
matière et par suite l'électricité ne seront pas affectées par la
variation de ces coordonnées ; par contre, le déplacement (f, g, h)
subira des variations, car le vecteur (f, g, h) est fonction de la
position de l'éther.

Maintenant, quand les variables de la première sorte subiront
des accroissements, ces variations affecteront en même temps la
matière et l'éther : l'électricité et le déplacement électrique.

338. a. *Equations qui définissent l'état de l'éther.* — Cette
distinction de coordonnées étant faite, revenons à notre question ;
calculons $\dfrac{du}{dq}$ et $\dfrac{du}{dq'}$.

Commençons par nous placer dans le *cas des variables de la
deuxième sorte, qui définissent la position de l'éther.*

D'abord

$$(17) \qquad u = \frac{df}{dt} + \rho \xi\; ;$$

il faut par conséquent différentier cette relation par rapport à q.

Or, ρ ne dépend pas de q (variable de la deuxième sorte), sa
dérivée est par suite nulle, et il vient alors,

$$(18) \qquad \frac{du}{dq} = \frac{d}{dq}\,\frac{df}{dt}.$$

Je dis que

$$\frac{d}{dq}\,\frac{df}{dt} = \frac{d}{dt}\,\frac{df}{dq} = \frac{d^2 f}{dt\,dq}\; ;$$

Nous avons en effet,

$$\frac{df}{dt} = \sum \frac{df}{dq_i} q'_i$$

et en différentiant par rapport à q

$$\frac{d}{dq} \frac{df}{dt} = \sum \frac{d^2f}{dq_i dq} q'_i$$

donc

$$(19) \qquad \frac{d}{dq} \frac{df}{dt} = \frac{d}{dt} \frac{df}{dq} = \sum \frac{d^2f}{dq_i dq} q'_i$$

C. Q. F. D.

L'équation (18) devient alors,

$$(20) \qquad \frac{du}{dq} = \frac{d^2f}{dt dq}.$$

Calculons encore $\dfrac{du}{dq}$.

Nous avons,

$$\frac{d}{dq_i} \frac{df}{dt} = \frac{df}{dq_i}$$

donc,

$$(21) \qquad \frac{du}{dq} = \frac{df}{dq}.$$

Écrivons maintenant les équations de Lagrange en ne considérant que les variables de la deuxième sorte. — Ces équations se simplifient si nous remarquons que T' et U', se référant à la matière, ont des dérivées nulles par rapport aux variables de la deuxième sorte qui se réfèrent à l'éther. Les équations (11) s'écrivent alors, en tenant compte des relations (15), (16), (20) et (21).

$$(22) \qquad \frac{d}{dt} \int d\tau \sum F \frac{df}{dq} - \int d\tau \sum F \frac{d^2f}{dt dq}$$

$$+ \frac{4\pi}{K_0} \int d\tau \sum f \frac{df}{dq} = 0.$$

Transformons ces équations. Prenons la première intégrale et effectuons la différentiation par rapport à t; il vient,

$$\frac{d}{dt}\int d\tau \sum \mathrm{F}\frac{df}{dq} = \int d\tau \sum \mathrm{F}\frac{d^2 f}{dt\,dq} + \int d\tau \sum \frac{df}{dq}\frac{d\mathrm{F}}{dt}.$$

La relation (22) devient donc,

$$(23)\qquad \int d\tau \sum \left(\frac{d\mathrm{F}}{dt}\frac{df}{dq} + \frac{4\pi}{\mathrm{K}_0}\,f\frac{df}{dq}\right) = 0.$$

Or nous avons

$$\sum \frac{df}{dx} = \rho$$

et en différentiant par rapport à q,

$$\sum \frac{d^2 f}{dx\,dy} = \frac{d\rho}{dq}\,;$$

multiplions maintenant les deux membres de cette relation par $\psi\, d\tau$ (ψ étant une fonction quelconque, qui s'annule à l'infini) et intégrons dans tout l'espace ; on a,

$$\int \psi\, d\tau \sum \frac{d^2 f}{dx\,dy} = \int \psi\, d\tau\,\frac{d\rho}{dq}$$

mais remarquons que ρ ne dépend pas de q (variable de la deuxième sorte) donc,

$$\int \psi\, d\tau \sum \frac{d^2 f}{dx\,dy} = 0\,;$$

ou encore en intégrant par parties dans tout l'espace,

$$\int \psi\, d\tau \sum \frac{d^2 f}{dx\,dy} = -\int \psi\, d\tau \sum \frac{d\psi}{dx}\frac{df}{dq} = 0.$$

et en introduisant cette fonction ψ dans les équations (23) de Lagrange on obtient,

$$(24) \qquad \int d\tau \sum \frac{df}{dq} \left(\frac{df}{dt} + \frac{d\psi}{dx} + \frac{4\pi}{K_0} f \right) = 0.$$

Pour que cette relation soit satisfaite, il suffit que

$$(25) \qquad \begin{cases} \dfrac{dF}{dt} + \dfrac{d\psi}{dx} + \dfrac{4\pi}{K_0} f = 0. \\[2mm] \dfrac{dG}{dt} + \dfrac{d\psi}{dy} + \dfrac{4\pi}{K_0} g = 0. \\[2mm] \dfrac{dH}{dt} + \dfrac{d\psi}{dz} + \dfrac{4\pi}{K_0} h = 0. \end{cases}$$

On pourrait montrer cela en se servant du calcul des variations qui nous montrerait de plus, qu'il n'y a que cette manière pour satisfaire à cette relation (24) si entre ρ et f il n'y a pas d'autre relation que la relation (2).

D'autre part il est évident que les équations de Lagrange ne peuvent comporter qu'une seule solution.

Cherchons donc une fonction ψ satisfaisant aux conditions (25).

Différentions à cet effet la première des relations (25) par rapport à x la seconde par rapport à y, la troisième par rapport à z et ajoutons ; il vient ainsi

$$\sum \frac{d}{dx} \left(\frac{dF}{dt} + \frac{d\psi}{dx} + \frac{4\pi f}{K_0} \right) = 0,$$

ou encore,

$$(26) \qquad \frac{d}{dt} \sum \frac{dF}{dx} + \Delta\psi + \frac{4\pi}{K_0} \sum \frac{df}{dx} = 0.$$

mais,

$$\sum \frac{dF}{dx} = 0 \quad \text{et} \quad \sum \frac{df}{dx} = \rho.$$

La relation (26) devient donc,

$$(27) \qquad \Delta\psi = - \frac{4\pi}{K_0} \rho.$$

Cette équation nous montre que la fonction ψ satisfaisant aux condidions (25), jouit des propriétés d'un potentiel : c'est le potentiel d'une masse attirante de densité $\dfrac{\rho}{K_0}$.

Posons maintenant,

$$(28) \qquad \begin{cases} \dfrac{4\pi}{K_0} f = P, \\[2mm] \dfrac{4\pi}{K_0} g = Q, \\[2mm] \dfrac{4\pi}{K_0} h = R, \end{cases}$$

et écrivons les relations (25) avec ces notations ; il vient,

$$(29) \qquad \begin{cases} P = -\dfrac{dF}{dt} - \dfrac{d\psi}{dx}, \\[2mm] Q = -\dfrac{dG}{dt} - \dfrac{d\psi}{dy}, \\[2mm] R = -\dfrac{dH}{dt} - \dfrac{d\psi}{dz} ; \end{cases}$$

relations qui présentent une grande analogie avec celles de Maxwell n° **292**, p. 347.

En différentiant la seconde de ces équations par rapport à z, la troisième par rapport à y et en retranchant, on obtient

$$\frac{dQ}{dz} - \frac{dR}{dy} = \frac{d}{dt}\left(\frac{dH}{dy} - \frac{dG}{dz}\right) ;$$

or, (9),

$$\frac{dH}{dy} - \frac{dG}{dz} = \alpha, \text{ etc. } ;$$

donc,

$$(30) \qquad \begin{cases} \dfrac{dQ}{dz} - \dfrac{dR}{dy} = \dfrac{d\alpha}{dt}, \\[2mm] \dfrac{dR}{dx} - \dfrac{dP}{dz} = \dfrac{d\beta}{dt}, \\[2mm] \dfrac{dP}{dy} - \dfrac{dQ}{dx} = \dfrac{d\gamma}{dt}. \end{cases}$$

Les deux dernières équations s'obtenant comme la première.
Tels sont les équations qui définissent l'état de l'éther.

339. *Comparaison avec les relations de Hertz.* — En comparant les relations de Lorentz avec celles de Hertz, on voit immédiatement une différence très marquée : K est devenu constant et égal à K_0, et μ a complètement disparu dans les équations de Lorentz. Cela tient aux hypothèses que nous avons faites au commencement : nous n'avons admis ni magnétisme, ni diélectrique autre que le vide. On remarque aussi la disparition des termes contenant les courants de conduction. Cela ne doit pas nous étonner, car nous avons négligé, dans l'expression du courant total, les courants de Rœntgen et les courants de conduction $(p.\ q.\ r)$: cette différence est visible en comparant les équations fondamentales de Hertz (en y faisant $\mu = 1$) et les équations (3o) de Lorentz.

Comparons en effet les premières équations de chaque groupe. On a,

$$\frac{d\alpha}{dt} = \frac{dQ}{dz} - \frac{dR}{dy} + \chi \ldots \qquad \text{(Hertz)}$$

$$\frac{d\alpha}{dt} = \frac{dQ}{dz} - \frac{dR}{dy} \ldots\ldots\ldots \qquad \text{(Lorentz)}$$

et c'est précisément le terme en χ qui contient le courant de Rœntgen et que nous avons négligé.

Et bien, je suppose qu'on ait repris le calcul précédent en tenant compte des termes qui contiennent le courant de Rœntgen qui a pour expression :

$$\frac{d}{dz}(f\zeta - h\xi) - \frac{d}{dy}(g\xi - f\eta) ;$$

en d'autres termes je suppose que u ait pour valeur,

$$u = \frac{df}{dt} + \rho\xi + \frac{d}{dz}(f\zeta - h\xi) - \frac{d}{dy}(g\xi - f\eta) ;$$

dans cette hypothèse on aurait trouvé comme conditions à satisfaire

$$\frac{dF}{dt} + \frac{d\psi}{dx} + \frac{4\pi}{K_0} f + (\zeta\beta - \eta\gamma) = 0,$$

$$\frac{dG}{dt} + \frac{d\psi}{dy} + \frac{4\pi}{K_0} g + (\xi\gamma - \zeta\alpha) = 0,$$

$$\frac{dH}{dt} + \frac{d\psi}{dz} + \frac{4\pi}{K_0} h + (\eta\alpha - \xi\beta) = 0.$$

et en posant toujours

$$\frac{4\pi}{K_0}\, f = P,$$

$$\frac{4\pi}{K_0}\, g = Q,$$

$$\frac{4\pi}{K_0}\, h = R.$$

on aurait trouvé à la place des relations (29) les relations suivantes,

$$\begin{cases} P = -\dfrac{dF}{dt} - \dfrac{d\psi}{dx} + (\eta\gamma - \zeta\beta), \\[2mm] Q = -\dfrac{dG}{dt} - \dfrac{d\psi}{dy} + (\zeta\alpha - \xi\gamma), \\[2mm] R = -\dfrac{dH}{dt} - \dfrac{d\psi}{dz} + (\xi\beta - \eta\alpha); \end{cases}$$

et finalement

$$\begin{cases} \dfrac{d\alpha}{dt} = \dfrac{dQ}{dz} - \dfrac{dR}{dy} + [\alpha], \\[2mm] \dfrac{d\beta}{dt} = \dfrac{dR}{dx} - \dfrac{dP}{dz} + [\beta], \\[2mm] \dfrac{d\gamma}{dt} = \dfrac{dP}{dy} - \dfrac{dQ}{dx} + [\gamma]; \end{cases}$$

c'est précisément les équations de Hertz.

Ainsi donc en tenant compte des courants de Rœntgen dans les équations de Lagrange on retrouve les équations fondamentales de Hertz. Ceci doit attirer notre attention. Rappelons-nous, en effet, que nous avons été conduits à introduire les termes $[\alpha]$, $[\beta]$, $[\gamma]$ en tenant compte des expériences d'induction magnétique. Il sera donc intéressant d'expliquer comment les équations de Lorentz sont capables de rendre compte de l'induction magnétique ; nous verrons dans la suite qu'elles en rendent parfaitement compte.

340. b. *Variables de la première sorte*. — Considérons une particule m et appelons q l'abscisse de son centre de gravité.

Calculons $\dfrac{dT'}{dq}$ et $\dfrac{dT'}{dq'}$.

D'abord, T', c'est la force vive de la matière ; par conséquent,

$$(1) \qquad T' = \frac{mq'^2}{2} + \frac{mq_1'^2}{2} + \frac{mq_2'^2}{2} + \dots$$

q, q_1, q_2,..., étant les abscisses des centres de gravité des différentes particules.

On voit que cette force vive dépend des variables de la première sorte et elle ne dépend que de leurs dérivées ; il en résulte que

$$\frac{dT'}{dq} = 0$$

$$\frac{dT'}{dq'} = mq',$$

et par suite,

$$(2) \qquad \frac{d}{dt}\frac{dT'}{dq'} - \frac{dT'}{dq} = mq''.$$

En ce qui concerne les dérivées $\dfrac{dT''}{dq}$ et $\dfrac{dT''}{dq'}$, les formules (15) et (16) nous donnent ces dérivées. Nous avons en effet

$$(3) \qquad \frac{dT''}{dq} = \int d\tau \sum \mathrm{F}\,\frac{du}{dq},$$

$$(4) \qquad \frac{dT''}{dq'} = \int d\tau \sum \mathrm{F}\,\frac{du}{dq'};$$

il reste donc à calculer $\dfrac{du}{dq}$ et $\dfrac{du}{dq'}$.

341. — Commençons par calculer $\dfrac{du}{dq'}$.

Nous avons,

$$u = \frac{df}{dt} + \xi;$$

différentions cette relation par rapport à q' et remarquons que ρ ne dépend que de la position *actuelle* de la matière ; il est par conséquent indépendant de q' ; on a alors,

$$(5) \qquad \frac{du}{dq'} = \frac{df}{dq} + \rho\,\frac{d\xi}{dq'}.$$

Or, à l'*intérieur* de la particule m on a $\xi = q'$ donc

$$\frac{d\xi}{dq'} = 1,$$

en dehors de cette particule on a $\rho = o$ et par suite,

$$\rho\,\frac{d\xi}{dq'} = o.$$

convenons alors d'appeler ρ_0 une variable telle qu'à l'intérieur de la particule sa valeur devienne $\rho_0 = \rho$ et en dehors de cette particule $\rho_0 = o$.

La relation (5) s'écrit, avec ces notations

$$(6) \qquad \frac{du}{dq'} = \frac{df}{dq} + \rho_0.$$

En ce qui concerne $\dfrac{dv}{dq'}$, et $\dfrac{dw}{dq'}$, on a, en différentiant par rapport à q' les relations qui nous donnent v et w,

$$\frac{dv}{dq'} = \frac{dg}{dq} + \rho\,\frac{d\eta}{dq'},$$

$$\frac{dw}{dq'} = \frac{dh}{dq} + \rho\,\frac{d\zeta}{dq'}.$$

Mais remarquons qu'à l'intérieur de la particule m, on a $\eta = q'_1$, q_1 étant l'ordonnée du centre de gravité de cette particule ; il en résulte que

$$\frac{d\eta}{dq'} = o$$

et par un raisonnement analogue

$$\frac{d\zeta}{dq'} = o.$$

Les relations précédentes deviennent donc,

$$(7) \qquad \frac{dv}{dq'} = \frac{dg}{dq}.$$

$$(8) \qquad \frac{dw}{dq'} = \frac{dh}{dq}.$$

342. — Calculons maintenant

$$\frac{du}{dq}, \frac{dv}{dq}, \frac{dw}{dq}.$$

On a, en différentiant par rapport à q les relations qui nous donnent u, v, w.

$$\begin{cases} \dfrac{du}{dq} = \dfrac{d^2 f}{dt\,dq} + \xi \dfrac{d\rho}{dq} + \rho \dfrac{d\xi}{dq}, \\[2mm] \dfrac{dv}{dq} = \dfrac{d^2 g}{dt\,dq} + \eta \dfrac{d\rho}{dq} + \rho \dfrac{d\eta}{dq}, \\[2mm] \dfrac{dw}{dq} = \dfrac{d^2 h}{dt\,dq} + \zeta \dfrac{d\rho}{dq} + \rho \dfrac{d\zeta}{dq}. \end{cases}$$

Qu'est-ce que

$$\rho \frac{d\xi}{dq}, \ \rho \frac{d\eta}{dq}, \ \rho \frac{d\zeta}{dq} ?$$

Nous avons vu qu'à l'intérieur de la particule m on avait $\xi = q'$ et par suite

$$\frac{d\xi}{dq} = 0,$$

en dehors des particules on a $\rho = 0$; on a donc partout

$$\rho \frac{d\xi}{dq} = 0,$$

et de même

$$\rho \frac{d\eta}{dq} = 0, - \rho \frac{d\zeta}{dq} = 0.$$

Les relations précédentes deviennent donc,

$$(9) \quad \begin{cases} \dfrac{du}{dq} = \dfrac{d^2 f}{dt\,dq} + \xi\,\dfrac{d\rho}{dq}, \\[2mm] \dfrac{dv}{dq} = \dfrac{d^2 g}{dt\,dq} + \eta\,\dfrac{d\rho}{dq}, \\[2mm] \dfrac{dw}{dq} = \dfrac{d^2 h}{dt\,dq} + \zeta\,\dfrac{d\rho}{dq}. \end{cases}$$

343. — Les relations (3) et (4) deviennent donc,

$$(3\ bis) \quad \frac{dT''}{dq} = \int d\tau \sum F\,\frac{d^2 f}{dt\,dq} + \int d\tau\,\frac{d\rho}{dq}\sum F\xi\ ;$$

$$(4\ bis) \quad \frac{dT''}{dq'} = \int d\tau \sum F\,\frac{df}{dq} + \int d\tau\,F\,\rho_0.$$

Ces dérivées figurent dans les équations de Lagrange sous la forme

$$\frac{d}{dt}\,\frac{dT''}{dq'} - \frac{dT''}{dq}.$$

Calculons cette expression en nous servant des relations (3 *bis*) et (4 *bis*).

Il vient,

$$(10) \quad \frac{d}{dt}\,\frac{dT''}{dq'} - \frac{dT''}{dq} = \int d\tau \sum \frac{dF}{dt}\,\frac{df}{dq} + \int d\tau\,\frac{dF}{dt}\,\rho_0$$

$$+ \int d\tau\,F\,\frac{d\rho_0}{dt} + \int d\tau\,\frac{d\rho}{dq}\sum F\xi.$$

Nous allons transformer cette expression. Considérons les deux dernières intégrales. Dans la première, remplaçons $\dfrac{d\rho_0}{dt}$ par sa valeur

$$\frac{d\rho_0}{dt} = -\sum \frac{d\rho_0\,\xi}{dx}\ ;$$

il vient ainsi,

$$\int d\tau\, F\, \frac{d\rho_0}{dt} = -\int d\tau\, F \sum \frac{d\rho_0\xi}{dx}.$$

Intégrons par parties ; cela nous donne,

$$\int d\tau\, F\, \frac{d\rho_0\xi}{dx} = -\int d\tau\, \rho_0\xi \frac{dF}{dx},$$

$$\int d\tau\, F\, \frac{d\rho_0\eta}{dy} = -\int d\tau\, \rho_0\eta \frac{dF}{dy},$$

$$\int d\tau\, F\, \frac{d\rho_0\zeta}{dz} = -\int d\tau\, \rho_0\zeta \frac{dF}{dz},$$

et l'intégrale en question devient,

$$(11) \qquad \int d\tau\, F \sum \frac{d\rho_0\xi}{dx} = \int d\tau\, \rho_0\left(\xi \frac{dF}{dx} + \eta \frac{dF}{dy} + \zeta \frac{dF}{dz}\right).$$

Transformons maintenant l'autre intégrale :

$$(12) \qquad \int d\tau\, \frac{d\rho}{dq} \sum F\xi.$$

Qu'est-ce que $\frac{d\rho}{dq}$? — A l'extérieur de la particule $\frac{d\rho}{dq} = o$; cela veut dire qu'en déplaçant la particule m, la densité électrique ne varie qu'à son intérieur. Quelle est cette variation ? — Pour voir cela, considérons un point M à l'intérieur de la particule en question et soit ρ la densité électrique en ce point. Si la coordonnée q du point M augmente de dq, le point M viendra en M′ et on a

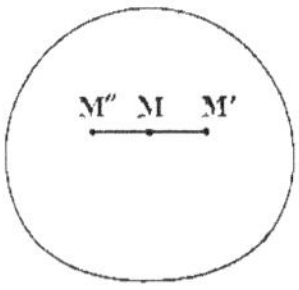

Fig. 53.

MM′ $= dq$. D'autre part la densité au point M′ sera différente de la densité en M. Elle aura pour valeur

$$\rho + \frac{d\rho}{dq}\, dq.$$

En un point M'' symétrique de M' par rapport à M, on aura $MM'' = dq$ et comme densité,

$$\rho - \frac{d\rho}{dx}\,\overline{MM''}$$

ou

$$\rho - \frac{d\rho}{dx}\,dq.$$

On a donc.

1° A l'intérieur de la particule,

$$\frac{d\rho}{dq} = -\,\frac{d\rho}{dx}\,;$$

2° A l'extérieur de la particule

$$\frac{d\rho}{dq} = 0.$$

Donc avec les conventions précédentes,

$$\frac{d\rho}{dq} = -\,\frac{d\rho_0}{dx},$$

et notre intégrale (12) devient

$$-\int d\tau\,\frac{d\rho_0}{dx}\,\sum F\xi.$$

En intégrant par parties, on obtient,

$$\int d\tau\,\frac{d\rho_0}{dx}\,F\xi = -\int d\tau\,\rho_0\xi\,\frac{dF}{dx},$$

$$\int d\tau\,\frac{d\rho_0}{dx}\,G\eta = -\int d\tau\,\rho_0\eta\,\frac{dG}{dx},$$

$$\int d\tau\,\frac{d\rho_0}{dx}\,H\zeta = -\int d\tau\,\rho_0\zeta\,\frac{dH}{dx}\,;$$

car le mouvement de la particule se réduisant à un mouvement de translation, ξ, η, ζ, ne dépendent pas de x, y, z, à l'intérieur de la particule : ce sont des constantes.

L'intégrale (12) peut alors s'écrire,

$$(13) \quad -\int d\tau \frac{d\rho_0}{dx} \sum F\xi = \int d\tau \, \rho_0 \left(\xi \frac{dF}{dx} + \eta \frac{dG}{dx} + \zeta \frac{dH}{dx}\right).$$

Revenons maintenant à la somme des deux dernières intégrales de (10) ; cette somme a pour valeur, en tenant compte des relations (11) et (13) que nous venons d'établir,

$$\int d\tau \, F \frac{d\rho_0}{dt} - \int d\tau \frac{d\rho}{dq} \sum F\xi$$

$$= \int d\tau \, \rho_0 \left[\eta \left(\frac{dF}{dy} - \frac{dG}{dx}\right) + \zeta \left(\frac{dF}{dz} - \frac{dH}{dx}\right)\right] ;$$

or,

$$\left\{\begin{aligned} \frac{dH}{dy} - \frac{dG}{dz} &= \alpha, \\ \frac{dF}{dz} - \frac{dH}{dx} &= \beta, \\ \frac{dG}{dx} - \frac{dF}{dy} &= \gamma ; \end{aligned}\right.$$

donc,

$$\int d\tau \, F \frac{d\rho_0}{dt} - \int d\tau \frac{d\rho}{dq} \sum F\xi = \int d\tau \, \rho_0 \, (\zeta\beta - \eta\gamma).$$

Écrivons maintenant la relation (10) ; elle devient,

$$(10\ bis) \quad \frac{d}{dt} \frac{dT'}{dq'} - \frac{dT'}{dq} = \int d\tau \sum \frac{dF}{dt} \frac{df}{dq}$$

$$+ \int d\tau \frac{dF}{dt} \rho_0 + \int d\tau \, \rho_0 \, (\zeta\beta - \eta\gamma).$$

344. — Calculons encore $\dfrac{dU''}{dq}$.

Nous avons vu que

$$U'' = \int \frac{2\pi}{K_0}\, d\tau \sum f^2 ;$$

d'où, en différentiant par rapport à q,

$$(14) \qquad \frac{dU''}{dq} = \int d\tau \sum \frac{4\pi f}{K_0} \frac{df}{dq} .$$

345. — Prenons maintenant l'équation de liaison,

$$\sum \frac{df}{dx} = \rho,$$

et différentions-la par rapport à q ; il vient

$$\sum \frac{d^2 f}{dx\,dq} = \frac{d\rho}{dq}.$$

Multiplions cette relation par $\psi\, d\tau$, ψ étant une fonction quelconque s'annulant à l'infini, et intégrons dans tout l'espace ; on obtient ainsi,

$$\int d\tau\, \psi \left(\sum \frac{d^2 f}{dx\,dq} - \frac{d\rho}{dq} \right) = 0.$$

or

$$\frac{d\rho}{dq} = - \frac{d\rho_0}{dx},$$

$$(15) \qquad \int d\tau\, \psi \left(\sum \frac{d^2 f}{dx\,dq} + \frac{d\rho_0}{dx} \right) = 0.$$

Intégrons par parties ; cela donne,

$$\int d\tau\, \psi\, \frac{d^2 f}{dx\,dq} = - \int d\tau\, \frac{df}{dq} \frac{d\psi}{dx} ;$$

$$\dotfill$$

$$\int d\tau\, \psi\, \frac{d\rho_0}{dx} = - \int d\tau\, \rho_0 \frac{d\psi}{dx},$$

et l'intégrale (15) devient,

$$(15\ bis) \qquad \int d\tau \sum \frac{d\psi}{dx} \frac{df}{dq} + \int d\tau \rho_0 \frac{d\psi}{dx} = 0.$$

346. — Nous avons maintenant tous les éléments nécessaires pour écrire les équations de Lagrange : nous n'avons plus qu'à additionner membre à membre les relations (2), (10 *bis*), (14) et (15 *bis*), que j'écris encore une fois pour faciliter le calcul.

$$\frac{d}{dt} \frac{dT'}{dq'} - \frac{dT'}{dq} + \frac{dU'}{dq} = mq'' + \frac{dU'}{dq}$$

$$\frac{d}{dt} \frac{dT''}{dq'} - \frac{dT''}{dq} = \int d\tau \sum \frac{dF}{dt} \frac{df}{dq} + \int d\tau \rho_0 \frac{dF}{dt}$$

$$+ \int d\tau \rho_0 (\zeta\beta - \eta\gamma)$$

$$\frac{dU''}{dq} = \int d\tau \sum \frac{4\pi f}{K_0} \frac{df}{dq}$$

$$0 = \int d\tau \sum \frac{d\psi}{dx} \frac{df}{dq} + \int d\tau \rho_0 \frac{d\psi}{dx}.$$

La somme des premiers membres de ces équations nous donne zéro ; et ce qui reste peut s'écrire sous la forme,

$$(16) \qquad mq'' + \frac{dU'}{dq} + \int d\tau \sum \frac{df}{dq}\left(\frac{dF}{dt} + \frac{d\psi}{dx} + \frac{4\pi}{K_0} f\right)$$

$$+ \int d\tau \rho_0 \left(\frac{dF}{dt} + \frac{d\psi}{dx}\right) + \int d\tau \rho_0 (\zeta\beta - \eta\gamma) = 0.$$

or,

$$\frac{dF}{dt} + \frac{d\psi}{dx} + \frac{4\pi}{K_0} f = 0,$$

d'où

$$\frac{dF}{dt} + \frac{d\varphi}{dx} = -\frac{4\pi}{K_0} f ;$$

et la relation (16) devient alors,

$$(17) \qquad mq'' = -\frac{dU}{dq} + \frac{4\pi}{K_0} \int \rho_0 f d\tau + \int d\tau \, \rho_0 (\zeta \beta - \eta_1),$$

dans cette relation q'' représente la projection, suivant l'axe des x, de l'accélération de la particule ; mq'' représente donc la projection suivant l'axe des x de la force qui agit sur cette particule ; le terme en U, représente des forces, autres que les forces électriques, qui agissent sur la matière ; le terme en $\dfrac{4\pi}{K_0}$, c'est la force électrostatique et enfin le troisième terme du second membre représente l'action électrodynamique.

Il en résulte donc, d'après Lorentz, qu'il y a une force due au champ électrique et une autre force due au champ magnétique.

346. *Comparaison avec la théorie de Hertz*. — Comparons maintenant ces résultats de Lorentz avec ceux de Hertz.

D'après Hertz, la matière doit subir quatre actions de la part du champ électromagnétique, et de ces quatre actions résultent :

    1° La force magnétique ;
    2° La force électrique ;
    3° La force électrodynamique ;
    4° La force de Hertz.

Dans la théorie de Lorentz on ne retrouve pas la première force ; cela ne doit pas nous étonner, car nous avons supposé qu'il n'y a pas de magnétisme.

La force électrique proprement dite, c'est-à-dire la force électrique totale (due aux phénomènes d'induction magnétique et aux actions électrostatiques) subsiste dans les deux théories ; donc, accord avec la théorie de Hertz sur ce point.

En ce qui concerne l'action électrodynamique, il y a une différence assez marquée entre les deux théories, et cela s'explique.

Rappelons-nous, en effet, que dans la théorie de Hertz le courant total se composait de quatre parties : le courant de conduction, le courant de déplacement, le courant de Rowland et le courant de Rœntgen, tandis que dans la théorie de Lorentz le courant de conduction et le courant de Rœntgen n'entrent pas en ligne de compte.

De plus, dans la théorie de Hertz, la force électrodynamique agit sur le courant total ; dans celle de Lorentz elle agit sur le courant de convection et n'agit pas sur le courant de déplacement.

Quant à la force de Hertz, elle ne peut pas exister non plus dans la théorie de Lorentz, car cette force est intimement liée à l'existence du courant de Rœntgen.

En résumé, d'après Lorentz, la force mécanique totale qui agit sur l'ion considéré a pour projection sur l'axe des x,

$$\frac{4\pi}{K_0} \int \rho \, d\tau f + \int \rho \, d\tau \, \chi_1 \quad (3),$$

l'intégration étant étendue seulement à la particule considérée et non pas à l'espace tout entier, car nous avons vu qu'en dehors des particules $\rho = 0$.

VÉRIFICATION DES PRINCIPES GÉNÉRAUX DE LA MÉCANIQUE

347. — Il nous reste encore à voir comment la théorie de Lorentz s'accorde avec les principes généraux de la mécanique.

1° *Principe de la conservation du magnétisme.* — Il n'y a pas de magnétisme dans la théorie de Lorentz.

2° *Principe de la conservation de l'électricité.* — Ce principe est satisfait, car nous avons vu que

$$\sum \frac{du}{dx} = 0,$$

qui est précisément l'expression même du principe de la conservation de l'électricité.

3° *Principe de la conservation de l'énergie.* — Ce principe est satisfait également, car notre point de départ a été l'application des équations de Lagrange.

4° *Principe de l'égalité de l'action et de la réaction.* — Il n'est pas satisfait, et c'est là le point faible de la théorie de Lorentz.

348. — Supposons, en effet, une particule chargée isolée et une perturbation électromagnétique venant de dehors et qui atteigne la particule. La force électrique due à cette perturbation, en agissant sur la particule chargée, ou plutôt sur la charge de cette particule, donnera naissance à une force pondéromotrice agissant sur la particule en question. Or cette particule étant supposée isolée il n'y aura pas de réaction : la force pondéromotrice ne sera pas contre-balancée.

Mais insistons un peu plus sur ce point. Envisageons seulement la résultante de translation et projetons-la sur l'axe des x.

Nous avons,

$$(18) \qquad X = \frac{4\pi}{K_0} \int \rho \, d\tau \, f + \int \rho \, d\tau \, (\eta \gamma - \zeta \beta),$$

Mais remarquons que,

$$\rho \eta = v - \frac{dg}{dt},$$

$$\rho \zeta = w - \frac{dh}{dt};$$

donc,

$$(19) \quad X = \frac{4\pi}{K_0} \int \rho \, d\tau \, f + \int d\tau \, (v\gamma - w\beta) + \int d\tau \left(\beta \frac{dh}{dt} - \gamma \frac{dg}{dt} \right).$$

Transformons cette expression. Commençons par la première intégrale

$$(20) \qquad \frac{4\pi}{K_0} \int \rho \, d\tau \, f.$$

Nous avons

$$\rho = \sum \frac{df}{dx}.$$

L'intégrale (20) devient,

$$\frac{4\pi}{K_0} \int f\left(\frac{df}{dx} + \frac{dg}{dy} + \frac{dh}{dz}\right) d\tau,$$

l'intégrale étant étendue à tout l'espace.

Intégrons par parties ; il vient, en remarquant que

$$\int \frac{df}{dx} d\tau = 0,$$

$$\frac{4\pi}{K_0} \int \left(-g\,\frac{df}{dy} - h\,\frac{df}{dz}\right) d\tau ;$$

ajoutons maintenant à cette intégrale, sous le signe $\int$, les dérivées parfaites $g\dfrac{dg}{dx}$ et $h\dfrac{dh}{dx}$, car nous savons que si l'intégration est étendue à tout l'espace,

$$\int \frac{dg}{dx} d\tau = 0,$$

$$\int \frac{dh}{dx} d\tau = 0.$$

Il vient ainsi,

$$\frac{4\pi}{K_0} \int \left[g\left(\frac{dg}{dx} - \frac{df}{dy}\right) - h\left(\frac{df}{dz} - \frac{dh}{dx}\right)\right] d\tau ;$$

mais remarquons que,

$$-\frac{4\pi}{K_0}\left(\frac{df}{dz} - \frac{dh}{dx}\right) = \frac{d\beta}{dt},$$

$$-\frac{4\pi}{K_0}\left(\frac{dg}{dx} - \frac{df}{dy}\right) = \frac{d\gamma}{dt} ;$$

notre intégrale devient alors

$$(20\ bis) \qquad \int d\tau \left(h\,\frac{d\beta}{dt} - g\,\frac{d\gamma}{dt} \right).$$

Je dis maintenant que la seconde intégrale de (19) est nulle. Nous savons, en effet, que

$$\frac{d\alpha}{dz} - \frac{d\gamma}{dx} = 4\pi v,$$

$$\frac{d\beta}{dx} - \frac{d\alpha}{dy} = 4\pi w ;$$

l'intégrale en question peut donc s'écrire

$$\frac{1}{4\pi} \int d\tau \left[\gamma \left(\frac{d\alpha}{dz} - \frac{d\gamma}{dx} \right) - \beta \left(\frac{d\beta}{dx} - \frac{d\alpha}{dy} \right) \right].$$

En intégrant par parties dans tout l'espace et en ajoutant

$$- \int \alpha\,\frac{d\alpha}{dx}\,d\tau,$$

qui est nulle si l'intégrale s'étend à tout l'espace, on obtient

$$\frac{1}{4\pi} \int d\tau\,\alpha \left(\frac{d\alpha}{dx} + \frac{d\beta}{dy} + \frac{d\gamma}{dz} \right),$$

ou encore en tenant compte de la relation

$$\sum \frac{d\alpha}{dx} = 0,$$

$$\frac{1}{4\pi} \int d\tau\,\alpha \sum \frac{d\alpha}{dx} = 0.$$

$$\text{C. Q. F. D.}$$

L'expression (19) devient alors, en tenant compte de (20 bis),

$$X = \int d\tau \left(h \frac{d\beta}{dt} - g \frac{d\gamma}{dt} \right) - \int d\tau \left(\beta \frac{dh}{dt} - \gamma \frac{dg}{dt} \right)$$

$$= \int d\tau \frac{d}{dt} (\beta h - \gamma g).$$

ou encore

$$X = \frac{d}{dt} \int d\tau (\beta h - \gamma g).$$

Voilà la résultante de translation ; on voit qu'elle n'est pas nulle. Le principe de l'égalité de l'action et de la réaction n'est donc pas satisfait.

350. — M. Liénard [1] croit atténuer ce désaccord en disant que : « ce résultat n'a rien qui doive surprendre : du moment que l'on « rejette la théorie des actions à distance, et que l'on admet au « contraire que les forces mettent un certain temps à se propa- « ger à travers l'éther, il ne peut plus y avoir à chaque instant « égalité entre l'action et la réaction, l'action et la réaction ne se « produisant pas au même moment. Tout ce qu'on peut deman- « der, c'est que la résultante de toutes les forces soit nulle en « moyenne, et c'est ce qui a bien lieu pour la théorie de Lorentz. »
En effet, la valeur moyenne de X pendant l'intervalle de temps t_0 à t_1 est donnée par

$$\frac{1}{t_1 - t_0} \int_{t_0}^{t_1} X dt = \frac{1}{t_1 - t_0} \left[\int (\beta h - \gamma g)\, d\tau \right]_{t_0}^{t_1},$$

or l'intégrale du second membre restera toujours finie car la per- turbation électrique et magnétique ne peut pas croître au delà de toute limite : cette intégrale est donc inférieure à une certaine

---

[1] L'Éclairage Électrique. LIÉNARD, La théorie de Lorentz, t. XIV, p. 457, 1898.

quantité donnée M, de sorte que

$$ X_{moy} = \frac{1}{t_1 - t_0} \int_0^{t_1} X \, dt < \frac{M}{t_1 - t_0} $$

et cette valeur moyenne sera d'autant plus voisine de zéro que l'intervalle de temps $t_1 - t_0$ sera plus grand. Si au commencement et à la fin le champ est nul, ou a la même valeur, la valeur moyenne de la résultante X sera même rigoureusement nulle.

351. — Mais il est facile de voir que cet argument de M. Liénard en faveur de la théorie de Lorentz n'est pas suffisant.

Désignons, en effet, par A l'abscisse du centre de gravité de la particule et par M sa masse ; on a alors

$$ \int_{t_0}^{t_1} X \, dt = M \frac{dA}{dt} $$

et on voit que quand la perturbation sera terminée le centre de gravité de la particule aura subi une impulsion *finie* ; la valeur de cette impulsion est représentée par l'accroissement de $\int (\beta h - \gamma g) \, d\tau$.

Rappelons-nous, d'autre part, le théorème de Poynting [1] : considérons une perturbation qui se produise en un point quelconque ; ce point sera un centre d'émanation d'énergie dans toutes les directions, et évaluons la quantité d'énergie qui traverse une surface donnée. D'après le théorème de Poynting, cette énergie est représentée par le produit de la surface en question par le *vecteur radiant* dont les composantes sont représentées par $(\beta h - \gamma g)$, $(\gamma f - \alpha h)$, $(\alpha g - \beta f)$, de sorte que la quantité d'énergie qui traverse l'élément de surface $d\omega$ perpendiculaire à l'axe des x est représentée par,

$$ \frac{1}{4\pi K_0} (\beta h - \gamma g). $$

Voyons alors ce qui va se passer si on considère une perturbation se propageant de gauche à droite par exemple ; la perturba-

---

[1] H. Poincaré. *Oscillations électriques*, p. 27, G. Carré et C. Naud, éditeurs.

tion se produisant en O et cessant après quelques instants, il ne restera plus que des ondes se propageant vers la droite et s'éloignant de plus en plus du centre d'ébranlement O. *Notre intégration devra donc s'étendre à cette partie de l'espace où la perturba-*

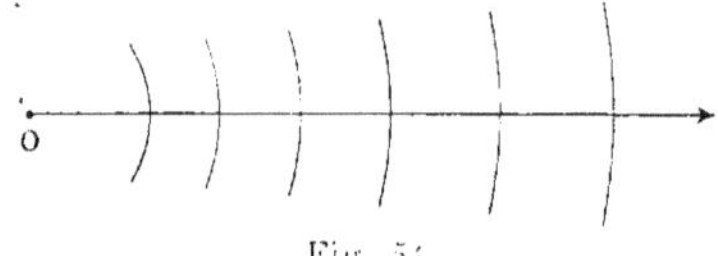

Fig. 54.

tion subsiste encore. Pour avoir l'énergie totale il faut considérer une infinité de droites émanant de O, dans tous les sens, et intégrer par rapport à tous les plans perpendiculaires à ces droites.

Il résulte donc de là :

1° Que cette énergie totale mesure l'impulsion qui a produit la perturbation.

2° Que si le système produisant de l'énergie électromagnétique n'envoyait cette énergie que dans une seule direction, il reculerait comme le ferait une pièce d'artillerie.

3° Que si le système envoie de l'énergie dans tous les sens il y aura compensation entre ces impulsions partielles et par suite le centre de gravité du système restera au repos.

Il ne suffit donc pas de dire que la valeur moyenne de la résultante est nulle.

Mais traduisons cela en chiffres pour faire voir que le recul prévu par la théorie de Lorentz n'est pas négligeable. Supposons un système qui envoie dans une direction quelconque une quantité d'énergie représentée par trois millions de joules ; le calcul montre que le recul correspondant pourrait imprimer à une masse de 1 kilogramme une vitesse de 1 c.m. par seconde.

352. — On pourrait encore dire que si le principe de l'égalité de l'action et de la réaction semble violé, cela tient peut-être à ce qu'on n'a pas tenu compte du mouvement de l'éther. Tenons donc compte de cette objection et voyons à quelle conclusion cela nous conduira. Pour que le principe en question ne soit pas violé il faut que la projection de la vitesse de l'éther sur l'axe des x soit représentée par $(\beta h - \gamma g)$: c'est le vecteur radiant à une constante près ; cela nous amène à la conclusion suivante : si le champ vient à être doublé, la vitesse de l'éther sera quadruplée. Cela n'est évidemment pas satisfaisant.

353. *Intégration des équations de Lorentz.* — Résumons les équations de Lorentz que nous avons établies précédemment. Nous avons trouvé,

$$\alpha = \frac{dH}{dy} - \frac{dG}{dz},$$

$$\beta = \frac{dF}{dz} - \frac{dH}{dx},$$

$$\gamma = \frac{dG}{dx} - \frac{dF}{dy}.$$

$$4\pi u = \frac{d\gamma}{dy} - \frac{d\beta}{dz},$$

$$4\pi v = \frac{d\alpha}{dz} - \frac{d\gamma}{dx},$$

$$4\pi w = \frac{d\beta}{dx} - \frac{d\alpha}{dy}.$$

$$\Delta F = -4\pi u,$$
$$\Delta G = -4\pi v,$$
$$\Delta H = -4\pi w.$$

$$\Delta \psi = -\frac{4\pi}{K_0}\, \rho.$$

$$\frac{4\pi}{K_0} f + \frac{dF}{dt} + \frac{d\psi}{dx} = 0,$$

$$\frac{4\pi}{K_0} g + \frac{dG}{dt} + \frac{d\psi}{dy} = 0,$$

$$\frac{4\pi}{K_0} h + \frac{dH}{dt} + \frac{d\psi}{dz} = 0.$$

$$\sum \frac{df}{dx} = \rho,$$

$$\sum \frac{dF}{dx} = 0.$$

$$\frac{d\rho}{dt} + \sum \frac{d\rho\xi}{dx} = 0.$$

Nous nous proposons d'intégrer ces équations en supposant *connu* le mouvement de toutes les particules, ce qui revient à regarder ρ, ξ, η, ζ comme *connus*.

354. — La méthode que nous allons employer va être analogue à celle dont nous nous sommes servis dans les oscillations hertziennes [1]. Rappelons à ce sujet la définition de ce qu'on appelle *potentiel retardé*.

Considérons un certain nombre de points attirants M et soit M_k le point attiré ; soit encore m_k la masse du point attiré et r_k la distance des points attirants au point attiré. Le potentiel en M_k est par définition,

$$V = \sum \frac{m_s}{r_s}.$$

Mais si les masses m_s dépendent du temps, à cause de la densité ρ qui est fonction de x, y, z et t, le potentiel va alors dépendre, lui aussi, du temps. En effet, la propagation d'une perturbation (électrique ou magnétique) se faisant avec une vitesse *finie*, $\dfrac{1}{\sqrt{K_0}}$, qui est la vitesse de la lumière, le potentiel pour se propager de M en M_k mettra alors un temps $r_k \sqrt{K_0}$; l'action en M_k se calculera donc en donnant à la masse m_s non la valeur qu'elle a à l'instant t, mais la valeur m'_k qu'elle avait à l'instant $t - r_k \sqrt{K_0}$; la valeur du potentiel sera alors représentée par,

$$V' = \sum \frac{m'_k}{r_k}$$

et c'est à cette nouvelle expression du potentiel qu'on donne le nom de potentiel retardé.

On peut encore considérer les potentiels retardés dûs à une matière attirante, qui au lieu d'être répartie en un certain nombre de points attirants, se constituerait en un volume attirant. Soit $f(x, y, z, t)$ la densité de la matière attirante et soit $d\tau'$ un

---

[1] H. POINCARÉ. *Oscillations électriques*. p. 74. G. Carré et C. Naud, éditeurs.

élément de volume de coordonnées x', y', z'. Le potentiel ordinaire de ce volume attirant sera

$$V = \int \frac{f(x', y', z'; t)\, d\tau}{r},$$

r étant donné par

$$r^2 = (x - x')^2 + (y - y')^2 + (z - z')^2.$$

Si la propagation d'une perturbation se fait avec la vitesse de la lumière, *le potentiel retardé*, défini comme ci-dessus, aura alors pour valeur,

$$V' = \int \frac{f(x', y', z'; t - r\sqrt{\overline{K_0}})}{r}\, d\tau'.$$

En examinant ces deux dernières formules, on voit que dans le cas des potentiels ordinaires le numérateur (qui représente la masse attirante) ne dépend que de x', y', z'. Tandis que dans le cas des potentiels retardés il est fonction non seulement de x', y', z' mais il dépend aussi de x, y, z, par l'intermédiaire de r.

355. — Ces préliminaires étant rappelés, voyons ce que devient la relation de Poisson dans le cas des potentiels retardés.

Dans le cas des potentiels ordinaires nous avions,

$$\Delta V = - 4\pi f.$$

Avec les potentiels retardés nous aurons,

$$\Delta V' - K_0 \frac{d^2 V'}{dt^2} = - 4\pi f.$$

Pour abréger l'écriture nous allons introduire le symbole suivant, en posant,

$$\Delta U - K_0 \frac{d^2 U}{dt^2} = \square U$$

où U désigne une fonction quelconque.

Avec cette notation l'équation de Poisson devient.

$$\Box V = - 4\pi f.$$

Cette équation si on y regarde f comme donnée et V comme inconnue, n'a pas d'autre solution, pourvu que l'on admette que l'on part du repos et que toutes les fonctions s'annulent à l'infini.

Il résulte de ce qui précède que la relation

$$\Box U = \Box V$$

entraîne la suivante

$$U = V.$$

356. — Appliquons ces principes à la question qui nous occupe.

Introduisons une fonction analogue à ψ que j'appellerai ψ' et qui va jouer le rôle du potentiel électrostatique : ψ' sera le potentiel retardé dû à la même matière que dans le cas des potentiels ordinaires.

On aura donc

$$\Box \psi' = - \frac{4\pi}{K_0} \rho.$$

Faisons de même pour le potentiel vecteur ; introduisons un vecteur de composantes F, G, H analogue au potentiel vecteur. Cette quantité sera définie par

$$\Box F = - 4\pi\rho\xi$$

et il convient de faire une petite remarque à ce sujet : dans le cas du potentiel vecteur ordinaire nous avions,

$$\Delta F = - 4\pi u = - 4\pi\rho\xi - 4\pi \frac{df}{dt} \cdot$$

F était donc le potentiel ordinaire dû à une matière attirante dont la densité était le courant total

$$u = \rho\xi + \frac{df}{dt} ;$$

dans le cas actuel, la densité de la matière fictive est seulement le courant de convection.

Or nous avons supposé que ρ, ξ, η, ζ sont connus; il en résulte donc que F', G', H' seront également connus.

357. — Je me propose maintenant de démontrer les relations suivantes,

$$\alpha = \frac{dH'}{dy} - \frac{dG'}{dz},$$

$$\beta = \frac{dF'}{dz} - \frac{dH'}{dx},$$

$$\gamma = \frac{dG'}{dx} - \frac{dF'}{dy}.$$

$$\frac{4\pi f}{K_0} + \frac{dF'}{dt} + \frac{d\psi}{dx} = 0,$$

$$\frac{4\pi g}{K_0} + \frac{dG'}{dt} + \frac{d\psi}{dy} = 0,$$

$$\frac{4\pi h}{K_0} + \frac{dH'}{dt} + \frac{d\psi}{dz} = 0.$$

Ces relations nous donneront le champ tout entier et le problème sera alors complètement résolu.

Calculons d'abord $\square F$.

Nous avons,

$$\square F = \Delta F - K_0 \frac{d^2 F}{dt^2} = -4\pi u - K_0 \frac{d^2 F}{dt^2}$$

$$= -4\pi\rho\xi - 4\pi\frac{df}{dt} - K_0\frac{d^2 f}{dt^2}$$

$$= \square F' - 4\pi\frac{df}{dt} - K_0\frac{d^2 F}{dt^2};$$

calculons alors $-4\pi\dfrac{df}{dt} - K_0\dfrac{d^2 F}{dt^2}$.

Partons de l'équation,

$$\frac{4\pi}{K_0}f + \frac{dF}{dt} + \frac{d\psi}{dx} = 0$$

qui, différentiée par rapport au temps, donne,

$$4\pi\frac{df}{dt} + K_0\frac{d^2 F}{dt^2} + K_0\frac{d^2\psi}{dxdt} = 0,$$

d'où

$$- 4\pi \frac{df}{dt} - \mathrm{K}_0 \frac{d^2 \mathrm{F}}{dt^2} = \mathrm{K}_0 \frac{d^2 \psi}{dx\,dt}$$

La relation en $\square \mathrm{F}$ devient donc,

$$\square \mathrm{F} = \square \mathrm{F}' + \mathrm{K}_0 \frac{d^2 \psi}{dx\,dt};$$

et on obtiendrait par un calcul analogue

$$\square \mathrm{G} = \square \mathrm{G}' + \mathrm{K}_0 \frac{d^2 \psi}{dy\,dt},$$

$$\square \mathrm{H} = \square \mathrm{H}' + \mathrm{K}_0 \frac{d^2 \psi}{dz\,dt}.$$

Différentions maintenant la troisième de ces équations par rapport à y, la seconde par rapport à z, et retranchons ; il vient ainsi,

$$\frac{d}{dy} \square \mathrm{H} - \frac{d}{dz} \square \mathrm{G} = \square \alpha = \square \left(\frac{d\mathrm{H}'}{dy} - \frac{d\mathrm{G}'}{dz} \right),$$

d'où

$$\alpha = \frac{d\mathrm{H}}{dy} - \frac{d\mathrm{G}}{dz},$$

et par un calcul analogue

$$\beta = \frac{d\mathrm{F}'}{dz} - \frac{d\mathrm{H}'}{dx},$$

$$\gamma = \frac{d\mathrm{G}'}{dx} - \frac{d\mathrm{F}'}{dy}.$$

C. Q. F. D.

Démontrons maintenant la relation,

$$\frac{4\pi}{\mathrm{K}_0} f + \frac{d\mathrm{F}}{dt} + \frac{d\psi}{dx} = 0.$$

Calculons pour cela,

$$\square \frac{4\pi}{\mathrm{K}} f = - \square \frac{d\mathrm{F}}{dt} - \square \frac{d\psi}{dx}.$$

Nous avons,

$$\square\, \psi = \square\, \psi' - K_0 \frac{d^2\psi}{dt^2},$$

$$\square\, \frac{dF}{dt} = \square\, \frac{dF'}{dt} + K_0 \frac{d^3\psi}{d\,x\,dt^2},$$

$$\square\, \frac{d\psi}{d\,x} = \square\, \frac{d\psi'}{d\,x} - K_0 \frac{d^3\psi}{d\,x\,dt^2}.$$

Cela nous permet d'écrire,

$$\square\, \frac{4\pi}{K_0}\, f = - \square\, \frac{dF'}{dt} - \square\, \frac{d\psi'}{d\,x},$$

d'où la relation cherchée

$$\frac{4\pi}{K_0}\, f + \frac{dF'}{dt} + \frac{d\psi'}{d\,x} = o\, ;$$

et de la même manière,

$$\frac{4\pi g}{K_0} + \frac{dG'}{dt} + \frac{d\psi'}{dy} = o,$$

$$\frac{4\pi h}{K_0} + \frac{dH'}{dt} + \frac{d\psi'}{dz} = o.$$

C. Q. F. D.

358. — Considérons encore la relation,

$$\frac{d\rho}{dt} + \sum \frac{d\rho\xi}{d\,x} = o$$

qui, multipliée par $- 4\pi$, donne

$$- 4\pi\, \frac{d\rho}{dt} - 4\pi \sum \frac{d\rho\xi}{d\,x} = o.$$

Or

$$\square\, \psi' = - \frac{4\pi}{K_0}\, \rho$$

d'où

$$\square K_0\, \frac{d\psi'}{dt} = - 4\pi\, \frac{d\rho}{dt}$$

et puis

$$\square F' = - 4\pi\rho\xi\, ;$$

d'où

$$\frac{d\left(-4\pi\rho\xi\right)}{dx} = \square\,\frac{dF}{dx}\,;$$

la relation en question devient donc,

$$\square K_0\,\frac{d\psi}{dt} + \sum \square\,\frac{dF}{dx} = 0$$

d'où enfin.

$$K_0\,\frac{d\psi}{dt} + \sum \frac{dF}{dx} = 0.$$

Nous voyons donc que la solution est complète. J'ajoute qu'elle est unique si l'on suppose, comme nous l'avons fait, qu'on part du repos et que nos fonctions s'annulent à l'infini. Cette dernière hypothèse suppose qu'il n'y a pas de perturbation venant de l'extérieur : les perturbations sont limitées. La perturbation totale sera donc la somme des perturbations partielles, et le champ total sera alors la somme des champs partiels dûs à chaque particule, le champ de chaque particule étant calculé comme si la particule existait seule.

B. — Phénomènes qui se présentent a un observateur ayant les sens grossiers

359. — Examinons maintenant les phénomènes tels qu'ils apparaissent à un observateur ayant les sens grossiers comme les nôtres.

Considérons une particule chargée en mouvement et cherchons les conditions d'équilibre de cette particule. Écrivons que cette particule, en vertu du principe de d'Alembert, est en équilibre sous l'action des forces agissant sur elle, y compris la force d'inertie.

Évaluons ces différentes forces. Nous avons :

1° La force d'inertie de la particule ; cette force est négligeable du moins dans notre cas, car nous avons supposé que la particule a des dimensions très petites.

2° Action du champ électromagnétique sur la particule. Cette action est, comme nous l'avons vu, exprimée par

$$(1) \qquad \frac{4\pi}{K_0}\int \rho_0\,d\tau\,f + \int \rho_0\,d\tau\,\eta - (3).$$

Cette action peut être divisée elle-même, en deux parties :

a. Premier champ partiel, dû au mouvement de la particule elle-même, et

b. Deuxième champ partiel dû au mouvement de toutes les particules intérieures et extérieures au conducteur fermé.

La première de ces actions est négligeable. Elle serait rigoureusement nulle si le principe de l'égalité de l'action et de la réaction était vérifié par la théorie de M. Lorentz. M. Lorentz a calculé cette action de la particule sur elle-même et d'après ses calculs sa valeur, proportionnelle d'ailleurs à la force d'inertie, serait tout à fait négligeable.

En ce qui concerne le champ dû à l'action de toutes les particules sur la particule considérée, on peut le supposer uniforme, car cette particule étant très petite f, γ, z, η, ζ peuvent être regardés comme constants, de sorte que si nous posons

$$\int \rho_0 \, d\tau = e$$

e étant la charge de la particule en question, nous trouvons alors pour projection de cette action sur l'axe de x,

$$\frac{4\pi}{K_0} \, ef + e \left(\eta\gamma - \zeta\beta \right).$$

3° Le frottement de la particule contre le conducteur dans lequel elle se déplace ; cette force est proportionnelle à la vitesse relative de la particule par rapport à celle du conducteur. Si nous appelons ξ, η, ζ la vitesse de la particule et ξ_1, η_1, ζ_1 la vitesse du conducteur à travers lequel cette particule se déplace et si d'autre part nous désignons par λ le coefficient de frottement, cette force sera représentée par,

$$\frac{\xi - \xi_1}{\lambda}$$

de sorte que le principe de d'Alembert est exprimé par la relation suivante,

$$(2) \qquad \frac{\xi - \xi_1}{\lambda} = \frac{4\pi}{K_0} \, ef + e \left(\eta\gamma - \zeta\beta \right).$$

360. — Considérons maintenant un élément de volume $D\tau$, très petit par rapport à nos sens grossiers, mais suffisamment grand cependant pour contenir un assez grand nombre de particules. Si nous appelons ρ_1 la densité *moyenne* de l'électricité dans cet élément de volume, nous avons,

$$\rho_1 D\tau = \sum e .$$

D'autre part ces particules qui se trouvent à l'intérieur du volume $D\tau$ considéré, sont en mouvement : il y a donc un courant, dont les composantes sont,

$$\frac{\sum e\xi}{D\tau} , \quad \frac{\sum e\eta}{D\tau} , \quad \frac{\sum e\zeta}{D\tau} ;$$

or on a identiquement,

$$\frac{\sum e\xi}{D\tau} = \frac{\sum e(\xi - \xi_1)}{D\tau} + \frac{\sum e\xi_1}{D\tau} ,$$

$$\frac{\sum e\eta}{D\tau} = \frac{\sum e(\eta - \eta_1)}{D\tau} + \frac{\sum e\eta_1}{D\tau} ,$$

$$\frac{\sum e\zeta}{D\tau} = \frac{\sum e(\zeta - \zeta_1)}{D\tau} + \frac{\sum e\zeta_1}{D\tau} .$$

Le premier terme des seconds membres de ces relations qui est dû, comme on le voit, au mouvement relatif de la particule, représente le *courant de conduction*. Désignons ses composantes par p, q, r ; nous aurons ainsi

$$\frac{\sum e(\xi - \xi_1)}{D\tau} = p, \text{ etc. } ;$$

d'où

$$\sum e(\xi - \xi_1) = p\,D\tau$$

et de même,

$$\sum e(\eta_1 - \eta_{i_1}) = q\,D\tau,$$

$$\sum e(\zeta_1 - \zeta_{i_1}) = r\,D\tau.$$

Le deuxième terme du second membre des identités précédentes représente le *courant de convection*; il peut donc s'écrire,

$$\sum e\,\xi_{i_1} = \rho_1\xi_{i_1}\,D\tau,$$

$$\sum e\,\eta_{i_1} = \rho_1\eta_{i_1}\,D\tau,$$

$$\sum e\,\zeta_{i_1} = \rho_1\zeta_{i_1}\,D\tau,$$

de sorte que l'identité en question devient, en tenant compte de ces relations,

$$\sum e\xi = D\tau\,(p + \rho_1\xi_{i_1}),$$

$$\sum e\eta = D\tau\,(q + \rho_1\eta_{i_1}),$$

$$\sum e\zeta = D\tau\,(r + \rho_1\zeta_{i_1}).$$

Ce sont les trois composantes du courant qui provient du mouvement des particules qui se trouvent à l'intérieur du volume $D\tau$ considéré.

361. *Calcul de l'action mécanique.* — Quelle est la valeur de l'action mécanique qui s'exerce sur l'élément de volume $D\tau$ considéré?

La particule, nous l'avons vu, frotte sur le conducteur dans lequel elle se déplace, et l'action exercée sur cette particule de la part du conducteur (la résistance opposée au mouvement de la particule) a pour projection sur l'axe des x,

$$\frac{\xi_1 - \xi}{\lambda}.$$

La réaction de la particule sera donc,

$$\frac{\xi - \xi_1}{\lambda}.$$

et la somme de ces réactions sera,

$$\sum \frac{\xi - \xi_1}{\lambda}.$$

Ainsi donc pour avoir l'action mécanique qui s'exerce sur l'élément de volume $D\tau$ considéré, il faut faire la somme de toutes les actions partielles exercées sur chaque particule qui fait partie de l'élément $D\tau$.

Ici encore on peut décomposer le champ d'intégration en deux parties :

1° Le champ dû aux particules qui se trouvent à l'intérieur de $D\tau$;

2° Le champ dû aux particules qui se trouvent à l'extérieur de $D\tau$.

Remarquons que le premier champ serait nul si le principe de l'égalité de l'action et de la réaction n'était pas violé par la théorie de Lorentz; mais si l'énergie est distribuée d'une façon symétrique [1] le principe en question est à peu près vérifié. Or cette distribution symétrique de l'énergie sera en général réalisée : le champ d'intégration qui nous occupe peut par conséquent être supposé nul.

Le deuxième champ partiel peut être considéré comme constant à l'intérieur de l'élément de volume $D\tau$; cela revient à supposer que ξ, η, ζ sont constants.

Il vient alors pour l'action mécanique cherchée.

$$\sum \frac{\xi - \xi_1}{\lambda} = \frac{4\pi}{K_0} f \rho_1 D\tau + \left[\gamma D\tau\, q + \rho_1 \eta_1 - \beta\, D\tau \,(r + \rho_1 \xi_1) \right].$$

Le premier terme du second membre de cette relation représente l'action du champ électrique, sur l'élément de volume $D\tau$. Cette action est, comme on le voit, proportionnelle à la charge électrique e de l'élément $D\tau$ et à la force électrique $\dfrac{4\pi}{K_0} f$; cette

---

[1] Voir précédemment, p. 452.

force électrique est ici la force électrique *totale* ; ce n'est donc pas seulement la force électrique d'origine électrostatique $\left(-\dfrac{d\psi}{dx}\right)$ mais aussi celle due à l'induction électromagnétique $\left(-\dfrac{dF}{dt}\right)$. Il y a donc accord sur ce point avec la théorie de Hertz.

Le terme que nous avons mis entre crochets représente l'action mécanique du champ magnétique. Dans la théorie de Hertz le courant qui subit cette action mécanique est le courant *total*, c'est-à-dire le courant de conduction, plus le courant de déplacement, plus le courant de Rowland et plus le courant de Röntgen ; ici, le courant qui intervient c'est simplement le courant de conduction plus le courant de convection.

Le courant de déplacement ne subirait donc pas d'action mécanique d'après les idées de Lorentz.

362. *Calcul de la force électromotrice.* — Calculons maintenant la *force électromotrice*. Évaluons pour cela p. Nous avons,

$$p = \frac{\sum e\,(\xi - \xi_1)}{D\tau}.$$

Multiplions les équations (2) par $\dfrac{e\lambda}{D\tau}$ et faisons la somme, il vient,

$$(3) \qquad \frac{\sum e\,(\xi - \xi_1)}{D\tau} = p = \frac{\sum e^2\lambda}{D\tau}\,\frac{4\pi}{K_0}\,f + \frac{\sum e^2\lambda}{D\tau}\,(\eta\gamma - \zeta\beta)$$

et employons le même artifice de calcul que tout à l'heure : nous avons identiquement,

$$\frac{\sum e^2\lambda\eta}{D\tau} = \frac{\sum e^2\,(\eta - \eta_1)\lambda}{D\tau} + \frac{\sum e^2\eta_1\lambda}{D\tau}$$

$$\frac{\sum e^2\lambda\zeta}{D\tau} = \frac{\sum e^2\,(\zeta - \zeta_1)\lambda}{D\tau} + \frac{\sum e^2\zeta_1\lambda}{D\tau}.$$

La relation (3) peut donc s'écrire,

$$p = \frac{\sum e^2\lambda}{D\tau}\,\frac{4\pi}{K_0}\,f + \gamma\left[\frac{\sum e^2(\eta_i - \eta_{i1})\lambda}{D\tau} + \frac{\sum e^2\lambda\eta_i}{D\tau}\right]$$
$$- \beta\left[\frac{\sum e^2(\zeta_i - \zeta_{i1})\lambda}{D\tau} + \frac{\sum e^2\lambda\zeta_i}{D\tau}\right].$$

Je puis supposer que

$$\frac{\sum e^2(\eta_i - \eta_{i1})\lambda}{D\tau} = \frac{\sum e^2(\zeta_i - \zeta_{i1})\lambda}{D\tau} = 0.$$

A *priori*, cette hypothèse paraît inadmissible : en effet, $\sum e(\zeta_i - \zeta_{i1})$, $\sum e(\eta_i - \eta_{i1})$, $\sum e(\zeta_i - \zeta_{i1})$, ne sont pas nuls et par conséquent il n'y a pas de raison pour que $\sum e^2(\zeta_i - \zeta_{i1})$, etc., le soient. Cela s'explique cependant par la façon dont on conçoit le mécanisme par lequel se propage un courant. Il faut, en effet, se représenter un courant comme le mouvement de deux sortes de particules, les unes positives, les autres négatives, qui se meuvent en sens contraires. Si on ne considère que des particules positives, $\zeta - \zeta_1$, etc., auront alors un signe bien déterminé ; on aura la même chose pour les particules négatives, à cela près que le signe sera changé. Or comme il en est de même de e il en résulte que $\sum e(\zeta - \zeta_1)$, etc., ne seront jamais nuls. Mais si on considère les produits $\sum e^2(\zeta - \zeta_1)$ etc., e^2 étant essentiellement positif, $\sum(\zeta - \zeta_1)$, etc., pouvant être positifs et négatifs, il y aura donc neutralisation complète des termes sous le signe $\sum$. Et maintenant on conçoit bien la nullité des expressions $\sum e^2(\zeta - \zeta_1)$, etc.

Cela étant établi, l'équation (4) peut s'écrire,

$$(5) \qquad p = \frac{\sum c^2 \lambda}{\mathrm{D}\tau} \left(\frac{4\pi}{\mathrm{K}_0} f + z_1 \gamma - \zeta_1 \beta \right).$$

Le facteur $\dfrac{\sum c^2 \lambda}{\mathrm{D}\tau}$ qui figure au second membre de cette relation, représente la conductibilité spécifique du milieu conduc-
teur ; on voit donc que le coefficient de conductibilité est proportionnel au coefficient de frottement λ. Le terme qui est entre
crochets représente la force électromotrice, ou plutôt sa projection sur l'axe des x.

363. — Ce résultat m'inspire deux réflexions.

1° D'abord, nous voyons que l'action mécanique dépend de la
somme des actions mécaniques subies par les particules positives et par les particules négatives à l'intérieur du conducteur.
La force électromotrice, qui tend à écarter les particules positives et les particules négatives, ne dépend, au contraire, que de
la différence des actions qui s'exercent sur les particules positives d'une part, et sur les particules négatives d'autre part.

2° Le terme $\dfrac{4\pi}{\mathrm{K}_0} f$ est ce que nous avons appelé la force électrique ; nous voyons alors que la force électrique diffère de la
force électromotrice : la force électromotrice contient en plus le
terme $(z_1 \gamma - \zeta_1 \beta)$. Dans la théorie de Hertz, il y avait, au contraire, identité parfaite entre la force électrique et la force électromotrice : c'était la même force qui exerçait les actions mécaniques et produisait les courants de déplacement.

Pourquoi n'y a-t-il pas égalité dans la théorie de Lorentz, entre ces deux forces ? C'est parce que les courants de convection
sont dûs au mouvement des particules qui subissent deux sortes
d'actions mécaniques :

1° L'action du champ électrique, parce que les particules portent une charge électrique ;

2° L'action du champ magnétique, parce que les particules subissent des courants de convection.

Dans la théorie de Hertz nous avions,

$$\frac{4\pi}{K_0}\,f + \frac{dF}{dt} + \frac{d\psi}{dx} - (\eta_0\gamma - \zeta_0\beta) = 0,$$

de sorte que la force électrique était représentée par

$$\frac{4\pi}{K_0}\,f = -\frac{dF}{dt} - \frac{d\psi}{dx} + (\eta_0\gamma - \zeta_0\beta),$$

et la force électromotrice était représentée par la même formule.

Il n'en est plus de même dans la théorie de Lorentz. Nous
avons vu, en effet, que

$$\frac{4\pi}{K_0}\,f + \frac{dF}{dt} + \frac{d\psi}{dx} = 0,$$

de sorte que la force électrique a pour expression,

$$\frac{4\pi}{K_0}\,f = -\frac{dF}{dt} - \frac{d\psi}{dx},$$

alors que la force électromotrice, que je désignerai par P', a pour
expression, comme nous venons de le voir,

$$\frac{4\pi}{K_0}\,f + (\eta_0\gamma - \zeta_0\beta),$$

c'est-à-dire

$$P' = -\frac{dF}{dt} - \frac{d\psi}{dx} + (\eta_0\gamma - \zeta_0\beta).$$

L'expression de la force électromotrice est donc la même dans
les deux théories. Par contre, la force électrique a des valeurs
différentes.

Pour mieux faire comprendre cette différence, exprimons notre
pensée sous une autre forme.

Si je prends, dans la théorie de Hertz, un circuit fermé C qui
limite une surface S, en désignant par P' la force électromotrice,
l'expression suivante :

$$\int \sum P'\,dx,$$

qui représente l'intégrale de ligne de la force électrique (intégrale prise le long du contour C), est égale à la dérivée du flux d'induction magnétique qui traverse S, *cette surface étant regardée comme entraînée dans le mouvement de la matière.*

Dans la théorie de Lorentz nous avons pour l'intégrale de ligne de la force électromotrice

$$\int \sum P' dx,$$

par conséquent la même chose que dans la théorie de Hertz. Il n'en est plus de même pour l'intégrale de ligne de la force électrique. En effet, dans ce cas nous avons

$$\int \sum P dx.$$

Qu'est-ce que cela veut dire ? Rappelons-nous que P dérive de P' en y faisant $\xi_1 = \eta_1 = \zeta_1 = 0$; cette intégrale aura par conséquent la même interprétation que dans la théorie de Hertz, mais en supposant la surface S *non entraînée* dans le mouvement de la matière.

Voici alors ce que représentent P et P' dans la théorie de Lorentz.

1º En ce qui concerne la force électromotrice P', on a d'abord le terme $-\dfrac{d\psi}{dx}$: c'est la force électromotrice d'origine électrostatique ; ensuite le terme $-\dfrac{dF}{dt}$: c'est la force électromotrice d'induction due à la variation du champ magnétique ; et enfin $(\eta_1\gamma - \zeta_1\beta)$: c'est la force électromotrice d'induction due au mouvement du circuit.

2º Pour la force électrique P, on n'a que les deux premiers termes : $-\dfrac{d\psi}{dx}$ et $-\dfrac{dF}{dt}$: elle sera donc produite par les actions électrostatiques et par la variation du champ magnétique seulement. Le déplacement de la matière dans ce champ ne produira donc pas de force électrique, mais une force électromotrice.

Ainsi donc, supposons un diélectrique, de l'air par exemple, en mouvement dans un champ non uniforme ; d'après Lorentz il ne se produira pas de courant de déplacement puisqu'il n'y aura pas de force électrique. La théorie de Hertz prévoit, au contraire, la naissance d'un courant de déplacement.

Considérons, pour bien nous rendre compte de la nature de cette action, un conducteur qui se déplace dans un champ magnétique perpendiculaire à la fois à la vitesse du conducteur et à la direction du fil conducteur et par conséquent au plan du tableau ; alors, en envisageant deux particules, une chargée positivement, l'autre chargée négativement, les particules positives entraînées par le conducteur en mouvement produiront un courant de convection ; les particules négatives produiront un autre courant de convection de sens contraire au précédent. — Quelle sera l'action du champ magnétique sur les deux particules considérées ? — On aura pour la première particule une force dirigée dans un certain sens et pour l'autre particule, une force dirigée en sens contraire de la précédente : l'action mécanique sur le conducteur est la somme algébrique

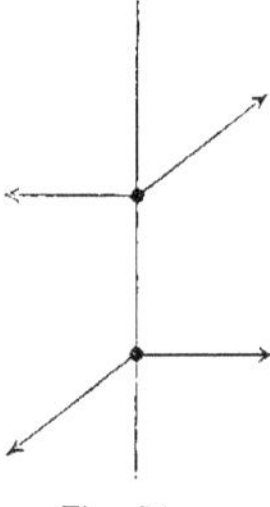

Fig. 56.

de ces deux forces égales et de sens contraire : elle est donc nulle. La force électromotrice qui tend à séparer les particules est la différence de ces deux forces : elle n'est pas nulle : c'est là l'origine de la force électromotrice d'induction.

364. *Phénomène de Hall.* — Considérons un conducteur immobile. L'équation 2) devient dans ce cas,

$$\xi = e\lambda . \frac{4\pi}{K_0} f + e\lambda . (\gamma\gamma' - \zeta\beta).$$

et de même (5) devient,

$$p = \frac{\sum e^2\lambda}{D\tau} \frac{4\pi}{K_0} f + \frac{\sum e^2\lambda}{D\tau} (\gamma\gamma' - \zeta\beta).$$

Je remarque d'abord que la particule étant très petite le produit $e\lambda$ est très petit ; donc, à une première approximation

$$\xi = 0,$$

et de la même manière

$$\eta = 0,$$
$$\zeta = 0.$$

Cela veut dire que les vitesses des particules sont très petites par rapport à la vitesse de la lumière.

En seconde approximation nous avons,

$$\xi = e\lambda \frac{4\pi}{K_0} f,$$

et

$$p = \frac{\sum e^2\lambda}{D\tau} \frac{4\pi}{K_0} f ;$$

par conséquent,

$$\xi = e\lambda p \frac{D\tau}{\sum e^2\lambda},$$

et de même

$$\eta = e\lambda q \frac{D\tau}{\sum e^2\lambda},$$

$$\zeta = e\lambda r \frac{D\tau}{\sum e^2\lambda}.$$

Remarquons que le facteur $\dfrac{\sum e^2\lambda}{D\tau}$ représente *la conductibilité spécifique* du corps, que je désignerai par C ; nous poserons donc

$$\frac{\sum e^2\lambda}{D\tau} = C,$$

et les relations précédentes deviendront,

$$\xi = \frac{e i p}{C},$$

$$\eta = \frac{e i q}{C},$$

$$\zeta = \frac{e i r}{C}.$$

En remplaçant p, q, r; ξ, η, ζ par leurs valeurs, il vient finalement,

$$p = C\,\frac{4\pi f}{K_0} + \sum \frac{e^3 \lambda^2}{CD\tau}\,(q\gamma - r\beta),$$

$$q = C\,\frac{4\pi g}{K_0} + \sum \frac{e^3 \lambda^2}{CD\tau}\,(r\alpha - p\gamma),$$

$$r = C\,\frac{4\pi h}{K_0} + \sum \frac{e^3 \lambda^2}{CD\tau}\,(p\beta - q\alpha),$$

d'où

$$\text{force électromotrice} = \begin{cases} \dfrac{p}{C} = \dfrac{4\pi f}{K_0} + \sum \dfrac{e^3 \lambda^2}{C^2 D\tau}\,(q\gamma - r\beta), \\[2mm] \dfrac{q}{C} = \dfrac{4\pi g}{K_0} + \sum \dfrac{e^3 \lambda^2}{C^2 D\tau}\,(r\alpha - p\gamma), \\[2mm] \dfrac{r}{C} = \dfrac{4\pi h}{K_0} + \sum \dfrac{e^3 \lambda^2}{C^2 D\tau}\,(p\beta - q\alpha). \end{cases}$$

Comme e est très petit et λ également très petit, et comme il y a d'une part des particules positives et d'autre part des particules négatives, $\sum e^3 \lambda^2$ est négligeable et il reste simplement,

$$\text{force électromotrice} = \left[\frac{4\pi f}{K_0}, \ \frac{4\pi g}{K_0}, \ \frac{4\pi h}{K_0}\right] = \text{force électrique}.$$

Si, au contraire, $\sum e^3 \lambda^2$ n'est pas négligeable, ce qui arrive pour certains corps, à la force électromotrice $\dfrac{4\pi f}{K_0}$, $\dfrac{4\pi g}{K_0}$, $\dfrac{4\pi h}{K_0}$, vient alors s'ajouter une force électromotrice supplémentaire.

$$\sum \frac{e^3 \lambda^2}{C^2 D\tau}(q\gamma - r\beta),$$

$$\sum \frac{e^3 \lambda^2}{C^2 D\tau}(r\alpha - p\gamma),$$

$$\sum \frac{e^3 \lambda^2}{C^2 D\tau}(p\beta - q\alpha).$$

C'est le *phénomène de Hall*.

C'est une force électromotrice perpendiculaire d'une part au conducteur et perpendiculaire d'autre part au champ magnétique.

365. — Ce résultat m'inspire une réflexion. Il y a d'autant plus de chances que $\sum e^3$ soit grand que $\sum e$ sera lui-même plus grand, c'est-à-dire que le conducteur sera fortement chargé.

On serait ainsi conduit à rechercher si le phénomène de Hall n'existe pas pour tous les métaux quand ils portent une forte charge et s'il ne change pas de signe avec cette charge, quand cette charge est forte.

L'expérience serait intéressante ; elle ne saurait toutefois être décisive ; si elle réussissait, en effet, le succès pourrait s'expliquer d'une foule de manières, en dehors de la théorie de Lorentz. Si d'autre part elle échouait, ce ne serait pas un argument irréfutable contre cette théorie, puisque nous ne pouvons *à priori* nous faire aucune idée de l'ordre de grandeur du phénomène.

CHAPITRE IV

DIÉLECTRIQUES

366. — Lorentz considère la masse des diélectriques parsemée de particules chargées — d'ions — comme celle des conducteurs. Mais tandis que dans ces derniers, chacune de ces particules pouvait se déplacer librement en allant à toutes distances, dans les diélectriques, au contraire, elles ne peuvent s'écarter que très peu de leur position d'équilibre, car dès qu'elles s'en éloignent, une force antagoniste due à l'action des particules voisines tend à les y ramener. Cette force est proportionnelle à l'écart si cet écart est petit.

Dans la théorie de Lorentz, comme du reste dans toutes les théories des diélectriques, l'état d'un diélectrique peut être comparé à l'état d'un aimant. Quand le diélectrique est placé dans un champ électrique, les particules s'écartent alors de leur position d'équilibre formant des petits couples de deux particules chargées d'électricité contraires : le diélectrique est polarisé. Chaque couple de deux particules chargées d'électricités contraires, ou plutôt chaque élément diélectrique pour abréger le langage, est assimilable à un petit aimant, et de même qu'un aimant est un assemblage d'éléments magnétiques, un diélectrique sera un assemblage d'éléments diélectriques.

L'état d'un diélectrique polarisé est donc assimilable à celui d'un aimant. Les principes de la théorie des aimants seront donc applicables aux diélectriques.

Rappelons en quelques mots ces principes.

367. *Potentiel magnétique.* — Maxwell désigne les compo-

santes d'aimantation par A, B, C et il obtient comme expression
du potentiel magnétique,

$$\Omega = \int \sum A' \frac{d\frac{1}{r}}{dx'} \, d\tau',$$

x', y', z' étant les coordonnées du point attiré, x, y, z les coordonnées du point attirant, r la distance qui les sépare, $d\tau'$ un élément de volume, A' B' C' les composantes d'aimantation au point $(x'\,y'\,z')$.

Intégrons par parties cette expression du potentiel ; il vient,

$$\Omega = \int \sum A'l' \frac{1}{r} \, d\omega' - \int \sum \frac{dA'}{dx'} \frac{1}{r} \, d\tau'.$$

La première intégrale doit être étendue à tous les éléments $d\omega'$ de la surface qui limite l'aimant, et la seconde au volume tout entier de l'aimant ; l', m', n' désignent les cosinus directeurs de $d\omega'$ de telle façon que

$$A'l' + B'm' + C'n'$$

représente la composante normale d'aimantation.

Le potentiel de l'aimant en question peut donc être considéré comme la somme de deux potentiels :

1° Le potentiel d'une surface attirante dont la densité serait

$$\sum A'\, l', \text{ et}$$

2° Le potentiel d'un volume attirant dont la densité serait

$$-\sum \frac{dA'}{dx'}.$$

Remarquons que ce résultat subsiste non seulement avec la loi de l'inverse du carré de la distance mais aussi avec n'importe quelle loi d'attraction.

Si par exemple le potentiel avait pour expression

$$\sum m\varphi(r),$$

on obtiendrait encore, en répétant le raisonnement précédent, la même formule finale.

En particulier ce résultat reste encore vrai si je suppose que l'attraction au lieu de se propager instantanément, se propage avec la vitesse de la lumière ; ceci revient, comme nous le savons déjà, à introduire les potentiels retardés.

368. *Force magnétique à l'extérieur d'un aimant.* — Les composantes de la force magnétique qui s'exerce sur l'unité de masse magnétique positive placée en un point extérieur à l'aimant ont pour valeur, en les désignant avec Maxwell par α, β, γ.

$$\alpha = -\frac{d\Omega}{dx}, \qquad \beta = -\frac{d\Omega}{dy}, \qquad \gamma = -\frac{d\Omega}{dz}.$$

369. *Force magnétique à l'intérieur d'un aimant.* — Pour connaître la force magnétique exercée sur l'unité de masse magnétique positive placée à l'intérieur de l'aimant, il faut creuser dans cet aimant une petite cavité où on pourra mettre un petit aimant *d'épreuve*. Mais le potentiel se trouve modifié par la présence de cette cavité, c'est-à-dire que α, β, γ dépendront de la forme de la cavité.

Maxwell considère deux formes particulières de cavités :

1° Cavité cylindrique de section infiniment petite : hauteur très grande par rapport à la section droite. Les génératrices de ce cylindre sont parallèles à la direction de l'aimantation. Dans ce cas le potentiel en un point intérieur de cette cavité sera la différence entre le potentiel primitif, quand la cavité n'existait pas, et le potentiel de la masse cylindrique qu'on a enlevée pour creuser la cavité. Ce dernier potentiel est, d'après ce que nous avons dit plus haut, la somme de ces deux autres potentiels :

a . Le potentiel provenant de la surface du petit cylindre considérée comme surface attirante. Je dis que ce potentiel est nul. Remarquons, en effet, que cette surface se compose de deux bases de section infiniment petite et de la surface latérale. Le terme provenant des deux bases est négligeable. Quant à celui provenant de la surface latérale, il est nul ; car la normale à cette surface étant perpendiculaire à la direction de l'aimantation (les génératrices du cylindre lui étant parallèles),

$$\sum N'l = 0.$$

b. Le potentiel provenant du volume de la petite cavité. Ce potentiel est négligeable car le volume est un infiniment petit du troisième ordre.

Le potentiel en un point intérieur à cette cavité est donc le même que si cette cavité n'existait pas.

2° Cavité cylindrique infiniment aplatie. Par des raisonnements tout à fait analogues aux précédents, les potentiels provenant du volume et de la surface latérale de la cavité sont nuls. Il ne reste que le potentiel qui provient des deux bases de la cavité; il a pour valeur,

$$\int \frac{N'}{r}\,d\omega' - \int \frac{N'}{r'}\,d\omega',$$

chacune des intégrales étant étendue à la surface de chaque base du cylindre en question.

Or ces deux bases ayant une très grande surface par rapport à leur distance, leur action sur un point intérieur est $4\pi A$. On a donc en appelant a la force en un point de la cavité en question.

$$a = -\left(\frac{d\Omega}{dx} - 4\pi A\right) = \alpha + 4\pi A,$$

et de même,

$$b = \beta + 4\pi B.$$
$$c = \gamma + 4\pi C.$$

C'est ce que Maxwell appelle composantes de l'induction magnétique.

3° Pour une cavité sphérique on trouve,

$$a = \alpha + \frac{4}{3}\pi A, \text{ etc.}$$

Tous ces résultats subsisteront. comme nous l'avons déjà dit, avec les potentiels retardés, car on peut regarder la densité comme constante pendant que la perturbation traverse la cavité en supposant bien entendu que les dimensions de la cavité soient très petites par rapport à la longueur d'onde employée .

370. — Indiquons maintenant pour finir avec ces préliminaires, les conditions d'équilibre d'un élément magnétique.

Prenons pour cela cet élément comme centre d'une sphère S. Il doit être en équilibre sous l'action des forces qui agissent sur lui.

Quelles sont ces forces ? — On a,

1° Les actions dues au volume extérieur à cette sphère S.

$$z + \frac{4}{3}\pi A.$$

2° Les actions dues aux éléments intérieurs à la sphère. Ces actions sont nulles.

3° La force qui tend à amener la particule à sa position d'équilibre. Cette force est proportionnelle à l'écart si cet écart est petit, elle est donc proportionnelle à z et par conséquent à A.

Voilà les préliminaires que je voulais établir pour faciliter l'étude des diélectriques d'après Lorentz.

Nous passerons maintenant à la théorie de Lorentz elle-même.

A. — ÉLECTROSTATIQUE

371. Appliquons les principes de calcul que nous venons de rappeler aux diélectriques. Considérons une particule et cherchons les conditions d'équilibre de cette particule sous l'action des forces qui agissent sur elle.

Décrivons autour de cette particule une sphère très petite d'une manière absolue, mais pourtant assez grande pour qu'elle contienne un assez grand nombre de particules. Quelles sont les forces qui agissent sur cette particule ? Ce sont :

1° *Les forces extérieures à la sphère que nous venons de construire.* Évaluons ces forces. Introduisons pour cela un vecteur qui joue le même rôle que l'aimantation.

Soient, $x_0\ y_0\ z_0$ les coordonnées d'un point à l'état d'équilibre et $x,\ y,\ z$ les coordonnées de ce même point à l'état actuel. Le moment électrique aura pour composantes, en désignant par e la charge de la particule,

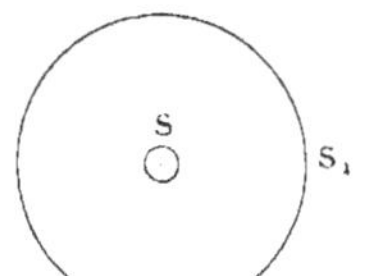

Fig. 57.

$$e\ (x - x_0),$$
$$e\ (y - y_0),$$
$$e\ (z - z_0).$$

Soit $D\tau$ le volume de la sphère que nous avons décrite autour de la particule considérée et désignons par X, Y, Z la valeur moyenne de $e\ (x - x_0)$, etc.; on aura

$$\sum e\ (x - x_0) = XD\tau.$$
$$\sum e\ (y - y_0) = YD\tau,$$
$$\sum e\ (z - z_0) = ZD\tau.$$

Le signe $\sum$ s'étendant à toutes les particules qui se trouvent à l'intérieur de la sphère S_1.

X, Y, Z joueront donc le même rôle que A, B, C.

Dans le cas du magnétisme, nous avons vu que la densité du magnétisme à l'intérieur de l'élément de volume $d\tau$ était

$$-\sum \frac{dA}{dx}.$$

Dans le cas d'un diélectrique nous aurons d'une manière analogue, en remplaçant le vecteur (A, B, C) par le vecteur (X, Y, Z)

$$-\sum \frac{dX}{dx}.$$

Donc,

$$\sum e = -D\tau \sum \frac{dX}{dx},$$

le signe $\sum$ du premier membre indiquant que la sommation doit s'étendre à toutes les particules contenues dans le volume $D\tau$, et

le signe $\sum$ du second membre indiquant une permutation circulaire entre les lettres X, Y, Z ; x, y, z.

Dans le cas du magnétisme, la relation de Poisson s'écrivait,

$$\Delta\Omega = 4\pi \sum \frac{dA}{dx};$$

nous aurons maintenant,

$$\Delta\psi = \frac{4\pi}{K_0} \sum \frac{dX}{dx}.$$

en désignant par ψ le potentiel électrostatique et en divisant le
second membre de cette relation par K_0, car, comme nous l'avons
déjà dit, nous emploierons les unités électromagnétiques.

Si la cavité a la forme d'un cylindre infiniment délié et si elle
est orientée comme le vecteur X, Y, Z, la force électrique aura
pour valeur

$$-\frac{d\psi}{dx}.$$

Si la cavité est cylindrique, mais infiniment applatie, la force
électrique sera,

$$-\frac{d\psi}{dx} + \frac{4\pi}{K_0} X.$$

Dans le cas d'une sphère on aura,

$$(1) \qquad -\frac{d\psi}{dx} + \frac{4}{3}\pi \frac{1}{K_0} X$$

et c'est ce dernier cas qui nous intéresse pour le moment.
L'expression (1) représente la force électrique due à la partie
extérieure à la sphère S.

Or nous savons que

$$P = \frac{4\pi}{K_0} f = -\frac{d\psi}{dx} - \frac{dF}{dt},$$

mais dans le cas actuel (état d'équilibre) $\frac{dF}{dt} = 0$: le potentiel
vecteur est nul.

Il reste donc

$$\mathrm{P} = \frac{4\pi}{\mathrm{K}_0} f = - \frac{d\psi}{dx}.$$

L'expression (1) devient alors

$$\frac{4\pi}{\mathrm{K}_0} f + \frac{4\pi}{\mathrm{K}_0} \frac{\mathrm{X}}{3}.$$

ou encore si la charge de la particule est e,

$$(2) \qquad \frac{4\pi}{\mathrm{K}_0} e \left(f + \frac{\mathrm{X}}{3} \right).$$

2° Action des particules intérieures à la surface S'. Comme dans le cas des aimants cette action est nulle.

3° La force qui ramène la particule à sa position d'équilibre. Cette force est proportionnelle à l'écart si cet écart est petit. On a donc pour cette force.

$$(3) \qquad - \frac{4\pi}{\mathrm{K}_0} \mu \left(x - x_0 \right).$$

372. — La somme des deux projections (2) et (3) doit être nulle ; ceci s'écrit

$$\frac{4\pi}{\mathrm{K}_0} e \left(f + \frac{\mathrm{X}}{3} \right) = \frac{4\pi}{\mathrm{K}_0} \mu \left(x - x_0 \right).$$

d'où en multipliant par e les deux membres de cette relation.

$$e \left(x - x_0 \right) = \frac{e^2}{\mu} \left(f + \frac{\mathrm{X}}{3} \right).$$

Pour avoir X, faisons la somme des relations pareilles pour toutes les particules qui sont à l'intérieur du volume $D\tau$ et divisons par $D\tau$; il vient ainsi,

$$(4) \qquad \frac{\sum e \left(x - x_0 \right)}{D\tau} = \mathrm{X} = \sum \frac{e^2}{\mu D\tau} \left(f + \frac{\mathrm{X}}{3} \right).$$

Posons maintenant,

$$\sum \frac{e^2}{\rho . D\tau} = L.$$

La relation (4) devient,

$$\frac{X}{L} = f' + \frac{X}{3},$$

d'où

$$f = X \left(\frac{1}{L} - \frac{1}{3} \right).$$

Cette relation nous montre qu'il y a proportionnalité entre f et X; explicitons le facteur de proportionnalité. D'abord nous savons que Maxwell, dans un diélectrique autre que l'air, considère *le déplacement en bloc*, qui correspond dans la théorie de Lorentz à celui dû à l'éther, f, et à celui dû à la particule, X. De sorte que

$$f - X = \frac{K}{4\pi} P = -\frac{K}{4\pi} \frac{d\varphi}{dx}.$$

d'autre part

$$\frac{4\pi}{K_0} f = -\frac{d\varphi}{dx},$$

d'où

$$f = -\frac{K_0}{4\pi} \frac{d\varphi}{dx},$$

donc,

$$\frac{f + X}{K} = \frac{f}{K_0} = \frac{X}{K - K_0}.$$

d'où

$$f = X \frac{K_0}{K - K_0}.$$

Le facteur de proportionnalité a donc pour valeur $\dfrac{K_0}{K - K_0}$.

B. Électrodynamique des corps en repos.

373. — Il convient de remarquer que nos sens grossiers ne peuvent atteindre que la valeur moyenne des phénomènes ; on aura besoin par conséquent, dans la suite, de considérer la valeur moyenne de nos fonctions ; il s'agit alors de voir si les formules que nous avons trouvées précédemment subsisteront dans ce cas.

D'abord, la valeur moyenne d'une fonction u au point (x, y, z) c'est

$$\overline{u} = \frac{\displaystyle\int u\, d\tau}{\frac{4}{3}\pi \varepsilon^{3}}.$$

l'intégrale étant étendue à une petite sphère de rayon ε ayant pour centre le point (x, y, z).

Il résulte de là que

$$\frac{\overline{du}}{dx} = \frac{d\overline{u}}{dx}.$$

374. — Les relations que nous avons trouvées précédemment étant linéaires, subsisteront donc encore dans le cas présent.

On aura par conséquent,

$$(1)\quad
\begin{cases}
4\pi u = \dfrac{d\gamma}{dy} - \dfrac{d\beta}{dz}, \\[2mm]
4\pi v = \dfrac{d\alpha}{dz} - \dfrac{d\gamma}{dx}, \\[2mm]
4\pi w = \dfrac{d\beta}{dx} - \dfrac{d\alpha}{dy};
\end{cases}$$

$$(2)\quad
\begin{cases}
\alpha = \dfrac{dH'}{dy} - \dfrac{dG'}{dz}, \\[2mm]
\beta = \dfrac{dF'}{dz} - \dfrac{dH'}{dx}, \\[2mm]
\gamma = \dfrac{dG'}{dx} - \dfrac{dF'}{dy}.
\end{cases}$$

F', G', H', étant les composantes du vecteur qui fait office de potentiel vecteur et qui est le potentiel retardé d'une masse attirante ayant pour densité les trois composantes du courant de convection.

On aura ensuite

$$(3)\quad\begin{cases}\dfrac{4\pi}{\mathrm{K}_0}f+\dfrac{d\mathrm{F}'}{dt}+\dfrac{d\psi'}{dx}=0,\\[2mm]\dfrac{4\pi}{\mathrm{K}_0}g+\dfrac{d\mathrm{G}'}{dt}+\dfrac{d\psi'}{dy}=0.\\[2mm]\dfrac{4\pi}{\mathrm{K}_0}h+\dfrac{d\mathrm{H}}{dt}+\dfrac{d\psi'}{dz}=0\;;\end{cases}$$

$$(4)\quad\begin{cases}\square\,\mathrm{F}'=-4\pi\left(u-\dfrac{df}{dt}\right).\\[2mm]\square\,\mathrm{G}'=-4\pi\left(v-\dfrac{dg}{dt}\right).\\[2mm]\square\,\mathrm{H}'=-4\pi\left(w-\dfrac{dh}{dt}\right)\;;\end{cases}$$

$$(5)\quad\square\,\psi'=\frac{4\pi}{\mathrm{K}_0}\sum\frac{d\mathrm{X}}{dx},$$

$$(6)\quad\sum\frac{df}{dx}=\rho=-\sum\frac{d\mathrm{X}}{dx}.$$

375. — Quant à la relation,

$$u=\frac{df}{dt}+\rho\xi,$$

elle ne garde pas la même forme. Pour voir ce qu'elle devient, cherchons la valeur moyenne de $\rho\xi$.

Nous avons pour cette valeur moyenne,

$$\frac{\sum e\,\dfrac{dx}{dt}}{\mathrm{D}\tau}=\frac{d\mathrm{X}}{dt},$$

donc,

$$(7)\quad u=\frac{df}{dt}+\frac{d\mathrm{X}}{dt}.$$

376. *Conditions d'équilibre d'une particule.* — Considérons une petite cavité sphérique entourant la particule et évaluons les forces qui agissent sur cette particule. Nous avons :

1° La force d'inertie : cette force a été négligée pour les conducteurs, mais on ne peut plus la négliger maintenant, car dans le cas des diélectriques on peut avoir des vibrations extrêmement rapides. Cette force a pour valeur,

$$\frac{4\pi}{K_0} \, m \, \frac{d^2 x}{dt^2}.$$

2° L'action du champ. Cette action peut être décomposée en trois parties,

a) Le champ produit par la particule elle-même. Ce champ est négligeable. Lorentz l'a calculé mais nous ne reproduirons pas ici son calcul, faute de temps.

b) L'action produite par les particules qui se trouvent à l'intérieur de la sphère entourant la particule en question. Cette action est nulle.

c) L'action du champ extérieur. Cette action a pour valeur,

$$\frac{4\pi}{K_0} \, ef + e \, (\gamma \nu - \zeta \beta).$$

Mais qu'est-ce que f ? — Nous avons,

$$\frac{4\pi}{K_0} \, f + \frac{dF'}{dt} + \frac{d\psi}{dx} = 0,$$

d'où nous déduisons la valeur de f. Seulement, rappelons-nous que nous avons creusé une petite cavité sphérique dans l'élément $D\tau$ autour du point (x, y, z) et cette cavité modifie le champ. Quelle est cette modification ? — D'abord, le terme en $\dfrac{dF'}{dt}$ n'est pas modifié ; et cela se comprend, car le potentiel vecteur F' provient d'une matière dont la densité est $\dfrac{d^2 x}{dt^2}$. Mais il n'en est plus de même du terme $\dfrac{d\psi}{dx}$. Ayant affaire à une sphère ce terme est modifié par le changement de f en $f + \dfrac{X}{3}$. (Voir précédemment, n° **371**).

On aura donc.

$$\frac{4\pi}{K_0} e \left(f + \frac{X}{3}\right) + e(\eta - \zeta\beta).$$

3° La force élastique qui tend à ramener la particule à sa position d'équilibre. Cette force est représentée par,

$$\frac{4\pi}{K_0} \mu (x - x_0).$$

L'équation d'équilibre de la particule considérée s'écrit donc.

$$\frac{4\mu}{K_0} \mu (x - x_0) + \frac{4\pi}{K_0} m \frac{d^2 x}{dt^2} = \frac{4\pi}{K_0} e \left(f + \frac{X}{3}\right) + e(\eta - \zeta\beta).$$

377. — Multiplions par e les deux membres de cette équation ; il vient,

$$e(x - x_0) + \frac{em}{\mu} \frac{d^2 x}{dt^2} = \frac{e^2}{\mu} \left(f + \frac{X}{3}\right) + \frac{e^2}{\mu}(\eta - \zeta\beta) \frac{K_0}{4\pi}.$$

Faisons maintenant la sommation pour toutes les particules qui se trouvent à l'intérieur de $D\tau$ et divisons par $D\tau$; il vient, en supposant que $\frac{m}{\mu}$ est le même pour toutes les particules,

$$\frac{\sum e(x - x_0)}{D\tau} + \frac{\dfrac{m}{\mu} \sum e \dfrac{d^2 x}{dt^2}}{D\tau} = \sum \frac{e^2}{\mu D\tau} \left(f + \frac{X}{3}\right) +$$
$$+ \frac{K_0}{4\pi} \left(\sum \frac{e^2 \eta}{\mu D\tau} - \beta \sum \frac{e^2 \zeta}{\mu D\tau} \right).$$

Or.

$$\frac{\sum e(x - x_0)}{D\tau} = X,$$

d'où

$$\frac{\sum e \dfrac{d^2 x}{dt^2}}{D\tau} = \frac{d^2 X}{dt^2}.$$

D'autre part,

$$\sum \frac{e^2}{\mu D\tau} = L.$$

L'équation de l'équilibre devient donc,

$$X + \frac{m}{\mu} \frac{d^2X}{dt^2} = \mathrm{L}\left(f + \frac{X}{3}\right) + \frac{\mathrm{K}_0}{4\pi}\left(\gamma \sum \frac{e^2 \eta}{\mu \mathrm{D}\tau} - \beta \sum \frac{e^2 \zeta}{\mu \mathrm{D}\tau}\right).$$

378. — Si nous avons affaire à des corps en repos, alors

$$\eta = \frac{dy}{dt},$$

et par conséquent,

$$\frac{\mathrm{K}_0}{4\pi} \sum \frac{e^2 \eta}{\mathrm{D}\tau} = \frac{\mathrm{K}_0}{4\pi} e \sum \frac{e\eta}{\mathrm{D}\tau} = \frac{\mathrm{K}_0}{4\pi} e \sum \frac{e \frac{dy}{dt}}{\mathrm{D}\tau}$$
$$= \frac{\mathrm{K}_0}{4\pi} e \frac{d\mathrm{Y}}{dt}.$$

On aura par un calcul analogue,

$$\frac{\mathrm{K}_0}{4\pi} e \frac{d\mathrm{Z}}{dt}.$$

Ces relations ne sont vraies que si la charge e est la même pour toutes les particules mobiles. Si cette hypothèse n'est pas tout à fait rigoureuse, elle nous permettra au moins de voir le sens général du phénomène.

On aura donc ainsi

$$X + \frac{m}{\mu} \frac{d^2X}{dt^2} = \mathrm{L}\left(f + \frac{X}{3}\right) + \frac{\mathrm{K}_0}{4\pi} \frac{e}{\mu}\left(\gamma \frac{d\mathrm{Y}}{dt} - \beta \frac{d\mathrm{Z}}{dt}\right).$$

Posons maintenant

$$\frac{m}{\mu \mathrm{L}} = \lambda,$$

et

$$\frac{\mathrm{K}_0}{4\pi} \frac{e}{\mu \mathrm{L}} = \varepsilon.$$

L'équation précédente devient,

$$\frac{X}{\mathrm{L}} + \lambda \frac{d^2X}{dt^2} = f + \frac{X}{3} + \varepsilon\left(\gamma \frac{d\mathrm{Y}}{dt} - \beta \frac{d\mathrm{Z}}{dt}\right)$$

ou encore.

$$X\left(\frac{1}{L} - \frac{1}{3}\right) + \lambda\,\frac{d^2X}{dt^2} = f + \varepsilon\left(\gamma\,\frac{dY}{dt} - \beta\,\frac{dZ}{dt}\right).$$

Mais remarquons que

$$\left(\frac{1}{L} - \frac{1}{3}\right) = \frac{K_0}{K - K_0};$$

cela nous donne finalement.

$$(8)\qquad \lambda\,\frac{d^2X}{dt^2} + X\,\frac{K_0}{K - K_0} = f + \varepsilon\left(\gamma\,\frac{dY}{dt} - \beta\,\frac{dZ}{dt}\right).$$

379.— Si le champ n'est pas puissant le second terme du second membre est négligeable et on obtient une relation entre $\dfrac{d^2X}{dt^2}$, X et f :

$$\lambda\,\frac{d^2X}{dt^2} + X\,\frac{K_0}{K - K_0} = f.$$

Si, de plus, on est au repos, $\lambda\,\dfrac{d^2X}{dt^2}$ est alors nul et on retombe sur l'équation

$$f = X\,\frac{K_0}{K - K_0}.$$

λ acquiert une importance très grande quand on a affaire à des oscillations très rapides.

Cette équation (8) n'est plus valable si les particules subissent un frottement : il faudrait dans ce cas ajouter au premier membre un terme complémentaire de la forme $\lambda'\,\dfrac{dX}{dt}$.

C. — ÉLECTRODYNAMIQUE DES CORPS EN MOUVEMENT

380. — Nous allons étendre maintenant les résultats que nous avons trouvés pour les corps en repos aux corps en mouvement.

Il y a d'abord un certain nombre d'équations que nous avons

trouvées pour les corps en repos et qui n'ont pas de raison de
changer pour les corps en mouvement.

Ce sont.

$$4\pi u = \frac{d\gamma}{dy} - \frac{d\beta}{dz},$$

$$(1) \qquad 4\pi v = \frac{d\alpha}{dz} - \frac{d\gamma}{dx},$$

$$4\pi w = \frac{d\beta}{dx} - \frac{d\alpha}{dy};$$

$$\square F = -4\pi\left(u - \frac{df}{dt}\right),$$

$$(2) \qquad \square G = -4\pi\left(v - \frac{dg}{dt}\right),$$

$$\square H = -4\pi\left(w - \frac{dh}{dt}\right);$$

$$(3) \qquad \square\psi = \frac{4\pi}{K_0}\sum\frac{dX}{dx};$$

$$(4) \qquad \frac{df}{dx} = -\sum\frac{dX}{dx};$$

$$\frac{4\pi f}{K_0} + \frac{dF}{dt} + \frac{d\psi}{dx} = 0,$$

$$(5) \qquad \frac{4\pi g}{K_0} + \frac{dG}{dt} + \frac{d\psi}{dy} = 0,$$

$$\frac{4\pi h}{K_0} + \frac{dH}{dt} + \frac{d\psi}{dz} = 0.$$

D'autre part nous avons trouvé, quand il n'y a pas de champ
magnétique intense et *pour les corps en repos,*

$$\lambda\,\frac{d^2X}{dt^2} + X\,\frac{K_0}{K - K_0} = f.$$

Mais cette équation, comme nous l'avons vu, peut perdre de sa
simplicité quand on a affaire à un champ magnétique très intense ;
dans ce cas il faut en effet, compléter la relation que nous venons
d'écrire par le terme complémentaire suivant,

$$\varepsilon\left(\gamma\,\frac{dY}{dt} - \beta\,\frac{dZ}{dt}\right),$$

c'est le terme correspondant *à la polarisation rotatoire magnétique* et au *phénomène de Zeeman*.

381. —Pour *les corps en mouvement*, on obtient de la même manière.

$$X + \frac{\dfrac{m}{\mu}\sum e\dfrac{d^2x}{dt^2}}{D\tau} = \sum \frac{e^2}{\mu D\tau}\left(f + \frac{X}{3}\right) + \frac{K_0}{4\pi}\left(\eta\sum\frac{e^2\zeta}{\mu D\tau} - \zeta\sum\frac{e^2\eta}{\mu D\tau}\right).$$

et par des transformations analogues à celles que nous avons employées quand il s'agissait de l'électrodynamique des corps en repos,

$$(6) \qquad X + \frac{m}{\mu}\frac{d^2X}{dt^2} = L\left(f + \frac{X}{3}\right) + \frac{K_0}{4\pi}L(\eta\gamma' - \zeta\beta).$$

ξ, η, ζ représentent ici les composantes de la vitesse de la matière. En effet, si le champ magnétique n'est pas très intense, et en négligeant la vitesse relative de la particule par rapport à celle de la matière, ξ, η, ζ représentent alors bien la vitesse de la matière elle-même.

En divisant par L les deux membres de la relation (6) on obtient,

$$(7) \qquad \mu\frac{d^2X}{dt^2} + X\frac{K_0}{K - K_0} = f + \frac{K_0}{4\pi}(\eta\gamma' - \zeta\beta).$$

382.—En ce qui concerne la relation en $u - \dfrac{df}{dt}$ elle va être un peu modifiée pour les corps en mouvement.

Nous avons,

$$(8) \qquad \left(u - \frac{df}{dt}\right)D\tau = \sum e\frac{dx}{dt},$$

le signe $\sum$ indiquant que la sommation s'étend à toutes les particules qui se trouvent à l'intérieur du volume $D\tau$.

Pour faire le calcul nous allons employer un artifice très utile toutes les fois qu'on aura à calculer des valeurs moyennes.

Nous savons que

$$XD\tau = \sum e\,(x - x_0).$$

Considérons une fonction φ quelconque ; nous n'assujettirons cette fonction qu'à une seule condition : qu'elle varie assez lentement pour qu'à l'intérieur du volume $D\tau$ elle puisse être considérée comme constante. Nous aurons alors,

$$\varphi XD\tau = \sum \varphi e\,(x - x_0).$$

Décomposons le volume $D\tau$ en éléments de volume $d\tau$ très petits (au sens ordinaire du mot) ; on peut alors écrire

$$(9) \qquad \int \varphi X d\tau = \sum \varphi e\,(x - x_0),$$

où le signe $\int$ comme le signe $\sum$ s'étend au volume $D\tau$ tout entier.

Plus généralement la valeur moyenne $\overline{U}$ d'une fonction U quelconque sera donnée par la formule

$$\int \varphi \overline{U} d\tau = \sum \varphi U ;$$

on aura ainsi

$$(10) \qquad \int d\tau \left(u - \frac{df}{dt} \right) = \sum \varphi e \frac{dx}{dt}.$$

383. — Quelle est la valeur de la densité moyenne ? — Il faut pour cela calculer $\sum \varphi e$.

Posons

$$\varphi_0 = \varphi\,(x_0,\ y_0,\ z_0),$$

φ_0 représentant la valeur de la fonction φ quand la particule passe par sa position d'équilibre (x_0, y_0, z_0). Or, à l'état d'équilibre, la densité moyenne est nulle ; donc,

$$(11) \qquad \sum \varphi_0 e = 0.$$

D'autre part (x, y, z) étant voisin de (x_0, y_0, z_0), on peut écrire,

$$\varphi = \varphi_0 + \sum (x - x_0) \frac{d\varphi}{dx},$$

et par conséquent

$$(12) \qquad \sum \varphi e = \sum e \left[\varphi_0 + \sum e (x - x_0) \frac{d\varphi}{dx} \right],$$

le deuxième signe $\sum$ du second membre s'étendant aux trois coordonnées.

En tenant compte de la relation (11) et de la relation (9) qui, différentiée par rapport à x nous donne,

$$\int X \frac{d\varphi}{dx} \, d\tau = \sum e (x - x_0) \frac{d\varphi}{dx},$$

la relation (12) devient

$$\sum \varphi e = \int \sum X \frac{d\varphi}{dx} \, d\tau,$$

et, en intégrant par parties,

$$\sum \varphi e = - \int \sum \varphi \frac{dX}{dx} \, d\tau = - \int \varphi \sum \frac{dX}{dx} \, d\tau.$$

La formule

$$(13) \qquad \sum \varphi e = - \int \varphi \sum \frac{dX}{dx} \, d\tau,$$

montre que la densité moyenne est

$$-\sum \frac{dX}{dx}.$$

384. — Cherchons maintenant la valeur du *courant total u*. Partons de l'équation (9) et différentions-la par rapport à t; il vient,

$$(14) \qquad \int \varphi \frac{dX}{dt}\, d\tau = \sum e\,(x-x_0)\frac{d\varphi}{dt} + \sum \varphi\, e\, \frac{dx}{dt} - \sum \varphi\, e\, \frac{dx_0}{dt}.$$

En effet, φ ne dépend pas directement de t: il est fonction de x, y, z seulement; mais dans le premier membre x, y, z représentent les coordonnées de l'élément de volume $d\tau$, tandis que dans le second membre x, y, z réprésentent les coordonnées de e, qui sont mobiles: qui sont par conséquent fonction de t. C'est pour cette raison que la fonction φ est traitée dans le second membre comme dépendante de t et dans le premier membre comme indépendante de cette variable.

Or nous avons,

$$\frac{d\varphi}{dt} = \sum \xi \frac{d\varphi}{dx},$$

le signe $\sum$ s'étendant aux trois coordonnées.

Le premier terme du second membre de (13) devient donc,

$$\sum e\,(x-x_0)\frac{d\varphi}{dt} = \int X \frac{d\varphi}{dt}\, d\tau = \int X d\tau \sum \xi \frac{d\varphi}{dx}.$$

En intégrant par parties, on obtient,

$$\int X d\tau\, \xi\, \frac{d\varphi}{dx} = -\int \varphi d\tau\, \frac{dX\xi}{dx},$$

$$\int X d\tau_\eta \frac{d\varphi}{dy} = -\int \varphi d\tau \frac{dX\eta}{dy},$$

$$\int X d\tau_\zeta \frac{d\varphi}{dz} = -\int \varphi d\tau \frac{dX\zeta}{dz}.$$

et par conséquent,

$$(15) \qquad \sum e\,(x-x_0)\frac{d\varphi}{dt} = -\int \varphi d\tau \left(\frac{dX\xi}{dx} + \frac{dX\eta}{dy} + \frac{dX\zeta}{dz}\right).$$

Passons maintenant au troisième terme de (14) ; quelle est la signification de $\dfrac{dx_0}{dt}$? — C'est la vitesse du point $x_0,\ y_0,\ z_0$, ce point étant considéré comme entraîné dans le mouvement de la matière : c'est donc ce que nous avons appelé ξ. On a alors

$$\frac{dx_0}{dt} = \xi\,(x_0,\ y_0,\ z_0),$$

et comme $(x_0,\ y_0,\ z_0)$ est très voisin de $(x,\ y,\ z)$ on peut donc écrire

$$\frac{dx_0}{dt} = \xi - \delta\xi,$$

en posant,

$$\delta\xi = -\,(x-x_0)\frac{d\xi}{dx} - (y-y_0)\frac{d\xi}{dy} - (z-z_0)\frac{d\xi}{dz}.$$

Le calcul de $\sum \varphi e\,\dfrac{dx_0}{dt}$ revient donc maintenant au calcul de $\sum \varphi e\xi$ et de $\sum \varphi e\delta\xi$.

Commençons par calculer $\sum \varphi e\xi$.

Nous avons,

$$\sum \varphi e\xi = -\int \varphi \xi \sum \frac{dX}{dx}\, d\tau,$$

$$(16) \qquad = -\int \varphi d\tau \left(\xi \frac{dX}{dx} + \xi \frac{dY}{dy} + \xi \frac{dZ}{dz}\right).$$

Pour $\sum \varphi e \delta \xi$ nous avons,

$$\sum \varphi e \delta \xi = - \sum \sum \varphi e \frac{d\xi}{dx} (x - x_0),$$

$$(17) \qquad = - \int \varphi d\tau \left(\frac{dX\xi}{dx} + \frac{dY\xi}{dy} + \frac{dZ\xi}{dz} \right).$$

Écrivons maintenant la relation (14) en tenant compte des relations (15), (16) et (17) que nous venons d'établir ; elle devient,

$$\int \varphi \frac{dX}{dt} \cdot d\tau = \int \varphi d\tau \left(u - \frac{df}{dt} \right)$$

$$+ \int \varphi d\tau \left[\frac{d}{dy} (Y\xi - X\eta) - \frac{d}{dz} (X\zeta - Z\xi) \right].$$

Nous n'avons plus maintenant qu'à identifier les coefficients de $\varphi d\tau$, car cette égalité doit subsister quelle que soit la fonction φ.

En faisant cette identification nous trouvons,

$$\frac{dX}{dt} = \left(u - \frac{df}{dt} \right) + \frac{d}{dy} (Y\xi - X\eta) - \frac{d}{dz} (X\zeta - Z\xi),$$

d'où enfin,

$$(18) \quad \left\{ \begin{array}{l} u = \dfrac{df}{dt} + \dfrac{dX}{dt} + \dfrac{d}{dz} (X\zeta - Z\xi) - \dfrac{d}{dy} (Y\xi - X\eta), \\[2ex] v = \dfrac{dg}{dt} + \dfrac{dY}{dt} + \dfrac{d}{dx} (Y\xi - X\eta) - \dfrac{d}{dz} (Z\eta - Y\zeta), \\[2ex] w = \dfrac{dh}{dt} + \dfrac{dZ}{dt} + \dfrac{d}{dy} (Z\eta - Y\zeta) - \dfrac{d}{dx} (X\zeta - Z\xi). \end{array} \right.$$

C'est l'expression du courant total d'après Lorentz.

385. Comparaison avec la théorie de Hertz. — Comparons cette expression à celle du courant total d'après Hertz. Nous avons vu que le courant total dans la théorie de Hertz est la somme de quatre courants : le courant de conduction, le courant de déplacement, le courant de convection de Rowland et le courant de Rœntgen. Nous n'avons pas ici de courant de convection analogue à celui de Rowland et cela se comprend, car la densité de l'électricité vraie est nulle, attendu que nous sommes dans un diélectrique. En ce qui concerne le courant de déplacement, on le retrouve dans la théorie de Lorentz, seulement il est dédoublé : il se compose du courant de déplacement proprement dit, $\dfrac{df}{dt}$, et du courant de polarisation $\dfrac{dX}{dt}$. Quant au dernier terme de la relation (18) c'est une expression analogue à celle qui représente le courant de Rœntgen à cela près que le vecteur (f, g, h) est remplacé par le vecteur (X, Y, Z) dans la théorie de Lorentz. Nous avons, en effet, dans la théorie de Lorentz

$$\frac{d}{dz}(X\zeta - Z\xi) - \frac{d}{dy}(Y\xi - X\eta).$$

dans la théorie de Hertz, nous avions trouvé

$$(19) \qquad \frac{d}{dz}(f\zeta - h\xi) - \frac{d}{dy}(g\xi - f\eta).$$

Mais il importe de remarquer que Hertz désigne par f, g, h le *déplacement total* (déplacement + polarisation) que Lorentz représente par $f + X, g + Y, h + Z$. Avec les notations de Lorentz il faudrait donc dans l'expression (19) remplacer f, g, h par $f + X, g + Y, h + Z$.

Maintenant si nous prenons l'équation

$$\lambda\,\frac{d^2X}{dt^2} + X\,\frac{K_0}{K - K_0} = f,$$

que nous avons trouvée précédemment et si nous y négligeons la dérivée seconde $\dfrac{d^2X}{dt^2}$ nous trouvons que X est proportionnel à f et que le facteur de proportionnalité est $\dfrac{K - K_0}{K_0}$. Le courant de Rœntgen prévu par la théorie de Lorentz est donc à celui prévu par la théorie de Hertz comme X est à $X + f$, c'est-à-dire comme $K - K_0$ est à K.

Ainsi dans le vide $(K = K_0)$ il n'y a pas de courant de Rœnt-gen, d'après Lorentz, alors que d'après Hertz il doit y en avoir un. Mais comme nous l'avons déjà vu précédemment, quand nous nous sommes occupés de la théorie de Hertz, les expériences de Rœntgen sont tout à fait insuffisantes pour trancher la question.

386. — Revenons maintenant à l'équation fondamentale,

$$\lambda\,\frac{d^2X}{dt^2} + X\,\frac{K_0}{K - K_0} = f + \frac{K_0}{4\pi}\,(\eta\gamma - \zeta\beta)\,;$$

nous avons vu que le terme $\lambda\,\dfrac{d^2X}{dt^2}$ du premier membre de cette équation est négligeable (sauf le cas où on a des oscillations rapides) de sorte qu'on peut écrire,

$$X = \frac{K - K_0}{K_0}\,f + \frac{K - K_0}{4\pi}\,(\eta\gamma - \zeta\beta).$$

La quantité que Hertz ou Maxwell appelle déplacement total est, comme nous venons de le remarquer, $X + f$. Calculons cette quantité. Il vient,

$$X + f = \frac{K}{K_0}\,f + \frac{K - K_0}{4\pi}\,(\eta\gamma - \zeta\beta),$$

ou encore

$$X + f = \frac{K}{4\pi}\left[\frac{4\pi}{K_0}\,f + \frac{K - K_0}{K}\,(\eta\gamma - \zeta\beta)\right].$$

Cela veut dire que dans la théorie de Lorentz le déplacement de Maxwell est le produit de deux facteurs : l'un $\dfrac{K}{4\pi}$, l'autre la force électromotrice (d'après Lorentz). Or, dans les conducteurs, la force électromotrice a pour expression

$$\frac{4\pi}{K_0}\,f + (\eta\gamma - \zeta\beta)\,;$$

on voit donc que la différence est seulement dans l'introduction du facteur $\dfrac{K - K_0}{K}$.

387. — Interprétons ces résultats.

1° Supposons que nous ayons un corps conducteur mobile placé dans un champ magnétique invariable. Que va-t-il s'y produire d'après la théorie de Hertz? — Il doit d'abord s'y produire une force électromotrice qui donnera naissance à un courant d'induction.

D'après Lorentz, bien qu'il n'y ait pas de force électrique dans le sens propre du mot, il y aura cependant une force électromotrice qui aura la même expression que dans la théorie de Hertz, puisque nous retrouvons le terme $\eta\gamma - \zeta\beta$. Cette force électromotrice donnera naissance au même courant de conduction que dans la théorie de Hertz.

On voit donc que dans la théorie de Lorentz les lois de l'induction magnétique ne se trouvent pas en défaut.

2° Supposons maintenant que nous considérions un diélectrique mobile dans un champ magnétique. D'après Hertz, il doit s'y produire un déplacement électrique proportionnel à la force électrique. D'après la théorie de Lorentz le déplacement électrique total, $X + f$, existe toujours mais sa valeur est plus faible que dans la théorie de Hertz : il est diminué dans le rapport $\dfrac{K - K_0}{K}$. Par exemple si le diélectrique est constitué par de l'air, alors $K - K_0 = 0$: il n'y aura rien du tout.

En résumé, le résultat obtenu par Lorentz revient à affecter les termes $\mu z'$ et f de la théorie de Hertz du coefficient $\dfrac{K - K_0}{K}$.

Or, rappelons-nous que les équations de Hertz ne pouvaient rendre compte des expériences de Fizeau que si on les affectait du coefficient $\dfrac{K - K_0}{K}$: on peut donc prévoir que la théorie de Lorentz est entièrement conforme aux faits expérimentaux cités.

CHAPITRE V

PHÉNOMÈNES LUMINEUX DANS LES DIÉLECTRIQUES

DISPERSION

388. — Nous allons maintenant aborder l'étude des phénomènes lumineux dans les diélectriques. Nous commencerons par le cas le plus simple : c'est le cas où il n'y a pas de champ magnétique intense. Nous supposerons de plus, que le corps transparent considéré est en repos : cela nous débarrassera des termes complémentaires que nous avons été obligés d'introduire pour les corps en mouvement. Seulement, nous tiendrons compte du frottement que les particules pourraient subir : ceci revient à tenir compte de l'absorption.

Nous aurons donc les équations suivantes

$$(1) \quad \begin{cases} u = \dfrac{df}{dt} + \dfrac{dX}{dt}, \\[2mm] v = \dfrac{dg}{dt} + \dfrac{dY}{dt}, \\[2mm] w = \dfrac{dh}{dt} + \dfrac{dZ}{dt}; \end{cases}$$

$$(2) \quad \begin{cases} \lambda\,\dfrac{d^2X}{dt^2} + \lambda'\,\dfrac{dX}{dt} + X\,\dfrac{K_0}{K - K_0} = f, \\[2mm] \lambda\,\dfrac{d^2Y}{dt^2} + \lambda'\,\dfrac{dY}{dt} + Y\,\dfrac{K_0}{K - K_0} = g, \\[2mm] \lambda\,\dfrac{d^2Z}{dt^2} + \lambda'\,\dfrac{dZ}{dt} + Z\,\dfrac{K_0}{K - K_0} = h. \end{cases}$$

389. — Nous allons d'abord montrer que *si on suppose la lumière monochromatique les vibrations sont transversales.*

Différentions à cet effet la première équation (2) par rapport à x, la seconde par rapport à y, la troisième par rapport à z ; il vient.

$$\lambda \frac{d^2}{dt^2} \frac{dX}{dx} + \lambda' \frac{d}{dt} \frac{dX}{dx} + \frac{K_0}{K - K_0} \frac{dX}{dx} = \frac{df}{dx},$$
$$\lambda \frac{d^2}{dt^2} \frac{dY}{dy} + \lambda' \frac{d}{dt} \frac{dY}{dy} + \frac{K_0}{K - K_0} \frac{dY}{dy} = \frac{dg}{dy},$$
$$\lambda \frac{d^2}{dt^2} \frac{dZ}{dz} + \lambda' \frac{d}{dt} \frac{dZ}{dz} + \frac{K_0}{K - K_0} \frac{dZ}{dz} = \frac{dh}{dz}.$$

En faisant la somme de ces trois équations on obtient

$$\lambda \frac{d^2}{dt^2} \sum \frac{dX}{dx} + \lambda' \frac{d}{dt} \sum \frac{dX}{dx} + \frac{K_0}{K - K_0} \sum \frac{dX}{dx} = \sum \frac{df}{dx}.$$

Or

$$\sum \frac{df}{dx} = -\sum \frac{dX}{dx}.$$

donc

$$(3) \quad \lambda \frac{d^2}{dt^2} \sum \frac{dX}{dx} + \lambda' \frac{d}{dt} \sum \frac{dX}{dx} + \frac{K}{K - K_0} \sum \frac{dX}{dx} = 0.$$

$\sum \dfrac{dX}{dx}$ satisfait donc à une équation différentielle linéaire du second ordre : nous en concluons que cette fonction est une somme de deux exponentielles. Mais pour que la lumière soit monochromatique (car nous nous sommes placés dans ce cas) il faut que ces exponentielles soient à période réelle, c'est-à-dire qu'il faut que leurs exposants soient purement imaginaires ; il faut donc que

$$\lambda' \sum \frac{dX}{dx} = 0,$$

et, pour avoir une couleur déterminée, il faut que les exponentielles aient une période déterminée. On conclut donc que

$$(4) \qquad \sum \frac{dX}{dx} = 0.$$

Il n'y aurait exception que pour $\lambda' = 0$, et cela encore pour une couleur déterminée.

Or $\displaystyle\sum \frac{dX}{dx} = 0$ signifie que les vibrations sont transversales : c'est précisément ce que nous cherchions à montrer.

390. — Ceci étant établi voyons ce que deviennent les relations en $\square \psi'$ et $\square f$.

Nous avions,

$$\square \psi' = \frac{4\pi}{K_0} \sum \frac{dX}{dx},$$

or, comme $\displaystyle\sum \frac{dX}{dx} = 0$, nous avons maintenant

$$(5) \qquad\qquad \square \psi' = 0.$$

D'autre part,

$$\frac{4\pi}{K_0} f + \frac{dF'}{dt} + \frac{d\psi'}{dx} = 0,$$

d'où

$$\square f = - \frac{K_0}{4\pi} \frac{d}{dt} \square F' - \frac{K_0}{4\pi} \frac{d}{dx} \square \psi',$$

or nous venons de voir que $\square \psi' = 0$ donc

$$\square f = - \frac{K_0}{4\pi} \frac{d}{dt} \square F',$$

d'autre part

$$\square F' = - 4\pi \left(u - \frac{df}{dt} \right),$$

et d'après (1)

$$u - \frac{df}{dt} = \frac{dX}{dt},$$

donc,

$$\square F' = - 4\pi \frac{dX}{dt},$$

la relation en $\square f$ devient alors,

$$(6) \qquad\qquad \square f = K_0 \frac{d^2 X}{dt^2}.$$

391. — Supposons maintenant que nous ayons affaire à des
ondes planes : toutes nos fonctions ne dépendront que de z et
de t, par conséquent

$$\square f = \frac{d^2 f}{dz^2} - \mathrm{K}_0 \frac{d^2 f}{dt^2},$$

et d'après (6)

(6 *bis*) $$\frac{d^2 f}{dz^2} - \mathrm{K}_0 \frac{d^2 f}{dt^2} = \mathrm{K}_0 \frac{d^2 \mathrm{X}}{dt^2}.$$

Or nous avons.

(7) $$\lambda \frac{d^2 \mathrm{X}}{dt^2} + \lambda' \frac{d\mathrm{X}}{dt} + \frac{\mathrm{K}_0}{\mathrm{K} - \mathrm{K}_0} \mathrm{X} = f.$$

Posons alors,

$$\lambda = \frac{1}{a_0},$$

$$\lambda' = \frac{b_0}{a_0},$$

$$\frac{\mathrm{K}_0}{\mathrm{K} - \mathrm{K}_0} = \frac{p_0^2}{a_0}.$$

L'équation (7) deviendra

(7 *bis*) $$\frac{d^2 \mathrm{X}}{dt^2} + b_0 \frac{d\mathrm{X}}{dt} + p_0^2 \mathrm{X} = a_0 f.$$

La lumière a été supposée monochromatique ; on peut donc
appliquer l'artifice habituel des imaginaires : posons,

$$\mathrm{X} = \mathrm{X}_0 e^{\mathrm{P}},$$
$$f = f_0 e^{\mathrm{P}},$$

avec

$$\mathrm{P} = ip \left(nz \sqrt{\mathrm{K}_0} - t \right).$$

Comme les équations sont linéaires à coefficients réels, nous
pouvons écrire.

$$\mathrm{X} = \textit{partie réelle de } \mathrm{X}_0 e^{\mathrm{P}},$$
$$f = \textit{partie réelle de } f_0 e^{\mathrm{P}},$$

et ces nouvelles solutions qui sont réelles nous donneront les valeurs réelles de nos fonctions.

Soit p un nombre proportionnel au nombre des vibrations par seconde, de sorte que la période T est donnée par

$$T = \frac{2\pi}{p},$$

n représente l'indice de réfraction ; si n est imaginaire alors

$$n = n' + in'',$$

et dans ce cas

$$\text{partie réelle de } X_0 e^{p} = X e^{-n''p\sqrt{K_0}z} \cos p\left(n'z\sqrt{K_0} - t\right),$$

le coefficient d'absorption est alors proportionnel à n'' et l'indice de réfraction est n'.

392. — Que deviennent nos équations (7 *bis*) dans ce cas ? Nous avons,

$$\frac{d^2 X}{dt^2} = - p^2 X,$$

$$\frac{d^2 f}{dt^2} = - p^2 f,$$

$$\frac{dX}{dt} = - ip X,$$

$$\frac{d^2 f}{dz^2} = - n^2 p^2 K_0 f.$$

L'équation (7 *bis*) devient alors,

$$(7 \text{ ter}) \qquad \left(p_0^2 - ipb_0 - p^2\right) X = a_0 f,$$

et l'équation (6 *bis*) prend la forme

$$- n^2 p^2 K_0 f + K_0 p^2 f = - K_0 p^2 X,$$

ou encore

$$(n^2 - 1) f = X,$$

d'où

$$n^2 = 1 + \frac{X}{f},$$

ou, en tenant compte de (7 *ter*)

$$(8) \qquad n^2 = 1 + \frac{a_0}{p_0^2 - ipb_0 - p^2}.$$

DISCUSSION. — En général b_0 est très petit, par conséquent le terme ipb_0 est négligeable devant $p_0^2 - p^2$, et alors n^2 devient réel :

$$(9) \qquad n^2 = 1 + \frac{a_0}{p_0^2 - p^2}.$$

Il y a exception dans le cas où $p_0^2 - p^2$ est très petit ; dans ce cas le terme en b_0 n'est plus négligeable, le dénominateur sera très petit et par conséquent la fonction très grande ; n sera donc imaginaire dans ce cas. Bref, quand p_0 est différent de p, il n'y a pas d'absorption ; et, au contraire, quand p_0 est voisin de p il y a absorption (à cause du terme imaginaire ipb_0).

Cela explique l'existence de raies d'absorption très étroites dans le spectre.

393. — Pour mieux voir la variation de n^2, construisons la

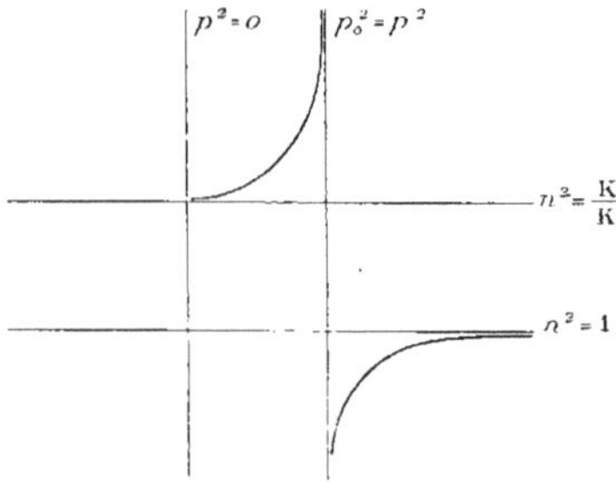

Fig. 58.

courbe représentant les variations de cette fonction. Portons p^2 en abscisses et n^2 en ordonnées et représentons les droites $n^2 = \dfrac{K}{K_0}$, $n^2 = 1$ et puis $p_0^2 = p^2$ et $p^2 = 0$.

Faisons ensuite $p^2 = 0$ dans la formule (9) ; il vient ainsi

$$n^2 = 1 + \frac{a_0}{p_0^2},$$

or

$$\frac{a_0}{p_0^2} = \frac{K - K_0}{K_0},$$

donc

$$n^2 = 1 + \frac{K - K_0}{K_0} = \frac{K}{K_0}.$$

La courbe est donc tangente à la droite $n^2 = \dfrac{K}{K_0}$.

Maintenant si p augmente, le second terme du second membre de (9) augmente avec p, et pour $p_0^2 = p$, le terme en $\dfrac{a_0}{p_0^2 - p^2}$ devient infini : il s'ensuit que n^2 devient infini : on a une asymptote.

Si p continue à augmenter, pour une valeur de p légèrement supérieure à p_0 on aura $n^2 = - \infty$: on aura donc encore une asymptote.

Si $p = \infty$, c'est-à-dire si on a affaire à des ondes infiniment

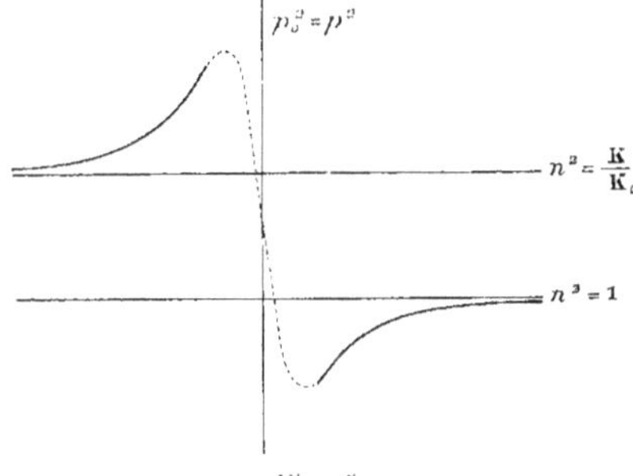

Fig. 59.

courtes, alors $n^2 = 1$: on a ainsi une branche tangente à la droite $n^2 = 1$.

On voit d'ailleurs que la courbe ainsi obtenue est une hyperbole.

394. — *Ire Observation.* — La présence des asymptotes que nous venons de trouver, correspond-t-elle à la réalité des choses ? Et d'abord comment avons-nous trouvé ces asymptotes ? — Nous les avons trouvées en faisant $p_0^2 = p^2$ dans la formule (9), hypothèse qui ne correspond à aucune réalité puisque pour $p_0 = p$ nous n'avons plus le droit de négliger le terme en ipb_0.

Tenons compte, au contraire, de ce terme et corrigeons notre courbe en représentant en pointillé les portions qui ne peuvent pas manifester leur existence par l'expérience, par suite de l'absorption. On obtient alors une courbe dont l'allure est indiquée par la figure 59.

395. — *2me Observation.* — Que nous indique la courbe que nous venons de tracer ? Elle nous indique la présence d'une seule raie d'absorption : c'est la raie qui correspond à $p^2 = p_0^2$. Mais où se trouve cette raie dans le spectre ? Pour voir cela, remarquons que dans la partie gauche de la courbe on a $n > 1$, dans la partie droite $n < 1$ et enfin pour $p = \infty$ on a $n = 1 : p^2 = p_0^2$ se trouve donc dans une région très éloignée du spectre connu, ce qui signifie que la raie d'absorption sort du spectre connu.

Comment faire alors pour expliquer la présence des raies d'absorption que l'observation décèle *dans* le spectre connu ? — On est amené à faire une nouvelle hypothèse : *il faut admettre qu'il y a des particules de plusieurs sortes.*

Particules de plusieurs sortes. — Nous avons vu, en effet, que ces particules sont caractérisées par leur masse m, par leur charge e et enfin par leur coefficient d'élasticité μ, qui tend à les ramener à leur position d'équilibre. Nous avons supposé en outre que le rapport $\dfrac{m}{\mu}$ était constant le même pour toutes les particules : c'est précisément à cause de cela que nous n'avons obtenu comme résultat de notre analyse, qu'une seule raie d'absorption dans le spectre. C'était là une hypothèse restrictive. Mais modifions maintenant cette hypothèse en admettant l'existence de particules de n sortes différentes.

Pour chaque sorte de ces particules X sera différent. Désignons par $X_1, X_2, X_3 \ldots X_k$ les polarisations de chacune de ces catégories de particules. La polarisation totale X de ces particules sera alors la somme des polarisations partielles $X_1, X_2, \ldots X_k$ de chaque catégorie de particules. Nous pouvons donc écrire

$$X = \sum X_k,$$

et d'autre part :

$$(10\ bis) \qquad X_{k} D\tau = \sum e(x - x_{0}) ;$$

le signe $\sum$ étant étendu dans la formule (10 *bis*) à toutes les particules de K^{e} sorte contenue dans l'élément de volume $D\tau$.

Les équations

$$\lambda \frac{d^{2}X}{dt^{2}} + \frac{X}{L} = f + \frac{X}{3}, \text{ etc.}$$

que nous avons trouvées précédemment, et qui expriment la condition d'équilibre d'une particule deviennent donc en tenant compte de l'hypothèse que nous venons de faire,

$$(11) \quad \begin{cases} \lambda_{1} \dfrac{d^{2}X_{1}}{dt^{2}} + \dfrac{X_{1}}{L_{1}} = f + \dfrac{X}{3}, \\[2mm] \lambda_{2} \dfrac{d^{2}X_{2}}{dt^{2}} + \dfrac{X_{2}}{L_{2}} = f + \dfrac{X}{3}, \\[2mm] \cdots \cdots \cdots \cdots \cdots \cdots \\[2mm] \lambda_{k} \dfrac{d^{2}X_{k}}{dt^{2}} + \dfrac{X_{k}}{L_{k}} = f + \dfrac{X}{3}. \end{cases}$$

$\lambda_{1}, \lambda_{2}, \dots \lambda_{k}$; $L_{1}, L_{2}, \dots L_{k}$ étant des coefficients caractéristiques des particules de la première, deuxième,…, K^{e} sorte.

396. — Transformons ces équations.

Nous avons vu précédemment que si nous supposons les ondes planes, alors

$$\frac{d^{2}f}{dz^{2}} - K_{0} \frac{d^{2}f}{dt^{2}} = K_{0} \frac{d^{2}X}{dt^{2}},$$

et si la lumière est monochromatique,

$$(12) \qquad (n^{2} - 1) f = X;$$

$$(13) \qquad \frac{d^{2}X}{dt^{2}} = - p^{2}X.$$

Écrivons cette dernière équation pour la particule de la K^{e} sorte et substituons la valeur de $\dfrac{d^{2}X_{k}}{dt^{2}}$ ainsi trouvée dans la dernière équation de (11) ; il vient

$$(14) \qquad \frac{X_{k}}{L_{k}} - p^{2}X_{k}\lambda_{k} = f + \frac{X}{3}.$$

Posons maintenant,

$$(15) \qquad \Phi = \sum \frac{X_k^2}{2L_k} - \frac{X^2}{6},$$

X étant défini par la relation (10). Cette expression de Φ est, comme on le voit une forme quadratique homogène par rapport à X_k.

Posons encore,

$$(16) \qquad \Phi' = \sum \frac{\lambda_k X_k^2}{2},$$

c'est encore une forme quadratique homogène.

Cela posé, on remarque facilement que notre équation (14) peut s'écrire en tenant compte de (15) et (16),

$$(17) \qquad \frac{d}{dX_k}(\Phi - p^2\Phi' - fX) = 0,$$

en d'autres termes cette équation se traduit par

$$\Phi - p^2\Phi' - fX = maximum.$$

Or nous savons que quand nous avons deux expressions quadratiques quelconques, on peut les réduire toutes deux à des sommes de carrés, en faisant un changement linéaire de variables. Faisons ce changement et écrivons les relations (15) et (16) dans cette hypothèse ; il vient.

$$(15\ bis) \qquad \Phi = \sum \frac{p_k^2 X_k^2}{2a_k},$$

$$(16\ bis) \qquad \Phi' = \sum \frac{X_k^2}{2a_k}.$$

D'autre part, X sera une fonction linéaire des X'_k et je puis alors supposer que ses coefficients sont égaux à l'unité, de sorte que

$$(18) \qquad X = \sum X'_k.$$

La condition (17) devient alors

$$(p_k^2 - p^2)\, X_k' = a_k f.$$

d'où

$$X_k' = f\,\frac{a_k}{p_k^2 - p^2},$$

et par conséquent,

$$X = f \sum \frac{a_k}{p_k^2 - p^2},$$

d'où, en égalant cette valeur de X avec celle donnée par l'équation (12)

$$(15) \qquad n^2 = 1 + \sum \frac{a_k}{p_k^2 - p^2}.$$

397. — Représentons ce résultat graphiquement en employant

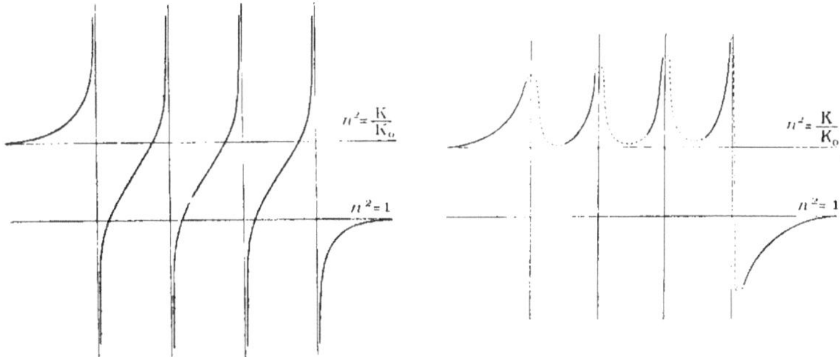

Fig. 60 et 61.

un raisonnement analogue à celui que nous avons employé dans la théorie simple. On obtient ainsi le graphique ci-contre (fig. 60).

Ceci est vrai quand on néglige le frottement. Mais il n'en est plus de même quand on passe au voisinage des raies d'absorption : au voisinage des asymptotes.

En modifiant notre courbe pour ce cas, c'est-à-dire en tenant compte du frottement on obtient la forme qui est représentée par la figure (61).

Les traits en pointillé correspondent aux bandes d'absorption, qui ne sont pas visibles.

398. *Remarque.* — En suivant sur le graphique les traits en *plein* on voit que n^2 va en croissant ; c'est le contraire qui arrive pour les traits en pointillé.

La distance entre deux bandes d'absorption consécutives, est plus courte que la montée entre ces deux raies consécutives. Cependant pour p suffisamment grand n doit aller en diminuant, car si p^2 croît indéfiniment, nous nous trouvons en dessous de la droite $n^2 = 1$. Il en résulte que pour $p^2 = \infty$ ondes extrêmement courtes n^2 est très voisin de l'unité, ce qui signifie qu'il n'y a pas de réfraction pour ces ondes-là. Quelques personnes se sont appuyées sur ce résultat pour assimiler les rayons Rœntgen à des rayons de très courte longueur d'onde.

M. H. Becquerel a obtenu ces courbes par la photographie [1].

Faisons observer en passant que la théorie de Helmholz conduit à une formule tout à fait analogue à celle que nous avons trouvée.

DISPERSION ÉLECTRIQUE ANOMALE

399. — La dispersion électrique a été étudiée tout récemment par M. Barbillion [2] pour des ondes herziennes de grande longueur d'onde. Pour la plupart des corps la dispersion est anomale : au lieu que n croisse au commencement, il décroît, de sorte qu'on obtient comme commencement de courbe de dispersion, la portion indiquée en pointillé sur la figure ci-jointe.

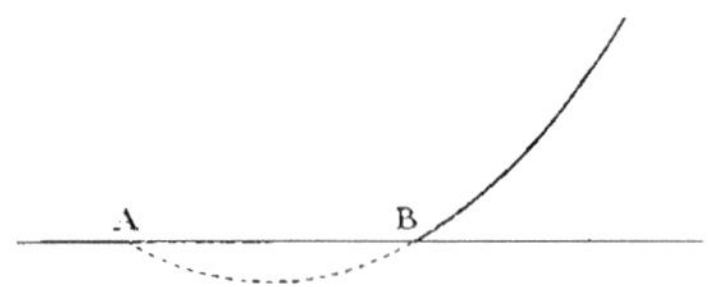

Fig. 62.

On peut se rendre compte de cette anomalie de la manière suivante : Supposons que p soit très petit ; le second terme de

---

[1] H. BECQUEREL, *C. R.*, 1898 ; 1899.
[2] L. BARBILLION, *Thèse de doctorat*, 24 janvier 1899.

la relation (15) se réduit alors à

$$\frac{a}{p_k^2}.$$

Le terme qui correspond à la première asymptote est

$$\frac{a_0}{p_0^2 - p^2},$$

qui complété par le terme dû au frottement devient,

$$\frac{a_0}{p_0^2 - ipb_0 - p^2},$$

mais nous avons supposé p très petit ; p^2 est donc négligeable par rapport à p_0^2, et il reste alors

$$\frac{a_0}{p_0^2 - ipb_0},$$

donc

$$(16 \qquad n^2 = n_0^2 + \frac{a_0}{p_0^2 - ipb_0}.$$

Posons

$$a_0 = 2n_0^2 c.$$

La relation (16) devient alors,

$$n^2 = n_0^2\left(1 + \frac{2c}{p_0^2 - ipb_0}\right);$$

en y supposant c très petit et en extrayant la racine carrée, il vient,

$$n = n_0\left(1 + \frac{c}{p_0^2 - ipb_0}\right).$$

La partie réelle de n sera donc,

$$\textit{partie réelle de } n = n_0\left(1 + \frac{cp_0^2}{p_0^4 + p^2 b_0^2}\right).$$

Quand p augmente, le dénominateur de cette expression augmente aussi, par conséquent n diminue : ce qui explique le spectre anomal observé.

400. Remarque. — Nous avons dit précédemment que les équations

$$\frac{X_\kappa}{L_\kappa} - \lambda_\kappa p^2 X_\kappa = f + \frac{X}{3},$$

pouvaient s'interpréter en disant que

$$\Phi - p^2\Phi' - fX = maximum.$$

Nous pouvons représenter la chose sous une autre forme.

Écrivons les équations symétriques de la précédente ; on aura alors le système,

$$(17) \quad \begin{cases} \dfrac{X_\kappa}{L_\kappa} - \lambda_\kappa p^2 X_\kappa = f + \dfrac{X}{3}, \\[2ex] \dfrac{Y_\kappa}{L_\kappa} - \lambda_\kappa p^2 Y_\kappa = g + \dfrac{Y}{3}, \\[2ex] \dfrac{Z_\kappa}{L_\kappa} - \lambda_\kappa p^2 Z_\kappa = h + \dfrac{Z}{3} ; \end{cases}$$

posons maintenant,

$$\Theta = \sum \frac{X_\kappa^2 + Y_\kappa^2 + Z_\kappa^2}{2L_\kappa} - \frac{X^2 + Y^2 + Z^2}{6},$$

$$\Theta' = \sum \frac{\lambda_\kappa}{2}(X_\kappa^2 + Y_\kappa^2 + Z_\kappa^2) ;$$

nos équations (17) signifient alors que l'expression suivante

$$\Theta - p^2\Theta' - fX - gY - hZ$$

est maximum, c'est-à-dire que sa dérivée par rapport à X_κ est nulle.

401. Dispersion dans les cristaux. — La remarque que nous venons de faire sert à passer à la dispersion dans les cristaux.

Supposons, en effet, que nous ayons affaire à un corps anisotrope, un cristal orthorhombique par exemple, qui a trois plans de symétrie rectangulaires. Prenons ces trois plans de symétrie pour plans des coordonnées et considérons la force qui ramène une molécule à sa position d'équilibre. Cette force, nous le savons déjà, est proportionnelle à l'écart et dans un corps isotrope elle ne dépend pas de la direction de cet écart.

On a donc pour les trois composantes de cette force,

$$\begin{cases} \mu\,(x - x_0), \\ \mu\,(y - y_0), \\ \mu\,(z - z_0). \end{cases}$$

Dans les milieux anisotropes, on a, au contraire,

$$\begin{cases} \mu\,(x - x_0), \\ \mu'\,(y - y_0), \\ \mu''\,(z - z_0)\,; \end{cases}$$

il résulte de là que nous trouverons les mêmes équations, excepté pour l'équation en $\dfrac{Y_K}{L_K}$ et celle en $\dfrac{Z_K}{L_K}$ qui seront remplacées par des équations en $\dfrac{Y_K}{L'_K}$ et en $\dfrac{Z_K}{L''_K}$.

En ce qui concerne Θ et Θ', Θ' conservera la même forme, mais Θ prendra la forme suivante,

$$\Theta = \sum \frac{1}{2}\left(\frac{X_K^2}{L_K} + \frac{Y_K^2}{L'_K} + \frac{Z_K^2}{L''_K}\right) - \frac{X^2 + Y^2 + Z^2}{6}.$$

Les équations (17) subsisteront et signifieront encore que

$$(18) \qquad \Theta - p^2\Theta' - fX - gY - hZ = maximum.$$

et le calcul sera poursuivi comme précédemment.

Si le cristal n'est pas orthorhombique, nous serons, par un calcul analogue, amenés à poser

$$\Theta = \sum \Theta_K - \frac{X^2 + Y^2 + Z^2}{6}.$$

Θ_K étant une forme quadratique en X_K, Y_K, Z_K, il faudra écrire encore que le premier membre de (18) est maximum.

Pour les corps orthorhombiques, si l'écart a lieu suivant les axes des coordonnées, la force sera, elle aussi, dirigée suivant ces axes, seulement le coefficient de proportionnalité sera différent suivant que l'écart sera dirigé parallèlement à x, parallèlement à y ou parallèlement à z.

Si on a un écart oblique par rapport aux axes des coordonnées, la direction de la force ne coïncidera plus avec la direction de l'écart.

On a donc dans le cristal trois directions principales jouissant de cette propriété que si l'écart est dirigé suivant l'une de ces directions, les forces qui tendront à ramener la molécule à sa position d'équilibre, seront dirigées suivant la même direction que l'écart.

Pour un cristal qui n'est pas orthorhombique, on trouverait encore pour chaque espèce de particule trois directions principales qui seraient les axes de l'ellipsoïde $\Theta_k = 1$; seulement ces directions ne sont pas les mêmes pour les particules des différentes sortes, et par conséquent on ne peut plus prendre ces directions comme axes des coordonnées ; et la symétrie disparaît.

On voit donc que les résultats sont à peu près les mêmes que dans la théorie de Helmholtz.

CHAPITRE VI

PHÉNOMÈNES OPTIQUES DANS UN CORPS EN MOUVEMENT

402. — Le plus important de ces phénomènes c'est *l'aberra-tion astronomique*. Ce phénomène met en évidence le mouve-ment relatif de l'éther et du milieu pondérable qu'il pénètre. Rappelons en quelques mots en quoi il consiste.

Dirigeons une lunette vers un astre quelconque : on aura l'image de cet astre dans le plan focal de cette lunette ; seule-ment, comme la vitesse de la lumière n'est pas infinie et comme la terre se meut par rapport à cet astre, cette image et l'astre lui-même ne seront plus dans la direction de l'axe optique de l'instrument : l'angle de la position réelle de l'astre et de son image dans la lunette (angle qui peut aller jusqu'à 20") est préci-sément ce qu'on appelle l'aberration astronomique.

On voit que ce phénomène ne pourrait exister s'il n'y avait pas de vitesse relative de la terre par rapport aux ondes lumineuses.

Fresnel a montré que le mouvement de la terre n'a pas d'in-fluence sur la réflexion et la réfraction [1]. Il imagina l'hypothèse suivante : il suppose que dans les milieux réfringents autres que l'air et le vide, il y a entraînement partiel des ondes. Pour voir la valeur du coefficient de cet entraînement, appelons d_0 la den-sité de l'éther et soit d la densité d'un milieu réfringent quelcon-que ; la fraction d'éther entraînée est d'après Fresnel

$$\frac{d - d_0}{d} = 1 - \frac{d_0}{d}.$$

d'autre part

$$\frac{d_0}{d} = \frac{V^2}{V_e^2}.$$

---

[1] Voir pour plus de détails, H. Poincaré, *Théorie mathématique de la lumière*, t. I. p. 385, n° 285.

V et V_0 étant les vitesses de propagation des ondes dans les deux milieux de densité d_0 et d; or,

$$\frac{V^2}{V_0^2} = \frac{1}{n^2}.$$

n étant l'indice de réfraction du milieu considéré; donc

$$\frac{d - d_0}{d} = 1 - \frac{1}{n^2}.$$

c'est la valeur du coefficient d'entraînement d'après Fresnel.

Ces vues théoriques de Fresnel ont été confirmées par les expériences de Fizeau. Il mettait en évidence cet entraînement partiel des ondes au moyen du déplacement des franges d'interférence qui avaient traversé de l'eau en mouvement vitesse de 7 mètres par seconde. De plus le déplacement des franges avait lieu tantôt à droite, tantôt à gauche, suivant le sens du mouvement de l'eau. La valeur de ce déplacement coïncidait sensiblement avec le résultat théorique de Fresnel. Ces mêmes expériences répétées avec de l'air ont donné un résultat négatif, conforme encore aux vues théoriques de Fresnel.

Ces expériences de Fizeau ont été reprises dans des conditions plus favorables par MM. Michelson et Morley [1]. Le déplacement de la frange centrale dans leurs expériences atteignait presque une frange entière 0,899 frange exactement. Les mêmes expériences répétées avec de l'air (vitesse de 25 mètres par seconde ont donné un résultat négatif.

403. — Depuis de nombreuses expériences ont été faites pour mettre en évidence le mouvement de la terre au moyen des phénomènes optiques. Dans ces expériences la source lumineuse et tous les appareils optiques étant sur la terre avaient même vitesse et n'étaient pas en mouvement relatif les uns par rapport aux autres. Toutes ces expériences ont donné des résultats négatifs.

Il y a cependant une exception : M. Fizeau a cru observer une influence du mouvement de la terre sur la rotation du plan de polarisation dans la réflexion vitreuse de la lumière polarisée.

----

[1] *American Journal of Science*; vol. XXXI, mai 1886.

Mais ces expériences sont excessivement délicates et M. Fizeau m'a fait connaître lui-même les doutes qu'il conservait à l'égard du résultat que nous venons de citer.

On reconnaît facilement que pour qu'il n'y ait pas d'influence du mouvement de la terre sur les phénomènes optiques, il faut, d'après Fresnel, que le coefficient d'entraînement ait pour valeur

$$1 - \frac{1}{n^2}.$$

Mais qu'est-ce que n? Est-ce l'indice de réfraction corespondant à chaque couleur ou bien *l'indice moyen*? — Pour Fresnel, n est l'indice de réfraction moyen : pour lui la vitesse d'entraînement de l'éther est indépendante de la longueur d'onde de la lumière. Or en réalité n n'est pas une constante ; il dépend de la couleur du rayon lumineux et n'est pas le même pour un rayon ordinaire et un rayon extraordinaire dans un milieu biréfringent. L'hypothèse de Fresnel demande donc à être modifiée.

404. — La théorie de Lorentz, comme nous allons le voir, explique assez bien ces faits. Il faut cependant faire une hypothèse : *Si on veut que les phénomènes optiques ne soient pas influencés par le mouvement de la terre il faut qu'on néglige dans les formules les termes de l'ordre du carré de l'aberration* (c'est-à-dire

de l'ordre de $\dfrac{1}{10^8}$).

Si l'on tient compte, au contraire, de ces termes, le mouvement de la terre exerce alors son influence sur les phénomènes optiques.

Dans presque toutes les expériences, ces termes sont en effet négligeables ; il y a exception toutefois pour une expérience de Michelson, qui montre que le mouvement de la terre n'a pas d'influence sur les phénomènes optiques qu'on observe à sa surface et où il se trouve que les termes de l'ordre du carré de l'aberration ne sont plus négligeables.

Voyons maintenant comment la théorie de Lorentz explique ces phénomènes.

405. *Explication de ces phénomènes par la théorie de Lorentz.* — Nous nous proposons de démontrer que si on néglige les termes de l'ordre du carré de l'aberration le coefficient d'entraînement des ondes est $1 - \dfrac{1}{n^2}$.

Supposons que nous rapportions le système à des axes mobiles, entraînés dans le mouvement de la terre ; animés par conséquent d'un mouvement de translation uniforme dont les composantes sont ξ, η, ζ.

Appelons x, y, z les coordonnées d'un point, prises par rapport aux axes fixes et x', y', z' les coordonnées de ce même point, prises par rapport aux axes mobiles.

On a comme relation entre ces deux catégories de coordonnées,

$$\left\{ \begin{aligned} x' &= x - t\xi, \\ y' &= y - t\eta, \\ z' &= z - t\zeta. \end{aligned} \right.$$

Nous continuerons à désigner par $\dfrac{d}{dt}$ (avec des d ordinaires) les dérivées prises par rapport au temps en supposant le point (x, y, z) fixe, — ce seront les dérivées correspondant au mouvement absolu du point —, et par $\dfrac{\partial}{\partial t}$ (avec des ∂ ronds) les dérivées prises par rapport au temps, mais en supposant que le point x, y, z est entraîné dans le mouvement de la terre : ce seront les dérivées correspondant au mouvement relatif du point en question.

Rappelons-nous que dans ce dernier cas on a

$$\frac{\partial}{\partial t} = \frac{d}{dt} + \xi \frac{d}{dx} + \eta \frac{d}{dy} + \zeta \frac{d}{dz} .$$

Cela posé, supposons que nous ayons, comme précédemment,

$$(a) \qquad X = X_0 e^{ip\left(nz\sqrt{K_0} - t\right)} .$$

En prenant comme variables x', y', z', nous aurons de même

$$(b) \qquad X = X_0 e^{ip'\left(n'z'\sqrt{K_0} - t'\right)} ,$$

et en identifiant les deux exposants il vient,

$$p\left(nz\sqrt{K_0} - t\right) = p'\left(n'z'\sqrt{K_0} - t'\right),$$
$$= p'\left(n'z\sqrt{K_0} - n't\zeta\sqrt{K_0} - t\right),$$

d'où

$$pn = p'n',$$

$$p = p'\left(1 + n'\zeta\sqrt{K_0}\right),$$

$\dfrac{2\pi}{p}$ représentera alors la période vibratoire du mouvement et $\dfrac{2\pi}{p'}$ représentera la période relative d'une vibration telle qu'elle apparaîtrait à un observateur entraîné dans le mouvement de la terre. Le principe de Fizeau nous apprend, en effet, que quand un observateur vient au-devant de l'onde la période vibratoire lui semble raccourcie et qu'elle lui semble augmentée au contraire, quand il marche dans le même sens que l'onde.

Cela posé, des équations (a) et (b) on tire,

$$(c) \qquad \frac{d^2X}{dt^2} = -p^2X,$$

$$(d) \qquad \frac{\partial^2X}{\partial t^2} = -p'^2X.$$

406. — Rappelons maintenant les équations que nous avons trouvées pour un corps en repos et pour les corps en mouvement.

Pour les corps en repos nous avons trouvé (formules 11, p. 508)

$$(e)\qquad \left\{ \begin{aligned} \lambda_\kappa \frac{d^2X_\kappa}{dt^2} + \frac{X_\kappa}{l_\kappa} &= f + \frac{X}{3}, \\[2mm] \lambda_\kappa \frac{d^2Y_\kappa}{dt^2} + \frac{Y_\kappa}{l_\kappa} &= g + \frac{Y}{3}, \\[2mm] \lambda_\kappa \frac{d^2Z_\kappa}{dt^2} + \frac{Z_\kappa}{l_\kappa} &= h + \frac{Z}{3}. \end{aligned} \right.$$

Pour les corps en mouvement il convient d'ajouter un terme complémentaire aux seconds membres des équations précédentes,

$$(1)\qquad \left\{ \begin{aligned} \lambda_\kappa \frac{\partial^2X_\kappa}{\partial t^2} + \frac{X_\kappa}{l_\kappa} &= f + \frac{X}{3} + \frac{K_0}{4\pi}(\eta\gamma - \zeta\beta), \\[2mm] \lambda_\kappa \frac{\partial^2Y_\kappa}{\partial t^2} + \frac{Y_\kappa}{l_\kappa} &= g + \frac{Y}{3} + \frac{K_0}{4\pi}(\zeta\alpha - \xi\gamma), \\[2mm] \lambda_\kappa \frac{\partial^2Z_\kappa}{\partial t^2} + \frac{Z_\kappa}{l_\kappa} &= h + \frac{Z}{3} + \frac{K_0}{4\pi}(\xi\beta - \eta\alpha). \end{aligned} \right.$$

J'écris ici la dérivée par rapport au temps avec des ∂ ronds. Rappelons-nous, en effet, comment nous avons obtenu cette équation.

Nous sommes partis de l'équation de l'équilibre d'une particule

$$\frac{m}{\mu}\,e\,\frac{d^2x}{dt^2} + e\,(x - x_0) = e^2\left[f + \frac{X}{3} + \frac{K_0}{4\pi}\,(\eta\zeta - \zeta\beta)\right],$$

et nous avons fait la somme de ces équations par rapport aux particules de K^e sorte, comprises dans le volume $D\tau$; nous avons ainsi trouvé,

$$e\,(x - x_0) = X_k\,D\tau.$$

Si e est une constante et si le mouvement de la particule est uniforme, nous avons vu que

$$\frac{d^2x_0}{dt^2} = 0,$$

donc

$$\sum e\,\frac{d^2x}{dt^2} = \sum \frac{d^2}{dt^2}\,e\,(x - x_0) = D\tau\,\frac{\partial^2 X_k}{\partial t^2}.$$

Mais la dernière dérivée par rapport au temps est-elle prise par rapport au mouvement relatif ou bien par rapport au mouvement absolu? Remarquons à cet effet que le signe $\sum$ s'étend toujours au même élément de volume $D\tau$, et comme cette particule $D\tau$, est entraînée dans le mouvement de la matière, c'est la dérivée avec des ∂ ronds qu'il faut considérer.

C'est ce que nous voulions montrer.

407. — Nous avons encore comme équations (p. 496, éq. 18.

$$(2)\quad \left\{ \begin{aligned} u &= \frac{df}{dt} + \frac{dX}{dt} + \frac{d}{dz}\,(X\zeta - Z\xi) - \frac{d}{dy}\,(Y\xi - X\eta),\\[2mm] v &= \frac{dg}{dt} + \frac{dY}{dt} + \frac{d}{dx}\,(Y\xi - X\eta) - \frac{d}{dz}\,(Z\eta - Y\zeta),\\[2mm] w &= \frac{dh}{dt} + \frac{dZ}{dt} + \frac{d}{dy}\,(Z\eta - Y\zeta) - \frac{d}{dx}\,(X\zeta - Z\xi). \end{aligned} \right.$$

Ici nous n'avons plus de raison d'écrire les dérivées avec des ∂ ronds.

Nous avons ensuite,

$$(3)\qquad \left\{ \begin{aligned} \Box F' &= -4\pi\left(u - \frac{df}{dt}\right). \\ \Box G' &= -4\pi\left(v - \frac{dg}{dt}\right). \\ \Box H' &= -4\pi\left(w - \frac{dh}{dt}\right). \end{aligned}\right.$$

$$(4)\qquad \left\{ \begin{aligned} \Box f &= -\frac{K_0}{4\pi}\frac{d}{dt}\Box F' - \frac{K_0}{4\pi}\frac{d}{dx}\Box\psi, \\ \Box g &= -\frac{K_0}{4\pi}\frac{d}{dt}\Box G' - \frac{K_0}{4\pi}\frac{d}{dy}\Box\psi, \\ \Box h &= -\frac{K_0}{4\pi}\frac{d}{dt}\Box H' - \frac{K_0}{4\pi}\frac{d}{dz}\Box\psi. \end{aligned}\right.$$

La première question qui se pose est celle de savoir si

$$\sum \frac{dX}{dx} = 0,$$

c'est-à-dire si les vibrations sont transversales. La réponse est négative : l'expression précédente n'est plus nulle dans le cas actuel (mouvement de translation) mais il est évident qu'étant nulle dans le cas des corps en repos, dans les corps en mouvement elle est très petite, *de l'ordre de l'aberration*.

408. — Supposons maintenant que nous ayons affaire à des ondes planes : nos formules vont se simplifier ; et si on suppose de plus que le plan de l'onde est perpendiculaire à l'axe des z, nos fonctions ne dépendrons que de z et de t.

La première relation (2) devient alors,

$$(2\ bis)\qquad u = \frac{df}{dt} + \frac{dX}{dt} + \zeta\frac{dX}{dz} - \xi\frac{dZ}{dz}.$$

La première relation (4) se simplifie aussi ; elle devient,

$$(4\ bis)\qquad \Box f = -\frac{K_0}{4\pi}\frac{d}{dt}\Box F'.$$

De plus, notre expression

$$\sum \frac{dX}{dx}.$$

qui se réduit ici à

$$\frac{dZ}{dz},$$

est de l'ordre de l'aberration : or ξ, η, ζ étant, eux aussi, de l'ordre de l'aberration, l'expression

$$\zeta \frac{dZ}{dz},$$

sera de l'ordre du carré de l'aberration ; nous négligerons donc ce terme dans l'expression (2 *bis*), conformément à notre hypothèse. Cette relation devient alors.

$$2 \, ter, \qquad u = \frac{df}{dt} + \frac{dX}{dt} + \zeta \frac{dX}{dz}.$$

D'autre part, développons l'expression (4 *bis*) : elle nous donne

$$\square f = \frac{d^2 f}{dz^2} - K_0 \frac{d^2 f}{dt^2} = - \frac{K_0}{4\pi} \frac{d}{dt} \square F,$$

et en remplaçant $\square F$ par sa valeur (3),

$$\frac{d^2 f}{dz^2} - K_0 \frac{d^2 f}{dt^2} = K_0 \frac{d}{dt} \left(u - \frac{df}{dt} \right).$$

ou encore, en tenant compte de (2 *ter*)

$$4 \, ter, \qquad \frac{d^2 f}{dz^2} - K_0 \frac{d^2 f}{dt^2} = K_0 \frac{d^2 X}{dt^2} + K_0 \zeta \frac{d^2 X}{dz\,dt}.$$

409. — Évaluons séparément chaque terme de cette relation et pour simplifier supposons que la lumière soit monochromatique, autrement dit supposons que toutes nos fonctions contiennent en facteur $e^{iv\,n z\sqrt{\overline{K_0}} - t}$.

Nous aurons alors

$$\frac{d^2 X}{dt^2} = - p^2 X,$$

$$\frac{d^2 X}{dz\,dt} = p^2 n \sqrt{\overline{K_0}}\, X.$$

D'autre part (n° **393**, p. 504)

$$\frac{d^2 f}{dz^2} = - n^2 p^2 K_0 f,$$

$$\frac{d^2 f}{dt^2} = - p^2 f.$$

La relation (4 *ter*) devient donc,

$$- n^2 p^2 K_0 f + K_0 p^2 f = - K_0 p^2 X + K_0 \zeta p^2 n \sqrt{\overline{K_0}}\, X,$$

ou finalement,

$$(5) \qquad n^2 - 1) f = X \left(1 - \zeta n \sqrt{\overline{K_0}} \right).$$

410. — Transformons maintenant les équations (1).

Dans le cas d'un corps en repos la première équation (e) nous donnait

$$X = f \sum \frac{a_\kappa}{p_\kappa^2 - p^2} \, ;$$

dans le cas d'un corps en mouvement elle doit être remplacée par l'équation (1) qui en diffère pour deux raisons ; d'abord f est remplacé par

$$f + \frac{K_0}{4\pi} \left(\eta\gamma - \zeta\beta \right).$$

Ensuite la dérivée $\dfrac{d^2 X_\kappa}{dt^2}$ est remplacée par $\dfrac{\partial^2 X_\kappa}{\partial t^2}$. Il faut donc dans la formule précédente remplacer f par $f + \dfrac{K_0}{4\pi} \left(\eta\gamma - \zeta\beta \right)$ et p par p' ce qui donne :

$$(6) \qquad X = \left[f + \frac{K_0}{4\pi} \left(\eta\gamma - \zeta\beta \right) \right] \sum \frac{a_\kappa}{p_\kappa^2 - p'^2}.$$

Évaluons la quantité qui figure dans la parenthèse du second membre en négligeant les termes de l'ordre du carré de l'aberration.

Pour les corps en repos nous avions $\gamma = 0$.

D'autre part

$$4\pi u = \frac{d\gamma}{dy} - \frac{d\beta}{dz}.$$

qui devient en y faisant $\gamma = 0$

$$4\pi u = - \frac{d\beta}{dz},$$

ou encore,

$$4\pi\left(\frac{df}{dt} + \frac{dX}{dt}\right) = - \frac{d\beta}{dz}.$$

d'où

$$4\pi (f + X) = n\sqrt{K_0}\,\beta,$$

or, pour les corps en repos,

$$(n^2 - 1)\,f = X,$$

d'où

$$n^2 f = X + f,$$

et par conséquent

$$4\pi n^2 f = n\sqrt{K_0}\,\beta,$$

de sorte que nous avons en définitive

$$\gamma = 0,$$

$$\beta = \frac{4\pi n f}{\sqrt{K_0}}\,;$$

ces équations ne sont vraies, je le répète, qu'en supposant qu'il n'y a pas de mouvement ; elles sont donc vraies aux termes près de l'ordre de l'aberration.

On a donc

$$\gamma = 0,$$

$$\beta = \frac{4\pi n f}{\sqrt{K_0}},$$

qui sont vraies aux termes près de l'ordre du *carré* de l'aberration, que nous sommes convenus de négliger.

Il vient donc *pour un corps en mouvement,*

$$X = f - f\zeta n\sqrt{K_0}\sum \frac{a_k}{p_k^2 - p'^2}.$$

ou enfin,

$$(7) \qquad X = f\left(1 - \zeta n\sqrt{K_0}\right)\sum \frac{a_k}{p_k^2 - p'^2}.$$

En multipliant les relations (5) et (7) membre à membre, il vient,

$$n^2 - 1 = \sum \frac{a_k}{p_k^2 - p'^2}\left(1 - \zeta n\sqrt{K_0}\right)^2,$$

ou encore,

$$(8) \qquad n^2 - 1 = \sum \frac{a_k}{p_k^2 - p'^2}\cdot\left(1 - 2\zeta n\sqrt{K_0}\right).$$

Désignons par n_0 la valeur de l'indice de réfraction pour un corps en repos ($\zeta = 0$); il vient alors,

$$n_0^2 - 1 = \sum \frac{a_k}{p_k^2 - p'^2},$$

de sorte que (8) peut s'écrire,

$$\frac{n^2 - 1}{n_0^2 - 1} = 1 - 2\zeta n\sqrt{K_0},$$

ou encore

$$(9) \qquad \frac{n^2 - n_0^2}{n_0^2 - 1^2} = -2\zeta n\sqrt{K_0}.$$

411. — Calculons maintenant le coefficient d'entraînement.

La vitesse dans un milieu réfringent autre que le corps en question est

$$\frac{1}{n_0\sqrt{K_0}}.$$

La vitesse dans le corps en mouvement est

$$\frac{1}{n\sqrt{K_0}}.$$

S'il n'y avait pas d'entraînement nous aurions,

$$\frac{1}{n_0\sqrt{K_0}} = \frac{1}{n\sqrt{K_0}}.$$

s'il y avait entraînement total des ondes, nous aurions,

$$\frac{1}{n\sqrt{K_0}} = \frac{1}{n_0\sqrt{K_0}} + \zeta.$$

et enfin s'il y a entraînement partiel des ondes, avec le coefficient ε, nous avons

$$\frac{1}{n\sqrt{K_0}} = \frac{1}{n_0\sqrt{K_0}} + \zeta\varepsilon.$$

Nous tirons de là,

$$\frac{1}{n} = \frac{1}{n_0}\left(1 + \zeta\varepsilon n_0\sqrt{K_0}\right).$$

et comme la différence entre n et n_0 est de l'ordre de l'aberration

$$\frac{1}{n} = \frac{1}{n_0}\left(1 + \zeta\varepsilon n\sqrt{K_0}\right).$$

d'où,

$$n^2 = n_0^2\left(1 + \zeta\varepsilon n\sqrt{K_0}\right)^{-2}.$$

ou, en négligeant les termes de l'ordre de ζ^2,

$$n^2 = n_0^2\left(1 - 2\zeta\varepsilon n\sqrt{K_0}\right),$$

d'où

$$\frac{n^2 - n_0^2}{n_0^2} = -2\zeta\varepsilon n\sqrt{K_0}.$$

et enfin

$$\varepsilon = \frac{n^2 - n_0^2}{n_0^2\left(-2\zeta n\sqrt{K_0}\right)};$$

or d'après (11)

$$\frac{n^2 - n_0^2}{n_0^2 - 1} = - 2\zeta n \sqrt{K_0},$$

donc

$$\varepsilon = \frac{n_0^2 - 1}{n_0^2} = 1 - \frac{1}{n_0^2} = 1 - \frac{1}{n^2}.$$

C. Q. F. D.

Ceci, en négligeant les termes de l'ordre du carré de l'aberration, car, avons-nous dit, la différence entre n et n_0 est de l'ordre de l'aberration.

Nous voyons donc que la valeur de n qui figure dans l'expression du coefficient d'entraînement ne représente pas l'indice de réfraction moyen comme les vues primitives de Fresnel le feraient prévoir, mais qu'il dépend de la couleur considérée et n'est pas le même pour un rayon ordinaire ou pour un rayon extraordinaire.

La théorie de Lorentz explique donc très bien ce fait paradoxal que l'expérience nous avait conduits à admettre, mais qui semblait d'abord difficilement conciliable avec les idées de Fresnel.

Précisons davantage le sens de cette formule.

$\dfrac{1}{n \sqrt{K_0}}$ représente la vitesse absolue de translation de l'onde ;

$\dfrac{1}{n_0 \sqrt{K_0}}$ représente la vitesse avec laquelle se propagerait l'onde si la terre était en repos et si la période du mouvement vibratoire était relative, en tenant compte du principe de Doppler-Fizeau. Le dernier terme $\zeta\left(1 - \dfrac{1}{n^2}\right)$ représente le produit de la vitesse d'entraînement ζ par le facteur $\left(1 - \dfrac{1}{n^2}\right)$, n se rapportant à la couleur considérée.

412. — Nous allons maintenant démontrer un théorème plus général.

Théorème. *Le mouvement de la terre n'influe pas sur les phénomènes optiques si on néglige les carrés de ξ, η, ζ.*

Démonstration. — Pour démontrer ce théorème rappelons les

équations qui nous ont servi à expliquer les phénomènes optiques. Ce sont,

$$(1) \qquad X = \sum X_\kappa \ ; \qquad Y = \sum Y_\kappa \ ; \qquad Z = \sum Z_\kappa.$$

$$(2) \quad \begin{cases} \lambda_\kappa \dfrac{\partial^2 X_\kappa}{\partial t^2} + \dfrac{X_\kappa}{L_\kappa} = f + \dfrac{X}{3} + \dfrac{K_0}{4\pi}(\eta\gamma - \zeta\beta), \\[2ex] \lambda_\kappa \dfrac{\partial^2 Y_\kappa}{\partial t^2} + \dfrac{Y_\kappa}{L_\kappa} = g + \dfrac{Y}{3} + \dfrac{K_0}{4\pi}(\zeta\alpha - \xi\gamma), \\[2ex] \lambda_\kappa \dfrac{\partial^2 Z_\kappa}{\partial t^2} + \dfrac{Z_\kappa}{L_\kappa} = h + \dfrac{Z}{3} + \dfrac{K_0}{4\pi}(\xi\beta - \eta\alpha) \ ; \end{cases}$$

$$(3) \quad \begin{cases} \dfrac{d\alpha}{dt} = -\dfrac{4\pi}{K_0}\left(\dfrac{dh}{dy} - \dfrac{dg}{dz}\right), \\[2ex] \dfrac{d\beta}{dt} = -\dfrac{4\pi}{K_0}\left(\dfrac{df}{dz} - \dfrac{dh}{dx}\right), \\[2ex] \dfrac{d\gamma}{dt} = -\dfrac{4\pi}{K_0}\left(\dfrac{dg}{dx} - \dfrac{df}{dy}\right) \ ; \end{cases}$$

$$(4) \quad \begin{cases} \dfrac{d\gamma}{dy} - \dfrac{d\beta}{dz} = 4\pi u, \\[2ex] \dfrac{d\alpha}{dz} - \dfrac{d\gamma}{dx} = 4\pi v, \\[2ex] \dfrac{d\beta}{dx} - \dfrac{d\alpha}{dy} = 4\pi w \ ; \end{cases}$$

$$(5) \quad \begin{cases} u = \dfrac{df}{dt} + \dfrac{dX}{dt} + \dfrac{d}{dz}(X\zeta - Z\xi) - \dfrac{d}{dy}(Y\xi - X\eta), \\[2ex] v = \dfrac{dg}{dt} + \dfrac{dY}{dt} + \dfrac{d}{dx}(Y\xi - X\eta) - \dfrac{d}{dz}(Z\eta - Y\zeta), \\[2ex] w = \dfrac{dh}{dt} + \dfrac{dZ}{dt} + \dfrac{d}{dy}(Z\eta - Y\zeta) - \dfrac{d}{dx}(X\zeta - Z\xi) \ ; \end{cases}$$

$$(6) \qquad \sum \frac{df}{dx} + \sum \frac{dX}{dx} = 0.$$

$$(7) \qquad \sum \frac{d\alpha}{dx} = 0.$$

Faisons le changement de variable suivant, posons,

$$(8)\quad\begin{cases} f'=f+\dfrac{K_0}{4\pi}\,(\eta\gamma-\zeta\beta), \\[2mm] g'=g+\dfrac{K_0}{4\pi}\,(\zeta\alpha-\xi\gamma). \\[2mm] h'=h+\dfrac{K_0}{4\pi}\,(\xi\beta-\eta\alpha); \end{cases}$$

$$(9)\quad\begin{cases} \alpha'=\alpha-4\pi\,(\eta h-\zeta g), \\[2mm] \beta'=\beta-4\pi\,(\zeta f-\xi h), \\[2mm] \gamma'=\gamma-4\pi\,(\xi g-\eta f). \end{cases}$$

et prenons comme variables x', y', z', t', définies par,

$$(10)\quad\begin{cases} x'=x-t\xi, \\[2mm] y'=y-t\eta, \\[2mm] z'=z-t\zeta. \end{cases}$$

$$(11)\quad t'=t-K_0\sum x\xi.$$

Disons deux mots sur la nouvelle variable t' : c'est ce que Lorentz appelle *le temps local*. En un point donné t et t' ne différeront que par une constante, t' représentera donc toujours le temps mais l'origine des temps étant différente aux différents points : cela justifie sa dénomination.

Quelle est l'ordre de grandeur de ce temps local? Considérons à cet effet deux horloges situées à 1 kilomètre de distance l'une de l'autre et entraînées dans le mouvement de la terre. D'après la définition du temps local de Lorentz il y aurait une différence dans les indications de ces horloges de $\dfrac{1}{3\times10^9}$ secondes.

Dans les calculs qui vont suivre je négligerai constamment les carrés de ξ, η, ζ.

Des relations (10) et (11) je tire,

$$t=t'+K_0\sum x\xi,$$

$$\begin{cases} x=x'+t\xi, \\[2mm] y=y'+t\eta, \\[2mm] z=z'+t\zeta, \end{cases}$$

d'où

$$\frac{d}{dt} = \frac{d}{dt'} + \sum \xi \frac{d}{dx} = \frac{\partial}{\partial t},$$

$$\frac{d}{dx} = \frac{d}{dx'} + K_0\xi \frac{d}{dt},$$

$$\frac{d}{dy} = \frac{d}{dy'} + K_0\eta \frac{d}{dt},$$

$$\frac{d}{dz} = \frac{d}{dz'} + K_0\zeta \frac{d}{dt}.$$

En faisant ce changement de variable, les équations fondamentales que nous avons transcrites ci-dessus (p. 529) deviennent,

$$X = \sum X_k; \qquad Y = \sum Y_k; \qquad Z = \sum Z_k.$$

$$\lambda_k \frac{d^2 X_k}{dt'^2} + \frac{X_k}{L_k} = f' + \frac{X}{3}.$$

$$\lambda_k \frac{d^2 Y_k}{dt'^2} + \frac{Y_k}{L_k} = g' + \frac{Y}{3}.$$

$$\lambda_k \frac{d^2 Z_k}{dt'^2} + \frac{Z_k}{L_k} = h' + \frac{Z}{3};$$

$$\frac{d\alpha'}{dt'} = -\frac{4\pi}{K_0}\left(\frac{dh'}{dy'} - \frac{dg'}{dz'}\right),$$

$$\frac{d\beta'}{dt'} = -\frac{4\pi}{K_0}\left(\frac{df'}{dz'} - \frac{dh'}{dx'}\right),$$

$$\frac{d\gamma'}{dt'} = -\frac{4\pi}{K_0}\left(\frac{dg'}{dx'} - \frac{df'}{dy'}\right),$$

et en posant,

$$u' = \frac{df'}{dt'} + \frac{dX}{dt'},$$

$$v' = \frac{dg'}{dt'} + \frac{dY}{dt'},$$

$$w' = \frac{dh'}{dt'} + \frac{dZ}{dt'},$$

il vient,

$$
\begin{cases}
\dfrac{d\gamma'}{dy'} - \dfrac{d\beta'}{dz'} = 4\pi u', \\[2mm]
\dfrac{d\alpha'}{dz'} - \dfrac{d\gamma'}{dx'} = 4\pi v', \\[2mm]
\dfrac{d\beta'}{dx'} - \dfrac{d\alpha'}{dy'} = 4\pi w'.
\end{cases}
$$

$$
\sum \frac{df'}{dx'} + \sum \frac{dX}{dx'} = 0,
$$

$$
\sum \frac{d\alpha'}{dx'} = 0.
$$

On obtient donc les mêmes équations que dans le cas du repos à cela près que les lettres sont accentuées dans le cas actuel.

Quelles conclusions pourrions-nous tirer de là? Que va voir un observateur entraîné dans le mouvement de la terre? D'abord, nous savons que dans les expériences d'optique les mesures les plus précises sont celles de position : la position d'une frange d'interférence par rapport à une autre, etc. ; on constate par conséquent qu'en certains points on a de la lumière et qu'en d'autres points on a de l'obscurité. Aux endroits où il n'y a pas de lumière c'est que f, g, h; α, β, γ, s'annulent à la fois; or α', β', γ'; f', g', h' s'annulent en même temps que α, β, γ; f, g, h : les phénomènes observés seront donc les mêmes, que le déplacement électrique soit f, g, h ou f', g', h', ou que la force magnétique soit α, β, γ, ou α', β', γ'. Or x', y', z', sont les coordonnées prises par rapport aux axes mobiles (qui suivent le mouvement de la terre) par conséquent la conclusion précédente revient à dire que les phénomènes optiques sont les mêmes que si les coordonnées étaient x, y, z : que si la terre était en repos.

En ce qui concerne la différence de temps local, cette différence est trop faible $\left(\dfrac{1}{3 \times 10^{9}} \text{ secondes par kilomètre de distance} \right)$ pour être appréciée. Les phénomènes optiques ne permettent donc pas de déceler le mouvement de la terre (en négligeant les carrés de ξ, η, ζ). On pourra combiner de toutes les manières possibles les phénomènes de réflexion vitreuse, polarisation, etc. ;

on n'aura rien. C'est qu'en effet dans nos équations nous n'avons nullement supposé que nous avions affaire à un milieu homogène.

413. — On pourrait faire une objection à la conclusion que nous venons de faire : on pourrait dire que si la position des franges n'est pas modifiée, il ne résulte pas de là que leur intensité ne le soit pas ; et si l'on pouvait mesurer cette variation d'intensité on aurait un moyen pour déceler le mouvement de la terre par des phénomènes optiques. Mais nous allons voir qu'il n'en est rien : il y a impossibilité matérielle de mesurer une pareille variation d'intensité.

Voyons cela.

L'intensité lumineuse est proportionnelle à l'énergie électrique ou magnétique et l'énergie électrique localisée dans un élément de $D\tau$, rapportée à l'unité de volume, a pour expression,

$$\frac{2\pi}{K_0} \sum f^2.$$

Eh bien, comparons cette expression à la suivante,

$$\frac{2\pi}{K_0} \sum f'^2.$$

En remplaçant f' par sa valeur et en négligeant les carrés de ξ, η, ζ, il vient,

$$\frac{2\pi}{K_0} \sum f'^2 = \frac{2\pi}{K_0} \sum f^2 + \begin{vmatrix} \xi & \eta & \zeta \\ \alpha & \beta & \gamma \\ f & g & h \end{vmatrix}.$$

D'autre part, l'énergie magnétique rapportée à l'unité de volume a pour expression,

$$\frac{1}{8\pi} \sum \alpha^2 ;$$

comparons-la à

$$\frac{1}{8\pi} \sum \alpha'^2.$$

Cette dernière expression a pour valeur

$$\frac{1}{8\pi}\sum \alpha'^2 = \frac{1}{8\pi}\sum \alpha^2 + \begin{vmatrix} \xi & \eta & \zeta \\ \alpha & \beta & \gamma \\ f & g & h \end{vmatrix}.$$

Comparons donc les trois quantités suivantes,

$$\frac{2\pi}{K_0}\sum f^2 \,; \qquad \frac{1}{8\pi}\sum \alpha^2 \,; \qquad \begin{vmatrix} \xi & \eta & \zeta \\ \alpha & \beta & \gamma \\ f & g & h \end{vmatrix}.$$

Si les ondes sont planes on trouve aisément que ces trois quantités sont entre elles comme,

$$\frac{1}{n^2}, \qquad 1, \qquad \frac{2}{10\,000}\,\frac{\cos\varphi}{n},$$

(φ étant l'angle de la vitesse de la matière et de la direction de propagation de l'onde).

Qu'est-ce qu'il résulte de là? C'est que le terme complémentaire.

$$\begin{vmatrix} \xi & \eta & \zeta \\ \alpha & \beta & \gamma \\ f & g & h \end{vmatrix}$$

est très petit ; le rapport de ce terme à l'intensité totale sera une très faible fraction de l'intensité totale. Ce serait au plus $\dfrac{2}{10\,000}$ de l'intensité totale. Or, on est absolument dans l'impossibilité de mesurer une intensité lumineuse à $\dfrac{1}{5\,000}$ près ; si on photographie les franges d'interférence, on ne peut pas apprécier sur la plaque photographique, d'un point à l'autre, une différence d'intensité de $\dfrac{1}{2\,000}$; on voit par conséquent que cette variation d'intensité lumineuse prévue par les considérations précédentes, n'est pas abordable expérimentalement.

414. — Remarquons cependant que les considérations précédentes supposent que les ondes sont planes. En général les ondes employées en optique sont planes. Je ne connais que l'expérience d'Otto Wiener [1] où les ondes ne soient pas tout à fait planes. M. Wiener fait interférer deux ondes à angle droit; il obtient des franges excessivement fines (environ 4 par millième de millimètre). Dans ces conditions on n'a plus affaire à des ondes planes et $\dfrac{2\pi}{K_0}\sum f'^2$ peut alors s'annuler sans que le terme complémentaire (le déterminant ci-dessus) s'annule en même temps, par conséquent sans que $\dfrac{2\pi}{K_0}\sum f'^2$ s'annule; les franges pourraient donc être déplacées par le mouvement de la terre de $\dfrac{1}{1000}$ de leur valeur; un pareil déplacement est tout à fait inappréciable; on est déjà très content de pouvoir *voir* ces franges, mais on ne peut chercher à mesurer un déplacement qui ne dépasse pas $\dfrac{1}{1000}$ de leur largeur $\left(\text{qui est elle-même de } \dfrac{1}{4} \text{ de}\right.$ millième de millimètre$\Big)$: ce serait peine perdue.

415. — La différence provenant du temps local ne peut pas non plus être mise en évidence. Nous avons vu, en effet, que d'après Lorentz la différence entre le temps vrai et le temps local pour 1 kilomètre de distance est de $\dfrac{1}{3\times10^{5}}$ secondes. Ce temps est suffisamment long, il est vrai, par rapport à une période vibratoire, et par conséquent il paraîtrait pouvoir être mis en évidence par les interférences, seulement il faut se rappeler qu'on ne peut pas observer directement les différences de phase entre deux vibrations se produisant *en deux points différents*.

Les phénomènes optiques ne peuvent donc pas être altérés par le mouvement de la terre.

416. — Sous ce rapport, la théorie de Lorentz est parfaitement d'accord avec l'expérience. Mais M. Michelson a fait interférer

---

[1] Otto Wiener. *Wied. Ann.*, t. XL.

deux rayons lumineux dans les conditions suivantes : le premier subissait une réflexion sur une glace sans tain placée dans l'azimuth 45°, puis une réflexion sur un miroir dans l'azimuth 90° ; et traversait ensuite la glace sans tain par transmission ; le second rayon traversait d'abord cette même glace et subissait ensuite une réflexion sur un miroir dans l'azimuth 0° puis une réflexion sur la glace sans tain.

Dans les conditions de l'expérience, les termes de l'ordre du carré de l'aberration auraient dû devenir sensibles et cependant le résultat a encore été négatif. La théorie de Lorentz comme toutes les autres théories optiques faisait prévoir un résultat positif.

On a alors imaginé une hypothèse supplémentaire. Tous les corps subiraient dans le sens du mouvement de la terre un raccourcissement de $\dfrac{1}{2 \times 10^{9}}$ de leur longueur.

Cette étrange propriété semblerait un véritable « *coup de pouce* » donné par la nature pour éviter que le mouvement absolu de la terre puisse être révélé par les phénomènes optiques. Cela ne saurait me satisfaire et je crois devoir dire ici mon sentiment : je regarde comme très probable que les phénomènes optiques ne dépendent que des mouvements relatifs des corps matériels en présence, sources lumineuses ou appareils optiques *et cela non pas aux quantités près de l'ordre du carré ou du cube de l'aberration, mais rigoureusement*. À mesure que les expériences deviendront plus exactes, ce principe sera vérifié avec plus de précision.

Faudra-t-il un nouveau *coup de pouce*, une hypothèse nouvelle, à chaque approximation ? Évidemment non : une théorie bien faite devrait permettre de démontrer le principe d'un seul coup dans toute sa rigueur. La théorie de Lorentz ne le fait pas encore. De toutes celles qui ont été proposées, c'est elle qui est le plus près de le faire. On peut donc espérer de la rendre parfaitement satisfaisante sous ce rapport sans la modifier trop profondément.

CHAPITRE VII

INFLUENCE DU MOUVEMENT DE LA TERRE SUR LES
PHÉNOMÈNES ÉLECTRIQUES PROPREMENT DITS

417. — Voyons maintenant ce qui concerne les phénomènes électriques proprement dits qui ont pour siège les *conducteurs*.

Quelles sont les équations fondamentales de Lorentz dans ce cas? Remarquons d'abord qu'ayant affaire à des conducteurs on n'a plus de polarisation et que par conséquent l'équation en λ_k doit être remplacée par l'équation qui exprime la loi d'Ohm, à savoir

$$
\begin{cases}
\lambda p = \dfrac{4\pi}{K_0} f + (\eta\gamma - \zeta\beta), \\[2ex]
\lambda q = \dfrac{4\pi}{K_0} g + (\zeta\alpha - \xi\gamma), \\[2ex]
\lambda r = \dfrac{4\pi}{K_0} h + (\xi\beta - \eta\alpha),
\end{cases}
$$

λ étant la résistance spécifique.

Quant aux autres équations, on a

$$
\begin{cases}
\dfrac{d\alpha}{dt} = -\dfrac{4\pi}{K_0}\left(\dfrac{dh}{dy} - \dfrac{dg}{dz}\right), \\[2ex]
\dfrac{d\beta}{dt} = -\dfrac{4\pi}{K_0}\left(\dfrac{df}{dz} - \dfrac{dh}{dx}\right), \\[2ex]
\dfrac{d\gamma}{dt} = -\dfrac{4\pi}{K_0}\left(\dfrac{dg}{dx} - \dfrac{df}{dy}\right);
\end{cases}
$$

$$\left\{ \begin{aligned} \frac{d\gamma}{dy} - \frac{d\beta}{dz} &= 4\pi u, \\[1mm] \frac{d\alpha}{dz} - \frac{d\gamma}{dx} &= 4\pi v, \\[1mm] \frac{d\beta}{dx} - \frac{d\alpha}{dy} &= 4\pi w; \end{aligned} \right.$$

$$\left\{ \begin{aligned} u &= \frac{df}{dt} + p + \rho\xi, \\[1mm] v &= \frac{dg}{dt} + q + \rho\eta, \\[1mm] w &= \frac{dh}{dt} + r + \rho\zeta; \end{aligned} \right.$$

$$\sum \frac{df}{dx} = \rho \; ;$$

$$\sum \frac{d\alpha}{dx} = 0.$$

En faisant le même changement de variable que tout à l'heure
(voir p. 53o) ces équations deviennent,

$$\left\{ \begin{aligned} \frac{d\alpha'}{dt'} &= -\frac{4\pi}{\mathrm{K}_0}\left(\frac{dh'}{dy'} - \frac{dg'}{dz'} \right), \\[1mm] \frac{d\beta'}{dt'} &= -\frac{4\pi}{\mathrm{K}_0}\left(\frac{df'}{dz'} - \frac{dh'}{dx'} \right), \\[1mm] \frac{d\gamma'}{dt'} &= -\frac{4\pi}{\mathrm{K}_0}\left(\frac{dg'}{dx'} - \frac{df'}{dy'} \right) ; \end{aligned} \right.$$

$$\left\{ \begin{aligned} \frac{d\gamma'}{dy'} - \frac{d\beta'}{dz'} &= 4\pi u', \\[1mm] \frac{d\alpha'}{dz'} - \frac{d\gamma'}{dx'} &= 4\pi v', \\[1mm] \frac{d\beta'}{dx'} - \frac{d\alpha'}{dy'} &= 4\pi w'; \end{aligned} \right.$$

en posant

$$\left\{ \begin{aligned} u' &= \frac{df'}{dt'} + p, \\[1mm] v' &= \frac{dg'}{dt'} + q, \\[1mm] w' &= \frac{dh'}{dt'} + r, \end{aligned} \right.$$

où $\dfrac{df'}{dt'}$, $\dfrac{dg'}{dt'}$, $\dfrac{dh'}{dt'}$ représentent le nouveau courant de déplacement et p, q, r le courant de conduction.

Quant au groupe I d'équations fondamentales de Lorentz, il devient

$$\lambda p = \frac{4\pi}{\mathrm{K}_0} f',$$
$$\lambda q = \frac{4\pi}{\mathrm{K}_0} g',$$
$$\lambda r = \frac{4\pi}{\mathrm{K}_0} h'.$$

Posons encore

$$\rho' = \rho - \mathrm{K}_0 \sum \xi p,$$

où

$$\sum \xi p = \xi p + \eta q + \zeta r;$$

il vient alors

$$\sum \frac{df'}{dx'} = \rho',$$
$$\sum \frac{d\alpha'}{dx'} = 0.$$

418. — On trouve donc les mêmes équations que si la terre était en repos ; à cela près que les lettres non accentuées sont remplacées par les mêmes lettres accentuées. Il n'y a qu'un petit changement : en ce qui concerne ρ, qui est remplacé par

$$\rho' = \rho - \mathrm{K}_0 \sum \xi p.$$

Voyons alors si ce changement de la densité électrique a une influence sur les phénomènes électrostatiques.

Remarquons d'abord que le principe de la conservation de l'électricité n'est pas altéré par ce changement de ρ. Nous avons vu, en effet que les équations fondamentales de Lorentz sont compatibles avec ce principe et comme les équations que nous venons d'obtenir, en supposant la terre en mouvement, gardent la même forme que celles pour le cas où elle est en repos, il en résulte qu'elles seront encore compatibles avec le principe de la conservation de l'électricité.

419. — Mais on pourrait se demander si ce changement de ρ n'aurait pas d'influence au point de vue des effets mécaniques que l'on observe.

Pour voir cela, considérons un conducteur parcouru par un courant permanent et évaluons les forces auxquelles il sera soumis en les rapportant à l'unité de volume.

Ce conducteur sera soumis :

1° A la force électrostatique

$$\left\{ \begin{array}{l} \rho\,\dfrac{4\pi}{K_0}\,f, \\[2mm] \rho\,\dfrac{4\pi}{K_0}\,g, \\[2mm] \rho\,\dfrac{4\pi}{K_0}\,h . \end{array} \right.$$

2° A l'action électrodynamique. Cette action est due à l'action du champ magnétique sur le conducteur. Or le champ magnétique exerce son action sur le courant de conduction $(p,\ q,\ r)$ et sur le courant de convection $(\rho\xi,\ \rho\eta,\ \rho\zeta)$. On aura donc pour cette action électro-dynamique

$$\left\{ \begin{array}{l} (p + \rho\xi)\,\beta - (q + \rho\eta)\,\alpha, \\[1mm] (q + \rho\eta)\,\gamma - (r + \rho\zeta)\,\beta, \\[1mm] (r + \rho\zeta)\,\alpha - (p + \rho\xi)\,\gamma ; \end{array} \right.$$

on aura donc en tout,

$$\left\{ \begin{array}{l} \rho\,\dfrac{4\pi}{K_0}\,f + (q + \rho\eta)\,\gamma - (r + \rho\zeta)\,\beta, \\[2mm] \rho\,\dfrac{4\pi}{K_0}\,g + (r + \rho\zeta)\,\alpha - (p + \rho\xi)\,\gamma, \\[2mm] \rho\,\dfrac{4\pi}{K_0}\,h + (p + \rho\xi)\,\beta - (q + \rho\eta)\,\alpha, \end{array} \right.$$

qui peut encore s'écrire

$$(1) \qquad \left\{ \begin{array}{l} \rho\left[\dfrac{4\pi}{K_0}\,f + (\eta\gamma - \zeta\beta)\right] + (q\gamma - r\beta), \\[2mm] \rho\left[\dfrac{4\pi}{K_0}\,g + (\zeta\alpha - \xi\gamma)\right] + (r\alpha - p\gamma), \\[2mm] \rho\left[\dfrac{4\pi}{K_0}\,h + (\xi\beta - \eta\alpha)\right] + (p\beta - q\alpha) ; \end{array} \right.$$

ceci si la terre était en repos.

Dans le cas du mouvement on a

$$
(2)\qquad \left\{
\begin{aligned}
&\rho' \frac{4\pi}{K_0} f' + q\gamma' - r\beta',\\
&\rho' \frac{4\pi}{K_0} g' + r\alpha' - p\gamma',\\
&\rho' \frac{4\pi}{K_0} h' + p\beta' - q\alpha').
\end{aligned}
\right.
$$

Évaluons le surcroît d'effort, c'est-à-dire faisons la différence des deux efforts (1) et (2) ; il vient, en se rappelant que

$$
\left\{
\begin{aligned}
f' &= f + \frac{4\pi}{K_0}(\eta\gamma - \zeta\beta),\\
g' &= g + \frac{4\pi}{K_0}(\zeta\alpha - \xi\gamma),\\
h' &= h + \frac{4\pi}{K_0}(\xi\beta - \eta\alpha),
\end{aligned}
\right.
$$

$$
\left\{
\begin{aligned}
&(\rho - \rho')\frac{4\pi}{K_0} f + q(\gamma - \gamma') - r(\beta - \beta'),\\
&(\rho - \rho')\frac{4\pi}{K_0} g + r(\alpha - \alpha') - p(\gamma - \gamma'),\\
&(\rho - \rho')\frac{4\pi}{K_0} h + p(\beta - \beta') - q(\alpha - \alpha'),
\end{aligned}
\right.
$$

or
$$\rho - \rho' = K_0 \sum p\xi,$$

donc
$$
\left\{
\begin{aligned}
&4\pi f \sum p\xi + q(\gamma - \gamma') - r(\beta - \beta'),\\
&4\pi g \sum p\xi + r(\alpha - \alpha') - p(\gamma - \gamma'),\\
&4\pi h \sum p\xi + p(\beta - \beta') - q(\alpha - \alpha') ;
\end{aligned}
\right.
$$

ou encore, en se rappelant que

$$
\left\{
\begin{aligned}
\alpha' &= \alpha - 4\pi(\eta h - \zeta g),\\
\beta' &= \beta - 4\pi(\zeta f - \xi h),\\
\gamma' &= \gamma - 4\pi(\xi g - \eta f),
\end{aligned}
\right.
$$

$$
\left\{
\begin{aligned}
4\pi\xi(fp + gq + hr) &= 4\pi\xi \sum fp,\\
4\pi\eta(fp + gq + hr) &= 4\pi\eta \sum fp,\\
4\pi\zeta(fp + gq + hr) &= 4\pi\zeta \sum fp.
\end{aligned}
\right.
$$

Or nous avons en désignant par P, Q, R les composantes de la force électrique

$$P = \frac{4\pi}{K_0} f,$$
$$Q = \frac{4\pi}{K_0} g,$$
$$R = \frac{4\pi}{K_0} h;$$

donc,

$$4\pi\xi \sum fp = K_0\xi \sum Pp,$$
$$4\pi\eta \sum fp = K_0\eta \sum Pp,$$
$$4\pi\zeta \sum fp = K_0\zeta \sum Pp.$$

Quelle est la signification de $\sum Pp$? Nous avons vu antérieurement (p. 361) en parlant de la théorie de Hertz, que $\sum Pp\,d\tau$ représentait la chaleur de Joule produite dans l'élément de volume $d\tau$ pendant l'unité de temps si dans cet élément de volume il n'y a pas de cause produisant de l'énergie électrochimique ou thermo-électrique (effet Peltier, etc.) [1].

Par conséquent si nous considérons un circuit parcouru par un courant permanent, la chaleur de Joule dépensée dans ce circuit est égale à l'énergie produite par la pile. Par conséquent l'intégrale $\int Pp$ étendue à tout le circuit est nulle : l'intégrale de la force supplémentaire étendue à tout le conducteur, ou ce qui revient au même, à tout l'espace, est identiquement nulle.

La force complémentaire ne donne donc pas de résultante de translation : elle se réduit au plus à un couple.

M. Lorentz dans son mémoire de 1895 [2] arrive au contraire à

---

[1] Dans ce dernier cas il faudrait défalquer de l'expression ci-dessus cette énergie électrique due aux phénomènes thermo-électriques, etc.

[2] LORENTZ. *Versuch einer Theorie in bewegten Körpern*. Leiden. 1895.

dire que cette force complémentaire du premier ordre n'existe pas. Nous avons vu pourtant que l'analyse qui précède nous l'a montrée assez facilement.

420. — Pour nous faire une idée claire de la grandeur de cette force citons un exemple numérique de M. Liénard [1].

M. Liénard considère une dynamo de 100 poncelets $= 98$ kilowatts et il suppose que sa résistance extérieure est égale à sa résistance intérieure.

L'équivalent mécanique de la chaleur dégagée par seconde dans le circuit extérieur sera,

$$\frac{1}{2}\,100 \times 100 \text{ kgm.}$$

La force supplémentaire exercée sur le circuit extérieur, où les forces électromotrices sont nulles, aura pour valeur,

$$K_0 \xi\,\frac{1}{2}\,100 \times 100;$$

or

$$K_0 \xi = \frac{\xi}{V^2} = \frac{\xi}{V}\cdot\frac{1}{V},$$

$\dfrac{\xi}{V}$ le rapport de la vitesse de la terre à celle de la lumière est égal à 10^{-4} et V la vitesse de la lumière est égale à 3×10^8, en prenant pour unité de longueur le mètre.

On obtient donc

$$K_0 \xi\,\frac{1}{2}\,100 \times 100 = \frac{10^{-4}}{3 \times 10^8}\cdot\frac{1}{2}\,10^4 = \frac{1}{6 \times 10^5}\text{ kgr} = \frac{1}{600}\text{milligr.}$$

c'est-à-dire une force tout à fait négligeable.

En résumé on voit donc que dans le cas de phénomènes électrostatiques, bien qu'il y ait des termes du premier ordre, il n'y a pas d'action qui puisse être mise en évidence expérimentalement.

La théorie de Lorentz reste donc compatible avec les faits expérimentaux.

---

[1] *Eclairage électrique*, t. XVI, p. 324.

CHAPITRE VIII

POLARISATION ROTATOIRE MAGNÉTIQUE ET PHÉNOMÈNE
DE ZEEMAN

421. — Rappelons en quelques mots en quoi consistent ces phénomènes.

Faraday a montré que certains corps, lorsqu'ils sont placés dans un champ magnétique intense et qu'ils sont traversés par un rayon de lumière polarisée, ont la propriété de faire tourner le plan de polarisation de ce rayon de lumière quand le champ magnétique est parallèle au rayon polarisé considéré. Si le champ est perpendiculaire au rayon polarisé on n'observe rien de particulier ; enfin si le champ est oblique on a une action qui est provoquée par la composante du champ parallèle au rayon, l'autre composante n'ayant pas d'influence : on obtient donc le même résultat que si la composante du champ parallèle au rayon existait toute seule.

L'explication cinématique de ce phénomène est la suivante : il faut et il suffit que la vitesse de propagation du rayon circulaire droit soit différente de la vitesse de propagation du rayon circulaire gauche.

M. Lorentz en appliquant sa théorie à cet ordre de phénomènes a prévu des résultats nouveaux qui ont été vérifiés expérimentalement par M. Zeeman. Résumons ces résultats :

1° Lorsque le champ magnétique est parallèle au rayon, chaque raie se dédouble en deux autres raies polarisées. La polarisation sera *totale* et *circulaire droite* pour une des raies et *totale et circulaire gauche* pour l'autre raie.

2° Si le champ magnétique est perpendiculaire au rayon, on obtient un *triplet ;* les trois raies sont polarisées mais cette fois-ci *rectilignement ;* le plan de polarisation de la raie médiane est perpendiculaire au champ; le plan de polarisation des deux autres raies symétriques de la raie médiane est parallèle au champ.

Voilà les découvertes expérimentales de Zeeman.

Mais avant d'aller plus loin faisons remarquer que le phénomène de Faraday et les phénomènes de Zeeman sont entièrement différents l'un de l'autre quant à l'action du champ magnétique sur les ondes lumineuses. Dans le premier phénomène l'action du champ magnétique s'exerce, en effet, sur la vitesse de propagation des ondes lumineuses ayant déjà acquis leur régime permanent; dans le phénomène de Zeeman l'action du champ magnétique sur la source de lumière, où les ondes sont pour ainsi dire à l'état naissant, s'exerce sur la période vibratoire de l'onde.

422. — La découverte du triplet Zeeman [1] parut un instant une confirmation éclatante de la théorie de Lorentz. Mais bientôt après M. Cornu [2] découvrait que la plupart des raies ne se décomposent pas seulement en trois dans le champ magnétique mais bien en quatre composantes symétriques deux à deux par rapport à la raie primitive a; les deux raies bb, les moins écartées de la raie primitive a, sont polarisées rectilignement, seulement leur plan de polarisation est parallèle au champ.

Pour d'autres corps on n'observe, à proprement parler, qu'un triplet, seulement la raie médiane apparaît très élargie, et on peut conclure qu'elle est, elle aussi, dédoublée, mais ces deux composantes ne sont pas suffisamment séparées.

Enfin il y a certaines raies du fer pour lesquelles on a bien un triplet, mais comme MM. Becquerel et Deslandres [3] l'ont montré, la polarisation des raies est renversée : c'est la raie médiane dont le plan de polarisation est parallèle au champ et les deux raies extrêmes qui sont polarisées perpendiculairement au champ.

---

[1] ZEEMAN (P.). L'influence du magnétisme sur la nature de la lumière émise par une substance. *Éclair. électr.*, t. XI, p. 513.

Lignes doubles et triples produites dans le spectre sous l'influence d'un champ magnétique extérieur. *Éclair. électr.*, t. XIII, p. 274.

[2] CORNU (A.). Sur quelques résultats nouveaux relatifs au phénomène de Zeeman. *Éclair. électr.*, t. XIV, p. 185.

[3] *Éclair. électr.*, t. XV, p. 173, 23 avril 1898.

D'après M. Michelson ([1]) ces phénomènes paraissent encore plus compliqués.

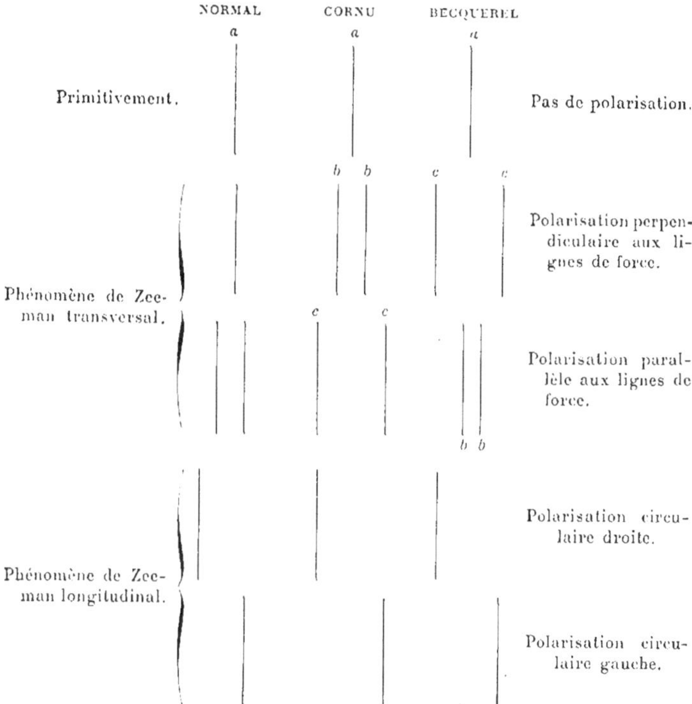

En somme on voit que ces phénomènes sont plus compliqués que Lorentz ne le supposait; aussi sa théorie, sous sa forme primitive, paraissait incapable de rendre compte de tous ces faits. Il la modifia en y introduisant l'hypothèse des ions complexes que nous examinerons un peu plus loin. La théorie perdait ainsi sa simplicité séduisante; il y a lieu cependant d'examiner dans quelle mesure elle est devenue conforme aux faits observés. C'est cet examen que je me propose de faire.

423. *Champ magnétique intense.* — Commençons par étudier l'action d'un champ magnétique intense. Les équations

---

([1]) *Phil. mag.*, t. XLIV, p. 109-116, juillet 1897.

déduites des conditions d'équilibre des particules chargées en tenant compte de l'action mécanique du champ magnétique sur ces particules sont, comme nous le savons déjà

$$(1) \quad \begin{cases} \lambda_\kappa \dfrac{d^2 X_\kappa}{dt^2} + \dfrac{X_\kappa}{L_\kappa} = f + \dfrac{X}{3} + \varepsilon_\kappa \left(\dfrac{dY_\kappa}{dt} \gamma - \dfrac{dZ_\kappa}{dt} \beta \right), \\[2mm] \lambda_\kappa \dfrac{d^2 Y_\kappa}{dt^2} + \dfrac{Y_\kappa}{L_\kappa} = g + \dfrac{Y}{3} + \varepsilon_\kappa \left(\dfrac{dZ_\kappa}{dt} \alpha - \dfrac{dX_\kappa}{dt} \gamma \right), \\[2mm] \lambda_\kappa \dfrac{d^2 Z_\kappa}{dt^2} + \dfrac{Z_\kappa}{L_\kappa} = h + \dfrac{Z}{3} + \varepsilon_\kappa \left(\dfrac{dX_\kappa}{dt} \beta - \dfrac{dY_\kappa}{dt} \alpha \right). \end{cases}$$

Deux cas intéressants peuvent se présenter :
1° Le champ est parallèle au rayon lumineux,
2° Le champ est perpendiculaire au rayon lumineux.
Commençons par étudier le premier cas.

424. *Rayon parallèle au champ*. — Supposons d'abord le champ parallèle au rayon, c'est-à-dire parallèle à l'axe des z. Supposons en d'autres termes

$$\alpha = \beta = 0,$$

le champ se réduit alors à sa composante γ, et les équations (1) deviennent,

$$(2) \quad \begin{cases} \lambda_\kappa \dfrac{d^2 X_\kappa}{dt^2} + \dfrac{X_\kappa}{L_\kappa} = f + \dfrac{X}{3} + \varepsilon_\kappa \gamma \dfrac{dY_\kappa}{dt}, \\[2mm] \lambda_\kappa \dfrac{d^2 Y_\kappa}{dt^2} + \dfrac{Y_\kappa}{L_\kappa} = g + \dfrac{Y}{3} - \varepsilon_\kappa \gamma \dfrac{dX_\kappa}{dt}, \end{cases}$$

et nous avons encore

$$(3) \quad \begin{cases} (n^2 - 1) f = X, \\ (n^2 - 1) g = Y. \end{cases}$$

425. *Rayon circulaire droit*. — Examinons maintenant comment se propage un rayon circulaire droit.
Nous savons que

$$f = \text{partie réelle de } f_0 e^{iv(nz\sqrt{K_0} - t)}.$$

Ce qui caractérise le rayon circulaire droit c'est que g est la partie imaginaire de cette même fonction f, de sorte que nous avons,

$$(4) \qquad f + ig = f_0 e^{ip\,(nz\,\sqrt{\overline{K_0}}\,-\,t)}.$$

De même les expressions de

$$X + iY,$$

et de

$$X_\kappa + iY_\kappa,$$

sont proportionnelles à cette même exponentielle imaginaire.

Posons alors

$$(5) \qquad X_\kappa + iY_\kappa = U_\kappa,$$

$$(6) \qquad X + iY = U = \sum U_\kappa,$$

il vient, en tenant compte de (3).

$$(7) \qquad f + ig = \frac{X + iY}{n^2 - 1} = \frac{U}{n^2 - 1}.$$

Nos équations (2) deviennent alors,

$$(8) \qquad \lambda_\kappa \frac{d^2 U_\kappa}{dt^2} + \frac{U_\kappa}{L_\kappa} = \frac{U}{n^2 - 1} + \frac{U}{3} - i\varepsilon_\kappa\gamma \frac{dU_\kappa}{dt}.$$

D'autre part nous aurons encore,

$$(9) \qquad \begin{cases} \dfrac{d^2 U_\kappa}{dt^2} = -p^2 U_\kappa, \\[2ex] \dfrac{dU_\kappa}{dt} = -ip U_\kappa. \end{cases}$$

Nos équations (8) peuvent donc s'écrire,

$$(10) \qquad \frac{U_\kappa}{L_\kappa} - \lambda_\kappa p^2 U_\kappa = \frac{U}{n^2 - 1} + \frac{U}{3} + p\varepsilon_\kappa\gamma U_\kappa,$$

En éliminant U_κ entre ces équations et en se rappelant que

$$U = \sum U_\kappa,$$

on trouvera une relation entre n, p et γ ; cela nous permettra de construire la courbe de dispersion.

Pour faire cette élimination je pose,

$$\Phi = \sum \frac{U_\kappa^2}{2 l_\kappa} - \frac{U^2}{6},$$

$$\Phi_1 = \sum \frac{\lambda_\kappa U_\kappa^2}{2},$$

$$\Phi_2 = \frac{U^2}{2},$$

$$\Phi_3 = \sum \frac{\varepsilon_\kappa U_\kappa^2}{2},$$

$$\Theta = \Phi - p^2 \Phi_1 - \frac{\Phi_2}{n^2 - 1} - p^2 \Phi_3.$$

Nos équations (10) deviennent alors,

$$(11) \qquad \frac{d\Theta}{dU_\kappa} = 0,$$

Φ d'après sa forme c'est une forme quadratique homogène par rapport aux U_κ ; nous avons donc en vertu du théorème des fonctions homogènes,

$$(12) \qquad 2\Theta = \sum U_\kappa \frac{d\Theta}{U d_\kappa},$$

et par conséquent, d'après (11)

$$(13) \qquad \Theta = 0.$$

Ces équations nous donnent d'abord les valeurs de U_κ et elles nous donnent en outre la valeur de n en fonctions de deux variables ; en fonction du champ magnétique γ, et en fonction de p, c'est-à-dire en fonction de la couleur.

Nous pouvons donc regarder les U_κ et n comme des fonctions de deux variables indépendantes : p et γ.

En différentiant l'équation (13) par rapport à p je trouve,

$$\frac{d\Theta}{dp} + \frac{d\Theta}{dn} \frac{dn}{dp} + \sum \frac{d\Theta}{dU_\kappa} \frac{dU_\kappa}{dp} = 0,$$

ou, en tenant compte de (11)

$$(14) \qquad \frac{d\Theta}{dp} + \frac{d\Theta}{dn}\frac{dn}{dp} = 0.$$

Nous aurons de même en différentiant par rapport à la seconde variable γ,

$$(15) \qquad \frac{d\Theta}{d\gamma} + \frac{d\Theta}{dn}\frac{dn}{d\gamma} = 0.$$

L'équation (14) nous donne $\dfrac{dn}{dp}$: c'est la dispersion chromatique ordinaire, c'est-à-dire la variation de l'indice avec la couleur. L'équation (15) nous donne la valeur de $\dfrac{dn}{d\gamma}$ dont dépend la polarisation rotatoire magnétique.

En comparant ces deux expressions (14) et (15) nous voyons que $\dfrac{dn}{dp}$ et $\dfrac{dn}{d\gamma}$ sont entre eux comme les dérivées partielles $\dfrac{d\Theta}{dp}$ et $\dfrac{d\Theta}{d\gamma}$.

Calculons ces deux dérivées partielles. Nous avons d'abord,

$$\frac{d\Theta}{dp} = -\, 2p\Phi_1 - \gamma\Phi_3,$$

mais $\gamma\Phi_3$ est très petit par rapport au premier terme ; on peut donc le négliger et il vient alors

$$(16) \qquad \frac{d\Theta}{dp} = -\, 2p\Phi_1,$$

et d'autre part

$$(17) \qquad \frac{d\Theta}{d\gamma} = -\, p\Phi_3,$$

$\dfrac{dn}{dp}$ et $\dfrac{dn}{d\gamma}$ sont donc entre eux comme $2\Phi_1$ et Φ_3.

Et bien, si l'on suppose que les quantités ε_κ sont proportionnelles à λ_κ (hypothèse qui n'est pas loin de la vérité) le rapport $\dfrac{\Phi_1}{\Phi_3}$ est alors constant, par conséquent,

$$(18) \qquad \frac{\dfrac{dn}{dp}}{\dfrac{dn}{d\gamma}} = C^{te} \; ;$$

on pourra donc dire que $\dfrac{dn}{dp}$ est sensiblement proportionnel à $\dfrac{dn}{d\gamma}$.

Cette loi, énoncée par M. Becquerel est vérifiée, tantôt grossièrement, tantôt avec une certaine précision.

426. *Raies d'absorption*. — Pour avoir les raies d'absorption il faut chercher les asymptotes de la courbe de dispersion ; il faut donc faire dans l'équation de cette courbe $n = \infty$ et regarder p comme une fonction de γ. On trouve ainsi

$$\frac{d\Theta}{dp}\,\frac{dp}{d\gamma} + \frac{d\Theta}{d\gamma} = 0,$$

d'où en tenant compte des relations (16) et (17),

$$(19) \qquad \frac{dp}{d\gamma} = - \frac{\dfrac{d\Theta}{d\gamma}}{\dfrac{d\Theta}{dp}} = - \frac{\Phi_3}{2\Phi_1},$$

formule qui nous fait connaître le déplacement de la raie d'absorption par l'action du champ magnétique en supposant la polarisation circulaire droite.

427. *Rayon circulaire gauche*. — Supposons maintenant que nous ayons affaire à un rayon circulaire gauche. Dans ce cas, ce n'est plus $f + ig$ et $X + iY$ qui sont égaux au produit d'une exponentielle par un facteur constant, mais bien $f - ig$ et $X - iY$; c'est là la condition qui caractérise un rayon circulaire gauche. Nous devons donc poser,

$$X_k - iY_k = U_k,$$

et, en répétant les calculs que nous avons faits plus haut, nous retomberons sur l'équation (8) avec cette seule différence que le signe du terme en γ sera changé. Nous obtiendrons donc les mêmes résultats que plus haut, à cela près que les signes de $\dfrac{dn}{d\gamma}$ et de $\dfrac{dp}{d\gamma}$ seront changés.

La différence d'indice des deux rayons, droit et gauche, est donc

$$2\gamma\,\frac{dn}{d\gamma}\;;$$

par suite, la polarisation rotatoire est proportionnelle à $p\,\dfrac{dn}{d\gamma}$, ou encore en tenant compte de la relation (18), elle sera sensiblement proportionnelle à

$$p\,\frac{dn}{dp}\,,$$

c'est la loi récemment énoncée par M. H. Becquerel [1]. Mais cette formule de dispersion n'est pas la seule qui ait été proposée. On a proposé également les formules suivantes, qui sont déjà moins heureuses que celle de M. Becquerel :

$$n^2 p^2 \left(n + p\,\frac{dn}{dp}\right),$$

$$p^2 \left(n + p\,\frac{dn}{dp}\right),$$

$$n + p\,\frac{dn}{dp}\,.$$

La raie d'absorption qui correspond au nombre p_k se décomposera donc en deux autres raies qui correspondront aux nombres

$$p_k - \frac{\Phi_3\gamma}{2\Phi_1}\,,\ \text{et}\ p_k + \frac{\Phi_3\gamma}{2\Phi_1}\,,$$

et qui seront polarisées circulairement, la première à droite, la seconde à gauche : c'est le *doublet* de Zeeman.

---

[1] H. BECQUEREL, C. R., 1898 et 1899.

La théorie de Lorentz est donc satisfaisante dans le cas où le rayon lumineux est parallèle au champ magnétique : elle rend bien compte des phénomènes observés.

428. Rayon perpendiculaire au champ. — Supposons maintenant que le rayon soit perpendiculaire au champ, ce qui revient à faire

$$\beta = \gamma = 0.$$

Nos équations (1) deviennent dans ce cas

$$(20) \quad \left\{ \begin{aligned} \lambda_\kappa \frac{d^2 X_\kappa}{dt^2} + \frac{X_\kappa}{L_\kappa} &= f + \frac{X}{3}, \\ \lambda_\kappa \frac{d^2 Y_\kappa}{dt^2} + \frac{Y_\kappa}{L_\kappa} &= g + \frac{Y}{3} + \varepsilon_\kappa \mathcal{H} \frac{dZ_\kappa}{dt}, \\ \lambda_\kappa \frac{d^2 Z_\kappa}{dt^2} + \frac{Z_\kappa}{L_\kappa} &= h + \frac{Z}{3} - \varepsilon_\kappa \mathcal{H} \frac{dY_\kappa}{dt}. \end{aligned} \right.$$

On aura d'ailleurs

$$(21) \quad \left\{ \begin{aligned} (n^2 - 1) f &= X, \\ (n^2 - 1) g &= Y, \end{aligned} \right.$$

mais la relation entre h et Z sera différente ; *on n'aura pas* $(n^2 - 1) h = Z$. Nous avons en effet

$$\sum \frac{df}{dx} + \sum \frac{dX}{dx} = 0 ;$$

si l'onde est plane, les dérivées prises par rapport à x et à y sont nulles et cette équation se réduit à

$$(22) \quad \frac{dh}{dz} + \frac{dZ}{dz} = 0,$$

et comme h et Z doivent être des fonctions périodiques de z,

$$h + Z = 0,$$

donc

$$(23) \quad h = -Z.$$

Que devrait-on donc observer d'après Lorentz ? D'abord,

pour la première équation (20), il n'y a pas de déplacement ; la raie qui est perpendiculaire au champ ne devrait donc pas bouger. Quant aux autres raies, voici ce qu'il devrait s'y passer :

1° Lorsqu'il n'y a pas de champ du tout $(\alpha = 0)$, on a

$$Z = h = Z_{\kappa} = 0,$$

c'est-à-dire que les vibrations des particules comme celles de l'éther sont transversales.

2° Si le champ est du premier ordre (et un champ de 30 000 unités C. G. S. qui produit le dédoublement, mais un dédoublement très faible, peut encore, à ce compte, être regardé comme très petit) les quantités h, Z et Z_{κ} seront très petites du premier ordre, le terme en ε_{κ} sera donc du second ordre et pourra être négligé, et on aura alors,

$$\lambda_{\kappa}\frac{d^2 X_{\kappa}}{dt^2} + \frac{X_{\kappa}}{I_{\kappa}} = f + \frac{X}{3},$$

$$\lambda_{\kappa}\frac{d^2 Y_{\kappa}}{dt^2} + \frac{Y_{\kappa}}{I_{\kappa}} = g + \frac{Y}{3},$$

ce qui signifie que le champ n'aura aucune action sur les raies. Or, ce n'est pas du tout ce qu'on observe. L'expérience nous apprend que non seulement le champ a encore une action dans ce cas, mais encore que la polarisation des raies s'intervertit.

A ce compte, la théorie de Lorentz sous sa forme primitive ne serait donc pas plus capable d'expliquer le triplet de M. Zeeman que le quadruplet de M. Cornu.

429. — Rappelons le raisonnement approché que l'on faisait pour expliquer le triplet de Zeeman ; on faisait dans les formules (20)

$$f = g = h = 0.$$

C'est qu'en effet on se croyait en droit d'envisager « *les vibrations propres* » d'un ion ou d'un système d'ions en laissant de côté l'action de l'éther ; par conséquent, pour avoir les raies d'absorption, on faisait dans l'équation de la courbe de dispersion $n = \infty$; il en résultait

$$f = g = 0,$$

et en faisant de plus $h = 0$, on retrouvait le triplet de Zeeman. Mais a-t-on droit de faire $h = 0$? — Non, car l'équation

$$h = -Z.$$

est une véritable équation de liaison entre les mouvements de l'éther et ceux des ions : h ne peut s'annuler qu'en même temps que Z.

430. — Il s'agissait donc de modifier la théorie de Lorentz, en imaginant des hypothèses supplémentaires. C'est ce que Lorentz a fait lui-même en imaginant la théorie des ions complexes, qui n'est qu'une généralisation de sa première théorie.

Je dois ajouter que dans un travail récent, M. Lorentz a cherché à rendre compte du triplet et à échapper aux objections précédentes. Pour cela, il a fait des hypothèses particulières sur la grandeur des coefficients. Le raisonnement précédent subsiste et pour un champ infiniment petit, le dédoublement de la raie est encore infiniment petit d'ordre supérieur ; mais le triplet peut se produire pour un champ fini et on peut faire des hypothèses parfaitement admissibles et pour lesquelles un champ de 20 000 à 30 000 unités donnerait un triplet sensible.

On n'a pas le droit de faire $h = 0$, puisqu'on a $h = -Z$; mais l'action de l'éther sur la matière, grâce aux hypothèses faites, est assez faible pour être négligée en première approximation, de sorte que tout se passe comme si l'on avait $h = 0$.

La théorie de Lorentz rendrait ainsi compte du triplet ; mais l'expérience nous ayant appris qu'il n'y a pas de triplet, mais un quadruplet, il n'en faut pas moins avoir recours aux ions complexes.

Il n'y a donc pas lieu d'insister davantage sur ces hypothèses.

Nous allons maintenant examiner cette théorie des ions complexes pour voir dans quelle mesure elle est conforme aux faits observés.

THÉORIE DES IONS COMPLEXES

431. — Les ions simples que nous avons considérés jusqu'à présent se comportaient comme des points matériels ; nous n'avons envisagé que leur mouvement de translation. Supposons maintenant que ces ions, au lieu d'être simples, soient formés d'un système dynamique plus compliqué comprenant plusieurs points matériels qui pourront être assujettis à des mouvements quelconques.

Pour représenter l'état du système, je choisirai des coordonnées généralisées quelconques que je désignerai par T_κ.

Soit II la force vive des ions : ce sera une forme quadratique homogène par rapport aux $\dfrac{d T_\kappa}{dt}$.

Soit P_2 l'énergie potentielle due aux actions mutuelles des ions : à cause de la petitesse des déplacements, ce sera encore une forme quadratique homogène par rapport aux T_κ.

Soit $-P_1$ l'énergie potentielle due à l'action électrostatique de l'éther sur les ions ; nous pourrons supposer

$$P_1 = f X + g Y + h Z.$$

X, Y, Z représentant toujours les composantes de la polarisation électrique, ce seront des formes linéaires par rapport aux T_κ.

Soit enfin

$$\sum V_\kappa \delta T_\kappa,$$

le travail virtuel des forces dues à l'action du champ magnétique sur les ions, quand ces ions subissent des déplacements virtuels δT_κ.

Les équations de Lagrange s'écrivent alors,

$$(1) \qquad \frac{d II}{d \dfrac{d T_\kappa}{dt}} + \frac{d P_2}{d T_\kappa} = \frac{d P_1}{d T_\kappa} + V_\kappa,$$

et, comme nous avons toujours les équations

$$(n^2 - 1) f = X,$$
$$(n^2 - 1) g = Y,$$
$$h = -Z$$

la valeur de dP_1 peut s'écrire

$$dP_1 = f dX + g dY + h dZ,$$
$$= \frac{X dX + Y dY}{n^2 - 1} - Z dz.$$
$$(2) \qquad = d\left(\frac{X^2 + Y^2}{2 \, n^2 - 1} - \frac{Z^2}{2}\right).$$

Notre équation (1) devient alors,

$$\frac{dH}{d\,\dfrac{dT_\kappa}{dt}} + \frac{dP_2}{dT_\kappa} = \frac{d}{dT_\kappa}\left(\frac{X^2 + Y^2}{2 \, n^2 - 1} - \frac{Z^2}{2}\right) + V_\kappa.$$

ou encore

$$\frac{dH}{d\,\dfrac{dT_\kappa}{dt}} + \frac{d}{dT_\kappa}\left(P_2 - \frac{X^2 + Y^2}{2n^2 - 2} + \frac{Z^2}{2}\right) = V_\kappa.$$

Pour avoir les raies d'absorption, il faut faire dans cette équation $n = \infty$, ce qui nous donne

$$(3) \qquad \frac{dH}{d\,\dfrac{dT_\kappa}{dt}} + \frac{d}{dT_\kappa}\left(P_2 + \frac{Z^2}{2}\right) = V_\kappa.$$

Considérons alors deux formes quadratiques H et $P_2 + \dfrac{Z^2}{2}$ et comme nous avons le choix des coordonnées T_κ, choisissons-les de façon que ces deux formes quadratiques se réduisent à une somme de carrés, de sorte que

$$H = \sum \frac{1}{2}\left(\frac{dT_\kappa}{dt}\right)^2.$$
$$P_2 + \frac{Z^2}{2} = \sum \frac{p_\kappa^2}{2} T_\kappa.$$

Notre équation (3) prendra la forme,

$$(4) \qquad \frac{d^2 T_\kappa}{dt^2} + p_\kappa^2 T_\kappa = V_\kappa.$$

Mais qu'est-ce que V_κ?

Nous avons vu que $V_\kappa \delta T_\kappa$ représente le travail virtuel des forces dues à l'action du champ magnétique sur les ions quand ces ions subissent des déplacements virtuels δT_κ ; or, les forces magnétiques sont proportionnelles d'une part aux vitesses des ions et au champ magnétique d'autre part. Les quantités V_κ sont donc *bilinéaires* par rapport à α, β, γ et $\dfrac{dT_\kappa}{dt}$. Mais ce n'est pas tout ; l'action d'un champ magnétique sur un courant est toujours perpendiculaire à ce courant ; dans le cas du mouvement des ions, où il s'agit d'un courant de convection, cette action du champ sera perpendiculaire à la vitesse de l'ion : son travail sera donc nul. On aura par conséquent identiquement,

$$(5) \qquad \sum V_\kappa \frac{dT_\kappa}{dt} = 0.$$

432. *Lumière monochromatique*. — Supposons maintenant que nous ayons affaire à une lumière monochromatique ; on aura dans ce cas,

$$(6) \qquad \begin{cases} \dfrac{dT_\kappa}{dt} = -ip\,T_\kappa, \\[2ex] \dfrac{d^2T_\kappa}{dt^2} = -p^2\,T_\kappa. \end{cases}$$

Voici la signification de la première de ces équations : T_κ est la partie réelle du produit d'un facteur constant par une exponentielle imaginaire. Ce produit satisfaira lui-même aux mêmes équations que T_κ. Nos équations comportent ainsi une solution imaginaire plus aisée à traiter que la solution réelle et d'où il est facile de déduire cette solution réelle.

Nous allons substituer par un artifice bien connu cette solution imaginaire à la solution réelle.

Désignons par W_κ ce que devient V_κ quand on y remplace les quantités $\dfrac{dT}{dt}$ par les T ; W_κ sera donc une forme *bilinéaire* d'une part par rapport à α, β, γ et par rapport à T_κ d'autre part.

On aura donc

$$\sum W_\kappa T_\kappa = 0.$$

et puis

$$V_\kappa = - ip W_\kappa,$$

d'où

$$(7) \qquad (p_\kappa^2 - p^2)\, T_\kappa = - ip W_\kappa.$$

433. Déplacement des raies. — Cherchons maintenant le déplacement des raies. Deux cas peuvent se présenter :

1° *Le champ magnétique est nul.* — S'il n'y a pas de champ magnétique, nous aurons une certaine équation dont les racines seront

$$p = p_\kappa,$$

et à chacune des racines p_κ correspondra une raie du spectre ; mais par suite de la présence, dans le second membre, du terme en i, les raies pourront se doubler et même se tripler.

Supposons que les équations qui nous donnent p^2 puissent avoir des racines multiples, on a alors

$$(8) \qquad (p_1^2 - p^2)\, T_\kappa = - ip W_\kappa \qquad (K = 1, 2, 3, \dots n),$$

et si le champ est nul

$$(9) \qquad (p_1^2 - p^2)\, T_\kappa = 0 \qquad \text{pour } K \leqq n,$$

et

$$(10) \qquad (p_\kappa^2 - p^2)\, T_\kappa = 0 \qquad \text{pour } K > n,$$

ceci, je le répète, en supposant que parmi les p_κ il y en ait n : $p_1, p_2, p_3, \dots p_n$ qui soient égaux entre eux, de sorte que

$$\begin{aligned} p_\kappa &= p_1 \qquad (K \leqq n), \\ p_\kappa &\gtrless p_1 \qquad (K > n). \end{aligned}$$

Maintenant si $p = p_1$ (pour $K \leqq n$) l'équation (9) est satisfaite d'elle-même ; mais l'équation (10) exige pour $p_\kappa \gtrless p_1$ (pour $K > n$) que

$$T_\kappa = 0,$$

Donc, quand il n'y a pas de champ magnétique, toutes les coordonnées T_κ s'annulent, à l'exception des n premières.

434. 2° *Champ magnétique faible.* — Quand le champ magnétique, sans être nul, est très faible, toutes les quantités T_κ sont alors très petites, sauf les n premières. Par conséquent, dans W_κ, les termes qui contiennent $T_1, T_2, \dots T_n$ seront du premier ordre, et les autres termes, à partir de T_n, c'est-à-dire $T_{n+1}, T_{n+2}, \dots$ seront du second ordre. Négligeons ces termes du second ordre dans nos équations et appelons W'_κ ce que devient W_κ quand on y néglige ces termes.

Nos équations deviennent alors,

$$(8\ bis) \qquad (p_1^2 - p^2)\, T_\kappa = -\, ip W'_\kappa \qquad (K = 1, 2, 3, \dots n).$$

Posons

$$\frac{p_1^2 - p^2}{-\, ip} = S.$$

Si je pose en outre

$$p_1 = p + \partial p,$$

comme ∂p sera très petit, S sera très sensiblement

$$S = -\frac{2\,\partial p}{i},$$

et par conséquent

$$\partial p = -\frac{i}{2}\, S.$$

S nous fera donc connaître le déplacement de la raie. Pour que ∂p soit réel, il faut que S soit purement imaginaire.

Nos équations deviennent

$$(11) \qquad\qquad S T_\kappa = W'_\kappa.$$

W'_κ satisfaisant à la condition

$$(12) \qquad\qquad \sum W'_\kappa T_\kappa = 0 \qquad (K = 1, 2, 3, \dots n).$$

Ce sont là des équations linéaires et homogènes entre les n variables.

$$T_1, T_2, T_3, \dots T_n\,;$$

En égalant à zéro le déterminant de ces équations on aura une équation en S algébrique et du $n^{\text{ème}}$ ordre ; aux n racines de cette équation correspondront n raies qui proviendront du dédoublement de la raie $p = p_1$.

Cette équation en S aura une forme tout à fait particulière, et cela à cause de W_κ' qui satisfait à l'identité

$$(13) \qquad \sum W_\kappa' T_\kappa = 0.$$

435. — Pour le faire comprendre écrivons complètement cette équation en supposant $n = 4$; on a :

$$(13) \qquad \begin{vmatrix} S & a & b & c \\ -a & S & d & e \\ -b & -d & S & f \\ -c & -e & -f & S \end{vmatrix} = 0.$$

Je dis que les racines de cette équation sont purement imaginaires ; considérons, en effet, le système d'équations différentielles linéaires à coefficients constants

$$(a) \qquad \frac{dT_\kappa}{dt} = W_\kappa',$$

ce système s'intègre immédiatement et nous obtenons comme solution particulière

$$T_\kappa = \sum A_\kappa e^{St}.$$

Multiplions les équations (a) par T_κ et faisons la somme, il vient :

$$\sum T_\kappa \frac{dT_\kappa}{dt} = \sum W_\kappa' T_\kappa,$$

ou, en tenant compte de l'identité (12)

$$\sum T_\kappa \frac{dT_\kappa}{dt} = 0,$$

d'où :

$$\sum T_\kappa^2 = \text{constante}.$$

Supposons maintenant que S soit réel ou complexe, mais non purement imaginaire ; supposons par exemple

$$S = S_1 + iS_2,$$

S_1 n'étant pas nul.

Si S est imaginaire, la solution particulière est elle-même imaginaire, seulement sa partie réelle satisfait à l'équation différentielle et alors cette partie réelle est une solution réelle de l'équation.

Considérons cette solution réelle.

Supposons d'abord que S_1 soit positif ; dans ce cas-là si on fait $t = -\infty$, alors

$$lim.\ partie\ réelle\ de\ e^{St} = 0,$$

par conséquent $\sum A_\kappa\, e^{St}$ tendra vers zéro. Tous les T_κ tendront donc vers zéro et par conséquent

$$lim.\ \sum T_\kappa{}^2 = 0.$$

Comme $\sum T_\kappa{}^2$ est une constante, cette constante est nulle, ce qui ne peut avoir lieu que si tous les T_κ sont identiquement nuls.

Maintenant si S_1 est négatif, on aura encore

$$lim.\ \sum T_\kappa{}^2 = 0$$

pour $t = \infty$ et par conséquent encore

$$\sum T_\kappa{}^2 = 0.$$

La partie réelle de S ne peut donc être ni positive ni négative. Les n valeurs de S sont donc purement imaginaires ; les n valeurs de δp seront par suite réelles, de sorte que les n raies du dédoublement existeront réellement. De plus, les racines de l'équation en S (étant imaginaires conjuguées deux à deux) devront être deux à deux égales et de signes contraire ; c'est-à-dire que les raies dédoublées devront être deux à deux symétriques par rapport à la raie primitive. Si n est impair une des racines doit être nulle et par conséquent une des raies dédoublées coïncide avec la raie primitive. En définitive il suffit de faire $n = 3$ pour retrouver le triplet de Zeeman et $n = 4$ pour retrouver le quadruplet de Cornu.

Telle est la théorie des ions complexes imaginée par M. Lorentz.

436. *Isotropie dans le plan de l'onde.* — Pour rendre compte de tous les phénomènes observés, il faut voir s'il n'est pas possible de satisfaire aux conditions de symétrie imposées par l'isotropie du milieu considéré.

Supposons que, le plan de l'onde restant fixe (perpendiculaire à l'axe des z), on fasse tourner les axes des x et des y autour de l'axe des z d'un angle quelconque. Nos équations doivent rester les mêmes pour ces nouveaux axes à cause de l'isotropie du milieu. Nous sommes ainsi conduits à distinguer parmi les coordonnées T_k deux catégories différentes :

1° *Les coordonnées vectorielles* qui seront les composantes de vecteurs fixes dans l'espace, mais dont les projections sur les axes varieront d'après les lois ordinaires quand on fera tourner ces axes et :

2° *Les coordonnées scalaires*, qui ne varieront pas quand les axes tourneront.

Prenons le cas de $n = 4$ et supposons que l'on ait deux coordonnées vectorielles X_k et Y_k composantes d'un même vecteur, et deux coordonnées scalaires que je désignerai par T_k et T_k'. Nos équations (11) s'écriront :

$$(11\ bis) \quad \begin{cases} SX_k - W_1' = 0, \\ SY_k - W_2' = 0, \\ ST_k - W_3' = 0, \\ ST_k' - W_4' = 0. \end{cases}$$

Quand les axes tourneront d'un angle φ, les quantités $X_k + iY_k$, $\alpha + i\beta$ seront multipliées par $e^{i\varphi}$ et les quantités conjuguées par $e^{-i\varphi}$. Donc $W_1' + iW_2'$ doit être également multiplié par $e^{i\varphi}$; W_3', W_4' ne doivent pas changer.

J'en conclurai que l'on peut toujours choisir les deux coordonnées scalaires de telle sorte que notre équation en S soit de la forme :

$$(13\ bis)\qquad \begin{vmatrix} S & a\gamma & b\alpha & c\beta \\ -a\gamma & S & b\beta & -c\alpha \\ -b\alpha & -b\beta & S & d\gamma \\ -c\beta & c\alpha & -d\gamma & S \end{vmatrix} = 0.$$

Si nous voulons donc satisfaire aux conditions d'isotropie du milieu, il faut que l'équation en S soit de cette forme.

Mais ce n'est pas tout; le milieu n'est pas seulement isotrope, il est encore symétrique. Nos équations ne doivent donc pas changer quand on remplace notre système d'axes par un système symétrique (le plan de symétrie étant le plan des xz par exemple).

Nous sommes ainsi amenés à distinguer, parmi les coordonnées vectorielles, celles de la première et de la deuxième sorte, selon que le vecteur correspondant conserve son signe ou change de signe quand on passe d'un système d'axes à son symétrique et nous distinguerons de même parmi les coordonnées scalaires celles de la première sorte, qui conservent leur signe et celles de la deuxième sorte qui en changent.

Supposons donc que notre équation soit de la forme (13 *bis*) : quand y change de signe, γ, α, Y_κ et T_κ doivent changer de signe, c'est-à-dire que X_κ et Y_κ sont des coordonnées vectorielles de la première sorte, T'_κ une coordonnée scalaire de la première sorte, T_κ une coordonnée scalaire de la deuxième sorte.

En développant le déterminant (13 *bis*), on trouve :

$$S^4 + S^2 (a^2\gamma^2 + b^2\alpha^2 + b^2\beta^2 + c^2\alpha^2 + c^2\beta^2 + d^2\gamma^2)$$
$$+ (ad\gamma^2 + bc\alpha^2 + bc\beta^2)^2 = 0.$$

Nous considérerons quatre cas remarquables :

$$a = b, \qquad d = c,$$

ou

$$a = c, \qquad d = b,$$

ou

$$a = -b, \quad d = -c,$$

ou

$$a = -c, \quad d = -b;$$

dans chacun de ces cas les racines de l'équation en S que nous venons d'écrire ne dépendront que de la somme

$$\alpha^2 + \beta^2 + \gamma^2,$$

qui représente l'intensité du champ. Ces racines ne dépendront donc pas de la direction de ce champ, et par conséquent $\delta\rho$, c'est-à-dire l'écartement des raies dédoublées, serait le même que le champ soit parallèle ou perpendiculaire au rayon. En est-il effectivement ainsi ?

L'expérience, en tout cas, ne paraît pas défavorable à cette hypothèse, mais à ma connaissance je ne crois pas qu'il existe des mesures assez précises à ce sujet et qui puissent par conséquent trancher la question.

437. *Polarisation des raies.* — Supposons maintenant

$$\beta = 0,$$

et étudions les conditions de la polarisation des raies.

Il faut pour cela déterminer le rapport $\dfrac{Y_\kappa}{X_\kappa}$ pour les quatre valeurs de S.

Pour que la polarisation soit rectiligne, le plan de polarisation étant perpendiculaire à la composante du champ normal au rayon, il faut que Y_κ s'annule. En faisant.

$$Y_\kappa = 0,$$

on trouve

$$S^2 + b^2\alpha^2 + d^2\gamma^2 = 0,$$

ce qui concorde avec (13 *bis*) si l'on y fait

$$a = c,$$
$$d = b.$$

Pour que la polarisation soit rectiligne, le plan de polarisation étant parallèle à la composante du champ normal au rayon, il faut faire $X_\kappa = 0$, d'où

$$S^2 + c^2\alpha^2 + d^2\gamma^2 = 0,$$

ce qui concorde avec (13 bis) si l'on suppose

$$a = b,$$
$$d = c.$$

Dans les deux cas il y a deux raies (*raies moyennes*) dont la polarisation est toujours rectiligne, et qui disparaissent pour $z = 0$ et deux raies (*raies extrêmes*) dont la polarisation est rectiligne pour $\gamma = 0$, elliptique en général et circulaire pour $z = 0$.

Dans la première hypothèse ($a = c$, $d = b$) la polarisation des raies moyennes est perpendiculaire au champ; celle des raies extrêmes parallèle.

Dans la seconde hypothèse ($a = b$, $c = d$) c'est le contraire qui doit se produire.

C'est donc la première hypothèse que l'expérience semble confirmer.

438. *Isotropie dans l'espace*. — Nous n'avons considéré jusqu'à présent que l'isotropie dans le plan de l'onde et cela ne remplit pas toutes les conditions imposées pour la symétrie du milieu. En effet, notre milieu étant isotrope, les équations précédentes doivent rester les mêmes quelle que soit l'orientation du plan de l'onde; de plus, elles ne doivent pas changer quand on remplace le système des axes par un système symétrique par rapport à l'origine, puisque le milieu n'est pas seulement isotrope sans symétrie (comme l'essence de térébenthine par exemple) mais il est *isotrope* et *symétrique*.

Nous sommes ainsi conduits à distinguer deux sortes de coordonnées :

1° *Les coordonnées vectorielles* que j'appellerai X_κ Y_κ Z_κ et qui seront les composantes d'un vecteur; et,

2° *Les coordonnées scalaires* que j'appellerai T_κ et qui seront tout à fait indépendantes du choix des axes.

L'introduction de ces coordonnées scalaires ne doit pas nous étonner. Justifions, en effet, par une image mécanique, l'emploi de ces coordonnées. Considérons une sphère pulsante de Bjerknes, susceptible en outre d'un mouvement de translation; eh bien, pour définir la situation du système on a besoin de quatre coordonnées : le rayon de la sphère qui sera une coordonnée scalaire et les coordonnées cartésiennes du centre de la sphère, qui seront des coordonnées vectorielles.

Cela posé, en vertu de la symétrie du milieu :

1° Π sera une combinaison linéaire de diverses expressions d'une des formes suivantes :

$$\frac{d X_\kappa}{dt}\frac{d X_i}{dt} + \frac{d Y_\kappa}{dt}\frac{d Y_i}{dt} + \frac{d Z_\kappa}{dt}\frac{d Z_i}{dt};$$

$$\frac{d T_\kappa}{dt}\frac{d T_i}{dt}.$$

$(i$ peut être égal à $K)$

2° P_2 sera une combinaison linéaire d'expressions d'une des formes suivantes

$$X_\kappa X_i + Y_\kappa Y_i + Z_\kappa Z_i;$$
$$T_\kappa T_i:$$

3° P_1 qui a pour valeur

$$P_1 = fX + gY + hZ,$$

sera une combinaison linéaire d'expressions de la forme

$$fX_\kappa + gY_\kappa + hZ_\kappa,$$

4° L'expression de δJ,

$$\delta J = \sum W_\kappa \delta T_\kappa,$$

sera une combinaison linéaire d'expressions de la forme,

$$\begin{vmatrix} \alpha & \beta & \gamma \\ X_\kappa & Y_\kappa & Z_\kappa \\ \delta X_i & \delta Y_i & \delta Z_i \end{vmatrix} + \begin{vmatrix} \alpha & \beta & \gamma \\ X_i & Y_i & Z_i \\ \delta X_\kappa & \delta Y_\kappa & \delta Z_\kappa \end{vmatrix};$$

$$\begin{vmatrix} T_i & \alpha X_\kappa + \beta Y_\kappa + \gamma Z_\kappa \\ \delta T_i & \alpha\delta X_\kappa + \beta\delta Y_\kappa + \gamma\delta Z_\kappa \end{vmatrix}.$$

On voit que dans P_2 et Π les termes qui dépendent des X, ceux qui dépendent des Y, ceux qui dépendent des Z, ceux qui dépendent des T, sont entièrement séparés les uns des autres.

Soient

$$P_x \quad P_y \quad P_z \quad P_t,$$
$$H_x \quad H_y \quad H_z \quad H_t,$$

ces huit ensembles de termes où P_x représente l'ensemble des termes de P_2 qui dépendent des x, etc.

D'après le théorème des formes quadratiques nous pouvons choisir les X_K et les T_K, de telle façon que

$$H_x = \sum \frac{1}{2}\left(\frac{dX_K}{dt}\right)^2,$$

$$H_t = \sum \frac{1}{2}\left(\frac{dT_K}{dt}\right)^2,$$

$$P_x = \sum \frac{1}{2} p_K^2 X_K^2,$$

$$P_t = \sum \frac{1}{2} q_K^2 T_K^2,$$

et alors on verrait que H_y et P_y sont formés avec les Y et H_z et P_z avec les Z, comme H_x et P_x les sont avec les X.

On obtiendra ainsi une série d'équations analogues aux équations

$$(a) \qquad (p_K^2 - p^2)\, T_K = - ip W_K,$$

obtenues précédemment.

Voici cette série d'équations.

$$(b) \qquad \begin{cases} (p_K^2 - p^2)\, X_K = \xi_K, \\[4pt] (p_K^2 - p^2)\, Y_K = \tau_{1K}, \\[4pt] (p_K^2 - p^2)\, Z_K + Z\dfrac{dZ}{dZ_K} = \zeta_K, \\[4pt] (q_K^2 - p^2)\, T_K = \tau_K, \end{cases}$$

où ξ_K, τ_{1K}, ζ_K, τ_K sont des quantités qui jouent par rapport à X_K, Y_K, Z_K, T_K le même rôle que jouait $-ipW$ par rapport à T_K dans les équations (a).

439. — Nous allons traiter les équations (b) comme nous avons fait des équations (a). Les seconds membres des équations (b)

comme ceux des équations (a) sont très petits. Annulons-les en première approximation et faisons $p = p_1$; nous obtiendrons une série d'équations linéaires entre les quantités X_k, Y_k, Z_k, T_k. En vertu de ces équations un certain nombre de ces quantités s'annuleront. Par exemple X_k s'annulera si p_k n'est pas égal à p_1 et T_k s'annulera également si q_k n'est pas égal à p_1. De plus, celles de ces quantités qui ne s'annuleront pas, pourront ne pas rester indépendantes, mais il pourra y avoir entre elles certaines relations linéaires.

Pour mieux mettre le fait en évidence, je distinguerai parmi les Z_k deux catégories : ceux pour lesquels $\dfrac{dZ}{dZ_k}$ sera nulle et que j'appellerai les Z'_k ; ceux pour lesquels cette dérivée ne sera pas nulle et que j'appellerai les Z''_k. J'appellerai X'_k et Y'_k les X_k et les Y_k qui correspondent aux Z'_k et X''_k et Y''_k ceux qui correspondent aux Z''_k.

Je poserai

$$Z = \sum l'_k Z_k,$$

et je désignerai par p'_k et l'_k les valeurs des coefficients p_k et l_k qui correspondent aux Z'_k, par p''_k et l''_k celles qui correspondent aux Z''_k ; il résulte de cette définition et de celle des Z'_k que tous les l'_k sont nuls.

Nos équations (b) privées des seconds membres s'écriront alors quand on y aura fait $p = p_1$

$$(b')\qquad\begin{cases}(p'^2_k - p^2_1)\, X'_k = 0,\\[4pt](p''^2_k - p^2_1)\, X''_k = 0,\\[4pt](p'^2_k - p^2_1)\, Y'_k = 0,\\[4pt](p''^2_k - p^2_1)\, Y''_k = 0,\\[4pt](p'^2_k - p^2_1)\, Z'_k = 0,\\[4pt](p''^2_k - p^2_1)\, Z''_k + l''_k Z = 0,\end{cases}$$

avec

$$Z = \sum l''_k Z''_k.$$

On peut toujours supposer qu'un au plus des p''_k est égal à p_1 ;

le cas où il y en aurait plus d'un se ramènerait immédiatement à celui où il n'y en a qu'un.

Si aucun des p_κ'' n'est égal à p_1, tous les X_κ'' sont nuls.

Si un des p_κ'' que j'appelerai par exemple p_i'' est égal à p_1, l'équation (b') relative à Z_i'', montre que Z est nul ; les équations relatives aux autres Z_κ'' montrent ensuite que tous ces Z_κ'' sont nuls ; l'équation $Z = \sum l_\kappa'' Z_\kappa''$ montre enfin que $Z_i'' = 0$.

Il est donc impossible que l'un des X_κ'' et l'un des Z_κ'' soient en même temps différents de zéro.

440. — Mais on peut généraliser l'hypothèse ; ne supposons plus

$$P_1 = fX + gY + hZ ; \quad .$$

abandonnons cette hypothèse trop restrictive et supposons toujours

$$P_1 = \sum l_\kappa'' (fX_\kappa'' + gY_\kappa'' + hZ_\kappa''),$$

mais au lieu d'avoir,

$$Z = \sum l_\kappa Z_\kappa = \sum l_\kappa'' Z_\kappa'',$$

on aura

$$Z = \sum m_\kappa Z_\kappa,$$

les coefficients m_κ étant différents des coefficients l_κ.

Nous pouvons supposer alors,

$$p_i'' = p_1$$
$$l_i'' \gtrless 0,$$
$$m_i'' = 0,$$

et on pourra avoir à la fois

$$X_i'' \gtrless 0,$$
$$Y_i'' \gtrless 0.$$

En vertu des équations (b') quelques-unes de nos coordonnées s'annuleront ; les autres s'exprimeront linéairement à l'aide d'un certain nombre d'entre elles qui resteront indépendantes et qui joueront le rôle des coordonnées T_1, T_2, T_3, ... T_n dans les équations (8 *bis*). Substituons les valeurs ainsi déduites des équations (*b*), ce que nous pouvons faire en négligeant les termes du second ordre ; nous obtiendrons des équations linéaires analogues aux équations (8 *bis*) et, en égalant à zéro le déterminant de ces équations linéaires, nous obtiendrons une équation analogue à l'équation (13).

441. *Discussion.* — Si nous voulons rendre compte du quadruplet il faut que cette équation soit du quatrième degré ; pour cela il faut que quatre et quatre seulement de nos coordonnées ne s'annulent pas en vertu des équations (*b'*).

Supposons d'abord que les coefficients appelés plus haut m_κ soient égaux aux coefficients l_κ. Alors, les coordonnées qui ne s'annulent pas pourront être trois coordonnées vectorielles X_1', Y_1', Z_1' et une coordonnée scalaire T_κ.

L'expression,

$$\frac{i}{p} \sum \left(\xi_\kappa \delta X_\kappa + \eta_\kappa \delta Y_\kappa + \zeta_\kappa \delta Z_\kappa + \tau_\kappa \delta T_\kappa \right),$$

qui joue le même rôle que jouait l'expression

$$\sum W_\kappa \delta T_\kappa,$$

par rapport aux équations (8) sera de la forme,

$$a \begin{vmatrix} \alpha & \beta & \gamma \\ X_1' & Y_1' & Z_1' \\ \delta X_1' & \delta Y_1' & \delta Z_1' \end{vmatrix} + b \begin{vmatrix} T_\kappa & \alpha X_1' + \beta Y_1' + \gamma Z_1' \\ \delta T_\kappa & \alpha \delta X_1' + \beta \delta Y_1' + \gamma \delta Z_1' \end{vmatrix}.$$

Notre équation en S s'écrit alors,

$$\begin{vmatrix} S & -a\gamma & a\beta & b\alpha \\ a\gamma & S & -a\alpha & b\beta \\ a\beta & a\alpha & S & b\gamma \\ -b\alpha & -b\beta & -b\gamma & S \end{vmatrix} = 0,$$

ce qui correspond à l'équation (13 *bis*) dans l'hypothèse $a = c$, $b = d$.

Le problème semble donc résolu d'une manière satisfaisante.

Il n'en est rien encore cependant. Reprenons l'équation dont dépend X_i'

$$(p_1^2 - p^2)\, X_i' = \xi_i'.$$

Elle a été tirée d'une équation différentielle (que j'écris en supprimant le second membre qui dépend du champ magnétique et est très petit).

$$\frac{d^2 X_1'}{dt^2} + p_1^2 X_1' = l_i' f.$$

Mais d'après la définition même des X_κ', le coefficient l_i' doit être nul. Il reste donc,

$$\frac{d^2 X_1'}{dt^2} + p_1^2 X_1' = 0.$$

On voit que dans cette équation différentielle le *déplacement électrique n'entre pas*.

La coordonnée X_i' pourra donc éprouver des oscillations, mais *ces oscillations ne se communiqueront pas à l'éther*. La solution qui précède est donc illusoire.

Nous sommes donc réduits à supposer

$$l_\kappa \gtrless m_\kappa,$$

et

$$p_i'' = p_1,$$
$$m_i'' = 0,$$
$$l_i' \gtrless 0.$$

Soient alors, X_i'', Y_i'', Z_i'' et T_κ les coordonnées qui ne s'annulent pas ; l'expression de ∂J sera de la forme,

$$a\begin{vmatrix} \alpha & \beta & \gamma \\ X_i'' & Y_i'' & Z_i'' \\ \partial X_i'' & \partial Y_i'' & \partial Z_i'' \end{vmatrix} + b\begin{vmatrix} T_\kappa & \alpha X_i'' + \beta Y_i'' + \gamma Z_i'' \\ \partial T_\kappa & \alpha \partial X_i'' + \beta \partial Y_i'' + \gamma \partial Z_i'' \end{vmatrix}$$

et nous retombons sur l'équation

$$\begin{vmatrix} S - a\gamma & a\beta & b\alpha \\ a\gamma & S - a\alpha & b\beta \\ - a\beta & a\alpha & S & b\gamma \\ - b\alpha & - b\beta & - b\gamma & S \end{vmatrix} = 0,$$

analogue à l'équation (13 *bis*) dans l'hypothèse $a = c$, $b = d$.

D'ailleurs l'équation différentielle,

$$\frac{d^2 X_i''}{dt^2} + p_i^2 X_i'' = l_i'' f,$$

contient le déplacement électrique et nous sommes à l'abri de l'objection que je faisais tout à l'heure.

On voit donc qu'il est à la rigueur possible de rendre compte du quadruplet de M. Cornu par la théorie de Lorentz généralisée. Je laisse de côté les cas plus compliqués où l'on aurait des sextuplets ou des phénomènes encore plus complexes.

Quoique le caractère artificiel de ces hypothèses soit manifeste il convient donc de conserver *provisoirement* la théorie de Lorentz généralisée *qui seule, jusqu'à présent, permet de relier entre eux les faits observés.*

A PROPOS

DE LA

THÉORIE DE LARMOR

442. — Cette dernière partie de notre cours, ne peut être regardée ni comme un exposé ni comme une critique du travail que M. Larmor a récemment présenté à la société royale de Londres sous le titre suivant : *A Dynamical Theory of the electric and luminiferous medium* [1]. Elle contiendra simplement le résumé des réflexions que m'a suggérées la lecture de cette importante communication et qui m'entraîneront souvent bien loin de la théorie de Larmor. C'est ce qui justifie le titre que j'ai choisi pour ce chapitre.

THÉORIES OPTIQUES

443. — Et d'abord je suis conduit, comme M. Larmor lui-même, à débuter par un résumé des diverses théories proposées par les savants qui se sont occupés d'optique. Les expériences sur l'optique physique ont mis en évidence l'importance de deux vecteurs que j'introduirai ici sans faire aucune hypothèse sur leur signification théorique. Dans les milieux isotropes, auxquels je me bornerai toujours, pour ne pas compliquer cette exposition, le premier de ces vecteurs est perpendiculaire au plan de polarisation ; j'en désignerai les composantes par P, Q, R et je l'appellerai *vecteur de Fresnel*. Le second vecteur est perpendiculaire au rayon lumineux et parallèle au plan de polarisation. Je l'appellerai *vecteur de Neumann* et je le désignerai par α, β, γ.

Il y a entre ces deux vecteurs, dans un milieu isotrope et transparent, des relations très simples. Si l'on désigne par $\dfrac{1}{K_0}$ l'in-

---

[1] LARMOR, *Proceedings of Royal Society*, t. LIV. p. 438 ; 7 décembre 1893.
La Lumière électrique, t. LII, p. 351.

verse du carré de la vitesse de la lumière dans le vide et par K
le carré de l'indice de réfraction, on aura,

$$(1)\quad\begin{cases}\dfrac{1}{K_0}\dfrac{d\alpha}{dt} = \dfrac{dR}{dy} - \dfrac{dQ}{dz}\\[2ex]\dfrac{1}{K_0}\dfrac{d\beta}{dt} = \dfrac{dP}{dz} - \dfrac{dR}{dx}\\[2ex]\dfrac{1}{K_0}\dfrac{d\gamma}{dt} = \dfrac{dQ}{dx} - \dfrac{dP}{dy}\\[3ex]\dfrac{1}{K_0}\,K\,\dfrac{dP}{dt} = \dfrac{d\beta}{dz} - \dfrac{d\gamma}{dy}\\[2ex]\dfrac{1}{K_0}\,K\,\dfrac{dQ}{dt} = \dfrac{d\gamma}{dx} - \dfrac{d\alpha}{dz}\\[2ex]\dfrac{1}{K_0}\,K\,\dfrac{dR}{dt} = \dfrac{d\alpha}{dy} - \dfrac{d\beta}{dx}\end{cases}$$

c'est-à-dire que la dérivée par rapport au temps de chacun des
vecteurs est proportionnelle au « *curl* » de l'autre vecteur pour
employer l'expression anglaise.

Il est aisé de voir que les équations (1) résument, pour ainsi
dire, les principaux faits expérimentaux relatifs à l'optique et
cela indépendamment de toute théorie.

C'est dans l'interprétation théorique que les divergences com-
mencent. Pour Fresnel la vitesse d'une molécule d'éther est représentée en grandeur, direction et sens, par le vecteur (P, Q, R) ;
pour Mac Cullagh et Neumann, elle est représentée par le vec-
teur (α, β, γ). En d'autres termes, pour Fresnel, la vibration est
perpendiculaire au plan de polarisation, pour Neumann elle est
parallèle à ce plan.

Dans toutes les théories mécaniques de la lumière, les vibrations de l'éther sont attribuées à son élasticité ; mais on peut faire
sur cette élasticité plusieurs hypothèses ; la plus simple est de
la supposer analogue à celle des solides qui tendent à reprendre
leur forme primitive, quand une force extérieure les en a
écartés. Pour forcer les molécules d'éther à s'éloigner de leur
situation d'équilibre, il faut donc dépenser un certain travail qui
s'emmagasine dans le fluide et qu'il restitue, quand, rendu à lui-

même, il revient à l'équilibre. C'est ainsi qu'un ressort bandé est un réservoir d'énergie. Le travail ainsi emmagasiné est ce qu'on appelle l'énergie d'élasticité de l'éther.

Dans l'hypothèse de Fresnel, la force vive de l'éther a pour expression.

$$(2) \qquad \frac{1}{8\pi} \int (P^2 + Q^2 + R^2) \, d\tau,$$

et son énergie potentielle

$$(3) \qquad \frac{1}{8\pi} \int (\alpha^2 + \beta^2 + \gamma^2) \, d\tau.$$

Les intégrations sont étendues à tous les éléments de volume $d\tau$ de l'espace. Cela revient à dire que la densité de l'éther est proportionnelle à K; la masse de l'élément $d\tau$ est alors proportionnelle à $K d\tau$; comme la vitesse, dans l'hypothèse de Fresnel, est représentée par le vecteur (P, Q, R), la force vive de l'élément $d\tau$ est proportionnelle à

$$K d\tau (P^2 + Q^2 + R^2).$$

D'autre part, tout se passera comme si l'énergie potentielle localisée dans un élément $d\tau$ très petit, était proportionnelle au volume de cet élément multiplié par le carré du vecteur de Neumann.

Dans l'hypothèse de Neumann, au contraire, c'est l'expression (2) qui représentera l'énergie potentielle et l'expression (3) qui représentera la force vive.

Le carré de la vitesse est, dans cette hypothèse, $\alpha^2 + \beta^2 + \gamma^2$; l'expression de la force vive montre que la densité de l'éther est supposée constante.

Quant à l'énergie potentielle localisée dans un élément très petit de l'espace, elle est proportionnelle au carré du vecteur de Fresnel multipliée par le facteur K qui représente alors l'élasticité de l'éther.

Dans l'hypothèse de Neumann, l'élasticité est donc variable

et la densité constante ; c'est l'inverse dans la théorie de Fresnel.

Cette variabilité de l'élasticité donne lieu à une difficulté qui est spéciale à la théorie de Neumann et de Mac-Cullagh. La pression de l'éther dans l'état d'équilibre ne peut être nulle, ce que l'autre hypothèse aurait permis de supposer. Elle ne peut non plus être constante, elle doit dépendre de K, et, par conséquent, elle n'est pas la même dans deux milieux différents. Pour que l'équilibre se maintienne malgré cette différence de pression, il faut admettre qu'à la surface de séparation de deux milieux, l'éther est soumis à une force particulière qui rappellerait dans une certaine mesure la capillarité des liquides. C'est ce qu'on appelle la « *force de Kirchhoff* ».

On peut échapper à cette hypothèse supplémentaire, qui n'est d'ailleurs pas très gênante, en adoptant les idées de lord Kelvin sur l'élasticité.

L'axe d'une toupie en rotation tend à rester dans la position verticale ; si on l'en écarte, il décrira un petit cône autour de la verticale, comme le fait le fil d'un pendule conique sous l'influence de la pesanteur qui tend à le ramener à sa position d'équilibre. Pour un observateur qui ignorerait son mouvement de rotation, la toupie semblerait obéir à une sorte de force élastique. On peut imaginer des appareils plus compliqués qui reproduisent plus exactement encore les propriétés des corps élastiques et c'est ce qu'a fait Lord Kelvin. Supposons des systèmes articulés dont certaines pièces, jouant le rôle de gyrostats, sont animées d'une rotation rapide. Dans ces systèmes, aucune force n'est en jeu ; et pourtant ils se comporteront comme s'ils étaient doués d'élasticité. En apparence, on peut y emmagasiner de l'énergie potentielle ; mais ils ne possèdent, en réalité, que de l'énergie cinétique. On peut donc se demander si l'éther n'est pas constitué de la sorte ; si un observateur, disposant de moyens assez puissants pour pénétrer toutes les délicatesses de sa structure intime, ne découvrirait pas que toute son énergie est due à la force vive des tourbillons infinitésimaux qui y sont renfermés. Son élasticité, que la théorie ordinaire explique par des attractions à distance s'exerçant entre les molécules, serait due alors à de simples forces apparentes d'inertie, analogues dans une certaine mesure à la force centrifuge.

Il y a toutefois une différence entre l'élasticité ordinaire, celle des solides, et l'*élasticité rotationnelle* de Lord Kelvin. Quand on déforme un solide, son élasticité est mise en jeu ; mais elle ne l'est plus quand on le fait tourner en changeant son orientation dans l'espace, mais sans changer sa forme. Il n'en est pas ainsi des systèmes articulés de Lord Kelvin.

On ne peut changer leur orientation sans avoir à vaincre une sorte de résistance élastique.

On peut donc, avec cette nouvelle manière de voir, supposer que les diverses parties de l'éther tendent à conserver leur orientation, qu'on ne peut les en écarter sans dépenser du travail, et qu'elles y reviennent quand la force extérieure cesse d'agir.

On peut greffer l'hypothèse de Lord Kelvin, soit sur la théorie de Fresnel, soit sur celle de Neumann. Dans l'un ou l'autre cas l'énergie totale est représentée par la somme des expressions (2) et (3) et elle est tout entière cinétique.

Seulement, dans l'hypothèse de Fresnel, l'expression (2) représente la force vive des vibrations de l'éther qui sont relativement des mouvements d'ensemble ; l'expression (3) représente la force vive de mouvements tourbillonnaires beaucoup plus intimes encore (ou plutôt la partie variable de cette force vive).

Dans l'hypothèse de Neumann, c'est l'inverse ; on n'a plus d'ailleurs à supposer l'existence de la force de Kirchhoff.

Dans l'un et l'autre cas on peut appeler énergie potentielle apparente, la partie de l'énergie totale qui est due aux mouvements tourbillonnaires intimes.

On peut s'étonner qu'en partant de deux points de départ aussi différents, on arrive à la même expression de l'énergie. Dans la théorie ordinaire, une rotation sans déformation n'entraîne pas de résistance élastique, tandis que, dans la théorie de Lord Kelvin elle en fait naître. Comment l'énergie totale a-t-elle même valeur dans les deux cas ? C'est ce qu'au premier abord on a quelque difficulté à s'expliquer.

On s'en rend compte en remarquant que l'éther est un milieu indéfini ; une perturbation ne peut atteindre qu'une partie finie de ce milieu, les parties les plus éloignées restant en repos.

Il est aisé de se rendre compte que dans un pareil milieu une partie ne peut tourner sans se déformer, sans que d'autres parlies subissent une déformation. Si l'on supposait par exemple un cylindre tournant autour de son axe tout d'une pièce pendant que le reste de l'éther demeure en repos, il y aurait là une discontinuité que l'on ne saurait admettre ; il faut supposer entre le cylindre qui tourne avec une vitesse angulaire uniforme et l'éther extérieur en repos, une couche de passage, qui pourra d'ailleurs être aussi mince qu'on le voudra, et où la vitesse ira en décroissant d'une manière continue quand on ira vers l'extérieur. Cette couche de passage serait dans tous les cas, le siège de déformations.

THÉORIES ÉLECTRIQUES

444. — Les équations que résument les lois observées des phénomènes électriques présentent une remarquable analogie avec celles de l'optique. Maxwell a le premier remarqué cette analogie et ce sera son éternel titre de gloire.

Dans un milieu non magnétique et diélectrique, ces quantités seront liées par des équations identiques aux équations (1), le coefficient $\dfrac{1}{K_0}$ ayant même valeur numérique dans les équations électriques optiques.

Dans un milieu magnétique et conducteur, les équations sont un peu plus compliquées et il faut y introduire deux autres paramètres ; à savoir, le coefficient de perméabilité μ et le coefficient de conductibilité λ. Les équations (1) prennent alors la forme suivante,

$$(4) \quad \begin{cases} \dfrac{1}{K_0}\,\mu\,\dfrac{d\alpha}{dt} = \dfrac{dR}{dy} - \dfrac{dQ}{dz}, \\[2mm] \dfrac{1}{K_0}\,\mu\,\dfrac{d\beta}{dt} = \dfrac{dP}{dz} - \dfrac{dR}{dx}, \\[2mm] \dfrac{1}{K_0}\,\mu\,\dfrac{d\gamma}{dt} = \dfrac{dQ}{dx} - \dfrac{dP}{dy}; \\[2mm] \dfrac{1}{K_0}\,K\,\dfrac{dP}{dt} = \dfrac{d\beta}{dz} - \dfrac{d\gamma}{dy} - \dfrac{4\pi}{K_0}\,\lambda P, \\[2mm] \dfrac{1}{K_0}\,K\,\dfrac{dQ}{dt} = \dfrac{d\gamma}{dx} - \dfrac{d\alpha}{dz} - \dfrac{4\pi}{K_0}\,\lambda Q, \\[2mm] \dfrac{1}{K_0}\,K\,\dfrac{dR}{dt} = \dfrac{d\alpha}{dy} - \dfrac{d\beta}{dx} - \dfrac{4\pi}{K_0}\,\lambda R. \end{cases}$$

Les équations (4) contiennent les équations (1) comme cas particulier et on obtient ces dernières en faisant

$$\mu = 1 ; \qquad \lambda = 0.$$

Il nous sera permis dans ce qui va suivre de supposer $\mu = 1$. Nous pouvons en effet adopter l'hypothèse d'Ampère. Alors les milieux qui nous semblent magnétiques devraient, pour un observateur dont les sens seraient assez subtils, apparaître comme dénués de magnétisme mais parcourus par un très grand nombre de courants particulaires.

L'identité de la lumière et de l'électricité semble hors de doute d'après ces considérations que des expériences ont confirmées et on y a d'abord cherché une explication nouvelle des phénomènes optiques destinée à faire oublier les anciennes explications mécaniques.

Puis on a cherché une explication mécanique commune de la lumière et de l'électricité, et alors l'idée la plus naturelle était de revenir aux théories élastiques dont j'ai parlé plus haut et qui avaient si longtemps paru tout à fait satisfaisantes. Puisqu'elles rendaient compte de la lumière, il s'agissait de les adapter à l'explication de l'électricité.

L'adaptation aurait été immédiate, si les équations de l'électricité n'étaient comme nous venons de le voir, plus générales que celles de l'optique. Malheureusement les équations (1) ne sont que des cas particuliers des équations (4).

Cette circonstance ne doit pas toutefois nous décourager ; prenons une quelconque des théories optiques, celle de Fresnel par exemple ; dans cette théorie la vitesse de l'éther est représentée par le vecteur (P, Q, R) : supposons par conséquent que la vitesse de l'éther soit représentée par la force électrique. Reprenons les équations (4), et interprétons-les en conséquence, elles exprimeront certaines propriétés de l'éther ; ce seront les propriétés qu'il faudra attribuer à ce fluide, si l'on veut conserver la théorie de Fresnel.

Au lieu d'appliquer ce procédé d'adaptation à la théorie de Fresnel, on peut l'appliquer à celle de Neumann et Mac-Cullagh et c'est ce qu'a fait M. Larmor.

Dans l'un et l'autre cas, on est conduit à attribuer à l'éther des propriétés assez étranges et faites pour nous surprendre au premier abord. Il convient en tout cas d'insister sur ces étrangetés, soit qu'on veuille familiariser les esprits avec elles, soit qu'on les regarde comme des obstacles insurmontables qui ne permettent pas d'adopter ces explications.

ADAPTATION DE LA THÉORIE DE FRESNEL.

445. — La théorie électromagnétique de la lumière, aujourd'hui confirmée par l'expérience, nous apprend que ce qu'on appelle en optique le vecteur de Fresnel n'est autre chose que la force électrique, et que le vecteur de Neumann est identique avec la force magnétique. Si donc nous voulons conserver la théorie de Fresnel, il faut que nous admettions que la vitesse de l'éther est représentée en grandeur, direction et sens, par la force électrique.

Mais cette hypothèse entraine des conséquences singulières. Considérons une petite sphère électrisée ; la force électrique est partout dirigée suivant le rayon vecteur qui va au centre de la sphère ; telle devrait donc être aussi la direction de la vitesse de l'éther.

Il en résulterait qu'une sphère électrisée positivement, par exemple, absorberait constamment de l'éther et qu'une sphère électrisée négativement en émettrait constamment.

Et cette absorption ou cette émission devrait durer tant que la sphère conserverait sa charge.

En d'autres termes, les parties de l'espace où nous disons qu'il y a de l'électricité positive ou négative seraient celles où la densité de l'éther va constamment en augmentant, ou constamment en diminuant.

Cela semble bien difficile à admettre ; comment la densité de l'éther pourrait-elle varier si longtemps toujours dans le même sens, sans que les propriétés de cet éther en paraissent modifiées ? Faudra-t-il donc supposer que la densité est très grande et sa vitesse dans un champ électrique très petite, de sorte que, malgré la durée de l'électrisation, les variations relatives de la densité soient peu sensibles ?

Poursuivons néanmoins notre examen. Voyons si cette compressibilité indéfinie de l'éther n'est pas, sinon plus intelligible, au moins plus conforme aux hypothèses habituelles qu'il ne semble au premier abord.

Un gaz ne transmet pas les vibrations transversales ; cela tient à ce qu'un glissement intérieur entre les couches gazeuses ne provoque pas de résistance élastique ; si même le gaz était dépourvu de viscosité, un mouvement de glissement, une fois commencé se poursuivrait indéfiniment.

De même l'éther ne transmet pas les vibrations longitudinales, ce qui peut s'expliquer de deux manières : on peut supposer qu'il est absolument incompressible ; on peut imaginer, et c'est là l'hypothèse que Fresnel est obligé de faire pour expliquer la réflexion, qu'il est au contraire incapable de résister à la compression.

La compression dans l'éther, de même que le glissement dans les gaz, ne doit donc pas provoquer de résistance élastique ; et alors quand une particule d'éther a commencé à se contracter ou à se dilater, cette contraction ou cette dilatation se poursuivra indéfiniment.

Les hypothèses anciennement admises entraînaient donc déjà cette conséquence que nous jugeons invraisemblable ; on les acceptait pourtant parce qu'on croyait qu'elles n'étaient qu'approchées ; pour adapter la théorie de Fresnel aux phénomènes électriques, il faut au contraire les supposer très près d'être rigoureusement réalisées, et c'est de là que vient la difficulté.

Je ne chercherai pas à la lever ; mais je ne puis passer sous silence l'analogie entre les considérations qui précèdent et les sphères pulsantes de Bjerknes. Pendant que l'une de ces sphères se contracte, le mouvement dans le liquide environnant est tout à fait pareil à celui que la théorie précédente attribue à l'éther dans le voisinage d'une charge électrique positive. Quand cette sphère se dilate, elle est au contraire assimilable à une masse électrique négative.

On sait que la représentation des phénomènes électrostatiques par les sphères de Bjerknes n'est qu'imparfaite et cela pour deux raisons. La première sur laquelle on a surtout insisté, c'est que le signe des phénomènes est changé.

La seconde n'est pas moins importante. Bjerknes fait agir

l'une sur l'autre deux sphères, dont les pulsations ont même période, de plus les pulsations ont toujours même phase, ou bien phase opposée, de telle façon que la différence de phase est toujours égale à o ou à π.

En se restreignant ainsi, il représente les phénomènes électriques au signe près; il serait arrivé sans cela à des lois beaucoup plus compliquées : supposons, par exemple, trois sphères pulsantes A, B et C ayant même période, mais ayant respectivement pour phase o, $\dfrac{\pi}{2}$ et π; A n'agirait pas sur B, ni B sur C; mais A agirait sur C. On n'a plus du tout la reproduction des lois de l'électrostatique.

Or si l'on admet que l'électricité est due à de semblables oscillations, on pourra supposer à la rigueur que ces oscillations aient toujours même période ; mais il n'y a aucune raison pour que la différence de phase soit toujours o ou π.

Bjerknes était bien forcé de donner à ses sphères un mouvement alternatif, mais l'éther indéfiniment compressible de la théorie de Fresnel adaptée, nous donne l'image de sphères pulsantes dont la contraction ou la dilatation durerait indéfiniment et pour ainsi dire de sphères pulsantes de période infinie.

Les attractions électrostatiques seraient donc immédiatement expliquées, s'il ne restait la difficulté du changement de signe. Elle n'est pas insurmontable et nous y reviendrons.

Voici maintenant la signification des équations (4) ; adoptant l'hypothèse d'Ampère je suppose $\mu = 1$. D'où provient le terme en λ qui s'introduit dans les milieux conducteurs ? L'interprétation en est aisée ; dans les conducteurs qui sont le siège d'un courant voltaïque, il y a réellement un courant continu d'éther ; il y en a un aussi à travers les diélectriques dans un champ électrique ainsi que je l'ai dit plus haut ; mais tandis que l'éther pourrait se déplacer à travers les diélectriques sans subir aucun frottement, il frotterait sur la matière des conducteurs, et ce serait la force vive détruite par ce frottement qui se transformerait en chaleur et qui échaufferait le circuit voltaïque.

Parmi les mouvements dont l'éther peut être le siège, il y en a qui ne provoquent aucune résistance élastique ; ce sont des mouvements de cette sorte qui se produisent dans le voisinage d'un circuit parcouru par un courant voltaïque permanent. Mais on ne peut directement passer du repos à un semblable mouvement ou inversement ; il y a nécessairement une phase transitoire où d'autres mouvements se produisent, qui eux sont transversaux et doivent mettre en jeu l'élasticité de l'éther. Ce serait cette réaction élastique qui produirait les phénomènes d'induction.

Nous reviendrons plus loin en détail sur tous ces points.

THÉORIE DE LARMOR

446. — La théorie de Larmor n'est autre chose que l'adaptation de la théorie de Neumann. La vitesse de l'éther est alors représentée en grandeur, direction et sens par le vecteur de Neumann, c'est-à-dire par la force magnétique.

Comme nous supposons $\mu = 1$ on a partout,

$$\frac{d\alpha}{dx} + \frac{d\beta}{dy} + \frac{d\gamma}{dz} = 0,$$

et l'éther apparaît comme incompressible.

Si l'on considère un fil rectiligne parcouru par un courant voltaïque, dans le voisinage de ce fil l'éther est en rotation : chaque molécule décrivant une circonférence qui a pour axe l'axe même du fil ; la vitesse angulaire de rotation est en raison inverse du carré du rayon de cette circonférence.

Les phénomènes d'induction électromagnétique sont dûs simplement à l'inertie de l'éther.

L'éther est doué de l'élasticité rotationnelle telle que la comprend Lord Kelvin ; on ne peut donc écarter une particule d'éther de son orientation primitive sans avoir à dépenser du travail. Mais cette résistance n'est pas toujours de même nature.

Dans les diélectriques, c'est une résistance élastique, et une particule d'éther, écartée de son orientation primitive, y revient dès qu'on l'abandonne à elle-même ; dans les conducteurs c'est une résistance analogue à la viscosité des liquides, cette particule ne tend pas à revenir d'elle-même à son orientation primitive, et tout le travail dépensé pour l'en écarter a été transformé en chaleur.

Les choses malheureusement ne sont pas aussi simples que cela, et il y a une difficulté qui mérite quelque attention. Le couple, qui dans cette théorie, tend à ramener une particule d'éther à son orientation, est représenté en grandeur, direction et sens, par le vecteur de Fresnel, c'est-à-dire par la force électrique (P, Q, R).

Si l'élasticité rotationnelle de Lord Kelvin demeurait inaltérée, au moins dans les diélectriques, on devrait avoir à un facteur constant près,

$$\frac{1}{K_0} KP = \frac{d\eta}{dz} - \frac{d\zeta}{dy},$$

$$\frac{1}{K_0} KQ = \frac{d\zeta}{dx} - \frac{d\xi}{dz},$$

$$\frac{1}{K_0} KR = \frac{d\xi}{dy} - \frac{d\eta}{dx},$$

ξ, η, ζ désignant les composantes du déplacement d'une molécule d'éther à partir de sa position primitive.

Il en résulterait que le flux de force électrique qui traverse une surface fermée quelconque dans le diélectrique devrait être nul ; en d'autres termes la charge totale d'un conducteur isolé devrait être nulle.

Il est donc nécessaire d'introduire dans la théorie une modification profonde et cette nécessité n'a pas échappé à M. Larmor qui s'explique sur ce point en quelques lignes (*Proceedings*, 7 déc. 1893, p. 447, lignes 7 à 24).

Pour voir quelle est la modification convenable il n'y a qu'une chose à faire ; reprenons les équations (4), interprétons-les dans le langage de la théorie de Larmor et voyons ce qu'elles signifient.

Posons

$$\frac{1}{K_0} KP' = \frac{d\eta}{dz} - \frac{d\zeta}{dy},$$

la seconde équation (4) deviendra,

$$(5) \qquad \frac{1}{K_0} K \frac{d(P - P')}{dt} = - \frac{4\pi}{K_0} \lambda P.$$

Si λ était constamment nul, on aurait $P = P'$, c'est-à-dire que le couple développé par l'élasticité de l'éther tendrait à ramener chaque particule d'éther à son orientation primitive.

Supposons maintenant que λ soit variable ; d'abord nul, ce coefficient prendrait une valeur positive pendant quelque temps, puis redeviendrait nul. C'est à peu près ce qui arrive dans le cas d'une décharge disruptive : l'air d'abord isolant, cesse de l'être pendant quelques instants au moment de la décharge et perd ensuite de nouveau ses propriétés conductrices.

Quelle est alors la signification de l'équation 5 ? On aura

$$P - P' = - \frac{4\pi}{K} \int \lambda P \, dt.$$

l'intégrale $\int \lambda P \, dt$ devant être étendue à toute la durée de la décharge, et étant par conséquent proportionnelle à la quantité d'électricité qui a passé pendant cette décharge ; je puis donc écrire,

$$P - P' = ks,$$

k étant un coefficient constant et s étant cette quantité d'électricité.

Après la décharge, le couple élastique ne tend plus à ramener la particule d'éther à son orientation primitive, c'est-à-dire à une orientation telle que $P = 0$, mais à une orientation telle que $P = ks$.

Pendant la décharge le diélectrique perd son élasticité rotationnelle ; après la décharge il la recouvre, *mais profondément modifiée par le passage de l'électricité.*

L'élasticité des solides nous offre des phénomènes tout semblables. Une barre d'acier soumise à une traction s'allonge. mais pour revenir à sa longueur primitive dès que la traction cesse. Si on la chauffe au rouge, elle perd son élasticité et devient ductile ; sous la traction, après s'être allongée, elle conservera la longueur qu'elle aura ainsi acquise même quand cette traction aura cessé. Si ensuite on la refroidit, elle recouvrera son élasticité, mais cette élasticité sera modifiée, car elle ne tendra pas à ramener la barre à la longueur qu'elle possédait avant toutes ces opérations, mais à la longueur qu'elle avait au moment où l'élasticité a été recouvrée.

Que se passe-t-il alors dans l'éther qui entoure un corps électrisé?

Chaque particule est soumise à un couple élastique qui tend à la ramener à une orientation donnée, différente (au moins pour celles qui ont été traversées par de l'électricité pendant la charge) de celle qu'elle possédait avant l'électrisation. Les particules étant solidaires les unes des autres, les orientations qu'elles tendent à prendre sont en général incompatibles. Il se produit alors un équilibre où chacune de ces particules est comparable à un petit ressort tendu. Le travail des forces électrostatiques n'est autre chose que l'énergie emmagasinée dans ces petits ressorts.

Cette explication ne me satisfait pas encore complètement parce que nous n'avons envisagé que la décharge disruptive, et que nous avons laissé de côté le cas où, pour modifier les charges de deux conducteurs on les met en communication à l'aide d'un fil métallique, pour les isoler ensuite de nouveau en écartant le fil.

Mais là on a affaire à des corps en mouvement, et la difficulté est plus grande. Au lieu des équations (4) qui sont celles de Hertz (*Grundgleichungen der Electrodynamik für ruhende Körper*. *Wiedemann's Annalen*, 40. p. 577, et la *Lumière électrique* t. XXXVII, p. 137, 188, 239) il faut considérer les équations beaucoup plus compliquées du second mémoire de Hertz sur les corps en mouvement (*Grundgleichungen der Electrodynamik für bewegte Körper*, *Wiedemann's Annalen*, 41, et la *Lumière électrique*, t. XXXVIII, p. 488 et 542). J'étudierai ces équations un peu plus loin et je chercherai quelle est leur signification quand on les interprète soit dans le langage de la théorie de Fresnel adaptée, soit dans le langage de la théorie de Larmor.

J'aurai ainsi, du même coup, l'explication dans l'une et dans l'autre théorie, des phénomènes mécaniques dont un champ électro-magnétique est le siège, c'est-à-dire des attractions électrostatiques et des actions mutuelles des courants.

Pour achever de tracer le programme des questions que je veux traiter dans ce qui va suivre, j'attirerai encore l'attention sur deux autres difficultés que nous aurons à examiner en détail. Généralement dans les recherches sur l'électricité on admet que les déformations des corps élastiques sont très petites ; ici une semblable hypothèse n'est plus permise : dans un champ magnétique constant la vitesse de l'éther est également constante d'après l'hypothèse de Larmor, et toujours dans le même sens. Au bout d'un certain temps, les molécules d'éther doivent avoir éprouvé des déplacements sensibles, et cela même en supposant cette vitesse constante très petite : car dans les corps magnétiques, il faut supposer l'existence de courants particulaires permanents qui doivent durer depuis l'origine du monde, bien qu'ils ne se manifestent que quand le corps est « *magnétisé* » c'est-à-dire quand tous ces petits courants sont ramenés par une cause extérieure à une orientation commune. Quelque petite que soit la vitesse de l'éther, un mouvement qui se produit toujours dans le même sens depuis l'origine du monde, a nécessairement produit des déplacements considérables.

En second lieu, dans un champ magnétique, l'éther est supposé en mouvement et il devrait entraîner les ondes lumineuses.

M. Larmor dit à ce sujet à la fin de son travail :

« Le professeur O. Lodge a bien voulu examiner l'effet d'un » champ magnétique sur la vitesse de la lumière ; mais n'a pu » en déceler aucun, bien que les moyens qu'il employait fussent » extrêmement délicats ; il en résulterait, dans notre théorie » que le mouvement dans un champ magnétique est très lent, » et par conséquent la densité du milieu très grande. »

Ainsi ce mouvement était si lent que les expériences de M. O. Lodge, quoique très précises, ne l'étaient pas encore assez pour le mettre en évidence. Pour dire toute ma pensée, j'estime que, ces expériences eussent-elles été cent ou mille fois plus précises, le résultat aurait encore été négatif.

Je n'ai à donner à l'appui de cette opinion que des raisons de sentiment ; si le résultat avait été positif, on aurait pu mesurer la densité de l'éther et, si le lecteur veut bien me pardonner la vulgarité de cette expression, il me répugne de penser que l'éther soit si arrivé que cela.

ÉLECTRODYNAMIQUE DES CORPS EN MOUVEMENT

447. — Ainsi que je l'ai dit précédemment, je ne peux poursuivre l'examen de la théorie de Larmor qu'en examinant ce qui se passe dans un champ électromagnétique où il y a des corps en mouvement.

Le plus simple paraît être de prendre comme point de départ les équations de Hertz (*Grundgleichungen der Electrodynamik für bewegte Körper, Wiedemann's Annalen*, 41) (*vide supra* p. 590) et de les traduire ensuite soit dans le langage de la théorie de Fresnel adaptée, soit dans celui de la théorie de Larmor.

Mais une première question se pose. Ces équations, qui ne reposent, en somme, que sur quelques inductions hardies, peuvent-elles être acceptées telles quelles : cela est fort douteux.

Nous avons vu plus haut en effet (p. 389, n° 319) que les ondes lumineuses devaient être entraînées *totalement* par un milieu diélectrique en mouvement.

Cela est absolument contraire à l'expérience célèbre de Fizeau qui nous apprend que l'entraînement n'est que partiel ; on devrait avoir (p. 392)

$$V = \pm\sqrt{\frac{K_0^2}{K}} + \xi\left(1 - \frac{1}{K}\right),$$

ξ, η, ζ étant les composantes de la vitesse de la matière.

Les équations de Hertz doivent donc être modifiées. Mais quelle modification faut-il y introduire ? On peut être un peu embarrassé pour répondre à cette question.

THÉORIES DE HELMHOLTZ

448. — Représentons-nous deux milieux qui se pénètrent, l'éther et la matière ; soit ρ la densité de l'éther, ρ_1 celle de la matière ; soient ξ_1, η_1, ζ_1 les composantes du déplacement de l'éther ; ξ_2, η_2, ζ_2 celles du déplacement de la matière.

Une particule d'éther est soumise à deux forces : l'une due à l'action de l'éther environnant et qui est la même que si la matière n'existait pas ; soit L, M, N cette force ; l'autre due à l'action de la matière sur l'éther et dont les composantes seront

$$B(\xi_2 - \xi_1), \quad B(\eta_2 - \eta_1), \quad B(\zeta_2 - \zeta_1).$$

Une particule de matière est également soumise à deux forces : l'une est la réaction de l'éther sur la matière et a pour composantes,

$$B(\xi_1 - \xi_2), \quad B(\eta_1 - \eta_2), \quad B(\zeta_1 - \zeta_2).$$

L'autre est une sorte de frottement dont Helmholtz n'explique pas très bien l'origine et qui a pour composantes

$$-C\frac{d\xi_2}{dt}, \quad -C\frac{d\eta_2}{dt}, \quad -C\frac{d\zeta_2}{dt}.$$

B et C sont des constantes qui dépendent de la nature du corps. Les équations du mouvement deviennent alors,

$$\rho\frac{d^2\xi_1}{dt^2} = L + B(\xi_2 - \xi_1),$$

$$\rho_1\frac{d^2\xi_2}{dt^2} = \xi_1 - \xi_2 - C\frac{d\xi_2}{dt}.$$

C'est à l'aide de ces équations que Helmholtz rend compte de la dispersion. Mais tel n'est pas notre but ; nous voulons au contraire nous en tenir au premier degré d'approximation où on néglige la dispersion et pour cela il faut supposer que B étant très grand, on a sensiblement $\xi_1 = \xi_2$.

En ajoutant les deux équations précédentes et faisant $\xi_1 = \xi_2$ il vient

$$(5) \qquad (\rho + \rho_1)\frac{d^2\xi_1}{dt^2} = L - C\frac{d\xi_1}{dt}.$$

Il nous reste à voir ce qui arrive si on suppose l'éther immobile (sauf son mouvement de vibration bien entendu) et la matière en mouvement.

Nous désignerons par ξ, η, ζ les composantes de la vitesse de la matière.

Nous représenterons par $\dfrac{\partial\xi_2}{\partial t}$ et par $\dfrac{\partial^2\xi_2}{\partial t^2}$ la projection sur l'axe des x de la vitesse et de l'accélération d'une molécule matérielle, de sorte que

$$\frac{\partial \xi_1}{\partial t} = \frac{d\xi_1}{dt} + \xi \frac{d\xi_1}{dx} + \eta_1 \frac{d\xi_1}{dy} + \zeta \frac{d\xi_1}{dz},$$

et en négligeant les carrés et les dérivées de ξ, η_1, ζ :

$$\frac{\partial^2 \xi_1}{\partial t^2} = \frac{d^2 \xi_1}{dt^2} + 2\xi \frac{d^2 \xi_1}{dx\,dt} + 2\eta_1 \frac{d^2 \xi_1}{dy\,dt} + 2\zeta \frac{d^2 \xi_1}{dz\,dt}.$$

L'équation (5) devient alors,

$$(5\ bis) \qquad \rho \frac{d^2 \xi_1}{dt^2} + \rho_1 \frac{\partial^2 \xi_1}{\partial t^2} = \mathrm{L} - \mathrm{C} \frac{\partial \xi_1}{\partial t}.$$

Il est aisé de voir d'abord que cette formule $(5\ bis)$ rend compte de l'expérience de M. Fizeau. Imaginons en effet que le milieu soit un diélectrique parfait (d'où $\mathrm{C} = 0$) et que les ondes lumineuses soient planes, le plan de l'onde étant parallèle au plan des xy ; alors ξ_1 est fonction de z et de t seulement et l'on a :

$$\mathrm{L} = \lambda \frac{d^2 \xi_1}{dz^2}.$$

λ étant un coefficient constant.

Supposons de plus que la vitesse de la matière soit constante et parallèle à l'axe des z, de sorte que

$$\frac{\partial^2 \xi_1}{\partial t^2} = \frac{d^2 \xi_1}{dt^2} + 2\zeta \frac{d^2 \xi_1}{dz\,dt} + \zeta^2 \frac{d^2 \xi_1}{dz^2}.$$

On a d'ailleurs

$$\lambda = \rho \mathrm{K}_0^2,$$

K_0^2 étant la vitesse de la lumière dans le vide, et l'équation $(5\ bis)$ devient ;

$$\rho \frac{d^2 \xi_1}{dt^2} + \rho_1 \left(\frac{d^2 \xi_1}{dt^2} + 2\zeta \frac{d^2 \xi_1}{dz\,dt} + \zeta^2 \frac{d^2 \xi_1}{dz^2} \right) = \rho \mathrm{K}_0^2.$$

d'où, si l'on appelle pour un instant U la vitesse de propagation de l'onde :

$$(\rho + \rho_1)\,\mathrm{U}^2 + 2\zeta \rho_1 \mathrm{U} + \zeta^2 \rho_1 = \rho \mathrm{K}_0^2 ;$$

d'où en négligeant le carré de ζ

$$U = K_0 \sqrt{ \frac{\rho}{\rho + \rho_1} - \frac{\rho_1 \zeta}{\rho + \rho_1} } .$$

Il est clair que,

$$\frac{\rho + \rho_1}{\rho} = K .$$

il vient donc finalement,

$$U = K_0 \sqrt{ \frac{1}{K} - \zeta \left(1 - \frac{1}{K} \right) } .$$

On voit donc que cette théorie rend bien compte de l'entraînement partiel des ondes constaté par Fizeau $p.\ 592$.

Mais elle cessera de paraître satisfaisante si on veut l'appliquer
aux phénomènes électriques.

Reprenons les équations $5\ bis$) en supposant $C = 0$, il vient,

$$\rho \frac{d^2 \xi_1}{dt^2} + \rho_1 \frac{\partial^2 \xi_1}{\partial t^2} = L ,$$

et de même,

$$\rho \frac{d^2 \eta_1}{dt^2} + \rho_1 \frac{\partial^2 \eta_1}{\partial t^2} = M .$$

$$\rho \frac{d^2 \zeta_1}{dt^2} + \rho_1 \frac{\partial^2 \zeta_1}{\partial t^2} = N .$$

Comme on a

$$\frac{dL}{dx} + \frac{dM}{dy} + \frac{dN}{dz} = 0 ,$$

si l'on pose

$$\theta = \frac{d\xi_1}{dx} + \frac{d\eta_1}{dy} + \frac{d\zeta_1}{dz} ,$$

il viendra,

$$(6) \qquad \rho \frac{d^2 \theta}{dt^2} + \rho_1 \frac{\partial^2 \theta}{\partial t^2} = 0 .$$

*Les d ordinaires représentent toujours les dérivées prises par
rapport à t en supposant le point x, y, z fixe et les ∂ ronds, en supposant le point x, y, z entraîné par la matière.*

Pour nous rendre compte de la signification de cette équation, reportons-nous à ce que nous avons dit plus haut de la théorie de Fresnel adaptée. Nous avons vu que, dans cette théorie, aux points où il y a de l'électricité positive, la densité de l'éther va constamment en augmentant.

Or, d'après une formule bien connue, θ représente la condensation de l'éther, c'est-à-dire l'excès de sa densité actuelle sur sa densité normale. Dans cette manière de voir, la densité de l'électricité libre serait donc proportionnelle à $\dfrac{d\theta}{dt}$.

Il pourrait y avoir doute dans le cas où les corps chargés d'électricité sont en mouvement. On peut se demander alors si la densité de l'électricité doit être représentée par $\dfrac{d\theta}{dt}$ ou par $\dfrac{\partial\theta}{\partial t}$; mais le résultat que j'ai en vue n'en sera pas changé.

Supposons que $\xi = \eta = 0$, $\zeta = $ constante; l'équation (6) devient

$$(6\ bis) \qquad (\rho - \rho_1) \frac{d^2\theta}{dt^2} + 2\rho_1\zeta \frac{d^2\theta}{dt\,dz} + \zeta^2 \frac{d^2\theta}{dz^2} = 0.$$

D'ailleurs $\dfrac{\partial\theta}{\partial t}$ et $\dfrac{d\theta}{dt}$ satisferont comme θ à l'équation (6 bis).

Cette équation est contredite par l'expérience, l'électricité devrait être entraînée avec la même vitesse que la matière puisqu'elle reste attachée aux corps qui en sont chargés et on devrait avoir,

$$(6\ ter) \qquad \frac{d^2\theta}{dt^2} + 2\zeta^2 \frac{d^2\theta}{dt\,dz} + \rho_1\zeta^2 \frac{d^2\theta}{dz^2} = 0.$$

$\dfrac{d\theta}{dt}$ et $\dfrac{\partial\theta}{\partial t}$ satisfaisant comme θ à l'équation (6 ter).

Cette nouvelle théorie n'est donc pas plus satisfaisante que la première.

Mais ce n'est pas là la forme à laquelle Helmholtz s'est arrêté; à la théorie de la dispersion que nous venons de discuter et qu'il avait développée avant le triomphe de la doctrine de Maxwell, il en a substitué une autre qu'il a exposée sur la fin de sa vie dans le *tome XLVIII des Annales de Wiedemann* (*Electromagnetische Theorie der Farbenzerstreuung*). A ce mémoire de Helmholtz se rattache un travail de Reiff (*Wied. Ann.*, t. L, *Fortpflanzung des Lichtes*), qui examine les conséquences de la théorie de Helmholtz précisément au point de vue qui nous occupe, c'est-à-dire au point de vue de l'entraînement partiel des ondes par un milieu en mouvement. Helmholtz suppose que dans les diélectriques la polarisation électrique se décompose en deux parties : la polarisation de l'éther dont nous désignerons les composantes par X, Y, Z et la polarisation de la matière que nous désignerons par f, g, h, et que le savant allemand attribue à une sorte d'électrolyse incomplète.

Le courant de déplacement total a alors pour composantes :

$$\frac{dX}{dt} + \frac{df}{dt}, \qquad \frac{dY}{dt} + \frac{dg}{dt}, \qquad \frac{dZ}{dt} + \frac{dh}{dt}.$$

L'énergie électrostatique localisée dans le volume $d\tau$ est d'autre part la somme de trois termes, un terme en $X^2 + Y^2 + Z^2$, un terme en $f^2 + g^2 + h^2$ et un terme en $Xf + Yg + Zh$. En partant de ces hypothèses, Helmholtz rend compte des lois de la dispersion ; mais Reif a voulu voir comment on pourrait expliquer dans le même ordre d'idées, l'expérience de Fizeau répétée par Michelson et Morley. Il a reconnu qu'il faudrait supposer que la matière transporte avec elle l'électricité qui engendre la seconde composante f, g, h de la polarisation, tandis que l'éther est entraîné partiellement en transportant avec lui l'électricité qui engendre la première composante X, Y, Z.

M. Reif a alors songé à modifier l'hypothèse de Helmholtz en supprimant dans l'énergie électrostatique le terme en $Xf + Yg + Zh$. Le résultat est alors beaucoup plus simple. L'entraînement de l'éther est alors nul.

Je transcris les équations de Helmholtz *Sitzungsberichte de Berlin*, 1892, LIII, p. 1098 éq. 12^1, $12'$, $12''$; seulement j'ai désigné par X, Y, Z ; f, g, h ce que Helmholtz représente par les lettres gothiques X, Y, Z, x, y, z ; de plus je supposerai $\mu = K = 1$; je représenterai enfin par α, β, γ ce que Helmholtz représente par les lettres gothiques L, M, N. Il vient ainsi

$$(7) \qquad \frac{1}{K_0} \frac{d\alpha}{dt} = \frac{d(Z - h)}{dy} - \frac{d(Y - g)}{dz},$$

$$(8) \qquad \frac{1}{K_0} \frac{d}{dt}(X + f) = \frac{d\beta}{dz} - \frac{d\gamma}{dy},$$

avec les équations qu'on en déduirait par symétrie.

Avec l'hypothèse de Reif, il faut dans l'équation (7) et celles qu'on en déduit par symétrie remplacer F — f, G — g, H — h par F, G, H.

Malheureusement il y a un obstacle dont Reif ne se tire pas mieux que Helmholtz.

Si le milieu est en mouvement, la composante f, g, h est entraînée par la matière et l'équation (8) devient,

$$\frac{1}{K_0}\frac{dX}{dt} + \frac{1}{K_0}\frac{\partial f}{\partial t} = \frac{d\beta}{dz} - \frac{d\gamma}{dy}.$$

On déduit de là :

$$\frac{d}{dt}\left(\frac{dX}{dx} + \frac{dY}{dy} + \frac{dZ}{dz}\right) + \frac{\partial}{\partial t}\left(\frac{df}{dx} + \frac{dg}{dy} + \frac{dh}{dz}\right) = 0.$$

L'expression

$$\frac{df}{dx} + \frac{dg}{dy} + \frac{dh}{dz} = 0$$

est proportionnelle à la densité de l'électricité σ.

D'autre part Helmholtz trouve,

$$X = a^2 f + m\cdot\frac{d^2 f}{dt^2} + k\,\frac{df}{dt},$$

a^2, m et k étant des coefficients constants.

Si les mouvements sont très lents, les deux derniers termes disparaissent et il reste,

$$X = a^2 f,$$

d'où

$$\frac{dX}{dx} + \frac{dY}{dy} + \frac{dZ}{dz} = a^2\sigma,$$

d'où enfin

$$a^2\frac{d\sigma}{dt} + \frac{\partial\sigma}{\partial t} = 0.$$

Si $\xi = \eta = 0$, c'est-à-dire si la vitesse de la matière est parallèle à l'axe des z, il vient

$$(a^2 + 1)\frac{d\sigma}{dt} + \zeta\,\frac{d\sigma}{dz} = 0,$$

ce qui veut dire que les charges électriques ne sont pas entraînées avec la matière comme l'exige le principe de la conservation de l'électricité, mais qu'elle est entraînée avec une vitesse plus petite égale à

$$\frac{v}{a^2 + 1},$$

la théorie de Helmholtz conduisant sous ce rapport au même résultat que celle de Reif, l'une et l'autre me paraissent devoir être rejetées.

THÉORIE DE LORENTZ

449. — M. Lorentz a imaginé une théorie électrodynamique des corps en mouvement fondée sur des principes entièrement différents et à certains égards plus satisfaisante. Nous l'avons exposée plus haut (p. 422 à 573).

Cette théorie rend compte, comme nous l'avons vu, du principe de la conservation de l'électricité, puisque l'hypothèse fondamentale n'est autre chose, après tout, qu'une traduction de ce principe lui-même.

Elle rend compte également de l'entraînement partiel des ondes.

Malheureusement il reste une difficulté grave : il n'y a plus égalité entre l'action et la réaction. C'est ce que nous avons démontré pages 448 à 454. Pour s'en rendre compte, sans entrer dans le détail des calculs, il nous suffirait d'ailleurs d'un exemple simple. Considérons un petit conducteur A chargé positivement et entouré d'éther. Supposons que l'éther soit parcouru par une onde électromagnétique et qu'à un certain moment cette onde atteigne A, la force électrique due à la perturbation agira sur la charge de A et produira une force pondéromotrice agissant sur le corps A. Cette force pondéromotrice ne sera contrebalancée au point de vue du principe de l'action et de la réaction par aucune force agissant sur la matière pondérable. Car tous les autres corps pondérables peuvent être supposés très éloignés et en dehors de la région de l'éther qui est troublée.

On s'en tirerait en disant qu'il y a réaction du corps A sur l'éther ; il n'en est pas moins vrai qu'on pourrait, sinon réaliser, au moins concevoir une expérience où le principe de réaction semblerait en défaut, puisque l'expérimentateur ne peut opérer que sur les corps pondérables et ne saurait atteindre l'éther.

Cette conclusion semblera difficile à admettre.

La théorie de Hertz ne donnait pas lieu à cette difficulté et était parfaitement d'accord avec le principe de la réaction (*vide supra*, p. 420). Dans cette théorie et dans l'exemple qui nous préoccupait plus haut il y aurait réaction du corps A non seulement sur l'éther, mais sur l'air où se trouve cet éther ; et quelque raréfié que soit cet air, il y aurait égalité parfaite entre l'action subie par A et la réaction de A sur cet air.

Cela tenait à ce que dans la théorie de Hertz, l'éther était entraîné totalement par la matière ; dans la théorie de Lorentz, au contraire, il n'en est pas de même, la réaction subie par l'air n'est qu'une très faible fraction de l'action subie par le corps A, et cette fraction est d'autant plus faible que l'air est plus raréfié.

En réfléchissant à ce point, on voit que la difficulté n'est pas particulière à la théorie de Lorentz et qu'on aura beaucoup de peine à expliquer l'entraînement partiel des ondes sans violer le principe de l'égalité de l'action et de la réaction. Nous verrons plus loin si la conciliation est possible.

THÉORIE DE J.-J. THOMSON

450. — Dans ses « *Recent Researches* », J.-J. Thomson consacre un paragraphe à la propagation de la lumière dans un diélectrique en mouvement (§ 440, p. 543). Ce travail a été analysé en détail par M. Blondin dans la *Lumière électrique* du 4 novembre 1893, p. 201, et je n'y reviendrai pas.

Je me contenterai de rappeler les principaux résultats.

Soit V la vitesse de propagation de la lumière dans le diélectrique en repos ; soit v la vitesse de la matière du diélectrique, ou plutôt la projection de cette vitesse sur la direction de la propagation des ondes ; soit v_0 la vitesse de l'éther dans le diélectrique qui serait nulle s'il n'y avait pas d'entraînement, qui serait égale à v si l'entraînement était total et qui aurait des valeurs intermédiaires si l'entraînement était partiel. La vitesse de la lumière dans le diélectrique en mouvement sera

$$V + c_1 + c_2,$$

c_1, c_2 pouvant avoir diverses valeurs suivant les hypothèses.

Dans un conducteur en mouvement il peut se produire deux sortes de forces électromotrices d'induction, la première provenant de la variation du champ magnétique, la seconde provenant du déplacement du conducteur dans ce champ. De même dans un diélectrique en mouvement il doit se développer une force électromotrice d'induction due au déplacement de ce diélectrique ; elle dépendra évidemment de la vitesse de ce diélectrique ; mais est-ce de la vitesse de la matière du diélectrique ou de la vitesse de l'éther qui y est contenu ? on peut faire les deux hypothèses. Dans le premier cas c_1 sera égal à $\dfrac{c}{2}$, dans le second à $\dfrac{c_3}{2}$.

D'autre part, si un diélectrique se déplace dans un champ électrique, s'il passe dans une région où l'intensité du champ est plus grande ou plus petite, sa polarisation variera : on peut se demander si cette variation de la polarisation produira un courant de déplacement susceptible d'agir sur une aiguille aimantée. On peut faire à cet égard plusieurs hypothèses.

On peut supposer que quand la polarisation électrique en un *même point de l'espace* demeure constante, il n'y a pas de courant de déplacement, quand même le diélectrique en se déplaçant passerait dans une région où cette polarisation est différente.

En d'autres termes les composantes du courant de déplacement seraient,

$$\frac{df}{dt}, \qquad \frac{dg}{dt}, \qquad \frac{dh}{dt},$$

f, g, h étant les composantes du déplacement en un point donné invariablement lié à la matière du diélectrique mobile.

On peut supposer enfin que les composantes du courant sont $\dfrac{df}{dt}$, $\dfrac{dg}{dt}$, $\dfrac{dh}{dt}$, et que f, g, h sont les composantes du déplacement en un point donné invariablement lié à l'éther partiellement entraîné par le diélectrique mobile.

Dans le premier cas, c_2 est égal à zéro, dans le second à $\dfrac{c}{2}$, dans le troisième à $\dfrac{c_0}{2}$.

La discussion de J.-J. Thomson laisse donc place à un grand nombre d'hypothèses, mais aucune n'est satisfaisante ; la seule qui soit d'accord avec l'expérience de Fizeau $\left(c_1 = c_2 = \dfrac{c_0}{2}\right)$ soulèverait les mêmes difficultés que les théories de Helmholtz-Reiff et Lorentz.

On voit donc combien il est difficile de rendre compte par une même théorie de tous les faits observés ; les contradictions auxquelles toutes les hypothèses peuvent se heurter paraissent tenir à une cause profonde. Dans tous les cas un examen plus attentif est nécessaire et j'y reviendrai plus loin.

DISCUSSION DE LA THÉORIE DE HERTZ

451. — Nous avons vu dans ce qui précède les conditions auxquelles il semble que devrait satisfaire toute théorie électrodynamique des corps en mouvement.

1° *Elle devrait rendre compte des expériences de Fizeau, c'est-à-dire de l'entraînement partiel des ondes lumineuses, ou, ce qui revient au même, des ondes électromagnétiques transversales.*

2° *Elle doit être conforme au principe de la conservation de l'électricité et du magnétisme.*

3° *Elle devrait être compatible avec le principe de l'égalité de l'action et de la réaction.*

Nous avons vu qu'aucune des théories proposées jusqu'ici ne remplit simultanément ces trois conditions : la théorie de Hertz satisfait aux deux dernières, mais pas à la première ; celles de Helmholtz ne satisfont pas à la seconde ; celle de Lorentz satisfait bien aux deux premières mais pas à la dernière.

On peut se demander si cela tient à ce que ces théories sont incomplètes ou si ces trois conditions ne sont réellement pas compatibles, ou ne le deviendraient que par une modification profonde des hypothèses admises.

DISCUSSION DES AUTRES THÉORIES

452. — Ainsi la théorie de Hertz satisfait aux deux dernières conditions ; il nous reste à voir qu'elle est la seule qui y satisfasse.

Quelles que soient les hypothèses qui nous serviront comme point de départ, nous arriverons toujours à deux groupes de trois équations aux dérivées partielles, analogues à celles de Hertz et auxquelles devront satisfaire les deux vecteurs α, β, γ et (P, Q, R).

Remarquons que les équations de Hertz satisfont aux trois conditions suivantes :

1° Elles sont linéaires et homogènes par rapport à α, β, γ ; P, Q, R et à leurs dérivées ;

2° Elles sont linéaires mais non homogènes par rapport à ξ, η, ζ et à leurs dérivées ;

3° Elles ne contiennent que des dérivées du premier ordre tant par rapport à t que par rapport à x, y et z.

Je dis qu'on peut toujours supposer que les équations que l'on doit substituer à celles de Hertz satisfont à ces mêmes conditions :

1° On peut supposer qu'elles sont linéaires par rapport aux composantes de la force électrique et de la force magnétique ; si en effet elles ne l'étaient pas et si les perturbations électromagnétiques étaient très petites, les termes d'ordre supérieur disparaîtraient devant les termes du premier ordre ; si donc ces équations étaient compatibles avec les principes de l'action et de la réaction et de la conservation de l'électricité et du magnétisme, elles ne cesseraient pas de l'être quand on les réduirait à leurs termes du premier ordre par rapport à α, β, γ ; P, Q, R.

2° On peut supposer qu'elles sont linéaires par rapport aux composantes de la vitesse ξ, η, ζ : si, en effet, on suppose que ces composantes sont très petites, les termes du second degré et de degré supérieur en ξ, η, ζ, seront négligeables ; si donc ces quantités étaient compatibles avec les principes, elles ne cesseraient pas de l'être quand on les réduirait à leurs termes d'ordre o et 1 par rapport à ξ, η, ζ ;

3° On peut supposer qu'elles ne contiennent que des dérivées du premier ordre ; si en effet on suppose que la perturbation varie très lentement, c'est-à-dire qu'elle est *à très grande longueur d'onde*, les dérivées d'ordre supérieur seront négligeables : si donc les équations étaient compatibles avec les principes, elles ne cesseraient pas de l'être quand on les réduirait à ceux de leurs termes qui dépendent des dérivées du premier ordre.

Supposons donc remplies les trois conditions énoncées plus haut.

Pour former les équations nouvelles, nous reprendrons les équations de Hertz et nous ajouterons respectivement aux premiers membres des trois équations du premier groupe les termes complémentaires,

$$AR_1, \qquad AR_2, \qquad AR_3.$$

Nous ajouterons de même respectivement aux premiers membres des trois équations du second groupe les termes complémentaires.

$$AS_1, \qquad AS_2, \qquad AS_3.$$

Nous avons obtenu le principe de la conservation du magnétisme en opérant sur les équations du premier groupe, les différentiant respectivement par rapport à x, y et z et ajoutant. En opérant de cette manière on retrouvera l'équation de la conservation du magnétisme, mais avec le terme complémentaire

$$A\left(\frac{dR_1}{dx} + \frac{dR_2}{dy} + \frac{dR_3}{dz}\right),$$

le principe de la conservation du magnétisme exige donc que

$$\frac{dR_1}{dx} + \frac{dR_2}{dy} + \frac{dR_3}{dz} = 0,$$

de même le principe de la conservation de l'électricité exige que

$$\frac{dS_1}{dx} + \frac{dS_2}{dy} + \frac{dS_3}{dz} = 0.$$

Ces équations montrent que l'on peut poser

$$R_1 = \frac{d\zeta_2}{dy} - \frac{d\eta_2}{dz},$$

$$R_2 = \frac{d\xi_2}{dz} - \frac{d\zeta_2}{dx},$$

$$R_3 = \frac{d\eta_2}{dx} - \frac{d\xi_2}{dy};$$

$$S_1 = \frac{dn_1}{dy} - \frac{dm_1}{dz},$$

$$S_2 = \frac{dl_1}{dz} - \frac{dn_1}{dx},$$

$$S_3 = \frac{dm_1}{dx} - \frac{dl_1}{dy}.$$

Si nous voulons, comme nous l'avons supposé plus haut, que les équations ne contiennent que des dérivées du premier ordre, il faut que les nouvelles fonctions auxiliaires ξ_2, η_2, ζ_2; l_1, m_1, n_1 dépendent seulement de α, β, γ; P, Q, R; ξ, η, ζ et non pas de leurs dérivées.

Ces fonctions seront d'ailleurs linéaires et homogènes par rapport à α, β, γ; P, Q, R, puisque les équations doivent être linéaires et homogènes par rapport à ces composantes et à leurs dérivées.

Elles seront d'autre part linéaires et homogènes par rapport à ξ, η, ζ; en effet les équations ne doivent contenir que des termes d'ordre o et d'ordre 1 par rapport à ces composantes et à leurs dérivées; il est évident d'ailleurs que ξ_2, η_2, ζ_2; l_1, m_1, n_1, qui doivent disparaître dans les équations relatives à l'électrodynamique des corps en repos, ne contiennent pas de termes de degré o en ξ, η, ζ.

Il nous reste à voir si ces équations peuvent être compatibles avec le principe de la réaction. Pour cela je rappelle comment nous avions obtenu dans la théorie de Hertz le principe de la conservation de l'énergie *vide supra, 2ᵉ partie*. Nous étions arrivés à une équation

$$(5) \qquad \frac{dJ}{dt} + \mathcal{C} = K,$$

où J représentait l'énergie électromagnétique, $\mathcal{T}$ le travail des forces extérieures, K la chaleur de Joule.

En opérant de même sur les équations transformées nous obtiendrons :

$$(5\ bis)\qquad \frac{dJ}{dt} + \mathcal{T} + \mathcal{T}_1 = K,$$

$\mathcal{T}$ figure déjà dans l'équation (5) ; K est la chaleur de Joule ; enfin $\mathcal{T}_1$ est un terme complémentaire provenant des termes complémentaires $R_1, R_2, \ldots S_3$.

On aura donc,

$$\mathcal{T}_1 = \int \frac{d\tau}{4\pi} \left[\sum \alpha \left(\frac{d\zeta_2}{dy} - \frac{d\tau_2}{dz} \right) + \sum P \left(\frac{dn_1}{dy} - \frac{dm_1}{dz} \right) \right].$$

Le signe $\sum$ représente toujours une somme de trois termes et on déduit les deux derniers du premier en permutant circulairement x, y, z ; α, β, γ ; P, Q, R ; ξ_2, τ_2, ζ_2 ; l_1, m_1, n_1.

L'intégration par parties nous donne,

$$\mathcal{T}_1 = \int \frac{d\tau}{4\pi} \sum \left(\tau_2 \frac{d\alpha}{dz} - \zeta_2 \frac{d\alpha}{dy} + m_1 \frac{dP}{dz} - n_1 \frac{dP}{dy} \right).$$

Soient a, b, c, les composantes de la force pondéromotrice dans la théorie de Hertz ; soient $a + a_1, b + b_1, c + c_1$ les composantes de cette même force dans la théorie transformée.

Le terme $\mathcal{T}_1$ représentera alors le travail de la force pondéromotrice (a_1, b_1, c_1).

Comme la force de la théorie de Hertz (a, b, c) satisfait au principe de la réaction, il faut que la force complémentaire (a_1, b_1, c_1) y satisfasse également et par conséquent que l'on ait

$$\int a_1\, d\tau = \int b_1\, d\tau = \int c_1\, d\tau = 0.$$

Ces conditions peuvent encore s'énoncer autrement : *il faut que $\mathcal{T}_1$ soit nul quand on donne* ξ, τ, ζ, *des valeurs constantes.*

Si donc nous donnons à ξ, η, ζ, des valeurs constantes quelconques, et que nous remplacions α, β, γ; P, Q, R par des fonctions *quelconques* de x, y, z s'annulant à l'infini, l'intégrale $\mathcal{C}_1$ devra s'annuler.

Mais $\mathcal{C}_1$ peut encore s'écrire sous la forme d'une somme de trois termes en posant :

$$\mathcal{C}_1 = U + V + W,$$

et

$$U = \int \frac{dz}{4\pi} \left(\zeta_2 \frac{d\beta}{dx} - \eta_2 \frac{d\gamma}{dx} + n_1 \frac{dQ}{dx} - m_1 \frac{dR}{dx} \right),$$

$$V = \int \frac{dz}{4\pi} \left(\xi_2 \frac{d\gamma}{dy} - \zeta_2 \frac{d\alpha}{dy} + l_1 \frac{dR}{dy} - n_1 \frac{dP}{dy} \right),$$

$$W = \int \frac{dz}{4\pi} \left(\eta_2 \frac{d\alpha}{dz} - \xi_2 \frac{d\beta}{dz} + m_1 \frac{dP}{dz} - l_1 \frac{dQ}{dz} \right).$$

Je dis que les trois termes U, V, W doivent s'annuler tous les trois.

En effet, remplaçons les six composantes α, β, γ; P, Q, R par six fonctions quelconques de x, y, z; la somme U + V + W devra s'annuler.

Remplaçons maintenant ces mêmes composantes par les six mêmes fonctions de $\lambda_1 x$, $\lambda_2 y$, $\lambda_3 z$; (λ_1, λ_2, λ_3 étant trois coefficients constants arbitraires). U se changera en $\dfrac{U}{\lambda_2 \lambda_3}$, V en $\dfrac{V}{\lambda_1 \lambda_3}$, W en $\dfrac{W}{\lambda_1 \lambda_2}$. Et comme T_1 reste toujours nul, on devra avoir,

$$\frac{U}{\lambda_2 \lambda_3} + \frac{V}{\lambda_1 \lambda_3} + \frac{W}{\lambda_1 \lambda_2} = 0,$$

et cela quels que soient les coefficients λ; on doit donc avoir séparément,

$$U = V = W = 0.$$

Dans U, la fonction sous le signe $\int$ est linéaire, d'une part par rapport à α, β, γ; P, Q, R, d'autre part par rapport aux dérivées de ces six composantes prises par rapport à x.

Considérons une intégrale de la forme,

$$\int d\tau \left(A\varphi_1 \frac{d\varphi_1}{dx} + B\varphi_2 \frac{d\varphi_2}{dx} + C\varphi_1 \frac{d\varphi_2}{dx} + D\varphi_2 \frac{d\varphi_1}{dx} \right).$$

Quelle est la condition pour que cette intégrale s'annule, quelles que soient les fonctions φ_1, φ_2 qui seront seulement assujetties à s'annuler à l'infini?

Je dis que la condition nécessaire est suffisante, c'est que la quantité sous le signe $\int$ soit une dérivée exacte. En effet, d'après ce que nous avons dit plus haut, la condition est évidemment suffisante et on a en particulier,

$$\int \varphi_1 \frac{d\varphi_1}{dx} d\tau = \int \varphi_2 \frac{d\varphi_2}{dx} d\tau = \int \left(\varphi_1 \frac{d\varphi_2}{dx} + \varphi_2 \frac{d\varphi_1}{dx} \right) d\tau = 0.$$

L'intégrale proposée se réduit donc à,

$$(B - C) \int \varphi_2 \frac{d\varphi_1}{dx} d\tau.$$

Comme φ_2 est une fonction *arbitraire* de x, y, z, le produit $\varphi_2 \dfrac{d\varphi_1}{dx}$ sera aussi une fonction absolument arbitraire de ces variables et l'intégrale ne pourra s'annuler que si

$$B = C,$$

c'est-à-dire si,

$$A\varphi_1\,d\varphi_1 + B\varphi_2\,d\varphi_1 + C\varphi_1\,d\varphi_2 + D\varphi_2\,d\varphi_2,$$

est une différentielle exacte.

La condition est donc nécessaire.

Considérons maintenant une intégrale où la fonction sous le

signe $\int$ sera linéaire, d'une part par rapport à n fonctions arbitraires.

$$\varphi_1, \varphi_2, \varphi_3 \ldots \varphi_n ;$$

d'autre part par rapport à leurs dérivées :

$$\frac{d\varphi_1}{dx}, \quad \frac{d\varphi_2}{dx} \ldots \frac{d\varphi_n}{dx}.$$

La condition nécessaire et suffisante pour que cette intégrale s'annule toujours, sera encore que la quantité sous le signe $\int$ soit une dérivée exacte.

La condition est évidemment suffisante. Je dis qu'elle est également nécessaire.

En effet les fonctions φ étant arbitraires, l'intégrale devra être nulle, en particulier quand toutes ces fonctions, seront identiquement nulles sauf deux ; si donc nous égalons à zéro toutes les fonctions φ, sauf deux, la quantité sous le signe $\int$ doit être une dérivée exacte ; les termes $\varphi_i \dfrac{d\varphi_k}{dx}$ et $\varphi_k \dfrac{d\varphi_i}{dx}$ doivent donc avoir même coefficient : ce qui veut dire que les conditions d'intégrabilité doivent donc être remplies.

Appliquons cette règle au cas qui nous occupe. Nous verrons que.

$$\zeta_2 d\beta - \tau_2 d\gamma + n_1 dQ - m_1 dR,$$

et de même

$$\xi_2 d\gamma - \zeta_2 d\alpha + l_1 dR - n_1 dP,$$
$$\tau_2 d\alpha - \xi_2 d\beta + m_1 dP - l_1 dQ,$$

doivent être des différentielles exactes.

La première de ces expressions, où ne figurent ni $d\alpha$ ni dP doit être la différentielle d'une fonction indépendante de α et de P.

Donc, ξ_2, τ_2, n_1 et m_1 ne dépendent ni de α ni de P ; et de même ξ_2, ζ_2, l_1, n_1 ne dépendent ni de P ni de Q ; τ_2, ξ_2, m_1 et l_1 ne dépendent ni de γ ni de R.

Il résulte de là que ξ_2 et l_1 peuvent dépendre seulement de α et de P ; τ_{2} et m_1 seulement de β et de Q ; ζ_2 et n_1, seulement de γ et de R.

Les conditions d'intégrabilité nous donnent ensuite,

$$\frac{d\xi_2}{d\gamma} = -\frac{d\tau_{2}}{d\beta} ; \qquad \frac{d\xi_2}{d\alpha} = -\frac{d\zeta_2}{d\gamma} ; \qquad \frac{d\tau_{2}}{d\beta} = -\frac{d\xi_2}{d\alpha} ;$$

d'où

$$\frac{d\xi_2}{d\alpha} = \frac{d\tau_{2}}{d\beta} = \frac{d\zeta_2}{d\gamma} = 0.$$

On trouverait de même

$$\frac{dl_1}{dP} = \frac{dm_1}{dQ} = \frac{dn_1}{dR} = 0.$$

Ainsi $\xi_1, \tau_1, \zeta_1, l_1, m_1, n_1$, ne pourront dépendre respectivement que de α, β, γ ; P, Q, R.

Les conditions d'intégrabilité donnent enfin,

$$\frac{d\xi_2}{dP} = \frac{d\tau_{2}}{dQ} = \frac{d\zeta_2}{dR} = -\frac{dl_1}{d\alpha} = -\frac{dm_1}{d\beta} = -\frac{dn_1}{d\gamma}.$$

c'est-à-dire que $\xi_2, \tau_2, \zeta_2, l_1, m_1, n_1$ devront se réduire à un *même* facteur près à P, Q, R ; — α, — β, — γ.

Ce facteur constant devra d'ailleurs être une fonction linéaire et homogène de ξ, τ, ζ.

Mais si nous faisons intervenir une condition nouvelle, celle de l'*isotropie*, nous verrons que ce facteur constant doit être nul; car si ce facteur s'écrivait par exemple.

$$\lambda_1\alpha + \lambda_2\beta + \lambda_3\gamma,$$

la direction dont les cosinus directeurs sont proportionnels à $\lambda_1, \lambda_2, \lambda_3$ jouerait un rôle prépondérant.

Il résulte de là que les termes complémentaires $\xi_2, \tau_2, \zeta_2, l_1, m_1, n_1$, doivent être nuls.

Ainsi la théorie de Hertz est la seule qui soit compatible avec le principe de la conservation de l'électricité et du magnétisme et avec celui de l'égalité de l'action et de la réaction.

CONCLUSIONS PROVISOIRES

453. — Il résulte de tout ce qui précède qu'aucune théorie ne peut satisfaire à la fois aux trois conditions énoncées au début du n° **451** ; car la théorie de Hertz est la seule qui satisfasse aux deux dernières et elle ne satisfait pas à la première.

Nous ne pourrions par conséquent espérer d'échapper à cette difficulté qu'en modifiant profondément les idées généralement admises ; on ne voit pas bien d'ailleurs, dans quel sens cette modification devrait se faire.

Il faut donc renoncer à développer une théorie parfaitement satisfaisante et s'en tenir provisoirement à la moins défectueuse qui paraît être celle de Lorentz. Cela me suffira pour mon objet qui est d'approfondir la discussion des idées de Larmor.

Sous quelles formes pourrons-nous mettre cette théorie de Lorentz ?

Ces formes sont diverses et on doit choisir l'une ou l'autre selon le but qu'on se propose.

Dans cette théorie, on envisage une multitude de particules chargées mobiles, qui circulent à travers un éther immobile en conservant une charge invariable.

L'éther est d'ailleurs parcouru par des perturbations électro-magnétiques.

Nous pouvons alors conserver les équations de Hertz, mais en donnant aux quantités qui y entrent des valeurs très différentes, selon que le point xyz se trouvera dans une particule chargée ou dans l'éther.

Dans l'éther on aura,

$$\xi, \ \eta, \ \zeta$$

puisque l'éther n'est pas supposé entraîné par le mouvement de la matière.

On aura d'autre part

$$\mathrm{K} = \mu = 1, \qquad \rho = \sigma = 0, \qquad u = v = w = 0.$$

Dans une particule chargée on aura,

$$\rho = \mathrm{C^{te}}, \qquad \sigma = 0, \qquad u = v = w = 0, \qquad \mu = 1,$$

puisque la charge demeure constante et que ces particules ne sont pas le siège de courants de conduction proprement dits.

Dans cette manière de voir il n'y a nulle part de magnétisme proprement dit et le magnétisme apparent est dû seulement aux courants particulaires d'Ampère.

Sous cette forme les phénomènes électromagnétiques sont vus pour ainsi dire au microscope et les apparences ayant disparu, on ne voit plus que la réalité ou plutôt ce que Lorentz regarde comme tel. On est ainsi en possession d'un instrument qui peut être utile pour la discussion que nous avons en vue.

Mais les équations sous cette forme se prêtent mal aux applications où les apparences, c'est-à-dire en somme les phénomènes moyens, importent seuls.

En se plaçant à ce point de vue, on peut écrire les équations de la façon suivante ; on conservera les équations de Hertz, seulement dans les équations (1) et (2), on affectera les termes :

$$\frac{d\zeta_1}{dy} - \frac{d\tau_1}{dz} \qquad \frac{dn}{dy} - \frac{dm}{dz},$$

de coefficients constants qui dépendront de la nature du milieu, qui seront égaux à 0 pour l'éther, à 1 pour les conducteurs parfaits et auront des valeurs intermédiaires pour les diélectriques autres que l'air.

Il est à peine nécessaire d'ajouter que cette théorie, si elle peut nous rendre certains services pour notre objet, en fixant un peu nos idées, ne peut nous satisfaire pleinement, ni être regardée comme définitive.

Il me parait bien difficile d'admettre que le principe de réaction soit violé, même en apparence, et qu'il ne soit plus vrai si l'on envisage seulement les actions subies par la matière pondérable et si on laisse de côté la réaction de cette matière sur l'éther.

Il faudra donc un jour ou l'autre modifier nos idées en quelque point important et briser le cadre où nous cherchons à faire rentrer à la fois les phénomènes optiques et les phénomènes électriques.

Mais même en se bornant aux phénomènes optiques proprement dits, ce qu'on a dit jusqu'ici pour expliquer l'entraînement partiel des ondes n'est pas très satisfaisant.

L'expérience a révélé une foule de faits qui peuvent se résumer dans la formule suivante : il est impossible de rendre manifeste le mouvement absolu de la matière, ou mieux le mouvement relatif de la matière pondérable par rapport à l'éther ; tout ce qu'on peut mettre en évidence, c'est le mouvement de la matière pondérable par rapport à la matière pondérable.

Les théories proposées rendent bien compte de cette loi, mais à une condition :

Il faut négliger le carré de l'aberration :

Or cela ne suffit pas ; la loi semble être vraie même sans ces restrictions, ainsi que l'a prouvé une récente expérience de M. Michelson.

Il y a donc là aussi une lacune qui peut ne pas être sans quelque parenté avec celle que le présent paragraphe a pour but de signaler.

Et en effet, l'impossibilité de mettre en évidence un mouvement relatif de la matière par rapport à l'éther, et l'égalité qui a sans doute lieu entre l'action et la réaction sans tenir compte de l'action de la matière sur l'éther, sont deux faits dont la connexité semble évidente.

Peut-être les deux lacunes seront-elles comblées en même temps.

IMITATIONS HYDRODYNAMIQUES

J'ai parlé précédemment des sphères pulsantes de Bjerknes et de l'imitation par ces sphères des phénomènes électrostatiques. J'ai fait ressortir l'analogie des mouvements qui se reproduisent dans l'eau au voisinage des sphères pulsantes et de ceux qui se produiraient dans l'éther au voisinage d'un corps électrisé dans la théorie de Fresnel adaptée.

Malheureusement, ainsi que j'ai dit plus haut, l'analogie n'est pas complète ; les mouvements des sphères pulsantes et ceux qu'elles excitent dans les liquides sont alternatifs et périodiques. Avec la théorie de Fresnel adaptée, au contraire les mouvements qui règnent dans l'éther doivent être continus.

Bjerknes a été amené à adopter des mouvements périodiques par suite de nécessités mécaniques ; mais il en résulte, comme je l'ai dit plus haut, que son imitation est imparfaite ; deux sphères pulsantes dont la phase est la même sont assimilables à deux conducteurs portant de l'électricité de même nom ; deux sphères dont la phase diffère de π sont assimilables à deux conducteurs portant de l'électricité de nom contraire ; mais *deux sphères dont la différence de phase n'est ni o ni π ne sont assimilables à rien.*

L'imitation serait bien plus parfaite si le mouvement des sphères était continu au lieu d'être alternatif ; si le rayon de chaque sphère variait toujours dans le même sens avec une vitesse uniforme. Seulement il faudrait que le rayon des sphères fut assez grand, la vitesse de pulsation assez lente, la durée de l'expérience assez courte pour que pendant cette durée, les variations du rayon fussent négligeables. Ces conditions sont difficilement réalisables si l'on veut que les actions mutuelles des sphères soient sensibles. Si elles l'étaient cependant, on se rapprocherait des conditions de la théorie de Fresnel adaptée et on s'affranchirait de la difficulté relative de la phase que je viens de signaler.

Une difficulté capitale subsisterait encore pourtant : les effets hydrodynamiques sont bien l'image des effets électrostatiques, mais ils en sont une *image renversée.*

Deux sphères de même phase s'attirent, tandis que deux corps portant de l'électricité de même nom se repoussent. Il y a *inversion.*

Les phénomènes électrodynamiques de même que les phénomènes électrostatiques, sont susceptibles d'une imitation hydrodynamique. Lord Kelvin dans ses *Popular lectures* parle d'un projet de modèle hydrokinétique dont je voudrais rappeler succintement les principes.

Imaginons que dans un liquide indéfini soient plongés deux corps solides C et C' dont la forme sera annulaire ; chacun de ces corps sera formé d'un fil de faible section qui sera recourbé de façon que ses deux extrémités se rejoignent ; on obtient ainsi une sorte d'anneau fermé.

Soient u, v, w les composantes de la vitesse d'une molécule liquide et envisageons l'intégrale

$$\int (u\,dx + v\,dy + w\,dz),$$

prise le long d'un contour fermé quelconque. Nous distinguerons trois sortes de contours fermés auxquels tous les autres peuvent se ramener.

Ceux de la première sorte seront ceux qui ne s'entrelacent pas avec les corps annulaires C et C' : on peut les réduire à un point par déformation continue et sans qu'ils cessent d'être tout entiers dans le liquide, sans qu'à aucun moment ils touchent C ou C'.

Ceux de la seconde sorte s'entrelacent une fois avec C. Tel serait par exemple le périmètre de la section du fil qui forme le corps C.

Ceux de la troisième sorte s'entrelacent une fois avec C'.

Il est clair qu'un contour quelconque peut être regardé comme la combinaison de divers contours appartenant à l'une de ces trois sortes.

Je suppose qu'à l'origine du temps on ait :

$$\int u\,dx + v\,dy + w\,dz = 0.$$

pour un contour de la première sorte.

$$\int u\,dx + v\,dy + w\,dz = 4\pi i,$$

pour un contour de la deuxième sorte,

$$\int u\,dx + v\,dy + w\,dz = 4\pi i',$$

pour un contour de la troisième sorte.

En vertu du théorème de Helmholtz sur les tourbillons, ces équations vraies à l'origine des temps, ne cesseront jamais de l'être. Les lettres i et i' désignent donc des constantes.

Mais si l'on se rappelle les lois suivant lesquelles un champ magnétique est engendré par un courant, on apercevra immédiatement la conséquence suivante.

La vitesse u, v, w du liquide représente en grandeur, direction et sens, la force magnétique engendrée par deux courants, l'un d'intensité i suivant le fil C, l'autre d'intensité i' suivant le fil C'.

Ainsi dans le modèle de Lord Kelvin, la vitesse du liquide est dirigée suivant la force magnétique, tandis que dans le modèle de Bjerknes elle est dirigée suivant la force électrique. En d'autres termes, dans le modèle de Lord Kelvin, la vitesse du liquide est la même que celle de l'éther dans la théorie de Larmor : dans le modèle de Bjerknes elle est la même que celle de la théorie de Fresnel adaptée.

Lord Kelvin a montré que les deux corps C et C' ainsi plongés dans un liquide en mouvement, exercent l'un sur l'autre des actions mécaniques apparentes, et que ces actions sont les mêmes, *au sens près* que celles qui s'exerceraient entre les deux courants que je viens de définir, et qui suivent l'un le fil C avec l'intensité i, l'autre le fil C' avec l'intensité i'.

Les actions mécaniques d'origine hydrodynamique suivent absolument les mêmes lois que les actions d'origine électrodynamique : seulement il y a *inversion*; si les premières sont des répulsions, les secondes seront des attractions et inversement.

Il est manifeste que l'explication des actions électrostatiques dans la théorie de Fresnel adaptée doit se rattacher aux expériences de Bjerknes ; et que d'autre part l'explication des actions mutuelles des courants dans la théorie de Larmor doit se rattacher au modèle de Lord Kelvin. Mais la difficulté provient de l'inversion. Il nous faut avant tout pénétrer les raisons de cette inversion.

CAUSES DE L'INVERSION

454. — Pour cela il faut remonter aux principes généraux de la mécanique. Considérons un système dont la situation soit définie par un certain nombre de paramètres.

$$q_1, q_2, \ldots q_n,$$

que j'appellerai *ses coordonnées*.

Soient $q'_1, q'_2, \ldots q'_n$ les dérivées de ces quantités par rapport au temps ; c'est ce que j'appellerai les *vitesses*.

Soit T l'énergie cinétique du système, U son énergie potentielle due aux forces intérieures. Soit enfin

$$Q_1 \delta q_1 + Q_2 \delta q_2, \ldots + Q_n \delta q_n.$$

le travail virtuel des forces extérieures au système pour des variations virtuelles δq_i des coordonnées q_i.

Les équations de Lagrange s'écrivent

$$(1) \qquad \frac{d}{dt}\frac{dT}{dq'_i} - \frac{dT}{dq_i} + \frac{dU}{dq_i} = Q_i.$$

À l'exemple de Helmholz dans sa théorie des systèmes monocycliques, nous distinguerons deux sortes de coordonnées.

Les coordonnées à variation lente que je désignerai par q_a.

Les coordonnées à variation rapide que je désignerai par q_b, et qui se distinguent des premières par deux conditions :

T et U ne dépendent pas des q_b mais seulement de leurs dérivées.

Les vitesses q'_b sont beaucoup plus grandes que les vitesses q'_a.

Ainsi U dépend des q_a seulement ; T dépend des q_a, des q'_a et des q'_b, il est homogène et de degré deux par rapport aux q'_a et aux q'_b.

Les équations de Lagrange se réduisent alors, en ce qui concerne les q_b, à

$$(2) \qquad \frac{d}{dt}\frac{dT}{dq'_b} = Q_b.$$

Nous poserons.

$$\frac{dT}{dq'_i} = p_i,$$

et les quantités p_i s'appelleront les *moments* du système.

Il y a ainsi trois sortes de quantités à considérer en mécanique, les coordonnées, les vitesses et les moments.

L'équation (2) devient

$$\frac{dp_b}{dt} = Q_b.$$

Je supposerai que Q_b est nul ce qui donne

$$(3) \qquad p_b = C^b.$$

si donc il n'y a pas de force extérieure tendant à faire varier la vitesse des coordonnées q_b à variation rapide, les moments correspondants sont des constantes. Je suppose maintenant que les forces extérieures Q_a soient choisies de façon à maintenir constants les q_a. Les q'_a sont alors nuls et les équations (3) dont les premiers membres dépendent des q'_b, des q_a qui sont constants et des q'_a qui sont nuls, ces équations, dis-je, dont le nombre est égal à celui des q'_b, montrent que les q'_b sont des constantes.

Le système se trouve ainsi dans une sorte de mouvement stationnaire, c'est-à-dire d'équilibre apparent et les Q_a nous font connaître les forces extérieures qu'il faut lui appliquer pour maintenir cet équilibre apparent. Comme $\dfrac{dT}{dq'_a}$ ne dépend que des q_a, des q'_a et des q'_b qui sont nulles ou constantes, cette quantité est également une constante, de sorte que,

$$\frac{d}{dt}\ \frac{dT}{dq'_a} = o.$$

Si, de plus, on suppose qu'il n'y a pas de forces extérieures au système, c'est-à-dire que $U = o$, l'équation de Lagrange relative à q_a se réduit à

$$(4) \qquad\qquad -\frac{dT}{dq_a} = Q_a.$$

Les q'_a étant nuls, T ne dépend plus que des q_a et des q'_b, elle est homogène et du second ordre par rapport aux q'_b de sorte qu'on a,

$$2T = \sum q'_b \frac{dT}{dq'_b}, \quad q_b = \sum p_b q'_b.$$

Les p_b étant des constantes, il paraîtra naturel de faire un changement de variables et d'exprimer T en fonctions des q_a et des p_b; mais pour éviter toute confusion, nous écrirons avec des d ordinaires les dérivées

$$\frac{dT}{dq_a}, \qquad\qquad \frac{dT}{dq'_b},$$

prises par rapport aux variables anciennes et avec des ∂ ronds les dérivées

$$\frac{\partial T}{\partial q_a}, \qquad\qquad \frac{\partial T}{\partial p_b},$$

prises par rapport aux variables nouvelles.

On aura alors

$$(5)\ \begin{cases} dT = \sum \dfrac{dT}{dq_a}\,dq_a + \sum \dfrac{dT}{dq'_b}\,dq'_b, \\[2mm] = \sum \dfrac{dT}{dq_a}\,dq_a + \sum p_b\,dq'_b, \\[2mm] dT = \sum \dfrac{\partial T}{\partial q_a}\,dq_a + \sum \dfrac{\partial T}{\partial p_b}\,dp_b, \\[2mm] 2\,dT = \sum p_b\,dq'_b + \sum q'_b\,dp_b. \end{cases}$$

La comparaison de la première et de la dernière des équations (5) donne,

$$dT = \sum q'_b\,dp_b - \sum \dfrac{dT}{dq_a}\,dq_a.$$

La comparaison de l'équation ainsi obtenue avec la seconde équation (5) donne

$$q'_b = \dfrac{\partial T}{\partial p_b}, \qquad \dfrac{\partial T}{\partial q_a} = - \dfrac{dT}{dq_a},$$

de sorte que l'équation (1) devient

$$(6)\qquad \dfrac{\partial T}{\partial q_a} = Q_a.$$

Ces équations sont vraies quand on suppose les q_a et les q'_a constants; mais elles le sont encore approximativement si on suppose que les q_a varient d'une façon excessivement lente. Alors les q_b varieront d'une façon excessivement lente, mais ils varieront; tandis que les p_b seront rigoureusement constants et les Q_b sont nuls.

Supposons maintenant que les Q_b ne soient pas nuls, mais qu'ils aient des valeurs telles que les q'_b demeurent rigoureusement constants, tandis que les p_b et les q_a varieront d'une façon excessivement lente. Il convient alors de prendre pour variables, non plus les p_b et les q_a mais les q'_b et les q_a et de revenir à l'équation (4)

$$- \dfrac{dT}{dq_a} = Q_a.$$

Dans cet état de mouvement stationnaire ou quasi-stationnaire, dans cet état d'équilibre apparent, le système semble soumis à certaines forces apparentes, égales et contraires aux forces extérieures qu'on est obligé d'appliquer pour maintenir l'équilibre.

Quand on donne aux q_a des accroissements virtuels δq_a le travail virtuel de ces forces extérieures sera

$$\sum Q_a \, \delta q_a.$$

C'est la définition même des Q_a. Le travail virtuel des forces apparentes qui leur font équilibre sera donc

$$-\sum Q_a \, \delta q_a.$$

Si les moments p_b sont maintenus constants, l'équation (6) nous donne pour ce travail virtuel

$$-\sum \frac{\partial T}{\partial q_a} \, \delta q_a = -\, \delta T.$$

Cela signifie que ces forces apparentes tendent à diminuer l'énergie T du système (et d'ailleurs on ne saurait supposer le contraire sans admettre le mouvement perpétuel).

Si, au contraire, ce sont les *vitesses* q_b qui sont maintenues constantes, l'équation (4) nous donne pour ce travail virtuel,

$$\sum \frac{dT}{dq_a} \, \delta q_a = \delta T.$$

Cela signifie que ces forces apparentes tendent à augmenter l'énergie T du système ; cela n'est pas contraire au principe de la conservation de l'énergie, et en effet, pour maintenir les q'_b constants, il faut que les Q_b ne soient pas nuls, il faut donc faire intervenir une force extérieure, ce qui peut entraîner une dépense de travail.

Avant d'appliquer ces principes à l'électricité, il sera peut-être utile de les éclaircir par un exemple mécanique simple. Je choisirai le régulateur à force centrifuge.

Nous aurons un paramètre à variation lente q_a qui sera l'écartement des deux boules et un paramètre à variation rapide, dont la dérivée q'_b sera la vitesse de rotation du régulateur.

L'énergie cinétique T sera (A étant un facteur constant)

$$(7) \qquad T = \frac{1}{2} A q_a^2 q_b^{'2},$$

et le moment sera

$$p_b = A q_a^2 q'_b,$$

ce sera le moment de rotation. On a donc,

$$(8) \qquad T = \frac{p_b^2}{2 A q_a^2}.$$

La force apparente est ici la force centrifuge qui tend à écarter les deux boules ; elle est égale à

$$- Q_a = \frac{d T}{d q_a} = - \frac{\partial T}{\partial q_a}.$$

Elle tend à augmenter q_a. Si donc il n'y a aucun couple extérieur tendant à maintenir constante la vitesse de rotation, le moment de rotation est constant et la force centrifuge tend à *diminuer* T parce que dans l'équation (8) où l'on suppose p_b constant) q_a est au dénominateur. Si, au contraire, il y a un couple extérieur qui maintient constante la vitesse de rotation, la force centrifuge tend à *augmenter* T, parce que dans l'équation (7) où l'on suppose q'_b constant) q_a est au numérateur. Seulement, quand les boules s'écartent, il faut dépenser du travail qui est emprunté au couple extérieur.

APPLICATION A L'ÉLECTROSTATIQUE

455. — Dans la théorie de Larmor, on regarde l'énergie électrostatique comme de l'énergie potentielle ; dans un champ électrique constant, on a donc

$$T = 0,$$

ou, si l'on désigne par E l'énergie totale $T + U$,

$$E = U.$$

Si ce champ est engendré par deux petites sphères électrisées, cette énergie U dépend des charges des deux sphères qui sont *des constantes* et de leur distance, qui sera notre paramètre à variation lente et que j'appellerai q_a.

Ces deux sphères exerceront l'une sur l'autre une attraction ou une répulsion qu'il faudra contrebalancer par une force extérieure, si l'on veut maintenir l'équilibre. Cette force extérieure, je la désigne par Q_a, conformément aux notations adoptées ; si Q_a est positif, les deux sphères s'attirent et la force extérieure qui doit contrebalancer cette attraction doit tendre à écarter les deux sphères l'une de l'autre.

Comme T est seul, l'équation de Lagrange se réduit à

$$\frac{d\mathrm{U}}{dq_a} = Q_a,$$

ou

$$(9) \qquad \frac{d\mathrm{E}}{dq_a} = Q_a.$$

Passons à l'imitation hydrodynamique de Bjerknes, que je modifierai un peu, afin d'éviter la difficulté provenant des différences de phases.

La distance des deux boules q_a sera notre paramètre à variation lente.

Leurs rayons q_b et q_c seront nos paramètres à variation rapide. Je supposerai que les vitesses q'_b et q'_c sont *constantes*, mais assez faibles pour que, pendant la durée de l'expérience, q_b et q_c n'éprouvent pas de variation sensible.

Si donc je regarde q_b et q_c comme des paramètres « à variation rapide », ce n'est pas que leurs dérivées q'_b et q'_c sont très grandes d'une manière absolue (elles sont, au contraire, très petites) c'est parce qu'elles sont beaucoup plus grandes que q'_a.

Comme dans l'imitation de Bjerknes, ce sont ces deux vitesses q'_b et q'_c qui correspondent aux charges des sphères, elles doivent être maintenues constantes.

L'équation (4) nous donne alors,

$$- \frac{d\mathrm{T}}{dq_a} = Q_a,$$

et comme

$$U = o, \qquad T = E,$$

on peut écrire

$$(10) \qquad -\frac{dE}{dq_a} = Q_a.$$

La comparaison des équations (9) et (10) montre qu'il y a *inversion*. Observons de plus que si la vibration des sphères n'était pas entretenue par une force extérieure, les vitesses q'_b et q'_c ne resteraient pas constantes quand la distance q_a varierait. Pour maintenir ces vitesses constantes (ou en supposant des pulsations périodiques, comme dans l'expérience réalisée par Bjerknes, pour maintenir constante l'amplitude des vibrations), il faut une intervention extérieure, tandis qu'aucune intervention n'est nécessaire pour maintenir les charges de deux sphères électrisées quand elles s'éloignent ou se rapprochent. C'est encore là une différence entre le phénomène électrique et son imitation hydrodynamique, différence qui, d'ailleurs, comme nous allons le voir, est intimement liée à l'inversion.

Supposons maintenant qu'on ait réalisé une autre imitation dynamique où intervient un système dépendant de 3 paramètres q_a, q_b, q_c, le premier à variation lente, les deux autres à variation rapide. — Le premier serait la distance des deux corps qui rempliraient le rôle des deux sphères électriques.

Mais je suppose que les charges de ces deux sphères, au lieu d'être représentées par les *vitesses* q'_b et q'_c, soient représentées par les moments correspondants p_b et p_c.

Je suppose en outre que la force vive $T = E$ du système soit égale à l'énergie électrostatique des deux sphères.

Il arrivera d'abord que, *sans aucune intervention extérieure*, ces moments demeureront constants, ainsi que font les charges électriques qu'ils représentent.

De plus, comme ces moments sont constants, l'équation (6) nous donnera :

$$\frac{\partial T}{\partial q_a} = Q$$

ou

$$\frac{\partial E}{\partial q_a} = Q_a.$$

Il n'y a donc plus d'inversion.

J'ai dit plus haut que, parmi les quantités qu'on est amené à envisager en mécanique, il faut distinguer les coordonnées, les vitesses et les moments, et l'on peut résumer la discussion qui précède en disant que *l'inversion dans l'expérience de Bjerknes provient de ce qu'on a représenté les charges électriques par des vitesses, tandis qu'il fallait les représenter par des moments.*

APPLICATION A L'ÉLECTRODYNAMIQUE

456. — Appliquons les mêmes principes à l'appareil de Lord Kelvin, et pour cela rappelons d'abord quelles doivent être les bases de toute théorie dynamique du champ électrodynamique. Nous n'avons qu'à nous reporter à un chapitre célèbre du grand traité d'électricité de Maxwell, 4ᵉ partie, chapitre VI, article 568.

Il convient de supposer que l'énergie électromagnétique du champ représente la force vive T de l'éther ; l'état du système est défini par un certain nombre de paramètres à variation lente q_a qui définissent la position relative des deux circuits, et par deux paramètres à variation rapide q_b et q_c.

L'hypothèse admise par Maxwell, c'est que les intensités des deux courants ne sont autre chose que les dérivées q'_b et q'_c de ces paramètres. Ce sont donc des vitesses.

Nous exprimerons donc T en fonction des intensités et des q_a, c'est-à-dire de q'_b, de q'_c et des q_a ; l'équation (4) nous donnera alors,

$$(4) \qquad -\frac{dT}{dq_a} = Q_a.$$

D'autre part, q'_b et q'_c étant des vitesses et non des moments, ne se conserveront pas constantes s'il n'y a pas d'intervention extérieure. Les intensités des courants ne peuvent donc demeurer constantes si une cause extérieure ne les maintient pas ; et c'est en effet ce qui arrive ; cette cause extérieure nécessaire pour entretenir l'intensité du courant, c'est l'énergie fournie par la pile.

Je précise davantage ma pensée ; quand même la position relative des deux circuits ne varierait pas, les courants ne pourraient se maintenir qu'en empruntant de l'énergie à la pile. Cette énergie destinée à surmonter la résistance des circuits se retrouve sous forme de chaleur de Joule.

Mais ce n'est pas seulement cela que je veux dire. Si les circuits étaient des conducteurs parfaits, l'intensité des courants pourrait se maintenir constante sans rien emprunter à la pile, pourvu que la position de ces circuits ne varie pas.

Si, au contraire, la position des circuits varie bien que nous les supposions absolument dépourvus de résistance, l'intensité ne pourra demeurer constante sans l'intervention de la pile.

En effet, l'équation de Lagrange nous donne,

$$\frac{d}{dt}\frac{dT}{dq'_h} = Q_h,$$

et ici,

$$Q_h = E_h - R_h i_h,$$

E_h étant la force électromotrice de la pile du premier circuit, $i_h = q'_h$ l'intensité correspondante, R_h la résistance du circuit. Si le circuit est un conducteur parfait et si la pile n'intervient pas, on aura

$$E_h = R_h = 0,$$

d'où

$$Q_h = 0,$$

et par conséquent

$$\frac{dT}{dq'_h} = p_h = C^{te}.$$

De même p_c sera une constante. Les moments p_h et p_c dépendent de q'_h et q'_c et des q_a : si ces moments sont constants et si les q_a varient, il faut donc bien que les q'_h et les q'_c varient également.

Dans le cas de la nature, les circuits ont une résistance finie, et il faut toujours emprunter de l'énergie à la pile, seulement si les circuits ne se meuvent pas l'énergie empruntée à la pile est égale à la chaleur de Joule ; s'ils se déplacent elle est plus grande ou plus petite parce que la force électromotrice d'induction vient s'ajouter à celle de la pile.

Passons maintenant à l'appareil de Lord Kelvin.

Les intensités sont représentées par des intégrales de la forme

$$\frac{1}{4\pi} \int (u\,dx + v\,dy + w\,dz).$$

En vertu du théorème de Helmholtz, ces intégrales demeurent constantes sans l'intervention d'aucune force extérieure.

Cela nous avertit déjà que les intégrales qui représentent les intensités sont des moments et non pas des vitesses.

Avec nos notations, il convient donc de les désigner par p_b et p_c de sorte que si l'énergie T est exprimée en fonction des intensités et des q_a, T sera une fonction de p_b, p_c et des q_a.

L'équation (b) nous donne alors,

$$(6) \qquad \frac{\partial T}{\partial q_a} = Q_a.$$

Ce résultat est d'ailleurs une simple conséquence du principe de la conservation de l'énergie. Soit, en effet, δq_a l'accroissement virtuel de q_a, le travail virtuel des forces extérieures sera

$$\sum Q_a \delta q_a.$$

On devra donc avoir,

$$\sum Q_a \delta q_a = \delta T = \sum \frac{\partial T}{\partial q_a} \delta q_a + \frac{\partial T}{\partial p_b} \delta p_b + \frac{\partial T}{\partial p_c} \delta p_c.$$

Mais comme les intégrales p_b et p_c sont constantes en vertu du théorème de Helmholtz, δp_b et δp_c sont nuls et il reste

$$\sum Q_a \delta q_a = \sum \frac{\partial T}{\partial q_a} \delta q_a,$$

ou en identifiant

$$Q_a = \frac{\partial T}{\partial q_a}.$$

La comparaison des équations (4) et (6) montre qu'il y a inversion, d'où la conclusion suivante :

S'il y a inversion dans l'appareil de lord Kelvin, c'est parce qu'on a représenté les intensités par des moments, tandis qu'il fallait les représenter par des vitesses.

Dans l'expérience de Bjerknes et dans celle de lord Kelvin, la cause de l'inversion est analogue, mais pour ainsi dire inverse.

FORME DÉFINITIVE DE LA THÉORIE DE LARMOR

Les lignes qui précèdent sont la reproduction presque textuelle de quatre articles parus dans *L'Éclairage Électrique* (t. III, nᵒˢ 14 et 20; t. V, nᵒˢ 40 et 48). On a seulement modifié les notations pour les mettre en harmonie avec celles qui sont employées dans ce volume ; et d'autre part on a supprimé les passages qui pouvaient faire double emploi.

Depuis l'époque où ces articles ont paru, M. Larmor a complété sa théorie et lui a donné sa forme définitive. Il y est parvenu en s'appropriant les hypothèses de M. Lorentz et en les combinant avec les siennes propres.

Reprenons les équations de Lorentz,

$$\frac{d\gamma}{dy} - \frac{d\beta}{dz} = 4\pi\left(\rho\xi + \frac{df}{dt}\right),$$
$$\frac{d\alpha}{dz} - \frac{d\gamma}{dx} = 4\pi\left(\rho\eta + \frac{dg}{dt}\right),$$
$$\frac{d\beta}{dx} - \frac{d\alpha}{dy} = 4\pi\left(\rho\zeta + \frac{dh}{dt}\right),$$

qui expriment ce qui se passe à l'intérieur d'un ion et qui dans le vide (c'est-à-dire pour $\rho = 0$) se confondent avec celles de Maxwell.

Dans ces équations ρ représente la densité de l'électricité transportée par l'ion; ξ, η, ζ la vitesse de l'ion; α, β, γ la force magnétique (c'est-à-dire d'après Larmor la vitesse de l'éther) ; f, g, h le déplacement électrique (c'est-à-dire d'après Larmor, le couple développé dans l'éther par l'élasticité rotationnelle de Lord Kelvin).

L'énergie magnétique,

$$(2) \qquad T = \frac{1}{8\pi} \int (\alpha^2 + \beta^2 + \gamma^2)\, d\tau,$$

représente toujours la force vive de l'éther.

Nous avons ensuite les trois équations de Lorentz,

$$(3) \quad \begin{cases} 4\pi V^2\left(\dfrac{dg}{dz} - \dfrac{dh}{dy}\right) = \dfrac{d\alpha}{dt}, \\[2mm] 4\pi V^2\left(\dfrac{dh}{dx} - \dfrac{df}{dz}\right) = \dfrac{d\beta}{dt}, \\[2mm] 4\pi V^2\left(\dfrac{df}{dy} - \dfrac{dg}{dx}\right) = \dfrac{d\gamma}{dt}; \end{cases}$$

et l'équation qui définit l'énergie électrique,

$$(4) \qquad U = 2\pi V^2 \int (f^2 + g^2 + h^2)\, d\tau,$$

laquelle n'est autre chose que l'énergie due à l'élasticité rotationnelle.

Soient, X, Y, Z les composantes du déplacement de l'éther de telle façon que

$$\alpha = \frac{dX}{dt},$$

$$\beta = \frac{dY}{dt},$$

$$\gamma = \frac{dZ}{dt};$$

et posons,

$$\begin{cases} \dfrac{dZ}{dy} - \dfrac{dY}{dz} = 4\pi L, \\[2mm] \dfrac{dX}{dz} - \dfrac{dZ}{dx} = 4\pi M, \\[2mm] \dfrac{dY}{dx} - \dfrac{dX}{dy} = 4\pi N \end{cases}$$

L, M, N sont proportionnels à la rotation d'une petite masse d'éther autour du point envisagé.

Dans la théorie de l'éther gyrostatique de Lord Kelvin sous sa forme primitive, le couple f, g, h provoqué par la rotation était proportionnel à cette rotation, c'est-à-dire à L, M, N.

Alors en faisant

$$f = \mathrm{L},$$
$$g = \mathrm{M},$$
$$h = \mathrm{N},$$

on trouve,

$$\frac{d\gamma}{dy} - \frac{d\beta}{dz} = \frac{d^2 \mathrm{Z}}{dy\,dt} - \frac{d^2 \mathrm{Y}}{dz\,dt} = 4\pi\,\frac{d\mathrm{L}}{dt} = 4\pi\,\frac{df}{dt},$$

et de même

$$\frac{d\alpha}{dz} - \frac{d\gamma}{dx} = 4\pi\,\frac{dg}{dt},$$
$$\frac{d\beta}{dx} - \frac{d\alpha}{dy} = 4\pi\,\frac{dh}{dt},$$

c'est-à-dire qu'on retrouve les équations (1), *dans l'éther libre*.

Mais considérons une surface fermée située tout entière dans l'éther libre mais contenant à son intérieur des ions et par conséquent des charges électriques dont la somme algébrique n'est pas nulle; formons l'intégrale,

$$(5) \qquad \int (lf + mg + nh)\, d\omega,$$

et étendons-la à tous les éléments $d\omega$ de cette surface, l, m et n étant les cosinus directeurs de l'élément $d\omega$.

Cette intégrale devrait être nulle si l'on avait dans tout l'éther libre

$$\begin{cases} f = \mathrm{L}, \\ g = \mathrm{M}, \\ h = \mathrm{N}. \end{cases}$$

D'un autre côté elle ne peut être nulle, puisqu'elle est proportionnelle à la charge électrique totale contenue à son intérieur et que nous avons supposé cette charge différente de zéro.

C'est cette difficulté, ainsi que nous l'avons vu, qui oblige M. Larmor à modifier la théorie primitive de Lord Kelvin pour l'adapter aux phénomènes électriques.

Supposons alors,

$$\begin{cases} f = \mathrm{L} - \mathrm{L}_0, \\ g = \mathrm{M} - \mathrm{M}_0, \\ h = \mathrm{N} - \mathrm{N}_0, \end{cases}$$

où L_0, M_0, N_0 sont des constantes ; *alors le couple (f, g, h) provoqué par l'élasticité rotationnelle ne tend plus à ramener la petite masse d'éther, sur laquelle il s'exerce, à son orientation primitive* (orientation qui serait définie par les équations $L = 0$, $M = 0$, $N = 0$) *mais à une orientation différente que l'on peut appeler la nouvelle orientation d'équilibre* (et qui est définie par les équations $L = L_0$, $M = M_0$, $N = N_0$).

Ce couple n'est plus proportionnel à l'angle dont cette masse s'écarte de son orientation primitive, mais à l'angle dont elle s'écarte de sa nouvelle orientation d'équilibre.

L'énergie élastique conserve évidemment la même expression.

On aura encore,

$$\left\{ \begin{aligned} \frac{d\gamma}{dy} - \frac{d\beta}{dz} &= \frac{d^2Z}{dy\,dt} = 4\pi\,\frac{dL}{dt}, \\[1em] \frac{d\alpha}{dz} - \frac{d\gamma}{dx} &= \frac{d^2X}{dz\,dt} = 4\pi\,\frac{dM}{dt}, \\[1em] \frac{d\beta}{dx} - \frac{d\alpha}{dy} &= \frac{d^2Y}{dx\,dt} = 4\pi\,\frac{dN}{dt}, \end{aligned} \right.$$

de sorte que les équations (1) deviennent,

$$\left\{ \begin{aligned} \frac{dL}{dt} &= \rho\xi + \frac{df}{dt}, \\[1em] \frac{dM}{dt} &= \rho\eta + \frac{dg}{dt}, \\[1em] \frac{dN}{dt} &= \rho\zeta + \frac{dh}{dt} \,; \end{aligned} \right.$$

d'où,

$$\left\{ \begin{aligned} \rho\xi &= \frac{dL_0}{dt}, \\[1em] \rho\eta &= \frac{dM_0}{dt}, \\[1em] \rho\zeta &= \frac{dN_0}{dt} \,; \end{aligned} \right.$$

d'où cette conclusion :

Dans l'éther libre la « nouvelle orientation d'équilibre » ne varie pas ; elle ne varie pas non plus dans un ion en repos ; mais elle varie dans les ions en mouvement.

Je n'ai pas à revenir sur les équations 3 qui expriment, dans la manière de voir de Larmor, que l'accélération de l'éther est proportionnelle à la force produite par l'action des couples élastiques.

Mais il faut revenir sur l'intégrale (5) ; cette intégrale est égale à

$$- \int (L_0 + mM_0 + nN_0)\, d\omega,$$

elle varie donc quand L_0, M_0 et N_0 varient, c'est-à-dire quand un ion porteur d'électricité traverse la surface à laquelle l'intégrale est étendue ; c'est-à-dire enfin quand on fait varier la charge électrique totale située à l'intérieur de la surface. On s'explique ainsi comment cette intégrale peut être proportionnelle à cette charge.

En résumé, d'après l'hypothèse de Larmor, le passage des ions à travers l'éther modifie les conditions de l'élasticité rotationnelle de cet éther.

Cette action de l'ion sur l'éther doit être accompagnée d'une réaction de l'éther sur l'ion. C'est sans doute à cette réaction que sont dues les forces mécaniques subies par la matière dans un champ électromagnétique.

Il resterait à expliquer dans le détail le mécanisme de cette action et de cette réaction.

C'est ici que la difficulté commence. Pas plus que Lorentz, Larmor ne respecte le principe de l'égalité de l'action et de la réaction. La difficulté s'est même accrue. Lorentz pouvait s'en tirer en supposant que le principe, violé en apparence si l'on envisageait la matière seule, se trouverait rétabli si l'on considérait à la fois la matière et l'éther.

Cela pouvait aller, parce que Lorentz ne faisait aucune hypothèse sur la vitesse de l'éther. Mais Larmor en fait, puisque cette vitesse est d'après lui représentée en sens et en grandeur par la force magnétique. Il est aisé de constater alors que la compensation qui devrait se faire entre les actions et réactions mutuelles de la matière et de l'éther ne se fait pas.

Nous avons vu plus haut, dans les chapitres consacrés à la

théorie de Lorentz, quelles valeurs devaient avoir les composantes de la vitesse de l'éther pour que cette compensation ait lieu et ces valeurs, loin d'être proportionnelles à α, β, γ, étaient proportionnelles à

$$\beta h - \gamma g, \qquad \gamma f - \alpha h, \qquad \alpha g - \beta f.$$

Un exemple simple fera d'ailleurs mieux comprendre la nature de la difficulté. Considérons un corps quelconque, par exemple un morceau de verre, il sera entraîné par le mouvement de la Terre ; si l'éther n'est pas entraîné, notre corps sera en mouvement relatif par rapport à l'éther. Tout devrait donc se passer comme s'il était traversé par un courant d'éther. Mais, d'après la théorie de Larmor, un courant d'éther, c'est un champ magnétique. Notre morceau de verre devrait donc se comporter comme dans un champ magnétique, il devrait par exemple présenter les phénomènes de la polarisation rotatoire magnétique.

Dira-t-on que l'effet ne se produit pas, parce que la vitesse de l'éther étant très grande dans un champ magnétique, une vitesse de 3o km : sec. correspond à un champ très faible ? Mais, d'après une expérience de Lodge citée plus haut (p. 591) la vitesse de l'éther dans un champ magnétique devrait au contraire être très faible.

TABLE DES MATIÈRES

PREMIÈRE PARTIE

CHAPITRE PREMIER

FORMULES DE L'ÉLECTROSTATIQUE

CHAPITRE II

THÉORIE DU DÉPLACEMENT ÉLECTRIQUE DE MAXWELL

CHAPITRE III

THÉORIE DES DIÉLECTRIQUES DE POISSON. — COMMENT ELLE PEUT SE RATTACHER A CELLE DE HELMHOLTZ

CHAPITRE IV

DÉPLACEMENT DES CONDUCTEURS SOUS L'ACTION DES FORCES ÉLECTRIQUES THÉORIE PARTICULIÈRE A MAXWELL

CHAPITRE V

ÉLECTROKINÉTIQUE

CHAPITRE VI

MAGNÉTISME

CHAPITRE VII

ÉLECTROMAGNÉTISME

CHAPITRE VIII

ÉLECTRODYNAMIQUE

CHAPITRE IX

INDUCTION

CHAPITRE X

ÉQUATIONS DU CHAMP MAGNÉTIQUE

CHAPITRE XI

THÉORIE ÉLECTROMAGNÉTIQUE DE LA LUMIÈRE

CHAPITRE XII

POLARISATION ROTATOIRE MAGNÉTIQUE

DEUXIÈME PARTIE

THÉORIES ÉLECTRODYNAMIQUES D'AMPÈRE, WEBER, HELMHOLTZ

CHAPITRE PREMIER

FORMULES D'AMPÈRE

CHAPITRE II

CHAPITRE III

THÉORIE DE WEBER

CHAPITRE IV

THÉORIE DE HELMHOLTZ

CHAPITRE III

THÉORIE DE LORENTZ

CHAPITRE IV

DIÉLECTRIQUES

CHAPITRE V

PHÉNOMÈNES LUMINEUX DANS LES DIÉLECTRIQUES

CHAPITRE VI

PHÉNOMÈNES OPTIQUES DANS LES CORPS EN MOUVEMENT

CHAPITRE VII

INFLUENCE DU MOUVEMENT DE LA TERRE SUR LES PHÉNOMÈNES OPTIQUES PROPREMENT DITS

CHAPITRE VIII

QUATRIÈME PARTIE

À PROPOS DE LA THÉORIE DE LARMOR